Fault-tolerant Motion Control Technology for Space Manipulator with Joint Failure

关节故障空间机械臂容错运动控制技术

陈 钢 李 彤 王一帆 | 编著

人 民 邮 电 出 版 社
北 京

图书在版编目（CIP）数据

关节故障空间机械臂容错运动控制技术 / 陈钢，李彤，王一帆编著. -- 北京 : 人民邮电出版社，2025.
ISBN 978-7-115-64964-5

Ⅰ. TP241

中国国家版本馆 CIP 数据核字第 20248TU105 号

内 容 提 要

本书基于作者多年来承担航天领域重大项目及其他国家级项目取得的研究成果，对空间机械臂的容错运动控制等相关基本理论和方法进行系统且深入的介绍。本书共 8 章，主要内容包括空间机械臂概述、空间机械臂的关节故障及容错技术、关节故障空间机械臂数学模型、关节故障空间机械臂运动能力分析、关节锁定故障空间机械臂容错运动控制策略、关节自由摆动故障空间机械臂容错运动控制策略、关节部分失效故障空间机械臂容错运动控制策略以及空间机械臂容错技术未来展望等。本书提出的理论、方法紧密结合实际，可用于解决空间机械臂发生关节故障时涉及的相关技术问题。

本书可作为高等学校机器人工程及相关专业研究生的教材，也可作为空间机械臂应用领域的研发人员及工程技术人员的参考书。

◆ 编　　著　陈　钢　李　彤　王一帆
责任编辑　刘盛平
责任印制　马振武

◆ 人民邮电出版社出版发行　北京市丰台区成寿寺路 11 号
邮编　100164　电子邮件　315@ptpress.com.cn
网址　https://www.ptpress.com.cn
固安县铭成印刷有限公司印刷

◆ 开本：710×1000　1/16　彩插：6
印张：20.75　2025 年 1 月第 1 版
字数：398 千字　2025 年 1 月河北第 1 次印刷

定价：149.80 元

读者服务热线：(010)81055410　印装质量热线：(010)81055316
反盗版热线：(010)81055315

前言
Foreword

开展空间探索是开发和利用空间资源、探索人类新的活动领域以及探索宇宙起源的重要途径。空间机械臂因自身具有高度智能性、自主性以及灵活机动性，被广泛应用于空间探索任务中，成为辅助甚至替代人类执行空间探索任务必不可少的智能装备。

然而，考虑太空环境特殊、在轨任务繁重、自身结构复杂等因素，空间机械臂在轨长周期服役过程中，关节故障的发生不可避免。故障一方面会严重影响空间机械臂的运动能力，导致在轨任务失败；另一方面可能引发连锁反应，进一步损坏空间机械臂及航天器结构，危害航天器在轨飞行安全。空间机械臂容错运动控制技术是实现机械臂故障自处理的重要手段。通过对关节故障状态下空间机械臂运动控制策略的重构，可使故障对机械臂操作任务可完成性的影响最小化，保证在轨任务得以高效、顺利完成。

本书是作者团队十余年来在国家973计划、国家自然科学基金等项目的支持下，开展的对关节故障空间机械臂容错运动控制技术研究所取得成果的总结。本书共8章，首先介绍空间机械臂典型关节故障类型对应的数学建模方法和运动能力分析方法，然后在此基础上对关节锁定故障、关节自由摆动故障和关节部分失效故障等的空间机械臂容错运动控制策略进行详细阐述。

本书提出的理论与方法已发表于国内外重要学术期刊中，并申请多项国家发明专利，且部分成果已应用于我国航天工程项目，具有较高的学术价值、创新意义及应用价值。本书内容丰富、体系完整，可帮助读者加深对空间机械臂容错技术的认识、理解和掌握，以及为读者在航天工程、机械工程、控制科学与工程、人工智能等领域开展跨学科研究和工程实践提供参考。

由于编者水平有限，书中难免存在不足之处，敬请广大读者批评指正。

作　者

2024 年 4 月

目 录

Contents

第1章 空间机械臂概述

20世纪中期，随着世界上第一颗人造地球卫星斯普特尼克1号（Sputnik 1）成功升空，人类进入"太空时代"。随后，美国、加拿大、日本等国家的航天机构开启了空间探索征程。发展至今，人类探索的脚步已突破地球引力的限制，深入太阳系及其之外的浩瀚宇宙。人类对宇宙的不懈探索使得人类能够进一步了解宇宙、开发和利用空间资源、获取更多科学认识、探索生命的起源和演化，极大地推动了人类社会的科技进步，对人类文明的发展具有深远影响。

空间机械臂作为人类开展空间探索活动的核心智能装备之一，具有空间感知与操控能力，在空间站建造及日常运营、航天器在轨作业、地外天体探索开发等多类复杂、繁重的空间任务中扮演着举足轻重的角色，能极大地增强人类在宇宙中的活动能力，拓展探索范围。空间机械臂具有操作能力强、运动灵活性高、环境适应能力好等突出优点，能够在超真空、高温差及强辐射的空间环境中进行重载、大范围作业，极大限度提高作业效率与经济效益，降低航天员出舱作业的风险，并减小工作压力。因此，从空间任务完成可行性、安全性和经济性等方面来看，利用空间机械臂协助或替代航天员完成空间任务具有十分重要的意义。

1.1 空间机械臂的组成

空间机械臂是涉及材料、力学、机械、电气、热控、光学、控制等多个学科的复杂空间系统。空间机械臂主要由关节、连（臂）杆和末端执行器构成，连杆之间通过关节连接，第一个关节固定在基座（例如航天器和星表探测器等）上，空间机械臂末端安装有末端执行器，空间机械臂简图如图 1-1 所示。下面分别对关节、连杆和末端执行器这 3 个关键部分进行介绍。

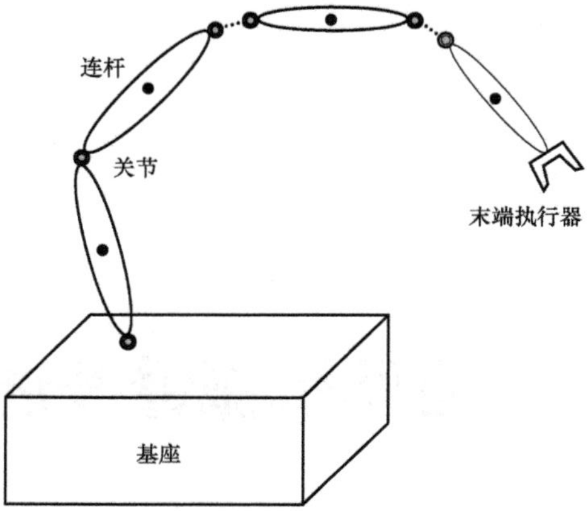

图 1-1 空间机械臂简图

1. 关节

关节作为空间机械臂的核心驱动部件，主要由电机组件、谐波或行星减速器、关节力矩传感器、关节限位机构、控制器、热控元件等组成。空间机械臂通常为由多个旋转关节构成的多自由度（Degree of Freedom，DoF）系统，关节间的协同运动能够使空间机械臂末端执行器到达指定位置与姿态，输出期望力与力矩等。与此同时，关节也是空间机械臂最易磨损、发生故障的部位，关节中任一零部件异常运行或服役期间的持续磨损都将引发关节故障，进而导致空间机械臂输出力矩、速度、工作范围、精度、使用寿命等技术指标严重退化，严重影响空间机械臂的工作能力。

2. 连杆

连杆是连接空间机械臂各个关节，使关节运动传递至空间机械臂末端的构件。出于降低发射成本的考虑，空间机械臂的连杆一般采用轻质杆件，具有较为明显的柔性效应，在执行任务过程中存在弹性振动问题，如何有效地抑制连杆振动一直是学者们研究的热点方向之一。同时，在执行大负载操作任务时连杆还可能会出现扭转、弯曲等柔性变形，从而增大空间机械臂任务规划与控制的难度。

3. 末端执行器

末端执行器是空间机械臂执行任务所依赖的机构。依据不同空间任务（捕获对接、燃料加注以及在轨维护等）需求可将不同的末端执行器（如捕获对接机构、燃料加注工具、机械手等）安装于空间机械臂末端。末端执行器通常具有标准、通用的机电接口，以实现与末端腕关节处力传感器的机电连接。

空间机械臂在构成上除了由多个关节和末端执行器组成的机械系统外，还包括由整臂控制器和关节控制器等单元组成的控制系统、由视觉相机和力觉传感器等组成的感知系统、由被动热控单元和主动热控单元构成的热控系统，以及提供动力源的能源系统等。

① 控制系统：支持空间机械臂完成分析、决策、规划和控制的系统，通常由处理芯片和外围电路等构成的控制器、处理模块（交换机等）等硬件单元与包含分析、决策、规划、控制能力的软件单元组成。

② 感知系统：支持空间机械臂获取工作环境信息、操作对象信息及自身状态信息的系统，由各类传感器组成，通常包括获取视觉信息的成像设备、获取力觉 / 触觉信息的力觉 / 触觉传感器及其信息处理单元等。

③ 热控系统：保障空间机械臂的各组件、器件的温度在其许用温度范围内的系统，通常包括由多层隔热组件、热控涂层等组成的被动热控单元，以及由测温元件、控温元件、热控电路等组成的主动热控单元。

④ 能源系统：支持空间机械臂获取外部能源，并按照各组成部分的能源需求完成配电工作的系统，通常包括供电单元、配电单元、电缆网等。

1.2 空间机械臂国内外发展现状

欧洲、美国、加拿大、日本等较早开启了空间探索征程，并从 20 世纪 60 年代开始，在空间机械臂领域取得了较大的进步，研制了多套具有代表性的空间机械臂，并基于航天飞机、国际空间站等平台开展了一系列空间试验与工程应用。与国外空间机械臂的发展相比，我国在这方面的研究工作起步相对较晚，20 世纪 80 年代才开始逐渐开展空间机械臂的基础研究，经过 40 多年的技术发展与沉淀，已卓有成效。本节主要针对加拿大、美国、欧洲、日本和我国的典型空间机械臂展开相关介绍。

1.2.1 国外典型空间机械臂

1. 加拿大航天飞机远程机械臂系统

图 1-2 所示的加拿大航天飞机远程机械臂系统（Shuttle Remote Manipulator System，

SRMS）也称加拿大 1 号臂（Canadarm1），于 1975 年开始研制，1981 年首次安装在美国航天飞机“哥伦比亚号”上执行空间任务，直到 2011 年结束其航天使命。SRMS 具有 6 个自由度，臂长 15.2 m，自重约 410.5 kg，最大负载质量可达 30 000 kg，肘部和腕部安装有相机，以提供操作臂、末端执行器等部位的可视画面。SRMS 主要用于部署和回收有效载荷，转移和支持航天员舱外作业，维修卫星、国际空间站，辅助观测国际空间站等空间任务。SRMS 主要由航天飞机内的航天员在轨控制，操作模式包括自动模式、手动增强模式、单关节驱动模式、直接驱动模式以及备份驱动模式等。

2. 国际空间站远程机械臂系统

图 1-3 所示的国际空间站远程机械臂系统（Space Station Remote Manipulator System，SSRMS）又称加拿大 2 号臂（Canadarm2），由加拿大 MD Robotic 公司和美国国家航空航天局（National Aeronautics and Space Administration，NASA）联合研制，于 2001 年随美国“奋进号”航天飞机进入太空，服役至今。SSRMS 具有 7 个自由度，臂长 17.6 m，总质量为 1800 kg，最大负载质量可达 116 000 kg。SSRMS 安装于空间站的桁架基座装置上，可用于执行电池组与轨道单元的更换、空间站载运物的回收和轨道器的对接与分离等空间任务。

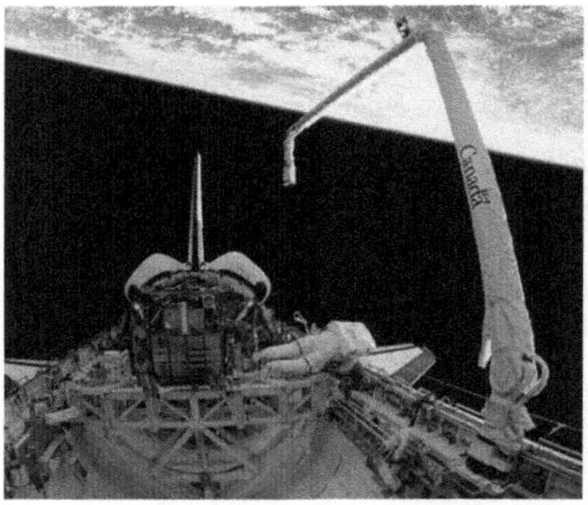

图 1-2　加拿大航天飞机远程机械臂系统

图 1-3　国际空间站远程机械臂系统

3. 专用灵巧机械臂

图 1-4 所示的专用灵巧机械臂（Special Purpose Dexterous Manipulator，SPDM）又称 Dextre，于 2008 年发射到国际空间站。SPDM 是双臂机器人，每条手臂具有 7 个自由度，长 3.7 m，质量为 1660 kg，最大负载质量可达 600 kg。它既可作为 SSRMS 的操作终端，执行诸如空间站表面的小部件移除、模块更换等高精度灵巧操作，也能够独立作业，用于辅助航天员的舱外活动，从而降低航天员出舱作业的风险。

4. 日本实验舱遥控机械臂系统

图 1-5 所示的日本实验舱遥控机械臂系统（Japanese Experiment Module Remote Manipulator System，JEMRMS）由日本宇宙航空研究开发机构（Japan Aerospace Exploration Agency，JAXA）研制。JEMRMS 由主臂和小臂串联组成，主臂和小臂均具有 6 个自由度，主臂长 10 m，最大负载质量可达 7000 kg，小臂长 2.2 m，最大负载质量可达 80 kg。JEMRMS 安装在国际空间站的日本“希望号”实验舱上，主要用于执行实验舱的辅助装配、曝露实验平台的载荷更换等空间任务以及承担国际空间站部分区域的维护任务。

图 1-4　专用灵巧机械臂

图 1-5　日本实验舱遥控机械臂系统

5. 欧洲机械臂

图 1-6 所示的欧洲机械臂（European Robotic Arm，ERA）由欧洲空间局（European Space Agency，ESA）研制，于 2021 年与“科学号”多功能实验舱一起发射。ERA 是一个完全对称、可重定位的机械臂，具有 7 个自由度，长 11.3 m，总质量为 630 kg，最大负载质量可达 8000 kg，操作精度可达 5 mm。ERA 安装于国际空间站俄罗斯舱段，主要用于执行在轨装配任务和提供其他舱外服务（如对国际空间站的外表面进行监测等）。

图 1-6　欧洲机械臂

6.“轨道快车”系统机械臂

“轨道快车”系统（Orbital Express System，OES）由美国国防高级研究计划局（Defense Advanced Research Projects Agency，DARPA）牵头研制，包括自主空间传送机器人轨道器

（Autonomous Space Transport Robotic Orbiter，ASTRO）和下一代服务卫星（NEXT Generation Serviceable Satellite，NEXTSat）两部分，于 2007 年发射升空，如图 1-7 所示。ASTRO 上安装有由加拿大 MD Robotic 公司生产的空间机械臂，其具有 7 个自由度，臂长 3 m，用于执行 NEXTSat 的维护和捕获任务。研究人员利用 ASTRO 上的空间机械臂在太空中完成了一系列验证试验，如控制其成功捕获了 NEXTSat，并完成了针对后者的燃料补给与电池安装任务。

图 1-7 “轨道快车”系统机械臂

7. 工程试验卫星机械臂

工程试验卫星（Engineering Test Satellite Ⅶ，ETS-Ⅶ）由日本东芝公司研制，于 1997 年发射。工程试验卫星上搭载一条具有 6 个自由度的机械臂，长 2.4 m，质量达 400 kg，如图 1-8 所示。机械臂手部关节和末端执行器均安装有摄像机，能够将画面传送至地面控制实验室，利于地面研究人员实施相关操作。研究人员可利用工程试验卫星上的机械臂完成机械臂与卫星姿态的协同控制和对在轨卫星及其在轨替换单元（Orbital Replacement Unit，ORU）部件的捕获等任务。

8.“机遇号”和“勇气号”火星探测车机械臂

“机遇号”和“勇气号”火星探测车机械臂 IDD（Instrument Deployment Device）是美国喷气推进实验室（Jet Propulsion Laboratory，JPL）于 2003 年为火星探测车“机遇号”（Opportunity 或 MER-B）与“勇气号”（Spirit 或 MER-A）所设计的轻型机械臂，如图 1-9 所示。IDD 具有 5 个自由度，长 1 m，自重 4 kg，最大负载质量为 2 kg，末端定位误差小于 5 mm，重复定位误差小于 4 mm。该机械臂末端携带穆斯堡尔谱仪、阿尔法粒子 X 射线光谱仪、显微成像仪、岩石研磨工具等科研仪器，可对火星表面土壤进行采样分析。

9.“好奇号”与“毅力号”火星探测车机械臂

“好奇号”（Curiosity）是美国火星科学实验室（Mars Science Laboratory，MSL）研制的火星探测车，于 2011 年发射。该火星探测车上安装有长度为 2.1 m 的机械臂，携带有化学和矿物学分析仪、火星样本分析仪等设备，用于辅助完成岩石和土壤样品的获取、加工、分析等操作，如图 1-10 所示。

“毅力号”（Perseverance）为 NASA 研制的新一代火星探测车，于 2020 年发射。如图 1-11 所示，该火星探测车上搭载一条具有 5 个自由度的机械臂，长 2.1 m，其末端携带相机、矿物和化学分析仪、旋转冲击式钻机等，可以进行岩芯提取、显微图像拍摄、土壤采样等操作，以辅助“毅力号”完成其光荣使命——搜寻火星远古生命存在的迹象，研究陨坑地质结构，采集并保存几十个火星样本。

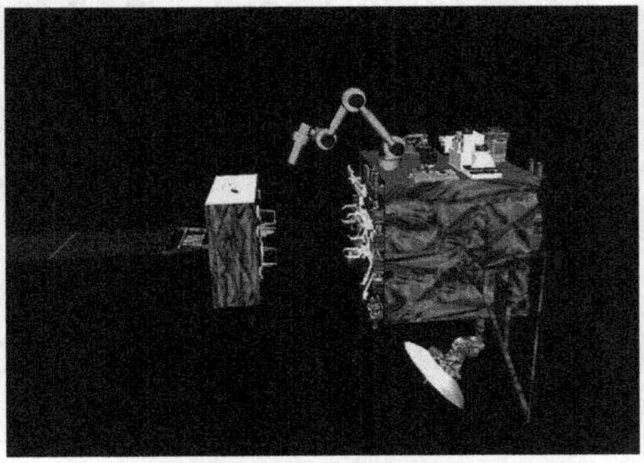

图 1-8 工程试验卫星机械臂

图 1-9 “机遇号”和“勇气号”火星探测车机械臂

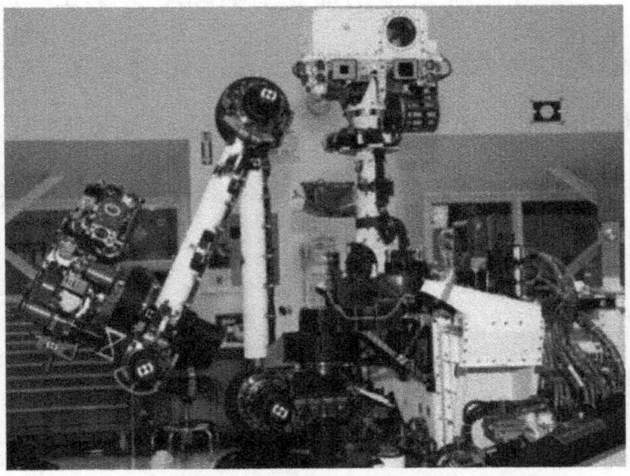

图 1-10 “好奇号”火星探测车机械臂

图 1-11 “毅力号”火星探测车机械臂

1.2.2 国内空间机械臂发展概况

随着相关研究的深入和技术进步，空间机械臂已经在我国载人航天工程和深空探测工程中发挥了重要作用。我国载人航天工程实行“三步走”战略：第一步，发射载人飞船，建成初步配套的试验性载人飞船并开展空间应用实验；第二步，突破航天员出舱活动技术、空间飞行器的交会对接技术，发射空间实验室，解决有一定规模、短期有人照料的空间应用问题；第三步，建造空间站，解决有较大规模、长期有人照料的空间应用问题。2022 年，中国空间站全面建成，载人航天工程“三步走”战略圆满收官。

在空间站建造的过程中，空间机械臂不可或缺。中国空间站远程机械臂系统（Chinese Space Station Remote Manipulator System，CSSRMS）包括核心舱机械臂（Core Module Manipulator，CMM）和实验舱机械臂（Experiment Module Manipulator，EMM），如图 1-12 和图 1-13 所示。

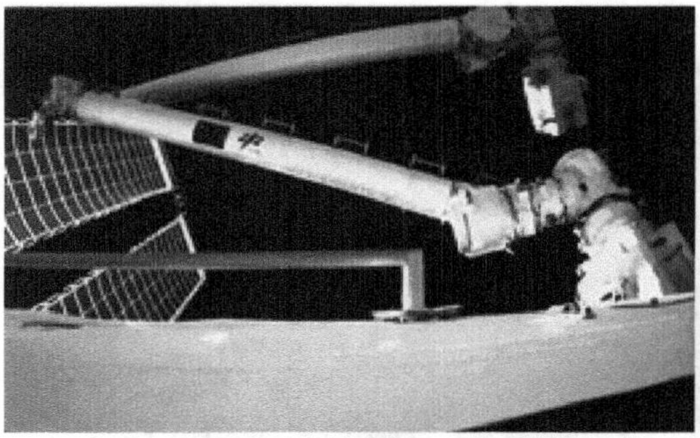

图 1-12　核心舱机械臂

图 1-13　实验舱机械臂

CMM 具有 7 个自由度，长度为 10.5 m，最大负载为 25 000 kg。机械臂本体由 7 个关节、2 个末端执行器、2 根连杆、1 个中央控制器以及 1 套视觉相机系统组成。关节的配置采用“肩 3+ 肘 1+ 腕 3”的方案，即肩部依次设置回转、偏航和俯仰关节，肘部设置肘俯仰关节，腕部依次设置俯仰、偏航和回转关节。这种对称结构可使得机械臂在空间站舱体表面实现肩 / 腕互换的位置转移，即“爬行”。CMM 主要用于完成空间站舱段转位与辅助对接、悬停飞行器捕获与辅助对接以及支持航天员出舱活动等空间任务。

EMM 具有 7 个自由度，长度为 5.5 m，最大负载为 3000 kg。机械臂本体由 7 个关节、2 个末端执行器、2 根连杆、2 个控制器、2 套手眼相机等组成。除此之外，该机械臂结构对称，两端安装的末端执行器，1 个作为实验舱机械臂工作时的基座，用于实现实验舱机械臂与实验舱的连接；1 个作为手臂抓捕操作的工具，也可实现与核心舱机械臂的对接，以构成更长的串联机械臂。EMM 控制器安装在连杆上，随机械臂移动。EMM 主要用于完成曝露平台实验载荷照料、空间站光学平台照料、支持航天员舱外状态检查、舱外设备组装等空间任务。

开展探月工程是我国深空探测领域的第一步重大举措，采取“绕、落、回”三步走战略，目前已圆满收官。在探月工程中，空间机械臂是支撑探月工程顺利实施的关键之一。“嫦娥三号”探测器是三步走战略第二步中的关键装备，于 2013 年 12 月发射并执行月面巡视勘察等空间任务。搭载在“嫦娥三号”探测器上的“玉兔号”月球车（见图 1-14）前端机械臂具有 3 个自由度，长为 0.5 m，主要用于辅助探测分析月球表面土壤，其展开后的控制精度可达毫米级别；“嫦娥五号”探测器（见图 1-15）是三步走战略第三步中的关键装备，其承担了月表采样返回任务。搭载在“嫦娥五号”探测器上的表取采样机械臂，正是执行月表采样返回任务的关键设备，其能够克服规划动作多、取样返回难度大等技术难题。

图 1-14 “玉兔号”月球车

图 1-15 “嫦娥五号”探测器

1.3 空间机械臂应用分析

空间机械臂不同于地面机械臂，其应用常常受到太空环境特点、自身特性及所执行的任务特点等多方面的影响。本节将从这 3 个方面出发对空间机械臂的应用特点进行分析。

1.3.1 空间机械臂应用环境特点分析

空间机械臂工作于地外空间中，从设计阶段到发射阶段再到使用阶段，均需要考虑微重力、真空、高低温交变、紫外辐射、电离效应、原子氧、空间碎片等诸多特殊环境因素的影响。

① 微重力：空间环境中由重力或其他外力引起的加速度不超过 $1\times10^{-5}\sim1\times10^{-4}g$（$g$ 为地面的重力加速度）。

② 真空：空间环境的真空度通常可以达到 $1\times10^{-2}\sim1\times10^{-11}$ Pa，该环境下材料干摩擦、冷焊以及液体润滑材料挥发等效应较为显著。

③ 高低温交变：由于空间热传导和热辐射等热交换能力差，光照面和阴影面存在较大温差，这样极端的温度交变会对空间机械臂机构运动产生一定影响。

④ 紫外辐射：太阳辐射出的紫外线可导致空间机械臂高分子聚合材料的弹性和强度降低。

⑤ 电离效应：在电离效应（包括空间重离子及质子效应）的影响下，空间机械臂上的电子器件易出现性能下降、工作不稳定甚至完全失效现象。

⑥ 原子氧：原子氧与空间机械臂发生相互作用可能引起空间机械臂材料的剥蚀老化。

⑦ 空间碎片：人类空间活动产生的火箭推进器、废弃失效卫星，以及空间碰撞事故产生的碎块等，会严重影响空间机械臂的运行安全。

空间机械臂工作面临的部分环境如图 1-16 所示。由此可见，特殊的工作环境给空间机械臂结构设计、材料选取、规划控制等带来挑战。为保证空间任务执行过程中空间机械臂的正常运行，需从各个方面全面提升空间机械臂的可靠性。通常来讲，空间机械臂的可靠性分为固有可靠性和使用可靠性两类，前者是指在设计与制造过程中所赋予空间机械臂的固有属性，后者则是指实际使用过程中空间机械臂所表现出的可靠性。通过在空间机械臂服役过程中引入规划与控制策略，可以延缓空间机械臂固有可靠性的衰减，并保持与提升使用可靠性，使得空间机械臂具备较强的空间环境适应能力。

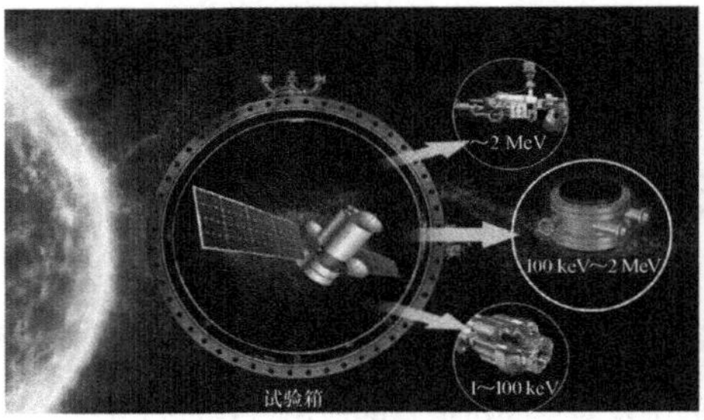

（a）紫外辐射

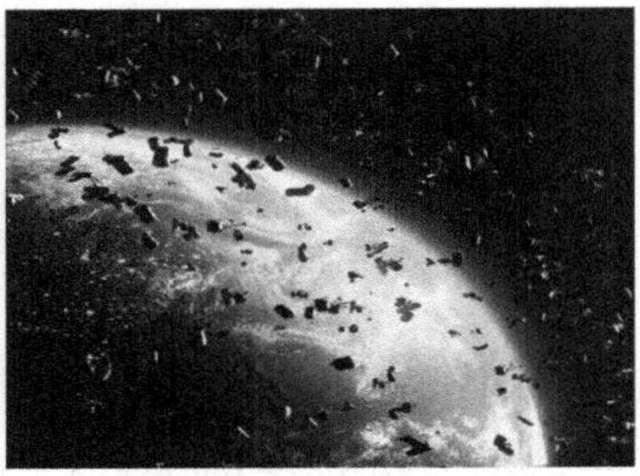
（b）空间碎片

图 1-16　空间机械臂工作面临的部分环境

1.3.2　空间机械臂自身特性分析

空间机械臂通常具有结构组成复杂、柔性特征明显、基座姿态存在扰动等特点[1]，具体分析如下。

① 结构组成复杂。由于应用环境特殊，空间机械臂在太空服役过程中的维护、维修成本极高，若关节发生故障，将导致空间任务无法顺利完成。为保障空间机械臂具备足够的容错能力以应对空间任务，往往将冗余备份技术引入空间机械臂的关节设计中，通过为关节内部结构设置冗余备份项，提高关节可靠性，进而提升空间机械臂固有容错性能[2-3]。然而，过多的驱动单元和复杂的机械结构，会使机械臂自身运动耦合特性与非线性增强，增加空间机械臂规划控制的复杂性，且复杂的机械结构也会使故障发生的概率提升。

② 柔性特征明显。为降低火箭升空过程中空间机械臂所带来的运载负担，空间机械臂常由高刚度轻质材料制造，具备轻量化的特点；为扩大空间机械臂的操作空间，拓展操作范

围，空间机械臂还具有跨度大的特点。这些特点使得空间机械臂的柔性特征凸显，加之大负载操作任务使机械臂处于受力状态，连杆易产生弹性形变，影响空间机械臂的系统性能（如末端操作精度）。

③ 基座姿态存在扰动。微重力环境下，空间机械臂属于非完整约束多体系统，其基座常处于自由漂浮状态。由于机械臂与基座间存在运动耦合，机械臂运动会引起基座的位置与姿态发生改变，导致系统运动呈现不确定性。此外，基座姿态的改变会影响安装于其上的设备（如太阳帆板、通信天线等）的正常工作，影响航天器的能量获取与对地通信等。因此，在规划与控制机械臂执行空间任务时，需考虑基座的姿态扰动。

上述空间机械臂自身特性如图 1-17 所示。

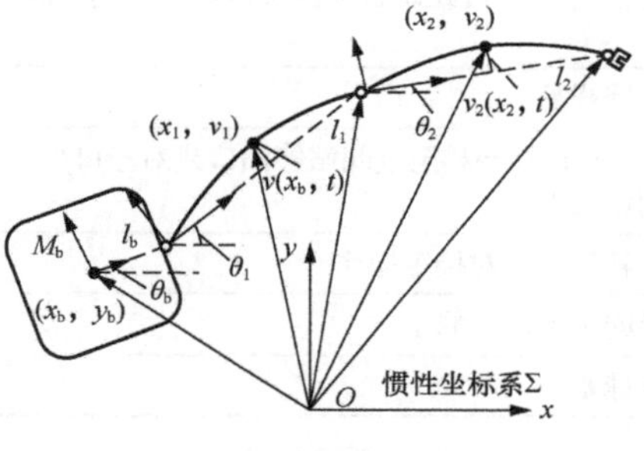

（a）空间机械臂柔性特征[4]

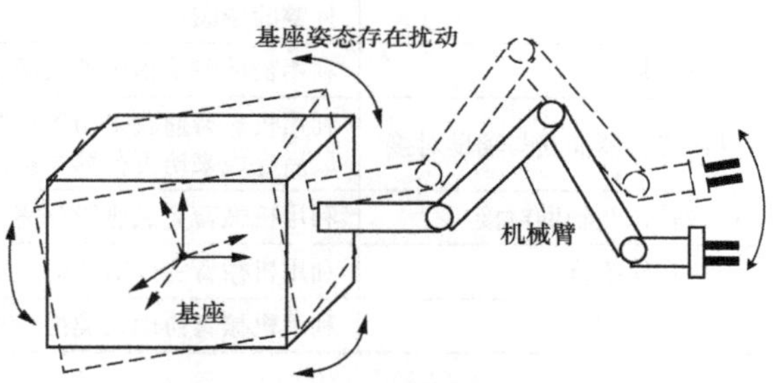

（b）空间机械臂基座姿态扰动

图 1-17　空间机械臂自身特性

除考虑上述特性外，关节角 / 关节速度 / 关节加速度极限、关节输出力矩极限等约束也会制约空间机械臂的操作能力。由此可见，空间机械臂结构特点、关节运动和输出力矩极限约束等特性对机械臂执行空间任务存在制约，空间机械臂复杂的机械结构会增大控制的复杂性和故障发生的概率；其结构的柔性特征使得其末端操作精度等性能易受连杆弹性形变影响；机械臂和自由漂浮基座间存在的耦合关系使得系统运动存在不确定性，同时空间任务的执行受基座姿态扰动的影响。因此，在规划和控制空间机械臂执行任务时，应充分考虑机械臂自身结构特点和关节输出力矩极限等约束的影响，设计相应的轨迹规划和控制方法，减小或消除机械臂结构的柔性特征对系统性能的不利影响，减少基座姿态扰动，使得空间机械臂尽可能顺利执行任务，并提升空间机械臂的使用可靠性。

1.3.3　空间机械臂任务特点分析

空间机械臂通常要承担多种任务（如在轨装配、在轨维护等），且任务对象涵盖范围较广，不仅包括飞行器、舱段、模块、设备等合作目标，还包括空间碎片、微流星等非合作目标。从国内外空间机械臂发展历程来看，空间机械臂承担的空间任务类型和部分空间任务示意分别如表 1-1 和图 1-18 所示。

表 1-1　空间机械臂承担的空间任务类型

空间任务类型	操作内容
科学实验	利用机械臂搬运、安装、拆卸及回收试验载荷，以及在机械臂支持下完成光学平台遮光罩的维护工作
支持航天员出舱活动	利用机械臂完成航天员的大范围转移并辅助航天员执行既定任务
舱外设备安装、更换或维修	利用机械臂完成空间站上大质量 / 大惯量设备（如太阳能电池翼）的安装、更换与维修等工作
舱外状态检查	利用配置在机械臂末端的视觉系统，完成空间站的定期巡检工作，将舱体表面图像传回舱内，供舱内航天员或地面飞控人员观察、判断舱外壁的健康状态
星表采样	利用机械臂采集星球表面土壤样品
悬停飞行器捕获与辅助对接	利用机械臂捕获来访飞行器，并将其转移至空间站停泊口或对接口处，最后完成来访飞行器与空间站的对接
舱段转位与辅助对接	利用机械臂完成舱段分离、转位、再对接等操作
卫星在轨维修	利用机械臂完成对故障卫星的维护、维修工作
星球基地建设	利用机械臂协助人类搭建星球基地

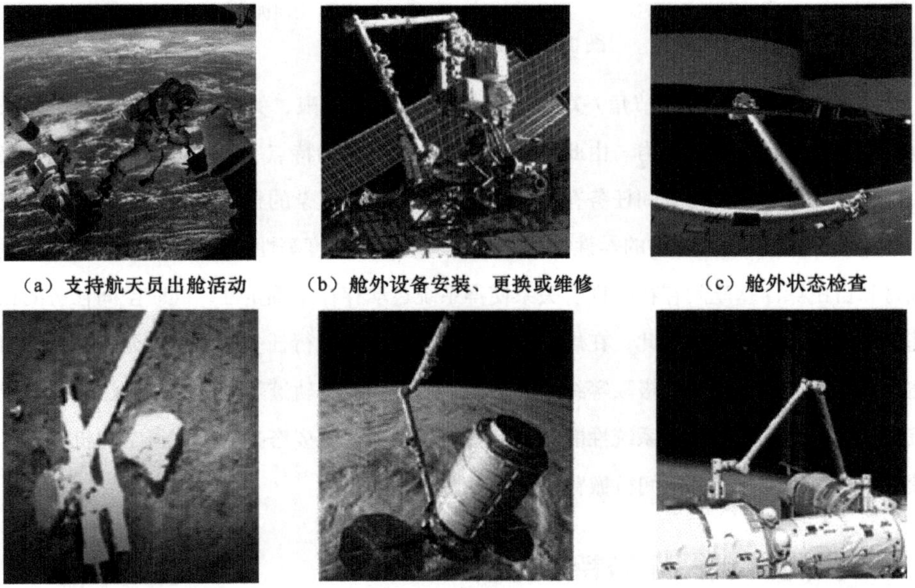

（a）支持航天员出舱活动　（b）舱外设备安装、更换或维修　（c）舱外状态检查

（d）星表采样　（e）悬停飞行器捕获与辅助对接　（f）舱段转位与辅助对接

图 1-18　空间机械臂所承担的部分空间任务示意

从表 1-1 中可看出，空间机械臂所需执行的空间任务是复杂多样的，且单个空间任务往往包含多个基本操作，例如空间机械臂对任务对象的抓取、搬运等。此外，不同的工况条件对空间机械臂也提出了相应的性能要求，例如空间机械臂在搬运任务目标时，针对不同载荷质量的搬运任务，空间机械臂需具备不同的承载能力。由于空间机械臂所执行的任务复杂多样，这些空间任务对机械臂多方面的性能提出要求，当关节发生故障时，空间机械臂往往会因为某些性能不满足空间任务要求，无法执行任务。因此，在空间机械臂的设计与使用中，需要充分考虑空间任务的特点以设计相应的容错策略，使空间机械臂在关节发生故障后仍能尽最大可能继续执行空间任务。

1.4 空间机械臂故障案例及容错需求分析

空间机械臂所处的太空环境中，存在真空、高低温交变、紫外辐射、电离效应、空间碎片等因素，这些因素会严重影响空间机械臂内部复杂零部件的强度和使用寿命。同时，空间机械臂长周期服役过程中常执行繁重、复杂的空间任务，也易导致内部零部件磨损加剧，增加空间机械臂发生故障的概率。空间机械臂自研发投入空间应用以来，发生过一些故障，主要集中在国际上极具代表性的机械臂 SSRMS 上。

案例 1：2001 年 4 月，SSRMS 先后发生腕关节和肩关节故障，导致整个机械臂无法正常工作，原定的“发现者号”发射任务也被迫推迟了一个月。

案例 2：2011 年 2 月 28 日，国际空间站的一名美国航天员在利用 SSRMS 执行太空行走任务时，机械臂控制系统发生故障，致使所有关节锁定而失去运动能力，导致该名航天员被困于机械臂末端近半小时。

案例 3：长期服役的 SSRMS 关节间润滑油减少，导致各关节的最大输出力矩下降，进而使得关节运动性能发生严重退化。2017 年 3 月 24 日，美国航天员与欧洲空间局航天员同时出舱作业近 6.5 h，通过在各关节间涂润滑油完成了对机械臂的维护。

案例 4：2017 年 10 月 5 日，SSRMS 上的两个“锁合末端效应器”之一发生自由摆动故障，导致机械臂无法通过协同控制两个“锁合末端效应器”完成对舱体等操作对象的抓取任务，进而迫使两位航天员耗费近 7 h 进行舱外作业以实现对故障组件的替换。同月 10 日，两位航天员再次出舱作业，对发生老化的 SSRMS 进行了系统维修。

上述案例中，空间机械臂关节或执行器发生故障，使得空间机械臂运动能力下降甚至完全丧失，进而导致空间任务失败，甚至对航天员安全造成威胁。此外，空间机械臂故障排除耗费了大量时间，并导致后续空间任务的推迟与取消，维修成本高昂且维修难以及时进行。因此，针对空间任务，有必要研究空间机械臂容错技术，使发生故障的空间机械臂在故障未修复的情况下可继续执行空间任务，尽量减小故障对空间任务的影响，并避免安全事故的发生。

综上所述，空间机械臂作为执行空间任务的重要装备，其长期可靠运行是系列航天计划顺利实施的重要保障。然而，空间机械臂可能发生的各类故障会严重影响空间任务的正常执行以及航天员的安全。为此，以空间机械臂安全、可靠运行为目标，研究空间机械臂容错技术，降低各类故障发生的概率以及故障对空间机械臂运动能力等方面的影响，使其继续可靠执行空间任务，对保障系列航天计划顺利实施有着重要意义。

小结

本章概述了空间机械臂的概念、构成、发展现状以及应用方向，在综合考虑空间机械臂特殊的应用环境、自身结构特性以及多样化空间任务的基础上，结合历年来空间机械臂故障案例，分析了空间机械臂的容错技术需求，指出了容错技术在空间机械臂长期可靠服役中的重要地位。

参考文献

[1] 戴振东，彭福军．空间机器人的研究与仿壁虎机器人关键技术 [J]. 科学通报，2015, 60(32): 3114-3124.

[2] LEWIS C L, MACIEJEWSKI A A. Dexterity optimization of kinematically redundant manipulators in the presence of joint failures[J]. Computers & Electrical Engineering, 1994, 20(3): 273-288.

[3] PAREDIS C J J, KHOSLA P K. Kinematic design of serial Link manipulators from task specifications[J]. The International Journal of Robotics Research, 1993, 12(3): 274-287.

[4] 姚伟，刘辽雪，郭毓，等．自由漂浮柔性空间机械臂抗扰控制 [J]. 南京理工大学学报，2021, 45(1): 63-70.

第2章 空间机械臂的关节故障及容错技术

空间机械臂零件众多、结构复杂，加之空间环境特殊，空间机械臂关节、传感器等组件时常发生故障，影响该系统正常运行。考虑到空间环境中机械臂故障处理成本高、舱外作业危险性大以及空间探索任务紧迫等因素，空间机械臂的容错能力应尽可能得到提高，从而在发生故障后仍能尽最大可能完成空间任务。本章介绍空间机械臂可能发生的故障，然后根据故障的表现形式归纳出典型的关节故障类型，并介绍冗余备份技术和不同关节故障类型的应对策略，以及关节故障空间机械臂容错规划与控制研究现状。

2.1 故障分类及应对方法概述

本节从空间机械臂的组成出发，梳理空间机械臂可能发生的故障；在此基础上，针对最有可能发生故障的关节，从冗余备份技术和故障应对策略两方面论述空间机械臂的容错方法。

2.1.1 典型故障分类

空间机械臂主体包括连杆、关节和末端执行器，如图 2-1 所示。连杆通过关节连接，直接影响空间机械臂的运动能力，但其发生故障的可能性较低，且鲜有文献研究连杆故障，故本章不介绍其故障类型。关节是机械臂运动的主要驱动部件。末端执行器是指连接在机械臂末端处具有一定执行功能的装置，用于完成空间桁架抓取、航天器舱段对接、在轨装配等任务。关节和末端执行器中都包含执行部件、传感器和控制器，如图 2-2 和图 2-3 所示。其中，执行部件是驱动末端执行器或关节运动的主要部件；传感器是感知执行部件状态的感知设备；控制器是协调、调度和控制执行部件与传感器运行的核心。本节对执行部件故障、传感器故障和控制器故障展开详细梳理并根据各部分的特点对故障进行分类。

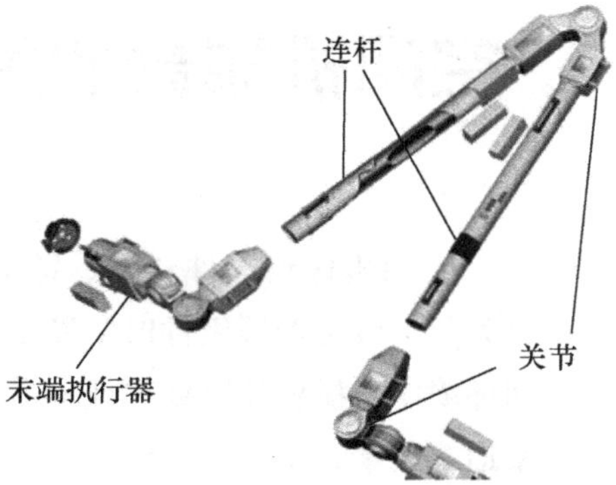

图 2-1　空间机械臂的主体

图 2-2　关节

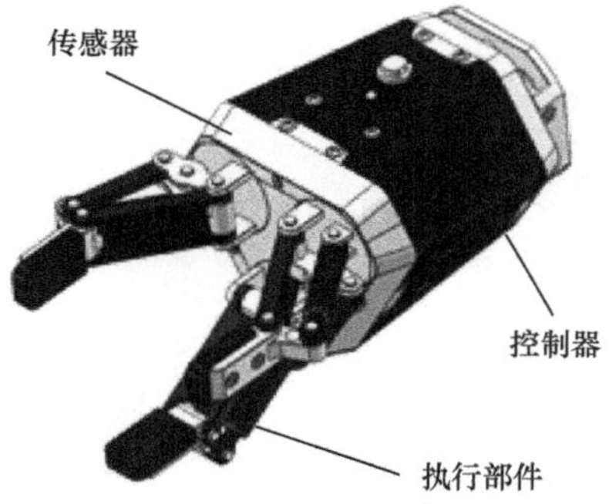

图 2-3　末端执行器

1. 执行部件故障

执行部件作为空间机械臂中关节和末端执行器的重要组成部分，是空间机械臂执行任务的重要驱动部件，是一种可将电能等能源转换为直线运动、旋转运动等运动形式机械能的驱动装置。执行部件一般由驱动电机、机械传动机构和结构连接件组成。结构连接件大多由铝合金、钛合金等金属材料制成，具有较高的稳定性和耐久性，故一般情况下故障主要发生在驱动电机和机械传动机构上。如图 2-4 所示，驱动电机可能出现的异常状况包括转子偏心、转子断条、绕组匝间短路等 [1]；机械传动机构可能出现的异常状况包括轮齿啮合误差过大、齿侧间隙过大、轮齿磨损、轴承断裂等 [2]。其中，绕组匝间短路会使电机的性能下降，不能产生期望的控制力矩或速度；转子偏心、轮齿啮合误差过大、齿侧间隙过大等异常状况可能使执行部件输出不稳定的运动从而产生振动；转子断条、轴承断裂等异常状况可能使执行部件无法输出力矩，只能随负载被动地运动；轴承断裂等异常状况可能使执行部件运动受阻卡死，运动瞬间停止。

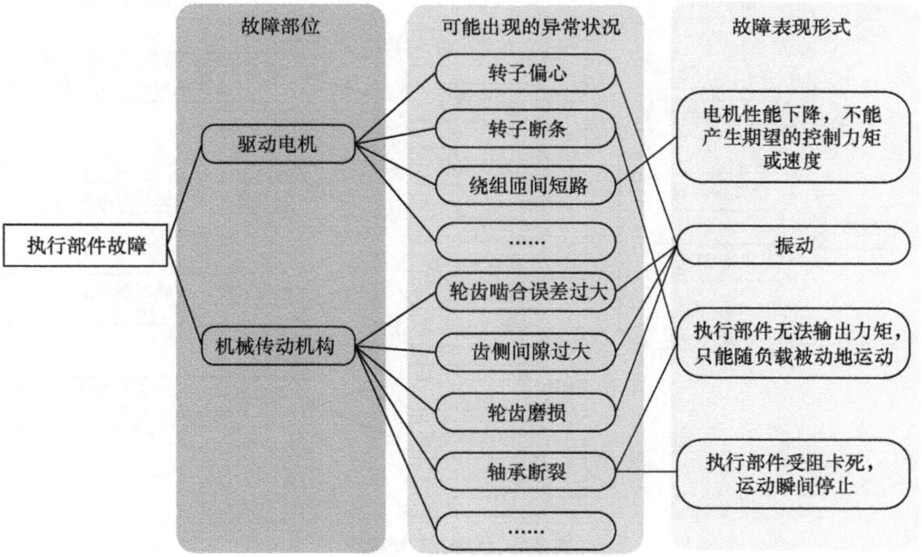

图 2-4　执行部件故障梳理

2. 传感器故障

传感器是空间机械臂感知环境及操作目标的重要设备。空间机械臂主要搭载六维力传感器、位置编码器、工业相机等，以实现对力 / 力矩、关节的旋转角度、物体运动情况等信息的采集。通过上述传感器采集到的数据，航天员可实时监测空间机械臂的工作状态和操作目标的运动状态。

根据不同传感器输出信号的特点，传感器故障可分为固定偏差故障、漂移偏差故障、精度下降和完全故障 4 类[3]。如图 2-5 所示，固定偏差故障主要是指传感器的测量值与真实值相差一定常数，一般由偏置电压、偏置电流等造成；漂移偏差故障是指传感器的测量值与真实值之间的差值随时间变化而变化，通常是因为电压变化和温度变化导致传感器元件的物理性能改变；精度下降是指传感器的测量能力变差并且精度降低，即测量平均值不变但测量方差变化，通常是空间太阳辐射或带电粒子造成的传感器检测电路热变形、输出信号失真引起的；完全故障是指传感器测量突然失效，测量值总是某个常数，通常是电路板受液体腐蚀、芯片引脚断裂等造成的。上述故障都有可能影响整个空间机械臂的动态特性，甚至使控制系统失去稳定性。完全故障相较于其他故障更严重，一般需将发生故障的关节或末端执行器停机处理。

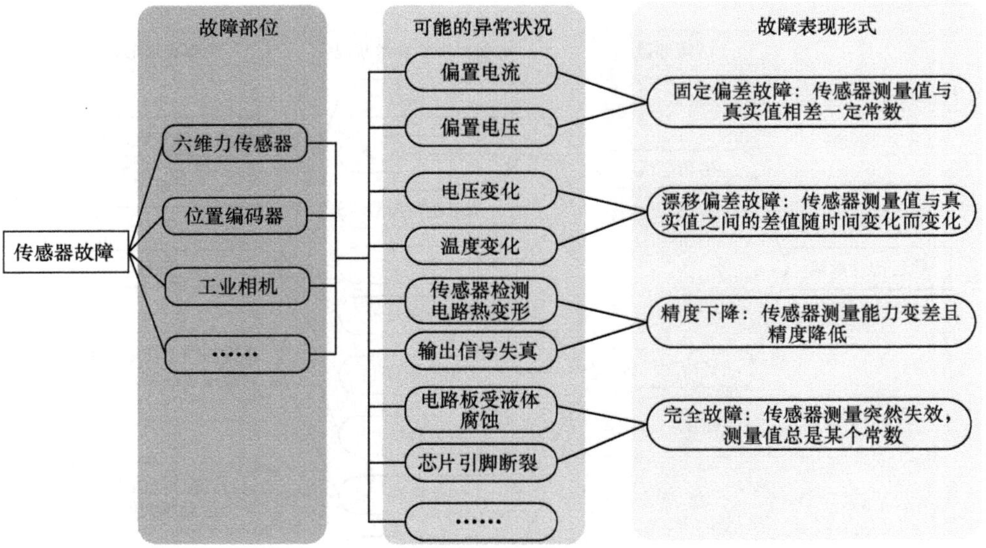

图 2-5　传感器故障梳理

3. 控制器故障

控制器是按照传感信息指令来控制空间机械臂完成相关作业任务的核心装置，对空间机械臂性能起重要作用。

控制器由软件部分和硬件部分组成：软件部分主要是指空间机械臂的控制程序；硬件部分主要是指控制器的物理配置，包含中央处理器、输入输出接口、存储器、时钟、电源等组件。

根据故障发生的位置不同，控制器故障可以划分为硬件部分故障和软件部分故障，如图 2-6 所示。

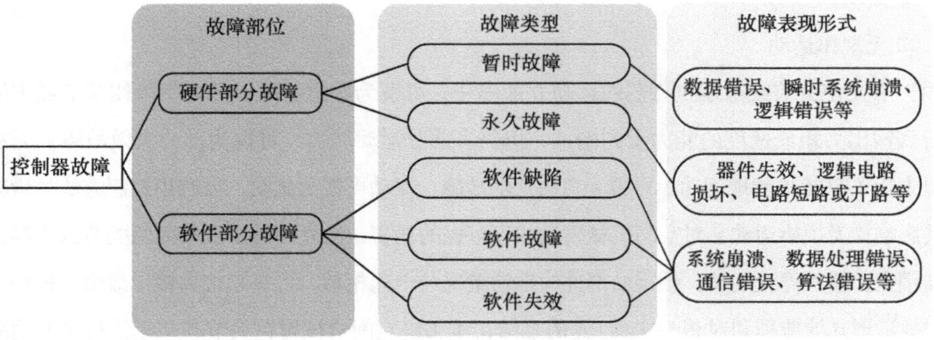

图 2-6 控制器故障梳理

对于硬件部分故障，各个硬件芯片的种类不同、功能各异，导致不同硬件芯片的故障类型难以统一梳理。根据故障的时间特性不同，本书将硬件部分故障分为暂时故障和永久故障。这两种故障大多由空间中的高能粒子冲击造成。暂时故障是指控制器运行过程中因单粒子效应所导致的单个逻辑门或者数据位逻辑异常转换，从而出现数据错误、瞬时系统崩溃、逻辑错误等，可通过重启控制器的方式进行处理。永久故障是指控制器因总粒子剂量效应引起的损坏或者性能下降，进而导致器件失效、逻辑电路损坏、电路短路或开路等，只有将故障元器件修理或更换后才能消除。软件部分故障是指软件无法按照设计说明实现相应的功能，可以分为软件缺陷、软件故障和软件失效，表现形式包括系统崩溃、数据处理错误、通信错误、算法错误等[4]。软件缺陷是指软件中存在不符合预期或不可接受的偏差，这些偏差导致软件在一定条件下运行时会出现异常。软件缺陷是软件开发过程中人为失误造成的一种静态现象，可通过多次地面测试尽量避免。软件故障是指软件在运行过程中出现的不可接受的、非预期的、内部的状态，需要针对软件的功能和人机交互特点设计相应的容错处理措施。软件失效主要指软件运行过程中出现的不符合预期或不可接受的外部行为的结果。软件部分故障一旦发生只能通过应急手段对控制器进行强制重启、关闭，避免机械臂失控而损坏空间设备，然后在非工作状态对控制器进行修理或更换。

根据前面对空间机械臂部件故障的梳理可以看出，空间机械臂包含的部件种类多样，各部件可能出现的异常状况多样，因而故障表现形式多样。经过梳理，空间机械臂执行部件故障、传感器故障和控制器故障可能使空间机械臂关节或末端执行器呈现如下几类故障形式。

① 卡死——突然停止运动。

② 性能下降——不能产生期望的控制力矩或速度。

③ 无法输出力矩（只能被动地运动）。

④ 振动。

⑤ 无规律运动。

其中，卡死使关节或末端执行器的运动立即停止，可视为锁定故障；性能下降使关节或末端执行器输出力矩或速度的能力受到削减，但仍有部分运动能力，可视为部分失效故障；无法输出力矩（只能被动地运动）可视为自由摆动故障；振动可视为扰动，可利用控制方法尽量减小其影响；无规律运动会对空间机械臂造成不可控的伤害，应立即将出现故障的关节或末端执行器锁定，使其停止运动，锁定后部件的运动情况与卡死相似，可一起视为锁定故障。根据以上对故障形式的梳理和对相关文献[5-6]的总结，本书将空间机械臂在关节和末端执行器处的故障形式归纳为锁定故障、自由摆动故障和部分失效故障。考虑到末端执行器大多为针对不同空间任务的专有机构，鲜有通用的故障应对方法，因此，发生故障后一般做更换处理，本书不做介绍。关节故障的应对方法比较多样、复杂，需要考虑故障类型、空间任务等多种因素确定。

2.1.2 关节故障应对方法

应对关节故障有两种思路：一种是降低关节故障的发生概率；另一种是故障发生后减小故障对空间机械臂造成的不良影响，可以从空间机械臂的设计阶段和使用阶段加以考虑。在设计阶段一般采用冗余备份技术，而在使用阶段一般根据故障类型和应用场合采用相应的故障应对策略。本节将对这两种关节故障应对方法进行介绍。

1. 冗余备份技术

冗余备份技术通常采用增加易发生故障设备数量的方法，当出现故障时及时切换至备份设备以尽可能保证空间机械臂的正常运转。对于前面提到的关节故障都可通过切换到备份设备来应对，冗余备份技术可分为硬件冗余技术和软件冗余技术。

（1）硬件冗余技术

硬件冗余技术指通过增加零件、电控元件或机电系统的数量来应对关节故障。例如，SSRMS 中的关节采用了双电机冗余设计，当其中一个电机发生故障时备份电机将接替承担关节驱动任务，以尽可能保证空间机械臂继续执行原有任务。SSRMS 双电机容错控制系统模型如图 2-7 所示，其电机包括轴、轴承、磁钢、铁芯、绕组以及传感器等零部件，由于此模型对所有电机零部件均进行了冗余备份，这不可避免地增加了关节的质量和体积。ERA 中的关节采用的是双绕组冗余设计，关节配备并联式冗余电机，电机有两套独立绕组和传感器。与配备双电机的关节相比，配备双绕组的关节具有更小的体积和质量。ERA 双绕组电机容错控制系统模型如图 2-8 所示，当工作中的绕组或传感器发生故障，备用绕组和传感器将接替其继续工作。

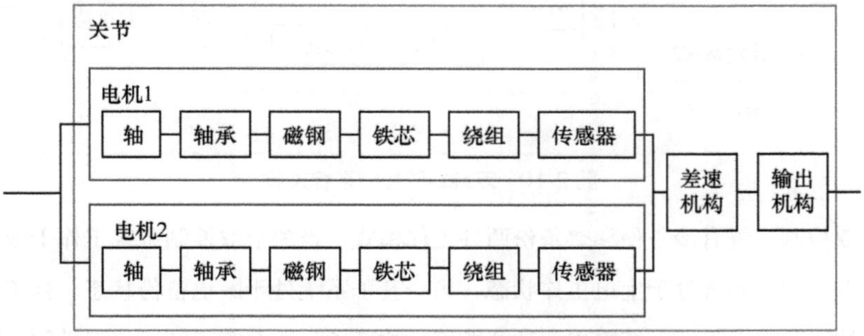

图 2-7 SSRMS 双电机容错控制系统模型

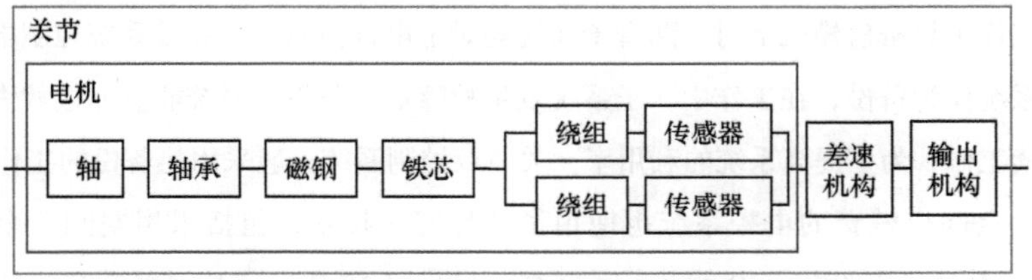

图 2-8 ERA 双绕组电机容错控制系统模型

为有效控制双电机关节或双绕组关节，需要对关节控制系统进行冗余设计，一般采用双控制系统的设计方式。双控制系统具有结构相同、相互独立、互为备份的特点，可分为双电机结构和双绕组结构两类。若关节内部为双电机结构，两套控制系统分别控制一个电机，就形成两套独立的子系统，如图 2-9 所示；若关节内部为双绕组结构，两套控制系统分别控制电机内部的两套绕组与传感器，并共用电机内部的其余零部件，形成两套子系统并控制单一电机运动，如图 2-10 所示。

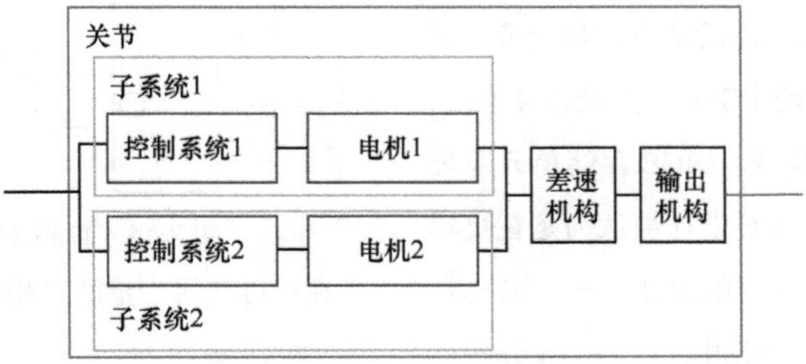

图 2-9 双电机双控制系统关节

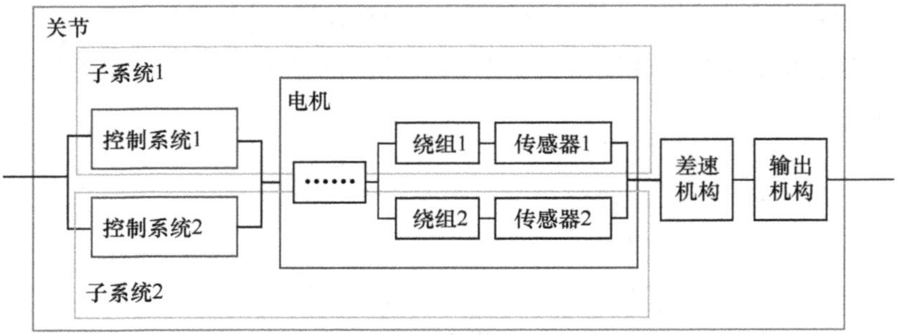

图 2-10　双绕组双控制系统关节

关节双控制系统有冷备份和热备份两种工作模式。当关节双控制系统工作于冷备份模式下时，只有一套子系统处于上电工作状态，另一套子系统处于断电备份状态。当工作中的子系统发生故障时，备份子系统需先启动才能接替故障子系统继续工作，这将导致故障瞬间电机无法及时响应期望速度 / 输出力矩而易使任务失败，因此其容错能力相对较弱。当关节双控制系统工作于热备份模式下时，两套子系统同时上电，但只有一套子系统控制电机工作，另一套子系统作为备份，在工作中，子系统发生故障后，备份子系统能立即接替发生故障的子系统继续工作。为了提高系统的利用率，关节双控制系统一般采用热备份的工作模式。

此外，空间机械臂的电控系统也使用了硬件冗余技术，包括采用空间冗余、时间冗余和错误检测与纠正（Error Detection and Correction，EDAC）[7-8] 来提升芯片的可靠性。空间冗余主要有三模冗余（Triple Modular Redundancy，TMR）设计和双互锁单元（Dual Interlocked Storage Cell，DICE）设计两大类。TMR 电路结构如图 2-11 所示，同一份信息分别保存在 3 个相互独立的物理存储空间，在进行数据读取的时候，使用表决器对 3 个物理存储空间中的内容进行比较，读取正确的数据。DICE 结构由 12 个晶体管组成，包含 4 个存储逻辑状态的节点，每个节点间相互控制，对角的两个节点不直接相互连接，进而避免粒子的偏转，DICE 存储单元原理如图 2-12 所示。DICE 设计被认为是在抗单粒子翻转方面性能最好的设计之一，该技术的优点在于可使用少量的反相器，功耗低，具有优良的抗单粒子效应能力。

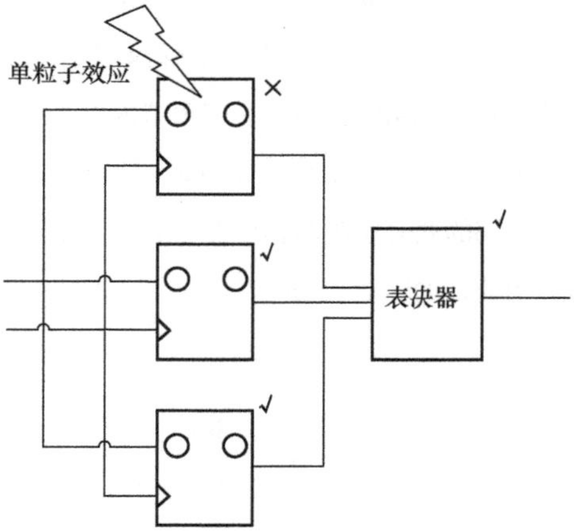

图 2-11　TMR 电路结构

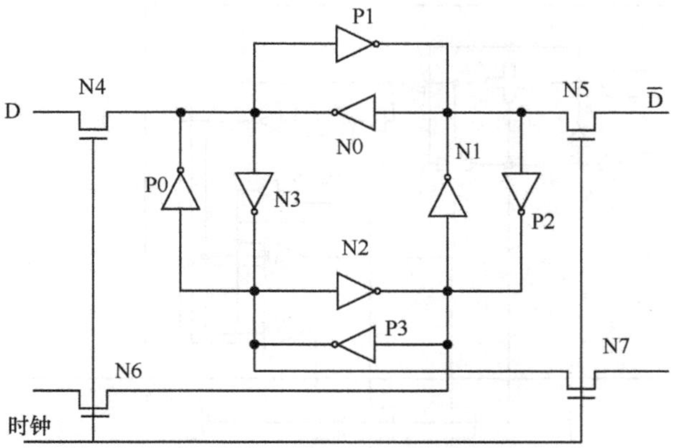

图 2-12　DICE 存储单元原理

时间冗余指的是相同或等价的两个程序在同样的计算硬件上执行多次，通过比较结果来发现和纠正错误的技术，也称时间滤波技术。图 2-13 和图 2-14 所示分别为不同结构的时间冗余采样单元，其根本思想是以不同相位的时钟在多个时间点锁存组合逻辑的输出，通过比较采样结果来过滤单粒子效应。

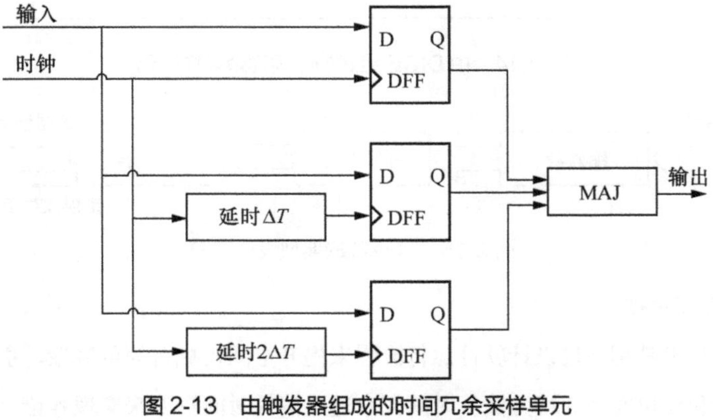

图 2-13　由触发器组成的时间冗余采样单元

EDAC 的典型设计结构如图 2-15 所示，通常在存储单元的输入端连接一个编码器，将编码出的冗余码和数据同时存入存储单元。存储单元的输出端连接一个译码器，将从存储单元里读出的含有冗余码的数据进行解码。如果没有发生错误，或者只发生一位错误，则可以将正确的数据输出，如果发生了两位或以上的错误，则会输出一个错误发生信号，表明错误不可纠正，应由中央处理器等模块处理。

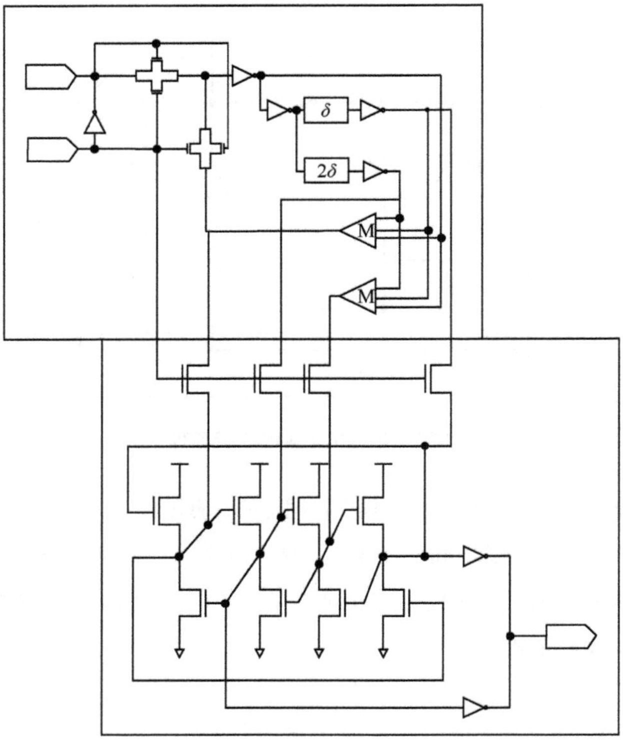

图 2-14　由 DICE 组成的时间冗余采样单元

图 2-15　EDAC 的典型设计结构

（2）软件冗余技术

软件冗余技术是指通过设计软件运行流程来提升空间机械臂的可靠性，主要包含时间冗余、信息冗余和模块冗余 3 种方法。时间冗余通过消耗时间资源来实现容错，其基本思想是通过重复运算（执行指令或程序）来消除瞬时错误。此方法与前面硬件冗余技术中所提到的时间冗余方法能达到的效果一样，不同的是，此方法通过重复调用代码的方式来实现容错。按照重复运算是在指令级还是程序级分为指令复执、程序复算。指令复执即当指令执行的结果送到目的地址时，如果有错误恢复请求信号，则重新执行该指令；程序复算即程序运行到某一时刻记录并检查程序运行状态，一旦发现运行故障，就返回到最近一次正确的检查点重新运行。信息冗余是为了监测或纠正信息在运算或传输中的错误而外加的一部分信息。在通信和计算机系统中，信息通常以编码的形式出现，故采用奇偶码、定重码、循环码等冗余码制即可发现甚至纠正错误。模块冗余则是通过调用可实现同一功能的不同软件模块，通过表决算法屏蔽计算错误，从而提升计算结果的可靠性。

2. 故障应对策略

冗余备份技术能大大提高空间机械臂的可靠性，但会增加空间机械臂的成本、质量和复杂度，且切换备份部件时存在时延，有可能导致某些空间任务失败，因此有必要以一种新思路应对关节故障。一些空间机械臂被设计为冗余度机械臂，其自由度超过完成主任务所需的最小自由度。采用冗余度的设计可以使机械臂在无关节故障时具有较高的灵巧性，在关节发生故障时，若可用关节数不低于任务空间维数，则空间机械臂仍可继续工作。故可以基于其冗余特性，通过路径规划或控制等方法设计故障应对策略，以调整发生故障的空间机械臂的运动状态，减小故障带来的影响，而不需要切换至备份部件。本书根据作者实验室多年的空间机械臂容错技术研究经验及其他学者的研究成果，梳理了关节故障应对策略，如图 2-16 所示。

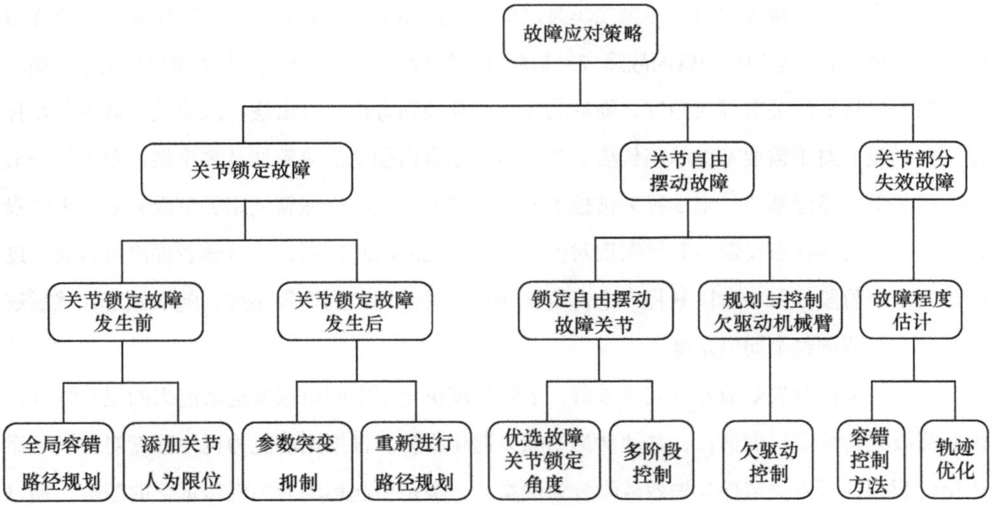

图 2-16 关节故障应对策略

对于关节锁定故障空间机械臂，其故障应对策略可分为锁定故障前和锁定故障后的故障应对策略。由于关节锁定故障空间机械臂运动能力的退化程度会因为故障关节和锁定角度的不同而有较大差异，因此需要在关节锁定故障发生前避开运动能力严重退化的特殊位置，主要实现方式为对关节运动范围添加人为约束，即关节人为限位，以及进行全局容错路径规划（任意关节任何时刻故障，均能够找到一条连通初始点到任务点的连续关节角序列，从而保障空间机械臂仍然可以继续完成预期的在轨操作任务）。关节锁定故障发生后，故障机械臂的运动模型发生了变化，故障关节失去运动能力，为了尽可能使空间机械臂能够继续执行末端轨迹跟踪任务，其他健康关节需要补偿故障关节的速度 / 力矩突变量，这就使得健康关节的速度 / 力矩发生突变，不利于空间机械臂的安全、稳定运行，因此需要对关节锁定故障空间机械臂加入参数突变抑制策略。若短时间内无法修复故障关节，且后续仍需要执行空间任务，则需要考虑机械臂的运动能力、基座姿态扰动等任务要求重新进行路径规划（如 A* 算法、PRM 算法等）。

对于关节自由摆动故障空间机械臂，其故障应对策略可以归纳为两类：一类是规划与控制欠驱动机械臂，依靠欠驱动控制方法继续执行空间任务；另一类是锁定自由摆动故障关节，使机械臂退化为一条低自由度机械臂以继续执行任务。第一类策略可以保留自由摆动故障关节的运动能力，此时空间机械臂仍然具有冗余度，可以依据空间任务对运动能力的要求进行轨迹优化。但由于自由摆动故障关节失去了力矩输出能力，故仅能依靠剩余健康关节的运动来间接控制其运动，并且故障空间机械臂的负载操作能力有较大退化，不再适合操作类任务（如负载搬运、对接装配等）。第二类策略能够使故障关节重新具备力矩输出能力，进而可借鉴关节锁定故障空间机械臂的故障应对策略继续执行任务。在锁定自由摆动故障关节之前，首先需要优选故障关节锁定角度，随后利用欠驱动控制方法将自由摆动故障关节调控到目标角度并锁定。对于需要考虑基座位姿、多关节发生自由摆动故障等涉及多个被控单元（一般将故障关节、漂浮基座、末端称为被控单元）的情况，空间机械臂健康关节数有限，无法设计连续、光滑的状态反馈控制律实现对多个被控单元的同时控制，一些学者提出可将调控过程分为多个阶段，每一阶段只将一个自由摆动故障关节调控到期望角度，随后锁定，然后逐步将所有关节调整至期望角度。

对于关节部分失效故障空间机械臂，故障程度决定了空间机械臂运动能力的退化程度，因此需要进行故障程度估计，并评估运动能力退化程度。根据运动能力退化程度对任务可完成度的影响，可将关节部分失效故障分为两类：一类是引起运动能力轻微退化的故障，通过容错控制方法（如鲁棒性较强的滑模控制算法）即可使得空间机械臂跟踪期望轨迹，继续完成任务；另一类是引起运动能力严重退化的故障，空间机械臂运动能力无法满足任务需求，导致任务不可完成，此时需要优化其运动能力。由于发生部分失效故障的关节仍可以输出速度和力矩，空间机械臂仍具有冗余自由度，因此可基于空间机械臂自运动在规划任务轨迹（轨迹优化）的同时对其运动能力进行优化。

综上所述，本节梳理了空间机械臂执行部件、传感器和控制器常见的故障，然后根据故障的表现形式将关节故障归纳为锁定故障、自由摆动故障和部分失效故障 3 种类型。本节还介绍了关节故障的处理方法，在空间机械臂的设计阶段通常采用冗余备份技术，出现故障时能够切换至备份设备以尽可能保障空间机械臂的正常运转；在使用阶段通常需根据关节故障类型采用对应的故障应对策略，以减小故障带来的影响。最后本节根据关节故障类型及其特点分别介绍了 3 种故障类型对应的故障应对策略。

空间机械臂关节发生故障后，由于空间环境特殊、任务紧迫等原因，往往无法得到及时维修。因此，为了尽可能使空间机械臂在故障状态下继续执行任务，空间机械臂需要开展容错规划与控制工作：首先对故障空间机械臂进行数学建模，得到其运动学和动力学模型，为后续容错规划与控制奠定基础；然后，根据空间任务对空间机械臂运动能力的要求，分析故障对空间机械臂主要运动能力的影响情况，并以此为基础设计故障空间机械臂容错应对策略；最后，对故障空间机械臂开展容错运动控制，使故障空间机械臂尽可能输出期望的运动状态以完成空间任务。由此，下面针对关节锁定故障、关节自由摆动故障和关节部分失效故障空间机械臂，从数学建模、运动能力影响分析以及容错运动控制策略 3 方面，分别介绍其容错规划与控制研究现状。

2.2 关节锁定故障空间机械臂容错规划与控制研究现状

关节锁定故障是指故障关节被刚性锁死而无法输出运动，电机抱闸、机械传动装置卡死均可导致空间机械臂发生关节锁定故障。关节锁定故障发生后：空间机械臂的任务轨迹会受到直接影响，导致任务失败；空间机械臂的自由度减少，运动性能和操作能力都会随之下降，也会影响任务的执行。因此，需对关节锁定故障空间机械臂容错规划与控制技术开展研究，尽最大可能使空间机械臂继续执行空间任务。

2.2.1 关节锁定故障空间机械臂数学建模研究现状

关节锁定故障发生时，故障关节被刚性锁死，从而使空间机械臂的数学模型发生摄动，若基于原来的数学模型进行后续的规划控制，会规划出错误的结果进而使任务失败，因此需对关节锁定故障空间机械臂进行运动学模型和动力学模型重构。

故障关节被锁定后，与其相连的前后两根连杆无法相对运动，因此可将故障关节连接的两根连杆视为一根连杆，同时将故障关节视为该连杆的一部分，然后采用正常的空间机械臂的建模方法对故障空间机械臂进行数学模型重构。目前有 D-H（Denavit-Hartenberg）参数法和旋量法两种方法用于关节锁定故障空间机械臂运动学模型重构。D-H 参数法由 Denavit 与 Hartenberg[9] 提出，该方法通过一系列规则，在空间机械臂连杆上建立坐标系，采用 4 个变量描述空间机械臂连杆之间的变化关系。郭雯 [10] 根据不同的关节锁定情形汇总出 7 自由度空间机械臂的重构 D-H 参数表，并通过数值仿真验证了空间机械臂运动学模型重构策略的正确性。陈钢等 [11] 基于旋量法提出一种针对单关节故障机械臂的通用模型重构方法，能够实现任意构型机械臂关节故障后的运动学模型重构。D-H 参数法属于局部建模方法，其程序兼容性较好，可广泛应用于空间机械臂软件系统中；旋量法属于全局建模方法，在各类机械臂之间的通用性更好，更容易推广至其他构型的机械臂。针对空间机械臂动力学模型重构问题，相关的研究较少，本书对该问题进行了探讨，具体内容将在第 3 章进行介绍。

综上，关节锁定故障空间机械臂数学模型重构本质上是将故障关节前后连杆视为一根连杆，然后重新建立各连杆的运动学及动力学参数。

2.2.2 关节锁定故障空间机械臂运动能力影响分析研究现状

关节锁定故障发生后，空间机械臂自由度下降，其运动能力发生摄动，若未准确评估空间机械臂运动能力且盲目操作故障空间机械臂，会因为无法准确掌握空间机械臂运动能力而导致空间任务失败，因此需准确评估关节锁定故障空间机械臂运动能力。现有的空间机械臂运动能力分析中，所涉及的运动能力指标包括基于空间机械臂雅可比定义的运动学可操作度、运动学条件数、运动学最小奇异值 [12-13]，基于惯量耦合矩阵定义的动力学可操作度、动力学条件数、动力学最小奇异值 [12, 14]，工作空间 [13, 15]，动态负载能力 [14, 16] 以及末端操作力 [16-17] 等。其中，运动学可操作度、运动学条件数、运动学最小奇异值属于空间机械臂运动学灵巧性，动力学可操作度、动力学条件数、动力学最小奇异值属于空间机械臂动力学灵巧性，二者可统称为空间机械臂的灵巧性；工作空间属于空间机械臂末端可达性；动态负载能力和末端操作力则可归类为空间机械臂的负载操作能力。因此，空间机械臂的运动能力可分为灵巧性、末端可达性、负载操作能力 3 类，可从这 3 方面评估关节锁定故障空间机械臂运动能力，或基于上述 3 方面运动能力中的一些指标来构建综合运动能力指标。

针对关节锁定后空间机械臂的末端可达性，Mu 等 [18] 基于蒙特卡洛法得到了单关节锁定故障六自由度空间机械臂的容错工作空间。李哲 [19] 通过空间机械臂正向运动学映射关系得到了关节锁定故障空间机械臂的容错工作空间。Chen 等 [20] 和 Pennock 等 [21] 分别基于蒙特卡洛法和机械臂自运动理论分析了空间机械臂的工作空间及容错工作空间，并以此评估了故障空间机械臂的末端可达性。袁博楠 [22] 考虑了基座漂浮特性与末端姿态，以栅格化工作空间的体积评估了故障空间机械臂的末端可达性。

针对关节锁定故障空间机械臂的灵巧性研究主要集中在运动学灵巧性方面，对动力学灵巧性的研究较少。不少学者以退化可操作度来表征关节锁定故障空间机械臂的运动学灵巧性。例如，Lewis 等 [23] 提出了多目标加权综合优化法和梯度投影法，对空间机械臂灵巧性给出了准确评估；赵京等 [24] 以退化可操作度衡量空间机械臂的运动能力及后续任务姿态的可达性；还有一些学者 [25-26] 以故障空间机械臂的最小奇异值衡量其运动学灵巧性，并以运动学灵巧性最优为目标来辅助设计空间机械臂的结构参数。

空间机械臂的负载操作能力可以分为动态负载能力和末端操作力。动态负载能力是指空间机械臂保持特定运动状态且满足某些约束条件时可操作的最大质量 / 惯量负载。Chen 等 [16] 针对基座漂浮空间机械臂，以关节输出力矩极限、基座扰动力极限、基座扰动力矩极限为约束条件，以空间机械臂最大负载质量为目标构建了空间机械臂的动态负载能力计算模型。空间机械臂的末端操作力是负载运动的动力，针对故障空间机械臂末端操作力输出问题，Hassan 等 [27] 指出当故障空间机械臂的力雅可比矩阵 $({}^{k}\boldsymbol{J})^{\mathrm{T}}$ 的行数小于列数时，$({}^{k}\boldsymbol{J})^{\mathrm{T}}$ 存在零空间 $N(({}^{k}\boldsymbol{J})^{\mathrm{T}})$。当力雅可比矩阵不满秩时，很小的关节力矩都可能产生非常大的末端操作力，此时空间机械臂处于失控状态，在后续空间机械臂规划及控制中应设法避免。

针对综合运动能力指标构造问题，She 等 [28] 通过综合考虑可操作度、条件数、最小奇异值等局部运动能力指标，实现了空间机械臂关节空间综合运动能力评估；王宣 [29] 选定用于构造综合运动能力的多个子指标，全局化处理局部运动能力指标，并基于熵值法确定各子指标的不同权重，以构造空间机械臂综合运动能力指标。

综上，关节锁定故障空间机械臂运动能力可分为灵巧性、末端可达性和负载操作能力。运动能力影响分析能够为关节锁定故障空间机械臂的任务规划、运行轨迹选取提供重要指导。具有较高运动能力的空间机械臂运行轨迹，一方面能够使关节锁定时刻空间机械臂的末端可达性较好、避免发生故障时的奇异型位；另一方面还能保证故障空间机械臂尽最大可能完成后续空间任务。

2.2.3 关节锁定故障空间机械臂容错运动控制策略研究现状

根据应用阶段不同，关节锁定故障空间机械臂容错运动控制策略可分为故障前和故障后的容错运动控制策略。前者是指在关节锁定故障发生前选用相应的规划控制方法尽最大可能保障任务可靠执行，后者是指在关节锁定故障发生后通过控制补偿使得空间机械臂仍能尽最大可能执行任务。

1. 关节锁定故障前空间机械臂容错运动控制策略

空间机械臂未发生关节锁定故障时，处于正常工作状态，但其随时都有可能发生关节锁定故障，因此在关节锁定故障发生前，需采取相应的措施以尽量避免故障的发生或减小故障带来的影响。一些学者提出了空间机械臂运动能力退化预防策略，能够避开运动能力严重退化的特殊位置，主要实现方式为在原有物理限位的基础上对关节运动范围添加人为约束，即关节人为限位，避免关节运动至这些运动能力退化严重的特殊位置。Lewis[23] 针对单关节锁定故障的冗余度空间机械臂，提出了一种基于自运动流形边界计算的关节人为限位求解方法；Hoover 等 [30] 以退化工作空间体积满足后续空间任务要求为目标，基于解析法通过单次计算完成了空间机械臂各关节人为限位的求解；王宣 [29] 基于牛顿 – 拉弗森法求解空间机械臂各关节人为限位，以构建多关节先后发生锁定故障的空间机械臂运动能力严重退化预防策略。针对关节锁定故障发生前的容错运动控制策略，还有一些学者提出了全局容错路径规划方法，能在关节锁定故障发生前保证轨迹的可行性，避免关节锁定故障引发后续轨迹不可达问题。赵京等 [24] 提出了故障时刻和故障后的全局容错路径规划概念，通过选取合适的关节运动轨迹和末端初始位置使得容错工作空间尽可能包含任务轨迹。Paredis 等 [31] 在考虑关节限位、避障等多约束的情况下，提出了一种全局容错路径规划算法。张健 [32] 基于任务需求，采用多目标粒子群算法进行了全局容错轨迹优化并获得了 Pareto 最优解集。

综上，关节锁定故障前空间机械臂容错运动控制策略主要通过添加关节人为限位或避免不利构型来尽可能避免故障的发生或减小故障带来的影响。

2. 关节锁定故障后空间机械臂容错运动控制策略

空间机械臂发生关节锁定故障后，其运动模型发生改变，空间机械臂实际运行轨迹发生突变并偏离期望轨迹，其运动能力也有所退化，进而导致任务失败。为此，需研究空间机械臂关节锁定故障发生后的容错运动控制策略，使空间机械臂尽最大可能完成期望任务。根据容错运动控制策略应用场景不同，可将关节故障后空间机械臂容错运动控制策略分为在线容错运动控制策略和离线容错运动控制策略。

关节锁定故障空间机械臂在线容错运动控制策略能够抑制关节锁定故障发生时空间机械臂末端参数和关节参数的突变，实现关节锁定故障空间机械臂在不停机情况下跟踪期望末端轨迹，时刻保障空间机械臂执行任务时的运行可靠性和平稳性。多位学者围绕关节故障空间机械臂末端轨迹跟踪控制展开了研究，Liang 等[33]基于矩阵摄动理论推导了机械臂末端速度不发生突变时的健康关节速度补偿量；Abdi 等[34]将这一方法延伸至多关节故障空间机械臂，推导出多关节故障空间机械臂末端速度不发生突变的条件。上述研究通过在故障时刻调整健康关节速度以补偿故障关节速度突变量，实现空间机械臂末端平稳运动，但可能会导致健康关节速度和加速度（力矩）发生突变，从而造成健康关节损伤，甚至对空间机械臂的运行安全产生巨大威胁。因此，多位学者围绕关节故障空间机械臂运动参数突变抑制开展研究，提出了运动参数突变抑制方法，进一步提升了空间机械臂运动的稳定性。利用冗余度空间机械臂的自运动特性，Jia 等[35]在矩阵摄动法中加入了基于运动学可操作度梯度的关节速度修正零空间项，通过人为优选修正系数，实现了末端速度零突变的同时关节速度突变被有效抑制，同时针对关节故障具有突发性的特点，通过拟合最优关节速度突变抑制系数函数，实现了面向突发关节故障的关节速度突变最优抑制；田军霞等[36]研究了冗余度机械臂故障后关节速度发生突变的原因，并提出了相应的调整策略以减小关节速度突变；Chen 等[37]利用矩阵摄动法，在实现末端操作力平稳变化的基础上，引入带有修正系数的关节负载补偿力矩零空间项，通过优选修正系数，实现关节负载补偿力矩突变的有效抑制。

关节锁定故障空间机械臂离线容错运动控制策略是指在空间机械臂故障关节锁定并停机后，为使空间机械臂完成期望任务，重新规划空间机械臂运动轨迹的容错运动控制策略。但由于关节锁定故障的发生导致空间机械臂运动能力发生摄动，因此还需在评估关节锁定故障空间机械臂运动能力的基础上，以任务所需运动能力为优化目标重新规划任务轨迹，使得空间机械臂尽可能完成预期任务。与在线容错运动控制策略相比，离线容错运动控制策略应用场合更多，在线容错运动控制策略仅可用于关节故障发生时刻的任务执行过程，而随后的每一次任务都需要基于离线容错运动控制策略完成。由于不同任务对空间机械臂的要求不同，大量学者以避奇异、时间最短等为优化目标开展了容错轨迹优化研究。例如，Zhang 等[38]通过构建包含最小奇异值指标的启发式代价函数对传统 A* 算法进行改进，并基于改进 A* 算法搜索路径。王宣[29]将一种基于 PRM 算法的轨迹规划方法引入关节锁定故障空间机械臂容错轨迹优化中，在算法代价函数中融入运行时间因素，得到了时间最短的轨迹；Liu 等[39]以动态负载能力较大、基座扰动力 / 力矩较小为目标构建多个目标函数，基于粒子群算法求解优化模型获得动态负载能力、基座扰动、能耗综合最优的关节锁定故障空间机械臂容错轨迹。

综上，关节锁定故障后空间机械臂容错运动控制策略可分为在线容错运动控制策略和离线容错运动控制策略。在线容错运动控制策略可以使空间机械臂在不停机的情况下尽可能继续跟踪期望轨迹，并抑制由锁定故障导致的空间机械臂参数突变。离线容错运动控制策略可以在停机后重新规划空间机械臂运动轨迹，以提升故障空间机械臂的运动能力。

2.3 关节自由摆动故障空间机械臂容错规划与控制研究现状

关节自由摆动故障是指故障关节无法输出力矩而呈现自由摆动状态。该故障可能由电机轴承断裂、转子断条等情况引起。关节自由摆动故障发生后，故障关节将无法独立控制而变为新的被控单元，使空间机械臂退化为含非完整约束的欠驱动机械臂，丧失对操作力、扰动力等外力的平衡能力，其运动性能和负载操作能力发生退化而不满足任务要求，致使空间任务失败。因此，需对关节自由摆动故障空间机械臂容错规划与控制技术开展研究，以尽最大可能确保空间任务的执行。

2.3.1 关节自由摆动故障空间机械臂数学建模研究现状

关节自由摆动故障空间机械臂的故障关节不具备力矩输出能力，无法独立控制，它与漂浮基座和末端均属于被控单元，受控于健康关节，因此故障关节也常被称为被动关节，健康关节也常被称为主动关节 [40]。主动关节速度、加速度 / 力矩与被控单元的传递关系即运动耦合关系，其中主动关节速度与被控单元的传递关系称为运动学耦合关系，主动关节加速度 / 力矩与被控单元的传递关系称为动力学耦合关系。主动关节能否成功调控被控单元与主动关节和被控单元间的运动耦合关系的特征密切相关，因此建立关节自由摆动故障空间机械臂运动学模型和动力学模型，分析主动关节与被控单元间的运动耦合关系是关节自由摆动故障空间机械臂后续运动规划与控制的基础。

关节自由摆动故障空间机械臂数学建模以及运动学和动力学耦合关系的建立，可参考平面欠驱动机械臂的相关研究。Nakamura 等 [41] 针对平面二自由度欠驱动机械臂，利用相空间哈密顿函数建立了动力学模型，绘制了反映主 / 被动关节位移关系的庞加莱映射图，进而求得其运动学和动力学耦合关系。Li 等 [42] 利用牛顿 - 欧拉法推导中间关节为被动关节的平面三自由度机械臂加速度映射关系，将其作为动力学耦合关系，并证明了平面三自由度欠驱动机械臂主 / 被动关节间动力学耦合关系满足二阶非完整约束。Wang 等 [43] 分析了平面 n 自由度欠驱动机械臂动力学耦合关系，证明其可以被完全积分为状态变量的几何约束。上述运动耦合关系分析研究均针对平面欠驱动机械臂，均利用了平面几何约束简化分析，不适用于三

维空间中的 n 自由度欠驱动机械臂。袁博楠 [22] 针对 n 自由度关节自由摆动故障空间机械臂，对其运动学和动力学耦合关系进行分析，并利用 Frobenius 定理证明其主动关节与被动关节间的运动学耦合关系满足一阶非完整约束，而动力学耦合关系满足二阶非完整约束。因此，关节自由摆动故障空间机械臂是在漂浮基座固有的一阶非完整约束 [44-45] 的基础上，叠加动力学耦合关系的二阶非完整约束的影响，导致其内部运动学和动力学耦合机理较固定基座欠驱动机械臂更为复杂。

主动关节输出向被控单元传递的能力会影响主动关节对被控单元的调控难度，该能力可以通过运动学和动力学耦合程度表征。Bergerman 等 [46] 针对欠驱动机械臂，通过对主动关节与被动关节间惯性矩阵进行奇异值分解构建动力学耦合程度表征指标。袁博楠 [22] 针对关节自由摆动故障空间机械臂，基于主动关节与被控单元间雅可比矩阵定义运动学耦合程度指标，以及主动关节力矩与被控单元间耦合矩阵定义动力学耦合程度指标，通过全局化使得上述指标不受制于基座姿态和构型。符颖卓 [47] 在空间机械臂动力学耦合程度指标的基础上考虑了向心力、科里奥利力（简称科氏力）等非线性项的影响，能够更准确地反映关节自由摆动故障空间机械臂的可控性。上述研究中，关节自由摆动故障空间机械臂运动学耦合程度大多基于主动关节与被控单元间雅可比矩阵构建，而动力学耦合程度指标大多基于主动关节与被控单元间惯性矩阵构建。这些耦合程度指标能够反映主动关节输出向被控单元传递的能力，进而能够反映关节自由摆动故障空间机械臂的可控性，并作为空间机械臂的可控性表征指标，用于判断关节自由摆动故障空间机械臂的后续规划和控制能否成功实施。

综上，对关节自由摆动故障空间机械臂数学建模的研究主要集中在主动关节与被控单元间运动学与动力学耦合关系上。为衡量主动关节调控被控单元的难易程度，一般通过运动学和动力学耦合程度表征关节自由摆动故障空间机械臂的可控性。

2.3.2 关节自由摆动故障空间机械臂运动能力影响分析研究现状

关节自由摆动故障的发生导致空间机械臂运动能力退化，影响空间任务的完成。因此，处理空间机械臂关节自由摆动故障，要先准确分析空间机械臂运动能力，确定关节自由摆动故障对空间机械臂运动能力的影响，进而面向任务需求，以运动能力优化为准则设计关节自由摆动故障处理策略，从而使得故障发生后空间机械臂能够以最优运动能力继续完成任务。

如 2.2.2 节所述，空间机械臂运动能力包括灵巧性、末端可达性和负载操作能力。在灵巧性方面，English 等 [48] 以平面三自由度欠驱动机械臂为对象，基于主动关节和被动关节间的运动学耦合关系，构建末端沿给定方向运动时的机械臂工作空间以表征欠驱动机械臂的可达性，并定量分析不同关节处于自由摆动状态时对机械臂可达性的影响；Roberts 等[49]针对欠驱动机械臂，将关节力矩与末端加速度间耦合矩阵中与被动关节对应的列元素置零，基于修改后的矩阵构建退化动力学可操作度来表征欠驱动机械臂的灵巧性。在末端可达性方面，Hattori 等[50]针对 AP（Active-Passive，第一关节主动而第二关节被动）型平面欠驱动机械臂，假设其基座做匀速圆周运动并在此基础上建立运动方程，分析了其自由摆动故障关节的可达空间，进而实现末端可达性分析；Fu 等[51]基于关节自由摆动故障空间机械臂主动关节与被控单元间的耦合关系，分析主动关节做简谐运动时基座姿态和被动关节角的变化范围，进而求得故障空间机械臂工作空间，实现关节自由摆动故障空间机械臂末端可达性分析。在负载操作能力方面，Wang 等[52]指出，空间机械臂的操作能力取决于各关节的最小输出力矩，而发生自由摆动故障的关节输出力矩为零，导致空间机械臂负载操作能力严重退化；Hassan 等[27]针对对称结构机械臂，对其雅可比矩阵分块处理，推导末端输出力平衡方程，定量评估欠驱动并联空间机械臂的操作能力。从上述关节自由摆动故障空间机械臂的运动能力分析可以看出，其负载操作能力受到的影响较大。

在关节自由摆动故障空间机械臂运动能力分析的基础上，需进一步结合空间任务的类型及空间任务对空间机械臂运动能力的需求，选择相应的故障应对策略。运动类任务（如定点控制、末端轨迹跟踪等）主要对空间机械臂灵巧性和末端可达性有较高要求；操作类任务（如负载搬运、对接装配等）主要对空间机械臂负载操作能力有较高要求。因此，现有研究中，针对运动类任务，可以不改变故障关节的自由摆动状态，利用自由摆动故障关节剩余的运动能力，通过规划控制机械臂完成任务[40, 53]；针对操作类任务，则主要通过锁定故障关节，提升故障机械臂运动能力[54-55]。因此，关节自由摆动故障应对策略可分为两类：① 规划与控制欠驱动机械臂；② 将自由摆动故障关节锁定，使故障空间机械臂重新具备力矩输出能力，进而借鉴关节锁定故障空间机械臂容错运动控制策略，使故障空间机械臂尽可能继续执行任务。

对于无法及时将故障关节锁定且仍需空间机械臂继续执行空间任务的情况，由于故障关节没有力矩输出能力，因此可将空间机械臂视为欠驱动空间机械臂。然后对关节自由摆动故障空间机械臂进行运动能力分析，并设计相应的容错规划及控制方法，尽最大可能将自由摆动故障机械臂调整至期望位置或使末端跟踪期望轨迹。例如，Jia 等[12]基于主动关节与被控单元之间的全局耦合程度指标，分析了不同主动关节对被动关节的调控能力差异，进而基于全局耦合程度指标优选主动关节，实现了对故障关节的调控，并分析了基座质量 / 惯量变化对耦合程度的全局影响；Fu 等[14]分析了关节自由摆动故障空间机械臂动力学灵巧性和动态负载能力的退化情况，然后基于粒子群算法进行轨迹优化，在跟踪末端轨迹的同时提高了空间机械臂运动过程中的可操作度，降低了基座姿态扰动与能耗。

对于需锁定故障关节才能使故障空间机械臂继续执行任务的情况，需以故障关节锁定后空间机械臂运动能力最优为目标，选取自由摆动故障关节最优锁定角度。在灵巧性方面，She 等[28]通过构造包括可操作度、条件数、最小奇异值在内的性能指标，评价了故障关节处于不同锁定角度时的空间机械臂运动能力，并分别根据上述指标选取运动能力最优时的锁定角度；Yang 等[56]建立了全局可操作度指标，以此为目标选取最优锁定角度，全面提升运动灵巧性。在负载操作能力层面，Chen 等[16]基于动态负载能力建立了关节锁定故障空间机械臂负载操作能力指标，指出了关节锁定故障会造成空间机械臂结构及运动状态突变，引发负载操作能力摄动。上述研究均采用单一指标表征故障关节锁定后的空间机械臂运动能力，并以此为目标优选故障关节最优锁定角度，但关节自由摆动故障影响空间机械臂多方面的运动能力，片面追求单一运动能力指标最优会导致其他指标严重退化，故多指标优化更适合故障关节最优锁定角度的选取。现有研究中常通过熵值法及其改进方法构建关节自由摆动故障空间机械臂综合运动能力指标，将多指标优化转化为单指标优化。Jia 等[57]将最小奇异值和条件数作为子指标进行全局化，再以熵值法构建综合运动能力指标并以此为目标选取故障关节最优锁定角度；袁博楠[22]基于灰色系统关联熵理论，以明显小于传统熵值法的样本空间数量和计算量实现综合运动能力指标构建并以此为目标选取故障关节最优锁定角度。

综上，关节自由摆动故障空间机械臂运动能力退化严重，进而影响了其故障处理策略。对负载操作能力要求较高的操作类任务主要采用锁定故障关节的处理策略，在选择故障关节最优锁定角度时，可借鉴关节锁定故障空间机械臂的运动能力分析方法。对灵巧性和末端可达性要求较高的运动类任务主要采用规划与控制欠驱动机械臂的处理策略，需在分析灵巧性和末端可达性的基础上设计相应的容错规划及控制方法。

2.3.3 关节自由摆动故障空间机械臂容错运动控制策略研究现状

为了使关节发生故障后空间机械臂能尽最大可能继续完成空间任务，需基于系统运动学及动力学耦合关系，研究机械臂容错运动控制策略，以实现对故障关节、漂浮基座等单元的运动控制。

关节自由摆动故障空间机械臂运动学及动力学耦合关系一般属于非完整约束[12]，也无法直接获得系统状态间的几何约束，因此相较全驱动系统，其规划控制难度更大。围绕欠驱动机械臂规划控制方法的研究，Roy 等[58]通过设计非线性闭环控制器，借助重力矩实现了欠驱动机械臂的调控；Ciezkowski[59]针对倒立摆系统提出了动态反馈稳定控制方法，实现了欠驱动连杆的平衡；Gregory 等 [60] 利用二次规划方法获得了垂直平面欠驱动机械臂的运行轨迹，并基于最优控制实现了被动关节的位置调整。上述研究中机械臂系统由于受重力的影响而具备线性可控性，依赖重力作用可实现在目标点的平衡稳定。然而，空间机械臂服役时常处于失重或微重力环境中，因不满足 Brockett 条件 [61] 而失去了在目标点处的线性可控性，导致上述方法无法实现对空间机械臂的欠驱动稳定控制 [62]。Reyhanoglu 等 [63] 通过设计非线性反馈控制器实现平面欠驱动机械臂（运动不受重力影响）被动关节点到点控制；Zhang 等 [64] 通过将主 / 被动关节速度等比例映射，并结合差分进化算法和在线迭代算法，实现对欠驱动机械臂末端轨迹的精确跟踪；Jia 等 [65] 提出自适应终端滑模控制器，在模型不确定性项作用下实现对空间机械臂被动关节的调控。上述方法仅实现被控单元调控，未考虑轨迹优化，可在上述研究所提规划和控制方法的基础上，通过构建关节规划域的方法 [66]，实现面向运动能力最优的轨迹规划。此外，上述方法仅瞄准对故障关节或末端之类的单一被控单元的调控，因控制对象单一，故能够设计连续、光滑的状态反馈控制律，以实现故障关节至目标角度的稳定控制。对于执行空间任务的空间机械臂而言，被控单元同时包含多种运动单元，例如在调控末端或故障关节位置时，需同时控制基座运动，以防止基座姿态扰动过大影响航天器在轨运行。此时，需要控制的被控单元自由度增多，然而空间机械臂健康关节自由度有限，无法设计连续、光滑的状态反馈控制律实现对多个被控单元的同时控制。

针对空间机械臂故障关节、基座等多个被控单元的控制问题，可借鉴存在多个被控单元的欠驱动机械臂控制方法。Luca 等 [67] 针对 AP 型平面欠驱动机械臂的构型调整问题，提出了包含对齐和收敛的分段稳定控制策略，在对齐阶段将主动关节带动至期望角度，在收敛阶段基于幂零近似方法使主被动关节同时稳定在目标角度；Liu 等 [68] 针对 AAPA 型机械臂构型调整问题，将调控过程划分为多个阶段，在每个阶段基于模型降阶将机械臂转化为 AP 型机械臂或 PA 型机械臂，进而逐步将每一个关节调整至期望角度；Bergerman 等 [69] 则针对被动关节多于主动关节的欠驱动机械臂，在保证系统可控的前提下划分多个控制阶段，每一个阶段只控制一个被动关节，逐步将所有关节调整至期望角度。上述研究将欠驱动机械臂转化为 AP 型机械臂或 PA 型机械臂，实现对被控单元和主动关节的划分，其本质上确保了主动关节对被控单元的可控性，能够为空间机械臂容错运动控制提供借鉴。然而，空间机械臂结构复杂且被控单元众多，导致难以利用上述方法将其划分为最小运动单元组，无法直接适用于关节自由摆动故障空间机械臂。此外，空间机械臂运动往往处于三维空间内，当主动关节控制输入矢量方向与被控单元运动方向不平行时，主动关节对被控单元的可控能力也将大幅减弱，即空间机械臂容易陷入奇异位形导致主动关节难以顺利调控被控单元。以上因素均可能导致划分阶段后主动关节对被控单元的可控程度严重不足，使现有控制方法难以满足控制需求。因此，为实现空间机械臂控制过程多阶段的划分，首先需满足控制过程系统可控原则，使各阶段主动关节维数不小于被控单元维数。其次，不同健康关节对被控单元的可控程度差异较大，且各单元的不同组合运动将对系统能耗、运动能力等产生影响。综合考虑可控程度、能耗等因素，在各阶段选取可控程度较高的健康关节作为主动关节，是高效控制被控单元的关键。

综上，关节自由摆动故障空间机械臂容错运动控制策略包括单阶段容错运动控制策略和多阶段容错运动控制策略，二者均以满足控制过程系统可控原则为前提，选取使空间机械臂可控程度较高的健康关节作为主动关节，将各被控单元调控至期望位置，使故障空间机械臂能够尽最大可能完成任务。

2.4 关节部分失效故障空间机械臂容错规划与控制研究现状

关节部分失效故障是指关节实际速度或输出力矩低于期望值的状态。空间机械臂长时间曝露于温差大、辐射强、重力小的特殊空间环境，以及长时间执行空间任务导致的关节零件老化，都会引发关节部分失效故障，进而导致关节速度和力矩输出能力下降。关节部分失效故障发生后，故障关节实际输出低于期望值，从而在空间机械臂规划和控制中仅能控制关节期望输出，关节期望输出与被控单元运动状态间的映射关系发生改变，进而导致空间机械臂运动学及动力学模型改变、运动能力摄动以及末端偏离期望轨迹。为尽可能使空间机械臂在关节部分失效故障发生后仍能够继续执行空间任务，需对关节部分失效故障空间机械臂容错规划与控制技术开展研究。

2.4.1 关节部分失效故障空间机械臂数学建模研究现状

空间机械臂在发生关节部分失效故障后，其运动模型会发生摄动，建立精确表征关节部分失效故障的数学模型，并在此基础上重构空间机械臂运动学和动力学层面的数学模型，是后续对故障空间机械臂进行容错运动控制的基础。

针对关节部分失效故障数学模型表征，Rugthum 等 [70] 构建了关节故障的通用数学模型，当故障系数取到两个极值时可分别表示关节锁定故障和关节自由摆动故障；Zhao 等 [71] 在构建关节故障模型时，简化故障模型使得故障关节输出与控制系统给出的执行器输入保持一定的常值比例；罗厚福[72]指出关节力矩部分失效故障有卡死故障、增益变化故障（乘性故障）和恒偏差故障（加性故障）3 种，其中卡死故障指故障关节实际输出力矩为恒定值，增益变化故障指故障关节实际输出力矩为期望输出力矩乘以某一比例系数，恒偏差故障指故障关节实际输出力矩与期望输出力矩之差为某一恒定数值；Xu 等[73]建立了关节部分失效故障通用表征模型，该模型能够分别表征关节速度部分失效故障和关节力矩部分失效故障，并且能够表征卡死故障、自由摆动故障、加性故障和乘性故障这 4 种关节部分失效故障，实现了对关节部分失效故障所有情况的表征。

将关节部分失效故障模型与空间机械臂运动学和动力学模型结合，构建关节部分失效故障空间机械臂运动学和动力学模型，并在此基础上分析故障空间机械臂运动耦合关系，是实现故障空间机械臂有效控制的先决条件。陈钢等[11]针对关节锁定故障空间机械臂，将故障关节运动输出置零实现了运动学模型重构；Jia 等[12]针对关节自由摆动故障空间机械臂，将故障关节力矩输出置零，并分别基于系统动量守恒和拉格朗日方程实现了运动学和动力学模型重构，但对于关节部分失效故障空间机械臂，故障关节速度或输出力矩低于期望值但不为零，故无法采用上述将故障关节速度或输出力矩置零的方式来重构运动学和动力学模型；Xu 等[73]将关节部分失效故障通用表征模型代入空间机械臂关节期望速度（力矩）输出向末端速度（加速度）的传递关系中，得到了关节速度部分失效故障和关节力矩部分失效故障下的空间机械臂运动学和动力学模型，为后续关节部分失效故障空间机械臂规划与控制奠定基础。

综上，关节部分失效故障空间机械臂数学建模是后续运动能力影响分析和容错运动控制策略实施的基础，可先建立关节部分失效故障模型，再将故障模型代入常态下空间机械臂运动学和动力学模型中，获得关节部分失效故障空间机械臂运动学和动力学模型。

2.4.2 关节部分失效故障空间机械臂运动能力影响分析研究现状

关节部分失效故障的发生会导致空间机械臂运动能力发生退化，影响其空间任务执行能力。为明确制约空间机械臂执行空间任务的各项运动能力，且避免故障空间机械臂运动能力退化严重导致任务失败，需系统分析关节故障对空间机械臂运动能力的影响。

如 2.2.2 节所述，空间机械臂的运动能力包括灵巧性、末端可达性和负载操作能力。其中，对关节部分失效故障空间机械臂末端可达性的研究较少，原因是关节部分失效故障情况下，空间机械臂故障关节仍具备速度 / 力矩输出能力和独立控制能力，因此现有的末端可达性定义和分析方法，无法有效反映关节部分失效故障对末端可达性的影响，亟须开展关节部分失效故障空间机械臂末端可达性研究。针对关节故障空间机械臂运动学灵巧性，无法采用将雅可比矩阵以及关节力矩与加速度间耦合矩阵中故障关节对应列置零或删除的方式得到退化矩阵。针对该问题，Xu 等 [73] 将关节部分失效故障空间机械臂广义雅可比矩阵所对应列乘以故障程度相关系数，得到关节速度部分失效故障空间机械臂退化雅可比矩阵，并基于该退化雅可比矩阵构建可操作度、最小奇异值和条件数等指标来表征关节部分失效故障空间机械臂运动学灵巧性；Liu 等 [74] 基于关节力矩与末端加速度间的耦合矩阵定义了方向动力学可操作度，以表征关节部分失效故障对空间机械臂动力学灵巧性的影响。

针对关节故障空间机械臂负载操作能力影响分析问题，李哲 [19] 通过建立空间机械臂变负载动力学方程，分析了动态负载能力的影响因素，并综合考虑关节输出力矩等约束条件，建立了空间机械臂动态负载能力计算模型，实现了普通机械臂动态负载能力的定量表征；Chen 等 [16] 针对关节锁定故障空间机械臂动态负载能力展开了研究，构建了机械臂负载动力学模型和动态负载能力模型，可获得机械臂保持特定运动状态且满足约束条件时可重复搬运的最大质量，实现了对动态负载能力的定量表征。上述研究以关节锁定故障空间机械臂为研究对象，故障关节所连的两根连杆视为一条连杆，同时故障关节可视为该连杆的一部分，因此故障关节处的力矩可视为该连杆的内力。然而，部分失效故障关节仍可输出力矩，无法视为内力，因此上述操作能力指标分析方法难以直接用于构建关节部分失效故障空间机械臂负载操作能力评价指标。针对上述问题，Xu 等 [73] 对关节部分失效故障空间机械臂动态负载能力进行了研究，并通过将关节力矩部分失效故障对实际关节输出力矩的影响转化为对关节力矩输出范围的影响，构建了关节部分失效故障空间机械臂动态负载能力计算模型。除动态负载能力外，末端操作力也是空间机械臂负载操作能力的重要指标，但目前关于关节部分失效故障空间机械臂末端操作力的相关研究较少。

综上，关于关节部分失效故障空间机械臂运动能力影响分析，现有方法通过对广义雅可比矩阵进行奇异值分解构建灵巧性表征指标，分析故障空间机械臂灵巧性，而在负载操作能力方面常以动态负载能力作为表征指标，通过将关节力矩部分失效故障对实际关节输出力矩的影响转换为对关节力矩输出范围的影响，实现对关节部分失效故障空间机械臂动态负载能力的求解。

2.4.3 关节部分失效故障空间机械臂容错运动控制策略研究现状

关节部分失效故障的发生必然导致空间机械臂末端和基座运动偏离期望状态，同时引发其运动能力摄动，导致空间任务失败。为使关节部分失效故障空间机械臂尽最大可能继续执行空间任务，需在明确故障空间机械臂运动能力的基础上，研究故障空间机械臂容错运动控制策略，实现对末端和基座的精准控制。

针对故障空间机械臂容错运动控制问题，Capisani 等[75]基于高阶滑模观测器实现了对关节故障的实时估计；在实现故障实时估计的基础上，Ng 等[76]对可能出现故障的元器件输出信号进行重构，并在发生故障后以重构信号代替实际输出信号，实现系统的容错运动控制；Zhao 等[71]针对关节部分失效故障空间机械臂，提出一种基于滑模控制的容错运动控制策略，实现了对各关节运动轨迹的跟踪；赵紫汪等[77]和 Tong 等[78]分别利用神经网络和 T-S 模糊模型估测不确定性项，实现了对关节部分失效故障空间机械臂容错运动控制。上述研究所涉及的主要控制策略包括滑模控制、神经网络控制与模糊控制 3 种，这 3 种容错运动控制策略理论上均能适应关节部分失效故障情况。但神经网络具有迭代学习特性，收敛时间较长，且大多存在易陷入局部最优解的问题，对包括控制精度在内的多方面控制性能有不利影响，可能不满足空间机械臂控制对于实时性的要求。模糊控制具有较强的鲁棒性，但其模糊规则产生机制较为复杂，导致控制系统设计过于复杂。滑模控制[79]本身具有较强的鲁棒性，能够有效减小故障空间机械臂运动模型自身不确定性项、未知扰动以及一定范围内波动的故障程度影响，且控制律简洁、稳定性强、收敛速度快，相较神经网络控制和模糊控制，更适合作为设计关节部分失效故障空间机械臂容错运动控制律的基础。但单纯的滑模控制，其要求故障程度、模型不确定性项以及未知扰动的变化存在明确的上界、下界，且只能应对故障程度在较小范围内波动的情况[80]。对于故障程度未知且时变、存在模型不确定性项和未知扰动的情况，Wang 等[81]在滑模控制的基础上引入自适应律对故障程度和模型不确定性项与扰动进行估测，实现了上述情况下精确的容错运动控制。此外，部分学者[82-83]针对关节部分失效故障地面串联冗余度机械臂，通过设计状态观测器对故障程度、模型不确定性项及扰动进行实时估测，并基于估测结果设计了能够进行控制律在线重构的自适应容错运动控制策略，可为关节部分失效故障空间机械臂的自适应容错运动控制提供参考。

综上，关于关节部分失效故障空间机械臂容错运动控制，现有策略大多是将自适应律与滑模控制方法结合，使空间机械臂在故障程度未知且时变、存在模型不确定性项和未知扰动的情况下，实现对期望轨迹的跟踪控制，以尽最大可能完成空间任务。

小结

本章介绍了空间机械臂常见的故障，进而根据空间机械臂故障表现形式进行分类，从空间机械臂的设计阶段和使用阶段介绍了关节故障的应对方法；随后分别对空间机械臂关节锁定故障、关节自由摆动故障和关节部分失效故障的容错规划与控制技术，从数学建模、运动能力影响分析和容错运动控制策略 3 方面介绍其研究现状。通过分析不难发现，容错规划与控制技术是空间机械臂在关节发生故障后仍得以继续服役的重要保障，涵盖模型重构、运动能力评估、容错路径规划以及容错运动控制等一系列理论方法和关键技术，后续章节将对这些内容进行详细阐述。

参考文献

[1] 杨永．空间机械臂减速机构故障诊断方法研究 [D]. 镇江：江苏大学，2018.

[2] 万里荣，覃莉莉，胡士华，等．浅谈齿轮传动非线性动力学特性 [J]. 装备制造技术，2023(6): 35-37, 43.

[3] 杨雨薇，宋芳，章伟．四旋翼无人机姿态控制传感器故障的区间估计 [J]. 电子科技，2021, 34(10): 56-62.

[4] 胡雯婷，史福波，田志玮，等．飞行器任务规划软件可靠性研究 [J]. 价值工程，2023, 42(33): 136-138.

[5] DE L A, MATTONE R. Actuator failure detection and isolation using generalized momenta[C]//2003 IEEE International Conference on Robotics and Automation. Piscataway, USA: IEEE, 2003(1): 634-639.

[6] 徐文倩．面向关节部分失效故障的空间机械臂容错控制方法研究 [D]. 北京：北京邮电大学，2022.

[7] 杨旭，范煜川，范宝峡．龙芯 X 微处理器抗辐照加固设计 [J]. 中国科学：信息科学，2015, 45(4): 501-512.

[8] 蒲佳，何善亮，范超．一种多米诺逻辑电路抗辐照加固方法 [J]. 微电子学与计算机，2021, 38(12): 99-104.

[9] DENAVIT J, HARTENBERG R S. A kinematic notation for lower-pair mechanisms based on matrices[J]. ASME Journal of Applied Mechanics, 1955, 22(2): 215-221.

[10] 郭雯．面向关节失效的空间机械臂容错运动控制系统研制 [D]. 北京：北京邮电大学，2018.

[11] 陈钢，郭雯，贾庆轩，等．基于运动学模型重构的单关节故障机械臂容错路径规划 [J]. 控制与决策，2018, 33(8): 1436-1442.

[12] JIA Q X, YUAN B N, CHEN G, et al. Kinematic and dynamic characteristics of the free-floating space manipulator with free-swinging joint failure[J]. International

Journal of Aerospace Engineering, 2019, 2019(2). DOI: 10.1155/2019/2679152.

[13] MU Z G, HAN L, XU W F, et al. Kinematic analysis and fault-tolerant trajectory planning of space manipulator under a single joint failure[J]. Robotics and Biomimetics, 2016, 3(1): 16-26.

[14] Fu Y Z, JIA Q X, CHEN G, et al. Motion capability optimization of space manipulators with free-swinging joint failure[J]. Journal of Aerospace Engineering, 2023, 36(1). DOI: 10.1061/(ASCE)AS.1943-5525.0001502.

[15] HUANG H, DONG E, XU M, et al. Mechanism design and kinematic analysis of a robotic manipulator driven by joints with two degrees of freedom (DOF)[J]. Industrial Robot: An International Journal, 2018, 45(1): 34-43.

[16] CHEN G, YUAN B N, JIA Q X, et al. Failure tolerance strategy of space manipulator for large load carrying tasks[J]. Acta Astronautica, 2018(148): 186-204.

[17] KIM J, CHUNG W, YOUM Y. Normalized impact geometry and performance index for redundant manipulators[C]// Proceedings 2000 ICRA. Millennium Conference. IEEE International Conference on Robotics and Automation. Symposia Proceedings (Cat. No. 00CH37065). Piscataway, USA: IEEE, 2000(2): 1714-1719.

[18] MU Z G, ZHANG B, XU W F, et al. Fault tolerance kinematics and trajectory planning of a 6-DOF space manipulator under a single joint failure[C]// 2016 IEEE International Conference on Real-time Computing and Robotics. Piscataway, USA: IEEE, 2016. DOI: 10.1109/RCAR.2016.7784077.

[19] 李哲. 负载操作过程中空间机械臂容错性能评估与规划研究 [D]. 北京：北京邮电大学, 2017.

[20] CHEN W B, XIONG C H, HUANG X L. Manipulator workspace boundary extraction and its application in workspace analysis of the human's upper extremity[J]. Advanced Robotics, 2009, 23(4): 1393-1410.

[21] PENNOCK G R, SQUIRES C C. Velocity analysis of two 3-R robots manipulating a disk[J]. Mechanism and Machine Theory, 1998, 33(1-2): 71-86.

[22] 袁博楠. 面向关节故障的空间机械臂容错控制方法研究 [D]. 北京：北京邮电大学, 2021.

[23] LEWIS C L, MACIEJEWSKI A A. Fault tolerant operation of kinematically redundant manipulators for locked joint failures[J]. IEEE Transactions on Robotics and Automation, 1997, 13(4): 622-629.

[24] 赵京, 荆红梅. 具有全局性能的冗余度机械臂容错运动规划 [J]. 机械设计与研究，

2002, 8(18): 191-193.

[25] ABDI H, NAHAVANDI S. Designing optimal fault tolerant Jacobian for robotic manipulators[C]// 2010 IEEE/ASME International Conference on Advanced Intelligent Mechatronics. Piscataway, USA: IEEE, 2010. DOI: 10.1109/AIM.2010.5695928.

[26] ROBERTS R G, YU H G, MACIEJEWSKI A A. Fundamental limitations on designing optimally fault-tolerant redundant manipulators[J]. IEEE Transactions on Robotics, 2008, 24(5): 1224-1237.

[27] HASSAN M, NOTASH L. Analysis of active joint failure in parallel robot manipulators[J]. Journal of Mechanical Design, 2004, 126(6): 959-968.

[28] SHE Y, XU W F, SU H J, et al. Fault-tolerant analysis and control of SSRMS-type manipulators with single-joint failure[J]. Acta Astronautica, 2016(120): 270-286.

[29] 王宣. 多关节多类型故障的空间机械臂容错控制策略研究 [D]. 北京：北京邮电大学，2019.

[30] HOOVER R C, ROBERTS R G, MACIEJEWSKI A A, et al. Designing a failure-tolerant workspace for kinematically redundant robots[J]. IEEE Transactions on Automation Science and Engineering, 2015, 12(4): 1421-1432.

[31] PAREDIS C J J, KHOSLA P K. Designing fault-tolerant manipulators: how many degrees of freedom[J]. The International journal of robotics research, 1996, 15(6): 611-628.

[32] 张健. 空间机械臂全局容错轨迹优化方法研究 [D]. 北京：北京邮电大学，2016.

[33] LIANG C C, ZHANG X D, TANG Z X, et al. Suppression of velocity mutation caused by space manipulator joint failure[J]. Journal of Astronautics, 2016, 37(1): 48-54.

[34] ABDI H, NAHAVANDI S, MACIEJEWSKI A A. Optimal fault-tolerant Jacobian matrix generators for redundant manipulators[C]//2011 IEEE International Conference on Robotics and Automation. Piscataway, USA: IEEE, 2011: 4688-4693.

[35] JIA Q X, LI T, CHEN G, et al. Trajectory optimization for velocity jumps reduction considering the unexpectedness characteristics of space manipulator joint-locked failure[J]. International Journal of Aerospace Engineering, 2016, 2016(7). DOI: 10.1155/2016/7819540.

[36] 田军霞，赵京. 冗余度机械臂容错操作中关节速度突变的影响因素分析 [J]. 机械科学与技术，2005, 24(3): 371-374.

[37] CHEN G, YUAN B N, JIA Q X, et al. Trajectory optimization for inhibiting the joint parameter jump of a space manipulator with a load-carrying task[J]. Mechanism and

Machine Theory, 2019(140): 59-82.
[38] ZHANG J, JIA Q X, CHEN G, et al. The optimization of global fault tolerant trajectory for redundant manipulator based on self-motion[C]// ICMCE 2015: 4th International Conference on Mechanics and Control Engineering. Les Ulis Cedex A: EDP Sciences, 2015. DOI: 10.1051/matecconf/20153502015.
[39] LIU Y, JIA Q X, CHEN G, et al. Load maximization trajectory optimization for free-floating space robot using multi-objective particle swarm optimization algorithm[J]. Robot, 2014, 36(4): 402-410.
[40] WU J D, YE W J, WANG Y W, et al. A general position control method for planar underactuated manipulators with second-order nonholonomic constraints[J]. IEEE Transactions on Cybernetics, 2019, 51(9): 4733-4742.
[41] NAKAMURA Y, SUZUKI T, KOINUMA M. Nonlinear behavior and control of a nonholonomic free-joint manipulator[J]. IEEE Transactions on Robotics and Automation, 1997, 13(6): 853-862.
[42] LI J, WANG L J, CHEN Z, et al. Drift suppression control based on online intelligent optimization for planar underactuated manipulator with passive middle joint[J]. IEEE Access, 2021(9): 38611-38619.
[43] WANG Y W, LAI X Z, CHEN L F, et al. A quick control strategy based on hybrid intelligent optimization algorithm for planar n-link underactuated manipulators[J]. Information Sciences, 2017(420): 148-158.
[44] ZONG L J, EMAMI M R, MURALIDHARAN V. Concurrent rendezvous control of underactuated space manipulators[J]. Journal of Guidance Control and Dynamics, 2019, 42(11): 2501-2510.
[45] HUANG X H, JIA Y H, XU S J. Path planning of a free-floating space robot based on the degree of controllability[J]. Science China Technological Sciences, 2017, 60(2): 251-263.
[46] BERGERMAN M, LEE C, XU Y S. A dynamics coupling index for underactuated manipulators[J]. Journal of Robotics Systems, 1995, 12(10): 693-707.
[47] 符颖卓．面向关节自由摆动故障的空间机械臂容错控制方法研究 [D]. 北京：北京邮电大学，2023.
[48] ENGLISH J D, MACIEJEWSKI A A. Robotic workspaces after a free-swinging failure[J]. Journal of Intelligent and Robotic Systems, 1997(19): 55-72.
[49] ROBERTS R G. The dexterity and singularities of an underactuated robot[J]. Journal

of Robotic Systems, 2001, 18(4): 159-169.

[50] HATTORI M, YABUNO H. Reachable area of an underactuated space manipulator subjected to simple spinning[J]. Nonlinear Dynamics, 2008, 51(1-2): 345-353.

[51] FU Y Z, JIA Q X, CHEN G, et al. Reachable range analysis and position control of the free-swinging joint for an underactuated space manipulator[C]//2021 IEEE International Conference on Robotics and Biomimetics (ROBIO). Piscataway, USA: IEEE, 2021. DOI: 10.1109/ROBIO54168.2021.9739577.

[52] WANG L T, RAVANI B. Dynamic load carrying capacity of mechanical manipulators - part I: problem formulation[J]. Journal of Dynamic System, Measurement and Control, 1998, 110(1): 46-52.

[53] LAI X Z, WANG Y W, WU M, et al. Stable control strategy for planar three-link underactuated mechanical system[J]. IEEE/ASME Transactions on Mechatronics, 2016, 21(3): 1345-1356.

[54] ENGLISH J D, MACIEJEWSKI A A. Failure tolerance through active braking: a kinematic approach[J]. The International journal of robotics research, 2001, 20(4): 287-299.

[55] BERGERMAN M, XU Y S. Dexterity of underactuated manipulators[C]// 1997 8th IEEE International Conference on Advanced Robotics. Piscataway, USA: IEEE, 1997: 719-724.

[56] YANG J, HU M, JIN L Y, et al. Dexterity-based dimension optimization of multi-dof robotic manipulator[C]// International Conference on Intelligent Robotics and Applications. Germany: Springer, 2019: 629-636.

[57] JIA Q X, WANG X, CHEN G, et al. Coping strategy for multi-joint multi-type asynchronous failure of a space manipulator[J]. IEEE Access, 2018(6): 40337-40353.

[58] ROY B, ASADA H H. Nonlinear feedback control of a gravity-assisted underactuated manipulator with application to aircraft assembly[J]. IEEE Transactions on Robotics, 2009, 25(5): 1125-1133.

[59] CIEZKOWSKI M. Dynamic stabilization and feedback control of the pendulum in any desired position[J]. Journal of Sound and Vibration, 2021(491). DOI: 10.1016/j.jsv.2020.115761.

[60] GREGORY J, OLIVARES A, STAFFETTI E. Energy-optimal trajectory planning for the Pendubot and the Acrobot[J]. Optimal Control Applications and Methods, 2013, 34(3): 275-295.

[61] ORIOLO G, NAKAMURA Y. Free-joint manipulators: motion control under second-order nonholonomic constraints[C]// IROS 91: IEEE/RSJ International Workshop on Intelligent Robots and Systems. Piscataway, USA: IEEE, 1991: 1248-1253.

[62] REYHANOGLU M, VAN DER SCHAFT A, MCCLAMROCH N H, et al. Dynamics and control of a class of underactuated mechanical systems[J]. IEEE Transactions on Automatic Control, 1999, 44(9): 1663-1671.

[63] REYHANOGLU M, CHO S B, MCCLAMROCH N H. Discontinuous feedback control of a special class of underactuated mechanical systems[J]. International Journal of Robust and Nonlinear Control, 2000, 10(4): 265-281.

[64] ZHANG P, LAI X Z, WANG Y W, et al. Motion planning and adaptive neural sliding mode tracking control for positioning of uncertain planar underactuated manipulator[J]. Neurocomputing, 2019(334): 197-205.

[65] JIA Q X, YUAN B N, CHEN G, et al. Adaptive fuzzy terminal sliding mode control for the free-floating space manipulator with free-swinging joint failure[J]. Chinese Journal of Aeronautics, 2021, 34(9): 178-198.

[66] BADER A M, MACIEJEWSKI A A. A hybrid approach for estimating the failure-tolerant workspace size of kinematically redundant robots[J]. IEEE Robotics and Automation Letters, 2021, 6(2): 303-310.

[67] LUCA A D, MATTONE R, ORIOLO G. Stabilization of an underactuated planar 2R manipulator[J]. International Journal of Robust and Nonlinear Control, 2000, 10(4): 181-198.

[68] LIU D, LAI X Z, WANG Y W, et al. Position control for planar four-link underactuated manipulator with a passive third joint[J]. ISA Transactions, 2019, 87: 46-54.

[69] BERGERMAN M, XU Y S. Optimal control of manipulators with any number of passive joints[J]. Journal of Robotic Systems, 1998, 15(3): 115-129.

[70] RUGTHUM T, TAO G. An adaptive actuator failure compensation scheme for a cooperative manipulator system with parameter uncertainties[C]// 2015 54th IEEE Conference on Decision and Control. Piscataway, USA: IEEE, 2015: 6282-6287.

[71] ZHAO J, JIANG S, CHEN Y X, et al. Fault tolerant control based on adaptive sliding mode method for manipulator with actuator fault[C]// 2018 IEEE CSAA Guidance, Navigation and Control Conference (CGNCC). Piscataway, USA: IEEE, 2018. DOI: 10.1109/GNCC42960.2018.9018956.

[72] 罗厚福. 执行器故障下自适应容错控制算法研究 [D]. 沈阳：东北大学，2010.

[73] XU W Q, CHEN G, FU Y Z, et al. Influence analysis of joint effectiveness partial loss on the motion capability in the space manipulator[C]// 2021 13th International Conference on Computer and Automation Engineering (ICCAE). Piscataway, USA: IEEE, 2021: 68-72.

[74] LIU J W, JIA Q X, CHEN G, et al. Directional dynamic manipulability of space manipulator with joint effectiveness partial loss failure based on dynamic condition number constraint[C]// 2023 IEEE 18th Conference on Industrial Electronics and Applications (ICIEA). Piscataway, USA: IEEE, 2023. DOI: 10.1109/ICIEA58696.2023.10241526.

[75] CAPISANI L M, FERRARA A, LOZA A F D, et al. Manipulator fault diagnosis via higher order sliding-mode observers[J]. IEEE Transactions on Industrial Electronics, 2012, 59(10): 3979-3986.

[76] NG K Y, TAN C P, OETOMO D. Disturbance decoupled fault reconstruction using cascaded sliding mode observers[J]. Automatica, 2012, 48(5): 794-799.

[77] 赵紫汪，陈力．漂浮基空间机器人执行机构部分失效故障的分散容错控制 [J]. 载人航天 , 2016, 22(1): 39-44.

[78] TONG S C, WANG T C, WANG T. Observer based fault-tolerant control for fuzzy systems with sensor and actuator failures[J]. International Journal of Innovative Computing Information and Control, 2009, 5(10): 3275-3286.

[79] FENG Y, YU X H, MAN Z. Non-singular terminal sliding mode control of rigid manipulators[J]. Automatica, 2002, 38(12): 2159-2167.

[80] SU Y X, ZHENG C H. A new nonsingular integral terminal sliding mode control for robot manipulators[J]. International Journal of Systems Science, 2020, 51(8): 1418-1428.

[81] WANG T, XIE W F, ZHANG Y M. Sliding mode fault tolerant control dealing with modeling uncertainties and actuator faults[J]. ISA Transactions, 2012, 51(3): 386-392.

[82] 王佩．单粒子效应电路模拟方法研究 [D]. 成都：电子科技大学 , 2010.

[83] HUANG S J, YANG G H. Fault tolerant controller design for T-S fuzzy systems with time-varying delay and actuator faults: A K-step fault-estimation approach[J]. IEEE Transactions on Fuzzy Systems, 2014, 22(6): 1526-1540.

第3章 关节故障空间机械臂数学模型

空间机械臂数学模型（包含运动学模型及动力学模型）是开展后续性能分析、路径规划及控制的基础。关节发生故障后，空间机械臂关节速度或输出力矩发生摄动，导致空间机械臂数学模型发生变化，从而影响后续运动控制过程，因此有必要建立关节故障空间机械臂的数学模型。

本章针对常态下的空间机械臂，建立其运动学模型及动力学模型，进而根据关节故障特征，分别针对发生关节部分失效故障、关节锁定故障以及关节自由摆动故障的空间机械臂，建立相应运动学模型及动力学模型，为后续的故障处理提供模型基础。

3.1 常态下空间机械臂运动模型

本书所讨论的空间机械臂由 n 根连杆、n 个关节和末端执行器组成，空间机械臂通过第一个关节与基座相连，各关节均为旋转关节。为方便建模研究，本节建立图 3-1 所示的空间机械臂简化模型，其相关表示符号（部分符号图中未标）释义如表 3-1 所示。

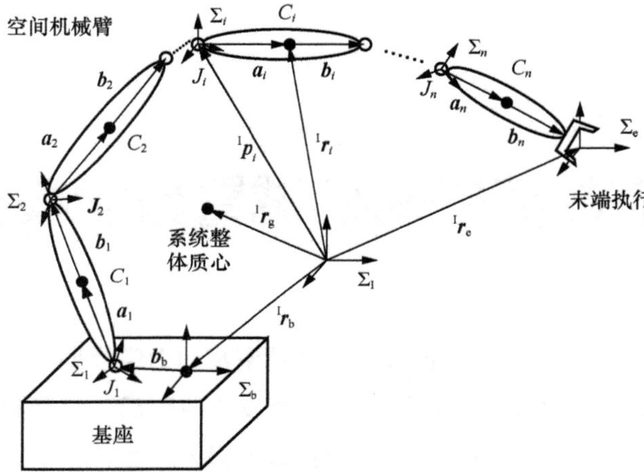

图 3-1 空间机械臂简化模型

表 3-1 相关表示符号释义

符号	释义
Σ_{I}	惯性坐标系
Σ_{b}	基坐标系
Σ_{e}	末端坐标系
Σ_i	连杆 i（$i=1,2,\cdots,n$） 的坐标系
C_i	连杆 i（$i=1,2,\cdots,n$） 的质心
J_i	连接连杆 $i-1$ 和连杆 i（$i=1,2,\cdots,n$） 之间的关节
$\boldsymbol{l}_i$	连接 J_i 到 J_{i+1}（$i=1,2,\cdots,n$） 的向量
$\boldsymbol{a}_i$	连接 J_i 到 C_i（$i=1,2,\cdots,n$） 的向量
$\boldsymbol{b}_{\mathrm{b}}$	基座质心到机械臂关节 1 的向量
$\boldsymbol{b}_i$	连接 C_i 到 J_{i+1}（$i=1,2,\cdots,n$） 的向量
$\boldsymbol{b}_n$	连接 C_n 到末端的向量
${}^{\mathrm{I}}\boldsymbol{z}_i$	惯性坐标系下关节 i （$i=1,2,\cdots,n$） 轴线方向的单位向量（即 Σ_i 的 z 轴单位向量）

续表

符号	释义
$\boldsymbol{m}_i$	连杆 i（$i=1,2,\cdots,n$）的质量
$\boldsymbol{m}_\text{b}$	基座的质量
M	系统的总质量
$\boldsymbol{I}_i$	连杆 i（$i=1,2,\cdots,n$）的惯性张量
$\boldsymbol{I}_\text{b}$	基座的惯性张量
$\boldsymbol{\theta}$	关节空间关节角位置向量，$\boldsymbol{\theta}=\left[\theta_1,\theta_2,\cdots,\theta_n\right]^\text{T}\in\mathbb{R}^{n\times1}$
$\boldsymbol{\phi}_\text{b}$	基座姿态角
$\boldsymbol{\phi}_\text{e}$	末端姿态角
${}^\text{I}\boldsymbol{r}_\text{b}$	惯性坐标系下基座质心的位置向量
${}^\text{I}\boldsymbol{r}_i$	惯性坐标系下连杆 i（$i=1,2,\cdots,n$）质心的位置向量
${}^\text{I}\boldsymbol{r}_\text{e}$	惯性坐标系下末端质心的位置向量
${}^\text{I}\boldsymbol{r}_\text{g}$	惯性坐标系下系统质心的位置向量
${}^\text{I}\boldsymbol{p}_i$	惯性坐标系下 J_i（$i=1,2,\cdots,n$）的位置向量
$\boldsymbol{x}_\text{b}$	基座的位姿向量，$\boldsymbol{x}_\text{b}=\left[\boldsymbol{r}_\text{b},\boldsymbol{\phi}_\text{b}\right]$
$\boldsymbol{x}_\text{e}$	末端的位姿向量，$\boldsymbol{x}_\text{e}=\left[\boldsymbol{r}_\text{e},\boldsymbol{\phi}_\text{e}\right]$
$\boldsymbol{v}_\text{b}$	基座质心速度
$\boldsymbol{v}_i$	连杆 i（$i=1,2,\cdots,n$）的质心速度
$\boldsymbol{v}_\text{e}$	末端速度
$\boldsymbol{\omega}_\text{b}$	基座姿态角速度
$\boldsymbol{\omega}_i$	连杆 i（$i=1,2,\cdots,n$）的角速度
$\boldsymbol{\omega}_\text{e}$	末端角速度

具体地，本书在仿真算例部分以七自由度空间机械臂 SSRMS 为研究对象，其初始构型如图 3-2 所示。这类机械臂的关节采用“肩 3+ 肘 1+ 腕 3”的方案，整体为偏置式［（Roll-Yaw-Pitch）-Pitch-（Pitch-Yaw-Roll）］构型，呈对称结构。

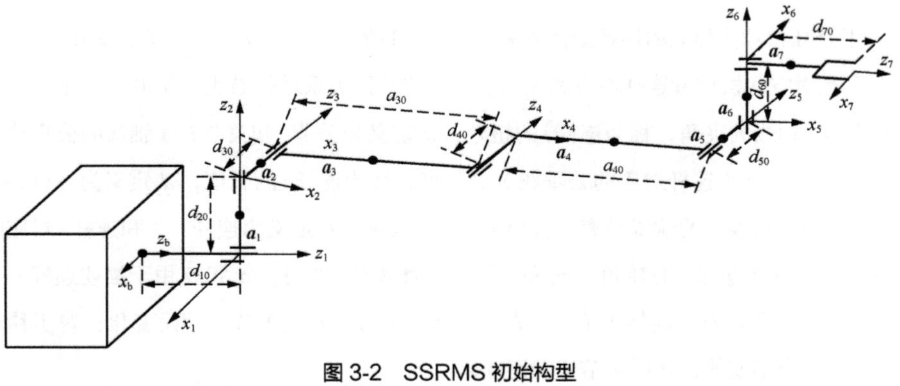

图 3-2　SSRMS 初始构型

图 3-2 所示 SSRMS 的几何参数及动力学参数如表 3-2 所示。

表 3-2　SSRMS 的几何参数及动力学参数

连杆 i	连杆长度 /m	质心位置 $\boldsymbol{a}_i$/m	连杆质量 m_i/kg	惯性张量 $\boldsymbol{I}_i$/（kg · m²）
0	d_{10}=0.6	$[0\ \ 0\ \ 0]^{\mathrm{T}}$	1×10^4	diag$[1\times10^4, 1\times10^4, 1\times10^4]$
1	d_{20}=0.5	$[0\ \ -0.25\ \ 0]^{\mathrm{T}}$	42.5	diag[0.8862, 0.0526, 0.8862]
2	d_{30}=0.5	$[0\ \ 0.25\ \ 0]^{\mathrm{T}}$	42.5	diag[0.0526, 0.8862, 0.8862]
3	a_{30}=5	$[2.5\ \ 0\ \ 0]^{\mathrm{T}}$	70	diag[0.0850, 145.8344, 145.8344]
4	a_{40}=5，d_{40}=0.5	$[2.5\ \ 0\ \ 0]^{\mathrm{T}}$	70	diag[0.0850, 145.8344, 145.8344]
5	d_{50}=0.5	$[0\ \ 0\ \ -0.25]^{\mathrm{T}}$	42.5	diag[0.8862, 0.8862, 0.0526]
6	d_{60}=0.5	$[0\ \ 0\ \ -0.25]^{\mathrm{T}}$	42.5	diag[0.8862, 0.8862, 0.0526]
7	d_{70}=0.6	$[0\ \ 0\ \ -0.3]^{\mathrm{T}}$	42.5	diag[1.2763, 1.2763, 0.0562]

3.1.1　空间机械臂运动学建模

空间机械臂连杆间几何关系的描述是建立空间机械臂运动学模型的基础。目前已经有多种成熟的方法，如 T 矩阵法、D-H 参数法、MDH（Modified Denavit-Hartenberg）法、MCPC（Modified Complete and Parametrically Continuous）法、旋量法等[1-2]。各种方法基于的数学理论与建系规则各不相同，但其根本的建系思路与流程是一致的，掌握该思路有助于更深入地理解空间机械臂运动学建模。本节将介绍使用较为广泛的基于 D-H 参数法的空间机械臂运动学建模过程。

D-H 参数法是最为经典的空间机械臂运动学建模方法[3]之一，该方法通过一系列规则建立空间机械臂连杆坐标系，采用 4 个变量描述空间机械臂连杆间的空间变换关系。

1. 空间机械臂正运动学

（1）D-H 参数的定义

采用 D-H 参数法建立的连杆坐标系关系如图 3-3 所示，采用 α_i、a_i、d_i、$\theta_i\ (i=1,2,\cdots,n)$ 共 4 个参数对空间机械臂连杆本身和相邻连杆间的几何关系进行描述。其中，α_i 定义为关节 i 和关节 $i+1$ 轴线的夹角，称为连杆 i 的扭角；a_i 定义为关节 i 和关节 $i+1$ 轴线的公垂线（后文中该公垂线均称为连杆对应的公垂线）的长度，称为连杆 i 的长度；d_i 定义为连杆 $i-1$ 和连杆 i 对应的公垂线间的偏置距离，称为关节 i 的偏置；θ_i 定义为连杆 $i-1$ 和连杆 i 对应的公垂线的夹角，称为关节 i 的转角。α_i 和 a_i 用于描述连杆 i 本身；d_i 和 θ_i 用于描述连杆 $i-1$ 和连杆 i 的连接关系。对于旋转关节 i，d_i 是固定不变的，θ_i 随关节运动而变化；对于移动关节 i，θ_i 是固定不变的，d_i 随关节运动而变化。

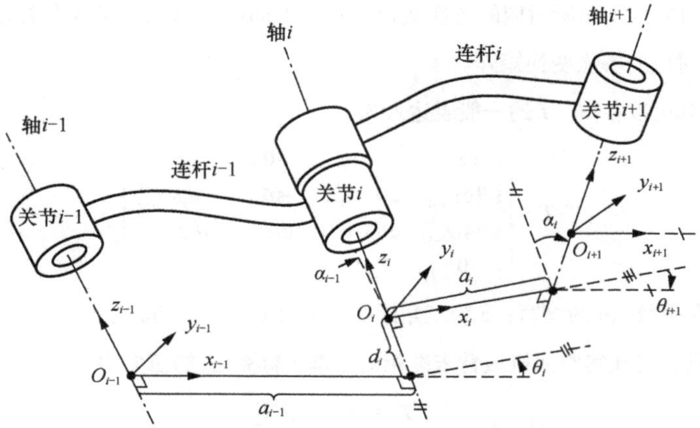

图 3-3 采用 D-H 参数法建立的连杆坐标系关系

（2）D-H 坐标系的建立规则

对于空间机械臂中间连杆 i 的坐标系 Σ_i，可按下述规则建立。

① 坐标系原点 O_i：取关节 i 和关节 $i+1$ 轴线的公垂线（连杆 i 对应的公垂线）与关节 i 轴线的交点，当两关节轴线相交时，原点即交点。

② 坐标轴 z_i：与关节 i 轴线共线，方向可任意指定。

③ 坐标轴 x_i：与连杆 i 对应的公垂线共线，方向由关节 i 指向关节 $i+1$，当两关节轴线相交时，轴 x_i 为两关节轴线所张成平面的公法线。

④ 坐标轴 y_i：根据右手定则确定。

对于空间机械臂的基坐标系 Σ_b，该坐标系固连于空间机械臂基座作为参考坐标系，为了计算简便，往往将基坐标系的 z 轴指定为与关节 1 轴线平行，且当空间机械臂处于图 3-2 所示的初始构型时，使基坐标系 Σ_b 与坐标系 Σ_1 重合。

对于空间机械臂的末端坐标系 Σ_e，该坐标系固连于空间机械臂末端，为了计算简便，往往指定末端坐标系 Σ_e 与第 n 个连杆坐标系 Σ_n 重合。

（3）连杆坐标系间变换关系的计算

观察采用 D-H 参数法建立的坐标系及其 D-H 参数可以发现，两连杆坐标系间的变换关系被分解成 4 个子变换，通过 4 个子变换连乘可以获得连杆坐标系 Σ_i 和 Σ_{i-1} 间的变换关系，具体表达式为

$$ {}^{i-1}_{i}\boldsymbol{T} = \mathrm{Rot}(x_{i-1},\alpha_{i-1})\mathrm{Trans}(x_{i-1},a_{i-1})\mathrm{Rot}(z_i,\theta_i)\mathrm{Trans}(z_i,d_i) \tag{3-1} $$

式中，$\mathrm{Rot}(x_{i-1},\alpha_{i-1})$ 表示坐标系 Σ_{i-1} 绕 x_{i-1} 轴旋转 α_{i-1} 角所对应的齐次变换矩阵；$\mathrm{Trans}(x_{i-1},a_{i-1})$ 表示坐标系 Σ_{i-1} 继续沿 x_{i-1} 轴平移 a_{i-1} 的距离所对应的齐次变换矩阵；$\mathrm{Rot}(z_i,\theta_i)$ 表示坐标系

Σ_{i-1} 继续绕 z_i 轴旋转 θ_i 角所对应的齐次变换矩阵； $\mathrm{Trans}(z_i,d_i)$ 表示坐标系 Σ_{i-1} 继续沿 z_i 轴平移 d_i 的距离所对应的齐次变换矩阵。

进一步计算可以获得 ${}^{i-1}_{i}\boldsymbol{T}$ 的一般表达式为

$$
{}^{i-1}_{i}\boldsymbol{T}=\begin{bmatrix} \mathrm{c}\theta_i & -\mathrm{s}\theta_i & 0 & a_{i-1} \\ \mathrm{s}\theta_i\mathrm{c}\alpha_{i-1} & \mathrm{c}\theta_i\mathrm{c}\alpha_{i-1} & -\mathrm{s}\alpha_{i-1} & -d_i\mathrm{s}\alpha_{i-1} \\ \mathrm{s}\theta_i\mathrm{s}\alpha_{i-1} & \mathrm{c}\theta_i\mathrm{s}\alpha_{i-1} & \mathrm{c}\alpha_{i-1} & d_i\mathrm{c}\alpha_{i-1} \\ 0 & 0 & 0 & 1 \end{bmatrix} \tag{3-2}
$$

式中，s 为三角函数 sin 的缩写；c 为三角函数 cos 的缩写，后同。

将 ${}^{i-1}_{i}\boldsymbol{T}$ 连乘，可获得空间机械臂末端相对于基坐标系 Σ_b 的位姿为

$$
{}^{0}_{n}\boldsymbol{T}={}^{0}_{1}\boldsymbol{T}\cdots{}^{n-1}_{n}\boldsymbol{T} \tag{3-3}
$$

以图 3-2 所示的空间机械臂为例，其 D-H 参数如表 3-3 所示。

表 3-3　空间机械臂 D-H 参数

连杆 i	θ_i/（°）	α_{i-1}/（°）	a_{i-1}/m	d_i/m
1	0	0	0	l_0
2	90	90	0	l_1
3	0	-90	0	l_2
4	0	0	l_3	d_{40}
5	0	0	l_4	l_5
6	90	90	0	l_6
7	180	90	0	l_7

2. 空间机械臂逆运动学

下面以 SSRMS 为例介绍其逆运动学求解方法。

若给定末端位姿 $(x_E,y_E,z_E,\alpha,\beta,\gamma)$，可得末端相对于基坐标系的齐次变换矩阵 ${}^{0}_{7}\boldsymbol{T}$ 为

$$
{}^{0}_{7}\boldsymbol{T}=\begin{bmatrix} \mathrm{c}\alpha\mathrm{c}\beta\mathrm{c}\gamma-\mathrm{s}\alpha\mathrm{s}\gamma & -\mathrm{c}\alpha\mathrm{c}\beta\mathrm{s}\gamma-\mathrm{s}\alpha\mathrm{c}\gamma & \mathrm{c}\alpha\mathrm{s}\alpha & x_E \\ \mathrm{s}\alpha\mathrm{c}\beta\mathrm{c}\gamma+\mathrm{c}\alpha\mathrm{s}\gamma & -\mathrm{s}\alpha\mathrm{c}\beta\mathrm{s}\gamma+\mathrm{c}\alpha\mathrm{c}\gamma & \mathrm{s}\alpha\mathrm{s}\beta & y_E \\ -\mathrm{s}\beta\mathrm{c}\alpha & \mathrm{s}\beta\mathrm{s}\gamma & \mathrm{c}\beta & z_E \\ 0 & 0 & 0 & 1 \end{bmatrix} \tag{3-4}
$$

式中，(x_E,y_E,z_E) 表示空间机械臂末端在基坐标系中的位置；(α,β,γ) 为采用 Z-Y-X 欧拉角表示的空间机械臂末端在基坐标系中的姿态。

令 $n_x=\mathrm{c}\alpha\mathrm{c}\beta\mathrm{c}\gamma-\mathrm{s}\alpha\mathrm{s}\gamma$ 、$n_y=\mathrm{s}\alpha\mathrm{c}\beta\mathrm{c}\gamma+\mathrm{c}\alpha\mathrm{s}\gamma$、$n_z=-\mathrm{s}\beta\mathrm{c}\alpha$、$o_x=-\mathrm{c}\alpha\mathrm{c}\beta\mathrm{s}\gamma-\mathrm{s}\alpha\mathrm{c}\gamma$、$o_y=-\mathrm{s}\alpha\mathrm{c}\beta\mathrm{s}\gamma+\mathrm{c}\alpha\mathrm{c}\gamma$、$o_z=\mathrm{s}\beta\mathrm{s}\gamma$、$a_x=\mathrm{c}\alpha\mathrm{s}\alpha$ 、$a_y=\mathrm{s}\alpha\mathrm{s}\beta$、$a_z=\mathrm{c}\beta$、$p_x=x_E$、$p_y=y_E$、$p_z=z_E$，则 ${}^{0}_{7}\boldsymbol{T}$ 可被简写为

$$
{}_7^0\boldsymbol{T}=\begin{bmatrix} n_x & o_x & a_x & p_x \\ n_y & o_y & a_y & p_y \\ n_z & o_z & a_z & p_z \\ 0 & 0 & 0 & 1 \end{bmatrix} \tag{3-5}
$$

由于空间机械臂末端位姿已经给定，${}_7^0\boldsymbol{T}$ 中各元素数值均已知。同时对式（3-2）所示的相邻连杆间齐次变换矩阵进行连乘，得到使用关节角表示的齐次变换矩阵：

$$
{}_7^0\boldsymbol{T}={}_1^0\boldsymbol{T}\,{}_2^1\boldsymbol{T}\cdots{}_7^6\boldsymbol{T}=f(\theta_1,\theta_2,\cdots,\theta_7) \tag{3-6}
$$

当关节 1 的角度给定时，其余关节角可根据给定的末端位姿进行求解[4]。通过逆变换方法分离已知变量，可求解其他关节角的解析表达式。将式（3-6）左乘以 $\left({}_1^0\boldsymbol{T}\right)^{-1}$，可得

$$
{}_7^1\boldsymbol{T}=\left({}_1^0\boldsymbol{T}\right)^{-1}{}_7^0\boldsymbol{T}={}_2^1\boldsymbol{T}\cdots{}_7^6\boldsymbol{T} \tag{3-7}
$$

分别将式（3-2）、式（3-5）代入式（3-7）右侧，令 ${}_7^1\boldsymbol{T}(1,3)$、${}_7^1\boldsymbol{T}(3,3)$、${}_7^1\boldsymbol{T}(1,4)$、${}_7^1\boldsymbol{T}(3,4)$ 对应项系数相等，定义 $\mathrm{s}_i=\sin\theta_i$、$\mathrm{c}_i=\cos\theta_i$、$\mathrm{s}_{ij}=\sin\left(\theta_i+\theta_j\right)$、$\mathrm{c}_{ij}=\cos\left(\theta_i+\theta_j\right)$、$\mathrm{s}_{ijk}=\sin\left(\theta_i+\theta_j+\theta_k\right)$、$\mathrm{c}_{ijk}=\cos\left(\theta_i+\theta_j+\theta_k\right)$，可得

$$
-\mathrm{c}_{345}\mathrm{c}_6\mathrm{s}_2-\mathrm{c}_2\mathrm{s}_6=a_x\mathrm{c}_1+a_y\mathrm{s}_1 \tag{3-8}
$$

$$
\mathrm{c}_2\mathrm{c}_{345}\mathrm{c}_6-\mathrm{s}_2\mathrm{s}_6=a_z \tag{3-9}
$$

$$
-\mathrm{s}_2(a_4\mathrm{c}_3+a_5\mathrm{c}_{34}+d_7\mathrm{c}_{345}\mathrm{c}_6+d_6\mathrm{s}_{345})-\mathrm{c}_2(d_3+d_4+d_5+d_7\mathrm{s}_6)=p_x\mathrm{c}_1+p_y\mathrm{s}_1 \tag{3-10}
$$

$$
\mathrm{c}_2(a_4\mathrm{c}_3+a_5\mathrm{c}_{34}+d_7\mathrm{c}_{345}\mathrm{c}_6+d_6\mathrm{c}_{345})-\mathrm{s}_2(d_3+d_4+d_5+d_7\mathrm{s}_6)=-d_1+p_z \tag{3-11}
$$

由式（3-8）～式（3-11），可得

$$
(a_x\mathrm{c}_1+a_y\mathrm{s}_1)\mathrm{c}_2+a_z\mathrm{s}_2=-\mathrm{s}_6 \tag{3-12}
$$

$$
(p_x\mathrm{c}_1+p_y\mathrm{s}_1)\mathrm{c}_2+(-d_1+p_z)\mathrm{s}_2=-(d_3+d_4+d_5+d_7\mathrm{s}_6) \tag{3-13}
$$

由式（3-12）和式（3-13），可得

$$
(p_z-d_1-d_7a_z)\mathrm{s}_2+[(p_y-d_7a_y)\mathrm{s}_1+(p_x-d_7a_x)\mathrm{c}_1]\mathrm{c}_2=-\left(d_3+d_4+d_5\right) \tag{3-14}
$$

进而，由三角函数公式，可以求得关节 2 的角度为

$$
\theta_2=S\times\arccos\left[d/\sqrt{(h_1^2+h_2^2)}\right]+\operatorname{atan}2(h_1,h_2) \tag{3-15}
$$

式中，$d=-d_3-d_4-d_5$；$h_1=(p_z-d_1-d_7a_z)$；$h_2=(p_y-d_7a_y)\mathrm{s}_1+(p_x-d_7a_x)\mathrm{c}_1$；$S$ 为肩部标志位，当 $\sum_{\mathrm{b}}$ 与 $\sum_1$ 的 x 轴之间夹角在 $[-90°,90°]$ 时，S=1，否则 $S=-1$；atan2（h_1,h_2）为四象限反正切函数。

实际计算 θ_2 时，需要考虑反余弦函数内的数值是否满足输入要求，当 $d/\sqrt{(h_1^2+h_2^2)}>1$ 或 $d/\sqrt{(h_1^2+h_2^2)}<-1$ 时，θ_2 无解；当 $-1<d/\sqrt{(h_1^2+h_2^2)}<1$ 时，取 $S=\pm1$，关节 2 可取得两个不同解；当 $d/\sqrt{(h_1^2+h_2^2)}=\pm1$ 时，θ_2 分别为 $\pm180°$，不考虑空间机械臂翻肩状态，即令 $S=1$，θ_2 只有一个解。关节 1 与关节 2 的角度确定后，取 ${}_7^1\boldsymbol{T}(1,1)$、${}_7^1\boldsymbol{T}(3,1)$、${}_7^1\boldsymbol{T}(1,2)$、${}_7^1\boldsymbol{T}(3,2)$

对应项系数相等，可得

$$c_2c_6c_7+s_2(-c_{345}c_7s_6+s_{345}s_7)=n_xc_1+n_ys_1 \tag{3-16}$$

$$c_6c_7s_2+c_2(c_{345}c_7s_6-s_{345}s_7)=n_z \tag{3-17}$$

$$c_7s_2s_{345}+(-c_2c_6+c_{345}s_2s_6)s_7=o_xc_1+o_ys_1 \tag{3-18}$$

$$-c_6s_2s_7-c_2(c_7s_{345}+c_{345}s_6s_7)=o_z \tag{3-19}$$

由式（3-16）～式（3-19）可得

$$(n_xc_1+n_ys_1)c_2+n_zs_2=c_6c_7 \tag{3-20}$$

$$(o_xc_1+o_ys_1)c_2+o_zs_2=-c_6s_7 \tag{3-21}$$

由式（3-20）、式（3-21）可知，求解关节 7需要考虑 c_6 的情况，由式（3-12）可获得 s_6，同时求解得到关节 6 的角度，即

$$\theta_6=W\times\arccos\left\{\sqrt{1-[(a_xc_1+a_ys_1)c_2+a_zs_2]^2}\right\} \tag{3-22}$$

式中，W为腕部标志位，当$\sum_6$与$\sum_7$的 x 轴之间的夹角在$[-90°,90°]$ 时，$W=-1$，否则 $W=1$。

在实际计算 θ_6 时，反余弦函数内的数值判断情况、W取值及解的个数与 θ_2 的情况相同。当 $c_6=0$ 时，$\theta_6=\pm90°$，此时关节 7 与关节 5 平行，空间机械臂腕部关节处于奇异构型。

当 $c_6\neq0$ 时，联立式（3-20）、式（3-21），可求得关节 7 的角度，即

$$\theta_7=\text{atan}\,2(-h_4/c_6,h_3/c_6) \tag{3-23}$$

式中，$h_3=(n_xc_1+n_ys_1)c_2+n_zs_2$；$h_4=(o_xc_1+o_ys_1)c_2+o_zs_2$。

经过上述分析，在指定关节 1 的角度之后，求解获得了关节 2 的角度，以及 $c_6\neq0$ 情况下关节 6 与关节 7 角度的解析表达式，为求解关节 3、关节 4、关节 5 的角度，需要进一步进行已知变量的分离，即

$${}_5^2\boldsymbol{T}=\left({}_2^1\boldsymbol{T}\right)^{-1}{}_7^1\boldsymbol{T}\left({}_7^6\boldsymbol{T}\right)^{-1}\left({}_6^5\boldsymbol{T}\right)^{-1}={}_3^2\boldsymbol{T}\,{}_4^3\boldsymbol{T}\,{}_5^4\boldsymbol{T} \tag{3-24}$$

令${}_5^2\boldsymbol{T}(1,4)$、${}_5^2\boldsymbol{T}(3,4)$对应项系数相等，得

$$a_4c_3+a_5c_{34}=h_5 \tag{3-25}$$

$$a_4s_3+a_5s_{34}=h_6 \tag{3-26}$$

式（3-25）和式（3-26）中，

$$\begin{aligned}h_5=&-c_1s_2(-a_xd_7+p_x+d_6o_xc_7+d_6n_xs_7)\\&-s_1s_2(-a_yd_7+p_y+d_6o_yc_7+d_6n_ys_7)\\&+c_2(-d_1-a_zd_7+p_z+d_6o_zc_7+d_6n_zs_7)\end{aligned}$$

$$\begin{aligned}h_6=&\,d_2-s_1(-a_xd_7+p_x+d_6o_xc_7+d_6n_xs_7)\\&-c_1(a_yd_7-p_y-d_6o_yc_7-d_6n_ys_7)\end{aligned}$$

由式（3-25）、式（3-26）可得关节 4 的角度表达式，即

$$\theta_4 = E \times \arccos\left(\frac{h_5^2 + h_6^2 - a_3^2 - a_4^2}{2a_3 a_4}\right) \tag{3-27}$$

式中，E 为肘部标志位，当腕坐标系原点位置在$\sum_3$中 y 轴正方向时，E=1，否则，E= −1。

在实际计算 θ_4 时，反余弦函数内的数值判断情况、E 取值及解的个数与 θ_2 的情况相同。将式（3-27）分别代入式（3-25）、式（3-26）中，可求得关节 3 的角度表达式，即

$$\theta_3 = \operatorname{atan}2[h_6(a_3 + a_4 c_4) - h_5 a_4 s_4, h_5(a_3 + a_4 c_4) + h_6 a_4 s_4] \tag{3-28}$$

令 ${}_7^1\boldsymbol{T}(2,1)$、${}_7^1\boldsymbol{T}(2,2)$、${}_7^1\boldsymbol{T}(2,3)$ 对应项系数相等，得

$$c_7 s_6 s_{345} + s_7 c_{345} = n_y c_1 - n_x s_1 \tag{3-29}$$

$$c_{345} c_7 - s_{345} s_6 s_7 = o_y c_1 - o_x s_1 \tag{3-30}$$

$$c_6 s_{345} = a_y c_1 - a_x s_1 \tag{3-31}$$

由于 $c_6 \neq 0$，根据式（3-31）可得

$$s_{345} = (a_y c_1 - a_x s_1) / c_6 \tag{3-32}$$

由式（3-29）、式（3-30），可得

$$c_{345} = s_7(n_y c_1 - n_x s_1) + c_7(o_y c_1 - o_x s_1) \tag{3-33}$$

结合式（3-32）与式（3-33），可得

$$\theta_{345} = \operatorname{atan}2(s_{345}, c_{345}) \tag{3-34}$$

由于 θ_3、θ_4 已知，且 $\theta_{345} = \theta_3 + \theta_4 + \theta_5$，可获得关节 5 的角度表达式为

$$\theta_5 = \theta_{345} - \theta_3 - \theta_4 \tag{3-35}$$

至此，已推导得到在末端位姿和关节 1 角度已知的情况下，SSRMS 各关节的角度表达式，完成逆运动学求解。

综上，空间机械臂的正运动学是通过关节角和 D-H 参数，求解相邻连杆间的齐次变换矩阵，再将其依次连乘得到空间机械臂基坐标系与末端间的齐次变换矩阵，进而得到末端位置和姿态。SSRMS 构型机械臂的逆运动学是在给定末端位姿和关节 1 角度的情况下，对基坐标系与末端间的齐次变换矩阵进行逆变换分离操作，以等号两侧齐次变换矩阵对应项系数相等为原则，利用反三角函数依次求解关节 2、关节 6、关节 7、关节 4、关节 3、关节 5 的角度。

3.1.2 空间机械臂动力学建模

动力学模型作为空间机械臂规划与控制的基础，主要用于研究空间机械臂所受驱动力 /

力矩与其末端运动间的映射关系，有正向动力学和逆向动力学两种。正向动力学是根据空间机械臂所受驱动力 / 力矩求解其末端运动状态（位置、速度、加速度等）；逆向动力学则是根据末端运动状态求解空间机械臂所受驱动力 / 力矩。本节简要介绍牛顿 - 欧拉法和拉格朗日法两种动力学建模方法，并以空间机械臂为对象，分别使用牛顿 - 欧拉法和拉格朗日法建立相应逆向动力学模型和正向动力学模型。

1. 牛顿 - 欧拉法

（1）牛顿 - 欧拉法基础理论

基于牛顿 - 欧拉法的机械臂动力学建模由正向动力学递推和逆向动力学递推两个阶段构成，具体而言，正向动力学递推是指沿基座到末端对各连杆的运动状态（线速度、角速度、线加速度、角加速度等）进行计算；逆向动力学递推是指沿末端到基座计算各连杆的力 / 力矩（惯性力、惯性力矩等）。

基于牛顿 - 欧拉法建立多刚体系统动力学方程需要利用牛顿定律获得刚体平动方程，并用欧拉方程建立相对于刚体上任意点的转动方程。牛顿第二定律可以表示为

$$\sum_k \boldsymbol{F}_k = \sum_k m_k \ddot{\boldsymbol{r}}_k \tag{3-36}$$

式（3-36）表示作用在质点 k 上的外力 $\boldsymbol{F}_k$ 与其加速度 $\ddot{\boldsymbol{r}}_k$ 之间的关系。式中，$\boldsymbol{r}_k$ 表示质点 k 在刚体坐标系下的位置矢量；m_k 表示质点 k 的质量。等效质心处的牛顿方程为

$$\boldsymbol{F} = m\boldsymbol{a}_{\mathrm{c}} \tag{3-37}$$

式中，$\boldsymbol{F}$ 表示作用在刚体质心处的外力；m 表示刚体总质量；$\boldsymbol{a}_{\mathrm{c}}$ 表示等效质心处的加速度。

刚体相对于任意一点 p 的动量矩可表示为

$$\boldsymbol{L}_p = \sum_k \left(\boldsymbol{\rho}_k \times m_k \dot{\boldsymbol{r}}_k\right) \tag{3-38}$$

式中，$\boldsymbol{L}_p$ 表示刚体相对于任意一点 p 的动量矩；$\boldsymbol{\rho}_k$ 表示质点 k 相对于任意一点 p 的矢径。

将式（3-38）对时间 t 进行求导，得

$$\dot{\boldsymbol{L}}_p = \boldsymbol{N}_p \tag{3-39}$$

式中，$\boldsymbol{N}_p$ 为作用在刚体上的外力对点 p 的主矩，表示为

$$\boldsymbol{N}_p = \sum_k \left(\boldsymbol{\rho}_k \times m_k \ddot{\boldsymbol{r}}_k\right) \tag{3-40}$$

式（3-40）也称为刚体的欧拉方程，其所受力矩 $\boldsymbol{N}_p$ 可等效为刚体质心形式，可表示为

$$\boldsymbol{N}_p^{\mathrm{c}} = \boldsymbol{I}_{\mathrm{c}}\dot{\boldsymbol{\omega}} + \boldsymbol{\omega} \times \boldsymbol{I}_{\mathrm{c}}\boldsymbol{\omega} \tag{3-41}$$

式中，$\boldsymbol{I}_{\mathrm{c}}$ 表示刚体质心的惯性张量；$\dot{\boldsymbol{\omega}}$ 表示刚体的角加速度；$\boldsymbol{\omega}$ 为刚体的角速度。

（2）基于牛顿 - 欧拉法的空间机械臂逆向动力学建模

空间机械臂与普通机械臂的不同之处之一在于前者执行空间任务时基座经常处于自由漂浮状态。因此，建立空间机械臂动力学模型时需要考虑机械臂与基座之间的动力学耦合关系。下面介绍基于牛顿 - 欧拉法建立空间机械臂逆向动力学模型的详细推导过程。

首先从连杆 0（基座）到连杆 n 递推计算各连杆的速度和加速度；再由牛顿 - 欧拉法计算各连杆的惯性力和惯性力矩；最后从连杆 n 到基座递推计算各连杆内部相互作用的力 / 力矩、关节驱动力 / 力矩以及基座的扰动力。

① 运动学递推方程。

以下公式推导过程中所用的符号与 3.1.1 节中的符号一致。

空间机械臂连杆 $k(k=1,2,\cdots,n)$ 的位置、姿态递推关系为

$$ {}^{\mathrm{I}}\boldsymbol{r}_k = {}^{\mathrm{I}}\boldsymbol{r}_{k-1} + {}_{k-1}^{\mathrm{I}}\boldsymbol{R}\boldsymbol{b}_{k-1} + {}_{k}^{\mathrm{I}}\boldsymbol{R}\boldsymbol{a}_k \tag{3-42} $$

$$ {}_{k}^{\mathrm{I}}\boldsymbol{R} = {}_{k-1}^{\mathrm{I}}\boldsymbol{R}\,{}_{k}^{k-1}\boldsymbol{R} \tag{3-43} $$

角速度、速度递推关系为

$$ {}^{\mathrm{I}}\boldsymbol{\omega}_k = {}^{\mathrm{I}}\boldsymbol{\omega}_{k-1} + {}_{k}^{\mathrm{I}}\boldsymbol{R}^k \boldsymbol{z}_k\dot{\theta}_k \tag{3-44} $$

$$ {}^{\mathrm{I}}\boldsymbol{v}_k = {}^{\mathrm{I}}\boldsymbol{v}_{k-1} + {}^{\mathrm{I}}\boldsymbol{\omega}_{k-1} \times {}^{\mathrm{I}}\boldsymbol{b}_{k-1} + {}^{\mathrm{I}}\boldsymbol{\omega}_k \times {}^{\mathrm{I}}\boldsymbol{a}_k \tag{3-45} $$

角加速度、加速度递推关系为

$$ {}^{\mathrm{I}}\dot{\boldsymbol{\omega}}_k = {}^{\mathrm{I}}\dot{\boldsymbol{\omega}}_{k-1} + {}^{\mathrm{I}}\boldsymbol{\omega}_k \times \left({}_{k}^{\mathrm{I}}\boldsymbol{R}^k \boldsymbol{z}_k\dot{\theta}_k\right) + {}_{k}^{\mathrm{I}}\boldsymbol{R}^k \boldsymbol{z}_k\ddot{\theta}_k \tag{3-46} $$

$$ \begin{aligned} {}^{\mathrm{I}}\dot{\boldsymbol{v}}_k = {}^{\mathrm{I}}\dot{\boldsymbol{v}}_{k-1} + {}^{\mathrm{I}}\dot{\boldsymbol{\omega}}_{k-1} \times {}^{\mathrm{I}}\boldsymbol{b}_{k-1} + {}^{\mathrm{I}}\boldsymbol{\omega}_{k-1} \times \left({}^{\mathrm{I}}\boldsymbol{\omega}_{k-1} \times {}^{\mathrm{I}}\boldsymbol{b}_{k-1}\right) + \\ {}^{\mathrm{I}}\dot{\boldsymbol{\omega}}_k \times {}^{\mathrm{I}}\boldsymbol{a}_k + {}^{\mathrm{I}}\boldsymbol{\omega}_k \times \left({}^{\mathrm{I}}\boldsymbol{\omega}_k \times {}^{\mathrm{I}}\boldsymbol{a}_k\right) \end{aligned} \tag{3-47} $$

②惯性力和惯性力矩递推。

对连杆 k，作用在其质心上的惯性力和惯性力矩分别为 $\boldsymbol{F}_k$ 、$\boldsymbol{T}_k$，根据牛顿 - 欧拉法，从空间机械臂的末端向基座进行递推，可以得到

$$ \begin{cases} \boldsymbol{F}_k = m_k\,{}^{\mathrm{I}}\dot{\boldsymbol{v}}_k \\ \boldsymbol{T}_k = {}^{\mathrm{I}}\boldsymbol{I}_k\,{}^{\mathrm{I}}\dot{\boldsymbol{\omega}}_k + {}^{\mathrm{I}}\boldsymbol{\omega}_k \times ({}^{\mathrm{I}}\boldsymbol{I}_k\,{}^{\mathrm{I}}\boldsymbol{\omega}_k) \end{cases} \tag{3-48} $$

连杆 k 所受外力和力矩的递推公式为

$$ \boldsymbol{f}_k = \begin{cases} \boldsymbol{F}_k + \boldsymbol{f}_{\mathrm{e}}, & k=n \\ \boldsymbol{F}_k + \boldsymbol{f}_{k+1}, & k<n \end{cases} \tag{3-49} $$

$$ \boldsymbol{n}_k = \begin{cases} \boldsymbol{T}_k + {}^{\mathrm{I}}\boldsymbol{l}_{k\mathrm{e}} \times \boldsymbol{f}_{\mathrm{e}} + \boldsymbol{n}_{\mathrm{e}} + {}^{\mathrm{I}}\boldsymbol{a}_k \times \boldsymbol{F}_k, & k=n \\ \boldsymbol{T}_k + {}^{\mathrm{I}}\boldsymbol{l}_k \times \boldsymbol{f}_{k+1} + \boldsymbol{n}_{k+1} + {}^{\mathrm{I}}\boldsymbol{a}_k \times \boldsymbol{F}_k, & k<n \end{cases} \tag{3-50} $$

式（3-49）和式（3-50）中，$\boldsymbol{f}_{\mathrm{e}}$ 、$\boldsymbol{n}_{\mathrm{e}}$ 分别为末端上的作用力及力矩；${}^{\mathrm{I}}\boldsymbol{l}_{k\mathrm{e}}$ 表示惯性系中末端相对于质点 k 的矢径。

运用达朗贝尔原理，将动力学问题转换成静力学问题，即将惯性力当作外力进行计算，各关节力矩为

$$\boldsymbol{\tau}_k = \boldsymbol{n}_k^{\mathrm{T}\ \mathrm{I}}\boldsymbol{z}_k \tag{3-51}$$

空间机械臂运动对基座的干扰力和干扰力矩分别为

$$\begin{cases}\boldsymbol{F}_{\mathrm{b}} = \boldsymbol{f}_1 \\ \boldsymbol{T}_{\mathrm{b}} = \boldsymbol{c}_{\mathrm{b1}} \times \boldsymbol{f}_1 + \boldsymbol{n}_1\end{cases} \tag{3-52}$$

式中，$\boldsymbol{c}_{\mathrm{b1}}$ 为基座质心到关节 1 的向量。

综上，基于牛顿 - 欧拉法的空间机械臂逆向动力学建模，首先需推导相邻连杆间的位置和姿态传递关系，对该传递关系求导，得到相邻连杆间的速度和加速度传递关系，进而得到从基座向末端的速度和加速度传递关系；然后，基于牛顿 - 欧拉方程和已知末端受力，从末端向基座递推作用于各连杆质心处的力和力矩；最后运用达朗贝尔原理，求解各关节力矩以及基座所受干扰力和干扰力矩，完成空间机械臂逆向动力学建模和求解。

2. 拉格朗日法

拉格朗日法以分析力学为基础，从能量角度出发建立动力学方程，首先根据系统的自由度选取合适的广义坐标，再用广义坐标表示各单元的动能和势能，然后代入拉格朗日方程中，进而推导出系统的动力学方程。

（1）单自由度系统的拉格朗日动力学方程

为方便后续多自由度系统拉格朗日动力学方程的推导，本节将先针对图 3-4 所示的单自由度系统，依据牛顿第二定律以及虚功原理推导拉格朗日动力学方程。单自由度系统仅包含一个质量为 m 的质点，其只能在 y 轴方向移动，并受到外力 f 和重力 mg 的作用。

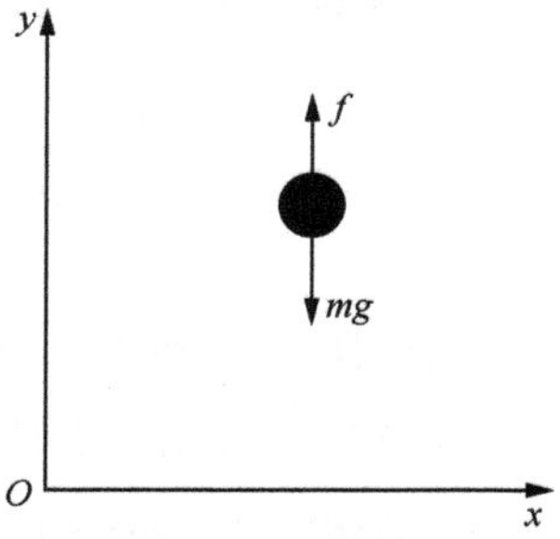

图 3-4　单自由度系统

根据牛顿第二定律，质点的运动学公式为

$$m\ddot{y} = f - mg \tag{3-53}$$

式（3-53）等号左边可表示为

$$m\ddot{y} = \frac{\mathrm{d}}{\mathrm{d}t}(m\dot{y}) = \frac{\mathrm{d}}{\mathrm{d}t}\frac{\partial}{\partial \dot{y}}\left(\frac{1}{2}m\dot{y}^2\right) = \frac{\mathrm{d}}{\mathrm{d}t}\frac{\partial E_{\mathrm{k}}}{\partial \dot{y}} \tag{3-54}$$

式中，$E_{\mathrm{k}} = \frac{1}{2}m\dot{y}^2$ 为系统动能。

式（3-53）中的重力项可使用同样的方法表示为

$$mg = \frac{\partial}{\partial y}(mgy) = \frac{\partial E_{\mathrm{p}}}{\partial y} \tag{3-55}$$

式中，$E_p = mgy$ 为系统重力势能。定义

$$L = E_k - E_p = \frac{1}{2}m\dot{y}^2 - mgy \tag{3-56}$$

动能与势能的差 L 称为系统的拉格朗日函数。根据

$$\begin{cases} \dfrac{\partial L}{\partial \dot{y}} = \dfrac{\partial E_k}{\partial \dot{y}} \\ \dfrac{\partial L}{\partial y} = -\dfrac{\partial E_P}{\partial y} \end{cases} \tag{3-57}$$

式（3-53）可被表示为

$$\frac{d}{dt}\frac{\partial L}{\partial \dot{y}} - \frac{\partial L}{\partial y} = f \tag{3-58}$$

式（3-58）即拉格朗日动力学方程。

（2）多自由度系统的拉格朗日动力学方程

多自由度系统的拉格朗日函数为

$$L(\boldsymbol{q}, \dot{\boldsymbol{q}}) = E_k(\boldsymbol{q}, \dot{\boldsymbol{q}}) - E_p(\boldsymbol{q}) \tag{3-59}$$

式中，$\boldsymbol{q} = [q_1, q_2, \cdots, q_n]^T$ 为广义坐标；$\dot{\boldsymbol{q}} = [\dot{q}_1, \dot{q}_2, \cdots, \dot{q}_n]^T$ 为广义速度；$E_k(\boldsymbol{q}, \dot{\boldsymbol{q}})$ 为系统动能；$E_p(\boldsymbol{q})$ 为系统势能；n 为系统自由度。

表征多自由度系统每个广义坐标的动力学性能的拉格朗日方程为

$$\frac{d}{dt}\frac{\partial L}{\partial \dot{q}_i} - \frac{\partial L}{\partial q_i} = F_i, \quad i = 1, 2, \cdots, n \tag{3-60}$$

式中，F_i 为每个广义坐标 q_i 所对应的广义力。

为获得多自由度系统拉格朗日动力学方程，首先要对系统总动能进行求解

$$E_k = \sum_{i=1}^{n} E_{k,i} = \frac{1}{2}\sum_{i=1}^{n}(\boldsymbol{v}_i^b)^T m_i \boldsymbol{v}_i^b \tag{3-61}$$

式中，$\boldsymbol{v}_i^b$ 表示连杆 i 的速度（含线速度和角速度）。通过代入 $\boldsymbol{v}_i^b(t) = \boldsymbol{J}_i^b[\boldsymbol{q}(t)]\dot{\boldsymbol{q}}(t)$，式（3-61）可改写为

$$E_k = \frac{1}{2}\sum_{i=1}^{n}(\boldsymbol{J}_i^b \dot{q}_i)^T m_i \boldsymbol{J}_i^b \dot{q}_i = \frac{1}{2}\dot{\boldsymbol{q}}^T \boldsymbol{H}(\boldsymbol{q})\dot{\boldsymbol{q}} \tag{3-62}$$

式中，

$$\boldsymbol{H}(\boldsymbol{q}) = \sum_{i=1}^{n}(\boldsymbol{J}_i^b)^T m_i \boldsymbol{J}_i^b \tag{3-63}$$

为多自由度系统惯性矩阵；$\boldsymbol{J}_i^b$ 为广义坐标与连杆 i 之间的速度映射关系矩阵。

多自由度系统的总势能为每个连杆的重力势能的总和。令 $h_i(\boldsymbol{q})$ 表示连杆 i 质点到零势能面的距离，则该连杆的势能 $E_{p,i} = m_i g h_i(\boldsymbol{q})$，因此多自由度系统的总势能为

$$E_{\mathrm{p}}(\boldsymbol{q})=\sum_{i=1}^{n}m_i g h_i(\boldsymbol{q}) \tag{3-64}$$

若有其他保守力施加在系统上，相应的势能可以直接添加到 E_{p} 中。

由此可得，系统的拉格朗日函数为

$$L(\boldsymbol{q},\dot{\boldsymbol{q}})=\frac{1}{2}\dot{\boldsymbol{q}}^{\mathrm{T}}\boldsymbol{H}(\boldsymbol{q})\dot{\boldsymbol{q}}-E_{\mathrm{p}}(\boldsymbol{q})=\frac{1}{2}\sum_{i,j=1}^{n}M_{ij}(\boldsymbol{q})\dot{q}_i\dot{q}_j-E_{\mathrm{p}}(\boldsymbol{q}) \tag{3-65}$$

式中，$M_{ij}(\boldsymbol{q})$ 为多自由度系统惯性矩阵 $\boldsymbol{H}$ 在 (i,j) 处的元素。将式（3-65）代入式（3-60）得

$$\sum_{j=1}^{n}M_{ij}(\boldsymbol{q})\ddot{q}_j+\sum_{j,k=1}^{n}\Gamma_{ijk}(\boldsymbol{q})\dot{q}_j\dot{q}_k+\frac{\partial E_{\mathrm{p}}}{\partial q_i}(\boldsymbol{q})=F_i,\qquad i,j,k\in\{1,\cdots,n\} \tag{3-66}$$

式中，Γ_{ijk} 为惯性矩阵 $\boldsymbol{H}$ 的克里斯多菲符号（Christoffel Symbol）（第一类），其定义为

$$\Gamma_{ijk}(\boldsymbol{q})=\frac{1}{2}\left(\frac{\partial M_{ij}(\boldsymbol{q})}{\partial q_k}+\frac{\partial M_{ik}(\boldsymbol{q})}{\partial q_j}-\frac{\partial M_{jk}(\boldsymbol{q})}{\partial q_i}\right) \tag{3-67}$$

将式（3-66）表示为矢量形式，即

$$\boldsymbol{H}(\boldsymbol{q})\ddot{\boldsymbol{q}}+\boldsymbol{C}(\boldsymbol{q},\dot{\boldsymbol{q}})+\boldsymbol{G}(\boldsymbol{q})=\boldsymbol{F} \tag{3-68}$$

式中，$\boldsymbol{C}(\boldsymbol{q},\dot{\boldsymbol{q}})$ 为多自由度系统的科氏力和离心力项，且

$$C_{ij}(\boldsymbol{q},\dot{\boldsymbol{q}})=\sum_{k=1}^{n}\Gamma_{ijk}(\boldsymbol{q})\dot{q}_j\dot{q}_k \tag{3-69}$$

式中，$\boldsymbol{G}(\boldsymbol{q})$ 的元素为 $G_i(\boldsymbol{q})=\dfrac{\partial E_{\mathrm{p}}}{\partial q_i}(\boldsymbol{q})$。

式（3-68）表明多自由度系统动力学模型包含 4 部分：惯性力项 $\boldsymbol{H}(\boldsymbol{q})\ddot{\boldsymbol{q}}$、科氏力和离心力项 $\boldsymbol{C}(\boldsymbol{q},\dot{\boldsymbol{q}})$、保守力项 $\boldsymbol{G}(\boldsymbol{q})$，以及包含所有非保守外部力的广义力项 $\boldsymbol{F}$。科氏力和离心力项反映了多自由度系统内部的动态交互作用，其数值取决于广义速度 $\dot{q}_i$。一般来说，包含 $\dot{q}_i\dot{q}_j\,(i\neq j)$ 形式的项为科氏力项，而包含 $(\dot{q}_i)^2$ 形式的项为离心力项。

（3）基于拉格朗日法的空间机械臂正向动力学建模

空间机械臂正向动力学建模是指根据空间机械臂所受驱动力 / 力矩求解其末端运动状态（位置、速度、加速度等）。本部分内容推导了通过拉格朗日法建立空间机械臂系统的正向动力学模型。

系统的总动能为

$$\begin{aligned}E_{\mathrm{k}}&=\frac{1}{2}\sum_{k=0}^{n}\left[\left({}^{\mathrm{I}}\boldsymbol{\omega}_k\right)^{\mathrm{T}}\,{}^{\mathrm{I}}\boldsymbol{I}_k\,{}^{\mathrm{I}}\boldsymbol{\omega}_k+m_k\left({}^{\mathrm{I}}\dot{\boldsymbol{r}}_k\right)^{\mathrm{T}}\,{}^{\mathrm{I}}\dot{\boldsymbol{r}}_k\right]\\&=\frac{1}{2}\sum_{k=0}^{n}\left\{\left({}^{\mathrm{I}}\boldsymbol{\omega}_{\mathrm{b}}+\boldsymbol{J}_{\mathrm{A}k}\dot{\boldsymbol{\theta}}\right)^{\mathrm{T}}\,{}^{\mathrm{I}}\boldsymbol{I}_k\left({}^{\mathrm{I}}\boldsymbol{\omega}_{\mathrm{b}}+\boldsymbol{J}_{\mathrm{A}k}\dot{\boldsymbol{\theta}}\right)+\right.\end{aligned}$$

$$
m_k\left(\begin{bmatrix}E_3 & {}^{\mathrm{I}}r_{\mathrm{b}k}{}^{\times}\end{bmatrix}\begin{bmatrix}{}^{\mathrm{I}}v_{\mathrm{b}}\\ {}^{\mathrm{I}}\omega_{\mathrm{b}}\end{bmatrix}+J_{\mathrm{L}k}\dot{\theta}\right)^{\mathrm{T}}\left(\begin{bmatrix}E_3 & {}^{\mathrm{I}}r_{\mathrm{b}k}{}^{\times}\end{bmatrix}\begin{bmatrix}{}^{\mathrm{I}}v_{\mathrm{b}}\\ {}^{\mathrm{I}}\omega_{\mathrm{b}}\end{bmatrix}+J_{\mathrm{L}k}\dot{\theta}\right)\Bigg\}
$$

$$
=\frac{1}{2}\begin{bmatrix}{}^{\mathrm{I}}v_{\mathrm{b}}{}^{\mathrm{T}} & {}^{\mathrm{I}}\omega_{\mathrm{b}}{}^{\mathrm{T}} & \dot{\theta}^{\mathrm{T}}\end{bmatrix}H\begin{bmatrix}{}^{\mathrm{I}}v_{\mathrm{b}}\\ {}^{\mathrm{I}}\omega_{\mathrm{b}}\\ \dot{\theta}\end{bmatrix} \tag{3-70}
$$

式中，${}^{\mathrm{I}}\dot{r}_k$、${}^{\mathrm{I}}\omega_k$ 分别为空间机械臂连杆 k 质心在惯性坐标系下的线速度与角速度；${}^{\mathrm{I}}v_{\mathrm{b}}$、${}^{\mathrm{I}}\omega_{\mathrm{b}}$ 为惯性坐标系下基座的线速度和角速度；${}^{\mathrm{I}}r_{\mathrm{b}k}$ 为惯性坐标系下基座到连杆 k 质心的位置矢量；$J_{\mathrm{L}k}$ 为空间机械臂的线速度雅可比矩阵；$J_{\mathrm{A}k}$ 为空间机械臂的角速度雅可比矩阵。

矩阵 H 可以表示为

$$
H=\begin{bmatrix}H_1 & H_2\\ H_2^{\mathrm{T}} & H_{\mathrm{m}}\end{bmatrix} \tag{3-71}
$$

式中，

$$
H_1=\begin{bmatrix}ME_3 & M\,{}^{\mathrm{I}}r_{\mathrm{bg}}{}^{\times}\\ M\left({}^{\mathrm{I}}r_{\mathrm{bg}}{}^{\times}\right)^{\mathrm{T}} & \sum\limits_{k=0}^{n}\left({}^{\mathrm{I}}I_k+m_k\left({}^{\mathrm{I}}r_{\mathrm{b}k}{}^{\times}\right)^{\mathrm{T}}\,{}^{\mathrm{I}}r_{\mathrm{b}k}{}^{\times}\right)\end{bmatrix}
=\begin{bmatrix}ME_3 & M\,{}^{\mathrm{I}}r_{\mathrm{bg}}{}^{\times}\\ -M\,{}^{\mathrm{I}}r_{\mathrm{bg}}{}^{\times} & \sum\limits_{k=0}^{n}\left({}^{\mathrm{I}}I_k-m_k\,{}^{\mathrm{I}}r_{\mathrm{b}k}{}^{\times}\,{}^{\mathrm{I}}r_{\mathrm{b}k}{}^{\times}\right)\end{bmatrix} \tag{3-72}
$$

$$
H_2=\begin{bmatrix}\sum\limits_{k=0}^{n}\left(m_kJ_{\mathrm{L}k}\right)\\ \sum\limits_{k=0}^{n}\left({}^{\mathrm{I}}I_kJ_{\mathrm{A}k}+m_k\left({}^{\mathrm{I}}r_{\mathrm{b}k}{}^{\times}\right)^{\mathrm{T}}J_{\mathrm{L}k}\right)\end{bmatrix}=\begin{bmatrix}\sum\limits_{k=0}^{n}\left(m_kJ_{\mathrm{L}k}\right)\\ \sum\limits_{k=0}^{n}\left({}^{\mathrm{I}}I_kJ_{\mathrm{A}k}-m_k\,{}^{\mathrm{I}}r_{\mathrm{b}k}{}^{\times}J_{\mathrm{L}k}\right)\end{bmatrix} \tag{3-73}
$$

$$
H_{\mathrm{m}}=\sum_{k=0}^{n}\left[\left(J_{\mathrm{A}k}\right)^{\mathrm{T}}\,{}^{\mathrm{I}}I_kJ_{\mathrm{A}k}+m_k\left(J_{\mathrm{L}k}\right)^{\mathrm{T}}J_{\mathrm{L}k}\right] \tag{3-74}
$$

式中，M 为系统的总质量；上角标“×”表示由 3 维矢量构成的 3×3 反对称矩阵；${}^{\mathrm{I}}r_{\mathrm{bg}}$ 为惯性坐标系下基座到系统质心的位置向量。

取

$$
\dot{q}=\begin{bmatrix}{}^{\mathrm{I}}v_{\mathrm{b}}\\ {}^{\mathrm{I}}\omega_{\mathrm{b}}\\ \dot{\theta}\end{bmatrix} \tag{3-75}
$$

则有

$$
E_{\mathrm{k}}=\frac{1}{2}\dot{q}^{\mathrm{T}}H\dot{q} \tag{3-76}
$$

空间环境中重力的影响可以忽略，取系统势能 $E_{\mathrm{p}}=0$，所以拉格朗日方程可写成

$$\frac{\mathrm{d}}{\mathrm{d}t}\frac{\partial E_{\mathrm{k}}}{\partial \dot{\boldsymbol{q}}}-\frac{\partial E_{\mathrm{k}}}{\partial \boldsymbol{q}}=\boldsymbol{\tau} \tag{3-77}$$

得到

$$\boldsymbol{H}(\boldsymbol{q})\ddot{\boldsymbol{q}}+\boldsymbol{C}(\boldsymbol{q},\dot{\boldsymbol{q}})=\boldsymbol{\tau} \tag{3-78}$$

$$\boldsymbol{C}(\boldsymbol{q},\dot{\boldsymbol{q}})=\dot{\boldsymbol{H}}(\boldsymbol{q})\dot{\boldsymbol{q}}-\frac{\partial}{\partial \boldsymbol{q}}\left(\frac{1}{2}\dot{\boldsymbol{q}}^{\mathrm{T}}\boldsymbol{H}\dot{\boldsymbol{q}}\right) \tag{3-79}$$

式（3-79）中的动力学非线性项 $\boldsymbol{C}(\boldsymbol{q},\dot{\boldsymbol{q}})$ 较难得到解析式，可通过下面的方法进行数值计算。

令

$$\boldsymbol{C}(\boldsymbol{q},\dot{\boldsymbol{q}})=\begin{bmatrix}\boldsymbol{c}_{\mathrm{b}}\\ \boldsymbol{c}_{\mathrm{m}}\end{bmatrix}\in\mathbb{R}^{(n+6)\times 1} \tag{3-80}$$

式中，$\boldsymbol{c}_{\mathrm{b}}\in\mathbb{R}^{6\times 1}$、$\boldsymbol{c}_{\mathrm{m}}\in\mathbb{R}^{n\times 1}$ 分别表示与基座和机械臂相关的非线性项。

其广义力向量为

$$\boldsymbol{\tau}=\begin{bmatrix}\boldsymbol{f}_{\mathrm{b}}\\ \boldsymbol{\tau}_{\mathrm{m}}\end{bmatrix}+\begin{bmatrix}\boldsymbol{J}_{\mathrm{b}}^{\mathrm{T}}\\ \boldsymbol{J}_{\mathrm{m}}^{\mathrm{T}}\end{bmatrix}\boldsymbol{F}_{\mathrm{e}} \tag{3-81}$$

式中，$\boldsymbol{f}_{\mathrm{b}}$、$\boldsymbol{F}_{\mathrm{e}}$ 分别为基座和末端上的外作用力 / 力矩；$\boldsymbol{\tau}$ 为空间机械臂广义关节力矩；$\boldsymbol{\tau}_{\mathrm{m}}$ 表示各关节电机输出的力矩；$\boldsymbol{J}_{\mathrm{b}}$、$\boldsymbol{J}_{\mathrm{m}}$ 分别为基座雅可比矩阵和机械臂雅可比矩阵。

将式（3-80）、式（3-81）代入式（3-78）得

$$\boldsymbol{H}\begin{bmatrix}\ddot{\boldsymbol{x}}_{\mathrm{b}}\\ \ddot{\boldsymbol{\theta}}\end{bmatrix}+\begin{bmatrix}\boldsymbol{c}_{\mathrm{b}}\\ \boldsymbol{c}_{\mathrm{m}}\end{bmatrix}=\begin{bmatrix}\boldsymbol{f}_{\mathrm{b}}\\ \boldsymbol{\tau}_{\mathrm{m}}\end{bmatrix}+\begin{bmatrix}\boldsymbol{J}_{\mathrm{b}}^{\mathrm{T}}\\ \boldsymbol{J}_{\mathrm{m}}^{\mathrm{T}}\end{bmatrix}\boldsymbol{F}_{\mathrm{e}} \tag{3-82}$$

算法步骤如下。

步骤 1：在 t 时刻，进行位置 / 速度从基座到连杆 n 的递推计算（牛顿 - 欧拉法）。

步骤 2：计算惯量矩阵 $\boldsymbol{H}$。

步骤 3：因为非线性项 $\boldsymbol{C}(\boldsymbol{q},\dot{\boldsymbol{q}})$ 是关于 $\boldsymbol{q}$、$\dot{\boldsymbol{q}}$ 的函数，所以令 $\ddot{\boldsymbol{x}}_{\mathrm{b}}$、$\ddot{\boldsymbol{\theta}}$ 和 $\boldsymbol{F}_{\mathrm{e}}$ 为零，通过逆动力学计算此时基座上的作用力（从连杆 n 逆向递推至基座），所得结果为关于 $\boldsymbol{q}$（即 $\boldsymbol{x}_{\mathrm{b}}$、$\boldsymbol{\theta}$）的非线性项 $\boldsymbol{c}_{\mathrm{b}}$、$\boldsymbol{c}_{\mathrm{m}}$。

步骤 4：根据控制律确定关节力矩 $\boldsymbol{\tau}_{\mathrm{m}}$ 及作用在基座上的力 / 力矩 $\boldsymbol{f}_{\mathrm{b}}$。

步骤 5：计算加速度。

$$\begin{bmatrix}\ddot{\boldsymbol{x}}_{\mathrm{b}}\\ \ddot{\boldsymbol{\theta}}\end{bmatrix}=\boldsymbol{H}^{-1}\left\{\begin{bmatrix}\boldsymbol{f}_{\mathrm{b}}\\ \boldsymbol{\tau}_{\mathrm{m}}\end{bmatrix}+\begin{bmatrix}\boldsymbol{J}_{\mathrm{b}}^{\mathrm{T}}\\ \boldsymbol{J}_{\mathrm{m}}^{\mathrm{T}}\end{bmatrix}\boldsymbol{F}_{\mathrm{e}}-\begin{bmatrix}\boldsymbol{c}_{\mathrm{b}}\\ \boldsymbol{c}_{\mathrm{m}}\end{bmatrix}\right\} \tag{3-83}$$

步骤 6：对加速度积分可得到速度，再次积分可得到位置。

步骤 7：进入下一周期，返回至步骤 1，继续运算，至仿真结束。

用牛顿－欧拉法求解空间机械臂动力学模型的过程适合用计算机编程来计算，但因为涉及局部坐标系，当空间机械臂较为复杂（如多链机械臂）时，牛顿－欧拉法求解过程将变得十分复杂。拉格朗日法避开了局部坐标系，从能量角度建立系统的动力学方程，该方法物理概念清晰，能得到解析形式的方程，但计算机编程较为繁杂，在动力学建模过程中，可根据实际情况按需选择。

本节针对常态下的空间机械臂建模问题，介绍了基于 D-H 参数法的运动学建模方法以及牛顿－欧拉法和拉格朗日法两种动力学建模方法，对比分析了这两种建模方法的优缺点，同时基于上述方法详细推导了常态下空间机械臂的运动学与动力学方程。

3.2 关节故障通用表征模型

通过分析空间机械臂关节故障来源，可从数学本质上将关节故障视为由乘性故障和加性故障构成[5]。乘性故障是指关节实际输出与期望输出（即设定的控制输入）成比例关系，关节输出能力被削弱；加性故障是指关节实际输出与期望输出间存在一定偏差，且偏差独立于期望输出。

若关节 k 发生乘性故障，其输出可表示为

$$U_k(t)=U_{kc}(t)+\alpha(t)[\rho_k(t)-1]U_{kc}(t) \tag{3-84}$$

式中，$U_k(t)$ 为 t 时刻故障关节 k 的实际输出；$U_{kc}(t)$ 为 t 时刻故障关节 k 的期望输出；$\alpha(t)=\begin{cases}0, & 0\leqslant t<T_e\\ 1, & T_e\leqslant t<T_f\end{cases}$ 为阶跃函数；T_e 为关节 k 故障发生时刻；T_f 为任务执行时间；$\rho_k(t)$ 为 t 时刻乘性故障关节输出有效因子，$\rho_k(t)\in(0,1]$。

若关节 k 发生加性故障，其输出可表示为

$$U_k(t)=U_{kc}(t)+\alpha(t)U_e(t) \tag{3-85}$$

式中，$U_e(t)$ 为加性故障未知函数项。

结合式（3-84）和式（3-85），可得关节部分失效故障模型

$$U_k(t)=U_{kc}(t)+\alpha(t)[\rho_k(t)-1]U_{kc}(t)+\alpha(t)U_e(t) \tag{3-86}$$

（1）当关节 k 输出速度发生摄动时，其速度可表示为

$$\dot{\theta}_k(t)=\dot{\theta}_{kc}(t)+\alpha(t)[\rho_k(t)-1]\dot{\theta}_{kc}(t)+\alpha(t)\dot{\theta}_e(t) \tag{3-87}$$

根据式（3-87）可知，当 $T_e\leqslant t<T_f$ 时，有如下情况。

① 若 $\rho_k(t)=1$ 且 $\dot{\theta}_e(t)=0$，则关节 k 正常运动，其实际输出速度与期望输出速度一致。

② 若 $\rho_k(t)=1$ 且 $\dot{\theta}_e(t)\neq 0$，则关节 k 发生加性故障，其实际输出速度与期望输出速度间

存在偏差。

③ 若 $\rho_k(t)\neq 1$ 且 $\dot{\theta}_e(t)=0$，则关节 k 发生乘性故障，其实际输出速度与期望输出速度成比例。

④ 若 $\rho_k(t)=0$ 且 $\dot{\theta}_e(t)=0$，或 $\rho_k(t)=1$ 且 $\dot{\theta}_e(t)=-\dot{\theta}_{kc}(t)$，此时关节 k 发生锁定故障，关节 k 由于瞬时锁定无法输出运动，故障关节速度突变为零。此类故障发生时，空间机械臂末端负载的惯性冲力会导致健康关节运动发生突变。

（2）当关节 k 输出力矩发生摄动时，可表示为

$$\tau_k(t)=\tau_{kc}(t)+\alpha(t)[\rho_k(t)-1]\tau_{kc}(t)+\alpha(t)\tau_e(t) \tag{3-88}$$

根据式（3-88）可知，当 $T_e\leqslant t<T_f$ 时，有如下情况。

① 若 $\rho_k(t)=1$ 且 $\tau_e(t)=0$，则关节 k 正常运动，其实际输出力矩与期望输出力矩一致。

② 若 $\rho_k(t)=1$ 且 $\tau_e(t)\neq 0$，则关节 k 发生加性故障，其实际输出力矩与期望输出力矩间存在偏差。

③ 若 $\rho_k(t)\neq 1$ 且 $\tau_e(t)=0$，则关节 k 发生乘性故障，其实际输出力矩与期望输出力矩成比例。

④ 若 $\rho_k(t)=0$ 且 $\tau_e(t)=0$，或 $\rho_k(t)=1$ 且 $\tau_e(t)=-\tau_{kc}(t)$，此时关节 k 发生自由摆动故障，故障关节输出力矩为零，处于不受控状态。该类故障发生时，由于惯性作用，关节速度可能急剧增大。若不对故障关节采取措施，其非受控运动易与周边物体发生碰撞，对自身与所固连的机械臂连杆的稳定运动产生威胁。

将上述关节故障通用表征模型代入常态下空间机械臂数学模型中，即可分别获得不同类型下空间机械臂的运动学及动力学模型，完成关节故障空间机械臂数学建模。

当关节 k 发生关节锁定故障时，故障关节相邻两连杆可等效为一个新的连杆，进而使得关节锁定故障空间机械臂可以等效为自由度数减 1 的正常空间机械臂，因此该数学建模过程的重点是运动学模型和动力学模型重构。当关节 k 发生自由摆动故障时，故障关节仍具备运动能力，但由于完全失去力矩输出能力无法被独立控制，故障关节成为新的被控单元，需由剩余健康关节驱动，因此在建立健康关节与原本末端 / 基座间运动映射的基础上，需进一步分析健康关节与故障关节间的运动学 / 动力学耦合关系。当关节 k 发生关节部分失效故障时，故障关节速度或力矩输出能力低于期望值但不为零，仍具备独立控制能力，但在实际规划和控制中，操作者仅能控制健康关节输出和故障关节期望输出，无法控制故障关节实际输出，因此关节部分失效故障空间机械臂数学建模的重点需放在关节期望输出与基座 / 末端之间的运动学 / 动力学耦合关系的建立和分析上。

3.3 关节部分失效故障空间机械臂数学建模

由 3.2 节可知，关节故障中 $\rho_k(t)=0$ 且 $\dot{\theta}_e(t)=0$ ，$\rho_k(t)=1$ 且 $\dot{\theta}_e(t)=-\dot{\theta}_{kc}(t)$ ，$\rho_k(t)=0$ 且 $\tau_e(t)=0$ 以及 $\rho_k(t)=1$ 且 $\tau_e(t)=-\tau_{kc}(t)$ 之外的情况均属于关节部分失效故障。部分失效故障关节速度或输出力矩偏离期望值，导致空间机械臂运动学模型和动力学模型摄动。因此，需构建关节部分失效故障空间机械臂运动模型，分析健康关节、故障关节与基座、末端间的运动学 / 动力学耦合关系，为后续故障空间机械臂运动控制奠定模型基础。

3.3.1 关节部分失效故障空间机械臂运动学耦合关系

本节将建立故障空间机械臂运动学模型，并推导健康关节、故障关节与基座、末端间的速度映射关系，实现关节部分失效故障空间机械臂的运动学耦合关系解耦。

1. 故障空间机械臂运动学模型的建立

无关节故障的情况下，空间机械臂运动学模型表示为

$$\dot{\boldsymbol{x}}_e=\boldsymbol{J}_b\begin{bmatrix}\boldsymbol{v}_b\\ \boldsymbol{\omega}_b\end{bmatrix}+\boldsymbol{J}_m\dot{\boldsymbol{\theta}} \tag{3-89}$$

以列向量形式表示机械臂雅可比矩阵 $\boldsymbol{J}_m$ ，可将末端速度写成

$$\begin{aligned}\dot{\boldsymbol{x}}_e&=\boldsymbol{J}_b\begin{bmatrix}\boldsymbol{v}_b\\ \boldsymbol{\omega}_b\end{bmatrix}+[\boldsymbol{J}_1,\cdots,\boldsymbol{J}_k,\cdots,\boldsymbol{J}_n][\dot{\theta}_1,\cdots,\dot{\theta}_k,\cdots,\dot{\theta}_n]^{\mathrm{T}}\\&=\boldsymbol{J}_b\begin{bmatrix}\boldsymbol{v}_b\\ \boldsymbol{\omega}_b\end{bmatrix}+\sum_{i=1}^{n}\boldsymbol{J}_i\dot{\theta}_i\end{aligned} \tag{3-90}$$

提取出式（3-90）中雅可比矩阵的故障关节 k 对应列与故障关节速度的乘积，并对雅可比矩阵与关节速度进行分块处理，可得

$$\begin{aligned}\dot{\boldsymbol{x}}_e&=\boldsymbol{J}_b\begin{bmatrix}\boldsymbol{v}_b\\ \boldsymbol{\omega}_b\end{bmatrix}+\sum_{i\neq k}\boldsymbol{J}_i\dot{\theta}_i+\boldsymbol{J}_k\dot{\theta}_k\\&=\boldsymbol{J}_b\begin{bmatrix}\boldsymbol{v}_b\\ \boldsymbol{\omega}_b\end{bmatrix}+\begin{bmatrix}\boldsymbol{J}_h & \boldsymbol{J}_f\end{bmatrix}\begin{bmatrix}\dot{\boldsymbol{\theta}}_h\\ \dot{\boldsymbol{\theta}}_f\end{bmatrix}=\boldsymbol{J}_b\begin{bmatrix}\boldsymbol{v}_b\\ \boldsymbol{\omega}_b\end{bmatrix}+\boldsymbol{J}_h\dot{\boldsymbol{\theta}}_h+\boldsymbol{J}_f\dot{\boldsymbol{\theta}}_f\end{aligned} \tag{3-91}$$

式中，$\boldsymbol{J}_h$ 与 $\boldsymbol{J}_f$ 分别为健康关节速度与故障关节速度向末端速度映射的雅可比矩阵，且 $\boldsymbol{J}_h=[\boldsymbol{J}_1,\cdots,\boldsymbol{J}_{k-1},\boldsymbol{J}_{k+1},\cdots,\boldsymbol{J}_n]$ ，$\boldsymbol{J}_f=\boldsymbol{J}_k$ ；$\dot{\boldsymbol{\theta}}_h$ 与 $\dot{\boldsymbol{\theta}}_f$ 分别为健康关节速度与故障关节速度，且 $\dot{\boldsymbol{\theta}}_h=[\dot{\theta}_1,\cdots,\dot{\theta}_{k-1},\dot{\theta}_{k+1},\cdots,\dot{\theta}_n]$ ，$\dot{\boldsymbol{\theta}}_f=\dot{\theta}_k$ 。

2. 故障空间机械臂运动学耦合关系分析

基座漂浮空间机械臂线动量和角动量均守恒，假设空间机械臂系统的线动量和角动量均为零，可得到空间机械臂基座速度与关节速度之间的映射关系

$$\boldsymbol{H}_{\mathrm{m}}\dot{\boldsymbol{\theta}}+\boldsymbol{H}_{\mathrm{b}}\begin{bmatrix}\boldsymbol{v}_{\mathrm{b}}\\ \boldsymbol{\omega}_{\mathrm{b}}\end{bmatrix}=\mathbf{0} \tag{3-92}$$

式中，$\boldsymbol{H}_{\mathrm{m}}=[\boldsymbol{H}_{\mathrm{m}1},\cdots,\boldsymbol{H}_{\mathrm{m}k},\cdots,\boldsymbol{H}_{\mathrm{m}n}]\in\mathbb{R}^{6\times n}$、$\boldsymbol{H}_{\mathrm{b}}\in\mathbb{R}^{6\times 6}$分别为机械臂和基座的动量矩阵。

提取式（3-92）中动量矩阵故障关节对应列与故障关节速度乘积，并对动量矩阵进行分块处理，可得

$$\begin{bmatrix}\boldsymbol{H}_{\mathrm{mh}} & \boldsymbol{H}_{\mathrm{mf}}\end{bmatrix}\begin{bmatrix}\dot{\boldsymbol{\theta}}_{\mathrm{h}}\\ \dot{\boldsymbol{\theta}}_{\mathrm{f}}\end{bmatrix}+\boldsymbol{H}_{\mathrm{b}}\begin{bmatrix}\boldsymbol{v}_{\mathrm{b}}\\ \boldsymbol{\omega}_{\mathrm{b}}\end{bmatrix}=\boldsymbol{H}_{\mathrm{mh}}\dot{\boldsymbol{\theta}}_{\mathrm{h}}+\boldsymbol{H}_{\mathrm{mf}}\dot{\theta}_{\mathrm{f}}+\boldsymbol{H}_{\mathrm{b}}\begin{bmatrix}\boldsymbol{v}_{\mathrm{b}}\\ \boldsymbol{\omega}_{\mathrm{b}}\end{bmatrix}=\mathbf{0} \tag{3-93}$$

式中，$\boldsymbol{H}_{\mathrm{mh}}=[\boldsymbol{H}_{\mathrm{m}1},\cdots,\boldsymbol{H}_{\mathrm{m}k-1},\boldsymbol{H}_{\mathrm{m}k+1},\cdots,\boldsymbol{H}_{\mathrm{m}n}]$；$\boldsymbol{H}_{\mathrm{mf}}=\boldsymbol{H}_{\mathrm{m}k}$。

由式（3-93）可得健康关节、故障关节与基座之间的速度映射关系为

$$\begin{bmatrix}\boldsymbol{v}_{\mathrm{b}}\\ \boldsymbol{\omega}_{\mathrm{b}}\end{bmatrix}=\boldsymbol{H}_{\mathrm{bm}}\begin{bmatrix}\dot{\boldsymbol{\theta}}_{\mathrm{h}}\\ \dot{\theta}_{\mathrm{f}}\end{bmatrix} \tag{3-94}$$

式中，$\boldsymbol{H}_{\mathrm{bm}}=\begin{bmatrix}-\boldsymbol{H}_{\mathrm{b}}^{-1}\boldsymbol{H}_{\mathrm{mh}} & -\boldsymbol{H}_{\mathrm{b}}^{-1}\boldsymbol{H}_{\mathrm{mf}}\end{bmatrix}$。

结合式（3-91）与式（3-93）可得健康关节、故障关节与末端之间的速度映射关系为

$$\dot{\boldsymbol{x}}_{\mathrm{e}}=\boldsymbol{J}_{\mathrm{et}}\begin{bmatrix}\dot{\boldsymbol{\theta}}_{\mathrm{h}}\\ \dot{\theta}_{\mathrm{f}}\end{bmatrix} \tag{3-95}$$

式中，$\boldsymbol{J}_{\mathrm{et}}=\begin{bmatrix}\boldsymbol{J}_{\mathrm{eh_partial}} & \boldsymbol{J}_{\mathrm{ef}}\end{bmatrix}$为关节速度向末端速度映射的雅可比矩阵；$\boldsymbol{J}_{\mathrm{eh_partial}}=\boldsymbol{J}_{\mathrm{h}}-\boldsymbol{J}_{\mathrm{b}}\boldsymbol{H}_{\mathrm{b}}^{-1}\boldsymbol{H}_{\mathrm{mh}}$与$\boldsymbol{J}_{\mathrm{ef}}=\boldsymbol{J}_{\mathrm{f}}-\boldsymbol{J}_{\mathrm{b}}\boldsymbol{H}_{\mathrm{b}}^{-1}\boldsymbol{H}_{\mathrm{mf}}$分别表示关节部分失效故障情况下健康关节速度和故障关节速度向末端速度映射的雅可比矩阵。

以上分析得到了各关节实际输出速度与基座、末端速度之间的映射关系。当关节输出力矩摄动时，故障关节期望输出速度与实际输出速度无偏差，其健康关节、故障关节与基座、末端之间的速度映射关系如式（3-94）和式（3-95）所示。但当故障关节输出速度摄动时，故障关节期望输出速度与实际输出速度存在偏差，而规划控制空间机械臂运动时仅能控制其期望输出速度。因此，在关节输出速度摄动时，还需进一步分析空间机械臂各关节期望输出速度与基座 / 末端速度之间的映射关系。

将关节速度部分失效故障模型引入空间机械臂运动学耦合关系，即将式（3-87）代入式（3-94）和式（3-95），并假设关节故障已发生，即令$\alpha(t)=1$，可得

$$\begin{bmatrix}\boldsymbol{v}_{\mathrm{b}}\\ \boldsymbol{\omega}_{\mathrm{b}}\end{bmatrix}=\boldsymbol{H}_{\mathrm{bm}}\begin{bmatrix}\dot{\boldsymbol{\theta}}_{\mathrm{h}}\\ \rho_k\dot{\theta}_{\mathrm{fc}}+\dot{\theta}_{\mathrm{e}}\end{bmatrix}=\boldsymbol{H}_{\mathrm{bmc}}\begin{bmatrix}\dot{\boldsymbol{\theta}}_{\mathrm{h}}\\ \dot{\theta}_{\mathrm{fc}}\end{bmatrix}-\boldsymbol{H}_{\mathrm{b}}^{-1}\boldsymbol{H}_{\mathrm{mf}}\dot{\theta}_{\mathrm{e}} \tag{3-96}$$

$$\dot{\boldsymbol{x}}_{\mathrm{e}}=\boldsymbol{J}_{\mathrm{et}}\begin{bmatrix}\dot{\boldsymbol{\theta}}_{\mathrm{h}}\\ \rho_k\dot{\boldsymbol{\theta}}_{\mathrm{fc}}+\dot{\theta}_{\mathrm{e}}\end{bmatrix}=\boldsymbol{J}_{\mathrm{ev}}\begin{bmatrix}\dot{\boldsymbol{\theta}}_{\mathrm{h}}\\ \dot{\boldsymbol{\theta}}_{\mathrm{fc}}\end{bmatrix}+\boldsymbol{J}_{\mathrm{ef}}\dot{\theta}_{\mathrm{e}} \tag{3-97}$$

式中，$\dot{\boldsymbol{\theta}}_{\mathrm{fc}}$ 为故障关节期望输出速度；$\boldsymbol{H}_{\mathrm{bmc}}=\begin{bmatrix}-\boldsymbol{H}_{\mathrm{b}}^{-1}\boldsymbol{H}_{\mathrm{mh}} & -\rho_k\boldsymbol{H}_{\mathrm{b}}^{-1}\boldsymbol{H}_{\mathrm{mf}}\end{bmatrix}$ 为关节期望输出速度向基座速度映射的矩阵；$\boldsymbol{J}_{\mathrm{ev}}=\begin{bmatrix}\boldsymbol{J}_{\mathrm{eh\_partial}} & \rho_k\boldsymbol{J}_{\mathrm{ef}}\end{bmatrix}$ 为关节期望输出速度向末端速度映射的雅可比矩阵。

式（3-96）和式（3-97）分别是关节速度部分失效故障发生时，关节期望输出速度与基座 / 末端速度之间的映射关系。

3.3.2 关节部分失效故障空间机械臂动力学耦合关系

关节故障导致关节期望输出与基座 / 末端加速度间的映射关系发生摄动。本节将建立故障空间机械臂动力学模型，并推导健康关节、故障关节与基座、末端间的加速度映射关系，实现关节部分失效故障空间机械臂动力学耦合关系解耦。

1. 故障空间机械臂动力学模型的建立

基座漂浮空间机械臂动力学模型如式（3-98）所示。

$$\begin{bmatrix}\boldsymbol{M}_{\mathrm{b}} & \boldsymbol{M}_{\mathrm{bm}}\\ \boldsymbol{M}_{\mathrm{mb}} & \boldsymbol{M}_{\mathrm{m}}\end{bmatrix}\begin{bmatrix}\ddot{\boldsymbol{x}}_{\mathrm{b}}\\ \ddot{\boldsymbol{\theta}}\end{bmatrix}+\begin{bmatrix}\boldsymbol{c}_{\mathrm{b}}\\ \boldsymbol{c}_{\mathrm{m}}\end{bmatrix}=\begin{bmatrix}\boldsymbol{0}\\ \boldsymbol{\tau}_{\mathrm{m}}\end{bmatrix} \tag{3-98}$$

式中，$\boldsymbol{M}_{\mathrm{b}}\in\mathbb{R}^{m\times m}$ 为基座质量矩阵；$\boldsymbol{M}_{\mathrm{bm}}\in\mathbb{R}^{m\times n}$ 与 $\boldsymbol{M}_{\mathrm{mb}}\in\mathbb{R}^{n\times m}$ 为机械臂与基座的耦合质量矩阵，且 $\boldsymbol{M}_{\mathrm{bm}}=\boldsymbol{M}_{\mathrm{mb}}^{\mathrm{T}}$；$\boldsymbol{M}_{\mathrm{m}}\in\mathbb{R}^{n\times n}$ 为机械臂质量矩阵；$\boldsymbol{c}_{\mathrm{b}}$ 与 $\boldsymbol{c}_{\mathrm{m}}$ 分别为基座与机械臂的科氏力矢量和离心力矢量；$\ddot{\boldsymbol{x}}_{\mathrm{b}}$ 为基座的加速度，且 $\ddot{\boldsymbol{x}}_{\mathrm{b}}=[\dot{\boldsymbol{v}}_{\mathrm{b}},\dot{\boldsymbol{\omega}}_{\mathrm{b}}]^{\mathrm{T}}$；$\ddot{\boldsymbol{\theta}}$ 为机械臂各关节的加速度，且 $\ddot{\boldsymbol{\theta}}=[\ddot{\theta}_1,\cdots,\ddot{\theta}_k,\cdots,\ddot{\theta}_n]^{\mathrm{T}}$；$\boldsymbol{\tau}_{\mathrm{m}}$ 为关节实际输出力矩，且 $\boldsymbol{\tau}_{\mathrm{m}}=[\tau_1,\cdots,\tau_k,\cdots,\tau_n]^{\mathrm{T}}$。

将式（3-98）第二行取出，令 $\boldsymbol{M}_{\mathrm{mb}}=[\boldsymbol{M}_{\mathrm{mb1}},\cdots,\boldsymbol{M}_{\mathrm{mb}k},\cdots,\boldsymbol{M}_{\mathrm{mb}n}]^{\mathrm{T}}$、$\boldsymbol{M}_{\mathrm{m}}=[\boldsymbol{M}_{\mathrm{m1}},\cdots,\boldsymbol{M}_{\mathrm{m}k},\cdots,\boldsymbol{M}_{\mathrm{m}n}]^{\mathrm{T}}$、$\boldsymbol{c}_{\mathrm{m}}=[c_{\mathrm{m1}},\cdots,c_{\mathrm{m}k},\cdots,c_{\mathrm{m}n}]^{\mathrm{T}}$，并将其中的故障关节 k 对应行提取出来，可得

$$\begin{gathered}\begin{bmatrix}\boldsymbol{M}_{\mathrm{mb1}}\\ \vdots\\ \boldsymbol{M}_{\mathrm{mb}k-1}\\ \boldsymbol{M}_{\mathrm{mb}k+1}\\ \vdots\\ \boldsymbol{M}_{\mathrm{mb}n}\end{bmatrix}\ddot{\boldsymbol{x}}_{\mathrm{b}}+\begin{bmatrix}\boldsymbol{M}_{\mathrm{m1}}\\ \vdots\\ \boldsymbol{M}_{\mathrm{m}k-1}\\ \boldsymbol{M}_{\mathrm{m}k+1}\\ \vdots\\ \boldsymbol{M}_{\mathrm{m}n}\end{bmatrix}\ddot{\boldsymbol{\theta}}+\begin{bmatrix}c_{\mathrm{m1}}\\ \vdots\\ c_{\mathrm{m}k-1}\\ c_{\mathrm{m}k+1}\\ \vdots\\ c_{\mathrm{m}n}\end{bmatrix}=\begin{bmatrix}\tau_1\\ \vdots\\ \tau_{k-1}\\ \tau_{k+1}\\ \vdots\\ \tau_n\end{bmatrix}\\ \boldsymbol{M}_{\mathrm{mb}k}\ddot{\boldsymbol{x}}_{\mathrm{b}}+\boldsymbol{M}_{\mathrm{m}k}\ddot{\boldsymbol{\theta}}+c_{\mathrm{m}k}=\tau_k\\ \Downarrow\\ \begin{bmatrix}\boldsymbol{M}_{\mathrm{mbh}}\\ \boldsymbol{M}_{\mathrm{mbf}}\end{bmatrix}\ddot{\boldsymbol{x}}_{\mathrm{b}}+\begin{bmatrix}\boldsymbol{M}_{\mathrm{mh}}\\ \boldsymbol{M}_{\mathrm{mf}}\end{bmatrix}\ddot{\boldsymbol{\theta}}+\begin{bmatrix}\boldsymbol{c}_{\mathrm{mh}}\\ \boldsymbol{c}_{\mathrm{mf}}\end{bmatrix}=\begin{bmatrix}\boldsymbol{\tau}_{\mathrm{mh}}\\ \boldsymbol{\tau}_{\mathrm{mf}}\end{bmatrix}\end{gathered} \tag{3-99}$$

式中，$\boldsymbol{\tau}_{\mathrm{mh}}$ 与 $\boldsymbol{\tau}_{\mathrm{mf}}$ 分别为健康关节与故障关节的实际输出力矩，且 $\boldsymbol{\tau}_{\mathrm{mh}}=[\tau_1,\cdots,\tau_{k-1},\ \tau_{k+1},\cdots,\tau_n]$，

$\boldsymbol{\tau}_{\mathrm{mf}}=\tau_k$。

此时，式（3-98）可写成

$$\begin{bmatrix}\boldsymbol{M}_{\mathrm{b}}\\ \boldsymbol{M}_{\mathrm{mbh}}\\ \boldsymbol{M}_{\mathrm{mbf}}\end{bmatrix}\ddot{\boldsymbol{x}}_{\mathrm{b}}+\begin{bmatrix}\boldsymbol{M}_{\mathrm{bm}}\\ \boldsymbol{M}_{\mathrm{mh}}\\ \boldsymbol{M}_{\mathrm{mf}}\end{bmatrix}\ddot{\boldsymbol{\theta}}+\begin{bmatrix}\boldsymbol{c}_{\mathrm{b}}\\ \boldsymbol{c}_{\mathrm{mh}}\\ \boldsymbol{c}_{\mathrm{mf}}\end{bmatrix}=\begin{bmatrix}\boldsymbol{0}\\ \boldsymbol{\tau}_{\mathrm{mh}}\\ \boldsymbol{\tau}_{\mathrm{mf}}\end{bmatrix} \tag{3-100}$$

令式（3-100）中的$\boldsymbol{M}_{\mathrm{bm}}=[\boldsymbol{M}_{\mathrm{bm1}},\cdots,\boldsymbol{M}_{\mathrm{bm}k},\cdots,\boldsymbol{M}_{\mathrm{bm}n}]$、$\boldsymbol{M}_{\mathrm{mh}}=[\boldsymbol{M}_{\mathrm{mh1}},\cdots,\boldsymbol{M}_{\mathrm{mh}k},\cdots,\boldsymbol{M}_{\mathrm{mh}n}]$、$\boldsymbol{M}_{\mathrm{mf}}=[\boldsymbol{M}_{\mathrm{mf1}},\cdots,\boldsymbol{M}_{\mathrm{mf}k},\cdots,\boldsymbol{M}_{\mathrm{mf}n}]$，将$[\boldsymbol{M}_{\mathrm{bm}}\quad \boldsymbol{M}_{\mathrm{mh}}\quad \boldsymbol{M}_{\mathrm{mf}}]^{\mathrm{T}}\ddot{\boldsymbol{\theta}}$的故障关节$k$对应列提取出来可得

$$\begin{bmatrix}\boldsymbol{M}_{\mathrm{bm}}\\ \boldsymbol{M}_{\mathrm{mh}}\\ \boldsymbol{M}_{\mathrm{mf}}\end{bmatrix}\ddot{\boldsymbol{\theta}}=\begin{bmatrix}\boldsymbol{M}_{\mathrm{bm1}} & \cdots & \boldsymbol{M}_{\mathrm{bm}k-1}\boldsymbol{M}_{\mathrm{bm}k+1} & \cdots & \boldsymbol{M}_{\mathrm{bm}n}\\ \boldsymbol{M}_{\mathrm{mh1}} & \cdots & \boldsymbol{M}_{\mathrm{mh}k-1}\boldsymbol{M}_{\mathrm{mh}k+1} & \cdots & \boldsymbol{M}_{\mathrm{mh}n}\\ \boldsymbol{M}_{\mathrm{mf1}} & \cdots & \boldsymbol{M}_{\mathrm{mf}k-1}\boldsymbol{M}_{\mathrm{mf}k+1} & \cdots & \boldsymbol{M}_{\mathrm{mf}n}\end{bmatrix}\begin{bmatrix}\ddot{\theta}_1\\ \vdots\\ \ddot{\theta}_{k-1}\\ \ddot{\theta}_{k+1}\\ \vdots\\ \ddot{\theta}_n\end{bmatrix}+\begin{bmatrix}\boldsymbol{M}_{\mathrm{bm}k}\\ \boldsymbol{M}_{\mathrm{mh}k}\\ \boldsymbol{M}_{\mathrm{mf}k}\end{bmatrix}\ddot{\theta}_k \tag{3-101}$$

令$\begin{cases}\boldsymbol{M}_{\mathrm{bmh}}=[\boldsymbol{M}_{\mathrm{bm1}},\ldots,\boldsymbol{M}_{\mathrm{bm}k-1}\boldsymbol{M}_{\mathrm{bm}k+1},\cdots,\boldsymbol{M}_{\mathrm{bm}n}]\\ \boldsymbol{M}_{\mathrm{mhh}}=[\boldsymbol{M}_{\mathrm{mh1}},\ldots,\boldsymbol{M}_{\mathrm{mh}k-1}\boldsymbol{M}_{\mathrm{mh}k+1},\cdots,\boldsymbol{M}_{\mathrm{mh}n}]\\ \boldsymbol{M}_{\mathrm{mfh}}=[\boldsymbol{M}_{\mathrm{mf1}},\ldots,\boldsymbol{M}_{\mathrm{mf}k-1}\boldsymbol{M}_{\mathrm{mf}k+1},\cdots,\boldsymbol{M}_{\mathrm{mf}n}]\end{cases}$，$\begin{cases}\boldsymbol{M}_{\mathrm{bmf}}=\boldsymbol{M}_{\mathrm{bm}k}\\ \boldsymbol{M}_{\mathrm{mhf}}=\boldsymbol{M}_{\mathrm{mh}k}\\ \boldsymbol{M}_{\mathrm{mff}}=\boldsymbol{M}_{\mathrm{mf}k}\end{cases}$，$\ddot{\boldsymbol{\theta}}_{\mathrm{h}}=[\ddot{\theta}_1,\cdots,\ddot{\theta}_{k-1},\ddot{\theta}_{k+1},\cdots,\ddot{\theta}_n]^{\mathrm{T}}$，$\ddot{\boldsymbol{\theta}}_{\mathrm{f}}=\ddot{\theta}_k$，则式（3-101）可写成

$$\begin{bmatrix}\boldsymbol{M}_{\mathrm{bm}}\\ \boldsymbol{M}_{\mathrm{mh}}\\ \boldsymbol{M}_{\mathrm{mf}}\end{bmatrix}\ddot{\boldsymbol{\theta}}=\begin{bmatrix}\boldsymbol{M}_{\mathrm{bmh}} & \boldsymbol{M}_{\mathrm{bmf}}\\ \boldsymbol{M}_{\mathrm{mhh}} & \boldsymbol{M}_{\mathrm{mhf}}\\ \boldsymbol{M}_{\mathrm{mfh}} & \boldsymbol{M}_{\mathrm{mff}}\end{bmatrix}\begin{bmatrix}\ddot{\boldsymbol{\theta}}_{\mathrm{h}}\\ \ddot{\boldsymbol{\theta}}_{\mathrm{f}}\end{bmatrix} \tag{3-102}$$

结合式（3-100）和式（3-102）可得关节部分失效故障空间机械臂的动力学模型为

$$\begin{bmatrix}\boldsymbol{M}_{\mathrm{b}} & \boldsymbol{M}_{\mathrm{bmh}} & \boldsymbol{M}_{\mathrm{bmf}}\\ \boldsymbol{M}_{\mathrm{mbh}} & \boldsymbol{M}_{\mathrm{mhh}} & \boldsymbol{M}_{\mathrm{mhf}}\\ \boldsymbol{M}_{\mathrm{mbf}} & \boldsymbol{M}_{\mathrm{mfh}} & \boldsymbol{M}_{\mathrm{mff}}\end{bmatrix}\begin{bmatrix}\ddot{\boldsymbol{x}}_{\mathrm{b}}\\ \ddot{\boldsymbol{\theta}}_{\mathrm{h}}\\ \ddot{\boldsymbol{\theta}}_{\mathrm{f}}\end{bmatrix}+\begin{bmatrix}\boldsymbol{c}_{\mathrm{b}}\\ \boldsymbol{c}_{\mathrm{mh}}\\ \boldsymbol{c}_{\mathrm{mf}}\end{bmatrix}=\begin{bmatrix}\boldsymbol{0}\\ \boldsymbol{\tau}_{\mathrm{mh}}\\ \boldsymbol{\tau}_{\mathrm{mf}}\end{bmatrix} \tag{3-103}$$

2. 故障空间机械臂动力学耦合关系分析

基于式（3-103）的第一行可求得基座与健康关节、故障关节之间的加速度映射关系为

$$\ddot{\boldsymbol{x}}_{\mathrm{b}}=-\boldsymbol{M}_{\mathrm{b}}^{-1}[\boldsymbol{M}_{\mathrm{bmh}}\quad \boldsymbol{M}_{\mathrm{bmf}}]\begin{bmatrix}\ddot{\boldsymbol{\theta}}_{\mathrm{h}}\\ \ddot{\boldsymbol{\theta}}_{\mathrm{f}}\end{bmatrix}-\boldsymbol{M}_{\mathrm{b}}^{-1}\boldsymbol{c}_{\mathrm{b}} \tag{3-104}$$

将式（3-104）代入式（3-103）的第二行与第三行可得健康关节和故障关节加速度与各关节力矩之间的映射关系为

$$\begin{bmatrix}\ddot{\boldsymbol{\theta}}_{\mathrm{h}}\\ \ddot{\boldsymbol{\theta}}_{\mathrm{f}}\end{bmatrix}=\boldsymbol{M}_{\tau\mathrm{hf}}{}^{-1}\begin{bmatrix}\boldsymbol{\tau}_{\mathrm{mh}}\\ \boldsymbol{\tau}_{\mathrm{mf}}\end{bmatrix}-\boldsymbol{M}_{\tau\mathrm{hf}}{}^{-1}\boldsymbol{c}_{\tau\mathrm{hf}} \tag{3-105}$$

式中，$\boldsymbol{M}_{\tau\mathrm{hf}}=\begin{bmatrix}\boldsymbol{M}_{\mathrm{mhh}}-\boldsymbol{M}_{\mathrm{mbh}}\boldsymbol{M}_{\mathrm{b}}^{-1}\boldsymbol{M}_{\mathrm{bmh}} & \boldsymbol{M}_{\mathrm{mhf}}-\boldsymbol{M}_{\mathrm{mbh}}\boldsymbol{M}_{\mathrm{b}}^{-1}\boldsymbol{M}_{\mathrm{bmf}}\\ \boldsymbol{M}_{\mathrm{mfh}}-\boldsymbol{M}_{\mathrm{mbf}}\boldsymbol{M}_{\mathrm{b}}^{-1}\boldsymbol{M}_{\mathrm{bmh}} & \boldsymbol{M}_{\mathrm{mff}}-\boldsymbol{M}_{\mathrm{mbf}}\boldsymbol{M}_{\mathrm{b}}^{-1}\boldsymbol{M}_{\mathrm{bmf}}\end{bmatrix}$为健康关节和故障关节力矩与加

速度之间的耦合矩阵；$c_{\tau \mathrm{hf}}=\begin{bmatrix} c_{\mathrm{mh}}-M_{\mathrm{mbh}}M_{\mathrm{b}}^{-1}c_{\mathrm{b}} \\ c_{\mathrm{mf}}-M_{\mathrm{mbf}}M_{\mathrm{b}}^{-1}c_{\mathrm{b}} \end{bmatrix}$为非线性项。

将式（3-105）代入式（3-104）即可得到基座加速度与健康关节和故障关节力矩之间的映射关系为

$$\ddot{x}_{\mathrm{b}}=M_{\tau \mathrm{bh}}\begin{bmatrix} \tau_{\mathrm{mh}} \\ \tau_{\mathrm{mf}} \end{bmatrix}+c_{\tau \mathrm{bh}} \tag{3-106}$$

式中，$M_{\tau \mathrm{bh}}=-M_{\mathrm{b}}^{-1}\begin{bmatrix} M_{\mathrm{bmh}} & M_{\mathrm{bmf}} \end{bmatrix}M_{\tau \mathrm{hf}}{}^{-1}$；$c_{\tau \mathrm{bh}}=M_{\mathrm{b}}^{-1}\left(\begin{bmatrix} M_{\mathrm{bmh}} & M_{\mathrm{bmf}} \end{bmatrix}M_{\tau \mathrm{hf}}{}^{-1}c_{\tau \mathrm{hf}}-c_{\mathrm{b}}\right)$。

与基座加速度相同，空间机械臂的末端加速度也是由关节运动引起的。为明确关节故障对末端加速度的影响，需分析故障空间机械臂末端加速度与健康关节和故障关节加速度 / 力矩之间的映射关系。

当空间机械臂处于非奇异构型时，通过对式（3-95）求导可得到末端与各关节之间的加速度映射关系为

$$\ddot{x}_{\mathrm{e}}=\dot{J}_{\mathrm{eh\_partial}}\dot{\theta}_{\mathrm{h}}+J_{\mathrm{eh\_partial}}\ddot{\theta}_{\mathrm{h}}+\dot{J}_{\mathrm{ef}}\dot{\theta}_{\mathrm{f}}+J_{\mathrm{ef}}\ddot{\theta}_{\mathrm{f}} \tag{3-107}$$

将式（3-105）代入式（3-107）可得末端加速度与各关节力矩之间的映射关系为

$$\ddot{x}_{\mathrm{e}}=M_{\tau \mathrm{eh}}\begin{bmatrix} \tau_{\mathrm{mh}} \\ \tau_{\mathrm{mf}} \end{bmatrix}+c_{\tau \mathrm{eh}} \tag{3-108}$$

式中，$M_{\tau \mathrm{eh}}=\begin{bmatrix} J_{\mathrm{eh\_partial}} & J_{\mathrm{ef}} \end{bmatrix}M_{\tau \mathrm{hf}}{}^{-1}$；$c_{\tau \mathrm{eh}}=\begin{bmatrix} \dot{J}_{\mathrm{eh\_partial}} & \dot{J}_{\mathrm{ef}} \end{bmatrix}\begin{bmatrix} \dot{\theta}_{\mathrm{h}} \\ \dot{\theta}_{\mathrm{f}} \end{bmatrix}-\begin{bmatrix} J_{\mathrm{eh\_partial}} & J_{\mathrm{ef}} \end{bmatrix}M_{\tau \mathrm{hf}}{}^{-1}c_{\tau \mathrm{hf}}$。

以上分析得到了关节部分失效故障空间机械臂基座 / 末端与健康关节、故障关节之间的加速度映射关系，以及基座 / 末端、健康关节、故障关节加速度与各关节实际输出力矩之间的映射关系。若故障关节输出速度发生摄动，故障关节实际输出力矩与期望输出力矩无偏差，故障空间机械臂动力学耦合关系如式（3-105）、式（3-106）、式（3-108）所示。此时，在已知任务下，可基于关节故障空间机械臂运动学耦合关系，求得健康关节和故障关节速度。对关节速度微分即可获得各关节加速度，将其代入式（3-104）和式（3-105）即可获得各关节力矩，代入式（3-106）、式（3-108）即可获得基座加速度和末端加速度。若故障关节输出力矩发生摄动，此时故障关节实际输出力矩与期望输出力矩间存在偏差，但在规划控制空间机械臂运动时只能控制各关节期望输出力矩，因此还需进一步推导基座 / 末端、健康关节、故障关节加速度与各关节期望输出力矩之间的映射关系。

将关节力矩部分失效故障通用模型引入故障机械臂动力学模型，即将式（3-88）代入式（3-103），并假设故障已经发生，即令 $\alpha(t)=1$，可得故障空间机械臂动力学模型为

$$\begin{bmatrix} M_{\mathrm{b}} & M_{\mathrm{bmh}} & M_{\mathrm{bmf}} \\ M_{\mathrm{mbh}} & M_{\mathrm{mhh}} & M_{\mathrm{bmf}} \\ M_{\mathrm{mbf}} & M_{\mathrm{mfh}} & M_{\mathrm{mff}} \end{bmatrix}\begin{bmatrix} \ddot{x}_{\mathrm{b}} \\ \ddot{\theta}_{\mathrm{h}} \\ \ddot{\theta}_{\mathrm{f}} \end{bmatrix}+\begin{bmatrix} c_{\mathrm{b}} \\ c_{\mathrm{mh}} \\ c_{\mathrm{mf}} \end{bmatrix}=\begin{bmatrix} 0 \\ \tau_{\mathrm{mh}} \\ \rho_k\tau_{\mathrm{mfc}}+\tau_{\mathrm{e}} \end{bmatrix} \tag{3-109}$$

式中，τ_{mfc} 为故障关节期望输出力矩。

基于式（3-109）可推导出健康关节加速度和故障关节加速度与各关节期望输出力矩之间的映射关系为

$$\begin{bmatrix} \ddot{\theta}_{\mathrm{h}} \\ \ddot{\theta}_{\mathrm{f}} \end{bmatrix}=M_{\tau\mathrm{hf}}{}^{-1}\begin{bmatrix} \tau_{\mathrm{mh}} \\ \rho_k\tau_{\mathrm{mfc}}+\tau_{\mathrm{e}} \end{bmatrix}-M_{\tau\mathrm{hf}}{}^{-1}c_{\tau\mathrm{hf}} \tag{3-110}$$

将式（3-110）代入式（3-104）与式（3-107）即可获得基座加速度、末端加速度与各关节期望输出力矩之间的映射关系为

$$\begin{aligned} \ddot{x}_{\mathrm{b}} &= M_{\tau\mathrm{bh}}\begin{bmatrix} \tau_{\mathrm{mh}} \\ \rho_k\tau_{\mathrm{mfc}}+\tau_{\mathrm{e}} \end{bmatrix}+c_{\tau\mathrm{bh}} \\ &= M_{\tau\mathrm{b}}\begin{bmatrix} \tau_{\mathrm{mh}} \\ \tau_{\mathrm{mfc}} \end{bmatrix}+c_{\tau\mathrm{b}} \end{aligned} \tag{3-111}$$

式中，$M_{\tau\mathrm{bh}}=-M_{\mathrm{b}}^{-1}\left[M_{\mathrm{bmh}}\quad M_{\mathrm{bmf}}\right]M_{\tau\mathrm{hf}}{}^{-1}=\left[M_{\tau\mathrm{bh}1},\cdots,\ M_{\tau\mathrm{bh}n}\right]$；$c_{\tau\mathrm{bh}}=M_{\tau\mathrm{b}}c_{\tau\mathrm{hf}}-M_{\mathrm{b}}^{-1}c_{\mathrm{b}}$；$M_{\tau\mathrm{b}}=[M_{\tau\mathrm{b}1},\cdots,M_{\tau\mathrm{b}n}]$ 为关节期望输出力矩与基座加速度之间的耦合矩阵，且 $M_{\tau\mathrm{b}i}=M_{\tau\mathrm{bh}i}(i\neq n)$，$M_{\tau\mathrm{b}n}=\rho_k M_{\tau\mathrm{bh}n}$；$c_{\tau\mathrm{b}}=M_{\tau\mathrm{bh}n}\tau_{\mathrm{e}}+c_{\tau\mathrm{bh}}$ 为非线性项。

$$\begin{aligned} \ddot{x}_{\mathrm{e}} &= M_{\tau\mathrm{eh}}\begin{bmatrix} \tau_{\mathrm{mh}} \\ \rho_k\tau_{\mathrm{mfc}}+\tau_{\mathrm{e}} \end{bmatrix}+c_{\tau\mathrm{eh}} \\ &= M_{\tau\mathrm{e}}\begin{bmatrix} \tau_{\mathrm{mh}} \\ \tau_{\mathrm{mfc}} \end{bmatrix}+c_{\tau\mathrm{e}} \end{aligned} \tag{3-112}$$

式中，$M_{\tau\mathrm{eh}}=\left[J_{\mathrm{eh\_partial}}\quad J_{\mathrm{ef}}\right]M_{\tau\mathrm{hf}}{}^{-1}=\left[M_{\tau\mathrm{eh}1},\cdots,\ M_{\tau\mathrm{eh}n}\right]$；$c_{\tau\mathrm{eh}}=\left[\dot{J}_{\mathrm{eh\_partial}}\quad \dot{J}_{\mathrm{ef}}\right]\begin{bmatrix} \dot{\theta}_{\mathrm{h}} \\ \dot{\theta}_{\mathrm{f}} \end{bmatrix}-\left[J_{\mathrm{eh\_partial}}\quad J_{\mathrm{ef}}\right]M_{\tau\mathrm{hf}}{}^{-1}c_{\tau\mathrm{hf}}$；$M_{\tau\mathrm{e}}=\left[M_{\tau\mathrm{e}1},\cdots,\ M_{\tau\mathrm{e}n}\right]$ 为关节期望输出力矩与末端加速度之间的耦合矩阵，其中 $M_{\tau\mathrm{e}i}=M_{\tau\mathrm{eh}i}(i\neq n)$，$M_{\tau\mathrm{e}n}=\rho_k M_{\tau\mathrm{eh}n}$；$c_{\tau\mathrm{e}}=M_{\tau\mathrm{eh}n}\tau_{\mathrm{e}}+c_{\tau\mathrm{eh}}$ 为非线性项。

综上所述，关节部分失效故障会导致故障关节速度或力矩偏离期望值，且在特殊的故障程度下关节部分失效故障等同于关节锁定故障或关节自由摆动故障。机械臂运动规划和控制只能控制关节期望输出，而关节部分失效故障导致故障关节输出偏离期望值，改变了关节期望速度或输出力矩向基座和末端运动状态的传递关系。

3.4 关节锁定故障空间机械臂运动模型重构

关节锁定故障发生后，故障关节无法输出速度而锁定在某个角度，无法为空间机械臂末

端提供运动。为此，本节针对发生关节锁定故障的空间机械臂，重构其运动模型，为后续的规划与控制奠定模型基础。分别基于 D-H 参数法和旋量法提出一种通用的运动学重构方法，实现关节锁定故障空间机械臂运动学模型重构；将故障关节所连接的两连杆视作一条新连杆，重构机械臂拉格朗日动力学方程，实现关节锁定故障空间机械臂动力学模型重构。

3.4.1 关节锁定故障空间机械臂运动学模型

1. 基于 D-H 参数法的运动学模型重构

采用 D-H 参数法进行运动学模型重构时，应对每个关节故障的情形进行研究，分别得到不同关节锁定情况下的重构坐标系并获得对应的 D-H 参数，具体重构过程分以下几步。

（1）关节和连杆的标号规则

当发生单关节锁定故障时，空间机械臂自由度数会减少。为了对故障关节锁定前后的机械臂加以区分，在进行运动学模型重构分析前，首先对其参数标号的规则进行定义。

未发生关节故障的机械臂的参数标号规则遵从机械臂常态的标号规则，如图 3-5 所示，J_i 连接了 L_{i-1} 和 L_i；Σ_i 是固连在 L_i 上的坐标系。当 J_i 锁定时，标号如图 3-6 所示，故障后机械臂的 L_{i-1} 和 L_i 由于 J_i 的锁定而固定在一起，从而构成了一个新的连杆，本节将其记为 $\tilde{L}_i$。为了方便分析，机械臂故障关节之后的关节、固连形成的新连杆和之后连杆的标号与故障前的相比，只增加~符号。

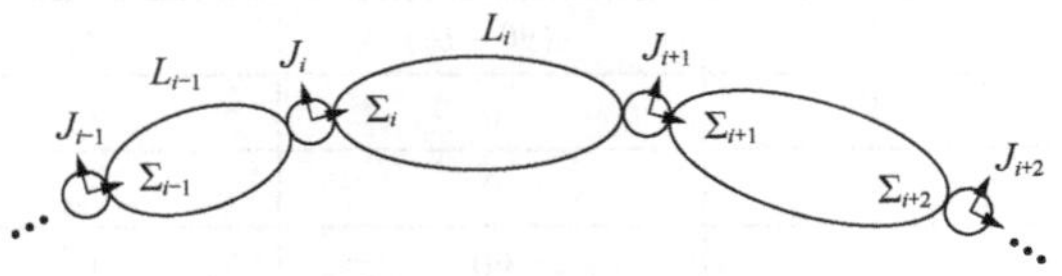

图 3-5 常态下的标号

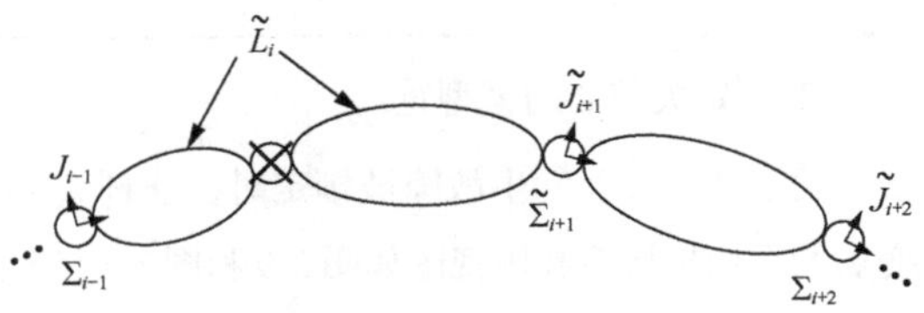

图 3-6 故障状态下的标号

（2）单关节锁定下的模型重构

本节以图 3-2 所示构型的 SSRMS 为例，根据故障关节位置不同，分别建立运动学模型改变后的 D-H 系示意，通过图中的几何关系给出较为关键的重构 D-H 参数表达式，并给出各关节故障的重构 D-H 参数表，最后给出单关节故障锁定时 7 自由度机械臂 D-H 参数总表。

① 锁定关节 1 的模型重构。

关节 1（J_1）发生锁定故障时，机械臂的连杆 L_1 与基座 L_0 固连在一起构成一个新的连杆 $\tilde{L}_1$。运动学模型改变后的重构坐标系右视图如图 3-7 和图 3-8 所示，从而可获得关节 1 锁定时的重构 D-H 参数，如表 3-4 所示。

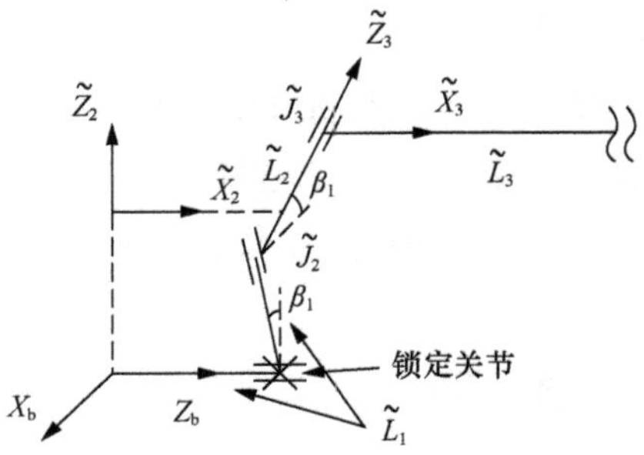

图 3-7　关节 1 锁定下的重构坐标系

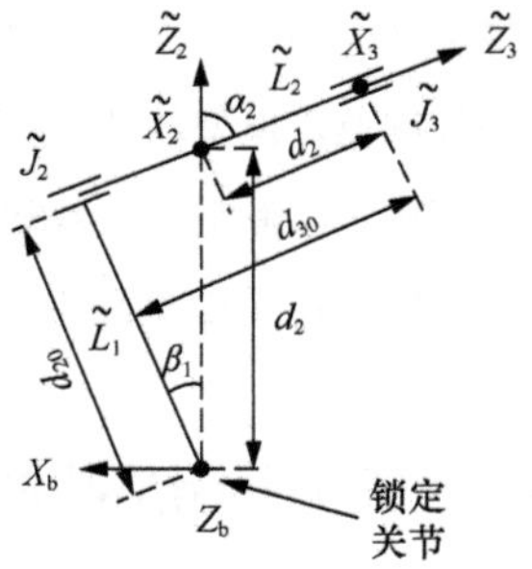

图 3-8　关节 1 锁定下的右视图

$$d_1 = \frac{d_{20}}{\cos\beta_1} \tag{3-113}$$

$$d_2 = d_{30} - d_{20}\tan\beta_1 \tag{3-114}$$

表 3-4　关节 1 锁定时的重构 D-H 参数

连杆 i	α_{i-1} / °	a_{i-1} / m	θ_i / °	d_i / m
1	—	—	—	—
2	90	0	90	$\frac{d_{20}}{\cos\beta_1}$
3	$-(90-\beta_1)$	d_{10}	0	$d_{30}-d_{20}\tan\beta_1$
4	0	a_{30}	0	d_{40}
5	0	a_{40}	0	d_{50}
6	90	0	90	d_{60}
7	90	0	180	d_{70}

② 锁定关节 2 的模型重构。

关节 2（J_2）发生故障被锁定时，连杆 L_1 和连杆 L_2 固连构成新连杆 $\tilde{L}_2$。运动学模型改变后的重构坐标系和俯视图如图 3-9 和图 3-10 所示，从而获得关节 2 锁定时的重构 D-H 参数，如表 3-5 所示。

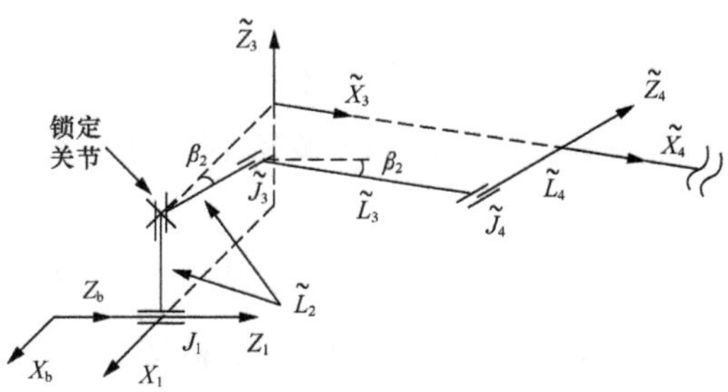

图 3-9　关节 2 锁定下的重构坐标系

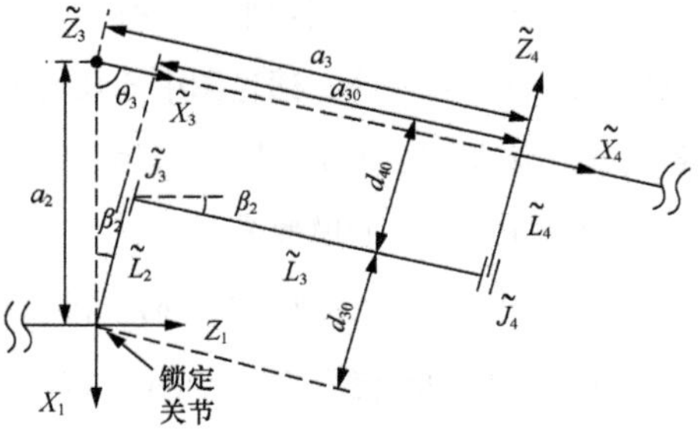

图 3-10　关节 2 锁定下的俯视图

$$a_2 = \frac{d_{30} + d_{40}}{\cos \beta_2} \tag{3-115}$$

$$a_3 = a_{30} + (d_{30} + d_{40}) \tan \beta_2 \tag{3-116}$$

表 3-5　关节 2 锁定时的重构 D-H 参数

连杆 i	α_{i-1} / °	a_{i-1} / m	θ_i / °	d_i / m
1	0	0	0	d_{10}
2	—	—	—	—
3	90	$\frac{d_{30}+d_{40}}{\cos \beta_2}$	$90+\beta_2$	d_{20}
4	−90	$a_{30}+(d_{30}+d_{40})\tan\beta_2$	0	0
5	0	a_{40}	0	d_{50}
6	90	0	90	d_{60}
7	90	0	180	d_{70}

③ 锁定关节 3 的模型重构。

关节 3（J_3）发生故障被锁定时，连杆 L_2 和连杆 L_3 固连构成新连杆 $\tilde{L}_3$。运动学模型改变后的重构坐标系和正视图如图 3-11 和图 3-12 所示，从而获得关节 3 锁定时的重构 D-H 参数，如表 3-6 所示。

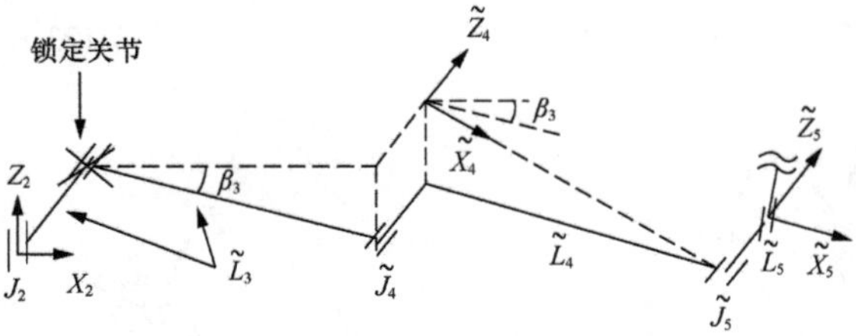

图 3-11　关节 3 锁定下的重构坐标系

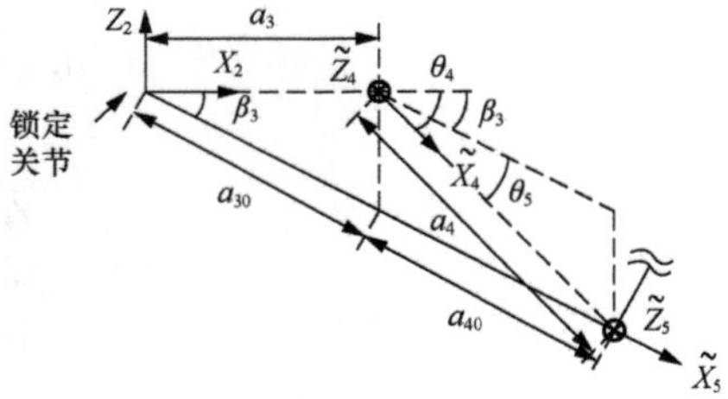

图 3-12　关节 3 锁定下的正视图

$$a_3 = a_{30} \cos \beta_3 \tag{3-117}$$

$$a_4 = \sqrt{a_{30}^2 \sin^2 \beta_3 + a_{40}^2 + 2a_{30}a_{40} \sin^2 \beta_3} \tag{3-118}$$

$$\theta_4 = \arcsin\left(\frac{a_{30} \sin \beta_3 \cos \beta_3}{\sqrt{a_{30}^2 \sin^2 \beta_3 + a_{40}^2 + 2a_{30}a_{40} \sin^2 \beta_3}}\right) + \beta_3 \tag{3-119}$$

$$\theta_5 = \arcsin\left(\frac{a_{30} \sin \beta_3 \cos \beta_3}{\sqrt{a_{30}^2 \sin^2 \beta_3 + a_{40}^2 + 2a_{30}a_{40} \sin^2 \beta_3}}\right) \tag{3-120}$$

表 3-6　关节 3 锁定时的重构 D-H 参数

连杆 i	α_{i-1} / °	a_{i-1} / m	θ_i / °	d_i / m
1	0	0	0	d_{10}
2	90	0	90	d_{20}
3	—	—	—	—
4	−90	$a_{30}\cos\beta_3$	$\arcsin[a_{30}\sin\beta_3\cos\beta_3(a_{30}^2\sin^2\beta_3 + a_{40}^2 + 2a_{30}a_{40}\sin^2\beta_3)^{-\frac{1}{2}}] + \beta_3$	$d_{30} + d_{40}$
5	0	$(a_{30}^2\sin^2\beta_3 + a_{40}^2 + 2a_{30}a_{40}\sin^2\beta_3)^{\frac{1}{2}}$	$\arcsin[a_{30}\sin\beta_3\cos\beta_3(a_{30}^2\sin^2\beta_3 + a_{40}^2 + 2a_{30}a_{40}\sin^2\beta_3)^{-\frac{1}{2}}]$	d_{50}
6	90	0	90	d_{60}
7	90	0	180	d_{70}

④ 锁定关节 4 的模型重构。

关节（J_4）发生故障被锁定时，连杆 L_3 和连杆 L_4 固连构成新连杆 $\tilde{L}_4$。运动学模型改变后的重构坐标系和正视图如图 3-13 和图 3-14 所示，从而获得关节 4 锁定时的重构 D-H 参数，如表 3-7 所示。

$$a_4 = a_{30} + a_{40}\cos\beta_4 \tag{3-121}$$

$$a_5 = a_{40}\sin^2\beta_4 \tag{3-122}$$

$$d_6 = d_{60} - a_{40}\sin\beta_4\cos\beta_4 \tag{3-123}$$

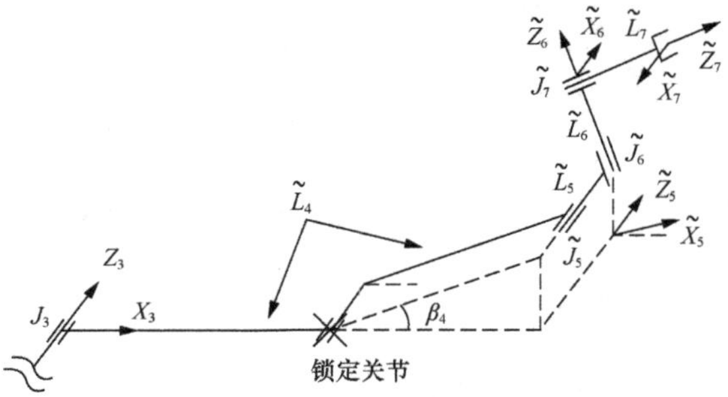

图 3-13　关节 4 锁定下的重构坐标系

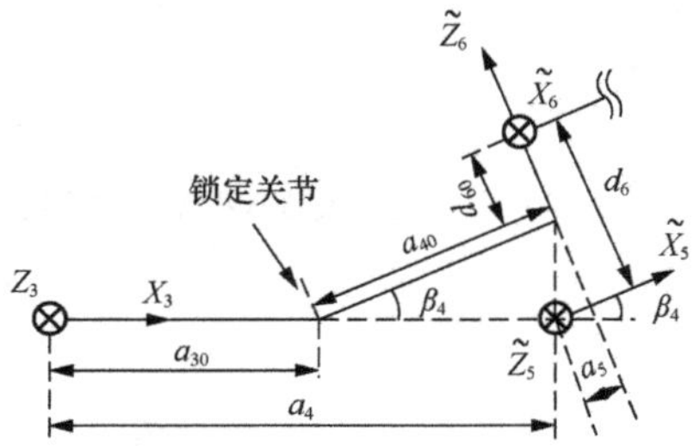

图 3-14　关节 4 锁定下的正视图

表 3-7　关节 4 锁定时的重构 D-H 参数

连杆 i	α_{i-1} / °	a_{i-1} / m	θ_i / °	d_i / m
1	0	0	0	d_{10}
2	90	0	90	d_{20}

续表

连杆 i	α_{i-1} /°	a_{i-1} / m	θ_i /°	d_i / m
3	-90	0	0	d_{30}
4	—	—	—	—
5	0	$a_{30}+a_{40}\cos\beta_4$	β_4	0
6	90	$a_{40}\sin^2\beta_4$	90	$d_{60}-a_{40}\sin\beta_4\cos\beta_4$
7	90	0	180	d_{70}

⑤ 锁定关节 5 的模型重构。

关节 5（J_5）发生故障被锁定时，连杆 L_4 和连杆 L_5 固连构成新连杆 $\tilde{L}_5$。运动学模型改变后的重构坐标系和正视图如图 3-15 和图 3-16 所示，从而获得关节 5 锁定时的重构 D-H 参数，如表 3-8 所示。

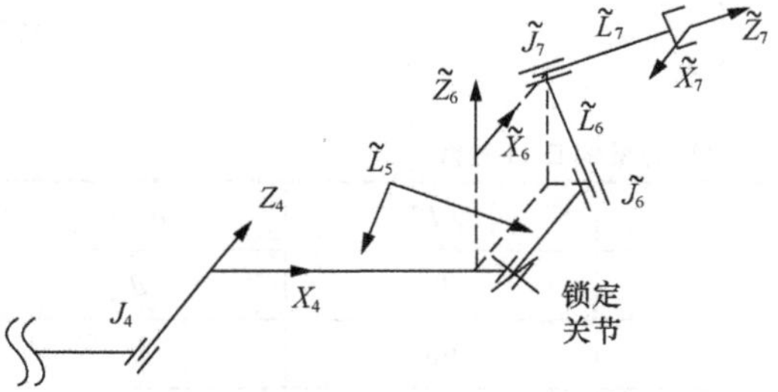

图 3-15 关节 5 锁定下的重构坐标系

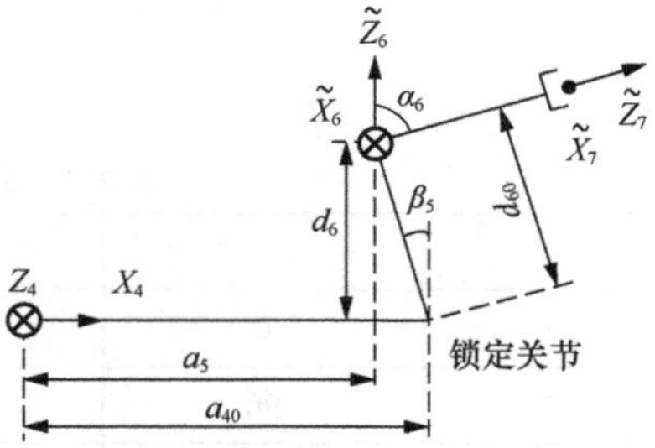

图 3-16 关节 5 锁定下的正视图

$$a_5 = a_{40} + d_{60}\sin\beta_5 \tag{3-124}$$

$$d_6 = d_{60}\cos\beta_5 \tag{3-125}$$

表 3-8 关节 5 锁定时的重构 D-H 参数

连杆 i	α_{i-1} /°	a_{i-1} / m	θ_i /°	d_i / m
1	0	0	0	d_{10}
2	90	0	90	d_{20}
3	-90	0	0	d_{30}
4	0	a_3	0	d_{40}
5	—	—	—	—
6	90	$a_{40}+d_{60}\sin\beta_5$	90	$d_{60}\cos\beta_5$
7	$90+\beta_5$	0	180	d_{70}

⑥ 锁定关节 6 的模型重构。

关节 6（J_6）发生故障被锁定时，连杆 L_5 和连杆 L_6 固连构成新连杆 $\tilde{L}_6$。运动学模型改变后的重构坐标系和俯视图如图 3-17 和图 3-18 所示，从而获得关节 6 锁定时的重构 D-H 参数，如表 3-9 所示。

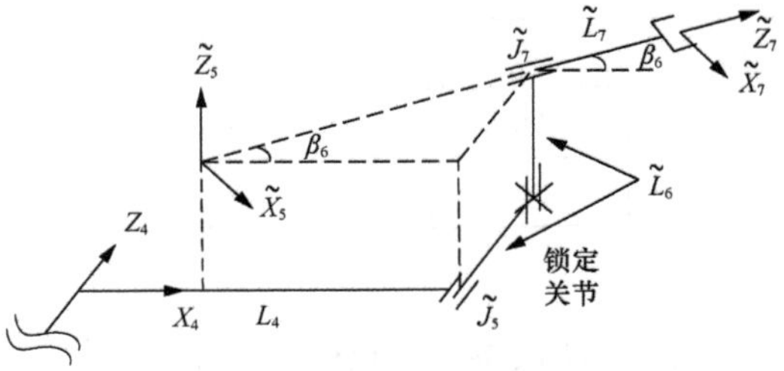

图 3-17　关节 6 锁定下的重构坐标系

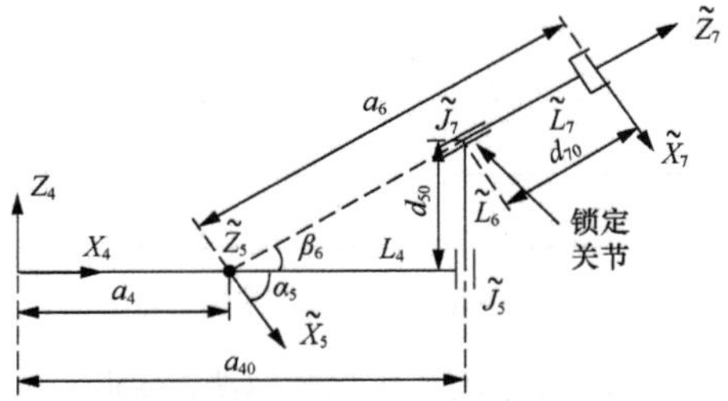

图 3-18　关节 6 锁定下的俯视图

$$a_4 = a_{40} - \frac{d_{50}}{\tan\beta_6} \tag{3-126}$$

$$a_6 = \frac{d_{50}}{\sin\beta_6} + d_{70} \tag{3-127}$$

表 3-9　关节 6 锁定时的重构 D-H 参数

连杆 i	α_{i-1} /°	a_{i-1} / m	θ_i /°	d_i / m
1	0	0	0	d_{10}
2	90	0	90	d_{20}
3	-90	0	0	d_{30}
4	0	a_3	0	d_{40}
5	90	$a_{40} - \frac{d_{50}}{\tan\beta_6}$	$-(90-\beta_6)$	d_{60}
6	—	—	—	—
7	-90	$\frac{d_{50}}{\sin\beta_6} + d_{70}$	0	0

⑦ 锁定关节 7 的模型重构。

关节 7（J_7）发生故障被锁定时，连杆 L_6 和连杆 L_7 固连构成新连杆 $\tilde{L}_7$。运动学模型改变后的重构坐标系和右视图如图 3-19 和图 3-20 所示，从而获得关节 7 锁定时的重构 D-H 参数，如表 3-10 所示。

$$d_5 = (d_{60} - d_{50}\sin\beta_7)\cos\beta_7 \tag{3-128}$$

$$a_5 = d_{60}\sin\beta_7 + d_{50}\cos\beta_7 \tag{3-129}$$

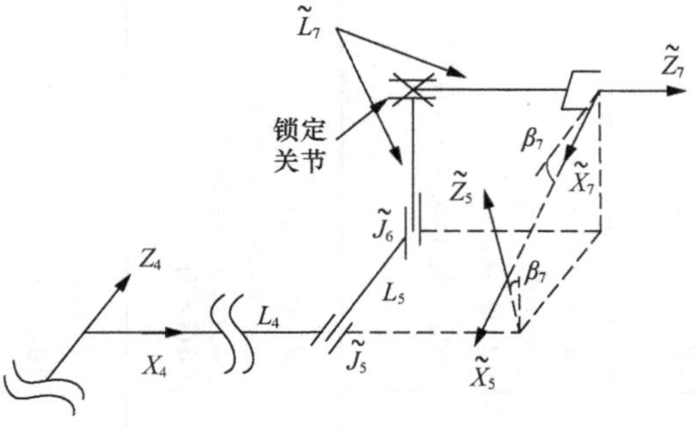

图 3-19 关节 7 锁定下的重构坐标系

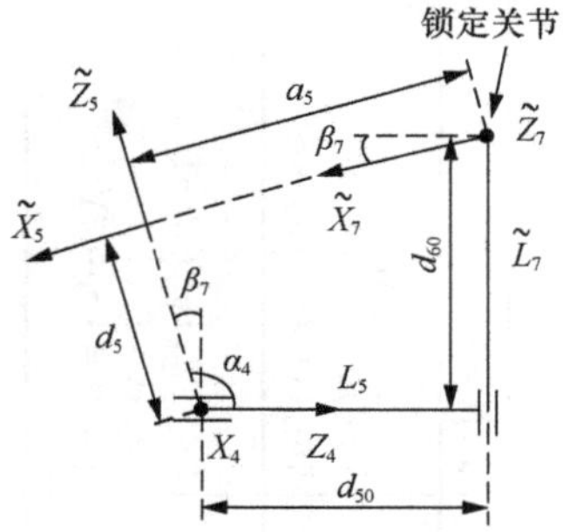

图 3-20 关节 7 锁定下的右视图

表 3-10 关节 7 锁定时的重构 D-H 参数

连杆 i	α_{i-1} / °	a_{i-1} / m	θ_i / °	d_i / m
1	0	0	0	d_{10}
2	90	0	90	d_{20}
3	−90	0	0	d_{30}
4	0	a_3	0	d_{40}
5	$90+\beta_7$	$a_{40}+d_{70}$	−90	$(d_{60}-d_{50}\sin\beta_7)\cos\beta_7$
6	−90	$d_{60}\sin\beta_7+d_{50}\cos\beta_7$	0	0
7	—	—	—	—

通过以上的分析，可获得不同关节发生故障被锁定时七自由度机械臂的 D-H 参数总表，如表 3-11 所示。其中 $k(k=1,2,\cdots,7)$ 表示故障关节的标号，β_k 表示故障关节 k 的锁定角度。

2. 基于旋量法的运动学模型重构

采用 D-H 参数法重构运动学模型是以局部连杆坐标系为基础的，建系过程较为复杂，且更受关注的是机械臂末端相对于基座的空间几何关系，而非连杆坐标系间的关系，为此这里为关节锁定故障空间机械臂的运动学模型重构提供了一种新思路，采用旋量法重构其运动学模型。该方法是常用的基于全局坐标系的运动学模型构建方法，优点是只需建立机械臂的参考坐标系及末端坐标系，可简化对机构的分析过程，避免建立局部连杆坐标系时可能带来的奇异性问题[6]。

（1）旋量建模方法基础理论

任意刚体运动都可用绕某一轴的转动加上平行于该轴的移动来表示，为描述该运动，以 $\boldsymbol{s}_i=[s_{ix},s_{iy},s_{iz}]^{\mathrm{T}}$ 表示关节 i 的轴线方向，$\theta_i\in\mathbb{R}$ 表示旋转角度，由于连杆的任意转动均存在一个旋转矩阵 $\boldsymbol{R}_i$ 与之对应，因此 $\boldsymbol{R}_i$ 可以表示成关于 $\boldsymbol{s}_i$ 和 θ_i 的函数。当连杆以单位速度绕 $\boldsymbol{s}_i$ 轴线方向旋转 θ_i 角度时，旋转矩阵为

表 3-11 单关节故障锁定时七自由度机械臂 D-H 参数总表

L_i	α_{i-1} /°	θ_{i-1} /°	a_i / m	d_i / m
1	$0\ (k=2,3,\cdots,7)$	$0\ (k=2,3,\cdots,7)$	$0\ (k=2,3,\cdots,7)$	$d_{10}\ (k=2,3,\cdots,7)$
2	$90\ (k=1,3,4,\cdots,7)$	$0\ (k=1,3,4,\cdots,7)$	$90\ (k=1,3,4\cdots,7)$	$\begin{cases} \dfrac{d_{20}}{\cos\beta_1}\ (k=1) \\ d_{20}\ (k=3,4,\cdots,7) \end{cases}$
3	$\begin{cases} -90-\beta_1\ (k=1) \\ 90\ (k=2) \\ -90\ (k=4,5,\cdots,7) \end{cases}$	$\begin{cases} d_{10}\ (k=1) \\ \dfrac{d_{30}+d_{40}}{\cos\beta_2}\ (k=2) \\ 0\ (k=4,5,\cdots,7) \end{cases}$	$\begin{cases} 90+\beta_2\ (k=2) \\ 0\ (k=1,4,5,\cdots,7) \end{cases}$	$\begin{cases} d_{30}-d_{20}\tan\beta_1\ (k=1) \\ d_{20}\ (k=2) \\ d_{30}\ (k=4,5,\cdots,7) \end{cases}$
4	$\begin{cases} -90\ (k=2,3) \\ 0\ (k=1,5,6,7) \end{cases}$	$\begin{cases} a_{30}+(d_{30}+d_{40})\tan\beta_2\ (k=2) \\ a_{30}\cos\beta_3\ (k=3) \\ a_{30}\ (k=1,5,6,7) \end{cases}$	$\begin{cases} \arcsin\left(\dfrac{a_{30}\sin\beta_3\cos\beta_3}{\sqrt{a_{30}^2\sin^2\beta_3+a_{40}^2+2a_{30}a_{40}\sin^2\beta_3}}\right)+\beta_3\ (k=3) \\ 0\ (k=1,2,5,6,7) \end{cases}$	$\begin{cases} 0\ (k=2) \\ d_{30}+d_{40}\ (k=3) \\ d_{40}\ (k=1,5,6,7) \end{cases}$
5	$\begin{cases} 0\ (k=1,2,3,4) \\ 90\ (k=6) \\ 90+\beta_7\ (k=7) \end{cases}$	$\begin{cases} a_{40}\ (k=1,2) \\ \sqrt{a_{30}^2\sin^2\beta_3+a_{40}^2+2a_{30}a_{40}\sin^2\beta_3}\ (k=3) \\ a_{30}+a_{40}\cos\beta_4\ (k=4) \\ a_{40}-\dfrac{d_{50}}{\tan\beta_6}\ (k=6) \\ a_{40}+d_{70}\ (k=7) \end{cases}$	$\begin{cases} 0\ (k=1,2) \\ \arcsin(\dfrac{a_{30}\sin\beta_3\cos\beta_3}{\sqrt{a_{30}^2\sin^2\beta_3+a_{40}^2+2a_{30}a_{40}\sin^2\beta_3}})\ (k=3) \\ \beta_4\ (k=4) \\ -(90-\beta_6)\ (k=6) \\ -90\ (k=7) \end{cases}$	$\begin{cases} d_{50}\ (k=1,2,3) \\ 0\ (k=4) \\ d_{60}\ (k=6) \\ (d_{60}-d_{50}\sin\beta_7)\cos\beta_7\ (k=7) \end{cases}$
6	$\begin{cases} 90\ (k=1,2,\cdots,5) \\ -90\ (k=7) \end{cases}$	$\begin{cases} 0\ (k=1,2,3) \\ a_{40}\sin^2\beta_4\ (k=4) \\ a_{40}+d_{60}\sin\beta_5\ (k=5) \\ d_{60}\sin\beta_7+d_{50}\cos\beta_7\ (k=7) \end{cases}$	$\begin{cases} 90\ (k=1,2,\cdots,5) \\ 0\ (k=7) \end{cases}$	$\begin{cases} d_{60}\ (k=1,2,3) \\ d_{60}-a_{40}\sin\beta_4\cos\beta_4\ (k=4) \\ d_{60}\cos\beta_5\ (k=5) \\ 0\ (k=7) \end{cases}$
7	$\begin{cases} 90\ (k=1,2,3,4) \\ 90+\beta_5\ (k=5) \\ -90\ (k=6) \end{cases}$	$\begin{cases} 0\ (k=1,2,\cdots,5) \\ \dfrac{d_{50}}{\sin\beta_6}+d_{70}\ (k=6) \end{cases}$	$\begin{cases} 180\ (k=1,2,\cdots,5) \\ 0\ (k=6) \end{cases}$	$\begin{cases} d_{70}\ (k=1,2,\cdots,5) \\ 0\ (k=6) \end{cases}$

$$\boldsymbol{R}_i(\boldsymbol{s}_i,\theta_i)=\mathrm{e}^{\boldsymbol{s}_i^{\times}\theta_i} \tag{3-130}$$

$\mathrm{e}^{\boldsymbol{s}_i^{\times}\theta_i}$可由罗德里格斯（Rodrigues）公式计算获得，即

$$\mathrm{e}^{\boldsymbol{s}_i^{\times}\theta_i}=\boldsymbol{E}_3+\boldsymbol{s}_i^{\times}\sin\theta_i+\left(\boldsymbol{s}_i^{\times}\right)^2\left(1-\cos\theta_i\right) \tag{3-131}$$

上述指数变换表达了旋转运动的指数变换。根据旋量法，刚体运动可以构造运动旋量坐标 $\boldsymbol{\xi}_i\in\mathbb{R}^{6\times1}$，其表示的六维向量为

$$\boldsymbol{\xi}_i=\begin{bmatrix}\boldsymbol{u}_i\\ \boldsymbol{s}_i\end{bmatrix} \tag{3-132}$$

式中，$\boldsymbol{u}_i=-\boldsymbol{s}_i\times\boldsymbol{d}_i$，且 $\boldsymbol{u}_i\in\mathbb{R}^{3\times1}$，用于描述平移变换；$\boldsymbol{d}_i$ 为关节轴线上任意一点在基坐标系下的表示，为了计算方便，通常取关节轴线的延长线上距离基坐标系原点最近的一点。刚体运动的指数变换可表示为

$$\boldsymbol{g}=\mathrm{e}^{\hat{\xi}_i\theta_i} \tag{3-133}$$

式中，$\mathrm{e}^{\hat{\xi}_i\theta_i}$ 也被称为运动旋量的指数积；$\hat{\xi}_i\in\mathbb{R}^{4\times4}$ 被称为运动旋量，其具体表达式为

$$\hat{\xi}_i=\begin{bmatrix}\boldsymbol{s}_i^{\times} & \boldsymbol{u}_i\\ \boldsymbol{0} & 0\end{bmatrix} \tag{3-134}$$

运动旋量的指数积 $\mathrm{e}^{\hat{\xi}_i\theta_i}$ 可表示为

$$\begin{cases}\mathrm{e}^{\hat{\xi}_i\theta_i}=\begin{bmatrix}\boldsymbol{E}_3 & \boldsymbol{u}_i\theta_i\\ \boldsymbol{0} & 1\end{bmatrix}, & \boldsymbol{s}_i=\boldsymbol{0}\\ \mathrm{e}^{\hat{\xi}_i\theta_i}=\begin{bmatrix}\mathrm{e}^{\boldsymbol{s}_i^{\times}\theta_i} & \left(\boldsymbol{E}_3-\mathrm{e}^{\boldsymbol{s}_i^{\times}}\theta_i\right)\left(\boldsymbol{s}_i\times\boldsymbol{u}_i\right)+\boldsymbol{s}_i\boldsymbol{s}_i^{\mathrm{T}}\boldsymbol{u}_i\theta_i\\ \boldsymbol{0} & 1\end{bmatrix}, & \boldsymbol{s}_i\neq\boldsymbol{0}\end{cases} \tag{3-135}$$

若以 $\boldsymbol{g}_{ab}(0)$ 表示刚体处于零位时坐标系 Σ_b 相对于坐标系 Σ_a 的变换矩阵，则运动后坐标系 Σ_b 相对于坐标系 Σ_a 的变换矩阵可以表示为

$$\boldsymbol{g}_{ab}(\theta_i)=\mathrm{e}^{\hat{\xi}_i\theta_i}\boldsymbol{g}_{ab}(0) \tag{3-136}$$

采用旋量法对空间机械臂运动学关系进行描述时，只需建立基坐标系 Σ_{b}、末端坐标系 Σ_{e}，以 $\boldsymbol{g}_{\mathrm{be}}(\boldsymbol{\theta})$ 表示末端坐标系 Σ_{e} 相对于空间机械臂基坐标系 Σ_{b} 的变换关系，$\boldsymbol{\theta}=[\theta_1,\theta_2,\cdots,\theta_n]^{\mathrm{T}}$ 为机械臂的一组关节角向量。定义机械臂的参考位形为各关节角为零的位形，即 $\theta_i=0(i=1,2,\cdots,n)$，$\boldsymbol{g}_{\mathrm{be}}(\boldsymbol{0})$ 表示机械臂在参考位形时末端坐标系 Σ_{e} 相对于基坐标系 Σ_{b} 的变换。为每一个关节构造一个运动旋量 $\xi_i(i=1,2,\cdots,n)$，它对应于除关节 i 外所有其他关节固定于 $\theta_j=0$ $(j=1,2,\cdots,n$ 且 $j\neq i)$ 位置时关节 i 的旋量运动。

对于给定构型下的机械臂，可由式（3-136）计算其运动学关系为

$$\boldsymbol{g}_{\mathrm{be}}(\boldsymbol{\theta})=\mathrm{e}^{\hat{\xi}_1\theta_1}\mathrm{e}^{\hat{\xi}_2\theta_2}\cdots\mathrm{e}^{\hat{\xi}_n\theta_n}\boldsymbol{g}_{\mathrm{be}}(0) \tag{3-137}$$

式（3-137）即描述机械臂运动学关系的指数积公式，该公式给出了末端坐标系相对于基坐标系的变换关系。通过给定关节角 $\boldsymbol{\theta}$，即可求解得到末端的位置和姿态，实现机械臂正运动学求解。

基于旋量法的运动学模型重构步骤与基于 D-H 参数法的运动学模型重构步骤类似，需首先对关节和连杆的标号规则进行定义。

（2）关节和连杆的标号规则

未发生关节故障的空间机械臂的参数标号规则遵从常态下空间机械臂的普遍标号规则。图 3-21 所示为常态下的旋量坐标系。对于 $J_i(i=1,2,\cdots,7)$ ，其运动旋量表示为 $\boldsymbol{\xi}_i$，$\boldsymbol{\omega}_i$ 表示 J_i 轴线方向的单位矢量，$\boldsymbol{q}_i$ 表示关节 J_i 轴线上的点，坐标系 Σ_S、Σ_T 分别表示基坐标系及工具坐标系，l_0～l_8 表示各连杆。

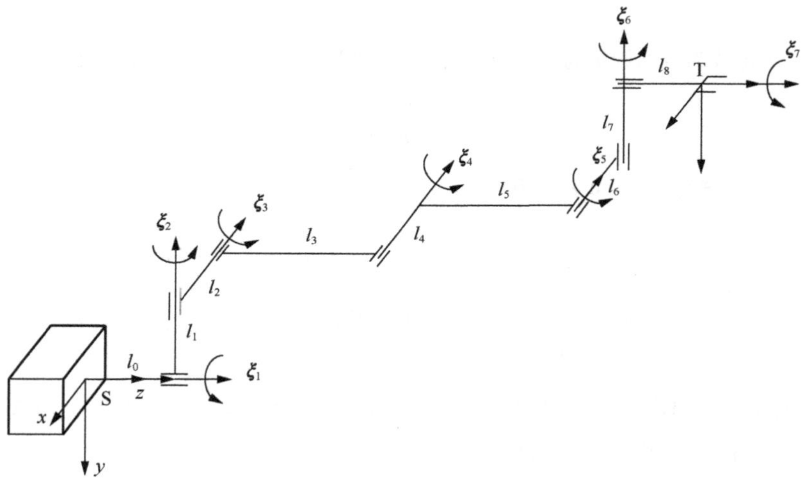

图 3-21　常态下的旋量坐标系

当 J_i 发生故障并锁定时，J_i 与基坐标系之间的关节标号均保持不变，其余关节的标号增加～符号，即 $\tilde{J}_j$、$\tilde{\boldsymbol{\omega}}_j$、$\tilde{\boldsymbol{q}}_j(i<j\leqslant 7)$ 。

（3）单关节锁定下的运动学模型重构

这里采用几何投影的方法进行基于旋量法的运动学模型重构，根据关节投影方向不同，可将其分成 3 类进行研究，即锁定 x 轴方向关节（关节 3、关节 4、关节 5）、锁定 y 轴方向关节（关节 2、关节 6）、锁定 z 轴方向关节（关节 1、关节 7）。

① 锁定 x 轴方向关节。

当关节 3 发生锁定故障时，关节 3 与工具坐标系之间的关节记为 $\tilde{J}_4$～$\tilde{J}_7$。重构的旋量坐标系如图 3-22 所示，对应的参数为 $\tilde{\omega}_4$～$\tilde{\omega}_7$，及 $\tilde{q}_4$～$\tilde{q}_7$。基坐标系 Σ_S 的方向与常态下的相同，工具坐标系 Σ_T 的方向发生了改变，当 $\theta_j=0(j\neq 3)$ 时，坐标系 Σ_S 与坐标系 Σ_T 之间的矩阵变换关系为

$$\boldsymbol{g}_{ST}(0)=\begin{bmatrix}1 & 0 & 0 & -l_{246}\\ 0 & c\theta_3 & -s\theta_3 & -l_1+l_{358}s\beta_3-l_7c\beta_3\\ 0 & s\theta_3 & c\theta_3 & l_{0358}\\ 0 & 0 & 0 & 1\end{bmatrix} \tag{3-138}$$

式中，$l_{246}=l_2+l_4+l_6$；$l_{358}=l_3+l_5+l_8$；$l_{0358}=l_0+l_3+l_5+l_8$。后面公式依此类推。

通过几何投影法，获得空间机械臂关节 3 锁定前视图，如图 3-23 所示，关节 3 的角度固定在 β_3。通过图 3-23 可知，$\tilde{\omega}_4$～$\tilde{\omega}_7$ 及 $\tilde{q}_4$～$\tilde{q}_7$ 与 β_3 相关，能够获得相应的旋量参数，如表 3-12 所示，其旋量坐标如表 3-13 所示。关节 4 和关节 5 发生故障的分析过程与关节 3 的相似。

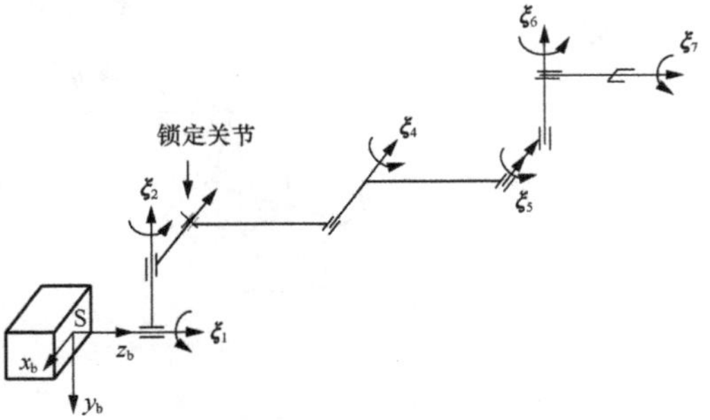

图 3-22 关节 3 锁定后重构的旋量坐标系

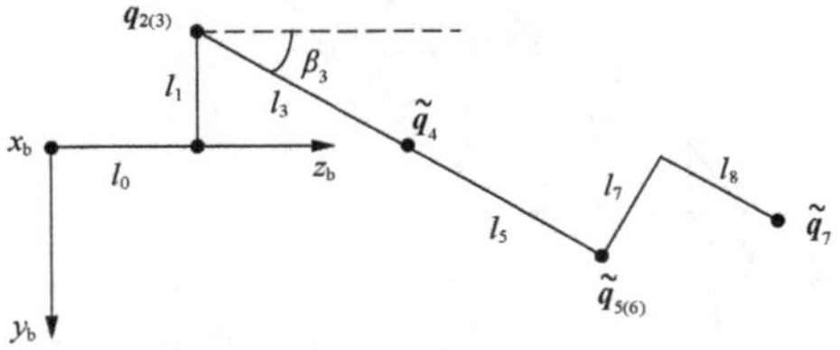

图 3-23 关节 3 锁定前视图

表 3-12 关节 3 锁定后重构的旋量参数

关节	$\tilde{\omega}_i$	$\tilde{q}_i$
4	$\tilde{\omega}_4=[-1\ \ 0\ \ 0]$	$\tilde{q}_4=[-l_2\quad -l_1+l_3s\beta_3\quad l_0+l_3c\beta_3]$
5	$\tilde{\omega}_5=[-1\ \ 0\ \ 0]$	$\tilde{q}_5=[-l_{24}\quad -l_1+l_{35}s\beta_3\quad l_0+l_{35}c\beta_3]$
6	$\tilde{\omega}_6=[0\quad -c\beta_3\quad s\beta_3]$	$\tilde{q}_6=[-l_{246}\quad -l_1+l_{35}s\beta_3\quad l_0+l_{35}c\beta_3]$
7	$\tilde{\omega}_7=[0\quad s\beta_3\quad c\beta_3]$	$\tilde{q}_7=[-l_{246}\quad -l_1+l_{358}s\beta_3-l_7c\beta_3\quad l_{358}]$

表 3-13 关节 3 锁定后重构的旋量坐标

关节	旋量坐标
4	$\tilde{\xi}_4=[0\quad l_0+l_3c\beta_3\quad l_1-l_{35}s\beta_3\quad -1\quad 0\quad 0]$
5	$\tilde{\xi}_5=[0\quad l_0+l_{35}c\beta_3\quad l_0-l_{35}s\beta_3\quad -1\quad 0\quad 0]$
6	$\tilde{\xi}_6=[l_0c\beta_3-l_1s\beta_3+l_{35}\quad l_{246}s\beta_3\quad -l_{246}c\beta_3\quad 0\quad -c\beta_3\quad s\beta_3]$
7	$\tilde{\xi}_7=[-l_0s\beta_3-l_7-l_1c\beta_3\quad l_{246}c\beta_3\quad -l_{246}s\beta_3\quad 0\quad s\beta_3\quad c\beta_3]$

② 锁定 y 轴方向关节。

当关节 2 发生锁定故障时，关节 2 与工具坐标系之间的关节记为 $\tilde{J}_3$～$\tilde{J}_7$。重构的旋量坐标

系如图 3-24 所示，对应的参数为 $\tilde{\boldsymbol{\omega}}_3 \sim \tilde{\boldsymbol{\omega}}_7$ 及 $\tilde{\boldsymbol{q}}_3 \sim \tilde{\boldsymbol{q}}_7$。坐标系 Σ_S 的方向与常态下的相同，工具坐标系 Σ_T 的方向发生了改变，当 $\theta_j = 0 (j \neq 2)$ 时，坐标系 Σ_S 与坐标系 Σ_T 之间的矩阵变换关系为

$$\boldsymbol{g}_{ST}(0) = \begin{bmatrix} c\theta_2 & 0 & s\theta_2 & -l_{246} - l_{358}s\beta_2 \\ 0 & 1 & 0 & -l_1 \\ -s\theta_2 & 0 & c\theta_2 & l_0 - l_{246}s\beta_2 + l_{358}c\beta_2 \\ 0 & 0 & 0 & 1 \end{bmatrix} \tag{3-139}$$

通过几何投影法，获得空间机械臂关节 2 锁定俯视图，如图 3-25 所示，关节 2 的角度固定在 β_2。通过图 3-25 可知，$\tilde{\boldsymbol{\omega}}_3 \sim \tilde{\boldsymbol{\omega}}_7$ 及 $\tilde{\boldsymbol{q}}_3 \sim \tilde{\boldsymbol{q}}_7$ 与 β_2 相关，能够获得相应的旋量参数，如表 3-14 所示，其旋量坐标如表 3-15 所示。关节 6 发生故障的分析过程与关节 2 的相似。

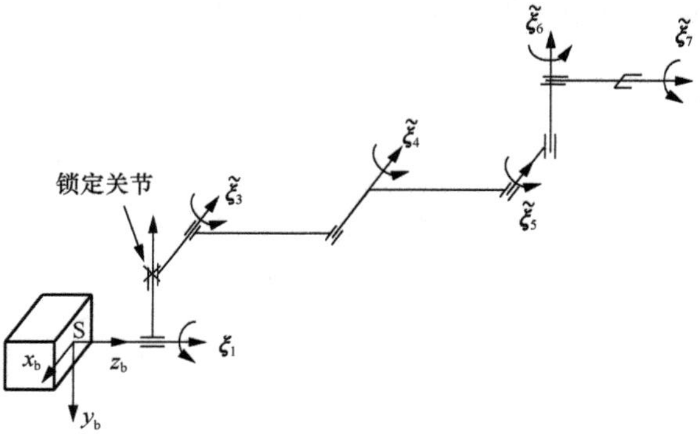

图 3-24　关节 2 锁定后重构的旋量坐标系

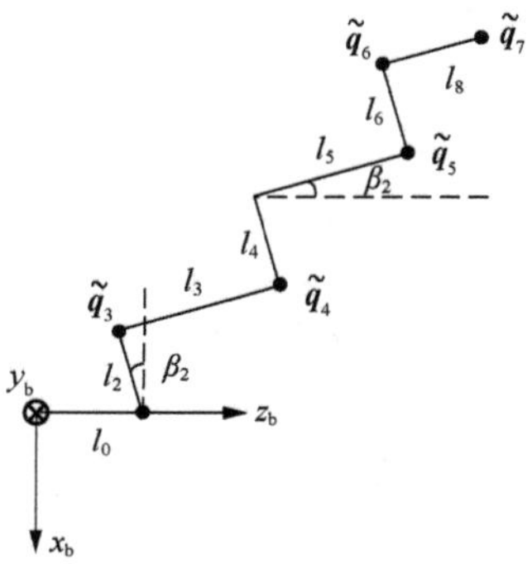

图 3-25　关节 2 锁定俯视图

表 3-14　关节 2 锁定后重构的旋量参数

关节	$\tilde{\boldsymbol{\omega}}_i$	$\tilde{\boldsymbol{q}}_i$
3	$\tilde{\boldsymbol{\omega}}_3 = [-c\beta_2 \quad 0 \quad -s\beta_2]$	$\tilde{\boldsymbol{q}}_3 = [-l_2c\beta_2 \quad -l_1 \quad l_0 - l_2s\beta_2]$
4	$\tilde{\boldsymbol{\omega}}_4 = [-c\beta_2 \quad 0 \quad -s\beta_2]$	$\tilde{\boldsymbol{q}}_4 = [-l_2c\beta_2 - l_{35}s\beta_2 \quad -l_1 \quad l_0 - l_{24}s\beta_2 + l_{35}c\beta_2]$
5	$\tilde{\boldsymbol{\omega}}_5 = [-c\beta_2 \quad 0 \quad -s\beta_2]$	$\tilde{\boldsymbol{q}}_5 = [-l_{24}c\beta_2 - l_{35}s\beta_2 \quad -l_1 \quad l_0 - l_{24}s\beta_2 + l_{35}c\beta_2]$
6	$\tilde{\boldsymbol{\omega}}_6 = [0 \quad -1 \quad 0]$	$\tilde{\boldsymbol{q}}_6 = [-l_{246}c\beta_2 - l_{35}s\beta_2 \quad -l_1 \quad l_0 - l_{246}s\beta_2 + l_{35}c\beta_2]$
7	$\tilde{\boldsymbol{\omega}}_7 = [-s\beta_2 \quad 0 \quad c\beta_2]$	$\tilde{\boldsymbol{q}}_7 = [-l_{246}c\beta_2 - l_{358}s\beta_2 \quad -l_1 \quad l_0 - l_{246}s\beta_2 + l_{358}c\beta_2]$

表 3-15　关节 2 锁定后重构的旋量坐标

关节	旋量坐标
3	$\tilde{\boldsymbol{\xi}}_3 = [l_1s\beta_2 \quad -l_0c\beta_2 \quad -l_1c\beta_2 \quad -c\beta_2 \quad 0 \quad -s\beta_2]$
4	$\tilde{\boldsymbol{\xi}}_4 = [l_1s\beta_2 \quad -l_0c\beta_2 - l_3 \quad -l_1c\beta_2 \quad -c\beta_2 \quad 0 \quad -s\beta_2]$
5	$\tilde{\boldsymbol{\xi}}_5 = [l_1s\beta_2 \quad -l_{35} - l_0c\beta_2 \quad -l_1c\beta_2 \quad -c\beta_2 \quad 0 \quad -s\beta_2]$
6	$\tilde{\boldsymbol{\xi}}_6 = [l_0 - l_{246}s\beta_2 + l_{35}c\beta_2 \quad 0 \quad l_{246}c\beta_2 + l_{35}s\beta_2 \quad 0 \quad -1 \quad 0]$
7	$\tilde{\boldsymbol{\xi}}_7 = [-l_{17}c\beta_2 \quad l_{246} - l_0s\beta_2 \quad -l_{17}s\beta_2 \quad -s\beta_2 \quad 0 \quad c\beta_2]$

③ 锁定 z 轴方向关节。

当关节 1 发生锁定故障时，关节 1 与工具坐标系之间的关节记为 $\tilde{J}_2 \sim \tilde{J}_7$。重构的旋量坐标系如图 3-26 所示，对应的参数为 $\tilde{\boldsymbol{\omega}}_2 \sim \tilde{\boldsymbol{\omega}}_7$ 及 $\tilde{\boldsymbol{q}}_2 \sim \tilde{\boldsymbol{q}}_7$。坐标系 Σ_S 的方向与常态下的相同，工具坐标系 Σ_T 的方向发生了改变，当 $\theta_j = 0 (j \neq 1)$ 时，坐标系 Σ_S 与坐标系 Σ_T 之间的矩阵变换关系为

$$\boldsymbol{g}_{ST}(0) = \begin{bmatrix} c\theta_1 & -s\theta_1 & 0 & l_{17}s\beta_1 - l_{246}c\beta_1 \\ s\theta_1 & c\theta_1 & 0 & -l_{17}c\beta_1 - l_{246}s\beta_1 \\ 0 & 0 & 1 & l_{0358} \\ 0 & 0 & 0 & 1 \end{bmatrix} \tag{3-140}$$

通过几何投影法，获得机械臂关节 1 锁定前视图，如图 3-27 所示，关节 1 的角度固定在 β_1。通过图 3-27 可知，$\tilde{\boldsymbol{\omega}}_2 \sim \tilde{\boldsymbol{\omega}}_7$ 及 $\tilde{\boldsymbol{q}}_2 \sim \tilde{\boldsymbol{q}}_7$ 与 β_1 相关，能够获得相应的旋量参数，如表 3-16 所示，其旋量坐标如表 3-17 所示。关节 7 发生故障的分析过程与关节 1 的相似。

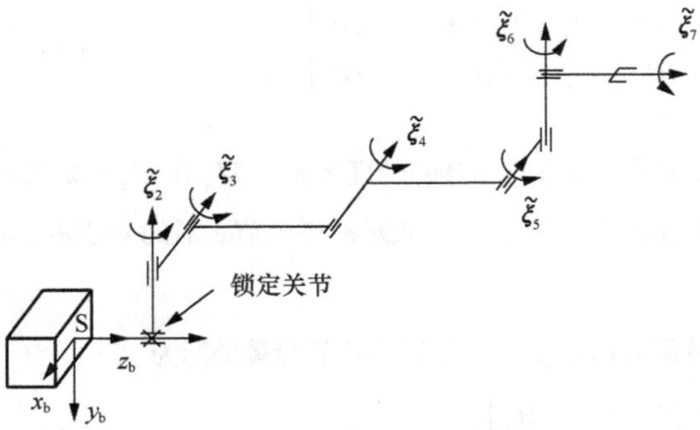

图 3-26 关节 1 锁定后重构的旋量坐标系

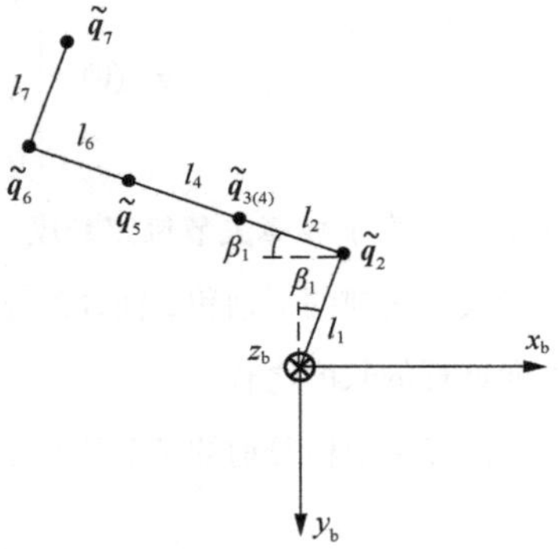

图 3-27 关节 1 锁定前视图

表 3-16 关节 1 锁定后重构的旋量参数

关节	$\tilde{\boldsymbol{\omega}}_i$	$\tilde{\boldsymbol{q}}_i$
2	$\tilde{\boldsymbol{\omega}}_2 = [s\beta_1 \quad -c\beta_1 \quad 0]$	$\tilde{\boldsymbol{q}}_2 = [l_1 s\beta_1 \quad -l_1 c\beta_1 \quad l_0]$
3	$\tilde{\boldsymbol{\omega}}_3 = [-c\beta_1 \quad -s\beta_1 \quad 0]$	$\tilde{\boldsymbol{q}}_3 = [l_1 s\beta_1 - l_2 c\beta_1 \quad -l_1 c\beta_1 - l_2 s\beta_1 \quad l_0]$
4	$\tilde{\boldsymbol{\omega}}_4 = [-c\beta_1 \quad -s\beta_1 \quad 0]$	$\tilde{\boldsymbol{q}}_4 = [l_1 s\beta_1 - l_2 c\beta_1 \quad -l_1 c\beta_1 - l_2 s\beta_1 \quad l_{03}]$
5	$\tilde{\boldsymbol{\omega}}_5 = [-c\beta_1 \quad -s\beta_1 \quad 0]$	$\tilde{\boldsymbol{q}}_5 = [l_1 s\beta_1 - l_{24} c\beta_1 \quad -l_1 c\beta_1 - l_{24} s\beta_1 \quad l_{035}]$
6	$\tilde{\boldsymbol{\omega}}_6 = [s\beta_1 \quad -c\beta_1 \quad 0]$	$\tilde{\boldsymbol{q}}_6 = [l_1 s\beta_1 - l_{246} c\beta_1 \quad -l_1 c\beta_1 - l_{246} s\beta_1 \quad l_{035}]$
7	$\tilde{\boldsymbol{\omega}}_7 = [0 \quad 0 \quad 1]$	$\tilde{\boldsymbol{q}}_7 = [l_{17} s\beta_1 - l_{246} c\beta_1 \quad -l_{17} c\beta_1 - l_{246} s\beta_1 \quad l_{0358}]$

表 3-17 关节 1 锁定后重构的旋量坐标

关节	旋量坐标
2	$\tilde{\boldsymbol{\xi}}_2 = [l_0 c\beta_1 \quad l_0 s\beta_1 \quad 0 \quad s\beta_1 \quad -c\beta_1 \quad 0]$
3	$\tilde{\boldsymbol{\xi}}_3 = [l_0 s\beta_1 \quad -l_0 c\beta_1 \quad -l_1 \quad -c\beta_1 \quad -s\beta_1 \quad 0]$

续表

关节	旋量坐标
4	$\tilde{\boldsymbol{\xi}}_4 = [l_{03}\mathrm{s}\beta_1 \quad -l_{03}\mathrm{c}\beta_1 \quad -l_1 \quad -\mathrm{c}\beta_1 \quad -\mathrm{s}\beta_1 \quad 0]$
5	$\tilde{\boldsymbol{\xi}}_5 = [l_{035}\mathrm{s}\beta_1 \quad -l_{035}\mathrm{c}\beta_1 \quad -l_1 \quad -\mathrm{c}\beta_1 \quad -\mathrm{s}\beta_1 \quad 0]$
6	$\tilde{\boldsymbol{\xi}}_6 = [l_{035}\mathrm{c}\beta_1 \quad l_{035}\mathrm{s}\beta_1 \quad l_{246} \quad \mathrm{s}\beta_1 \quad -\mathrm{c}\beta_1 \quad 0]$
7	$\tilde{\boldsymbol{\xi}}_7 = [-l_{246}\mathrm{s}\beta_1 - l_{17}\mathrm{c}\beta_1 \quad l_{246}\mathrm{c}\beta_1 - l_{17}\mathrm{s}\beta_1 \quad 0 \quad 0 \quad 0 \quad 1]$

（4）运动学模型重构通用方法

在 3.3 节中，以七自由度机械臂为例进行了基于旋量法的模型重构分析，在此基础上，这里总结归纳出一般构型机械臂的通用模型重构方法。

① 若故障关节为 x 轴关节，关节发生故障后基坐标系与工具坐标系的关系为

$$\boldsymbol{g}_{\mathrm{ST}}(0)=\begin{bmatrix}1 & 0 & 0 & \Sigma l_x \\ 0 & \mathrm{c}\theta_{\mathrm{f}} & -\mathrm{s}\theta_{\mathrm{f}} & \Sigma l_{y\mathrm{r}}+\Sigma l_{z\mathrm{f}}\mathrm{s}\theta_{\mathrm{f}}+\Sigma l_{y\mathrm{f}}\mathrm{c}\theta_{\mathrm{f}} \\ 0 & \mathrm{s}\theta_{\mathrm{f}} & \mathrm{c}\theta_{\mathrm{f}} & \Sigma l_{z\mathrm{r}}+\Sigma l_{z\mathrm{f}}\mathrm{c}\theta_{\mathrm{f}}+\Sigma l_{y\mathrm{f}}\mathrm{s}\theta_{\mathrm{f}} \\ 0 & 0 & 0 & 1\end{bmatrix} \tag{3-141}$$

式中，θ_{f} 表示故障关节锁定角度；Σl_x 表示沿 x 轴方向连杆的长度之和；$\Sigma l_{y\mathrm{r}}$ 和 $\Sigma l_{z\mathrm{r}}$ 分别表示故障关节之前的 y 轴和 z 轴方向连杆的长度之和；$\Sigma l_{y\mathrm{f}}$ 和 $\Sigma l_{z\mathrm{f}}$ 表示故障关节之后的 y 轴和 z 轴方向连杆的长度之和。

故障关节标号前的关节旋量坐标保持原有值不变，标号后的关节旋量坐标为

$$\begin{aligned}\tilde{\boldsymbol{\omega}}_y &= [0 \quad \mathrm{c}\theta_{\mathrm{f}} \quad -\mathrm{s}\theta_{\mathrm{f}}] \\ \tilde{\boldsymbol{\omega}}_z &= [0 \quad \mathrm{s}\theta_{\mathrm{f}} \quad \mathrm{c}\theta_{\mathrm{f}}]\end{aligned} \tag{3-142}$$

$$\tilde{\boldsymbol{q}}_i = [x_i \quad y_i+\Sigma l_{y\mathrm{f}}(\cos\theta_{\mathrm{f}}-1)+\Sigma l_{z\mathrm{f}}\sin\theta_i \quad z_i+\Sigma l_{y_{\mathrm{f}}}\sin\theta_{\mathrm{f}}+\Sigma l_{z\mathrm{f}}(\cos\theta_{\mathrm{f}}-1)] \tag{3-143}$$

$$\tilde{\boldsymbol{\xi}}_i = \begin{bmatrix}-\tilde{\boldsymbol{\omega}}_i \times \tilde{\boldsymbol{q}}_i \\ \tilde{\boldsymbol{\omega}}_i\end{bmatrix} \tag{3-144}$$

式中，$\tilde{\boldsymbol{\omega}}_y$ 与 $\tilde{\boldsymbol{\omega}}_z$ 分别表示 y 轴关节及 z 轴关节的运动旋量轴线方向上的单位矢量；$\tilde{\boldsymbol{q}}_i$ 表示故障前轴线上的点；$\tilde{\boldsymbol{\xi}}_i$ 表示 J_i 的运动旋量。

② 若故障关节为 y 轴关节，关节发生故障后基坐标系与工具坐标系的关系为

$$\boldsymbol{g}_{\mathrm{ST}}(0)=\begin{bmatrix}\mathrm{c}\theta_{\mathrm{f}} & 0 & \mathrm{s}\theta_{\mathrm{f}} & \Sigma l_{x\mathrm{r}}+\Sigma l_{x\mathrm{f}}\mathrm{c}\theta_{\mathrm{f}}+\Sigma l_{z\mathrm{f}}\mathrm{s}\theta_{\mathrm{f}} \\ 0 & 1 & 0 & \Sigma l_y \\ -\mathrm{s}\theta_{\mathrm{f}} & 0 & \mathrm{c}\theta_{\mathrm{f}} & \Sigma l_{z\mathrm{r}}+\Sigma l_{x\mathrm{f}}\mathrm{s}\theta_{\mathrm{f}}+\Sigma l_{z\mathrm{f}}\mathrm{c}\theta_{\mathrm{f}} \\ 0 & 0 & 0 & 1\end{bmatrix} \tag{3-145}$$

式中，Σl_y 表示沿 y 轴方向连杆的长度之和；$\Sigma l_{x\mathrm{r}}$ 表示故障关节之前的 x 轴方向连杆的长度之和；$\Sigma l_{x\mathrm{f}}$ 表示故障关节之后的 x 轴方向连杆的长度之和。

故障关节标号前的关节旋量坐标保持原有值不变，标号后的关节旋量坐标为

$$\begin{aligned}\tilde{\boldsymbol{\omega}}_x &= \begin{bmatrix} \mathrm{c}\theta_\mathrm{f} & 0 & \mathrm{s}\theta_\mathrm{f} \end{bmatrix} \\ \tilde{\boldsymbol{\omega}}_y &= \begin{bmatrix} 0 & \mathrm{c}\theta_\mathrm{f} & -\mathrm{s}\theta_\mathrm{f} \end{bmatrix}\end{aligned} \tag{3-146}$$

$$\tilde{\boldsymbol{q}}_i = [x_0 + \Sigma l_{x_i}(\cos\theta_i - 1) + \Sigma l_{z_i}\sin\theta_i \quad y_0 + \Sigma l_{x_i}\sin\theta_i + \Sigma l_{z_i}(\cos\theta_i - 1) \quad z_0] \tag{3-147}$$

$$\tilde{\boldsymbol{\xi}}_i = \begin{bmatrix} -\tilde{\boldsymbol{\omega}}_i \times \tilde{\boldsymbol{q}}_i \\ \tilde{\boldsymbol{\omega}}_i \end{bmatrix} \tag{3-148}$$

式中，$\tilde{\boldsymbol{\omega}}_x$ 表示 x 轴关节的运动旋量轴线方向上的单位矢量。

③若故障关节为 z 轴关节，关节故障后基坐标系与工具坐标系的关系为

$$\boldsymbol{g}_{st}(0) = \begin{bmatrix} \mathrm{c}\theta_\mathrm{f} & -\mathrm{s}\theta_\mathrm{f} & 0 & \Sigma l_{x\mathrm{r}} + \Sigma l_{y\mathrm{f}}\mathrm{s}\theta_\mathrm{f} + \Sigma l_{x\mathrm{f}}\mathrm{c}\theta_\mathrm{f} \\ \mathrm{s}\theta_\mathrm{f} & \mathrm{c}\theta_\mathrm{f} & 0 & \Sigma l_{y\mathrm{r}} + \Sigma l_{y\mathrm{f}}\mathrm{c}\theta_\mathrm{f} + \Sigma l_{y\mathrm{f}}\mathrm{s}\theta_\mathrm{f} \\ 0 & 0 & 1 & \Sigma l_z \\ 0 & 0 & 0 & 1 \end{bmatrix} \tag{3-149}$$

故障关节标号前的关节旋量坐标保持原有值不变，标号后的关节旋量坐标为

$$\begin{aligned}\tilde{\boldsymbol{\omega}}_y &= \begin{bmatrix} 0 & \mathrm{c}\theta_\mathrm{f} & -\mathrm{s}\theta_\mathrm{f} \end{bmatrix} \\ \tilde{\boldsymbol{\omega}}_z &= \begin{bmatrix} 0 & \mathrm{s}\theta_\mathrm{f} & \mathrm{c}\theta_\mathrm{f} \end{bmatrix}\end{aligned} \tag{3-150}$$

$$\tilde{\boldsymbol{q}}_i = [x_0 + \Sigma l_{y_i}(\cos\theta_i - 1) + \Sigma l_{x_i}\sin\theta_i \quad y_0 + \Sigma l_{x_i}\sin\theta_i + \Sigma l_{y_i}(\cos\theta_i - 1 \quad z_0] \tag{3-151}$$

$$\tilde{\boldsymbol{\xi}}_i = \begin{bmatrix} -\tilde{\boldsymbol{\omega}}_i \times \tilde{\boldsymbol{q}}_i \\ \tilde{\boldsymbol{\omega}}_i \end{bmatrix} \tag{3-152}$$

3.4.2 关节锁定故障空间机械臂动力学模型

空间机械臂发生单关节锁定故障后，如何快速构建新系统动力学模型尤为重要。不失一般性，设第 k 个关节即 J_k 发生锁定故障，如图 3-28 所示，此时，J_k 的位置、速度、加速度满足的条件为

$$\begin{cases} \theta_k = \text{常量} \\ \dot{\theta}_k = 0 \\ \ddot{\theta}_k = 0 \end{cases} \tag{3-153}$$

为了不失一般性，以 n 自由度基座自由漂浮空间机械臂为例，其处于常态时，由式（3-70）可得其总动能为

$$E = \frac{1}{2}\begin{bmatrix} {}^{\mathrm{I}}\boldsymbol{v}_\mathrm{b}^{\mathrm{T}} & {}^{\mathrm{I}}\boldsymbol{\omega}_\mathrm{b}^{\mathrm{T}} & \dot{\boldsymbol{\theta}}^{\mathrm{T}} \end{bmatrix} \boldsymbol{H} \begin{bmatrix} {}^{\mathrm{I}}\boldsymbol{v}_\mathrm{b} \\ {}^{\mathrm{I}}\boldsymbol{\omega}_\mathrm{b} \\ \dot{\boldsymbol{\theta}} \end{bmatrix} = f_1(\boldsymbol{v}_\mathrm{b}, \boldsymbol{\omega}_\mathrm{b}, \dot{\boldsymbol{\theta}}, \boldsymbol{\theta}) \tag{3-154}$$

式中，${}^{\mathrm{I}}\boldsymbol{v}_\mathrm{b}$、${}^{\mathrm{I}}\boldsymbol{\omega}_\mathrm{b}$ 为惯性坐标系下基座的线速度和角速度；$\boldsymbol{\theta}$、$\dot{\boldsymbol{\theta}}$ 为机械臂的关节角和关节速度。

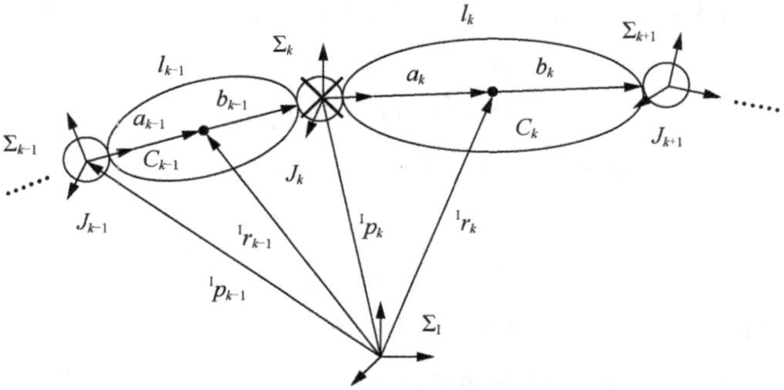

图 3-28 关节 J_k 发生锁定故障

对于空间环境，由于重力可以忽略，系统总势能 $V=0$。此时，拉格朗日方程为

$$L=E=f_1(\boldsymbol{v}_{\mathrm{b}},\boldsymbol{\omega}_{\mathrm{b}},\dot{\boldsymbol{\theta}},\boldsymbol{\theta}) \tag{3-155}$$

设系统的广义坐标为 $\boldsymbol{\theta}=(\theta_1,\theta_2,\cdots,\theta_n)$，广义力矩为 $\boldsymbol{\tau}=(\tau_1,\tau_2,\cdots,\tau_n)$，则由拉格朗日第二类方程

$$\frac{\mathrm{d}}{\mathrm{d}t}\left(\frac{\partial L}{\partial\dot{\boldsymbol{\theta}}}\right)-\frac{\partial L}{\partial\boldsymbol{\theta}}=\boldsymbol{\tau} \tag{3-156}$$

可求得系统的动力学方程为

$$\boldsymbol{H}(\boldsymbol{\theta})\ddot{\boldsymbol{\theta}}+\boldsymbol{C}(\boldsymbol{\theta},\dot{\boldsymbol{\theta}})=\boldsymbol{\tau} \tag{3-157}$$

当 J_k 发生锁定故障后，连杆 $k-1$ 与连杆 k 固连成为整体，因此故障关节处所承受的关节力矩属于空间机械臂系统内力，系统的广义坐标由 n 维变成 $n-1$ 维。此时，可设系统的广义坐标 $\boldsymbol{\theta}_s=\theta_i(i=1,2,\cdots,k-1,k+1,\cdots,n)$，广义力矩 $\boldsymbol{\tau}_s=\tau_i(i=1,2,\cdots,k-1,k+1,\cdots,n)$。若要重构关节锁定故障空间机械臂的动力学方程，需消除拉格朗日函数中含有 θ_k 的项。

根据空间机械臂连杆约束关系，连杆 k 与连杆 $k-1$ 间的位置、姿态递推关系为

$$^{\mathrm{I}}\boldsymbol{r}_k={}^{\mathrm{I}}\boldsymbol{r}_{k-1}+{}^{\mathrm{I}}_{k-1}\boldsymbol{R}\boldsymbol{b}_{k-1}+{}^{\mathrm{I}}_{k}\boldsymbol{R}\boldsymbol{a}_k \tag{3-158}$$

$$^{\mathrm{I}}_{k}\boldsymbol{R}={}^{\mathrm{I}}_{k-1}\boldsymbol{R}\,{}^{k-1}_{k}\boldsymbol{R} \tag{3-159}$$

角速度、速度递推关系为

$$^{\mathrm{I}}\boldsymbol{\omega}_k={}^{\mathrm{I}}\boldsymbol{\omega}_{k-1}+{}^{\mathrm{I}}_{k}\boldsymbol{R}\,{}^{k}\boldsymbol{z}_k\dot{\theta}_k \tag{3-160}$$

$$^{\mathrm{I}}\boldsymbol{v}_k={}^{\mathrm{I}}\boldsymbol{v}_{k-1}+{}^{\mathrm{I}}\boldsymbol{\omega}_{k-1}\times{}^{\mathrm{I}}\boldsymbol{b}_{k-1}+{}^{\mathrm{I}}\boldsymbol{\omega}_k\times{}^{\mathrm{I}}\boldsymbol{a}_k \tag{3-161}$$

将式（3-153）、式（3-70）、式（3-161）代入式（3-154），可得关节锁定故障空间机械臂的总动能为

$$E_s=\frac{1}{2}\sum_{i=0}^{n}\left[\left({}^{\mathrm{I}}\boldsymbol{\omega}_i\right)^{\mathrm{T}}\,{}^{\mathrm{I}}\boldsymbol{I}_i\,{}^{\mathrm{I}}\boldsymbol{\omega}_i+m_i\left({}^{\mathrm{I}}\dot{\boldsymbol{r}}_i\right)^{\mathrm{T}}\,{}^{\mathrm{I}}\dot{\boldsymbol{r}}_i\right]$$

$$=\frac{1}{2}\begin{bmatrix}{}^{\mathrm{I}}\boldsymbol{v}_{\mathrm{b}}^{\mathrm{T}} & {}^{\mathrm{I}}\boldsymbol{\omega}_{\mathrm{b}}^{\mathrm{T}} & \dot{\boldsymbol{\theta}}_{\mathrm{s}}^{\mathrm{T}}\end{bmatrix}\boldsymbol{H}_s\begin{bmatrix}{}^{\mathrm{I}}\boldsymbol{v}_{\mathrm{b}}\\ {}^{\mathrm{I}}\boldsymbol{\omega}_{\mathrm{b}}\\ \dot{\boldsymbol{\theta}}_{\mathrm{s}}\end{bmatrix} \tag{3-162}$$
$$=f_s(\boldsymbol{v}_{\mathrm{b}},\boldsymbol{\omega}_{\mathrm{b}},\dot{\boldsymbol{\theta}}_{\mathrm{s}},\boldsymbol{\theta}_{\mathrm{s}})$$

式中，$\boldsymbol{\theta}_{\mathrm{s}}$、$\dot{\boldsymbol{\theta}}_{\mathrm{s}}$为关节锁定故障后系统的广义坐标和广义速度。

忽略太空微重力，即 $V_s=0$，则关节锁定故障空间机械臂拉格朗日函数

$$L_s=E_s=f_s(\boldsymbol{v}_{\mathrm{b}},\boldsymbol{\omega}_{\mathrm{b}},\dot{\boldsymbol{\theta}}_{\mathrm{s}},\boldsymbol{\theta}_{\mathrm{s}}) \tag{3-163}$$

与正常机械臂的建模类似，通过第二类拉格朗日方程可求出该系统的等效动力学模型为

$$\boldsymbol{H}_s(\boldsymbol{\theta})\ddot{\boldsymbol{\theta}}_s-\boldsymbol{C}_s(\boldsymbol{\theta}_{\mathrm{s}},\dot{\boldsymbol{\theta}}_{\mathrm{s}})=\boldsymbol{\tau}_s \tag{3-164}$$

本节对关节锁定故障空间机械臂等效模型进行推导。在运动学等效模型推导过程中，以七自由度空间机械臂为研究对象，基于 D-H 参数法和旋量法进行了运动学模型重构。在此基础之上，本节还讨论了一种通用的运动学模型重构方法，该方法能够解决 n 自由度空间机械臂任意关节发生故障时的运动学模型重构问题。为推导关节锁定故障机械臂的动力学等效模型，本节通过构建锁定关节与其前一个关节间的位姿、速度约束关系，并将该约束代入常态下空间机械臂拉格朗日函数中形成新的拉格朗日函数；此外，通过构建除锁定关节外的新广义坐标向量，并基于第二类拉格朗日方程对系统动力学方程进行重构。

3.5 关节自由摆动故障空间机械臂运动学 / 动力学耦合关系

关节自由摆动故障空间机械臂属于一类欠驱动系统，其故障关节、基座等因为缺失驱动源而需依赖健康关节的驱动控制，为此需建立健康关节与故障关节、基座等被控单元间的运动耦合关系。基座自由漂浮空间机械臂本身属于欠驱动系统，满足动量守恒约束，机械臂与漂浮基座间存在运动学耦合关系。由此可知，基座漂浮特点和故障关节自由摆动状态使得空间机械臂同时受运动学耦合关系及动力学耦合关系的约束，导致其内部运动学 / 动力学耦合关系较基座固定欠驱动机械臂的更为复杂。本节将阐述关节自由摆动故障空间机械臂运动学和动力学耦合关系推导的详细过程。

3.5.1 关节自由摆动故障空间机械臂运动学耦合关系

关节自由摆动故障示意如图 3-29 所示，与健康空间机械臂相比，关节、连杆等标号均

不变，关节角、关节速度、关节加速度符号的下标“f”表示故障关节，下标“h”表示健康关节。由于关节自由摆动故障属于关节力矩部分失效故障的极端情况，因此，关节自由摆动故障空间机械臂的运动学模型可基于式（3-91）进行表征。令式（3-91）中 $\dot{\boldsymbol{x}}_{\mathrm{e}}=\begin{bmatrix}\boldsymbol{v}_{\mathrm{e}}\\ \boldsymbol{\omega}_{\mathrm{e}}\end{bmatrix}$、$\begin{bmatrix}\boldsymbol{v}_{\mathrm{b}}\\ \boldsymbol{\omega}_{\mathrm{b}}\end{bmatrix}=\dot{\boldsymbol{x}}_{\mathrm{b}}$，$\boldsymbol{\omega}_{\mathrm{e}}$ 为末端角速度，则式（3-91）可改写为

$$\begin{bmatrix}\boldsymbol{v}_{\mathrm{e}}\\ \boldsymbol{\omega}_{\mathrm{e}}\end{bmatrix}=\boldsymbol{J}_{\mathrm{b}}\dot{\boldsymbol{x}}_{\mathrm{b}}+\boldsymbol{J}_{\mathrm{f}}\dot{\boldsymbol{\theta}}_{\mathrm{f}}+\boldsymbol{J}_{\mathrm{h}}\dot{\boldsymbol{\theta}}_{\mathrm{h}}=\begin{bmatrix}\boldsymbol{J}_{\mathrm{b}} & \boldsymbol{J}_{\mathrm{f}} & \boldsymbol{J}_{\mathrm{h}}\end{bmatrix}\begin{bmatrix}\dot{\boldsymbol{x}}_{\mathrm{b}}\\ \dot{\boldsymbol{\theta}}_{\mathrm{f}}\\ \dot{\boldsymbol{\theta}}_{\mathrm{h}}\end{bmatrix} \tag{3-165}$$

式（3-165）即关节自由摆动故障空间机械臂正向运动学方程。由于基座、被动关节等被控单元只能由主动关节驱动，因此需分别建立主动关节与被动关节、基座、末端等的速度映射关系。

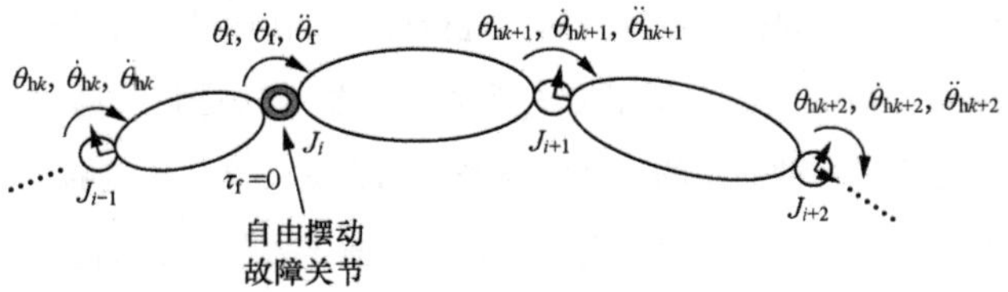

图 3-29　自由摆动故障关节示意

空间机械臂关节线动量矩阵与角动量矩阵 $\boldsymbol{J}_{\mathrm{LM}}$ 和 $\boldsymbol{J}_{\mathrm{AM}}$ 可分别表示为 $\boldsymbol{J}_{\mathrm{LM}}=[\boldsymbol{j}_{\mathrm{LM1}},\boldsymbol{j}_{\mathrm{LM2}},\cdots,\boldsymbol{j}_{\mathrm{LM}n}]$ 和 $\boldsymbol{J}_{\mathrm{AM}}=[\boldsymbol{j}_{\mathrm{AM1}},\boldsymbol{j}_{\mathrm{AM2}},\cdots,\boldsymbol{j}_{\mathrm{AM}n}]$，其中 $\boldsymbol{j}_{\mathrm{LM}i}$ 与 $\boldsymbol{j}_{\mathrm{AM}i}(i=1,2,\cdots,n)$ 分别表示关节 i 速度对线动量和对角动量的贡献。关节自由摆动故障空间机械臂动量表达式可整理为

$$\begin{bmatrix}\boldsymbol{P}\\ \boldsymbol{L}\end{bmatrix}=\boldsymbol{H}_{\mathrm{b}}\dot{\boldsymbol{x}}_{\mathrm{b}}+\boldsymbol{H}_{\mathrm{mf}}\dot{\boldsymbol{\theta}}_{\mathrm{f}}+\boldsymbol{H}_{\mathrm{mh}}\dot{\boldsymbol{\theta}}_{\mathrm{h}}=\boldsymbol{H}_{\mathrm{bmf}}\begin{bmatrix}\dot{\boldsymbol{x}}_{\mathrm{b}}\\ \dot{\boldsymbol{\theta}}_{\mathrm{f}}\end{bmatrix}+\boldsymbol{H}_{\mathrm{mh}}\dot{\boldsymbol{\theta}}_{\mathrm{h}} \tag{3-166}$$

式中，$\boldsymbol{H}_{\mathrm{b}}=\begin{bmatrix}M\boldsymbol{E}_3 & -M\boldsymbol{r}_0^{\times}\\ \boldsymbol{O}_3 & \boldsymbol{I}_{\omega}\end{bmatrix}\in\mathbb{R}^{6\times6}$；$\boldsymbol{H}_{\mathrm{mf}}=\begin{bmatrix}\boldsymbol{J}_{\mathrm{LMf}}\\ \boldsymbol{J}_{\mathrm{AMf}}\end{bmatrix}\in\mathbb{R}^{6\times p}$；$\boldsymbol{H}_{\mathrm{mh}}=\begin{bmatrix}\boldsymbol{J}_{\mathrm{LMh}}\\ \boldsymbol{J}_{\mathrm{AMh}}\end{bmatrix}\in\mathbb{R}^{6\times a}$；$\boldsymbol{H}_{\mathrm{bmf}}=\begin{bmatrix}M\boldsymbol{E}_3 & -M\boldsymbol{r}_0^{\times} & \boldsymbol{J}_{\mathrm{LMf}}\\ \boldsymbol{O}_3 & \boldsymbol{I}_{\omega} & \boldsymbol{J}_{\mathrm{AMf}}\end{bmatrix}\in\mathbb{R}^{6\times(6+p)}$；$p$ 为被动关节个数；a 为主动关节个数。$\boldsymbol{J}_{\mathrm{LMf}}$ 和 $\boldsymbol{J}_{\mathrm{AMf}}$ 分别表示被动关节速度对空间机械臂线动量和角动量的贡献，$\boldsymbol{J}_{\mathrm{LMh}}$ 和 $\boldsymbol{J}_{\mathrm{AMh}}$ 分别表示主动关节速度对线动量和角动量的贡献。

设初始动量为零，整理可得主动关节与被动关节及基座的速度映射关系 $f_{\mathrm{v\_hbf}}:\dot{\boldsymbol{\theta}}_{\mathrm{h}}\rightarrow[\dot{\boldsymbol{x}}_{\mathrm{b}}^{\mathrm{T}},\dot{\boldsymbol{\theta}}_{\mathrm{f}}^{\mathrm{T}}]^{\mathrm{T}}$，表达式为

$$\begin{bmatrix}\dot{\boldsymbol{x}}_{\mathrm{b}}\\ \dot{\boldsymbol{\theta}}_{\mathrm{f}}\end{bmatrix}=-\boldsymbol{H}_{\mathrm{bmf}}^{\dagger}\boldsymbol{H}_{\mathrm{mh}}\dot{\boldsymbol{\theta}}_{\mathrm{h}}=\boldsymbol{J}_{\mathrm{bfh}}\dot{\boldsymbol{\theta}}_{\mathrm{h}} \tag{3-167}$$

式中，$\boldsymbol{H}_{\mathrm{bmf}}$ 右上角符号 $\dagger$ 表示该矩阵的广义逆。

雅可比矩阵 $\boldsymbol{J}_{\mathrm{bfh}}=-\boldsymbol{H}_{\mathrm{bmf}}^{\dagger}\boldsymbol{H}_{\mathrm{mh}}\in\mathbb{R}^{(6+p)\times a}$ 的某行向量 $\boldsymbol{j}_{\mathrm{bfh\_row}i}$ 表征主动关节速度 $\dot{\boldsymbol{\theta}}_{\mathrm{h}}$ 向被控单元速度 $[\dot{\boldsymbol{x}}_{\mathrm{b}}^{\mathrm{T}},\dot{\boldsymbol{\theta}}_{\mathrm{f}}^{\mathrm{T}}]^{\mathrm{T}}$ 的第 i 个速度分量 $\dot{\theta}_{\mathrm{bf}i}$ 的映射。按不同被控单元对 $\boldsymbol{J}_{\mathrm{bfh}}$ 分块，可分别获得主动关

节与被动关节及基座的速度映射关系$f_{\text{v_hb}}:\dot{\boldsymbol{\theta}}_{\text{h}}\to\dot{\boldsymbol{x}}_{\text{b}}$和$f_{\text{v_hf}}:\dot{\boldsymbol{\theta}}_{\text{h}}\to\dot{\boldsymbol{\theta}}_{\text{f}}$，即

$$\begin{bmatrix}\dot{\boldsymbol{x}}_{\text{b}}\\ \dot{\boldsymbol{\theta}}_{\text{f}}\end{bmatrix}=\begin{bmatrix}\boldsymbol{J}_{\text{bh}}\\ \boldsymbol{J}_{\text{fh}}\end{bmatrix}\dot{\boldsymbol{\theta}}_{\text{h}}\Rightarrow\begin{cases}\dot{\boldsymbol{x}}_{\text{b}}=\boldsymbol{J}_{\text{bh}}\dot{\boldsymbol{\theta}}_{\text{h}}\\ \dot{\boldsymbol{\theta}}_{\text{f}}=\boldsymbol{J}_{\text{fh}}\dot{\boldsymbol{\theta}}_{\text{h}}\end{cases}\tag{3-168}$$

式中，$\boldsymbol{J}_{\text{bh}}\in\mathbb{R}^{6\times a}$为$\boldsymbol{J}_{\text{bfh}}$前 6 行组成的主动关节与基座的雅可比矩阵；$\boldsymbol{J}_{\text{fh}}\in\mathbb{R}^{p\times a}$为$\boldsymbol{J}_{\text{bfh}}$后$p$行组成的主被动关节雅可比矩阵。

将式（3-168）代入式（3-167）中，可得主动关节与末端速度的映射关系$f_{\text{v_he}}:\dot{\boldsymbol{\theta}}_{\text{h}}\to[\boldsymbol{v}_{\text{e}}^{\text{T}},\boldsymbol{\omega}_{\text{e}}^{\text{T}}]^{\text{T}}$，即

$$\begin{bmatrix}\boldsymbol{v}_{\text{e}}\\ \boldsymbol{\omega}_{\text{e}}\end{bmatrix}=[\boldsymbol{J}_{\text{b}}\quad \boldsymbol{J}_{\text{f}}]\begin{bmatrix}\dot{\boldsymbol{x}}_{\text{b}}\\ \dot{\boldsymbol{\theta}}_{\text{f}}\end{bmatrix}+\boldsymbol{J}_{\text{h}}\dot{\boldsymbol{\theta}}_{\text{h}}=\left(\boldsymbol{J}_{\text{bf}}\boldsymbol{J}_{\text{bfh}}+\boldsymbol{J}_{\text{h}}\right)\dot{\boldsymbol{\theta}}_{\text{h}}=\boldsymbol{J}_{\text{eh\_free}}\dot{\boldsymbol{\theta}}_{\text{h}}\tag{3-169}$$

式中，$\boldsymbol{J}_{\text{bf}}=[\boldsymbol{J}_{\text{b}}\quad \boldsymbol{J}_{\text{f}}]\in\mathbb{R}^{6\times(p+6)}$、$\boldsymbol{J}_{\text{eh_free}}=\boldsymbol{J}_{\text{bf}}\boldsymbol{J}_{\text{bfh}}+\boldsymbol{J}_{\text{h}}\in\mathbb{R}^{6\times a}$为主动关节与末端速度映射雅可比矩阵。式（3-168）与式（3-169）呈现了主动关节与被动关节、基座、末端间的速度映射关系，也称为运动学耦合关系。

3.5.2 关节自由摆动故障空间机械臂动力学耦合关系

关节自由摆动故障空间机械臂动力学耦合关系可通过推导主动关节加速度 / 力矩与被动关节、基座、末端间的加速度映射关系得出。

由于基座和被动关节不具备力矩输出能力，即$\boldsymbol{\tau}_{\text{b}}=\boldsymbol{0}$且$\boldsymbol{\tau}_{\text{mf}}=\boldsymbol{0}$，关节自由摆动故障空间机械臂动力学模型可表示为

$$\begin{bmatrix}\boldsymbol{M}_{\text{b}} & \boldsymbol{M}_{\text{bmf}} & \boldsymbol{M}_{\text{bmh}}\\ \boldsymbol{M}_{\text{mbf}} & \boldsymbol{M}_{\text{mff}} & \boldsymbol{M}_{\text{mfh}}\\ \boldsymbol{M}_{\text{mbh}} & \boldsymbol{M}_{\text{mhf}} & \boldsymbol{M}_{\text{mhh}}\end{bmatrix}\begin{bmatrix}\ddot{\boldsymbol{x}}_{\text{b}}\\ \ddot{\boldsymbol{\theta}}_{\text{f}}\\ \ddot{\boldsymbol{\theta}}_{\text{h}}\end{bmatrix}+\begin{bmatrix}\boldsymbol{c}_{\text{b}}\\ \boldsymbol{c}_{\text{mf}}\\ \boldsymbol{c}_{\text{mh}}\end{bmatrix}=\begin{bmatrix}\boldsymbol{0}\\ \boldsymbol{0}\\ \boldsymbol{\tau}_{\text{mh}}\end{bmatrix}\tag{3-170}$$

式中，$\boldsymbol{c}_{\text{b}}$、$\boldsymbol{c}_{\text{mf}}$、$\boldsymbol{c}_{\text{mh}}$分别为基座、故障关节和健康关节的离心力矢量和科氏力矢量。

将式（3-170）展开为方程组形式，得

$$\boldsymbol{M}_{\text{b}}\ddot{\boldsymbol{x}}_{\text{b}}+\boldsymbol{M}_{\text{bmf}}\ddot{\boldsymbol{\theta}}_{\text{f}}+\boldsymbol{M}_{\text{bmh}}\ddot{\boldsymbol{\theta}}_{\text{h}}+\boldsymbol{c}_{\text{b}}=\boldsymbol{0}\tag{3-171}$$

$$\boldsymbol{M}_{\text{mbf}}\ddot{\boldsymbol{x}}_{\text{b}}+\boldsymbol{M}_{\text{mff}}\ddot{\boldsymbol{\theta}}_{\text{f}}+\boldsymbol{M}_{\text{mfh}}\ddot{\boldsymbol{\theta}}_{\text{h}}+\boldsymbol{c}_{\text{mf}}=\boldsymbol{0}\tag{3-172}$$

$$\boldsymbol{H}_{\text{mbh}}\ddot{\boldsymbol{x}}_{\text{b}}+\boldsymbol{H}_{\text{mhf}}\ddot{\boldsymbol{\theta}}_{\text{f}}+\boldsymbol{H}_{\text{mhh}}\ddot{\boldsymbol{\theta}}_{\text{h}}+\boldsymbol{c}_{\text{mh}}=\boldsymbol{\tau}_{\text{mh}}\tag{3-173}$$

基于以上 3 个方程，可推导关节自由摆动故障空间机械臂动力学耦合关系。

1. 主动关节与被动关节、基座间的动力学耦合关系

基于式（3-171）和式（3-172），推导基座、被动关节与主动关节间的加速度映射关系为

$$\begin{bmatrix}\ddot{\boldsymbol{x}}_{\text{b}}\\ \ddot{\boldsymbol{\theta}}_{\text{f}}\end{bmatrix}=-\begin{bmatrix}\boldsymbol{M}_{\text{b}} & \boldsymbol{M}_{\text{bmf}}\\ \boldsymbol{M}_{\text{mbf}} & \boldsymbol{M}_{\text{mff}}\end{bmatrix}^{-1}\left(\begin{bmatrix}\boldsymbol{M}_{\text{bmh}}\\ \boldsymbol{M}_{\text{mfh}}\end{bmatrix}\ddot{\boldsymbol{\theta}}_{\text{h}}+\begin{bmatrix}\boldsymbol{c}_{\text{b}}\\ \boldsymbol{c}_{\text{mf}}\end{bmatrix}\right)\tag{3-174}$$

令$\begin{bmatrix} A & B \\ C & D \end{bmatrix} = \begin{bmatrix} M_{\mathrm{b}} & M_{\mathrm{bmf}} \\ M_{\mathrm{mbf}} & M_{\mathrm{mff}} \end{bmatrix}^{-1}$，根据$\begin{bmatrix} M_{\mathrm{b}} & M_{\mathrm{bmf}} \\ M_{\mathrm{mbf}} & M_{\mathrm{mff}} \end{bmatrix}\begin{bmatrix} A & B \\ C & D \end{bmatrix} = \begin{bmatrix} E_6 & O_{6\times 1} \\ O_{1\times 6} & E_1 \end{bmatrix}$，有

$$\begin{cases} A = \left(M_{\mathrm{b}} - M_{\mathrm{bmf}} M_{\mathrm{mff}}^{-1} M_{\mathrm{mbf}}\right)^{-1} \in \mathbb{R}^{6\times 6} \\ B = \left(M_{\mathrm{bmf}} M_{\mathrm{mff}}^{-1} M_{\mathrm{mbf}} - M_{\mathrm{b}}\right)^{-1} M_{\mathrm{bmf}} M_{\mathrm{mff}}^{-1} \in \mathbb{R}^{6\times 1} \\ C = \left(M_{\mathrm{mbf}} M_{\mathrm{b}}^{-1} M_{\mathrm{bmf}} - M_{\mathrm{mff}}\right)^{-1} M_{\mathrm{mbf}} M_{\mathrm{b}}^{-1} \in \mathbb{R}^{1\times 6} \\ D = \left(M_{\mathrm{mff}} - M_{\mathrm{mbf}} M_{\mathrm{b}}^{-1} M_{\mathrm{bmf}}\right)^{-1} \in \mathbb{R}^{1\times 1} \end{cases} \tag{3-175}$$

将式（3-175）代入式（3-174）中，可得

$$\begin{bmatrix} \ddot{x}_{\mathrm{b}} \\ \ddot{\theta}_{\mathrm{f}} \end{bmatrix} = \begin{bmatrix} M_{\mathrm{bh}} \\ M_{\mathrm{fh}} \end{bmatrix} \ddot{\theta}_{\mathrm{h}} + \begin{bmatrix} C_{\mathrm{bh}} \\ C_{\mathrm{fh}} \end{bmatrix} \tag{3-176}$$

式中，$M_{\mathrm{bh}} = -\left(AM_{\mathrm{bmh}} + BM_{\mathrm{mfh}}\right) \in \mathbb{R}^{6\times a}$；$M_{\mathrm{fh}} = -\left(CM_{\mathrm{bmh}} + DM_{\mathrm{mfh}}\right) \in \mathbb{R}^{p\times a}$；$C_{\mathrm{bh}} = -(Ac_{\mathrm{b}} + Bc_{\mathrm{mf}}) \in \mathbb{R}^{p\times 1}$；$C_{\mathrm{fh}} = -\left(Cc_{\mathrm{b}} + Dc_{\mathrm{mf}}\right) \in \mathbb{R}^{6\times 1}$。

将式（3-176）展开，可得主动关节与基座及被动关节加速度映射关系$f_{\mathrm{a_hb}}: \ddot{\theta}_{\mathrm{h}} \to \ddot{x}_{\mathrm{b}}$和$f_{\mathrm{a_hf}}: \ddot{\theta}_{\mathrm{h}} \to \ddot{\theta}_{\mathrm{f}}$，即

$$\ddot{x}_{\mathrm{b}} = M_{\mathrm{bh}} \ddot{\theta}_{\mathrm{h}} + C_{\mathrm{bh}} \tag{3-177}$$

$$\ddot{\theta}_{\mathrm{f}} = M_{\mathrm{fh}} \ddot{\theta}_{\mathrm{h}} + C_{\mathrm{fh}} \tag{3-178}$$

将式（3-174）代入式（3-173），可得主动关节加速度与力矩自耦关系为

$$\tau_{\mathrm{mh}} = M_{\tau\mathrm{h}} \ddot{\theta}_{\mathrm{h}} + C_{\tau\mathrm{h}} \tag{3-179}$$

式中，$M_{\tau\mathrm{h}} = -\begin{bmatrix} M_{\mathrm{mbh}} & M_{\mathrm{mhf}} \end{bmatrix} \begin{bmatrix} M_{\mathrm{b}} & M_{\mathrm{bmf}} \\ M_{\mathrm{mbf}} & M_{\mathrm{mff}} \end{bmatrix}^{-1} \begin{bmatrix} M_{\mathrm{bmh}} \\ M_{\mathrm{mfh}} \end{bmatrix} + M_{\mathrm{mhh}} \in \mathbb{R}^{a\times a}$为主动关节加速度与力矩自耦合惯性矩阵；$C_{\tau\mathrm{h}} = -[M_{\mathrm{mbh}} \quad M_{\mathrm{mhf}}] \begin{bmatrix} M_{\mathrm{b}} & M_{\mathrm{bmf}} \\ M_{\mathrm{mbf}} & M_{\mathrm{mff}} \end{bmatrix}^{-1} \begin{bmatrix} c_{\mathrm{b}} \\ c_{\mathrm{mf}} \end{bmatrix} + c_{\mathrm{mh}} \in \mathbb{R}^{a\times 1}$为非线性项。根据主动关节速度$\ddot{\theta}_{\mathrm{h}}$，可由式（3-179）求解$\tau_{\mathrm{mh}}$以控制被控单元。

由式（3-171）至式（3-173），可直接推导得出

$$\begin{cases} \tau_{\mathrm{mh}} = M_{\tau\mathrm{f}} \ddot{\theta}_{\mathrm{f}} + C_{\tau\mathrm{f}} \\ \tau_{\mathrm{mh}} = M_{\tau\mathrm{b}} \ddot{x}_{\mathrm{b}} + C_{\tau\mathrm{b}} \end{cases} \tag{3-180}$$

式中，$M_{\tau\mathrm{f}} = -\begin{bmatrix} M_{\mathrm{mbh}} & M_{\mathrm{mhh}} \end{bmatrix} \begin{bmatrix} M_{\mathrm{b}} & M_{\mathrm{bmh}} \\ M_{\mathrm{mbf}} & M_{\mathrm{mfh}} \end{bmatrix}^{-1} \begin{bmatrix} M_{\mathrm{bmf}} \\ M_{\mathrm{mff}} \end{bmatrix} + M_{\mathrm{mhf}} \in \mathbb{R}^{a\times p}$为被动关节加速度与关节力矩耦合矩阵；$M_{\tau\mathrm{b}} = -\begin{bmatrix} M_{\mathrm{mhf}} & M_{\mathrm{mhh}} \end{bmatrix} \begin{bmatrix} M_{\mathrm{bmf}} & M_{\mathrm{bmh}} \\ M_{\mathrm{mff}} & M_{\mathrm{mfh}} \end{bmatrix}^{-1} \begin{bmatrix} M_{\mathrm{b}} \\ M_{\mathrm{mbf}} \end{bmatrix} + M_{\mathrm{mbh}} \in \mathbb{R}^{a\times 6}$为基座加速度与力矩耦合矩阵；$C_{\tau\mathrm{f}} = -\begin{bmatrix} M_{\mathrm{mbh}} & M_{\mathrm{mhh}} \end{bmatrix} \begin{bmatrix} M_{\mathrm{b}} & M_{\mathrm{bmh}} \\ M_{\mathrm{mbf}} & M_{\mathrm{mfh}} \end{bmatrix}^{-1} \begin{bmatrix} c_{\mathrm{b}} \\ c_{\mathrm{mf}} \end{bmatrix} + c_{\mathrm{mh}} \in \mathbb{R}^{a\times 1}$、$C_{\tau\mathrm{b}} = -\begin{bmatrix} M_{\mathrm{mhf}} & M_{\mathrm{mhh}} \end{bmatrix} \begin{bmatrix} M_{\mathrm{bmf}} & M_{\mathrm{bmh}} \\ M_{\mathrm{mff}} & M_{\mathrm{mfh}} \end{bmatrix}^{-1} \begin{bmatrix} c_{\mathrm{b}} \\ c_{\mathrm{mf}} \end{bmatrix} + c_{\mathrm{mh}} \in \mathbb{R}^{a\times 1}$为非线性项。

由此得主动关节力矩与被动关节加速度及基座加速度的映射关系 $f_{\tau\_hb}:\boldsymbol{\tau}_{mh}\rightarrow\ddot{\boldsymbol{x}}_b$ 和 $f_{\tau\_hf}:\boldsymbol{\tau}_{mh}\rightarrow\ddot{\boldsymbol{\theta}}_f$，即

$$\begin{cases}\ddot{\boldsymbol{\theta}}_f=\boldsymbol{M}_{f\tau}\boldsymbol{\tau}_{mh}+\boldsymbol{C}_{f\tau}\\ \ddot{\boldsymbol{x}}_b=\boldsymbol{M}_{b\tau}\boldsymbol{\tau}_{mh}+\boldsymbol{C}_{b\tau}\end{cases}\tag{3-181}$$

式中，$\boldsymbol{M}_{f\tau}=\boldsymbol{M}_{\tau f}^{\dagger}$；$\boldsymbol{C}_{f\tau}=-\boldsymbol{M}_{\tau f}^{\dagger}\boldsymbol{C}_{\tau f}$；$\boldsymbol{M}_{b\tau}=\boldsymbol{M}_{\tau b}^{\dagger}$；$\boldsymbol{C}_{b\tau}=-\boldsymbol{M}_{\tau b}^{\dagger}\boldsymbol{C}_{\tau b}$。

式（3-181）即所求的主动关节与被动关节、基座间的动力学耦合关系。由上述推导过程可知，主动关节运动时产生的惯性力、离心力、科氏力是被动关节及基座运动的主要驱动力。

2. 主动关节与末端间动力学耦合关系

末端加速度未出现在式（3-170）中，无法直接建立末端加速度与主动关节加速度 / 力矩的映射。若空间机械臂不处于奇异状态，主动关节速度到末端速度的映射关系 $\dot{\boldsymbol{x}}_e=\boldsymbol{J}_{eh\_free}\dot{\boldsymbol{\theta}}_h$ 在整个时域上连续可微，则有

$$\ddot{\boldsymbol{x}}_e=\boldsymbol{J}_{eh\_free}\ddot{\boldsymbol{\theta}}_h+\dot{\boldsymbol{J}}_{eh\_free}\dot{\boldsymbol{\theta}}_h\tag{3-182}$$

$\boldsymbol{J}_{eh\_free}\boldsymbol{M}_{\tau h}^{-1}$ 左乘式（3-179），可得末端加速度与主动关节力矩映射关系 $f_{\tau\_he}:\boldsymbol{\tau}_{mh}\rightarrow\ddot{\boldsymbol{x}}_e$，即

$$\ddot{\boldsymbol{x}}_e=\boldsymbol{M}_{e\tau}\boldsymbol{\tau}_{mh}+\boldsymbol{C}_{e\tau}\tag{3-183}$$

式中，$\boldsymbol{M}_{e\tau}=\boldsymbol{J}_{eh\_free}\boldsymbol{M}_{\tau h}^{-1}\in\mathbb{R}^{6\times a}$ 为表征主动关节力矩向末端加速度传递的耦合惯性矩阵；$\boldsymbol{C}_{e\tau}=\dot{\boldsymbol{J}}_{eh\_free}\dot{\boldsymbol{\theta}}_h-\boldsymbol{J}_{eh\_free}\boldsymbol{M}_{\tau h}^{-1}\boldsymbol{C}_{\tau h}\in\mathbb{R}^{6\times 1}$ 为非线性项。设计机械臂末端加速度为 $\ddot{\boldsymbol{x}}_e$，可反解主动关节力矩。

基于上述推导过程，主动关节加速度 / 力矩与被动关节、基座、末端间的加速度映射组成了动力学耦合关系，总结为

$$\begin{bmatrix}\ddot{\boldsymbol{x}}_b\\ \ddot{\boldsymbol{\theta}}_f\\ \ddot{\boldsymbol{x}}_e\end{bmatrix}=\begin{bmatrix}\boldsymbol{M}_{bh}\\ \boldsymbol{M}_{fh}\\ \boldsymbol{M}_{eh}\end{bmatrix}\ddot{\boldsymbol{\theta}}_h+\begin{bmatrix}\boldsymbol{C}_{bh}\\ \boldsymbol{C}_{fh}\\ \boldsymbol{C}_{eh}\end{bmatrix}=\boldsymbol{M}_h\ddot{\boldsymbol{\theta}}_h+\boldsymbol{C}_h\tag{3-184}$$

$$\begin{bmatrix}\ddot{\boldsymbol{x}}_b\\ \ddot{\boldsymbol{\theta}}_f\\ \ddot{\boldsymbol{x}}_e\end{bmatrix}=\begin{bmatrix}\boldsymbol{M}_{b\tau}\\ \boldsymbol{M}_{f\tau}\\ \boldsymbol{M}_{e\tau}\end{bmatrix}\boldsymbol{\tau}_{mh}+\begin{bmatrix}\boldsymbol{C}_{b\tau}\\ \boldsymbol{C}_{f\tau}\\ \boldsymbol{C}_{e\tau}\end{bmatrix}=\boldsymbol{M}_t\boldsymbol{\tau}_{mh}+\boldsymbol{C}_{\tau}\tag{3-185}$$

式中，$\boldsymbol{M}_{eh}=\boldsymbol{J}_{eh\_free}$；$\boldsymbol{C}_{eh}=\dot{\boldsymbol{J}}_{eh\_free}\dot{\boldsymbol{\theta}}_h$。

综上，本节借助机械臂与基座间的动量守恒约束，推导了主动关节与被动关节、漂浮基座、末端等被控单元间的运动学耦合关系。通过建立拉格朗日方程，推导了主动关节与被控单元间的动力学耦合关系。

小结

本章介绍了常态下空间机械臂通用的运动学与动力学建模方法，并在此基础上，针对关节部分失效故障空间机械臂，通过推导健康关节与故障关节、基座、末端间的速度及加速度映射关系，建立运动学及动力学模型，获得运动学及动力学耦合关系。针对关节锁定故障空间机械臂，考虑锁定关节前后连杆间的约束关系，通过重构两连杆锁定前后的运动学及动力学参数，获得关节锁定故障空间机械臂运动学或动力学等效模型。针对关节自由摆动故障空间机械臂，基于动量守恒推导获得主动关节与被动关节、基座、末端间的运动学耦合关系，在此基础上，利用拉格朗日方程推导获得主动关节与被动关节、基座、末端间的动力学耦合关系。

参考文献

[1] 熊有伦，丁汉，刘恩沧．机器人学 [M]. 北京：机械工业出版社，1993.

[2] 陈钢．空间机械臂建模、规划与控制 [M]. 北京：人民邮电出版社，2019.

[3] DENAVIT J, HARTENBERG R S. A kinematic notation for lower-pair mechanisms based on matrices[J]. ASME Journal of Applied Mechanics, 1955, 22(2): 215-221.

[4] 张健．空间机械臂全局容错轨迹优化方法研究 [D]. 北京：北京邮电大学，2016.

[5] SHEN Q K, JIANG B, COCQUEMPOT V. Fuzzy logic system-based adaptive fault tolerant control for near space vehicle attitude dynamics with actuator faults[J]. IEEE Transactions on Fuzzy Systems, 2013, 21(2): 289-300.

[6] 左仲海．模块化机械臂运动学与动力学快速建模研究 [D]. 北京：北京邮电大学，2015.

第4章 关节故障空间机械臂运动能力分析

关节故障导致空间机械臂数学模型发生摄动，既影响空间机械臂运动能力的表征，也可能使故障机械臂的运动能力无法满足任务需求而导致任务失败。因此，准确评估空间机械臂的运动能力，有利于明确操作任务的可完成性，对故障空间机械臂的运动规划与控制具有重要指导作用。

根据第2章所述内容，现有的空间机械臂运动能力相关研究中涉及的指标包括运动学及动力学可操作度、条件数、最小奇异值、工作空间、动态负载能力以及末端操作力等，可被梳理为灵巧性、末端可达性、负载操作能力3类。不同的空间任务对空间机械臂的运动能力需求不同，如运动类任务（如空载转位任务）主要对空间机械臂灵巧性、末端可达性等有较高要求，操作类任务（如负载搬运、在轨装配等）主要对空间机械臂负载操作能力有较高要求[1]。本章将结合任务的需求，从灵巧性、末端可达性和负载操作能力3方面介绍关节故障后空间机械臂运动能力退化情况。考虑到空间任务对机械臂多方面的运动能力可能均有要求，本章最后会结合任务要求，给出综合运动能力评估方法。

4.1 典型的空间机械臂运动能力指标

空间机械臂可以协助或者替代航天员执行大量繁重、复杂的空间任务，如悬停飞行器捕获、舱段大范围转移、大型桁架装配等。依据空间机械臂服役特点，典型空间任务包含在轨装配任务、在轨维护任务以及在轨捕获任务3类[2-3]。这些典型空间任务还可根据是否与目标发生互动，分为空载转位任务和负载操作任务。其中，空载转位任务要求空间机械臂具备灵巧性和末端可达性，而负载操作任务除了要具备末端可达性和灵巧性，还对负载操作能力提出了要求。综上，空间机械臂执行的典型空间任务分类及对空间机械臂运动能力的要求，如图4-1所示。

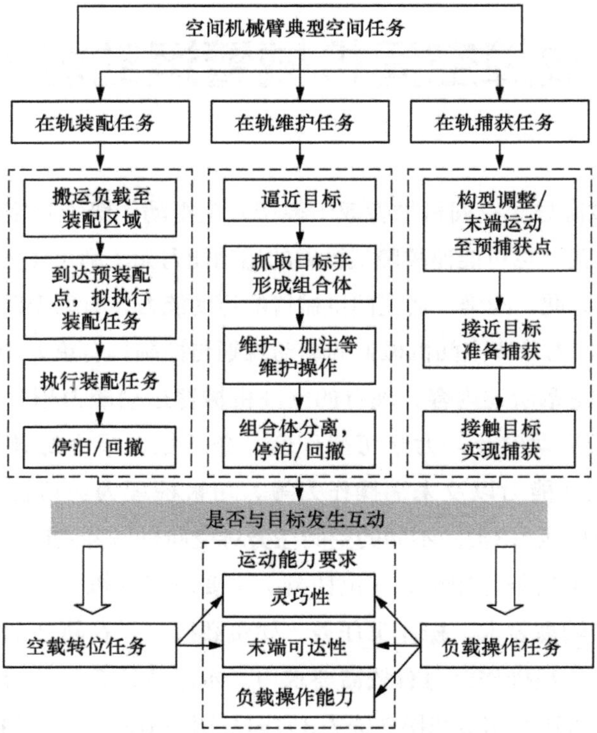

图4-1 典型空间任务分类及对空间机械臂运动能力的要求

4.1.1 末端可达性

为顺利完成操作任务，末端操作目标需位于空间机械臂工作空间之内，为此常利用空间机械臂工作空间来表征空间机械臂的末端可达性。空间机械臂工作空间可以通过空间机械臂末端可能处于的全部位置集合来表征。该集合的数学表达式为

$$\begin{aligned}\boldsymbol{W}=\{f(\boldsymbol{\theta})\,|\,\boldsymbol{\theta}=(\theta_1,\theta_2,\cdots,\theta_n)\in\mathbb{R}^n,\\ \theta_{i\min}\leqslant\theta_i\leqslant\theta_{i\max},i=1,2,\cdots,n\}\in\mathbb{R}^m\end{aligned}\tag{4-1}$$

式中，f指空间机械臂关节空间到末端的映射；θ_i为关节i的角度；$\theta_{i\min}$和$\theta_{i\max}$分别为关节i角度限制中的最小角度与最大角度；n为空间机械臂自由度；m为工作空间维度。

当关节$k(k=1,2,\cdots,n)$发生锁定故障而固定于某一角度时，其无法为空间机械臂末端运动产生贡献，导致末端可以到达的范围缩减，末端可达性下降。当关节k发生自由摆动故障时，尽管故障关节仍具备运动的能力，但故障关节自身因失去力矩输出能力而无法被独立控制，需借助剩余健康关节来驱动。因此，自由摆动故障关节能独立到达的范围较无故障时有所缩减，进而影响空间机械臂末端可达性。当关节k发生部分失效故障时，故障关节仍具备速度与力矩输出能力，因此理论上故障空间机械臂的末端可达性不会发生摄动，但若考虑满足运动能力要求的工作空间，则故障空间机械臂的末端可达性会出现下降。

4.1.2 灵巧性

空间机械臂灵巧性指空间机械臂关节向末端传递运动或力的能力，可分为运动学灵巧性和动力学灵巧性。以运动学灵巧性为例，考虑到关节速度对末端速度的传递能力一般由空间机械臂关节与末端间的雅可比矩阵来衡量，因此常用雅可比矩阵的奇异值来构造表征空间机械臂运动学灵巧性的指标，以反映空间机械臂末端在工作空间各个方向上的运动能力。常见的空间机械臂灵巧性指标包括最小奇异值、条件数和可操作度，其对应的数学表达及含义如表 4-1 所示。其中，$\sigma_1\sim\sigma_m$为空间机械臂关节与末端间的雅可比矩阵奇异值，且$\sigma_1\geqslant\sigma_2\geqslant\cdots\geqslant\sigma_m\geqslant 0$。

表 4-1 空间机械臂灵巧性指标的数学表达及含义

灵巧性指标	最小奇异值	条件数	可操作度
数学表达	$s=\sigma_m$	$c=\sigma_1/\sigma_m$	$w=\sigma_1\sigma_2\cdots\sigma_m$
物理含义	表征空间机械臂所具有的位形同奇异位形的接近程度	表征空间机械臂末端向各个方向运动时的灵巧性的相近程度	表征空间机械臂末端在各个方向上运动能力的整体度量
取值范围	$s>0$	$c\in[1,+\infty)$	$w\geqslant 0$
取值分析	最小奇异值越大表示空间机械臂发生奇异的可能性越小	条件数取值越接近 1 表示空间机械臂位形的各向运动能力越相近	可操作度越接近 0 表示空间机械臂所具有的位形奇异程度越高

当空间机械臂关节 k 发生锁定故障时，故障关节丧失了速度输出能力，无法为末端速度作出贡献，此时空间机械臂雅可比矩阵发生退化，即第 k 列置零，使得雅可比矩阵的奇异值发生变化，导致空间机械臂灵巧性发生摄动。

当关节 k 发生自由摆动故障时，故障关节仍具备运动能力，仍能为末端速度做贡献。因此，故障关节不对空间机械臂雅可比矩阵产生影响，从而未影响空间机械臂在运动学层面的灵巧性。但由于故障关节缺失输出力矩，无法独立控制，必然会对空间机械臂整体运动输出产生影响。因此在表征关节自由摆动故障空间机械臂的灵巧性时，需要综合考虑故障关节自由摆动特征以及力矩缺失的特点，构造能反映运动学和动力学特性的灵巧性指标[4]，这将在4.3 节给出具体分析。

当关节 k 发生部分失效故障时，若故障类型为关节力矩部分失效故障，则故障不影响故障关节输出速度以及关节与末端间的速度映射关系，故障机械臂雅可比矩阵不改变，运动学层面的灵巧性不受故障影响。若故障类型为关节速度部分失效故障，故障空间机械臂关节与末端间的速度映射关系为

$$\dot{\boldsymbol{x}}_{\mathrm{e}}=\boldsymbol{J}_{\mathrm{ev}}\begin{bmatrix}\dot{\boldsymbol{\theta}}_{\mathrm{h}}\\ \dot{\boldsymbol{\theta}}_{\mathrm{fc}}\end{bmatrix}+\boldsymbol{J}_{\mathrm{ef}}\dot{\boldsymbol{\theta}}_{\mathrm{e}} \tag{4-2}$$

显然，雅可比矩阵 $\boldsymbol{J}_{\mathrm{ev}}$ 中，故障关节 k 所对应的列元素发生改变，导致雅可比矩阵奇异值发生摄动，影响空间机械臂运动学层面的灵巧性。空间机械臂动力学层面的灵巧性一般基于关节输出力矩与末端加速度之间的耦合矩阵定义。无关节故障情况下，空间机械臂关节输出力矩与末端加速度的映射关系为

$$\ddot{\boldsymbol{x}}_{\mathrm{e}}=\boldsymbol{M}_{\tau\mathrm{eh}}\boldsymbol{\tau}_{\mathrm{m}}+\boldsymbol{c}_{\tau\mathrm{eh}} \tag{4-3}$$

式中，$\boldsymbol{M}_{\tau\mathrm{eh}}\in\mathbb{R}^{m\times n}$ 和 $\boldsymbol{c}_{\tau\mathrm{eh}}\in\mathbb{R}^{n\times 1}$ 分别为无关节故障情况下关节输出力矩与末端加速度间的耦合矩阵和关节力矩向末端加速度映射的非线性项；$\boldsymbol{\tau}_{\mathrm{m}}\in\mathbb{R}^{n\times 1}$ 为无关节故障情况下空间机械臂各关节输出力矩。

当关节 k 发生速度部分失效故障时，故障关节输出力矩不发生改变，且速度部分失效故障不影响 $\boldsymbol{M}_{\tau\mathrm{eh}}$，故基于该耦合矩阵定义的动力学灵巧性不受速度部分失效故障影响。当关节 k 发生力矩部分失效故障时，关节输出力矩与末端加速度间的映射关系变化为

$$\ddot{\boldsymbol{x}}_{\mathrm{e}}=\boldsymbol{M}_{\tau\mathrm{e}}\begin{bmatrix}\boldsymbol{\tau}_{\mathrm{mh}}\\ \boldsymbol{\tau}_{\mathrm{mfc}}\end{bmatrix}+\boldsymbol{c}_{\tau\mathrm{e}} \tag{4-4}$$

式中，$\boldsymbol{M}_{\tau\mathrm{e}}=\left[\boldsymbol{M}_{\tau\mathrm{e}1},\cdots,\rho_k\boldsymbol{M}_{\tau\mathrm{eh}n}\right]$ 为关节力矩部分失效故障发生后空间机械臂关节输出力矩与末端加速度间的耦合矩阵；ρ_k 表征故障关节力矩部分失效故障程度。显然，在 $\boldsymbol{M}_{\tau\mathrm{e}}$ 中，故障关节 k 所对应的列元素发生改变，导致矩阵的奇异值发生摄动，影响空间机械臂动力学灵巧性。

4.1.3 负载操作能力

负载操作能力是决定空间机械臂能否执行负载操作任务的指标之一，其可通过动态负载能力[5]和末端操作力[6]定量表征。其中动态负载能力定义为空间机械臂保持特定运动状态且满足某些约束条件时可重复搬运的最大质量 / 惯量负载；而当空间机械臂与外界环境相互作用时，接触地方产生的相互作用力 / 力矩被称为末端操作力（又称广义力，属于六维变量）。

为保证负载搬运的平稳性，负载与末端执行器常采用刚性连接，末端连杆质量 / 惯量改变。现有研究引入惯量为质量函数的等效负载，根据等效负载质量表征动态负载能力[7]。不失一般性，将负载等效为质点，末端连杆动力学参数变为

$$\begin{cases} m_{n\,\text{new}} = m_n + m_\text{f} \\ \boldsymbol{I}_{n\,\text{new}} = \boldsymbol{I}_n + \boldsymbol{I}_\text{f} \\ \boldsymbol{a}_{n\,\text{new}} = \dfrac{m_n \boldsymbol{a}_n + m_\text{f}(\boldsymbol{a}_n + \boldsymbol{b}_n)}{m_n + m_\text{f}} \end{cases} \tag{4-5}$$

式中，m_f 为负载质量；$m_{n\,\text{new}}$ 为组合体质量；$\boldsymbol{I}_\text{f}$ 为负载惯量；$\boldsymbol{I}_{n\,\text{new}}$ 为组合体惯量；$\boldsymbol{a}_{n\,\text{new}}$ 为组合体质心。

将式（4-5）代入空间机械臂动力学模型，可得带负载的空间机械臂动力学模型。

将关节力矩不超限、基座扰动力及扰动力矩不超限作为约束条件，可得空间机械臂动态负载能力计算模型，即

$$\begin{aligned} \max \quad & m_\text{f} \\ \text{s.t.} \quad & \tau_{i\min} \leqslant \tau_i\left(m_\text{f}, \boldsymbol{\theta}, \dot{\boldsymbol{\theta}}, \ddot{\boldsymbol{\theta}}, \boldsymbol{x}_\text{b}, \dot{\boldsymbol{x}}_\text{b}, \ddot{\boldsymbol{x}}_\text{b}\right) \leqslant \tau_{i\max} \\ & F_{\text{b}j\min} \leqslant F_{\text{b}j}\left(m_\text{f}, \boldsymbol{\theta}, \dot{\boldsymbol{\theta}}, \ddot{\boldsymbol{\theta}}, \boldsymbol{x}_\text{b}, \dot{\boldsymbol{x}}_\text{b}, \ddot{\boldsymbol{x}}_b\right) \leqslant F_{\text{b}j\max} \\ & M_{\text{b}k\min} \leqslant M_{\text{b}k}\left(m_\text{f}, \boldsymbol{\theta}, \dot{\boldsymbol{\theta}}, \ddot{\boldsymbol{\theta}}, \boldsymbol{x}_\text{b}, \dot{\boldsymbol{x}}_\text{b}, \ddot{\boldsymbol{x}}_b\right) \leqslant M_{\text{b}k\max} \\ & i = 1, 2, \cdots, n; \ j = 1, 2, 3; \ k = 1, 2, 3 \end{aligned} \tag{4-6}$$

基于式（4-6）计算空间机械臂动态负载能力的思路如下：已知某一时刻空间机械臂的运动状态，包括关节角 $\boldsymbol{\theta}$、关节速度 $\dot{\boldsymbol{\theta}}$、关节加速度 $\ddot{\boldsymbol{\theta}}$，以及基座的位姿 $\boldsymbol{x}_\text{b}$、速度 $\dot{\boldsymbol{x}}_\text{b}$、加速度 $\ddot{\boldsymbol{x}}_\text{b}$，求解负载质量 m_f 从零开始不断增大的情况下机械臂关节力矩 τ_i、基座扰动力 $F_{\text{b}j}$ 及基座扰动力矩 $M_{\text{b}k}$，直到关节力矩或基座扰动力 / 力矩超出限制为止，求得关节力矩、基座扰动力 / 力矩均不超限的负载质量 m_f 最大值，即空间机械臂动态负载能力。

当关节 k 发生关节锁定故障、力矩部分失效故障或自由摆动故障时，故障关节力矩输出能力发生退化甚至完全丧失。在末端负载和末端受力相同的情况下，故障关节所丧失的输出力矩部分由其余健康关节承担，因此更容易超出关节力矩限制，导致关节故障空间机械臂的动态负载能力较无故障情况有所下降。

当关节 k 发生速度部分失效故障时，由于故障关节速度输出能力下降，健康关节需进行额外补偿以降低故障关节输出速度下降对末端速度的影响。该情况下，受速度部分失效故障影响，当末端负载相同时，各关节力矩较无故障时可能增大或减小，即关节速度部分失效故障既可能导致空间机械臂动态负载能力下降，也可能导致其上升，具体分析将在 4.4.1 节和 4.4.3 节给出。

对于空间机械臂末端操作力，根据虚功原理，末端操作力对基座所受广义力及各关节力矩造成的改变为

$$\begin{cases}\boldsymbol{F}_{\mathrm{b}}^{\mathrm{e}}=\boldsymbol{J}_{\mathrm{b}}^{\mathrm{T}}\boldsymbol{F}_{\mathrm{e}}\\ \boldsymbol{\tau}_{\mathrm{e}}=\begin{bmatrix}\boldsymbol{J}_{\mathrm{h}} & \boldsymbol{J}_{\mathrm{f}}\end{bmatrix}^{\mathrm{T}}\boldsymbol{F}_{\mathrm{e}}\end{cases} \tag{4-7}$$

式中，$\boldsymbol{F}_{\mathrm{e}}\in\mathbb{R}^{m\times1}$ 为末端操作力；$\boldsymbol{J}_{\mathrm{h}}$ 和 $\boldsymbol{J}_{\mathrm{f}}$ 为雅可比矩阵 $\boldsymbol{J}_{\mathrm{m}}$ 中健康关节和故障关节对应的列；$\boldsymbol{\tau}_{\mathrm{e}}$ 为维持末端操作力所需的各关节输出力矩的改变量；$\boldsymbol{F}_{\mathrm{b}}^{\mathrm{e}}\in\mathbb{R}^{m\times1}$ 为末端操作力在基座上产生的分量。

将式（4-7）代入式（3-103），末端操作力与关节输出力矩间的关系可表述为

$$\begin{bmatrix}\boldsymbol{M}_{\mathrm{b}} & \boldsymbol{M}_{\mathrm{bmh}} & \boldsymbol{M}_{\mathrm{bmf}}\\ \boldsymbol{M}_{\mathrm{mbh}} & \boldsymbol{M}_{\mathrm{mhh}} & \boldsymbol{M}_{\mathrm{mhf}}\\ \boldsymbol{M}_{\mathrm{mbf}} & \boldsymbol{M}_{\mathrm{mfh}} & \boldsymbol{M}_{\mathrm{mff}}\end{bmatrix}\begin{bmatrix}\ddot{\boldsymbol{x}}_{\mathrm{b}}\\ \ddot{\boldsymbol{\theta}}_{\mathrm{h}}\\ \ddot{\boldsymbol{\theta}}_{\mathrm{f}}\end{bmatrix}+\begin{bmatrix}\boldsymbol{c}_{\mathrm{b}}\\ \boldsymbol{c}_{\mathrm{mh}}\\ \boldsymbol{c}_{\mathrm{mf}}\end{bmatrix}=\begin{bmatrix}\boldsymbol{0}\\ \boldsymbol{\tau}_{\mathrm{mh}}\\ \boldsymbol{\tau}_{\mathrm{mf}}\end{bmatrix}+\begin{bmatrix}\boldsymbol{J}_{\mathrm{b}}^{\mathrm{T}}\\ \boldsymbol{J}_{\mathrm{h}}^{\mathrm{T}}\\ \boldsymbol{J}_{\mathrm{f}}^{\mathrm{T}}\end{bmatrix}\boldsymbol{F}_{\mathrm{e}} \tag{4-8}$$

由式（4-7）和式（4-8）可知，当关节 k 发生锁定故障或速度部分失效故障时，故障关节实际输出速度偏离期望值，雅可比矩阵中故障关节所对应的列元素，以及力雅可比矩阵（雅可比矩阵的转置）中故障关节所对应的行元素将发生摄动，进而导致末端操作力中与故障关节所对应的分量发生改变。当故障关节 k 发生自由摆动故障或力矩部分失效故障时，故障关节实际输出力矩 $\boldsymbol{\tau}_{\mathrm{mf}}$ 偏离期望值，由式（4-8）可知，由于故障关节实际运动状态未偏离期望值，等号左侧故障关节对应列的元素未改变，故障关节输出力矩偏离期望值，为使等式成立，故末端操作力中与故障关节所对应的分量会发生改变。

本章后续内容将结合数学模型定量分析关节锁定故障、关节自由摆动故障以及关节部分失效故障对空间机械臂末端可达性、灵巧性、负载操作能力的影响。针对末端可达性的分析，本章将构造空间机械臂末端可达工作空间以表征末端可达性，并分析不同类型关节故障对空间机械臂末端可达性的影响。针对灵巧性的分析，考虑到关节锁定故障和关节速度部分失效故障表现为故障关节的速度输出能力发生摄动，对空间机械臂灵巧性的影响属于运动学层面，本章将分析上述两类故障对空间机械臂运动学层面灵巧性的影响；关节自由摆动故障和关节力矩部分失效故障表现为故障关节的力矩输出能力发生摄动，对空间机械臂灵巧性的影响属于动力学层面，本章将分析这两类故障对空间机械臂动力学层面灵巧性的影响。针对负载操

作能力的分析，本章将从动态负载能力和末端操作力两方面阐述关节故障对空间机械臂负载操作能力的影响。

4.2 关节故障空间机械臂末端可达性分析

末端可达性用以直观判断空间机械臂能否执行空间任务。本节根据关节锁定故障、关节自由摆动故障和关节部分失效故障的特点，分别介绍其对应的工作空间，以反映故障发生后空间机械臂的末端可达性。

4.2.1 关节锁定故障空间机械臂工作空间

以固定基座关节锁定故障空间机械臂为例，本节将考虑空间机械臂故障关节及锁定角度的变化，分析其工作空间的变化。由于基座固定，关节故障为锁定故障，因此在分析关节锁定故障空间机械臂的工作空间时，不用考虑基座和故障关节的可达范围。

1. 退化工作空间

退化工作空间是指空间机械臂故障关节锁定于故障角度时，空间机械臂末端执行器所能到达的位置集合，其数学表达式为

$$\begin{aligned} \boldsymbol{W}_k = \{ f(\boldsymbol{\theta}) \mid \boldsymbol{\theta} = (\theta_1, \theta_2, \cdots, \theta_k^{t_f}, \cdots, \theta_n) \in \mathbb{R}^n, \\ \theta_{i\min} \leqslant \theta_i \leqslant \theta_{i\max}, \\ i = 1, 2, \cdots, k-1, k+1, \cdots, n \} \in \mathbb{R}^m \end{aligned} \tag{4-9}$$

式中，$\boldsymbol{W}_k$ 为空间机械臂关节 k 锁定后的退化工作空间；t_{f} 为故障时刻；$\theta_k^{t_f}$ 为关节 k 在故障时刻的锁定角度，其在故障发生后始终为常数。

设某一空间机械臂几何参数及动力学参数如表 3-2 所示，各关节运动范围为 $[-180°, 180°]$，随机遍历 200 000 组关节角，可得未发生故障的空间机械臂工作空间及其截面，如图 4-2 所示。假设关节 2 发生锁定故障，并锁定在 92°，随机遍历 200 000 组关节角，可得其退化工作空间及其截面，如图 4-3 所示。通过对比图 4-2 及图 4-3 可知，关节发生锁定故障后，空间机械臂工作空间发生了退化，中心区域存在明显的空洞，说明关节锁定故障会影响空间机械臂末端可达性。

2. 容错工作空间

当关节 k 在其运动范围内的任意角度锁定时，其对应的退化工作空间交集即关节 k 的单关节容错工作空间，表达式为

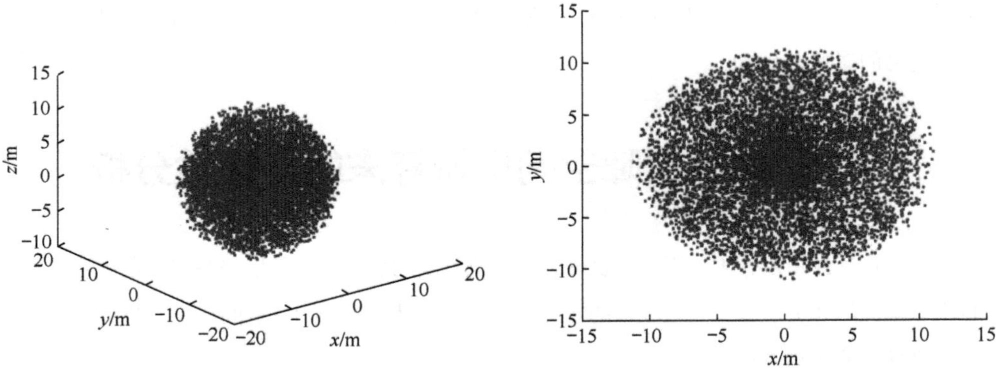

（a）工作空间　　（b）工作空间 z 截面

图 4-2　未发生故障的空间机械臂工作空间及其 z 截面

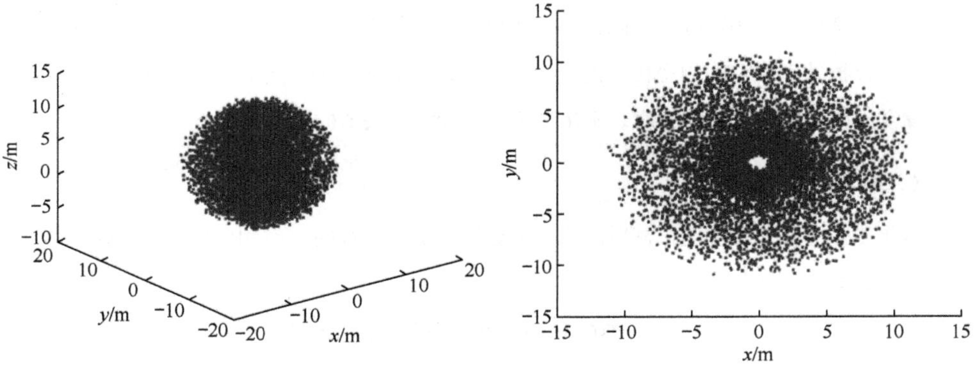

（a）退化工作空间　　（b）退化工作空间 z 截面

图 4-3　关节 2 发生锁定故障后空间机械臂退化工作空间及其 z 截面

$$\boldsymbol{W}_{k\mathrm{f}}=\bigcap_{\theta_k^{t_\mathrm{f}}}\boldsymbol{W}_k,\ \theta_k^{t_{\mathrm{f}\min}}\leqslant\theta_k^{t_\mathrm{f}}\leqslant\theta_k^{t_{\mathrm{f}\max}} \tag{4-10}$$

式中，$\theta_k^{t_{\mathrm{f}\min}}$ 和 $\theta_k^{t_{\mathrm{f}\max}}$ 分别为关节 k 锁定角度限制中的最小角度与最大角度。

空间机械臂的容错工作空间是指任意关节在其运动范围内的任意角度发生锁定故障后，末端仍能到达的全部位置集合。考虑到实际应用中两个或两个以上关节同时发生故障的概率极低，因此本书将容错工作空间定义为各单关节容错工作空间的交集，其表达式为

$$\boldsymbol{W}_\mathrm{f}=\bigcap_{k}\boldsymbol{W}_{k\mathrm{f}},\ k=1,2,\cdots,n \tag{4-11}$$

容错工作空间是空间机械臂单关节在任意角度锁定后仍可到达的区域，而容错工作空间之外的区域是机械臂受限区域或局部容错区域。在关节发生故障之前，以容错工作空间作为指导，规划位于容错工作空间内的空间机械臂末端轨迹，可使空间机械臂运动过程中对任意

关节的突发锁定故障都具有容错能力。

3. 可靠容错工作空间

空间机械臂的容错工作空间通常非常狭小，较空间机械臂工作空间退化严重，任务操作范围极易超出容错工作空间区域。为弥补这一不足，同时考虑具体任务执行过程中对可达概率的需求，本节引入可靠容错工作空间的概念，重新划分空间机械臂工作空间。考虑基于关节可靠性（关节正常工作的概率）求解划分后各区域对单关节故障容错的条件概率（后文统称为条件容错概率），从而获得满足任务可达概率需求的可靠容错工作空间，达到拓展容错工作空间的目的。

首先，将空间机械臂工作空间划分为以下区域。

$$\begin{cases} {}^{0}\boldsymbol{S}=\boldsymbol{W}-\bigcup\limits_{i}\boldsymbol{W}_i, & i=1,2,\cdots,n \\ {}^{i}\boldsymbol{S}=\boldsymbol{W}_{i\mathrm{f}}-\left(\bigcup\limits_{k\neq i}\boldsymbol{W}_k\right), & i,k=1,2,\cdots,n \\ {}^{ij}\boldsymbol{S}=\left(\boldsymbol{W}_{i\mathrm{f}}\bigcap\boldsymbol{W}_{j\mathrm{f}}\right)-\boldsymbol{W}_k, & i,j,k=1,2,\cdots,n;\quad i\neq j\neq k \\ \qquad\cdots\cdots & \\ {}^{12\cdots(n-1)n}\boldsymbol{S}=\bigcap\limits_{i}\boldsymbol{W}_i, & i=1,2,\cdots,n \end{cases} \tag{4-12}$$

式中，${}^{0}\boldsymbol{S}$表示不对任何关节具有容错能力的区域；${}^{i}\boldsymbol{S}$表示仅对关节i具有容错能力的区域，即关节i发生锁定故障后仍可到达的区域；${}^{ij}\boldsymbol{S}$表示同时对关节i和j具有容错能力的区域；依此类推，${}^{12\cdots(n-1)n}\boldsymbol{S}$表示同时对$n$个关节具有容错能力的区域。

考虑空间机械臂实际运行过程中各关节的可靠性，假设关节i的可靠性为$r_i(0\leqslant r_i\leqslant 1)$，其中$i=1,2,\cdots,n$，则由概率学可给出空间机械臂单关节故障（有且仅有一个关节故障）的概率表达式为

$$\begin{aligned} p(\overline{W}) &= (1-r_1)r_2\cdots r_{n-1}r_n + r_1(1-r_2)\cdots r_{n-1}r_n + \cdots + r_1r_2\cdots(1-r_n) \\ &= \sum_{j=1}^{n}\left[(1-r_j)\prod_{k=1,k\neq j}^{n} r_k\right], \quad j=1,2,\cdots,n \end{aligned} \tag{4-13}$$

式中，$\overline{W}$表征有且仅有单关节故障后空间机械臂的工作空间；p表示对指定区域进行概率计算。

在单关节故障概率的基础上，可得${}^{12\cdots k}S$的条件概率为

$$\mathrm{cr}({}^{12\cdots k}S)=\mathrm{cr}({}^{1}S)+\mathrm{cr}({}^{2}S)+\cdots+\mathrm{cr}({}^{k-1}S)+\mathrm{cr}({}^{k}S) \tag{4-14}$$

式中，cr 为计算指定区域条件概率的函数。

在完成工作空间划分后，可以得到空间机械臂可靠容错工作空间条件概率，如表 4-2 所示。

表 4-2　空间机械臂可靠容错工作空间条件概率

区域	条件概率
^{0}S	0
^{i}S	$(1-r_i)r_1r_2\cdots r_{i-1}r_{i+1}\cdots r_{n-1}r_n / p(\overline{W})$
^{ij}S	$\mathrm{cr}(^{i}S)+\mathrm{cr}(^{j}S)$
$^{12\cdots k}S$	$\mathrm{cr}(^{1}S)+\mathrm{cr}(^{2}S)+\cdots+\mathrm{cr}(^{k-1}S)+\mathrm{cr}(^{k}S)$
……	……
$^{12\cdots(n-1)n}S$	1

为进一步说明可靠容错工作空间区域划分规则，下面以三自由度平面机械臂为例直观展示区域划分规则，图 4-4 所示为三自由度平面机械臂工作空间划分。三自由度平面机械臂可靠容错工作空间如图 4-5 所示，图中各区域高度表示对应区域的条件概率大小。^{123}S 为机械臂容错工作空间，条件概率为 1，运动能力较好，任意一关节发生锁定故障后机械臂都可继续在这一区域内运动。但其范围较小，往往不满足实际任务要求。当已知任务可达概率要求时，可通过牺牲一定的容错能力（不对所有关节发生锁定故障的情况具有容错能力）拓展容错工作空间的面积，即将图中的各区域进行合理组合，获得满足任务可达概率要求的可靠容错工作空间，为任务布置提供更大的可行空间。

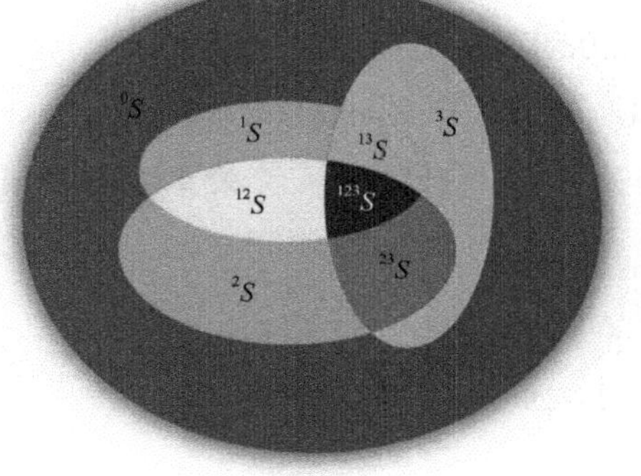

图 4-4　三自由度平面机械臂工作空间划分

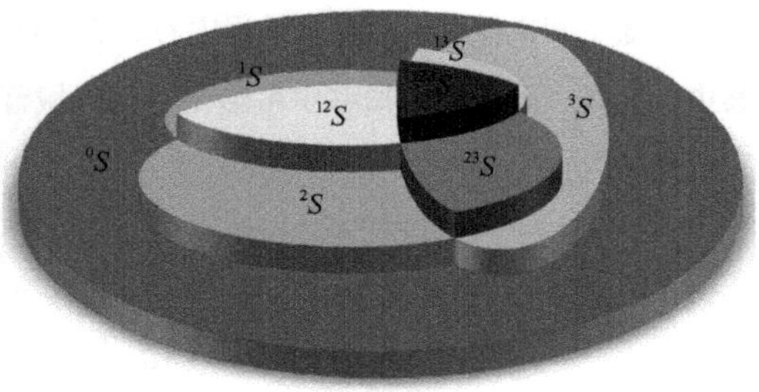

图 4-5　三自由度平面机械臂可靠容错工作空间

以三自由度空间机械臂为研究对象，对关节锁定故障空间机械臂可靠容错工作空间进行仿真验证，其 D-H 坐标系如图 4-6 所示，D-H 参数如表 4-3 所示。

假设空间机械臂各关节正常工作的概率分别为 $r_1=0.99$ 、 $r_2=0.90$ 、 $r_3=0.80$ ，基于可靠容错工作空间求解方法对工作空间进行划分，具体划分如图 4-4 所示，然后由表 4-2 所示条件概率可获得各区域的容错概率，如表 4-4所示。

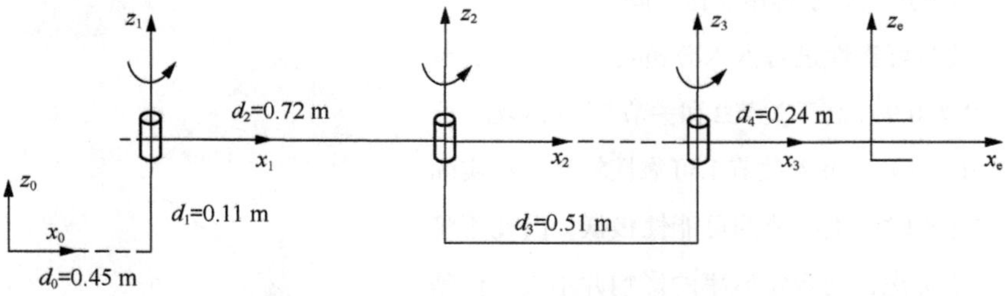

图 4-6　三自由度空间机械臂 D-H 坐标系

表 4-3　三自由度空间机械臂 D-H 参数

i	α_{i-1} / (°)	a_{i-1} / m	θ_i / (°)	d_i / m	关节角运动范围 / (°)
1	0	0.45	θ_1	0.11	[−180, +180]
2	0	0.72	θ_2	0	[−180, +180]
3	0	0.51	θ_3	0	[−180, +180]

表 4-4　三自由度空间机械臂容错概率

区域	容错概率
${}^{0}S$	0
${}^{1}S$	0.0270
${}^{2}S$	0.2990
${}^{3}S$	0.6740
${}^{12}S$	0.3270
${}^{13}S$	0.7010
${}^{23}S$	0.9730
${}^{123}S$	1

在不考虑关节限位、避障等约束的情况下，对空间机械臂工作空间进行几何划分，可得到退化工作空间，如图 4-7 所示。此时关节 3 故障不会造成容错工作空间退化，因此图 4-7 中的外部大圆 W 为关节 3 故障时的工作空间；红色圆区域为关节 1 故障后的退化工作空间，同时为关节 1 和关节 3 的容错工作空间；蓝色圆环为关节 2 的退化工作空间，同时为关节 2 和关节 3 的容错工作空间；蓝红重叠处（即红色圆减去红白色圆重合部分所覆盖的面积）为关节 1、关节 2、关节 3 的容错工作空间，同时为空间机械臂的容错工作空间。

经过计算可知：${}^{123}S \approx 0.5625\pi\ \mathrm{m}^2$，${}^{23}S = 1.6128\pi\ \mathrm{m}^2$。结合二者的条件容错概率可知，${}^{23}S$ 区域对关节 1 不具有容错能力，其容错概率虽然降低了 3%，但是可靠容错工作空间 ${}^{23}S$

的面积却增加到了传统容错工作空间 ${}^{123}S$ 面积的近 300%，这在保证空间机械臂容错能力较高的同时极大地拓展了容错工作空间。

结合关节可靠性进行深入分析可以发现，关节 1 的可靠性为 0.99，高于关节 2 和关节 3 的可靠性（分别为 0.9 和 0.8）。由于关节 1 可靠性较高，在实际执行操作任务时发生故障的可能性极低，因此不将其纳入容错考虑，对容错概率的影响并不大，但是会大幅度增加容错工作空间区域。结合实际情况，如果预先知道空间机械臂各关节可靠性，可以不将那些可靠性较高的关节纳入容错考虑，以牺牲较小容错概率的条件换取容错工作空间的大幅增加，从而为空间任务的灵活布置提供更大的可能性。

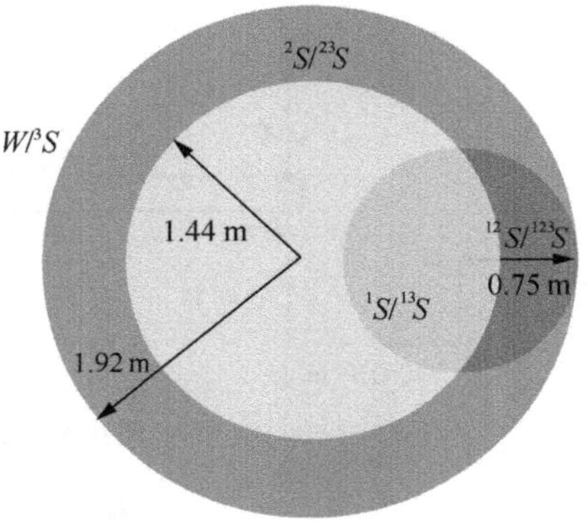

* 图 4-7　三自由度空间机械臂退化工作空间

4.2.2　关节自由摆动故障空间机械臂工作空间

本节的研究对象是漂浮基座关节自由摆动故障空间机械臂，关节自由摆动故障发生后，基座与故障关节无法独立控制，其运动状态受主动关节的驱动控制。因此当主动关节运动状态改变时，基座与故障关节的可达范围会受到主动关节的影响，故障空间机械臂工作空间也会发生改变，因此需基于故障空间机械臂运动学耦合关系，对基座与故障关节可达范围影响因素进行分析，进一步求解其工作空间。本节分析的工作空间仅对单个关节具有容错能力，但仍可将 4.2.1 节提出的可靠容错工作空间的计算方法应用到关节自由摆动故障空间机械臂中，由于篇幅所限，此处不展开讲解。

关节自由摆动故障空间机械臂属于非完整约束系统，具备复杂的多变量、强非线性等特性，一般采用非线性运动学理论分析其运动特性，如超谐波运动等。为保证研究结果的有效性，选择对时间尽可能长的系统动态运动进行深入分析，因此利用系统周期运动分析系统的运动学特性。首先假设其余主动关节做简谐运动，即

$$\boldsymbol{\theta}_{\mathrm{h}} = A\cos\omega t + \boldsymbol{\theta}_{\mathrm{h0}} \tag{4-15}$$

式中，$\boldsymbol{\theta}_{\mathrm{h}} \in \mathbb{R}^{a\times 1}$ 为主动关节角；$\boldsymbol{\theta}_{\mathrm{h0}} \in \mathbb{R}^{a\times 1}$ 为主动关节初始角；A 为主动关节运动的幅值，ω 为主动关节运动的频率。

对式（4-15）求导，可求得主动关节速度，即

$$\dot{\boldsymbol{\theta}}_{\mathrm{h}} = -A\omega\sin\omega t \tag{4-16}$$

注：本书中带 * 的图见书后彩插。

基于式（4-16），可分析关节自由摆动故障空间机械臂在主动关节谐波激励下的稳态运动特性，以及基座与故障关节可达范围与谐波输入参数之间的关系。因此，可从主动关节运动入手，通过改变简谐运动输入的振动频率以及主动关节个数，分析基座及自由摆动故障关节可达范围。

1. 关节自由摆动故障空间机械臂基座可达范围

通过改变主动关节运动角频率及主动关节个数，利用基座与主动关节耦合关系分析基座姿态角可达范围变化情况。由于基座具有 6 个自由度，因此需基于基座与主动关节间的运动学耦合约束及 t 时刻基座运动状态求解基座姿态角，进一步获得基座姿态角可达范围。

t 时刻主动关节与基座间的运动学耦合关系可表示为

$$\dot{\boldsymbol{x}}_{\mathrm{b}}(t)=\boldsymbol{J}_{\mathrm{bh}}(t)\dot{\boldsymbol{\theta}}_{\mathrm{h}}(t) \tag{4-17}$$

式中，$\dot{\boldsymbol{x}}_{\mathrm{b}}(t)$ 为 t 时刻基座速度；$\dot{\boldsymbol{\theta}}_{\mathrm{h}}(t)$ 为 t 时刻主动关节速度；$\boldsymbol{J}_{\mathrm{bh}}(t)$ 为 t 时刻主动关节与基座雅可比矩阵。

根据式（4-17）可求解得到基座的速度，由于基座具有 6 个自由度，可将其速度按线速度及角速度分块，由此可分别求解基座位置及姿态，可表示为

$$\dot{\boldsymbol{x}}_{\mathrm{b}}(t)=\begin{bmatrix}\boldsymbol{v}_{\mathrm{b}}(t)\\ \boldsymbol{\omega}_{\mathrm{b}}(t)\end{bmatrix}\in\mathbb{R}^{6\times 1} \tag{4-18}$$

根据式（4-18），对基座线速度积分，可求得某一时刻基座的位置为

$$\boldsymbol{r}_{\mathrm{b}}(t+\Delta t)=\boldsymbol{r}_{\mathrm{b}}(t)+\boldsymbol{v}_{\mathrm{b}}(t)\times\Delta t \tag{4-19}$$

式中，$\boldsymbol{r}_{\mathrm{b}}(t)$ 为 t 时刻基座位置。

已知基座姿态角速度，对应的姿态角旋转矩阵可表示为

$$\boldsymbol{h}_{\mathrm{b}}(\Delta t)=f_{\mathrm{b}}[\boldsymbol{\omega}_{\mathrm{b}}(t)\times\Delta t] \tag{4-20}$$

式中，$f_{\mathrm{b}}(x)$ 为某一时间间隔内基座姿态角与旋转矩阵的映射关系。

基于式（4-20），可求得某一时刻的基座旋转矩阵，可表示为

$$\boldsymbol{R}_{\mathrm{b}}(t+\Delta t)=\boldsymbol{h}_{\mathrm{b}}(\Delta t)\times\boldsymbol{R}_{\mathrm{b}}(t)+\boldsymbol{R}_{\mathrm{b}}(t) \tag{4-21}$$

式中，$\boldsymbol{R}_{\mathrm{b}}(t)$ 为 t 时刻基座旋转矩阵。

基座在惯性坐标系下的位姿矩阵可表示为

$${}^{\mathrm{I}}\boldsymbol{T}_{\mathrm{b}}(t)=\begin{bmatrix}{}^{\mathrm{I}}\boldsymbol{R}_{\mathrm{b}}(t) & {}^{\mathrm{I}}\boldsymbol{p}_{\mathrm{b}}(t)\\ \boldsymbol{O}_{1\times 3} & 1\end{bmatrix}\in\mathbb{R}^{4\times 4} \tag{4-22}$$

根据式（4-21），采用 Z-Y-X 欧拉角描述法得到 $\boldsymbol{R}_{\mathrm{b\_xyz}}(\alpha_{\mathrm{b}},\beta_{\mathrm{b}},\gamma_{\mathrm{b}})$ 为

$$\boldsymbol{R}_{\mathrm{b\_xyz}}(\alpha_{\mathrm{b}},\beta_{\mathrm{b}},\gamma_{\mathrm{b}})=\boldsymbol{R}_{\mathrm{b}}(Z,\alpha_{\mathrm{b}})\boldsymbol{R}_{\mathrm{b}}(Y,\beta_{\mathrm{b}})\boldsymbol{R}_{\mathrm{b}}(X,\gamma_{\mathrm{b}}) =\begin{bmatrix} \mathrm{c}\alpha_{\mathrm{b}}\,\mathrm{c}\beta_{\mathrm{b}} & \mathrm{c}\alpha_{\mathrm{b}}\,\mathrm{s}\beta_{\mathrm{b}}\,\mathrm{s}\gamma_{\mathrm{b}}-\mathrm{s}\alpha_{\mathrm{b}}\,\mathrm{c}\gamma_{\mathrm{b}} & \mathrm{c}\alpha_{\mathrm{b}}\,\mathrm{s}\beta_{\mathrm{b}}\,\mathrm{c}\gamma_{\mathrm{b}}+\mathrm{s}\alpha_{\mathrm{b}}\,\mathrm{s}\gamma_{\mathrm{b}} \\ \mathrm{s}\alpha_{\mathrm{b}}\,\mathrm{c}\beta_{\mathrm{b}} & \mathrm{s}\alpha_{\mathrm{b}}\,\mathrm{s}\beta_{\mathrm{b}}\,\mathrm{s}\gamma_{\mathrm{b}}+\mathrm{c}\alpha_{\mathrm{b}}\,\mathrm{c}\gamma_{\mathrm{b}} & \mathrm{s}\alpha_{\mathrm{b}}\,\mathrm{s}\beta_{\mathrm{b}}\,\mathrm{c}\gamma_{\mathrm{b}}-\mathrm{c}\alpha_{\mathrm{b}}\,\mathrm{s}\gamma_{\mathrm{b}} \\ -\mathrm{s}\beta_{\mathrm{b}} & \mathrm{c}\beta_{\mathrm{b}}\,\mathrm{s}\gamma_{\mathrm{b}} & \mathrm{c}\beta_{\mathrm{b}}\,\mathrm{c}\gamma_{\mathrm{b}} \end{bmatrix} \tag{4-23}$$

式中，$(\alpha_{\mathrm{b}},\beta_{\mathrm{b}},\gamma_{\mathrm{b}})$ 为采用 Z-Y-X 欧拉角表示的基座在惯性坐标系中的姿态。记 $\mathrm{c}\alpha_{\mathrm{b}}=\cos\alpha_{\mathrm{b}}$、$\mathrm{c}\beta_{\mathrm{b}}=\cos\beta_{\mathrm{b}}$、$\mathrm{c}\gamma_{\mathrm{b}}=\cos\gamma_{\mathrm{b}}$、$\mathrm{s}\alpha_{\mathrm{b}}=\sin\alpha_{\mathrm{b}}$、$\mathrm{s}\beta_{\mathrm{b}}=\sin\beta_{\mathrm{b}}$、$\mathrm{s}\gamma_{\mathrm{b}}=\sin\gamma_{\mathrm{b}}$。

进而可求得基座在惯性坐标系中的位置与姿态为

$$\boldsymbol{x}_{\mathrm{b}}=\begin{bmatrix}\boldsymbol{r}_{\mathrm{b}}\\ \boldsymbol{\phi}_{\mathrm{b}}\end{bmatrix}\in\mathbb{R}^{6\times1} \tag{4-24}$$

式中，基座的位置 $\boldsymbol{r}_{\mathrm{b}}=\left[r_x,r_y,r_z\right]^{\mathrm{T}}$；姿态角 $\boldsymbol{\phi}_{\mathrm{b}}=\left[\alpha_{\mathrm{b}},\beta_{\mathrm{b}},\gamma_{\mathrm{b}}\right]^{\mathrm{T}}$。

2. 关节自由摆动故障空间机械臂故障关节可达范围

通过改变主动关节运动状态，利用主动关节与自由摆动故障关节间的耦合关系分析故障关节可达范围。基于主动关节简谐运动，分别改变主动关节运动角频率及主动关节角，求解自由摆动故障关节可达范围。

t 时刻主动关节与故障关节间的运动学耦合关系可表示为

$$\dot{\boldsymbol{\theta}}_{\mathrm{f}}(t)=\boldsymbol{J}_{\mathrm{fh}}(t)\dot{\boldsymbol{\theta}}_{\mathrm{h}}(t) \tag{4-25}$$

式中，$\dot{\boldsymbol{\theta}}_{\mathrm{f}}(t)$ 为 t 时刻自由摆动故障关节速度。

由于故障关节为单自由度，可直接通过对故障关节速度积分求解故障关节角，为

$$\boldsymbol{\theta}_{\mathrm{f}}(t+\Delta t)=\boldsymbol{\theta}_{\mathrm{f}}(t)+\dot{\boldsymbol{\theta}}_{\mathrm{f}}(t)\times\Delta t \tag{4-26}$$

式中，$\boldsymbol{\theta}_{\mathrm{f}}(t)$ 为 t 时刻自由摆动故障关节角。

综上所述，基座及自由摆动故障关节由剩余所有主动关节驱动，通过调整剩余主动关节运动频率，基于关节自由摆动故障机械臂运动耦合关系，可求解出不同状态下基座及自由摆动故障关节可达范围。

3. 关节自由摆动故障空间机械臂工作空间

根据前面的介绍，通过主动关节调控被控单元，利用其间的运动耦合关系，分析被控单元的可达范围，进而可求解某一运动状态下关节自由摆动故障空间机械臂工作空间。

为故障关节引入关节自由摆动故障空间机械臂末端位置矢量，得

$$\boldsymbol{r}_{\mathrm{ef}}=\boldsymbol{r}_{\mathrm{b}}+\boldsymbol{b}_{\mathrm{b}}+(\boldsymbol{a}_1+\boldsymbol{b}_1)+\cdots+(\boldsymbol{a}_{\mathrm{f}}+\boldsymbol{b}_{\mathrm{f}})+\cdots+(\boldsymbol{a}_n+\boldsymbol{b}_n) \tag{4-27}$$

式中，r_b 为基座质心的位置；$\boldsymbol{a}_i(i=1,2,\cdots,n)$ 为 J_i 到 C_i 的矢量；$\boldsymbol{b}_i(i=1,2,\cdots,n-1)$ 为 C_i 到 J_{i+1} 的矢量；$\boldsymbol{a}_f$ 与 $\boldsymbol{b}_f$ 为故障关节 p 对应连杆的矢量。

基于式（4-27），将各矢量表示在相应的连杆坐标系中，末端位置矢量可表示为

$$\begin{aligned}\boldsymbol{r}_{\mathrm{ef}}(\boldsymbol{\phi}_{\mathrm{b}},\boldsymbol{\theta}_{\mathrm{f}},\boldsymbol{\theta}_{\mathrm{h}})={}^{\mathrm{I}}\boldsymbol{A}_0\frac{m_0\,{}^0\boldsymbol{b}_0}{M}+{}^{\mathrm{I}}\boldsymbol{A}_1\left(\frac{m_0\,{}^1\boldsymbol{a}_1}{M}+\frac{(m_0+m_1)\,{}^1\boldsymbol{b}_1}{M}\right)+\cdots+\\ {}^{\mathrm{I}}\boldsymbol{A}_{\mathrm{f}}\left(\frac{(m_0+\cdots+m_{\mathrm{f}-1})\,{}^{\mathrm{f}}\boldsymbol{a}_{\mathrm{f}}}{M}+{}^{\mathrm{f}}\boldsymbol{b}_{\mathrm{f}}\right)+\cdots+{}^{\mathrm{I}}\boldsymbol{A}_n\left(\frac{(m_0+\cdots+m_{n-1})\,{}^n\boldsymbol{a}_n}{M}+{}^n\boldsymbol{b}_n\right)\end{aligned}\tag{4-28}$$

式中，$\boldsymbol{\phi}_{\mathrm{b}}\in[\phi_{\mathrm{bmin}},\phi_{\mathrm{bmax}}]$；$\boldsymbol{\theta}_{\mathrm{f}}\in[\theta_{\mathrm{fmin}},\theta_{\mathrm{fmax}}]$；$\boldsymbol{\theta}_{\mathrm{h}}\in[\theta_{\mathrm{hmin}},\theta_{\mathrm{hmax}}]$；$[\phi_{\mathrm{bmin}},\phi_{\mathrm{bmax}}]$ 为基座姿态角的可达范围；$[\theta_{\mathrm{fmin}},\theta_{\mathrm{fmax}}]$ 与 $[\theta_{\mathrm{hmin}},\theta_{\mathrm{hmax}}]$ 分别为自由摆动关节角与健康关节角的可达范围；${}^{\mathrm{I}}\boldsymbol{A}_i$ 为坐标系 Σ_i 到 Σ_{I} 的旋转矩阵，与基座姿态及关节角有关。

关节自由摆动故障空间机械臂工作空间为故障空间机械臂末端能够达到的全部位置的集合，可表示为

$$\begin{aligned}\boldsymbol{W}_{\mathrm{PWS}}=\{f(\boldsymbol{\phi}_{\mathrm{b}},\boldsymbol{\theta}_{\mathrm{f}},\boldsymbol{\theta}_{\mathrm{h}})\,|\,\boldsymbol{\theta}=(\theta_1,\theta_2,\cdots,\theta_{\mathrm{p}},\cdots,\theta_n),\\ \boldsymbol{\phi}_{\mathrm{bmin}}\leqslant\boldsymbol{\phi}_{\mathrm{b}}\leqslant\boldsymbol{\phi}_{\mathrm{bmax}},\theta_{i\min}\leqslant\theta_i\leqslant\theta_{i\max},i=1,2,\cdots,P,\cdots,n\}\in\mathbb{R}^m\end{aligned}\tag{4-29}$$

式中，$\boldsymbol{W}_{\mathrm{PWS}}$ 为自由摆动故障空间机械臂的 m 维工作空间；$\boldsymbol{\theta}=(\theta_1,\theta_2,\cdots,\theta_p,\cdots,\theta_n)$ 为故障机械臂关节角序列，包含主动关节角序列 $\boldsymbol{\theta}_{\mathrm{h}}$ 及故障关节角序列 $\boldsymbol{\theta}_{\mathrm{f}}$；$f(\boldsymbol{\phi}_{\mathrm{b}},\boldsymbol{\theta}_{\mathrm{f}},\boldsymbol{\theta}_{\mathrm{h}})$ 为故障机械臂的正向运动学映射关系。

基于各运动单元间的运动学耦合关系，以及基座与故障关节可达范围影响因素的研究，可求解出基座与故障关节在主动关节调控下的可达范围，基于故障机械臂工作空间分析方法，可求解出其工作空间。

4. 仿真算例

下面以图 3-2 所示的七自由度空间机械臂为研究对象开展数值仿真验证，其几何参数及动力学参数如表 3-2 所示。设空间机械臂初始关节构型 $\boldsymbol{\theta}_{\mathrm{ini}}=[-50^\circ,-45^\circ,150^\circ,70^\circ,130^\circ,170^\circ,80^\circ]^{\mathrm{T}}$，初始基座位姿 $[\boldsymbol{r}_{\mathrm{bini}}{}^{\mathrm{T}}\ \boldsymbol{\phi}_{\mathrm{bini}}{}^{\mathrm{T}}]^{\mathrm{T}}=[0\,\mathrm{m},0\,\mathrm{m},0\,\mathrm{m},\ 0^\circ,0^\circ,0^\circ]^{\mathrm{T}}$，基座质量 $m_0=3\times10^4\ \mathrm{kg}$，为尽可能长时间分析基座与故障关节的可达范围，设任务执行总时间为 2500 s。关节 4 发生自由摆动故障，剩余 6 个关节做简谐运动，主动关节表达式为 $\boldsymbol{\theta}_{\mathrm{h}}=A\cos\omega t+\boldsymbol{\theta}_{\mathrm{h0}}$，$A=0.1$，$t=2500\ \mathrm{s}$，$\boldsymbol{\theta}_{\mathrm{h0}}=[-50^\circ,\ -45^\circ,150^\circ,\ 130^\circ,170^\circ,80^\circ]^{\mathrm{T}}$，$\boldsymbol{\theta}_{\mathrm{f0}}=70^\circ$，$\omega\in[\pi,5\pi]$ 时，故障机械臂剩余 6 个主动关节角 $\boldsymbol{\theta}_{\mathrm{h}}=[\theta_{\mathrm{h1}},\theta_{\mathrm{h2}},\theta_{\mathrm{h3}},\theta_{\mathrm{h4}},\theta_{\mathrm{h5}},\theta_{\mathrm{h6}}]$ 的变化范围为：$\theta_{\mathrm{h1}}\in[-51^\circ,-40^\circ]$，$\theta_{\mathrm{h2}}\in[-46^\circ,-35^\circ]$，$\theta_{\mathrm{h3}}\in[148^\circ,159^\circ]$，$\theta_{\mathrm{h4}}\in[128^\circ,139^\circ]$，$\theta_{\mathrm{h5}}\in[168^\circ,179^\circ]$，$\theta_{\mathrm{h6}}\in[78^\circ,89^\circ]$。改变主动关节简谐运动频率 ω，基座与故障关节可达范围仿真结果如图 4-8 ～图 4-12 所示。

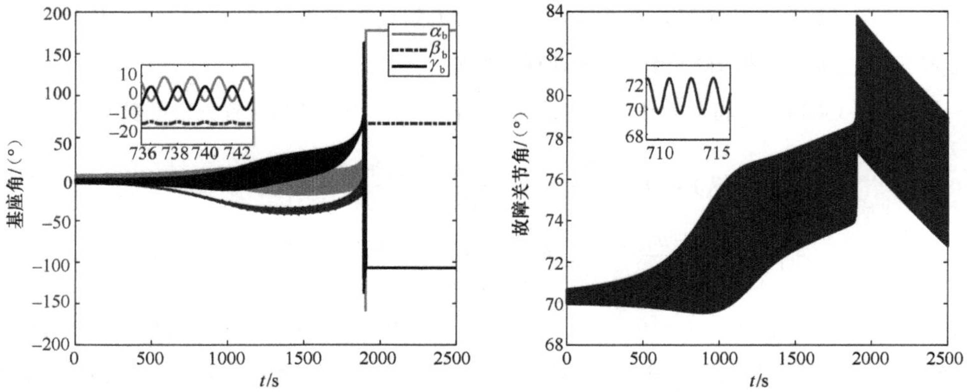

（a）基座姿态可达范围　　（b）自由摆动故障关节可达范围

*** 图 4-8　$\omega=\pi$ 时基座与自由摆动故障关节可达范围**

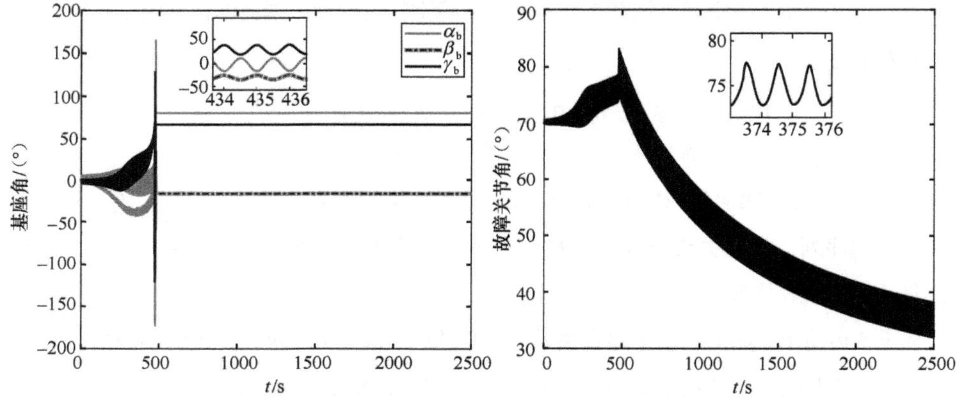

（a）基座姿态可达范围　　（b）自由摆动故障关节可达范围

*** 图 4-9　$\omega=2\pi$ 时基座与自由摆动故障关节可达范围**

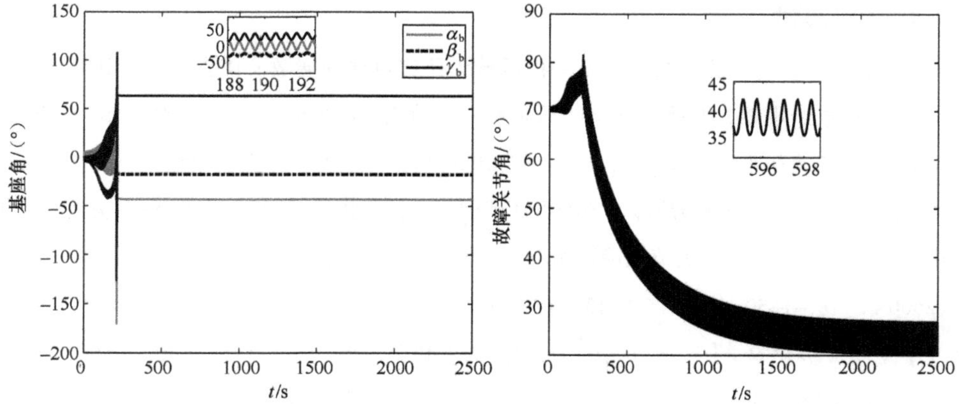

（a）基座姿态可达范围　　（b）自由摆动故障关节可达范围

*** 图 4-10　$\omega=3\pi$ 时基座与自由摆动故障关节可达范围**

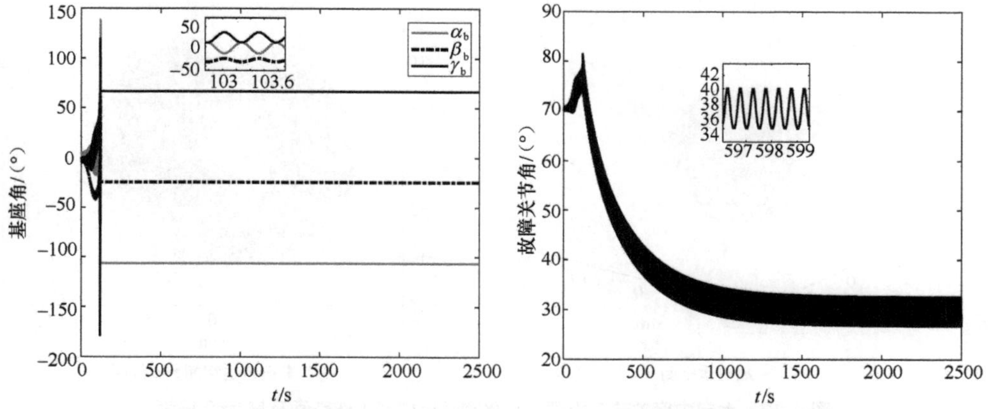

（a）基座姿态可达范围　　（b）自由摆动故障关节可达范围

*图 4-11　$\omega=4\pi$ 时基座与自由摆动故障关节可达范围

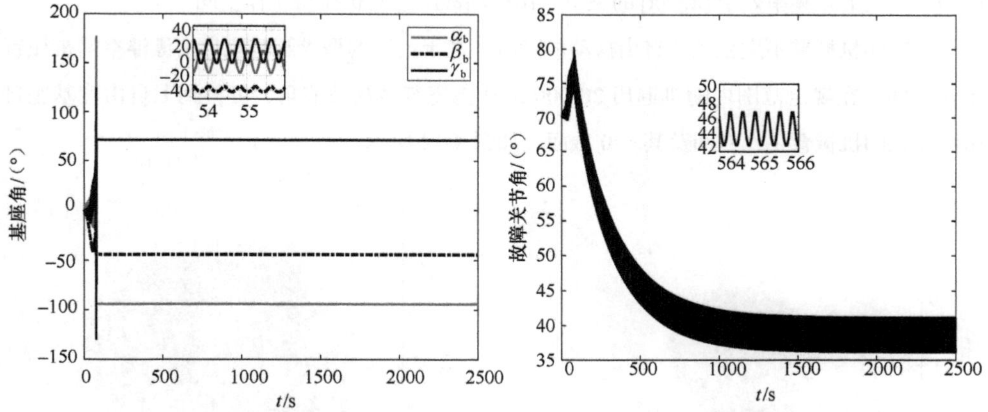

（a）基座姿态可达范围　　（b）自由摆动故障关节可达范围

*图 4-12　$\omega=5\pi$ 时基座与自由摆动故障关节可达范围

从图 4-8～图 4-12 中可以看出，在不改变关节个数、只改变主动关节运动角频率时，不同的角频率对应的基座与故障关节角变化趋势相似，均为不断变化的螺旋运动。为求解 $\omega\in[\pi,5\pi]$ 时基座与故障关节的可达范围，对上述数据取并集，可求得 $t=2500\,\text{s}$ 且 $\omega\in[\pi,5\pi]$ 时，故障关节的最大可达范围为 $\boldsymbol{\theta}_f\in[20.11°, 83.78°]$，基座姿态角最大可达范围为 $\alpha_b\in[-172.6°,177.6°]$，$\beta_b\in[-88.01°,66.56°]$，$\gamma_b\in[-178.7°,162.8°]$。

基于上述基座与故障关节可达范围仿真结果及基于式（4-29）所提出的关节自由摆动故障空间机械臂工作空间求解方法，在规定范围内随机遍历 20 000 组基座姿态角及关节角，可得到工作空间及其 z=0 截面，如图 4-13 所示。

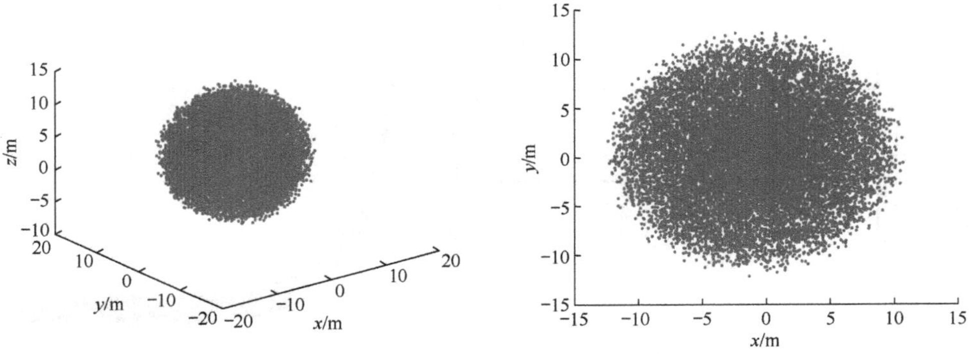

（a）末端可达空间　　（b）末端可达空间 z=0 截面

图 4-13　七自由度关节自由摆动故障空间机械臂工作空间及其 z=0 截面

由图 4-13 可知，关节自由摆动故障空间机械臂工作空间为球形包络，最大半径为 12.52 m，此即主动关节角频率处于 [π, 5π] 的关节自由摆动故障空间机械臂工作空间。

当空间机械臂不发生关节自由摆动故障时，基于上述构型求解基座自由漂浮空间机械臂工作空间，在规定范围内随机遍历 20 000 组基座姿态角及关节角，可得到七自由度基座自由漂浮空间机械臂工作空间及其 z=0 截面，如图 4-14 所示。

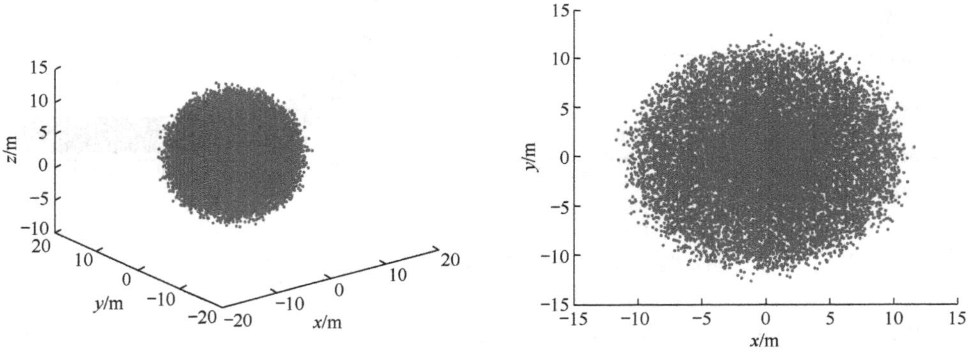

（a）末端可达空间　　（b）末端可达空间 z=0 截面

图 4-14　七自由度基座自由漂浮空间机械臂工作空间及其 z=0 截面

由图 4-14 可知，基座自由漂浮空间机械臂工作空间为球形包络，最大半径为 13.22 m。通过对比可知，当故障关节存在时，通过电机作用控制主动关节的运动状态，基座姿态角及故障关节受到主动关节耦合作用的影响，其可达范围受到限制。由于工作空间会受到各关节及基座姿态角运动范围的影响，所以相对应的故障机械臂工作空间也会受到限制而发生退化。

4.2.3 关节部分失效故障空间机械臂工作空间

相较关节锁定故障和关节自由摆动故障，关节部分失效故障发生时，空间机械臂既不会因为故障关节被锁定，导致末端可达范围减小；也不会因为故障关节依赖主动关节驱动导致能够到达的范围减小，进而使得末端能够到达的范围减小。故关节部分失效故障对空间机械臂末端可达性的影响，难以像关节锁定故障和关节自由摆动故障那样直观体现，需通过新的空间机械臂末端可达性表征方法进行分析。

空间任务对空间机械臂末端可达性的要求，不仅体现在要求机械臂末端能够到达任务所需的位姿，还体现在要求空间机械臂末端到达该位姿时，空间机械臂其他方面的运动能力也要满足空间任务需求，而关节部分失效故障会导致空间机械臂多方面运动能力摄动。若将工作空间与任务所需的其他运动能力表征指标结合，用以表征故障空间机械臂的末端可达性，则既能满足空间任务的实际要求，也能反映关节部分失效故障对空间机械臂末端可达性的影响。本部分将运动学灵巧性和动力学灵巧性与工作空间结合，用以分析关节部分失效故障对末端可达性的影响。

本部分分别以运动学可操作度 w_k 和动力学可操作度 w_{dyn} 作为运动学灵巧性和动力学灵巧性表征指标，给定其阈值 $w_{k\_\text{threshold}}$ 与 $w_{\text{dyn\_threshold}}$，以工作空间中同时满足 $w_k \geqslant w_{k\_\text{threshold}}$ 和 $w_{\text{dyn}} \geqslant w_{\text{dyn\_threshold}}$ 的部分，作为关节部分失效故障空间机械臂工作空间，具体表述如下

$$\begin{gathered}\boldsymbol{W}_{k\_\text{partial}} = \{f(\boldsymbol{\theta}) \mid \boldsymbol{\theta} = (\theta_1, \theta_2, \cdots, \theta_k, \cdots, \theta_n) \in \mathbb{R}^n, \\ \theta_{i\min} \leqslant \theta_i \leqslant \theta_{i\max}, i = 1, 2, \cdots, k, \cdots, n, \\ w_k(\boldsymbol{\theta}) \geqslant w_{k\_\text{threshold}}, w_{\text{dyn}}(\boldsymbol{\theta}) \geqslant w_{\text{dyn\_threshold}}\} \in \mathbb{R}^m\end{gathered} \tag{4-30}$$

式中，k 为故障关节编号。

以图 3-2 所示的空间机械臂为例对上述内容进行仿真，其几何参数及动力学参数如表 3-2 所示。令空间机械臂分别处于以下 3 种情况：① 无故障；② 关节 2 发生速度部分失效故障，故障程度为 $\rho_k = 0.5$ 、$\dot{\theta}_e = 0$；③ 关节 2 发生力矩部分失效故障，故障程度为 $\rho_k = 0.5$ 、$\tau_e = 0$。设运动学可操作度和动力学可操作度阈值分别为 $w_{k\_\text{threshold}} = 95$ 和 $w_{\text{dyn\_threshold}} = 9 \times 10^{-10}$，关节限位为 $[-180°, 180°]$，以蒙特卡洛法生成 3 种情况下的工作空间，散点个数为 200 000，结果如图 4-15 所示。由图 4-15 可知，无关节故障情况下工作空间中心存在空洞，这是因为运动学灵巧性和动力学灵巧性数值点在工作空间中的分布趋势是中心和外边缘附近少，而两者之间的区域多，当加入灵巧性阈值限制之后，中心和外边缘的一部分末端位置点被剔除，从而使工作空间中心出现空洞。当关节速度部分失效故障和关节力矩部分失效故障发生后，满足阈值要求的末端位置点数量均减少，内、外边缘处的空白区域显著增大，工作空间进一步

减小。

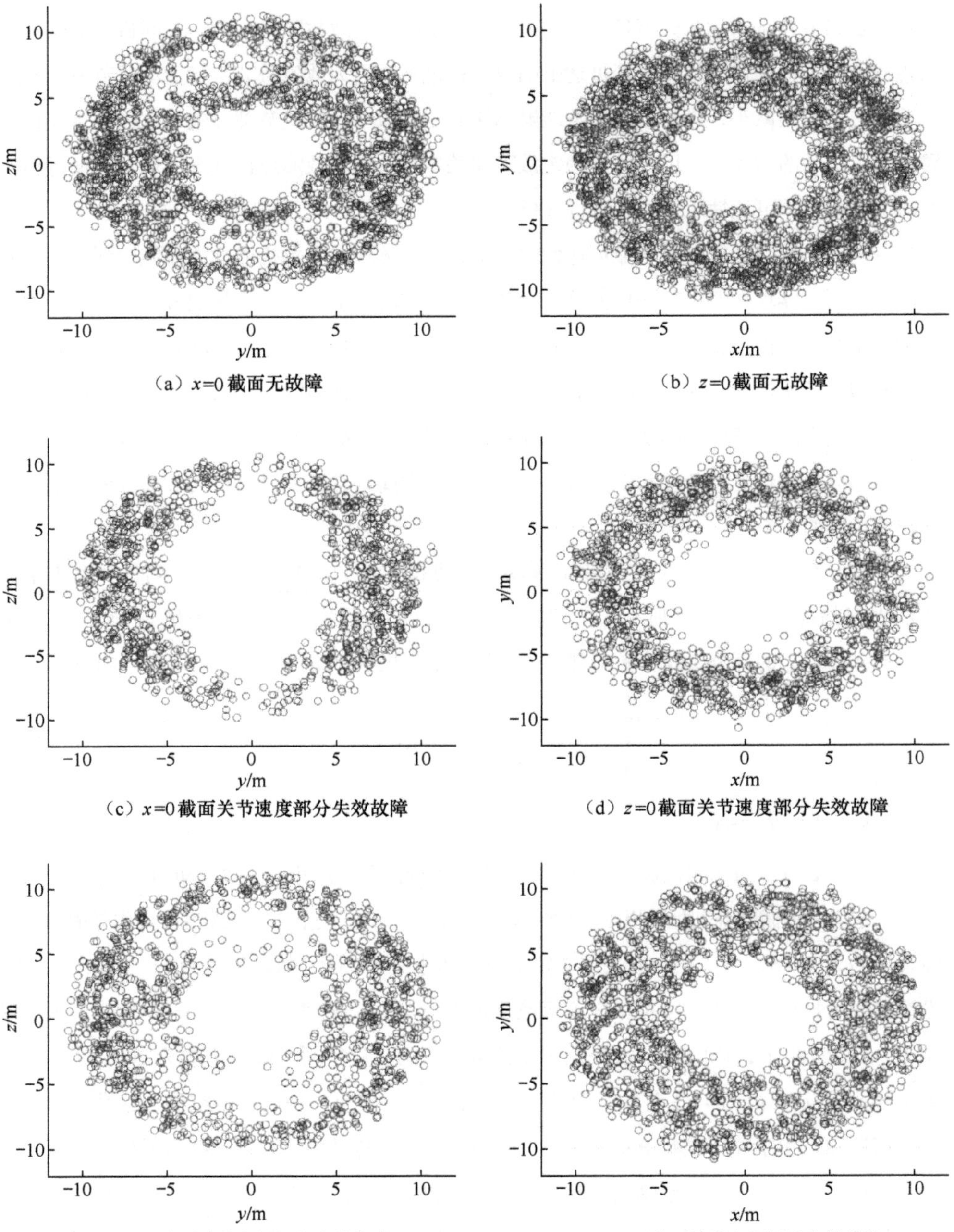

（a）x=0 截面无故障　　（b）z=0 截面无故障

（c）x=0 截面关节速度部分失效故障　　（d）z=0 截面关节速度部分失效故障

（e）x=0 截面关节力矩部分失效故障　　（f）z=0 截面关节力矩部分失效故障

图 4-15　关节部分失效故障空间机械臂工作空间

设无故障情况下、关节速度部分失效故障情况下和关节力矩部分失效故障情况下的工作空间体积分别为 V_{h}、V_{velf} 和 $V_{\tau\mathrm{f}}$，并以故障情况下工作空间体积占无故障情况下工作空间体积的百分比 $V_{\mathrm{velf}}/V_{\mathrm{h}}+V_{\tau\mathrm{f}}/V_{\mathrm{h}}$ 定量表征关节部分失效故障对末端可达性的影响，分析关节部分失效故障空间机械臂工作空间随故障程度的变化情况。对于关节速度部分失效故障，以 $\rho\in[0,1]$ 表征乘性故障关节输出有效因子，以 $q_{\mathrm{e}}=\dot{\theta}_{\mathrm{e}}/\dot{\theta}_{\mathrm{fc}}\in[-\rho,1-\rho]$ 表征加性故障关节输出有效因子；对于关节力矩部分失效故障，则以 $\rho\in[0,1]$ 表征乘性故障关节输出有效因子，以 $\tau_{\mathrm{e}}/\tau_{\mathrm{mfc}}\in[-\rho,1-\rho]$ 表征加性故障输出有效因子。针对两种关节部分失效故障，遍历所有可能的故障情况，绘制工作空间体积百分比的三维曲面图，结果如图 4-16 和图 4-17 所示。

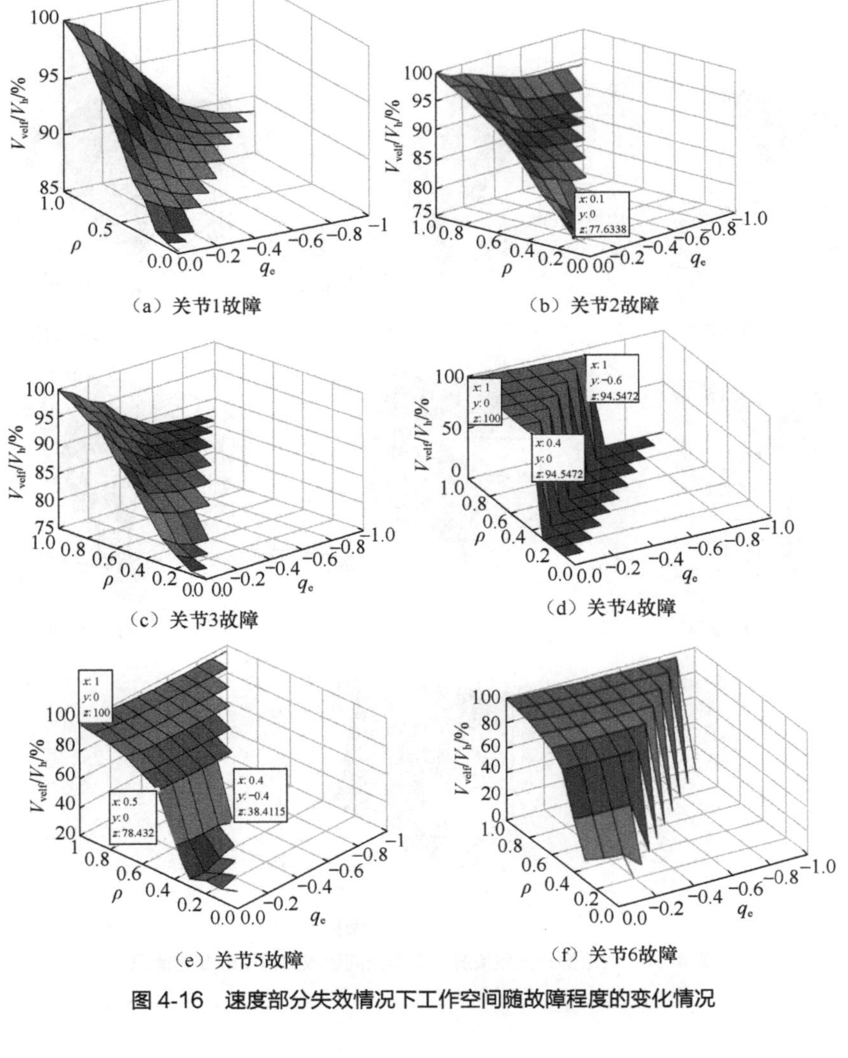

（a）关节1故障　（b）关节2故障

（c）关节3故障　（d）关节4故障

（e）关节5故障　（f）关节6故障

图 4-16　速度部分失效情况下工作空间随故障程度的变化情况

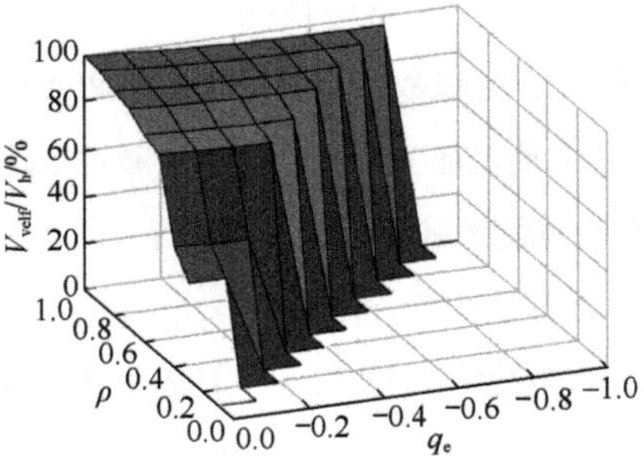

（g）关节7故障

图 4-16　速度部分失效情况下工作空间随故障程度的变化情况（续）

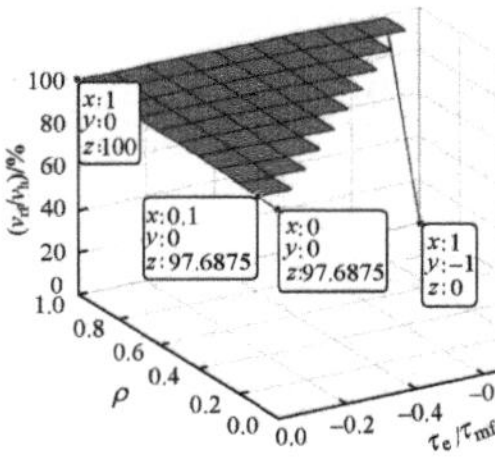

（a）关节1故障

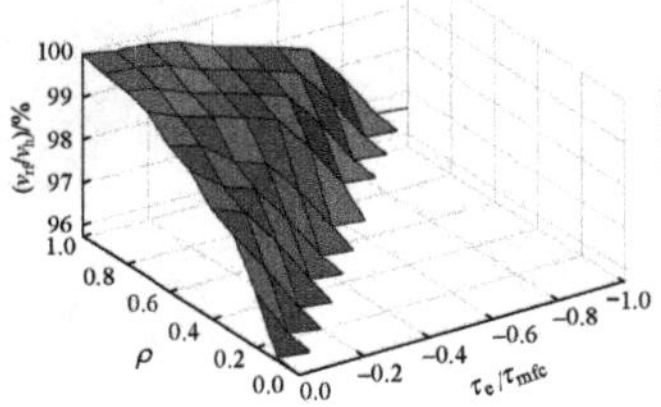

（b）关节2故障

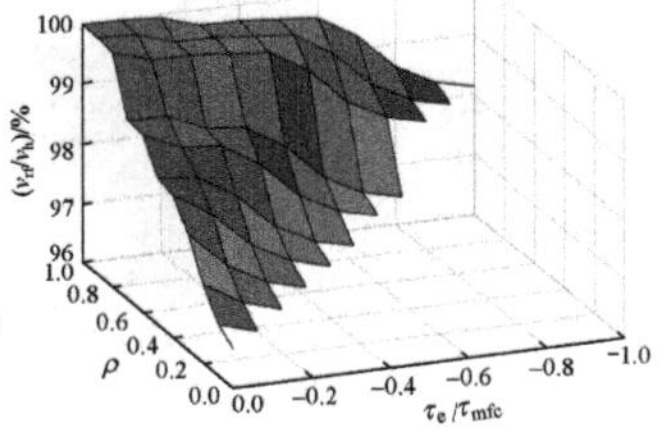

（c）关节3故障

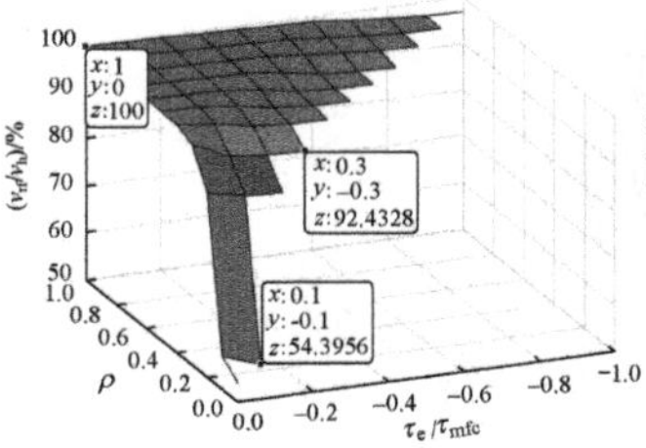

（d）关节4故障

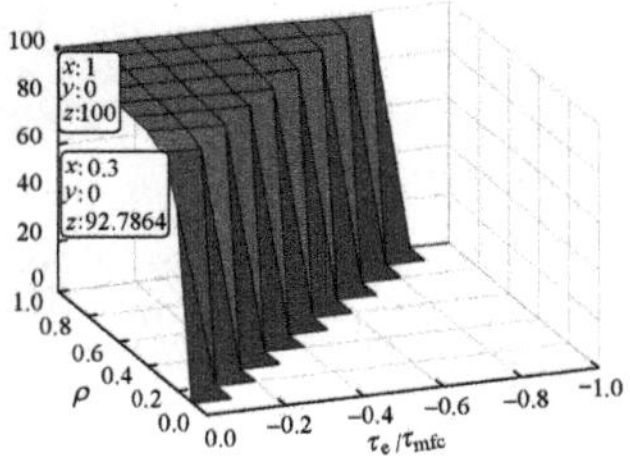

（e）关节5故障

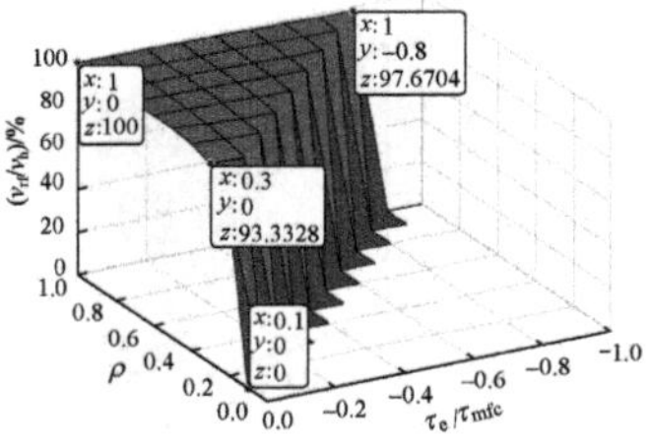

（f）关节6故障

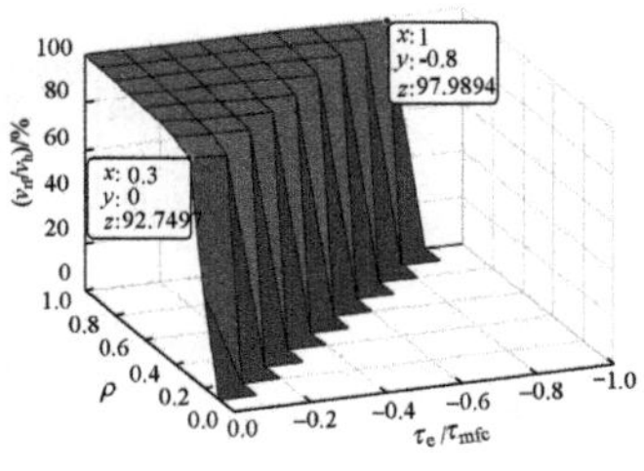

（g）关节7故障

图 4-17　力矩部分失效情况下工作空间随故障程度的变化情况

显然，当空间机械臂任意关节发生部分失效故障时，无论是速度部分失效故障还是力矩部分失效故障，空间机械臂的工作空间体积都会随着故障程度的增大而逐渐变小，只是变小的幅度不同，且关节速度部分失效故障对末端可达性的影响较关节力矩部分失效故障的更为明显。

4.3 关节故障空间机械臂灵巧性分析

空间机械臂灵巧性反映空间机械臂关节期望输出（速度或输出力矩）对末端运动状态（速度或加速度）的影响能力，包含运动学灵巧性和动力学灵巧性两类。各类关节故障中，关节锁定故障和关节速度部分失效故障会使故障关节实际输出速度偏离期望值，影响关节期望输出速度向末端速度的传递能力，导致故障空间机械臂运动学灵巧性受到影响；关节自由摆动故障和关节力矩部分失效故障会使故障关节实际输出力矩偏离期望值，影响关节期望输出力矩向末端加速度的传递能力，导致故障空间机械臂动力学灵巧性受到影响。为此，本节将针对关节锁定故障和关节速度部分失效故障空间机械臂，分析故障对其运动学灵巧性的影响；针对关节自由摆动故障和关节力矩部分失效故障空间机械臂，分析故障对其动力学灵巧性的影响。本节最后将以关节锁定故障和自由摆动故障空间机械臂为例，给出这两类故障空间机械臂灵巧性的仿真算例。

4.3.1 运动学灵巧性

空间机械臂运动学灵巧性表征了关节输出速度向末端速度的传递能力。关节输出速度发生摄动时，其传递能力也必然发生摄动。

基于故障空间机械臂的运动学模型，即基于式（3-97）可知，关节期望输出速度向末端速度的传递能力不仅与雅可比矩阵 $\boldsymbol{J}_{\mathrm{ev}}$ 有关，还与非线性项 $\boldsymbol{J}_{\mathrm{ef}}\dot{\theta}_{\mathrm{e}}$ 有关，因此需先基于故障空间机械臂运动学模型构造退化雅可比矩阵，用于直接描述关节期望输出速度向末端速度的传递关系。

关节输出速度出现摄动的情况下，故障关节实际输出速度为 $\dot{\theta}_{\mathrm{f}}$，期望输出速度为 $\dot{\theta}_{\mathrm{fc}}$。令 $k_1=\dfrac{\dot{\theta}_{\mathrm{f}}}{\dot{\theta}_{\mathrm{fc}}}=\dfrac{\rho_k\dot{\theta}_{\mathrm{fc}}+\dot{\theta}_{\mathrm{e}}}{\dot{\theta}_{\mathrm{fc}}}=\rho_k+\dfrac{\dot{\theta}_{\mathrm{e}}}{\dot{\theta}_{\mathrm{fc}}}$，并将其代入式（3-97）可得

$$\dot{\boldsymbol{x}}_{\mathrm{e}}=\boldsymbol{J}_{\mathrm{eh\_partial}}\dot{\boldsymbol{\theta}}_{\mathrm{h}}+k_1\boldsymbol{J}_{\mathrm{ef}}\dot{\theta}_{\mathrm{fc}}=\begin{bmatrix}\boldsymbol{J}_{\mathrm{eh\_partial}} & k_1\boldsymbol{J}_{\mathrm{ef}}\end{bmatrix}\begin{bmatrix}\dot{\boldsymbol{\theta}}_{\mathrm{h}}\\ \dot{\theta}_{\mathrm{fc}}\end{bmatrix}=\boldsymbol{J}_{\mathrm{ed}}\begin{bmatrix}\dot{\boldsymbol{\theta}}_{\mathrm{h}}\\ \dot{\theta}_{\mathrm{fc}}\end{bmatrix} \tag{4-31}$$

式中，$0\leqslant k_1\leqslant 1$，$k_1$ 表征了故障关节速度失效程度；$\boldsymbol{J}_{\mathrm{ed}}=[\boldsymbol{J}_{\mathrm{eh\_partial}},\ k_1\boldsymbol{J}_{\mathrm{ef}}]\in\mathbb{R}^{m\times n}$ 为退化雅可

比矩阵。k_1=0 时，式（4-31）表示关节锁定故障空间机械臂的运动学模型。

式（4-31）中的退化雅可比矩阵 $\boldsymbol{J}_{\mathrm{ed}}$ 描述了关节期望输出速度 $[\dot{\boldsymbol{\theta}}_{\mathrm{h}}, \dot{\boldsymbol{\theta}}_{\mathrm{fc}}]^{\mathrm{T}}$ 向末端速度 $\dot{\boldsymbol{x}}_{\mathrm{e}}$ 的传递关系。基于矩阵奇异值分解定理可对退化雅可比矩阵 $\boldsymbol{J}_{\mathrm{ed}}$ 进行处理，获得对角阵 $\boldsymbol{\Sigma}_1 \in \mathbb{R}^{m\times n}$，如式（4-32）所示。$\boldsymbol{\Sigma}_1$ 与 $\boldsymbol{J}_{\mathrm{ed}}$ 具有相同的秩。

$$\boldsymbol{\Sigma}_1 = \begin{bmatrix} \sigma_{1\mathrm{d}} & 0 & \cdots & 0 & 0 \\ 0 & \sigma_{2\mathrm{d}} & \cdots & 0 & 0 \\ \vdots & \vdots & & \vdots & \vdots \\ 0 & 0 & \cdots & \sigma_{m\mathrm{d}} & 0 \end{bmatrix} \tag{4-32}$$

式中，$\sigma_{1\mathrm{d}} \geqslant \sigma_{2\mathrm{d}} \geqslant \cdots \geqslant \sigma_{m\mathrm{d}} \geqslant 0$ 为 $\boldsymbol{J}_{\mathrm{ed}}$ 的奇异值；$\sigma_{1\mathrm{d}}$ 和 $\sigma_{m\mathrm{d}}$ 分别为最大奇异值和最小奇异值。

基于退化雅可比矩阵 $\boldsymbol{J}_{\mathrm{ed}}$ 的奇异值可构建关节故障空间机械臂的退化运动学最小奇异值、退化运动学可操作度和退化运动学条件数等指标，用以定量表征故障空间机械臂的运动学灵巧性。

1. 退化运动学最小奇异值

退化运动学最小奇异值表征了故障空间机械臂当前构型与奇异构型的接近程度，以及空间机械臂末端朝某一方向的最差运动能力。退化运动学最小奇异值越大表明故障空间机械臂运动学灵巧性越好。退化运动学最小奇异值的数学表达式为

$$s_{\mathrm{d}} = \sigma_{m\mathrm{d}} \tag{4-33}$$

式中，$s_{\mathrm{d}} \geqslant 0$。

当 s_{d}=0 时，对角阵 $\boldsymbol{\Sigma}_1$ 与退化雅可比矩阵 $\boldsymbol{J}_{\mathrm{ed}}$ 均不满秩，$\boldsymbol{J}_{\mathrm{ed}}$ 不存在伪逆。在已知末端速度的情况下，无法获得对应的关节速度，即故障空间机械臂末端丧失在某些方向上的运动能力，空间机械臂处于奇异状态，此时空间机械臂运动学灵巧性最差。

2. 退化运动学可操作度

退化运动学可操作度表征了故障空间机械臂末端在各个方向上运动能力的综合度量。退化运动学可操作度越大表明空间机械臂末端在各个方向上的运动能力越强，即故障空间机械臂运动学灵巧性越好。退化运动学可操作度的数学表达式为

$$w_{\mathrm{d}} = \sqrt{\det\left(\boldsymbol{J}_{\mathrm{ed}} \boldsymbol{J}_{\mathrm{ed}}^{\mathrm{T}}\right)} = \sigma_1 \sigma_2 \cdots \sigma_{m\mathrm{d}} \tag{4-34}$$

式中，$w_{\mathrm{d}} \geqslant 0$。

当 w_{d}=0 时，$\sigma_{m\mathrm{d}}$ 也为 0，空间机械臂处于奇异状态，运动学灵巧性最差。

3. 退化运动学条件数

退化运动学条件数表征了空间机械臂末端在各个方向上运动能力的接近程度。其数学表

达式为

$$\kappa_{\rm d} = \frac{\sigma_1}{\sigma_{m{\rm d}}} \tag{4-35}$$

式中，$\kappa_{\rm d} \geqslant 1$。

当 $\kappa_{\rm d}=1$ 时，故障空间机械臂末端在各个方向上的运动能力相同，空间机械臂具有各向同性特征，此时空间机械臂运动学灵巧性最好。

上述的退化运动学最小奇异值 $s_{\rm d}$、退化运动学可操作度 $w_{\rm d}$ 和退化运动学条件数 $\kappa_{\rm d}$ 从不同角度描述了关节速度部分失效故障空间机械臂的运动学灵巧性，实现了故障空间机械臂运动学灵巧性的定量表征。

4.3.2 动力学灵巧性

空间机械臂动力学灵巧性表征了关节输出力矩向末端加速度的传递能力。关节输出力矩发生摄动时，其传递能力也必然发生摄动。

根据关节故障空间机械臂动力学模型式（3-108）可知，关节输出力矩向末端加速度的传递关系可以通过矩阵 $\boldsymbol{M}_{\tau{\rm eh}}$ 表征。当关节发生故障后，故障关节实际输出力矩与期望输出力矩间存在偏差，而规划、控制空间机械臂的运动时只能控制其关节期望输出力矩。因此，在关节故障存在的情况下，需对 $\boldsymbol{M}_{\tau{\rm eh}}$ 进行重组，以反映关节期望输出力矩向末端加速度的传递关系。

关节输出力矩出现摄动的情况下，故障关节实际输出力矩为 $\boldsymbol{\tau}_{\rm mf}$，期望输出力矩为 $\boldsymbol{\tau}_{\rm mfc}$。令 $k_2 = \dfrac{\rho_k \tau_{\rm mfc} + \tau_{\rm e}}{\tau_{\rm mfc}} = \rho_k + \dfrac{\tau_{\rm e}}{\tau_{\rm mfc}}$，并将其代入式（3-108），可得

$$\begin{aligned} \ddot{\boldsymbol{x}}_{\rm e} &= \boldsymbol{M}_{\tau{\rm eh}} \begin{bmatrix} \boldsymbol{\tau}_{\rm mh} \\ \rho_k \tau_{\rm mfc} + \tau_{\rm e} \end{bmatrix} + \boldsymbol{c}_{\tau{\rm eh}} = \begin{bmatrix} \boldsymbol{M}_{\tau{\rm eah}} & k_2 \boldsymbol{M}_{\tau{\rm eaf}} \end{bmatrix} \begin{bmatrix} \boldsymbol{\tau}_{\rm mh} \\ \tau_{\rm mfc} \end{bmatrix} + \boldsymbol{c}_{\tau{\rm eh}} \\ &= \boldsymbol{M}_{\tau{\rm ev}} \begin{bmatrix} \boldsymbol{\tau}_{\rm mh} \\ \tau_{\rm mfc} \end{bmatrix} + \boldsymbol{c}_{\tau{\rm eh}} \end{aligned} \tag{4-36}$$

式中，$\boldsymbol{M}_{\tau{\rm ev}} = \begin{bmatrix} \boldsymbol{M}_{\tau{\rm eah}} & k_2 \boldsymbol{M}_{\tau{\rm eaf}} \end{bmatrix} \in \mathbb{R}^{m \times n}$ 为关节期望输出力矩与末端加速度间的耦合矩阵；$0 \leqslant k_2 \leqslant 1$ 表征关节力矩部分失效故障程度。$k_2=0$ 时，表示关节自由摆动故障空间机械臂的运动学模型。式（4-36）反映了关节期望输出力矩向末端加速度的传递关系。基于矩阵奇异值分解定理可对 $\boldsymbol{M}_{\tau{\rm ev}}$ 进行处理，获得对角阵 $\boldsymbol{\Sigma}_2 \in \mathbb{R}^{m \times n}$，如式（4-37）所示。$\boldsymbol{\Sigma}_2$ 与 $\boldsymbol{M}_{\tau{\rm ev}}$ 具有相同的秩。

$$\boldsymbol{\Sigma}_2 = \begin{bmatrix} \sigma_1 & 0 & \cdots & 0 & 0 \\ 0 & \sigma_2 & \cdots & 0 & 0 \\ \vdots & \vdots & & \vdots & \vdots \\ 0 & 0 & \cdots & \sigma_m & 0 \end{bmatrix} \tag{4-37}$$

式中，$\sigma_1 \geqslant \sigma_2 \geqslant \cdots \geqslant \sigma_m \geqslant 0$ 为 $\boldsymbol{M}_{\tau\text{ev}}$ 的奇异值；σ_1 和 σ_m 分别为最大奇异值和最小奇异值。

基于 $\boldsymbol{M}_{\tau\text{ev}}$ 的奇异值分解可构建关节故障空间机械臂的退化动力学最小奇异值、退化动力学可操作度和退化动力学条件数等指标，用以定量表征故障机械臂的动力学灵巧性。

1. 退化动力学最小奇异值

退化动力学最小奇异值表征了故障空间机械臂当前构型与动力学奇异构型的接近程度，以及空间机械臂末端朝某一方向的最差运动能力。退化动力学最小奇异值越大表明故障空间机械臂动力学灵巧性越好。退化动力学最小奇异值的数学表达式为

$$s_{\text{dyn}}=\sigma_m \tag{4-38}$$

式中，$s_{\text{dyn}} \geqslant 0$。

当 $s_{\text{dyn}}=0$，对角阵 $\boldsymbol{\Sigma}_1$ 与矩阵 $\boldsymbol{M}_{\tau\text{ev}}$ 均不满秩，$\boldsymbol{M}_{\tau\text{ev}}$ 不存在伪逆。此时，故障空间机械臂关节期望输出力矩无法向末端加速度传递，空间机械臂处于奇异状态。

2. 退化动力学可操作度

退化动力学可操作度表征了故障空间机械臂末端在各个方向上运动能力的综合度量。退化动力学可操作度越大表明空间机械臂末端在各个方向上的运动能力越强，故障空间机械臂动力学灵巧性越好。退化动力学可操作度数学表达式为

$$w_{\text{dyn}}=\sqrt{\det\left(\boldsymbol{M}_{\tau\text{ev}}\boldsymbol{M}_{\tau\text{ev}}^{\text{T}}\right)}=\sigma_1\sigma_2\cdots\sigma_m \tag{4-39}$$

式中，$w_{\text{dyn}} \geqslant 0$。

当 $w_{\text{dyn}}=0$ 时，s_{dyn} 也为 0。此时故障空间机械臂处于奇异状态，动力学灵巧性最差。

3. 退化动力学条件数

退化动力学条件数表征了空间机械臂末端在各个方向上运动能力的接近程度，其数学表达式为

$$\kappa_{\text{dyn}}=\frac{\sigma_1}{\sigma_m} \tag{4-40}$$

式中，$\kappa_{\text{dyn}} \geqslant 1$。

当 $\kappa_{\text{dyn}}=1$ 时，故障空间机械臂末端在各个方向上的运动能力相同，空间机械臂具有各向同性特征，此时空间机械臂动力学灵巧性最好。

上述退化动力学最小奇异值 s_{dyn}、退化动力学可操作度 w_{dyn} 和退化动力学条件数 κ_{dyn} 从不同角度描述了关节故障空间机械臂的动力学灵巧性，实现了故障空间机械臂动力学灵巧性的定量表征。

4.3.3 仿真算例

本节所介绍的运动学灵巧性和动力学灵巧性，分别从运动学层面和动力学层面表征了空间机械臂的灵巧性。其中，运动学灵巧性反映的是关节输出速度向末端运动状态的传递能力，能够较直观地反映引起关节输出速度失效的关节故障对机械臂灵巧性的影响；动力学灵巧性反映的是关节输出力矩向末端运动状态的传递能力，能够较直观地反映引起关节输出力矩失效的关节故障对空间机械臂灵巧性的影响。而关节锁定故障属于关节输出速度失效故障，关节自由摆动故障属于关节输出力矩失效故障，二者均为空间机械臂的典型故障形式。因此，本节为确保仿真算例的代表性，将以关节锁定故障空间机械臂为例，对关节故障空间机械臂运动学灵巧性进行仿真，并以关节力矩部分失效故障空间机械臂为例，对关节故障空间机械臂动力学灵巧性进行仿真。

1. 关节锁定故障空间机械臂运动学灵巧性评估

这里同样以图 3-2 所示的空间机械臂为研究对象开展仿真验证，通过分析式（4-31）可知，当 $k_1 = 0$ 时，空间机械臂发生关节锁定故障，此时 $\boldsymbol{J}_{ed}$ 为关节锁定故障退化雅可比矩阵。

图 4-18 所示为空间机械臂末端处于退化工作空间各散点处时，空间机械臂运动学灵巧性分析结果，截面图显示内部存在不可达区域。由图 4-18 可知，不同区域的空间机械臂的运动学灵巧性存在很大差异。其中，在靠近工作空间中心位置以及边缘的位置处，退化可操作度以及退化最小奇异值较小，而退化条件数较大，说明在这些区域空间机械臂的运动学灵巧性较差。而在工作空间中心位置与边缘位置的中间，退化可操作度以及退化最小奇异值较大，而退化条件数较小，说明在这些区域空间机械臂的运动学灵巧性较优。

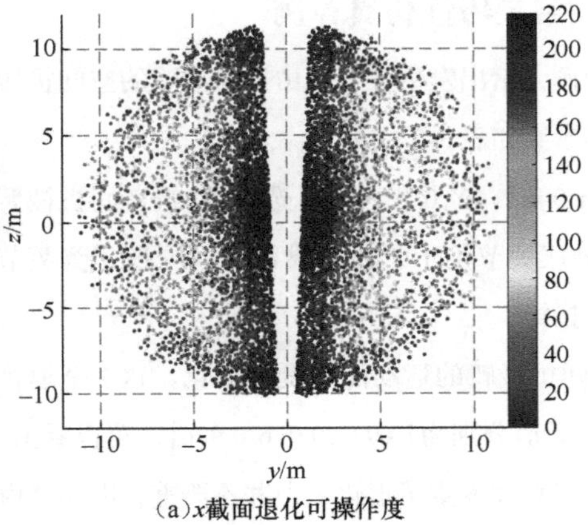

（a）x截面退化可操作度

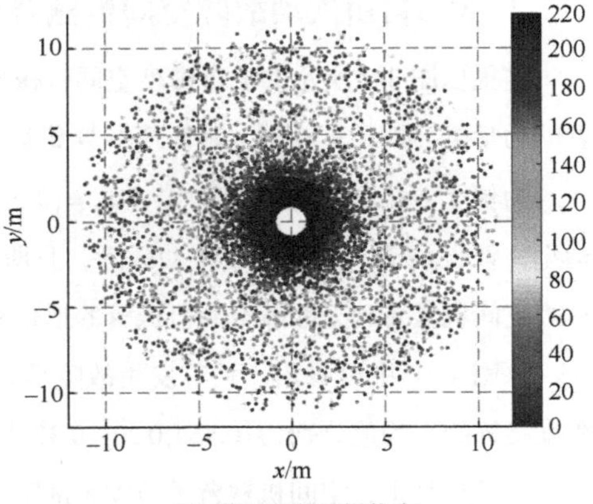

（b）z截面退化可操作度

* 图 4-18 关节锁定故障空间机械臂灵巧性分析结果

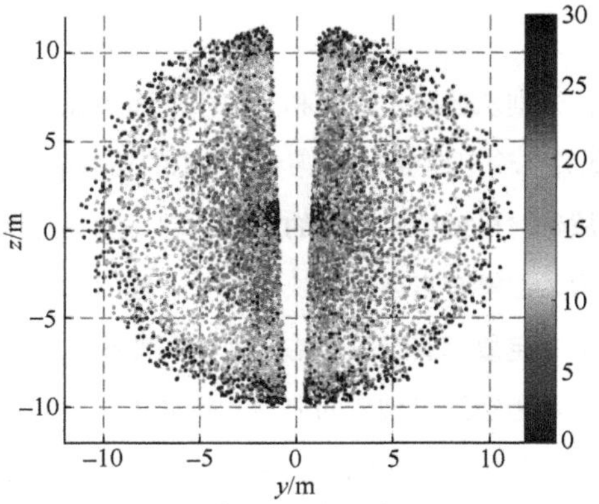

（c）x截面退化条件数

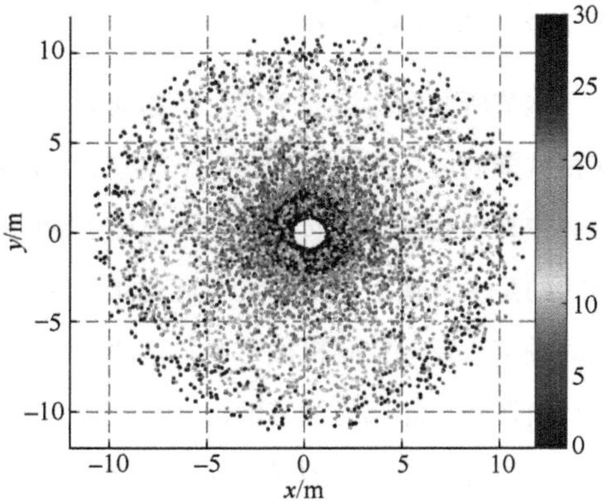

（d）z截面退化条件数

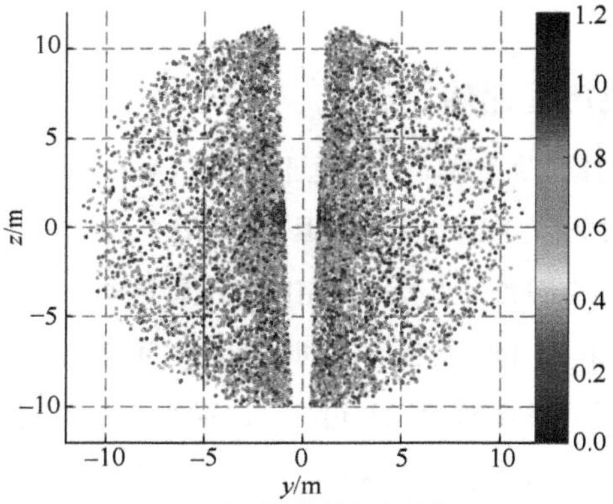

（e）x截面退化最小奇异值

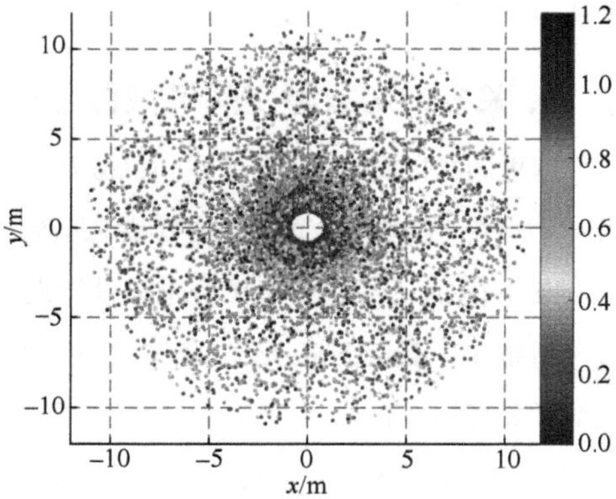

（f）z截面退化最小奇异值

* 图 4-18　关节锁定故障空间机械臂灵巧性分析结果（续）

2. 关节自由摆动故障空间机械臂动力学灵巧性仿真算例

这里以图 3-2 所示的七自由度空间机械臂为例，给出发生关节自由摆动故障的空间机械臂动力学灵巧性仿真算例，其几何参数及动力学参数如表 3-2 所示。

为便于分析，设置基座的位姿 $\boldsymbol{x}_\text{b}=[0\text{ m},0\text{ m},0\text{ m},0^\circ,0^\circ,0^\circ]^\text{T}$。随机选取 60 组空间机械臂构型，假设关节 3 发生自由摆动故障，且所有健康关节用于驱动末端。图 4-19 所示为关节故障空间机械臂和无故障空间机械臂的退化程度指标。

从图 4-19 中可看出，关节发生故障后，空间机械臂的运动能力发生退化。这 3 个退化程度指标的平均值分别为 $[0.454,0.329,0.329]$，最大值分别为 $[0.979,0.976,0.976]$。可以看出，在大多数构型中，空间机械臂关节发生故障后的灵巧性发生了退化，但并不严重，因为自由摆动故障关节具备转动的能力，仍能为末端作出一定的速度贡献。这也表明了关节发生自由摆动故障后，空间机械臂仍能执行一些对灵巧性有要求的任务，且存在优化的空间。

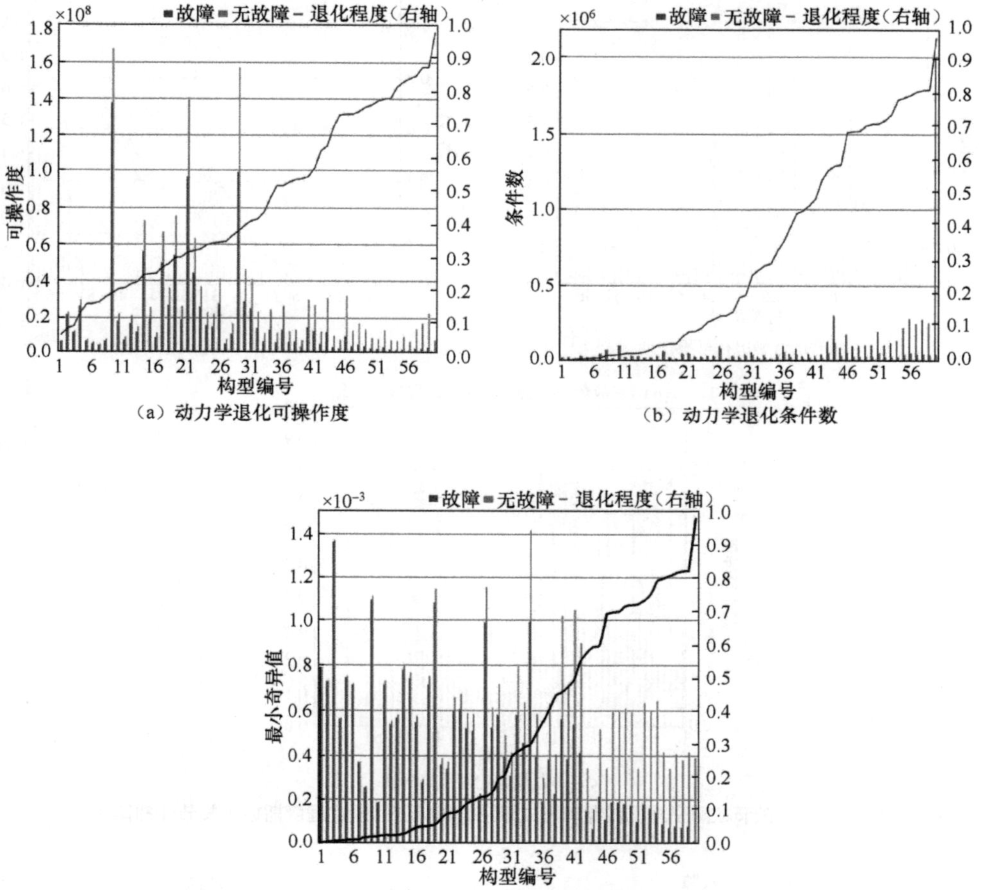

（a）动力学退化可操作度　（b）动力学退化条件数

（c）动力学退化最小奇异值

*图 4-19　关节故障空间机械臂和无故障空间机械臂的退化程度指标（关节 3 故障）

为分析不同关节发生自由摆动故障后对空间机械臂运动能力的影响，假定关节 1、关节 5 发生故障，空间机械臂退化程度指标分别如图 4-20 和图 4-21 所示。

关节 1 发生故障后，空间机械臂灵巧性指标退化程度的平均值分别为 $[0.497, 0.311, 0.311]$，最大值分别为 $[0.972, 0.954, 0.976]$。关节 5 发生故障后，空间机械臂灵巧性指标退化程度的平均值分别为 $[0.998, 0.912, 0.912]$，最大值分别为 $[0.979, 0.976, 0.999]$。对比图 4-19 ～图 4-21 可以看出：当关节 1 和关节 3 发生故障时，对应的空间机械臂灵巧性指标退化程度基本一致；但当关节 5 发生故障时，灵巧性发生了极大退化，3 个灵巧性指标的退化程度平均值均在 90% 以上。

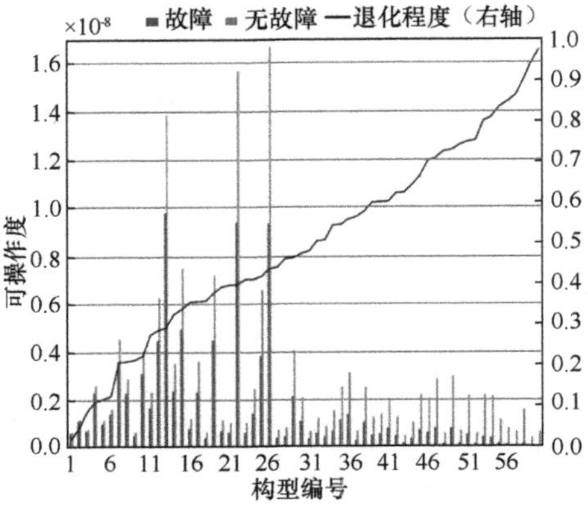

（a）动力学退化可操作度

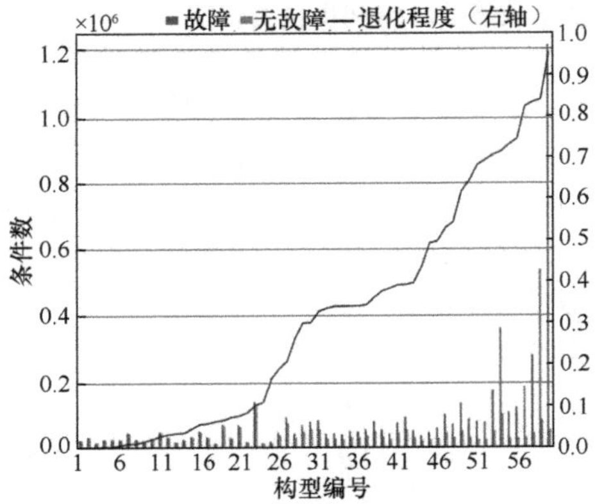

（b）动力学退化条件数

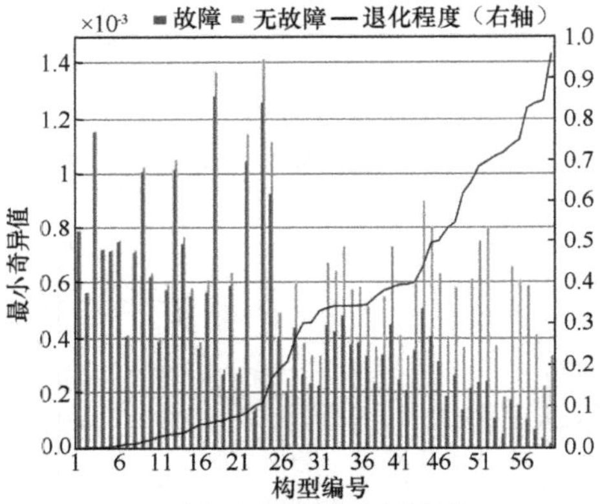

（c）动力学退化最小奇异值

* 图 4-20　关节故障空间机械臂和无故障空间机械臂的退化程度指标（关节 1 故障）

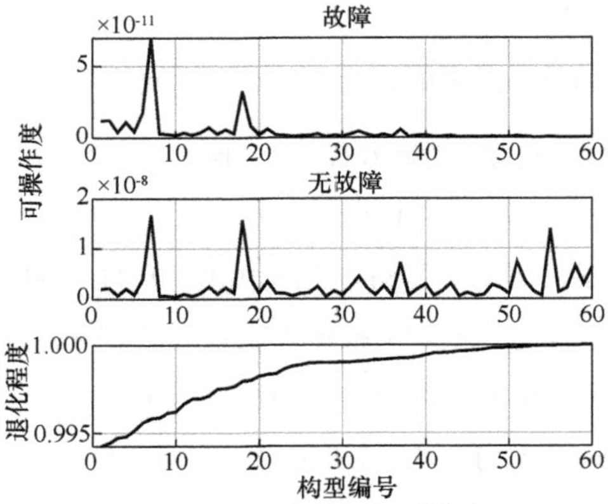

（a）动力学退化可操作度

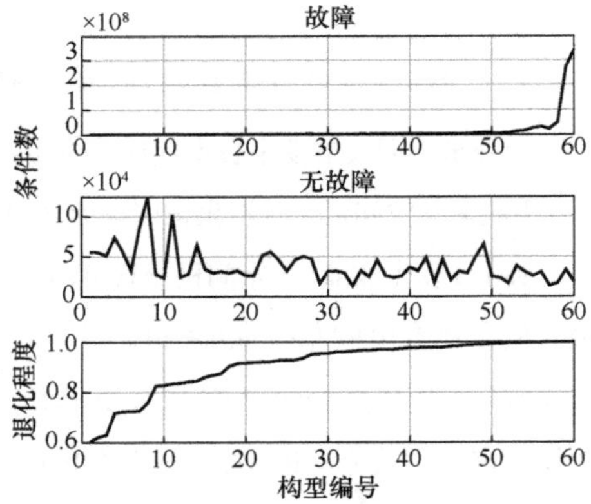

（b）动力学退化条件数

图 4-21　关节故障空间机械臂和无故障空间机械臂的退化程度指标（关节 5 故障）

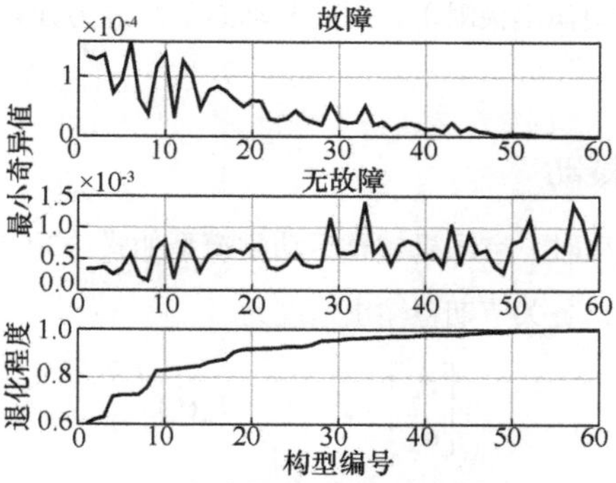

（c）动力学退化最小奇异值

图 4-21 关节故障空间机械臂和无故障空间机械臂的退化程度指标（关节 5 故障）（续）

4.4 关节故障空间机械臂负载操作能力分析

关节发生故障会导致空间机械臂输出速度或力矩偏离期望值，导致负载操作能力退化，进而导致任务失败。因此，有必要分析故障对空间机械臂负载操作能力的影响。空间机械臂负载操作能力可以通过动态负载能力和末端操作力进行表征。本节将基于故障空间机械臂运动学模型及动力学模型，构造故障空间机械臂动态负载能力和末端操作力表征指标及计算模型，分析关节故障对动态负载能力和末端操作力的影响。

4.4.1 动态负载能力

动态负载能力表征了空间机械臂以一定状态运动时可重复搬运的最大质量 / 惯量负载。由于负载惯量可用其质量表示，因此可以以空间机械臂可重复搬运的最大负载质量作为动态负载能力的定量表征指标。空间机械臂在搬运负载时，若关节力矩超限，则可能使关节发生结构性损伤而导致任务失败。此外，空间机械臂在搬运负载的过程中，基座受到扰动力 / 力矩作用，该扰动力 / 力矩过大会导致基座姿态扰动量过大，进而导致空间机械臂失稳，无法继续搬运负载。因此，空间机械臂可重复搬运的最大负载质量的界定标准，是使各关节输出力矩和基座扰动力 / 力矩均处于限制范围内。关节无故障情况下，空间机械臂动态负载能力计算模型如式（4-5）～式（4-6）所示。关节有故障情况下，由于关节输出速度摄动与关节输出力矩摄动分别影响关节的不同运动状态（关节输出速度摄动影响关节速度、加速度，关节输出力矩摄动影响关节力矩输出极限），因此其动态负载能力计算模型也不同，以下将分别对这两种情况展开介绍。

1. 关节输出速度摄动

当关节 k 输出速度摄动时，空间机械臂运动学模型如式（3-97）所示。为了使空间机械臂末端沿着期望轨迹运动，各关节期望输出速度为

$$\begin{bmatrix} \dot{\boldsymbol{\theta}}_{\mathrm{h}} \\ \dot{\boldsymbol{\theta}}_{\mathrm{fc}} \end{bmatrix} = \boldsymbol{J}_{\mathrm{ev}}^{\dagger}(\dot{\boldsymbol{x}}_{\mathrm{e}} - \boldsymbol{J}_{\mathrm{ef}}\dot{\boldsymbol{\theta}}_{\mathrm{e}}) \tag{4-41}$$

关节实际速度与加速度为

$$\begin{aligned} \begin{bmatrix} \dot{\boldsymbol{\theta}}_{\mathrm{h}} \\ \dot{\boldsymbol{\theta}}_{\mathrm{f}} \end{bmatrix} &= \begin{bmatrix} \dot{\boldsymbol{\theta}}_{\mathrm{h}} \\ \rho_k \dot{\boldsymbol{\theta}}_{\mathrm{fc}} + \dot{\boldsymbol{\theta}}_{\mathrm{e}} \end{bmatrix} \\ \begin{bmatrix} \ddot{\boldsymbol{\theta}}_{\mathrm{h}} \\ \ddot{\boldsymbol{\theta}}_{\mathrm{f}} \end{bmatrix} &= \begin{bmatrix} \ddot{\boldsymbol{\theta}}_{\mathrm{h}} \\ \rho_k \ddot{\boldsymbol{\theta}}_{\mathrm{fc}} \end{bmatrix} \end{aligned} \tag{4-42}$$

将式（4-42）代入式（3-94）可得到基座速度，并通过求导获得基座加速度为

$$\ddot{\boldsymbol{x}}_{\mathrm{b}} = \dot{\boldsymbol{H}}_{\mathrm{bm}} \begin{bmatrix} \dot{\boldsymbol{\theta}}_{\mathrm{h}} \\ \dot{\boldsymbol{\theta}}_{\mathrm{f}} \end{bmatrix} + \boldsymbol{H}_{\mathrm{bm}} \begin{bmatrix} \ddot{\boldsymbol{\theta}}_{\mathrm{h}} \\ \ddot{\boldsymbol{\theta}}_{\mathrm{f}} \end{bmatrix} \tag{4-43}$$

将上述得到的关节的速度、加速度以及基座的速度、加速度代入带负载的关节故障空间机械臂动力学模型，即可计算得到关节的输出力矩 $\boldsymbol{\tau} = [\tau_1, \cdots, \tau_k, \cdots, \tau_n]$ 以及基座扰动力 / 力矩 $\boldsymbol{F}_{\mathrm{b}} = [F_{\mathrm{b1}}, F_{\mathrm{b2}}, \cdots, F_{\mathrm{b6}}]$。假设各关节输出力矩的极限值分别为 $\tau_{i\min}$ 与 $\tau_{i\max}$，基座在各个方向上的扰动力 / 力矩极限值为 $F_{\mathrm{b}j\min}$ 与 $F_{\mathrm{b}j\max}$，并建立这一运动状态下故障空间机械臂的动态负载能力计算模型，为

$$\begin{aligned} \max \quad & m_t \\ \text{s.t.} \quad & \tau_{i\min} < \tau_i < \tau_{i\max}, i = 1, 2, \cdots, n \\ & F_{\mathrm{b}j\min} < F_{\mathrm{b}j} < F_{\mathrm{b}j\max}, j = 1, 2, \cdots, m \end{aligned} \tag{4-44}$$

2. 关节输出力矩摄动

当关节 k 输出力矩摄动时，关节输出力矩的极限值也会随之改变。假设无故障时关节输出力矩极限值为 $\tau_{k\min} < \tau_k < \tau_{k\max}$，则发生故障后关节输出力矩约束为

$$\tau'_{k\min} = \rho_k \tau_{k\min} + \tau_{\mathrm{e}} < \tau_k < \rho_k \tau_{k\max} + \tau_{\mathrm{e}} = \tau'_{k\max} \tag{4-45}$$

式中，$\tau'_{k\min}$ 和 $\tau'_{k\max}$ 为改变后的故障关节 k 的输出力矩极限值。

此时空间机械臂运动学模型如式（3-95）所示，基于式（3-95）可求得空间机械臂末端按照期望轨迹运动的实际速度和加速度，为

$$\begin{bmatrix} \dot{\boldsymbol{\theta}}_{\mathrm{h}} \\ \dot{\theta}_{\mathrm{f}} \end{bmatrix} = \boldsymbol{J}_{\mathrm{et}}^{\dagger} \dot{\boldsymbol{x}}_{\mathrm{e}}$$
$$\begin{bmatrix} \ddot{\boldsymbol{\theta}}_{\mathrm{h}} \\ \ddot{\theta}_{\mathrm{f}} \end{bmatrix} = \dot{\boldsymbol{J}}_{\mathrm{et}}^{\dagger} \dot{\boldsymbol{x}}_{\mathrm{e}} + \boldsymbol{J}_{\mathrm{et}}^{\dagger} \ddot{\boldsymbol{x}}_{\mathrm{e}} \tag{4-46}$$

将式（4-46）代入式（3-94）可得到基座速度，将结果代入式（4-43）可得到基座加速度。将得到的关节的速度、加速度以及基座的速度、加速度代入带负载的故障空间机械臂动力学模型，即可计算出关节输出力矩 $\boldsymbol{\tau} = [\tau_1, \cdots, \tau_k, \cdots, \tau_n]$。结合式（4-45），可获得这一时刻故障空间机械臂的动态负载能力计算模型，为

$$\begin{aligned} \max \quad & m_t \\ \text{s.t.} \quad & \tau_{i\min} < \tau_i < \tau_{i\max}, i = 1, 2, \cdots, k-1, k+1, \cdots, n \\ & F_{\mathrm{b}j\min} < F_{\mathrm{b}j} < F_{\mathrm{b}j\max}, j = 1, 2, \cdots, m \\ & \tau'_{k\min} < \tau_k < \tau'_{k\max} \end{aligned} \tag{4-47}$$

3. 动态负载能力

基于动态负载能力计算模型可获得故障空间机械臂执行任务过程中每一时刻的最大负载质量，其构成的集合为

$$M = \{m_0, \cdots, m_t, \cdots m_{tf}\} \tag{4-48}$$

空间机械臂在执行任务的过程中，若其搬运的负载质量超过某一时刻的最大负载质量，则会导致关节力矩和基座扰动力 / 力矩超限，可能导致空间机械臂结构损伤和基座姿态扰动过大，进而导致任务失败。因此空间机械臂在执行任务的过程中，为尽可能保证安全性和稳定性，其末端负载质量不能超过任何时刻的最大负载质量，即不得超过集合 M 中元素的最小值。故空间机械臂的动态负载能力可定义为集合 M 中的元素最小值，表达式为

$$m_{\mathrm{load}} = \min\{m_0, \cdots, m_t, \cdots, m_{tf}\} \tag{4-49}$$

4.4.2 末端操作力

末端操作力是空间机械臂末端与外界环境相互接触作用时所产生的相互作用力，属于六维变量，可以表示为

$$\boldsymbol{F}_{\mathrm{e}} = [\boldsymbol{f}_{\mathrm{e}}, \boldsymbol{n}_{\mathrm{e}}]^{\mathrm{T}} \tag{4-50}$$

式中，$\boldsymbol{f}_{\mathrm{e}}$ 表示末端操作力在 x、y、z 这 3 个坐标轴上力分量的三维矢量；$\boldsymbol{n}_{\mathrm{e}}$ 表示末端操作力在 3 个坐标轴上力矩分量的三维矢量。

当空间机械臂处于运动状态，且需要进行末端操作力输出时，空间机械臂关节力矩可分

为两部分，其中一部分用于维持空间机械臂的当前运动状态，另一部分则用来维持末端操作力输出[8]。用于维持空间机械臂运动状态的那部分关节力矩，可根据式（3-105）所示的动力学模型求解，具体表达式为

$$\boldsymbol{\tau}_{\mathrm{m}}=\begin{bmatrix}\boldsymbol{\tau}_{\mathrm{mh}}\\ \boldsymbol{\tau}_{\mathrm{mf}}\end{bmatrix}=\boldsymbol{M}_{\tau\mathrm{hf}}\begin{bmatrix}\ddot{\boldsymbol{\theta}}_{\mathrm{h}}\\ \ddot{\boldsymbol{\theta}}_{\mathrm{f}}\end{bmatrix}+\boldsymbol{c}_{\tau\mathrm{hf}} \tag{4-51}$$

对于关节力矩中用以维持末端操作力输出的部分，其与末端操作力之间的映射关系可通过虚功原理进行推导。令各关节虚位移为 $\delta\boldsymbol{q}=\left[\delta q_1,\delta q_2,\cdots,\delta q_n\right]^{\mathrm{T}}$，末端虚位移为 $\boldsymbol{D}$，则关节力矩所做的虚功为

$$W_{\tau}=\boldsymbol{\tau}_{\mathrm{ef}}^{\mathrm{T}}\delta\boldsymbol{q} \tag{4-52}$$

末端操作力所做的虚功为

$$W_{\mathrm{e}}=\boldsymbol{F}_{\mathrm{e}}^{\mathrm{T}}\boldsymbol{D} \tag{4-53}$$

根据虚功原理，当空间机械臂处于平衡状态时，外力所做虚功等于内力所做虚功，即

$$\boldsymbol{\tau}_{\mathrm{ef}}^{\mathrm{T}}\delta\boldsymbol{q}=\boldsymbol{F}_{\mathrm{e}}^{\mathrm{T}}\boldsymbol{D} \tag{4-54}$$

根据空间机械臂关节与末端间的速度映射关系，可推导得到关节虚位移与末端虚位移间的映射关系，具体表述为

$$\dot{\boldsymbol{x}}_{\mathrm{e}}=\boldsymbol{J}_{\mathrm{et}}\dot{\boldsymbol{\theta}}\Rightarrow\boldsymbol{D}=\boldsymbol{J}_{\mathrm{et}}\delta\boldsymbol{q} \tag{4-55}$$

将式（4-55）代入式（4-54），即可推导得到关节力矩与末端操作力间的映射关系，表述为

$$\boldsymbol{\tau}_{\mathrm{ef}}=\boldsymbol{J}_{\mathrm{et}}^{\mathrm{T}}\boldsymbol{F}_{\mathrm{e}} \tag{4-56}$$

则空间机械臂在考虑末端操作力输出的情况下，各关节力矩为

$$\boldsymbol{\tau}=\boldsymbol{\tau}_{\mathrm{m}}+\boldsymbol{\tau}_{\mathrm{ef}} \tag{4-57}$$

为防止空间机械臂关节发生结构性损伤，空间机械臂在运行过程中，各关节输出力矩不得超出所设计的限制范围，故空间机械臂在当前构型、当前运动状态下末端操作力输出最大值求解模型为

$$\begin{aligned}&\max\quad \boldsymbol{F}_{\mathrm{e}}\\&\mathrm{s.t.}\quad \tau_{i\min}<\tau_i=\tau_{\mathrm{m}}^{i}+\tau_{\mathrm{ef}}^{i}<\tau_{i\max},i=1,2,\cdots,n\end{aligned} \tag{4-58}$$

1. 关节输出速度摄动

当关节输出速度摄动时，故障关节速度实际值为 $\dot{\theta}_{\mathrm{f}}=\rho_k\dot{\theta}_{\mathrm{fc}}+\dot{\theta}_{\mathrm{e}}$，角加速度实际值变为 $\ddot{\theta}_{\mathrm{f}}=\rho_k\ddot{\theta}_{\mathrm{fc}}$。显然，故障关节的实际运动状态偏离期望值，这会导致用于维持空间机械臂运动状态的那部分关节力矩 $\boldsymbol{\tau}_{\mathrm{m}}$ 发生改变。而由于产生虚功的关节虚位移 $\delta\boldsymbol{q}$ 对应的是关节实际运动

状态，而关节实际运动状态与末端运动状态间的映射关系不会因关节速度部分失效故障而改变，末端操作力向关节空间的映射关系仍如式（4-56）所示。令关节速度部分失效故障发生后用于维持空间机械臂运动状态的关节力矩为 $\boldsymbol{\tau}'_{\mathrm{m}}$，则在关节输出速度摄动的情况下，关节力矩为

$$\boldsymbol{\tau} = \boldsymbol{\tau}'_{\mathrm{m}} + \boldsymbol{\tau}_{\mathrm{ef}} \tag{4-59}$$

关节输出速度摄动情况下末端操作力输出最大值求解模型为

$$\begin{aligned} \max \quad & \boldsymbol{F}_{\mathrm{e}} \\ \text{s.t.} \quad & \tau_{i\min} < \tau_i = \tau_{\mathrm{m}}^{i\,\prime} + \tau_{\mathrm{ef}}^{i} < \tau_{i\max}, i = 1,2,\cdots,n \end{aligned} \tag{4-60}$$

2. 关节输出力矩摄动

当关节输出力矩摄动时，由于故障关节实际运动状态并未偏离期望值，因此用于维持空间机械臂运动状态的那部分关节力矩 $\boldsymbol{\tau}_{\mathrm{m}}$ 不发生改变；式（4-56）所示映射关系中，$\boldsymbol{\tau}_{\mathrm{ef}}$ 对应的是关节实际输出力矩，该映射关系也不受关节输出力矩摄动影响。关节输出力矩摄动的影响，体现在故障关节所允许的力矩输出范围的改变上。故障发生前关节输出力矩最小值和最大值分别为 $\tau_{k\min}$ 和 $\tau_{k\max}$，关节输出力矩摄动情况下，故障关节输出力矩最小值和最大值变为 $\tau'_{k\min} = \rho_k \tau'_{k\min} + \tau_{\mathrm{e}}$ 和 $\tau'_{k\max} = \rho_k \tau'_{k\max} + \tau_{\mathrm{e}}$，力矩输出范围的改变，会影响可输出的末端操作力最大值，其求解模型为

$$\begin{aligned} \max \quad & \boldsymbol{F}_{\mathrm{e}} \\ \text{s.t.} \quad & \tau_{i\min} < \tau_i < \tau_{i\max} \\ & \tau'_{k\min} < \tau_k < \tau'_{k\max}, i = 1,2,\cdots,k-1,k+1,\cdots,n \end{aligned} \tag{4-61}$$

4.4.3 仿真算例

1. 动态负载能力仿真

本节以关节部分失效故障空间机械臂为例，分别在关节速度部分失效与力矩部分失效情况下，分析故障位置与故障程度不同时，空间机械臂动态负载能力的一般变化规律。

（1）关节速度部分失效

假设空间机械臂初始关节构型 $\boldsymbol{\theta}_{\mathrm{ini}}$=[−30°, −120°, 100°, −20°, 140°, 160°, 0°]，期望位姿 $\boldsymbol{x}_{\mathrm{des}}$=[7.2 m, 4.6 m, 5.4 m, −62°, −70°, −90°]，各关节输出力矩极限值为 [−1000,1000] N•m。若关节发生力矩部分失效故障，基于前面所述方法对力矩部分失效故障关节乘性故障程度 ρ 进行遍历，可获得乘性故障集合。令 $\alpha_{\mathrm{e}}=\tau_{\mathrm{e}}/\tau_{\mathrm{fc}}$，式中 τ_{e} 为加性故障未知函数项，τ_{fc} 为常数，因此 α_{e} 可用于表示加性故障程度。由于 $0 \leqslant \rho + \alpha_{\mathrm{e}} \leqslant 1$，以 0.01 为步长在 α_{e} 取值范围 $[-\rho, 1-\rho]$ 对其进行遍历，获得加性故障程度集合，结合两类故障集合可获得速度部分失效

故障集合。将故障集合中的任意元素代入式（4-44）和式（4-49），即可获得对应故障程度下的空间机械臂动态负载能力。在不同关节发生故障时，以乘性故障程度 ρ 为 x 轴，以加性故障程度 α_e 为 y 轴，以动态负载能力指标为 z 轴，可得到不同关节速度部分失效后空间机械臂动态负载能力随故障程度的变化情况，如图 4-22 所示。

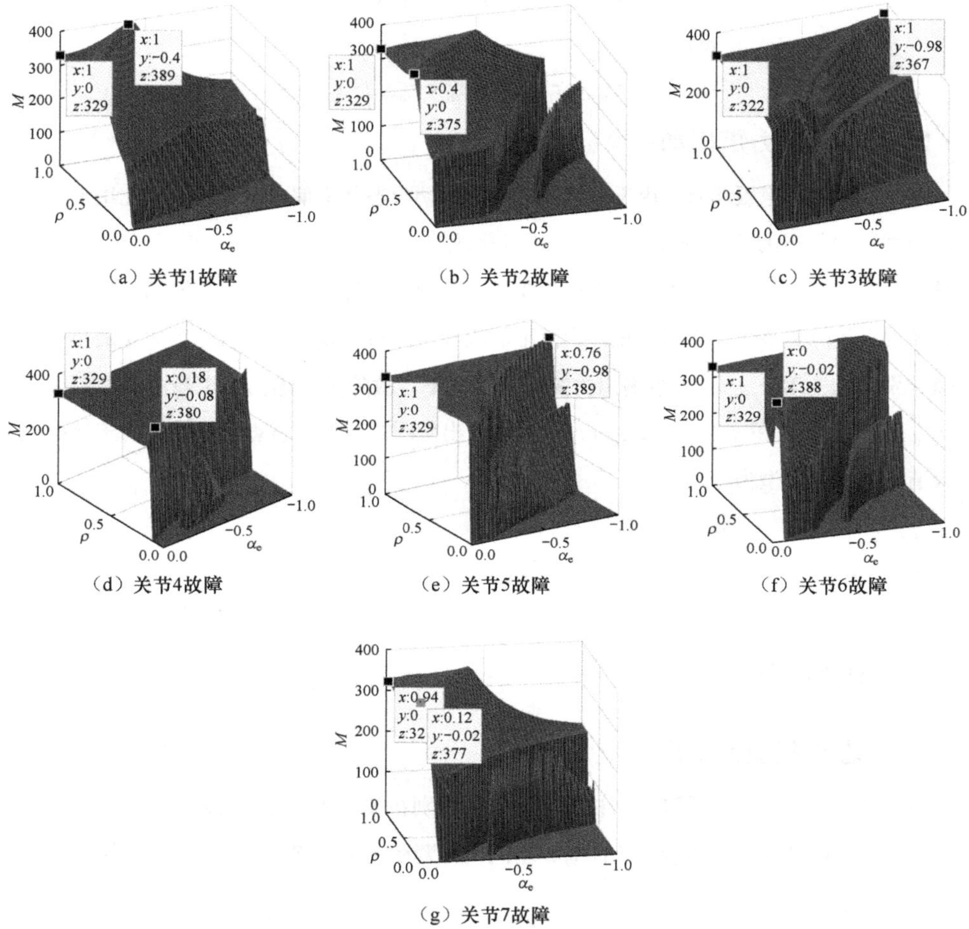

（a）关节1故障　（b）关节2故障　（c）关节3故障

（d）关节4故障　（e）关节5故障　（f）关节6故障

（g）关节7故障

图 4-22　不同关节速度部分失效后空间机械臂动态负载能力随故障程度的变化情况

① 故障位置影响分析。

从图 4-22 中可看出，无故障情况下空间机械臂的动态负载能力为 329 kg。关节速度部分失效发生于任意位置都会引起空间机械臂动态负载能力摄动。

② 故障程度影响分析。

当关节 1 ～关节 3、关节 5 ～关节 7 发生故障时，随着故障程度逐渐增加，空间机械臂动态负载能力呈现小幅度增长现象，空间机械臂最大负载能力分别为 389 kg、375 kg、367 kg、389 kg、388 kg、377 kg；当故障程度增大至一定时，空间机械臂动态负载能力开始下降。当关节 4 发生故障时，随着故障程度逐渐增加，空间机械臂的动态负载能力不变，但当故障程度增加至一定时，动态负载能力出现摄动，最大为 380 kg，随后便下降为 0。由此可见，在某些故障程度下，空间机械臂运动状态摄动，关节速度或加速度等运动数据可能会减小，并导致动态负载能力优于无故障空间机械臂的。

（2）关节力矩部分失效故障

假设任务开始时刻空间机械臂初始关节构型 $\boldsymbol{\theta}_{\text{ini}}$=[－30°, －120°, 100°, －20°, 140°, 160°, 0°]，期望位姿 $\boldsymbol{x}_{\text{des}}$=[7.2 m, 4.6 m, 5.3 m, －62°, －70°, －90°]，各关节输出力矩极限值为 [−1000,1000] N•m 。基于前面所述方法可获得力矩部分失效故障集合，将故障集合中的任意一元素代入式（4-47）和式（4-49），即可得到对应故障程度下的空间机械臂动态负载能力。在不同关节发生故障时，以乘性故障程度 ρ 为 x 轴，以加性故障程度 α_e 为 y 轴，以动态负载能力指标为 z 轴，可得到不同关节力矩部分失效后空间机械臂动态负载能力随故障程度的变化情况分别如图 4-23 所示。

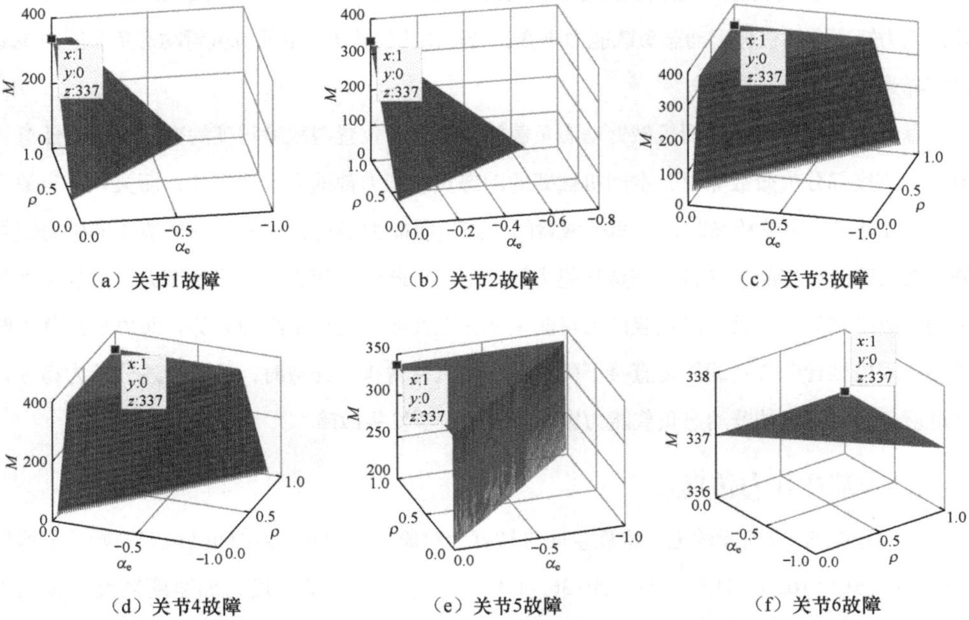

（a）关节1故障　（b）关节2故障　（c）关节3故障

（d）关节4故障　（e）关节5故障　（f）关节6故障

图 4-23　不同关节力矩部分失效后空间机械臂动态负载能力随故障程度的变化情况

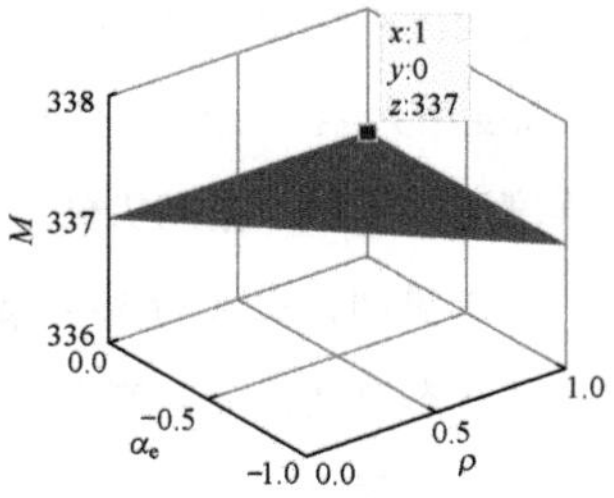

（g）关节7故障

图 4-23　不同关节力矩部分失效后空间机械臂动态负载能力随故障程度的变化情况（续）

① 故障位置影响分析。

从图 4-23 中可看出，无故障发生时空间机械臂动态负载能力为 337 kg。当关节 1 ～关节 5 发生力矩部分失效故障时，空间机械臂动态负载能力下降，而关节 6、关节 7 发生故障对空间机械臂动态负载能力无影响。

② 故障程度影响分析。

关节 1、关节 3、关节 4 故障程度较低时，空间机械臂动态负载能力不变，但随着故障程度增加，空间机械臂动态负载能力随之下降，且下降速率呈线性关系；关节 2 发生故障时，空间机械臂动态负载能力随故障程度增加直接呈线性关系下降；关节 5 发生故障时，若其还能输出力矩，空间机械臂动态负载能力不变，若输出力矩为 0，空间机械臂动态负载能力也随之骤降为 0。

基于上述分析可知空间机械臂动态负载能力随故障位置与故障程度的变化趋势。任意关节发生速度部分失效故障时，空间机械臂的动态负载能力都随之发生摄动；而关节 5 ～关节 7 发生力矩部分失效故障时，空间机械臂的动态负载能力不变，关节 1 ～关节 4 发生力矩部分失效故障时，空间机械臂动态负载能力随之下降。此外，随着故障程度增大，关节速度部分失效故障空间机械臂动态负载能力可能呈现先上升或不变后下降的趋势，而力矩部分失效故障空间机械臂动态负载能力直接下降。在空间机械臂执行任务时，应以上述分析为指导，尽量避免对空间机械臂动态负载能力影响较大的关节发生故障。

2. 末端操作力仿真

本部分以图 3-2 所示的七自由度空间机械臂为对象进行仿真。令空间机械臂初始关节构型 $\boldsymbol{\theta}=[-50,170.37,105.16,31.84,-96.23,10.36,-179.7]^\circ$，给定的关节速度、加速度最大值分别为 $\dot{\boldsymbol{\theta}}_{\max}=[-1.2,2.0,-2.5,-3.0,4.3,4.0,-0.8]^\circ/\mathrm{s}$ 和 $\ddot{\boldsymbol{\theta}}_{\max}=[-0.18,0.32,-0.54,0.79,-0.85,0.63,0.16]^\circ/\mathrm{s}^2$，

基座线速度最大值 $\boldsymbol{v}_{\text{bmax}}=[-4.5\times10^{-4},8\times10^{-4},4.3\times10^{-4}]\,\text{m/s}$，基座角速度最大值 $\boldsymbol{\omega}_{\text{bmax}}=[-0.1375,-0.2693,0.3667]^{\circ}/\text{s}$，基座线加速度和角加速度最大值分别为 $\dot{\boldsymbol{v}}_{\text{bmax}}=[-7.6\times10^{-5},1.4\times10^{-4},7\times10^{-5}]\,\text{m}/\text{s}^2$ 和 $\dot{\boldsymbol{\omega}}_{\text{bmax}}=[-0.0229,-0.0401,0.063]^{\circ}/\text{s}^2$。轨迹起始点位置为 [6.5, 4.3, 5.0] m，终止点位置为 [9.6, 0, 3.0] m，末端操作力 $\boldsymbol{F}_{\text{e}}$ 的方向为从轨迹起始点指向终止点。分别针对各关节发生速度部分失效故障和力矩部分失效故障两种情况进行仿真，两种故障对末端操作力的影响如图 4-24 和图 4-25 所示。

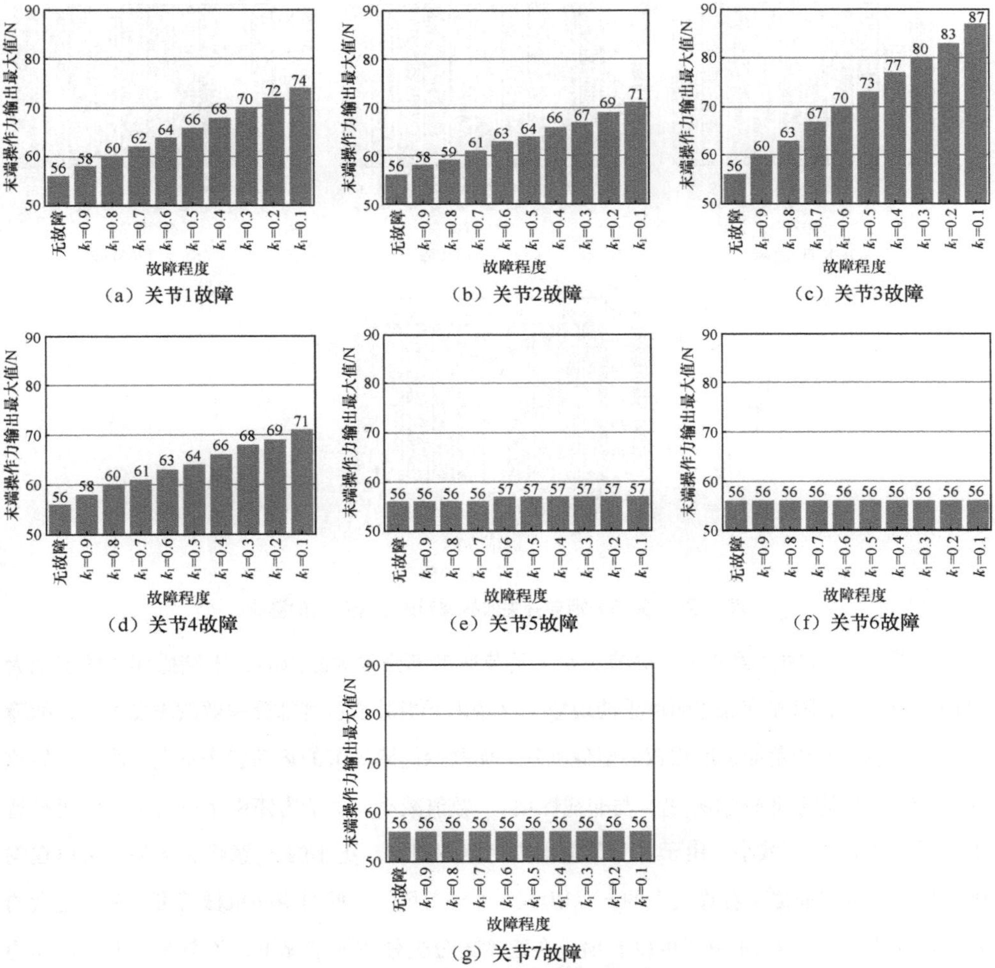

图 4-24　关节速度部分失效故障对末端操作力影响

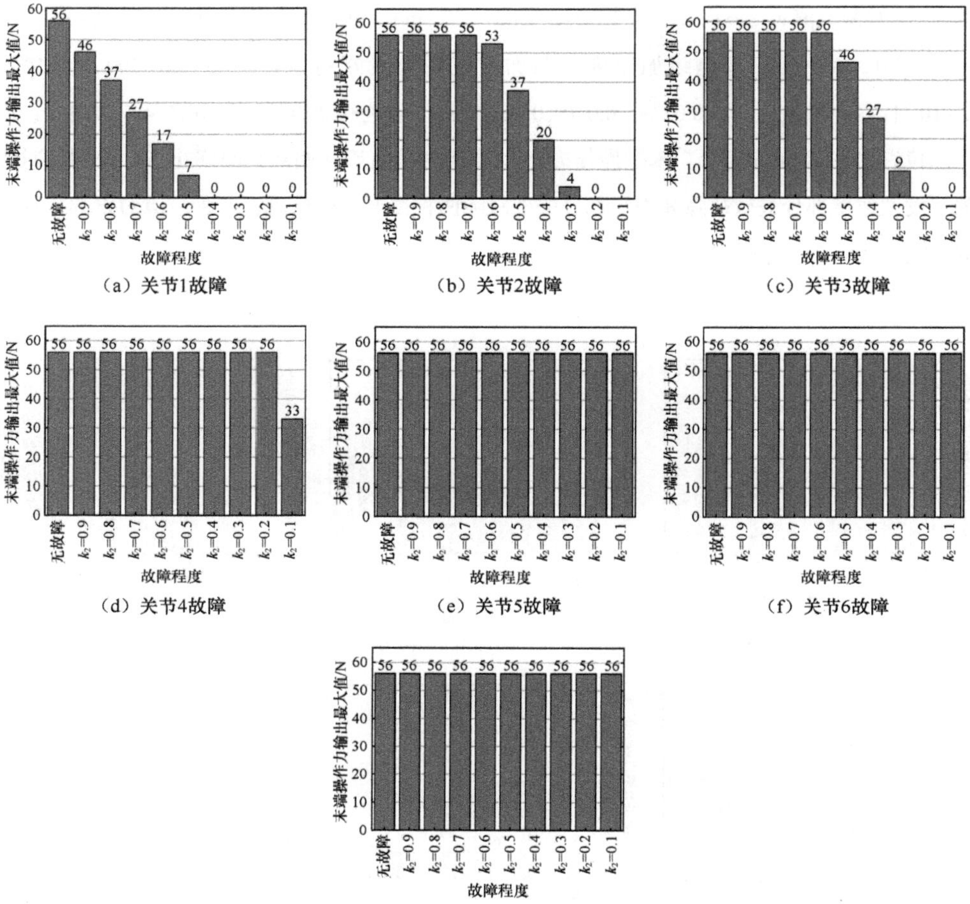

（a）关节1故障　（b）关节2故障　（c）关节3故障

（d）关节4故障　（e）关节5故障　（f）关节6故障

（g）关节7故障

图 4-25　关节力矩部分失效故障对末端操作力的影响

由图 4-24 可知，关节 1 ～关节 5 发生关节速度部分失效故障时，末端操作力输出最大值均出现了随故障程度加深而增大的现象。这是由于当关节速度部分失效故障发生时，故障关节实际角速度和角加速度均较期望值下降，而其余健康关节的运动状态不发生改变，导致式（4-51）中惯性项 $\boldsymbol{M}_{\tau\mathrm{hf}}[\ddot{\boldsymbol{\theta}}_\mathrm{h} \quad \ddot{\boldsymbol{\theta}}_\mathrm{f}]^\mathrm{T}$ 与非线性项 $\boldsymbol{c}_{\tau\mathrm{hf}}$ 数值减小，关节力矩中用以维持空间机械臂当前运动状态的 $\boldsymbol{\tau}_\mathrm{m}$ 减小。由于各关节输出力矩范围固定，更小的 $\boldsymbol{\tau}_\mathrm{m}$ 意味着各关节可以在输出力矩不超限的前提下容许更大的 $\boldsymbol{\tau}_\mathrm{ef}$，由式（4-56）可知，此时空间机械臂可以输出更大的末端操作力。从图 4-24 中还可以看出，在速度部分失效故障情况下，关节 3 对末端操作力输出最大值的影响最为明显，其次是关节 1、关节 2、关节 4，关节 5 的影响较小，而关节 6 和关节 7 对末端操作力输出无明显影响，这表明在速度部分失效故障情况下，越靠近末端执行器的关节对空间机械臂末端操作力的影响越小。

由图 4-25 可知，关节 1 ～关节 4 发生力矩部分失效故障，空间机械臂末端操作力输出最大值随故障程度加深而下降，且关节 1 对末端操作力输出最大值的影响最为明显，随后依次是关节 2、关节 3、关节 4。这是因为关节 1 最靠近基座，$\boldsymbol{\tau}_{\mathrm{m}}$ 和 $\boldsymbol{\tau}_{\mathrm{ef}}$ 在关节 1 处的分量最大，关节 1 的力矩在无故障情况下，其输出力矩已经较为接近关节输出力矩极限，任何程度的关节力矩部分失效故障，都会导致末端操作力输出最大值出现明显下降，而关节 2、关节 3、关节 4 逐渐远离基座，关节实际输出力矩越来越小，不容易出现力矩超限情况。关节 5、关节 6、关节 7 发生力矩部分失效故障时几乎不会影响末端操作力输出最大值，这是因为关节 5 ～关节 7 远离基座，其实际输出力矩远小于关节 1 ～关节 4 的实际输出力矩，因此即使是 $k_2 = 0.1$ 这样严重的力矩部分失效故障，也难以导致这 3 个关节出现力矩超限现象。

综上，关节 1 ～关节 4 发生速度部分失效故障或力矩部分失效故障，会对空间机械臂末端操作力输出最大值造成较为明显的影响，末端操作力输出最大值会随着关节速度部分失效故障程度的加深而增大，随着关节力矩部分失效故障程度的加深而减小；关节 5 ～关节 7 发生速度部分失效故障或力矩部分失效故障，不会对空间机械臂末端操作力输出最大值造成较为明显的影响。

4.5 关节故障空间机械臂综合运动能力分析

由于空间机械臂关节故障会影响空间机械臂多方面的运动能力，且各类运动能力指标表征特性各有侧重，若以单一指标表征关节故障空间机械臂的运动能力具有片面性。同时，某些空间任务会对空间机械臂多方面运动能力存在要求。因此，有必要构建综合运动能力指标以更全面地表征空间机械臂的运动能力。

在构建综合运动能力指标之前，需根据实际需求选取子指标，然后对局部运动能力子指标进行全局化处理，进而构建同时表征局部运动能力和全局运动能力的综合运动能力指标。由于全局运动能力子指标取值范围和增益方向各不相同，一般还需先对其进行标准化处理。本节将从指标全局化处理与标准化处理，以及综合运动能力指标构建两方面介绍关节故障空间机械臂综合运动能力评估。

4.5.1 指标全局化处理与标准化处理

指标全局化处理主要为获取空间机械臂局部运动能力指标的平均水平，将其转化为全局运动能力子指标；指标标准化处理主要将取值范围和增益范围各不相同的子指标处理到区间[0,1]上，且值越大越好。对指标的全局化处理与标准化处理可为后续综合运动能力指标构建奠定基础。为了介绍全局化处理与标准化处理的方法，需选取典型的局部运动能力指标，且需要包含正向增益指标与负向增益指标，因此本节选取最小奇异值、条件数与可操作度为子指标。

1. 指标全局化处理

最小奇异值 s_d 与条件数 κ_d 指标为空间机械臂局部运动能力指标，这里以这两个指标为例，进行全局化处理。

将最小奇异值 s_d 与条件数 κ_d 在工作空间 W 内求积分可得最小奇异值 s_d 与条件数 κ_d 的整体水平 s_G 和 κ_G，其表达式为

$$s_G = \int_W (s_d) \mathrm{d}W \tag{4-62}$$

$$\kappa_G = \int_W (\kappa_d) \mathrm{d}W \tag{4-63}$$

将整体水平 s_G 和 κ_G 除以工作空间体积 V_P，则可获得最小奇异值 s_d 与条件数 κ_d 的平均水平，进而将其转化为全局运动能力指标 $\bar{s}_G$ 和 $\bar{\kappa}_G$，对应数学表达式为

$$\bar{s}_G = \frac{s_G}{V_P} \tag{4-64}$$

$$\bar{\kappa}_G = \frac{\kappa_G}{V_P} \tag{4-65}$$

在式（4-65）中，

$$V_P = \int_W \mathrm{d}W \tag{4-66}$$

基于全局最小奇异值指标 $\bar{s}_G$ 和全局条件数指标 $\bar{\kappa}_G$，能够实现关节故障空间机械臂在整个工作空间内最小奇异值和条件数平均水平的表征。

2. 指标标准化处理

假设一组子指标数据为

$$\boldsymbol{X}_{MN} = \begin{bmatrix} \boldsymbol{x}_1 \\ \boldsymbol{x}_2 \\ \boldsymbol{x}_3 \\ \vdots \\ \boldsymbol{x}_M \end{bmatrix} = \begin{bmatrix} x_{1\_1} & x_{1\_2} & x_{1\_3} & \cdots & x_{1\_N} \\ x_{2\_1} & x_{2\_2} & x_{2\_3} & \cdots & x_{2\_N} \\ x_{3\_1} & x_{3\_2} & x_{3\_3} & \cdots & x_{3\_N} \\ \vdots & \vdots & \vdots & & \vdots \\ x_{M\_1} & x_{M\_2} & x_{M\_3} & \cdots & x_{M\_N} \end{bmatrix}$$

式中，x_{i_j} 表示机械臂处于第j个状态下对第i个子指标的评价值，$j=1,2,\cdots,N$，$i=1,2,\cdots,M$；N表示机械臂处于不同状态的个数M表示建立综合运动能力指标所选取的子指标个数。

对于$\boldsymbol{x}_1,\boldsymbol{x}_2,\boldsymbol{x}_3,\cdots,\boldsymbol{x}_M$中的所有正向增益指标，其值越大表示空间机械臂运动能力越好，则其标准化可利用如下的公式计算

$$\delta_{i\_j}=\frac{x_{i\_j}-\min\limits_{j\in[1,N]}x_{i\_j}}{\max\limits_{j\in[1,N]}x_{i\_j}-\min\limits_{j\in[1,N]}x_{i\_j}} \tag{4-67}$$

式中，x_{i_j}为正向增益指标值。

对于$\boldsymbol{x}_1,\boldsymbol{x}_2,\boldsymbol{x}_3,\cdots,\boldsymbol{x}_M$中的所有负向增益指标，其值越大表示空间机械臂运动能力越差，则其标准化可利用如下公式计算

$$\delta_{i\_j}=\frac{\max\limits_{j\in[1,N]}x_{i\_j}-x_{i\_j}}{\max\limits_{j\in[1,N]}x_{i\_j}-\min\limits_{j\in[1,N]}x_{i\_j}} \tag{4-68}$$

式中，x_{i_j}为负向增益指标值。

4.5.2 综合运动能力指标构造

在完成指标全局化处理和标准化处理后，需通过确定各子指标权重构建综合运动能力指标。本节将分别介绍基于归一法、熵值法以及灰色系统关联熵理论的综合运动能力指标建立，并以七自由度空间机械臂为对象开展仿真验证以比较 3 种综合运动能力指标构建方法，该空间机械臂的几何参数及运动学参数如表 3-2 所示。

1. 基于归一法的综合运动能力指标建立

基于归一法构建综合运动能力指标利用的方法为 4.5.1 节提到的指标标准化处理，这里以空间机械臂退化可操作度 w_{d}、退化条件数 κ_{d} 和退化最小奇异值 s_{d} 等子指标为例，详细介绍该综合运动能力指标构建方法。

空间机械臂退化可操作度、退化条件数及退化最小奇异值可根据 4.3 节内容计算获得，由于退化可操作度、退化条件数及退化最小奇异值的数值分布范围不同，故需对其进行归一化处理。设某指标x的取值范围为$[a,b]$，对应的归一化处理结果为

$$\mathrm{normal}(x)=(x-a)/(b-a)\in[0,1] \tag{4-69}$$

式中，$\mathrm{normal}(\cdot)$ 表示对指标x进行归一化处理。

由于退化可操作度、退化最小奇异值的值越大，退化条件数的值越小，空间机械臂相应的运动能力越好，因此空间机械臂的综合运动能力指标可表示为

$$u = \mathrm{normal}(w_{\mathrm{d}}) + \mathrm{normal}(-\kappa_{\mathrm{d}}) + \mathrm{normal}(s_{\mathrm{d}}) \in [0,3] \tag{4-70}$$

式中，u 表示空间机械臂的综合运动能力指标，u 越大表示空间机械臂的综合运动能力越好。假设关节 2 发生锁定故障，并锁定在 92°，随机遍历 200 000 组关节角，可得其退化工作空间及每一组关节角对应的综合运动能力指标。在该退化工作空间下，基于归一法构造的综合运动能力指标如图 4-26 所示。

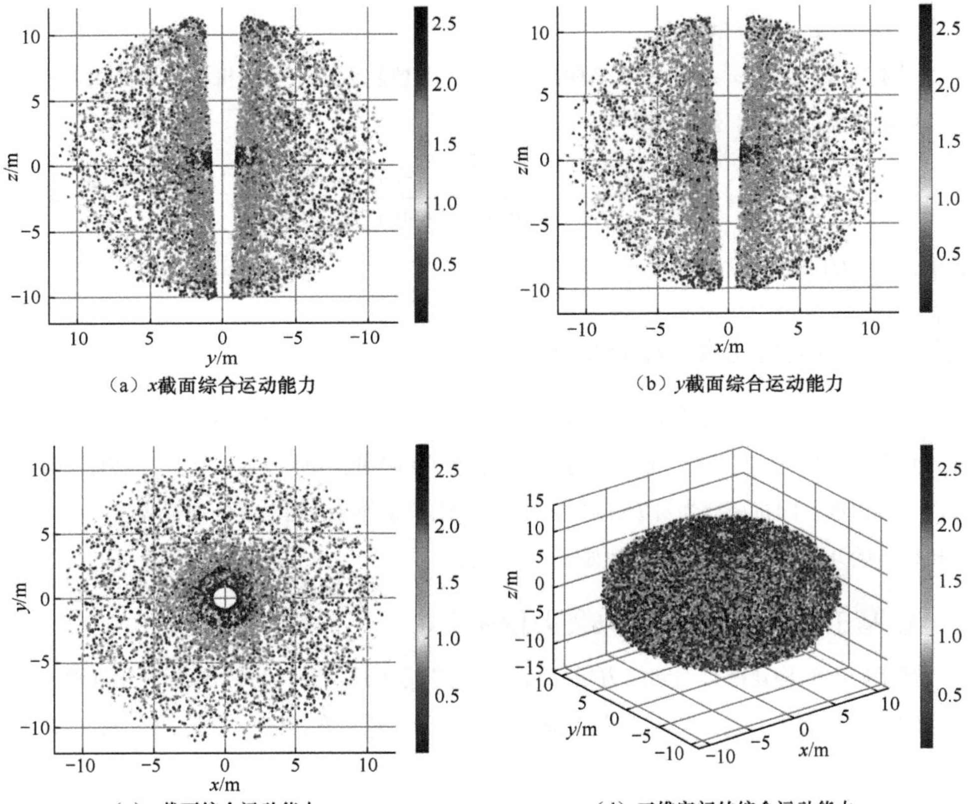

（a）x截面综合运动能力　（b）y截面综合运动能力

（c）z截面综合运动能力　（d）三维空间的综合运动能力

*图 4-26　基于归一法构造的综合运动能力指标

由图 4-26 可知，在靠近工作空间中心位置以及边缘位置处，综合运动能力指标较小，说明在这些区域空间机械臂的运动能力较差。在工作空间中心位置与边缘位置的中间，综合运动能力指标较大，说明在这些区域空间机械臂的运动能力较优。与图 4-18 相比，空间机械臂工作空间中的综合运动能力单指标的分布趋势一致，说明了用归一法构造综合运动能力指标的正确性。

2. 基于熵值法的综合运动能力指标建立

传统方法通过对所有指标求和实现综合运动能力指标的构建，其默认各指标权重相等，忽略了子指标的相对重要程度及子指标对空间机械臂运动能力的影响程度。考虑到不同子指标对空间机械臂综合运动能力影响程度不同，可基于熵值法构造空间机械臂综合运动能力指标。熵值法为指标数理统计特性分析与综合提供了有效手段，其根据熵值判断各指标随锁定角度变化的分布“混乱”程度，熵值越大，子指标对综合评价的影响越大，综合权重越大。该方法的优点在于权重根据子指标的重要性确定，可避免由人为因素带来的偏差，更具有客观性，且算法较为简单，容易实现。下面将介绍基于熵值法构造空间机械臂综合运动能力指标的流程。

基于所选定的综合运动能力子指标，利用熵值法构造空间机械臂综合运动能力指标 CI_j，即

$$\begin{aligned}\mathrm{CI}_j &= \omega_{\mathrm{CI}\_1}\times W_{\mathrm{P}}+\omega_{\mathrm{CI}\_2}\times W_{\mathrm{OF}}+\omega_{\mathrm{CI}\_3}\times \bar{s}_{\mathrm{G}}+\omega_{\mathrm{CI}\_4}\times \hat{s}_{\mathrm{G}}+\cdots+\omega_{\mathrm{CI}\_M}\times \hat{k}_{\mathrm{G}}\\ &=\sum_{i=1}^{M}\left(\omega_{\mathrm{CI}\_i}\times P_{j\_i}\right),\quad j=1,2,\cdots,N\end{aligned} \tag{4-71}$$

式中，ω_{CI_i} 表示第 i 个子指标所对应的权重；P_{j_i} 表示空间机械臂处于第 j 状态下第 i 个子指标占该指标的比重。若令 X_{j_i} 表示空间机械臂处于第 j 状态下第 i 个子指标所对应的数值，则通过计算故障关节不同锁定角度下某一子指标占同一指标总和的比值，可获得比重 P_{j_i} 的表达式为

$$P_{j\_i}=\frac{X_{j\_i}}{\sum_{j=1}^{N}X_{j\_i}},\quad i=1,2,\cdots,M \tag{4-72}$$

根据比重 P_{j_i} 的表达式，可求得第 i 个子指标的熵值

$$e_i=-\frac{\sum_{j=1}^{M}[P_{j\_i}\log(P_{j\_i})]}{\ln(i_{\max})} \tag{4-73}$$

式中，$i_{\max}=M$；$0\leqslant e_i\leqslant 1$。

基于熵值 e_i 可求得第 i 个子指标的差异系数 g_i 为

$$g_i=1-e_i \tag{4-74}$$

通过计算 g_i 与所有子指标差异系数之和的比值，可获得第 i 个子指标的权重

$$\omega_{\mathrm{CI}\_i}=\frac{g_i}{\sum_{i=1}^{M}g_i} \tag{4-75}$$

基于熵值法所构造的综合运动能力指标，可评估空间机械臂处于不同状态下的综合运动能力。以和归一法相同的 200 000 组关节角和子指标数据，基于熵值法构造的综合运动能力

指标如图 4-27 所示。

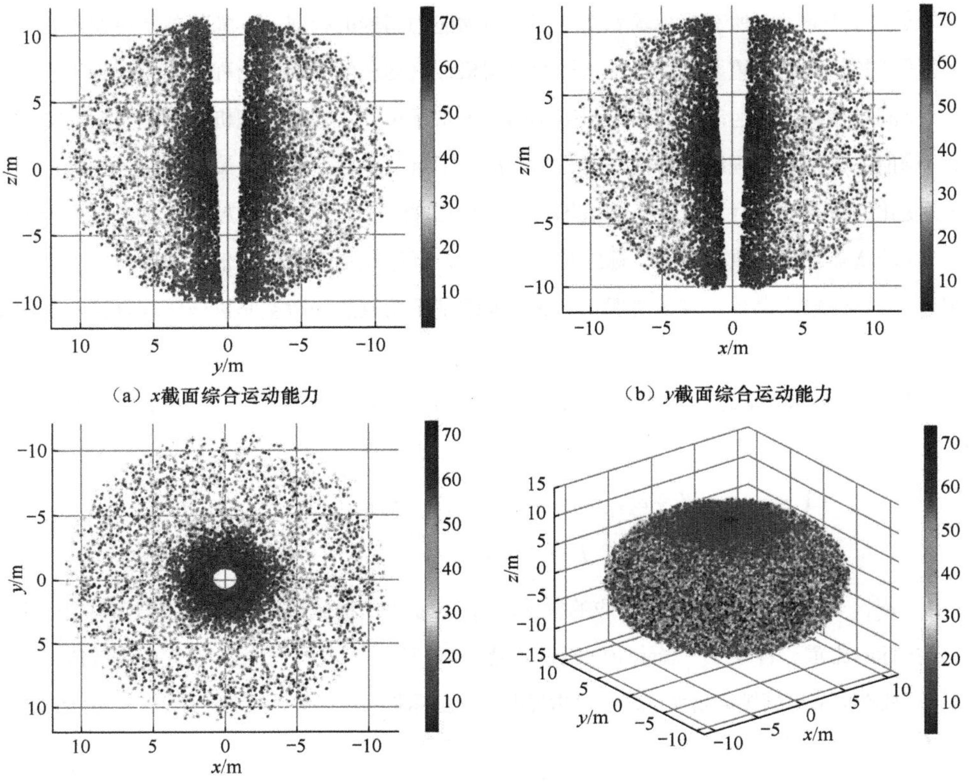

（a）x截面综合运动能力　（b）y截面综合运动能力

（c）z截面综合运动能力　（d）三维空间的综合运动能力

* 图 4-27　基于熵值法构造的综合运动能力指标

与图 4-26 相比，综合运动能力指标的高低分布情况仍大致相同，说明了熵值法的正确性，而红色区域与蓝色区域的面积发生了变化，这是因为各子指标的权重发生了变化，使得构造的综合运动能力指标的数值也发生了变化，说明了熵值法的有效性。

3. 基于灰色系统关联熵理论的综合运动能力指标建立

用传统熵值法构建综合运动能力指标依赖数量充足的样本点，随着指标及自由摆动故障关节数量增多，样本空间规模呈指数级增长，使得计算效率低下。具有“少样本、贫信息”特性的灰色样本空间，其数据量偏少且分布规律性差，无法使用传统熵值法，为此可基于灰色系统关联熵理论构建综合运动能力指标。该理论是灰色系统关联分析方法与关联熵理论的结合。邓聚龙教授于 1982 年提出了灰色系统关联分析方法[9]，认为灰色样本空间杂乱无章的数据中潜藏了某些规律，通过建立参考列和比较列，并分析二者发展趋势的相似或相异程度，即灰关联度，将原始数据整理成规律性较强的生成数据。基于灰色系统关联熵理论建立综合运动能力指标的具体计算过程如下。

（1）建立灰关联集

在 $[-180°,180°]$ 范围内按一定间隔稀疏采样故障关节锁定角度，构成样本集合 $\boldsymbol{N}_{\theta_f}=\{[\theta_{f11},\theta_{f12},\cdots,\theta_{fp1}],\cdots,[\theta_{f1N},\theta_{f2N},\cdots,\theta_{fpN}]\}=\{\boldsymbol{\theta}_{f1},\boldsymbol{\theta}_{f2},\cdots,\boldsymbol{\theta}_{fN}\}$，$N$ 为采样个数。基于 4.5.1 节所提的指标标准化处理，选择灰色系统关联分析中的关联函数为

$$\delta_{0\_j}=\frac{\sum_{i=1}^{M}\delta_{i\_j}}{M},\quad j=1,2,\cdots,N \tag{4-76}$$

其构成了参考组 $\boldsymbol{\delta}_0=[\delta_{0\_1},\delta_{0\_2},\cdots,\delta_{0\_N}]$，而 $\boldsymbol{\delta}_1,\boldsymbol{\delta}_2,\cdots,\boldsymbol{\delta}_M$ 称为待比较组，供后续求解灰关联系数使用。

（2）求解灰关联系数

比较量与参考量之间的关联系数的定义为

$$\varepsilon_{i\_j}=\frac{\min\limits_{i\in[1,11]}\left(\min\limits_{j\in[1,N]}\left|\delta_{0\_j}-\delta_{i\_j}\right|\right)+\mu\max\limits_{i\in[1,11]}\left(\max\limits_{j\in[1,N]}\left|\delta_{0\_j}-\delta_{i\_j}\right|\right)}{\left|\delta_{0\_j}-\delta_{i\_j}\right|+\mu\max\limits_{i\in[1,11]}\left(\max\limits_{j\in[1,N]}\left|\delta_{0\_j}-\delta_{i\_j}\right|\right)},\qquad \mu\in[0,1] \tag{4-77}$$

灰关联系数表征了样本空间数据与比较组的相关程度，物理上体现为样本点与参考点的差异程度。关联系数越接近 1，样本点与参考点的相关性越好。

（3）计算灰关联熵

对灰关联系数进行映射处理，映射值的分布密度

$$\rho_{i\_j}=\frac{\varepsilon_{i\_j}}{\sum_{j=1}^{N}\varepsilon_{i\_j}} \tag{4-78}$$

灰关联熵函数为

$$H_i=-\sum_{j=1}^{N}\rho_{i\_j}\ln\rho_{i\_j} \tag{4-79}$$

进而可得各指标的灰关联熵

$$E_i=\frac{H_i}{H_{\max}} \tag{4-80}$$

根据最大离散熵定理，当各个符号出现概率相等时熵最大，因此取 $H_{\max}=\ln M$。

（4）计算各子指标综合权重

基于灰关联熵求解各指标差异系数，即

$$g_i=1-E_i \tag{4-81}$$

进而可计算指标综合权重

$$\omega_{\mathrm{CI}\_i}=\frac{g_i}{\sum_{i=1}^{M} g_i} \tag{4-82}$$

利用熵值法中所提的综合运动能力指标构建方法，将上述权重 ω_{CI_i} 代入式（4-71）中，完成综合运动能力评价指标的建立。若使用与归一法和熵值法实验相同的 200 000 组关节角与子指标数据，则基于灰色系统关联熵理论构造的综合运动能力指标如图 4-28 所示。

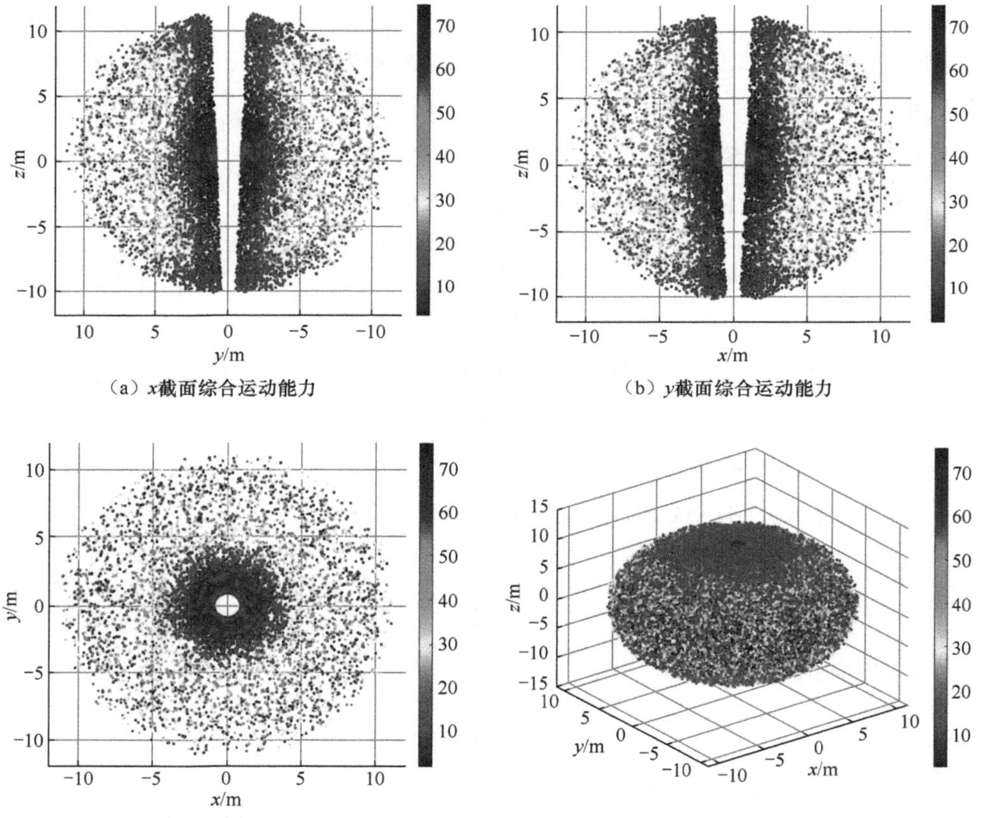

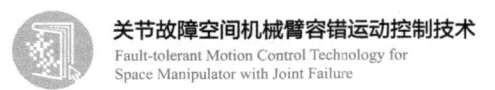

（a）x截面综合运动能力　（b）y截面综合运动能力

（c）z截面综合运动能力　（d）三维空间的综合运动能力

* 图 4-28　基于灰色系统关联熵理论构造的综合运动能力指标

图 4-28 与图 4-27 几乎相同，这是因为灰色系统关联熵理论使用了与熵值法同样多的样本，体现不出灰色系统关联熵理论的优势。为了说明灰色系统关联熵理论对处理“少样本、贫信息”的灰色样本空间的优越性，设计以下实验：从原来的 200 000 组样本中随机选取 100 组样本，构造出新的样本空间，并将由新样本空间计算出的 100 组样本点的综合运动能

力和由原样本空间计算出的 100 组样本点的综合运动能力相减，取绝对值，得到这 100 组样本点的综合运动能力在样本空间规模不同时的偏差。以上步骤分别用熵值法和灰色系统关联熵理论实现，两种方法的偏差对比如图 4-29 所示。

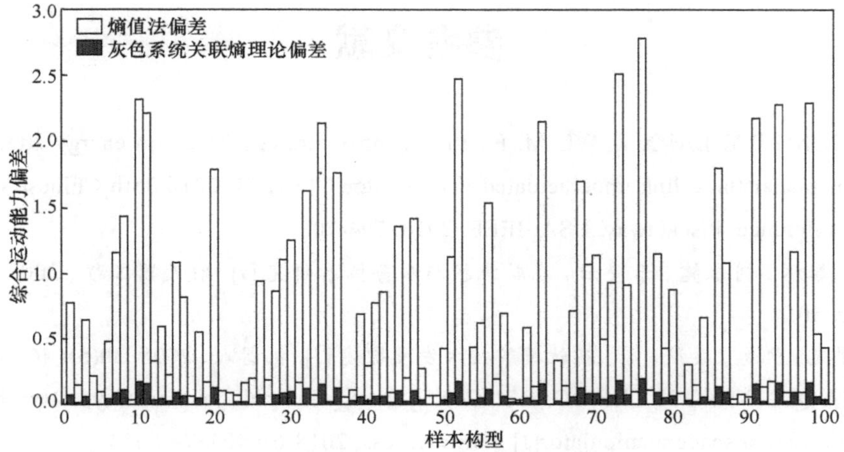

图 4-29　熵值法与灰色系统关联熵理论偏差对比

从图 4-29 中可以看出灰色系统关联熵理论的偏差明显小于熵值法的偏差，意味着当样本数量较小时，使用灰色系统关联熵理论得到的综合运动能力更接近样本数量充足时得到的综合运动能力，即实现了在数据规模较小时，仍能保证综合运动能力准确的效果。

综上所述，子指标较少且默认各子指标权重相等时可直接利用归一法构建综合运动能力指标；基于熵值法构建综合运动能力指标时会考虑各子指标权重，可以避免由人为因素造成的偏差，更具有客观性，且算法较为简单，容易实现；当子指标数据较多时，基于灰色系统关联熵理论构建综合运动能力评价指标，可在保证综合运动能力指标准确的前提下，缩减数据规模，提升指标构建效率。

小结

本章针对关节故障空间机械臂，为准确分析关节故障对空间机械臂运动能力的具体影响，以及后续采取容错策略后关节故障空间机械臂可以尽可能满足空间任务对运动能力的要求，分别从空间任务所要求的末端可达性、运动灵巧性和负载操作能力 3 方面介绍了关节故障空间机械臂运动能力评估方法，并以此为基础分析关节故障对空间机械臂运动能力的影响。为同时满足空间任务对空间机械臂多方面运动能力的要求，分别介绍了基于归一法、熵值法和灰色系统关联熵理论的综合运动能力评估方法，还针对不同的运动能力评估方法开展仿真实验，验证了所介绍的方法的正确性和有效性。

参考文献

[1] XIONG P Y, LAI X Z, WU M. Position control strategy based on energy attenuation for planar three-link underactuated manipulator[C]// IEEE 2016 35th Chinese Control Conference. Piscataway, USA: IEEE, 2016: 704-708.

[2] 谭春林，刘永健，于登云．在轨维护与服务体系研究 [J]. 航天器工程，2008, 17(3): 45-50.

[3] 翟光，仇越，梁斌，等．在轨捕获技术发展综述 [J]. 机器人，2008, 30(5): 467-480.

[4] JIA Q X, WANG X, CHEN G, et al. Coping strategy for multi-joint multi-type asynchronous failure of a space manipulator[J]. IEEE Access, 2018(6): 40337-40353.

[5] KORAYEM M H, GHARIBLU H, BASU A. Dynamic load-carrying capacity of mobile-base flexible joint manipulators[J]. The International Journal of Advanced Manufacturing Technology, 2005, 25(1-2): 62-70.

[6] 李彤．基于运动可靠性的空间机械臂优化控制研究 [D]. 北京：北京邮电大学，2016.

[7] JIA Q X, LIU Y, CHEN G, et al. Analysis of load-carrying capacity for redundant free-floating space manipulators in trajectory tracking task[J]. Mathematical Problems in Engineering: Theory, Methods and Applications, 2014(21). DOI: 10.1155/2014/125940.

[8] 陈钢．空间机械臂建模、规划与控制 [M]. 北京：人民邮电出版社，2019.

[9] 邓聚龙．灰色系统理论教程 [M]. 武汉：华中理工大学出版社，1990.

第5章 关节锁定故障空间机械臂容错运动控制策略

当发生关节锁定故障时，故障关节无法输出速度，空间机械臂运动能力会发生退化，且根据锁定角度的不同，其运动能力的退化程度也不同。空间机械臂运动期间突发关节锁定故障，将引起空间机械臂实际运行轨迹发生突变并偏离期望轨迹，进而导致任务失败，甚至会对空间机械臂本体或航天器造成不可逆损伤。因此，考虑到故障空间机械臂任务需求及运动能力退化等问题，开展关节锁定故障空间机械臂容错运动控制策略研究，对关节锁定故障空间机械臂顺利完成后续空间任务、提升任务完成性能具有重要的现实意义。

本章针对关节锁定故障发生前的空间机械臂，提出运动能力退化预防策略，尽最大可能使其在发生故障时可继续执行空间任务；针对故障瞬间关节锁定故障引发的空间机械臂运行参数突变问题，提出参数突变抑制方法；以任务所要求的运动能力为优化目标，阐述关节锁定故障空间机械臂容错路径规划方法；考虑到关节锁定故障发生后，空间机械臂容错轨迹规划难度大大增加，提出故障发生前空间机械臂的全局容错轨迹优化方法，使空间机械臂在故障发生后尽最大可能完成空间任务。

5.1 空间机械臂运动能力退化预防策略

空间机械臂在轨服役过程中，关节锁定故障具有突发性的特点，当故障关节锁定在空间机械臂运动能力严重退化的特殊角度时，将严重影响后续任务的执行。因此，需研究运动能力退化预防策略，在未发生故障时尽量避开运动能力严重退化的空间机械臂构型，从而使空间机械臂面对任意时刻、任意关节的锁定故障，都具备继续完成任务的能力。

以连杆等长的平面三自由度串联机械臂为例，关节 3 发生锁定故障后，其锁定在不同角度时机械臂的工作空间大小存在显著差异。如图 5-1 所示，当关节 3 锁定在使连杆 2 和连杆 3 重合的角度时，机械臂工作空间从圆面退化为一条圆形曲线[1]。

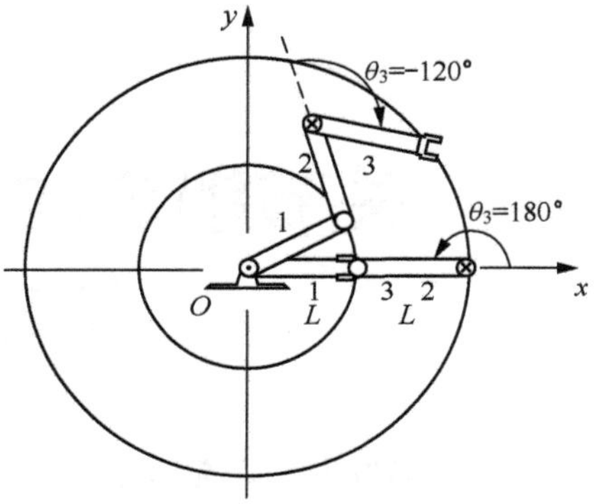

图 5-1 锁定角度与工作空间关系

因此，为了使关节锁定故障发生后空间机械臂的运动能力不会严重退化，需在关节锁定故障发生之前采取运动能力严重退化预防策略，对常态下空间机械臂各关节的运动范围添加人为约束，即关节人为限位[2]，避免关节运动至这些运动能力退化严重的特殊位置。

5.1.1 运动能力退化预防过程分析

对于关节锁定故障空间机械臂，其自由度 $D_f \leqslant 6$，若对其剩余健康关节进行人为限位，不仅难以预防关节再次发生锁定故障后空间机械臂运动能力的严重退化，而且会导致空间机械臂此时的运动能力大幅退化而不能满足空间任务要求。因此，当 $D_f \leqslant 6$ 时将不再对其健康关节施加人为限位。对于常态下的空间机械臂，其自由度 D_f 满足 $D_f > 6$，为了预防关节发生锁定故障而使空间机械臂运动能力严重退化，需对其健康关节施加人为限位。在空间机械臂各关节人为限位求解过程中，一旦完成求解的判据与各关节人为限位角度相关，则求解过程即存在耦合特性[3]，此时基于解析法无法获得各关节的期望人为限位。针对这一问题，本节借助牛顿 - 拉弗森法的解耦特性[4]，通过综合考虑完成求解判据的特性和关节故障后健康关节人为限位是否施加，求解空间机械臂各关节人为限位，使各关节不会转动至特殊角度，以预防锁定故障发生时空间机械臂运动能力严重退化。

针对 n 自由度串联冗余空间机械臂，令其各关节物理限位 $\bar{\theta}_i \in [\bar{\theta}_i^{\min}, \bar{\theta}_i^{\max}]$（$i$=1,2,⋯,$n$），各关节对应的人为限位 $\hat{\theta}_i \in [\hat{\theta}_i^{\min}, \hat{\theta}_i^{\max}]$（$i$=1,2,⋯,$n$）。

空间机械臂各关节角取值范围确定依据如下

$$\left[\theta_i^{\min}, \theta_i^{\max}\right] = \begin{cases} \left[\hat{\theta}_i^{\min}, \hat{\theta}_i^{\max}\right], & D_{\mathrm{f}} > 6 \\ \left[\bar{\theta}_i^{\min}, \bar{\theta}_i^{\max}\right], & D_{\mathrm{f}} \leqslant 6 \end{cases} \tag{5-1}$$

为了分别在各关节取值范围内求解对应的人为限位，还需确定关节人为限位完成求解的判据。判别关节人为限位求解是否完成的判据有指标比率 I_{rat} 和指标常量 I_{con}。例如，任务要求某一运动能力指标 $\bar{V}$ 与常态下（有关节人为限位时）的运动能力指标 $\hat{V}$ 之比不小于某一阈值 X_{rat}，即 $\bar{V}/\hat{V} \geqslant X_{\mathrm{rat}}$，其中 $1 > X_{\mathrm{rat}} > 0$，则判断关节人为限位求解是否完成的判据可表示为指标比率判据，即

$$I_{\mathrm{rat}} = \bar{V}/\hat{V} \geqslant X_{\mathrm{rat}} \tag{5-2}$$

$\hat{V}$ 的求解与关节人为限位 $\hat{\theta}_i \in [\hat{\theta}_i^{\min}, \hat{\theta}_i^{\max}] (i = 1, 2, \cdots, n)$ 相关，因此 I_{rat} 求解过程存在耦合问题。

若任务要求运动能力指标 $\bar{V} \geqslant V_{\mathrm{con}}$，其中 V_{con} 表示某一常数，且 $\hat{V} > V_{\mathrm{con}} > 0$，则判断关节人为限位求解是否完成的判据可表示为指标常量判据，即

$$I_{\mathrm{con}} = \bar{V} \geqslant V_{\mathrm{con}} \tag{5-3}$$

5.1.2 关节人为限位求解

现有的空间机械臂关节人为限位求解方法仅有解析法，该方法的特点是通过单次计算即可完成对所有关节人为限位的求解，仅适用于完成求解判据为 I_{con} 且关节发生故障后不施加健康关节人为限位的情况，此种情况下求解过程不存在耦合问题。当人为限位求解过程存在耦合问题时，解析法将不再适用。考虑到牛顿 - 拉弗森法具有解耦特性，本节给出基于牛顿 - 拉弗森法的人为限位求解过程。

基于牛顿 - 拉弗森法开展空间机械臂各关节人为限位求解的具体流程如下。

步骤 1：设基于牛顿 - 拉弗森法进行迭代求解的迭代次数为 K，令 $K = 0$，取空间机械臂关节 $J_c (c = 1, 2, \cdots, n)$ 以外所有关节的人为限位为对应物理限位，如式（5-4）所示，转至步骤 2。

$$\left[\hat{\theta}_i^{\min}, \hat{\theta}_i^{\max}\right] = \left[\bar{\theta}_i^{\min}, \bar{\theta}_i^{\max}\right],\ i = 1, 2, \cdots, c-1, c+1, \cdots, n \tag{5-4}$$

步骤 2：令关节 J_c 的锁定角度为 θ_{c_j}，使 θ_{c_j} 以 $\Delta\theta$ 为遍历步长依次遍历关节 J_c 的转动

范围 $[\theta_c^{\min}, \theta_c^{\max}]$，遍历次数 m_t 表示为

$$m_t = \left\lceil (\theta_c^{\max} - \theta_c^{\min}) / \Delta\theta \right\rceil \tag{5-5}$$

式中，$\lceil \cdot \rceil$ 表示向上取整，遍历步长 $\Delta\theta$ 可根据实际计算量的大小进行确定，基于第 4 章运动能力（单方面运动能力 SI_j 或综合运动能力 CI_j）求解方法，求解关节 J_c 锁定在不同角度时对应的运动能力值 I_j，令所有 I_j 组成运动能力值集合 I，则 I 可由式（5-6）表达，转至步骤 3。

$$I = \left\{ I_j \mid I_j = \mathrm{XI}(\boldsymbol{\theta}_{c\_j}) \right\},\ j = 1,2,\cdots,m_t \tag{5-6}$$

式中，XI 表示 SI_j 或 CI_j。

步骤 3：基于所求运动能力值集合 I，确定其中满足 $I_j \geqslant I_{\text{desired}}$ 要求的关节 J_c 的角度区间 $[\theta_{c\_\mu}^{\min}, \theta_{c\_\mu}^{\max}]\ (\mu = 1,2,\cdots)$，其中，$I_{\text{desired}}$ 表示关节故障空间机械臂后续空间任务要求的运动能力指标阈值（即指标常量 I_{con} 或指标比率 I_{rat}），基于式（5-7）在满足要求的角度区间中筛选最大的角度区间作为关节 J_c 的人为限位，转至步骤 4。

$$\left[\hat{\theta}_c^{\min}, \hat{\theta}_c^{\max}\right] = \max\left\{ [\theta_{c\_\mu}^{\min}, \theta_{c\_\mu}^{\max}], \mu = 1,2,\cdots \right\} \tag{5-7}$$

步骤 4：重复步骤 1 至步骤 3，求解关节 J_c 以外所有关节的人为限位 $\hat{\theta}_i \in [\hat{\theta}_i^{\min}, \hat{\theta}_i^{\max}]\ (i = 1, 2,\cdots,c-1,c+1,\cdots,n)$，完成空间机械臂各关节人为限位的单次求解，令 $K = K+1$，转至步骤 5。

步骤 5：若 $K = 1$，或 $1 < K < K_{\max}$（$K_{\max}$ 为迭代次数上限），但相邻两次求解所得各关节人为限位上下限的误差不满足式（5-8），则重复步骤 2 至步骤 4，在 $\hat{\theta}_i \in [\hat{\theta}_i^{\min}, \hat{\theta}_i^{\max}]\ (i = 1, 2,\cdots,n)$ 的基础上，再次求解空间机械臂各关节的人为限位；若 $1 < K < K_{\max}$，且相邻两次求解所得各关节人为限位上下限的误差满足式（5-8），则完成解耦，输出此时求解所得各关节人为限位 $\hat{\theta}_{i(K)} \in [\hat{\theta}_{i(K)}^{\min}, \hat{\theta}_{i(K)}^{\max}]\ (i = 1,2,\cdots,n)$，完成空间机械臂各关节人为限位求解；若 $K = K_{\max}$ 时，所得各关节人为限位仍不满足式（5-8），则修改阈值并重复步骤 1 至步骤 5，直至迭代次数满足 $1 < K < K_{\max}$ 且所求结果满足式（5-8）为止。

$$\begin{cases} (\hat{\theta}_{i(K-1)}^{\max} - \hat{\theta}_{i(K)}^{\max}) \leqslant \upsilon \\ (\hat{\theta}_{i(K-1)}^{\min} - \hat{\theta}_{i(K)}^{\min}) \leqslant \upsilon \end{cases} \tag{5-8}$$

式中，υ 表示最大允许误差，其可根据迭代总计算量及关节人为限位精度要求进行确定。

通过上述求解流程，即可完成基于牛顿－拉弗森法的空间机械臂关节人为限位 $\hat{\theta}_i \in [\hat{\theta}_i^{\min}, \hat{\theta}_i^{\max}]\ (i = 1,2,\cdots,n)$ 的求解。需要说明的是，牛顿－拉弗森法求解流程中的步骤 1 至步骤 4 即基于解析法求解关节人为限位的流程。若完成求解判据与关节人为限位不相关，

且关节发生锁定故障后释放健康关节的人为限位，则仅基于解析法，通过单次计算即可完成空间机械臂各关节人为限位的求解。

在完成各关节人为限位 $\hat{\theta}_i \in [\hat{\theta}_i^{\min}, \hat{\theta}_i^{\max}]$（$i=1,2,\cdots,n$）求解后，将空间机械臂各关节转动范围限制在所求人为限位内，即可实现空间机械臂运动性能严重退化的预防，使关节发生锁定故障后空间机械臂运动能力仍能满足后续任务要求。

5.1.3 仿真算例

本节以图 3-2 所示的七自由度空间机械臂为对象，给出运动能力严重退化预防策略的仿真算例。空间机械臂几何参数及动力学参数如表 3-2 所示。

本节采用空间机械臂退化工作空间体积构建 I_{rat} 和 I_{con} 并进行预防策略的仿真实验。令退化工作空间体积为 $\bar{V}$，令常态下（关节人为限位时）的工作空间体积为 $\hat{V}$，基于蒙特卡洛法生成 $N=200\,000$ 个空间散点，可求得 $\hat{V}$ 以及各关节分别锁定在不同角度时（以 $\Delta\theta=1°$ 遍历各关节转动范围）空间机械臂的退化工作空间体积 $\bar{V}$。综合考虑实际计算量的大小及关节人为限位精度要求，确定相邻两次迭代所得各关节人为限位上下限最大允许误差 $\upsilon=1°$。

情况 1：不施加人为限位且判断求解是否完成判据为 I_{rat}。

若关节发生锁定故障后不施加健康关节人为限位，且空间任务要求 $\bar{V}/\hat{V} \geqslant 40\%$，则需以指标比率 $I_{\text{rat}}=\bar{V}/\hat{V} \geqslant 40\%$ 为完成求解判据，基于牛顿－拉弗森法进行空间机械臂各关节人为限位求解，对应关节 1～关节 7 的人为限位求解结果依次为 [−180°, 180°]、[−79°, 79°]、[−180°, 180°]、[−99°, 99°]、[−180°, 180°]、[−180°, 180°]、[−180°, 180°]。空间机械臂各关节人为限位求解结果如图 5-2 所示。

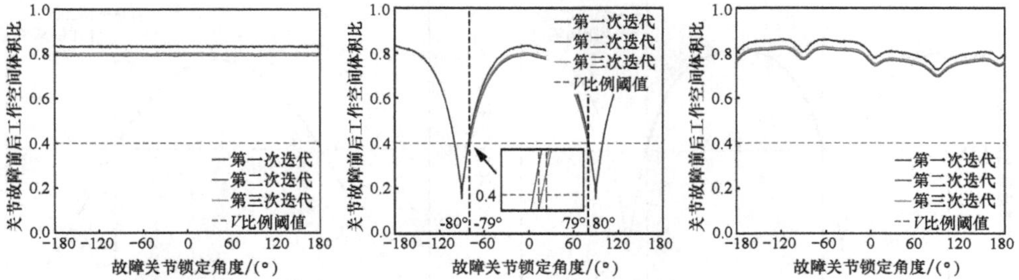

（a）关节1人为限位求解曲线　（b）关节2人为限位求解曲线　（c）关节3人为限位求解曲线

* 图 5-2　空间机械臂各关节人为限位求解结果

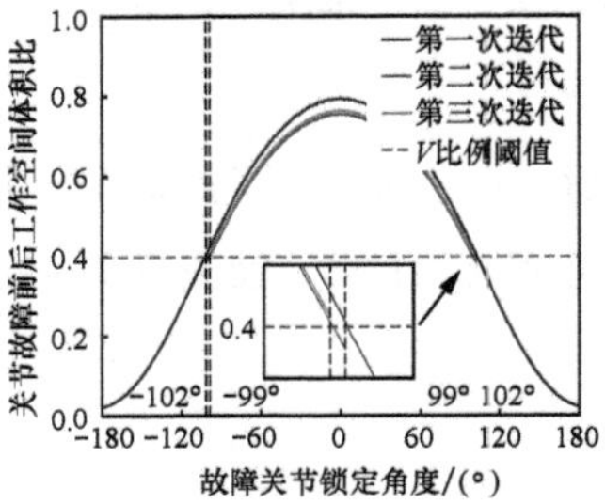

（d）关节4人为限位求解曲线

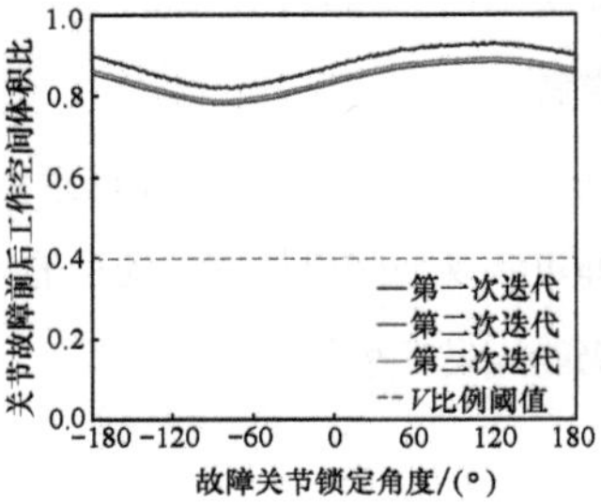

（e）关节5人为限位求解曲线

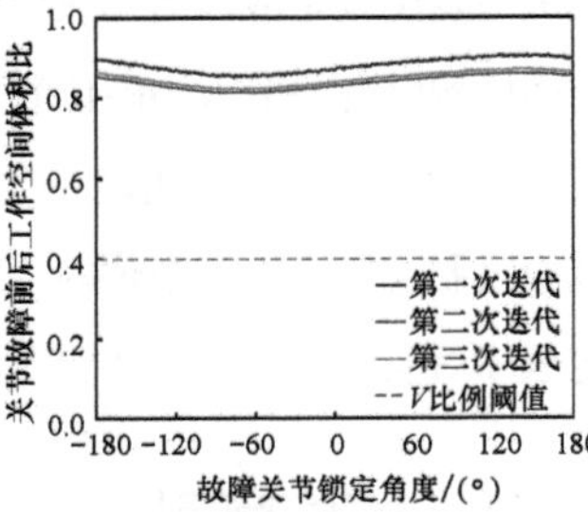

（f）关节6人为限位求解曲线

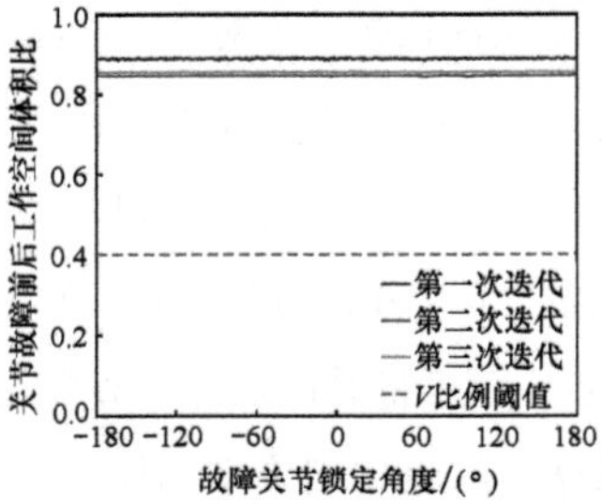

（g）关节7人为限位求解曲线

*图 5-2　空间机械臂各关节人为限位求解结果（续）

情况 2：不施加人为限位且判断求解是否完成判据为 I_{con}。

若关节发生锁定故障后不施加健康关节人为限位，且以退化工作空间体积 $I_{con}=\bar{V}\geqslant$ 1500 m^3（指标常量）为完成求解判据，则基于解析法即可完成空间机械臂各关节人为限位求解，对应关节 1～关节 7 的人为限位求解结果依次为 [−180°, 180°]、[−74°, 74°]、[−180°, 180°]、[−87°, 87°]、[−180°, 180°]、[−180°, 180°]、[−180°, 180°]。在这里仅给出关节 2 和关节 4 的人为限位求解曲线，如图 5-3 和图 5-4 所示。

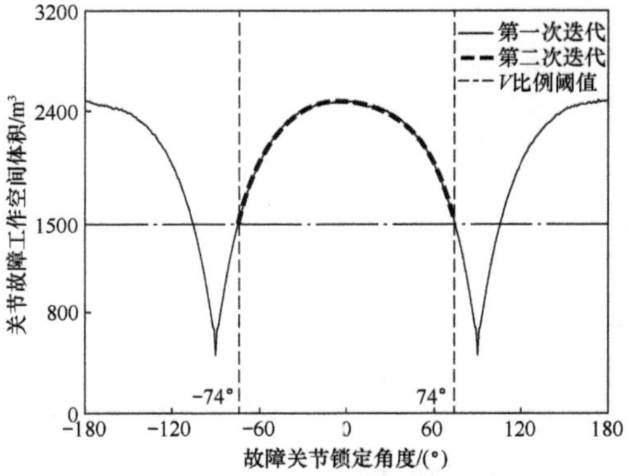

图 5-3　关节 2 人为限位求解曲线

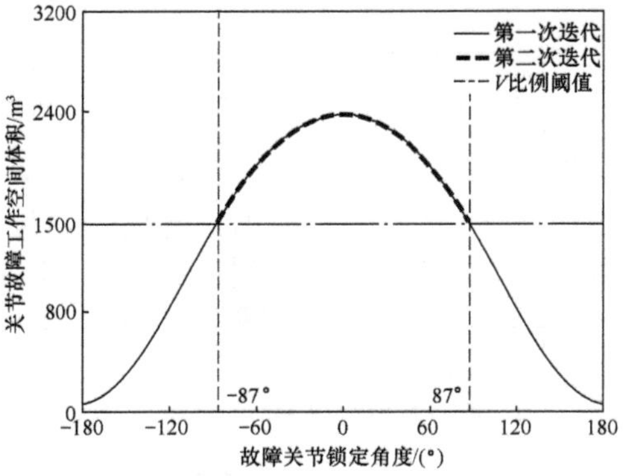

图 5-4　关节 4 人为限位求解曲线

情况 3：施加人为限位且完成求解判据为 I_{rat}。

若关节发生锁定故障后施加健康关节人为限位，且以 $I_{rat}=\bar{V}/\hat{V}\geqslant 40\%$ 为完成求解判据，则需基于牛顿－拉弗森法求解七自由度空间机械臂各关节人为限位，对应关节 1~ 关节 7 的人为限位求解结果依次为 [−180°, 180°]、[−79°, 79°]、[−180°, 180°]、[−100°, 100°]、[−180°, 180°]、[−180°, 180°]、[−180°, 180°]，在这里仅给出关节 2 和关节 4 的人为限位求解曲线，如图 5-5 和图 5-6 所示。

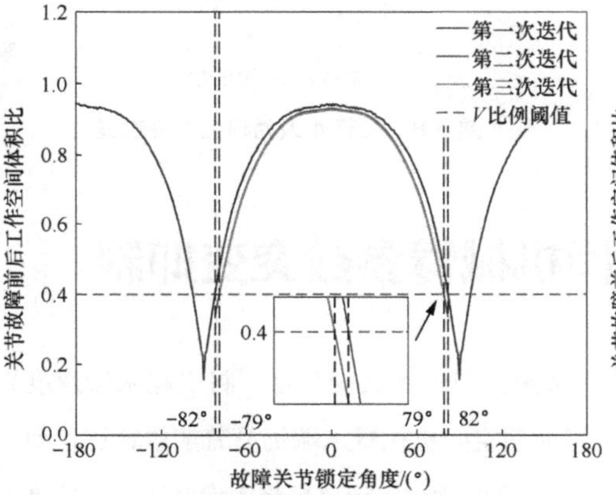

* 图 5-5　关节 2 人为限位求解曲线

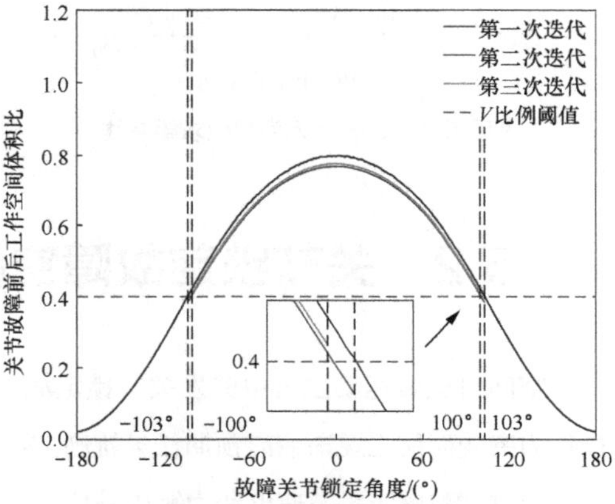

* 图 5-6　关节 4 人为限位求解曲线

情况 4：施加人为限位且完成求解判据为 I_{con}。

若关节发生锁定故障后施加健康关节人为限位，但以 $I_{con}=\bar{V}\geqslant 1500\ m^3$ 为完成求解判据，则仍需基于牛顿－拉弗森法求解 7 自由度空间机械臂各关节人为限位，对应关节 1 ～关节 7 的人为限位求解结果依次为 [−180°, 180°]、[−73°, 73°]、[−180°, 180°]、[−88°, 88°]、[−180°, 180°]、[−180°, 180°]、[−180°, 180°]，在这里仅给出关节 2 和关节 4 的人为限位求解曲线，如图 5-7 和图 5-8 所示。

基于上述求解结果可知，仅在发生关节锁定故障后不施加健康关节人为限位且以满足 I_{con}（如 $\bar{V}\geqslant 1500\ m^3$）为完成求解判据的情况下，方可采用解析法完成空间机械臂各关节人为限位的求解，其余情况均需采用牛顿－拉弗森法进行求解。上述结论与翟光等 [3] 给出的关节人为限位求解方法选择规律完全一致。由此即可证明本节所提空间机械臂关节人为限位求解方法的正确性与普适性。

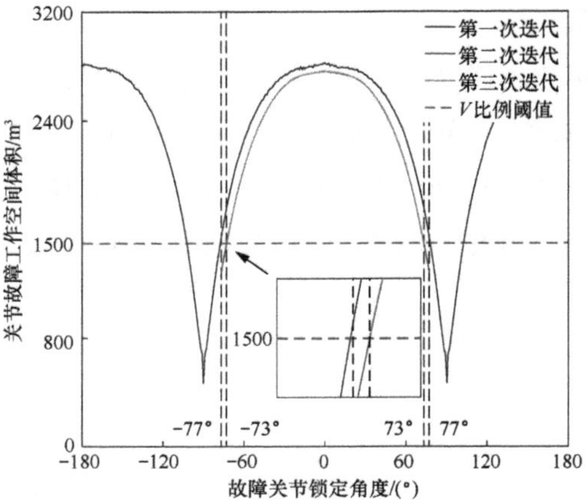

* 图 5-7 关节 2 人为限位求解曲线

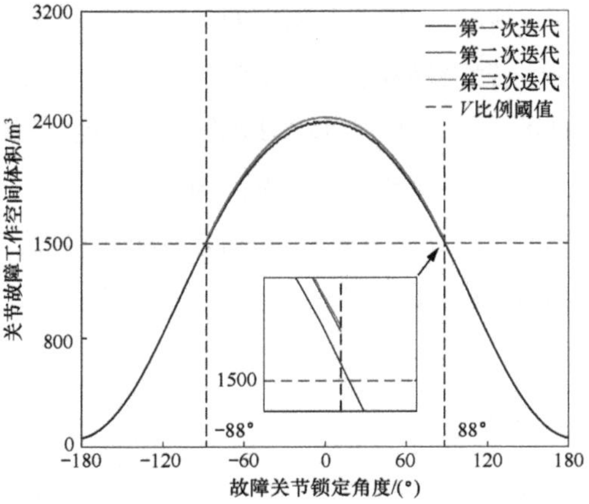

* 图 5-8 关节 4 人为限位求解曲线

5.2 关节锁定故障空间机械臂参数突变抑制

空间机械臂运动过程中突发关节锁定故障，故障关节速度突变为零，将引起末端速度 / 操作力突变而使之逐渐偏离预期任务轨迹。为尽可能使空间机械臂末端仍沿着期望轨迹运动，一般通过调整健康关节速度和力矩以补偿故障关节带来的损失，但这也将引发健康关节速度 / 力矩突变，严重影响任务执行的可靠性和系统的安全性。因此，为了尽可能使空间任务顺利执行以及增加空间机械臂的安全性，需对关节锁定故障空间机械臂末端及关节参数突变进行抑制。

本节首先分析了末端速度 / 力参数突变与关节速度 / 力矩参数突变的原因，并考虑假定故障时刻与突发故障时刻两种情况，然后建立关节速度与关节力矩参数突变抑制的优化模型，通过引入抑制系数，将参数突变抑制问题转化为最优抑制系数的求解问题，最后通过优选抑制系数，实现关节速度 / 力矩突变的最小化。

5.2.1 参数突变现象分析

本节将分析空间机械臂在运行过程中关节速度与关节力矩突变产生的具体原因，为关节参数突变抑制优化模型的建立奠定基础。为了便于分析讨论，在此假设任务初始时刻和终止时刻分别为 t_0 和 t_e，故障发生时刻为 t_f，第 k 个关节发生故障，当前任务执行时刻为 t，规划步长为 Δt，其中 $t_0 \leqslant t \leqslant t_e$。

1. 关节速度参数突变分析

空间机械臂工作空间与关节空间的映射关系为

$$\dot{\boldsymbol{x}}_{\mathrm{e}}=\boldsymbol{J}(\boldsymbol{\theta})\dot{\boldsymbol{\theta}} \tag{5-9}$$

$$\dot{\boldsymbol{\theta}}=\boldsymbol{J}^{\dagger}(\boldsymbol{\theta})\dot{\boldsymbol{x}}_{\mathrm{e}} \tag{5-10}$$

在关节锁定故障发生后，故障关节无法为末端运动产生贡献，末端速度变为

$$^{k}\dot{\boldsymbol{x}}_{\mathrm{e}}={}^{k}\boldsymbol{J}[\boldsymbol{\theta}(t)]\dot{\boldsymbol{\theta}}(t) \tag{5-11}$$

式中，$^{k}\boldsymbol{J}[\boldsymbol{\theta}(t)]$ 为故障发生后的退化雅可比矩阵。

相较于期望末端速度，实际末端速度改变量为

$$\Delta\dot{\boldsymbol{x}}_{\mathrm{e}}(t)=\boldsymbol{J}[\boldsymbol{\theta}(t)]\dot{\boldsymbol{\theta}}(t)-{}^{k}\boldsymbol{J}[\boldsymbol{\theta}(t)]\dot{\boldsymbol{\theta}}(t) \tag{5-12}$$

发生故障后，空间机械臂末端轨迹将偏离期望轨迹，轨迹偏移量为

$$\Delta\boldsymbol{x}_{\mathrm{e}}(t)=\int_{t_{\mathrm{f}}}^{t}\Delta\dot{\boldsymbol{x}}_{\mathrm{e}}(t)\mathrm{d}t \tag{5-13}$$

关节发生故障导致末端轨迹偏离期望轨迹，将直接导致任务失败。为使末端轨迹不受故障影响，可通过在故障发生瞬间调整健康关节速度，补偿故障关节的速度损失。对于 n 自由度空间机械臂而言，在其健康关节引入的末端速度修正量 $\Delta\dot{\boldsymbol{\theta}}(t)=[\Delta\dot{\theta}_1(t),\cdots,\Delta\dot{\theta}_{k-1}(t),0,\Delta\dot{\theta}_{k+1}(t),\cdots,\Delta\dot{\theta}_n(t)]^{\mathrm{T}}\in\mathbb{R}^{n\times1}$，其中 $\Delta\dot{\theta}_i(t)(i=1,2,\cdots,k-1,k+1,\cdots,n)$ 为故障发生后各关节的速度补偿量，代入式（5-12）可得

$$\Delta\dot{\boldsymbol{x}}_{\mathrm{emod}}(t)=\boldsymbol{J}[\boldsymbol{\theta}(t)]\dot{\boldsymbol{\theta}}(t)-{}^{k}\boldsymbol{J}[{}^{k}\boldsymbol{\theta}(t)][\dot{\boldsymbol{\theta}}(t)+\Delta\dot{\boldsymbol{\theta}}(t)] \tag{5-14}$$

式中，$^{k}\boldsymbol{\theta}(t)$ 为引入关节补偿速度后的健康关节角。若要消除故障后的末端速度突变，即使 $\Delta\dot{\boldsymbol{x}}_{\mathrm{emod}}(t)=\mathbf{0}$，则健康关节应额外提供的补偿速度为

$$\Delta\dot{\boldsymbol{\theta}}(t)={}^{k}\boldsymbol{J}^{\dagger}[{}^{k}\boldsymbol{\theta}(t)]\boldsymbol{J}[\boldsymbol{\theta}(t)]\dot{\boldsymbol{\theta}}(t)-\dot{\boldsymbol{\theta}}(t) \tag{5-15}$$

令 $\dot{\boldsymbol{\theta}}(t)+\Delta\dot{\boldsymbol{\theta}}(t)={}^{k}\dot{\boldsymbol{\theta}}(t)$ 表示修正后的健康关节速度，结合式（5-15）可以得到

$$^{k}\dot{\boldsymbol{\theta}}(t)={}^{k}\boldsymbol{J}^{\dagger}[{}^{k}\boldsymbol{\theta}(t)]\dot{\boldsymbol{x}}_{\mathrm{e}}(t) \tag{5-16}$$

由式（5-16）可以看出，通过在健康关节速度中引入速度补偿项实现末端速度突变抑制，实际上相当于末端速度 $\dot{\boldsymbol{x}}_{\mathrm{e}}$ 基于退化雅可比矩阵 $^{k}\boldsymbol{J}$ 在剩余健康关节上重新分配，从而使末端速度不发生突变。然而，矩阵摄动法将末端工作空间的速度突变转移到了关节空间，故障瞬间关节速度将发生明显突变，突变量可表达为 $\Delta\dot{\boldsymbol{\theta}}(t_{\mathrm{f}})={}^{k}\dot{\boldsymbol{\theta}}(t_{\mathrm{f}})-\dot{\boldsymbol{\theta}}(t_{\mathrm{f}}-\Delta t)$。关节速度突变发生在故障瞬间 Δt（$\Delta t\to0$），将会引起关节加速度 $\ddot{\boldsymbol{\theta}}(t_{\mathrm{f}})=\Delta\dot{\boldsymbol{\theta}}(t_{\mathrm{f}})/\Delta t\to\infty$，进而引起关节空载力矩 $\boldsymbol{\tau}_{\mathrm{d}}(t_{\mathrm{f}})\propto\ddot{\boldsymbol{\theta}}(t_{\mathrm{f}})\to\infty$，这不仅会造成任务失败，严重时还会损坏空间机械臂，尤其对于大负载操作任务，关节速度突变的影响更加大。因此，为实现空间机械臂运行过程中末端速度的零突变，研究关节速度突变抑制方法十分必要[5]。

2. 关节力矩参数突变分析

空间机械臂在执行任务过程中，机械臂末端提供的操作力源于关节的主动输出力矩。因此，针对末端操作力 $\boldsymbol{F}_{\mathrm{e}}$，关节应提供相应的负载补偿力矩 $\boldsymbol{\tau}_{\mathrm{e}}$，由空间机械臂静力学方程计算得

$$\boldsymbol{\tau}_{\mathrm{e}}=[\boldsymbol{J}_{\mathrm{f}}(\boldsymbol{\theta})]^{\dagger}\boldsymbol{F}_{\mathrm{e}} \tag{5-17}$$

$$\boldsymbol{F}_{\mathrm{e}}=\boldsymbol{J}_{\mathrm{f}}(\boldsymbol{\theta})\boldsymbol{\tau}_{\mathrm{e}} \tag{5-18}$$

式中，$\boldsymbol{J}_{\mathrm{f}}=(\boldsymbol{J}^{\mathrm{T}})^{\dagger}$ 是雅可比矩阵转置的伪逆，也称力传递矩阵。

当空间机械臂第 k 个关节在某时刻 t_{f} 发生关节锁定故障时，该关节将无法继续主动输出力矩，不再对末端操作力产生贡献，此时雅可比矩阵发生退化。力传递矩阵 $\boldsymbol{J}_{\mathrm{f}}$ 故障后退化为 ${}^{k}\boldsymbol{J}_{\mathrm{f}}$，退化力传递矩阵的故障关节对应列元素均为零。突发故障后，若剩余健康关节继续按预期输出关节力矩，空间机械臂实际的末端操作力将发生改变，即

$${}^{k}\boldsymbol{F}_{\mathrm{e}}={}^{k}\boldsymbol{J}_{\mathrm{f}}({}^{k}\boldsymbol{\theta})\boldsymbol{\tau}_{\mathrm{e}} \tag{5-19}$$

式中，${}^{k}\boldsymbol{J}_{\mathrm{f}}=[{}^{k}\boldsymbol{j}_{\mathrm{f}1}({}^{k}\boldsymbol{\theta}),\cdots,{}^{k}\boldsymbol{j}_{\mathrm{f}(k-1)}({}^{k}\boldsymbol{\theta}),\boldsymbol{0},{}^{k}\boldsymbol{j}_{\mathrm{f}(k+1)}({}^{k}\boldsymbol{\theta}),\cdots,{}^{k}\boldsymbol{j}_{\mathrm{f}n}({}^{k}\boldsymbol{\theta})]\in\mathbb{R}^{m\times n}$ 为故障后的退化力传递矩阵；${}^{k}\boldsymbol{j}_{\mathrm{f}i}(i=1,2,\cdots,k-1,k+1,\cdots,n)$ 为第 k 个关节故障后对应的退化力传递矩阵的第 i 列；${}^{k}\boldsymbol{\theta}$ 为发生关节故障后的关节角。

相较于期望末端操作力，故障后的实际末端操作力将发生改变，其改变量为

$$\Delta\boldsymbol{F}_{\mathrm{e}}(t)=\boldsymbol{J}_{\mathrm{f}}[\boldsymbol{\theta}(t)]\boldsymbol{\tau}_{\mathrm{e}}(t)-{}^{k}\boldsymbol{J}_{\mathrm{f}}[{}^{k}\boldsymbol{\theta}(t)]\boldsymbol{\tau}_{\mathrm{e}}(t) \tag{5-20}$$

末端操作力的改变，将导致负载的加速度偏离预期，进而导致负载偏离预定任务轨迹。这不仅会导致任务失败，还会使关节和连杆承受负载偏离运动所产生的额外附加力，将严重影响空间机械臂运行的安全性和稳定性，为此通过健康关节补偿故障关节缺失力矩，使末端操作力变化平稳。对于 n 自由度空间机械臂而言，在其健康关节引入的负载补偿力矩修正量 $\Delta\boldsymbol{\tau}_{\mathrm{e}}(t)=[\Delta\tau_1(t),\cdots,\Delta\tau_{k-1}(t),0,\ \Delta\tau_{k+1}(t),\cdots,\Delta\tau_n(t)]^{\mathrm{T}}\in\mathbb{R}^{n\times1}$，其中 $\Delta\tau_i(t)(i=1,2,\cdots,k-1,k+1,\cdots,n)$ 为故障发生后各关节的力矩补偿量，代入式（5-20）可得

$$\Delta\boldsymbol{F}_{\mathrm{emod}}(t)=\boldsymbol{J}_{\mathrm{f}}[\boldsymbol{\theta}(t)]\boldsymbol{\tau}_{\mathrm{e}}(t)-{}^{k}\boldsymbol{J}_{\mathrm{f}}[{}^{k}\boldsymbol{\theta}(t)][\boldsymbol{\tau}_{\mathrm{e}}(t)+\Delta\boldsymbol{\tau}_{\mathrm{e}}(t)] \tag{5-21}$$

若要使发生故障后的末端操作力突变被消除，即 $\Delta\boldsymbol{F}_{\mathrm{emod}}(t)=\boldsymbol{0}$，则健康关节应额外提供的负载补偿力矩为

$$\Delta\boldsymbol{\tau}_{\mathrm{e}}(t)={}^{k}\boldsymbol{J}_{\mathrm{f}}^{\dagger}[{}^{k}\boldsymbol{\theta}(t)]\boldsymbol{J}_{\mathrm{f}}[\boldsymbol{\theta}(t)]\boldsymbol{\tau}_{\mathrm{e}}(t)-\boldsymbol{\tau}_{\mathrm{e}}(t) \tag{5-22}$$

令 $\boldsymbol{\tau}_{\mathrm{e}}(t)+\Delta\boldsymbol{\tau}_{\mathrm{e}}(t)={}^{k}\boldsymbol{\tau}_{\mathrm{e}}(t)$ 表示故障后的健康关节力矩，结合式（5-22）可以得到

$${}^{k}\boldsymbol{\tau}_{\mathrm{e}}(t)={}^{k}\boldsymbol{J}_{\mathrm{f}}^{\dagger}[{}^{k}\boldsymbol{\theta}(t)]\boldsymbol{F}_{\mathrm{e}} \tag{5-23}$$

在健康关节引入关节力矩修正量 $\Delta\boldsymbol{\tau}_{\mathrm{e}}(t)$，相当于末端期望操作力 $\boldsymbol{F}_{\mathrm{e}}$ 基于退化力传递矩阵 ${}^{k}\boldsymbol{J}_{\mathrm{f}}^{\dagger}$ 在剩余健康关节上的再分配，即对故障后的关节力矩进行重新计算，进而得到新

的关节负载补偿力矩 ${}^{k}\boldsymbol{\tau}_{\mathrm{e}}$。这种方法虽然能够实现末端操作力的零突变，但力传递矩阵将末端操作力突变转移到了关节，导致关节负载补偿力矩在故障时刻发生突变，且突变量 $\Delta\boldsymbol{\tau}_{\mathrm{e}}(t_{\mathrm{f}})={}^{k}\boldsymbol{\tau}_{\mathrm{e}}(t_{\mathrm{f}})-\boldsymbol{\tau}_{\mathrm{e}}(t_{\mathrm{f}}-\Delta t)$。由于关节负载补偿力矩突变发生在极短的故障瞬间，而实际的关节电机无法及时对阶跃形式的力矩突变做出响应，无法提供期望的末端操作力，从而导致任务失败。因此，在消除末端操作力突变的基础上，研究关节力矩突变抑制方法十分必要[6]。

5.2.2 关节速度参数突变抑制

本节依据关节速度参数突变分析结果，以发生故障瞬间的关节速度突变最小为优化目标，建立关节速度参数突变抑制优化模型。

1. 关节速度参数突变抑制优化模型的建立

（1）约束条件

当空间机械臂末端沿着期望轨迹运动时，要求实际的末端速度与期望速度保持一致，约束条件为

$$\boldsymbol{h}_1(t)={}^{\mathrm{a}}\dot{\boldsymbol{x}}_{\mathrm{e}}(t)-{}^{\mathrm{d}}\dot{\boldsymbol{x}}_{\mathrm{e}}(t) \tag{5-24}$$

式中，${}^{\mathrm{a}}\dot{\boldsymbol{x}}_{\mathrm{e}}$和${}^{\mathrm{d}}\dot{\boldsymbol{x}}_{\mathrm{e}}\in\mathbb{R}^{m\times1}$分别表示末端实际速度和期望速度，对应地可写出末端位姿精度的约束为

$$\boldsymbol{h}_2(t)={}^{\mathrm{a}}\boldsymbol{x}_{\mathrm{e}}(t)-{}^{\mathrm{d}}\boldsymbol{x}_{\mathrm{e}}(t)=\int_{t_0}^{t}\boldsymbol{h}_1(t)\mathrm{d}t \tag{5-25}$$

式中，${}^{\mathrm{a}}\boldsymbol{x}_{\mathrm{e}}$和${}^{\mathrm{d}}\boldsymbol{x}_{\mathrm{e}}\in\mathbb{R}^{m\times1}$分别表示末端实际位姿和期望位姿。

$\boldsymbol{h}_1$ 和 $\boldsymbol{h}_2$ 是末端转位任务是否能够完成的主要考量指标。根据任务要求，需要保证 $\boldsymbol{h}_1(t)=\boldsymbol{0}^{m\times1}$ 及 $\boldsymbol{h}_2(t)=\boldsymbol{0}^{m\times1}$。另外，在修正关节速度的同时，需要保证关节运动参数（包括关节速度与加速度）不超过机械臂关节输出极限。由此可得约束条件为

$$\boldsymbol{g}_1(t)=\left[g_{1,1}(t),g_{1,2}(t),\cdots,g_{1,n}(t)\right]^{\mathrm{T}} \tag{5-26}$$

$$\boldsymbol{g}_2(t)=\left[g_{2,1}(t),g_{2,2}(t),\cdots,g_{2,n}(t)\right]^{\mathrm{T}} \tag{5-27}$$

式中，$g_{1,i}(t)=\left|\dot{\theta}_i(t)\right|-{}^{\max}\dot{\theta}_i$和$g_{2,i}(t)=\left|\ddot{\theta}_i(t)\right|-{}^{\max}\ddot{\theta}_i$分别表示对第 i 个关节的速度和加速度约束，其构成了关节速度和加速度约束集合$\boldsymbol{g}_1,\boldsymbol{g}_2\in\mathbb{R}^{n\times1}$。${}^{\max}\dot{\theta}_i$和${}^{\max}\ddot{\theta}_i$分别表示关节实际可提供的最大速度和最大加速度。为保证关节运动不超限，上述约束应满足$g_{1,i}(t)\leqslant0$及$g_{2,i}(t)\leqslant0$。

（2）目标函数

在关节速度突变抑制问题中，以发生故障瞬间的关节速度突变最小为优化目标。利用故障时刻关节速度突变量$\Delta\dot{\boldsymbol{\theta}}$的 2- 范数作为目标函数，可表示为

$$f_1=\left\|\Delta\dot{\boldsymbol{\theta}}(t_{\mathrm{f}})\right\|=\left\|{}^{k}\dot{\boldsymbol{\theta}}(t_{\mathrm{f}})-\dot{\boldsymbol{\theta}}(t_{\mathrm{f}}-\Delta t)\right\| \tag{5-28}$$

（3）关节速度突变抑制模型

综合前文所述约束条件与优化目标，可得到关节速度突变抑制模型为

$$\begin{array}{ll} \min & f_1 \\ \text{s.t.} & g_{1,i} \leqslant 0, i=1,2,\cdots,n \\ & g_{2,i} \leqslant 0, i=1,2,\cdots,n \\ & \boldsymbol{h}_1 = \boldsymbol{0}^{m\times 1} \\ & \boldsymbol{h}_2 = \boldsymbol{0}^{m\times 1} \end{array} \tag{5-29}$$

求解上述最优化问题，可实现在发生故障瞬间对空间机械臂末端速度和关节速度突变的同时抑制。

2. 关节速度参数突变抑制问题的转化

为使关节锁定故障引起的关节速度突变量最小，可利用冗余度空间机械臂的自运动特性，构造基于雅可比矩阵标准正交基的关节速度零空间项。在关节速度零空间项中引入抑制系数 k_c，并利用运动学可操作度梯度表征对每一个关节的速度突变修正权重。当第 k 个关节发生故障时，退化运动学可操作度 ${}^k w_{\mathrm{KFT}}({}^k\boldsymbol{\theta}) = \sqrt{\det[{}^k\boldsymbol{J}({}^k\boldsymbol{\theta}){}^k\boldsymbol{J}^{\mathrm{T}}({}^k\boldsymbol{\theta})]}$。对于运行时刻 t，可得关节速度突变修正矢量为

$$\begin{cases} \dot{\boldsymbol{\theta}}_{\mathrm{NULL}}(t) = k_c\left(\boldsymbol{I} - \boldsymbol{J}^{\dagger}\boldsymbol{J}\right)\cdot\nabla w_{\mathrm{KFT}}, & t_0 \leqslant t < t_f \\ {}^k\dot{\boldsymbol{\theta}}_{\mathrm{NULL}}(t) = k_c\left({}^k\boldsymbol{I} - {}^k\boldsymbol{J}^{\dagger}\,{}^k\boldsymbol{J}\right)\cdot\nabla\,{}^k w_{\mathrm{KFT}}, & t_f \leqslant t \leqslant t_e \end{cases} \tag{5-30}$$

式中，$\dot{\boldsymbol{\theta}}_{\mathrm{NULL}}(t) \in \mathbb{R}^{n\times 1}$ 及 ${}^k\dot{\boldsymbol{\theta}}_{\mathrm{NULL}}(t) \in \mathbb{R}^{(n-1)\times 1}$ 分别表示故障前和故障后的关节速度修正矢量；$\boldsymbol{I} \in \mathbb{R}^{n\times n}$ 及 ${}^k\boldsymbol{I} \in \mathbb{R}^{(n-1)\times(n-1)}$ 均为单位矩阵；$\nabla w_{\mathrm{KFT}} \in \mathbb{R}^{n\times 1}$ 及 $\nabla\,{}^k w_{\mathrm{KFT}} \in \mathbb{R}^{(n-1)\times 1}$ 代表故障前后的可操作度梯度。

将式（5-30）所示的关节速度修正矢量引入关节速度中，可得到修正后的关节速度为

$$\begin{cases} \dot{\boldsymbol{\theta}}_{\mathrm{mod}}(t) = \dot{\boldsymbol{\theta}}(t) + \dot{\boldsymbol{\theta}}_{\mathrm{NULL}}(t) = \boldsymbol{J}^{\dagger}\dot{\boldsymbol{x}}_e + k_c\left(\boldsymbol{I} - \boldsymbol{J}^{\dagger}\boldsymbol{J}\right)\cdot\nabla w_{\mathrm{KFT}}, & t_0 \leqslant t < t_f \\ {}^k\dot{\boldsymbol{\theta}}_{\mathrm{mod}}(t) = {}^k\dot{\boldsymbol{\theta}}(t) + {}^k\dot{\boldsymbol{\theta}}_{\mathrm{NULL}}(t) = {}^k\boldsymbol{J}^{\dagger}\dot{\boldsymbol{x}}_e + k_c\left({}^k\boldsymbol{I} - {}^k\boldsymbol{J}^{\dagger}\,{}^k\boldsymbol{J}\right)\cdot\nabla\,{}^k w_{\mathrm{KFT}}, & t_f \leqslant t \leqslant t_e \end{cases} \tag{5-31}$$

为了保证运算维度的一致性，将上述故障后的关节速度修正矢量改为 ${}^k\dot{\boldsymbol{\theta}}_{\mathrm{NULL}}(t) = [{}^k\dot{\theta}_{\mathrm{NULL}1},\cdots,{}^k\dot{\theta}_{\mathrm{NULL}(k-1)},0,{}^k\dot{\theta}_{\mathrm{NULL}(k+1)},\cdots,{}^k\dot{\theta}_{\mathrm{NULL}n}]^{\mathrm{T}} \in \mathbb{R}^{n\times 1}$。

对于修正后的关节速度，优化问题即式（5-29）的目标函数变为

$$\begin{aligned} f_1 &= \left\|\Delta\dot{\boldsymbol{\theta}}_{\mathrm{mod}}\right\| = \left\|{}^k\dot{\boldsymbol{\theta}}_{\mathrm{mod}}(t_f) - \dot{\boldsymbol{\theta}}_{\mathrm{mod}}(t_f - \Delta t)\right\| \\ &= \left\|{}^k\boldsymbol{J}^{\dagger}\dot{\boldsymbol{x}}_e(t_f) - \boldsymbol{J}^{\dagger}\dot{\boldsymbol{x}}_e(t_f - \Delta t) + {}^k\dot{\boldsymbol{\theta}}_{\mathrm{NULL}}(t_f) - \dot{\boldsymbol{\theta}}_{\mathrm{NULL}}(t_f - \Delta t)\right\| \end{aligned} \tag{5-32}$$

式中，$\left\|\Delta\dot{\boldsymbol{\theta}}_{\mathrm{mod}}\right\|$ 表示引入修正量后的关节速度突变量。

由式（5-31）、式（5-32）可以看出，关节速度突变抑制目标函数是故障时刻 t_f 和抑制

系数 k_c 的函数，即 $f_1 = f(t_f, k_c)$。当故障时刻确定时，关节速度突变抑制的目标函数值完全取决于抑制系数，因此最优目标函数值的求解可转化为最优抑制系数的选取。

但对于突发关节故障而言，发生故障的时刻是未知的，为适应突发关节故障，需要改变关节速度突变优化问题描述，同时关节速度突变最优抑制系数也不再是定值，应随运行时间 t 动态变化。在此，以整个运行周期内相邻时刻关节速度变化量矢量 2- 范数的最大值作为目标函数值，有

$$f_1' = \max\left\|\Delta\dot{\boldsymbol{\theta}}(t)\right\| \tag{5-33}$$

式中，$\Delta\dot{\boldsymbol{\theta}}(t)$ 表示相邻运行时刻关节速度的变化量；f_1' 表示故障瞬间关节速度的突变值。同时，通过搜索关节速度突变最优抑制系数函数 k_{copt}，以实现关节故障突发情况下的关节速度突变抑制。于是，式（5-29）所示的优化问题变为

$$\begin{aligned} \min \quad & f_1' = \max\left\|\Delta\dot{\boldsymbol{\theta}}(t)\right\| \\ \text{s.t.} \quad & g_{1,i} \leqslant 0, i = 1,2,\cdots,n \\ & g_{2,i} \leqslant 0, i = 1,2,\cdots,n \\ & \boldsymbol{h}_1 = \boldsymbol{0}^{m\times 1} \\ & \boldsymbol{h}_2 = \boldsymbol{0}^{m\times 1} \end{aligned} \tag{5-34}$$

若最优抑制系数随时间变化，则优化后的关节速度变为

$$\begin{cases} \dot{\boldsymbol{\theta}}_{\text{mod}}(t) = \boldsymbol{J}^{\dagger}\dot{\boldsymbol{x}}_{\text{e}} + k_{\text{copt}}(t)(\boldsymbol{I} - \boldsymbol{J}^{\dagger}\boldsymbol{J}) \cdot \nabla w_{\text{KFT}}, & t_0 \leqslant t < t_{\text{f}} \\ {}^{k}\dot{\boldsymbol{\theta}}_{\text{mod}}(t) = {}^{k}\boldsymbol{J}^{\dagger}\dot{\boldsymbol{x}}_{\text{e}} + k_{\text{copt}}(t)({}^{k}\boldsymbol{I} - {}^{k}\boldsymbol{J}^{\dagger}\,{}^{k}\boldsymbol{J}) \cdot \nabla {}^{k}w_{\text{KFT}}, & t_{\text{f}} \leqslant t \leqslant t_{\text{e}} \end{cases} \tag{5-35}$$

因此，关节速度突变抑制问题由式（5-34）转化为对关节速度突变最优抑制系数函数 $k_{\text{copt}}(t)$ 的求解。

5.2.3 关节力矩参数突变抑制

本节依据关节力矩参数突变分析结果，以故障瞬间的关节负载补偿力矩突变最小为优化目标，建立关节力矩参数突变抑制模型。

1. 关节力矩参数突变抑制优化模型的建立

（1）约束条件

当空间机械臂末端对负载进行操作时，需尽可能保证负载的运动精度，这就要求实际的末端操作力和期望值保持一致，从而可得到操作力约束条件为

$$\boldsymbol{h}_3(t) = {}^{\text{a}}\boldsymbol{F}_{\text{e}}(t) - {}^{\text{d}}\boldsymbol{F}_{\text{e}}(t) \tag{5-36}$$

式中，${}^{\text{a}}\boldsymbol{F}_{\text{e}}$ 和 ${}^{\text{d}}\boldsymbol{F}_{\text{e}} \in \mathbb{R}^{m\times 1}$ 分别表示末端实际操作力和期望操作力。$\boldsymbol{h}_3(t)$ 是负载任务是否能够完成

的主要考量指标，根据任务要求，有 $\boldsymbol{h}_3(t)=\boldsymbol{0}^{m\times1}$。另外，在整个优化过程中，需要保证关节总力矩（空载力矩加负载补偿力矩）不得超过关节电机的额定输出力矩，由此可得到如下约束条件：

$$\boldsymbol{g}_3(t)=\left[g_{3,1}(t),g_{3,2}(t),\cdots,g_{3,n}(t)\right]^{\mathrm{T}} \tag{5-37}$$

式中，关节力矩约束集合 $\boldsymbol{g}_3\in\mathbb{R}^{n\times1}$；$g_{3,i}(t)=|\tau_i|-{}^{\max}\tau_i$ 表示第 i 个关节的力矩约束；${}^{\max}\tau_i$ 表示所允许的关节的力矩最大值；$\boldsymbol{\tau}\in\mathbb{R}^{n\times1}$ 为关节总力矩；$\boldsymbol{\tau}_{\mathrm{d}}\in\mathbb{R}^{n\times1}$ 表示关节需要提供的空载力矩；$\tau_{\mathrm{d}i}$ 为第 i 个关节的空载力矩，可根据关节运动信息、机械臂动力学参数等通过拉格朗日方程计算，即

$$\boldsymbol{\tau}_{\mathrm{d}}=\boldsymbol{M}[\boldsymbol{\theta}(t)]\ddot{\boldsymbol{\theta}}(t)+\boldsymbol{C}[\boldsymbol{\theta}(t),\dot{\boldsymbol{\theta}}(t)]\dot{\boldsymbol{\theta}}(t) \tag{5-38}$$

为保证关节力矩不超限，式（5-37）应满足 $g_{3,i}\leqslant 0(i=1,2,\cdots,n)$。

（2）目标函数

在关节力矩参数突变抑制问题中，以关节负载补偿力矩突变最小为优化目标。选择故障时刻关节力矩突变量的 2- 范数作为目标函数，可表示为

$$f_2=\|\Delta\boldsymbol{\tau}_{\mathrm{e}}(t_{\mathrm{f}})\|=\|{}^{k}\boldsymbol{\tau}_{\mathrm{e}}(t_{\mathrm{f}})-\boldsymbol{\tau}_{\mathrm{e}}(t_{\mathrm{f}}-\Delta t)\| \tag{5-39}$$

（3）关节力矩突变抑制模型

综合上述约束条件与优化目标，可得到关节负载补偿力矩突变抑制模型为

$$\begin{aligned}&\min\quad f_2\\&\text{s.t.}\quad g_{3,i}\leqslant 0,i=1,2,\cdots,n\\&\qquad\ \ \boldsymbol{h}_3=\boldsymbol{0}^{m\times1}\end{aligned} \tag{5-40}$$

求解上述最优化问题，可实现末端操作力和关节力矩突变的同时抑制。

2. 关节力矩参数突变抑制问题的转化

如果空间机械臂故障前后均具备冗余特性，可通过构造零空间项修正关节负载补偿力矩而不影响末端操作力。为了实现关节的主动修正，在零空间项中引入抑制系数 k_{t}，同时在关节负载补偿力矩零空间项中引入静力学可操作度指标 $w_{\mathrm{SFT}}(\boldsymbol{\theta}_{\mathrm{mod}})=\sqrt{\det[\boldsymbol{J}_{\mathrm{f}}(\boldsymbol{\theta}_{\mathrm{mod}})\boldsymbol{J}_{\mathrm{f}}^{\mathrm{T}}(\boldsymbol{\theta}_{\mathrm{mod}})]}$，以其梯度表示关节力矩修正权重。关节锁定故障发生后，静力学可操作度退化为 ${}^{k}w_{\mathrm{SFT}}({}^{k}\boldsymbol{\theta}_{\mathrm{mod}})=\sqrt{\det({}^{k}\boldsymbol{J}_{\mathrm{f}}({}^{k}\boldsymbol{\theta}_{\mathrm{mod}}){}^{k}\boldsymbol{J}_{\mathrm{f}}^{\mathrm{T}}({}^{k}\boldsymbol{\theta}_{\mathrm{mod}}))}$。对于运行时刻 t，可得关节力矩突变修正矢量为

$$\begin{cases}\boldsymbol{\tau}_{\mathrm{eNULL}}(t)=k_{\mathrm{t}}(\boldsymbol{I}-\boldsymbol{J}_{\mathrm{f}}^{\dagger}\boldsymbol{J}_{\mathrm{f}})\bullet\nabla w_{\mathrm{SFT}}, & t_0\leqslant t<t_{\mathrm{f}}\\ {}^{k}\boldsymbol{\tau}_{\mathrm{eNULL}}(t)=k_{\mathrm{t}}({}^{k}\boldsymbol{I}-{}^{k}\boldsymbol{J}_{\mathrm{f}}^{\dagger}\,{}^{k}\boldsymbol{J}_{\mathrm{f}})\bullet\nabla\,{}^{k}w_{\mathrm{SFT}}, & t_{\mathrm{f}}\leqslant t\leqslant t_{\mathrm{e}}\end{cases} \tag{5-41}$$

式中，$\boldsymbol{\tau}_{\mathrm{eNULL}}(t)\in\mathbb{R}^{n\times1}$ 及 ${}^{k}\boldsymbol{\tau}_{\mathrm{eNULL}}(t)\in\mathbb{R}^{(n-1)\times1}$ 分别表示发生故障前和故障后的关节负载补偿力矩修正矢量；$\nabla w_{\mathrm{SFT}}\in\mathbb{R}^{n\times1}$ 及 $\nabla\,{}^{k}w_{\mathrm{SFT}}\in\mathbb{R}^{(n-1)\times1}$ 代表发生故障前和故障后的可操作度梯度。

将式（5-41）所求得的关节负载补偿力矩修正矢量引入关节力矩中，则修正后的关节力

矩可表示为

$$\begin{cases}\boldsymbol{\tau}_{\text{emod}}(t)=\boldsymbol{\tau}_{\text{e}}(t)+\boldsymbol{\tau}_{\text{eNULL}}(t)=\boldsymbol{J}_{\text{f}}^{\dagger}\boldsymbol{F}_{\text{e}}+k_{\text{t}}(\boldsymbol{I}-\boldsymbol{J}_{\text{f}}^{\dagger}\boldsymbol{J}_{\text{f}})\bullet\nabla w_{\text{SFT}}, & t_0\leqslant t<t_{\text{f}}\\ {}^{k}\boldsymbol{\tau}_{\text{emod}}(t)={}^{k}\boldsymbol{\tau}_{\text{e}}(t)+{}^{k}\boldsymbol{\tau}_{\text{eNULL}}(t)={}^{k}\boldsymbol{J}_{\text{f}}^{\dagger}\boldsymbol{F}_{\text{e}}+k_{\text{t}}({}^{k}\boldsymbol{I}-{}^{k}\boldsymbol{J}_{\text{f}}^{\dagger}\,{}^{k}\boldsymbol{J}_{\text{f}})\bullet\nabla^{k}w_{\text{SFT}}, & t_{\text{f}}\leqslant t\leqslant t_{\text{e}}\end{cases}\tag{5-42}$$

为保证运算维度的一致性，发生故障后的关节负载补偿力矩修正矢量改为 ${}^{k}\boldsymbol{\tau}_{\text{eNULL}}(t)=[{}^{k}\tau_{\text{eNULL1}},\cdots,{}^{k}\tau_{\text{eNULL}(k-1)},0,{}^{k}\tau_{\text{eNULL}(k+1)},\cdots,{}^{k}\tau_{\text{eNULL}n}]^{\text{T}}\in\mathbb{R}^{n\times1}$。由于关节负载补偿力矩得到了修正，则关节负载补偿力矩突变抑制问题的目标函数改变为

$$\begin{aligned}f_2(t_{\text{f}})&=\left\|\Delta\boldsymbol{\tau}_{\text{emod}}(t_{\text{f}})\right\|=\left\|{}^{k}\boldsymbol{\tau}_{\text{emod}}(t_{\text{f}})-\boldsymbol{\tau}_{\text{emod}}(t_{\text{f}}-\Delta t)\right\|\\&=\left\|{}^{k}\boldsymbol{J}_{\text{f}}^{\dagger}\boldsymbol{F}_{\text{e}}-\boldsymbol{J}_{\text{f}}^{\dagger}\boldsymbol{F}_{\text{e}}+k_{\text{t}}({}^{k}\boldsymbol{I}-{}^{k}\boldsymbol{J}_{\text{f}}^{\dagger}\,{}^{k}\boldsymbol{J}_{\text{f}})\nabla^{k}w_{\text{SFT}}-k_{\text{t}}(\boldsymbol{I}-\boldsymbol{J}_{\text{f}}^{\dagger}\boldsymbol{J}_{\text{f}})\nabla w_{\text{SFT}}\right\|\end{aligned}\tag{5-43}$$

式中，$\left\|\Delta\boldsymbol{\tau}_{\text{emod}}(t_{\text{f}})\right\|$表示引入修正量后的关节负载补偿力矩突变量。

由式（5-42）、式（5-43）可以看出，关节负载补偿力矩突变量是故障时刻 t_{f} 和抑制系数 k_{t} 的函数，即 $f_2=f(t_{\text{f}},k_{\text{t}})$。当故障时刻确定时，关节负载补偿力矩突变优化的目标函数值完全取决于抑制系数，因此最优目标函数值的求解可转化为最优抑制系数的选取。

但对于突发关节故障而言，发生故障的时刻是未知的，为适应突发关节故障，需要改变关节力矩突变优化问题描述，同时关节力矩突变最优抑制系数也不再是定值，应随运行时间 t 而动态变化。在此，以整个运行周期内相邻时刻关节力矩变化量矢量 2- 范数的最大值作为目标函数值，有

$$f_2'=\max\left\|\Delta\boldsymbol{\tau}_{\text{e}}(t)\right\|\tag{5-44}$$

式中，$\Delta\boldsymbol{\tau}_{\text{e}}(t)$ 表示相邻运行时刻关节负载补偿力矩的变化量；f_2' 表示故障瞬间关节力矩的突变值。同时，通过搜索关节负载补偿力矩突变最优抑制系数函数 k_{topt}，以实现关节故障突发情况下的关节负载补偿力矩突变抑制。于是，式（5-40）所示的优化问题变为

$$\begin{aligned}\min\quad & f_2'=\max\left\|\Delta\boldsymbol{\tau}_{\text{e}}(t)\right\|\\ \text{s.t.}\quad & g_{3,i}\leqslant 0,i=1,2,\cdots,n\\ & \boldsymbol{h}_3=\boldsymbol{0}^{m\times1}\end{aligned}\tag{5-45}$$

若最优抑制系数随时间变化，则优化后的关节力矩变为

$$\begin{cases}\boldsymbol{\tau}_{\text{emod}}(t)=\boldsymbol{J}_{\text{f}}^{\dagger}\boldsymbol{F}_{\text{e}}+k_{\text{topt}}(t)(\boldsymbol{I}-\boldsymbol{J}_{\text{f}}^{\dagger}\boldsymbol{J}_{\text{f}})\bullet\nabla w_{\text{SFT}}, & t_0\leqslant t<t_{\text{f}}\\ {}^{k}\boldsymbol{\tau}_{\text{emod}}(t)={}^{k}\boldsymbol{J}_{\text{f}}^{\dagger}\boldsymbol{F}_{\text{e}}+k_{\text{topt}}(t)({}^{k}\boldsymbol{I}-{}^{k}\boldsymbol{J}_{\text{f}}^{\dagger}\,{}^{k}\boldsymbol{J}_{\text{f}})\bullet\nabla^{k}w_{\text{SFT}}, & t_{\text{f}}\leqslant t\leqslant t_{\text{e}}\end{cases}\tag{5-46}$$

因此，关节负载补偿力矩突变抑制问题由式（5-40）转化为对关节负载补偿力矩突变最优抑制系数函数 $k_{\text{topt}}(t)$ 的求解。

5.2.4 最优抑制系数函数求解

目标函数值与抑制系数相关，通过求解最佳抑制系数可得到目标函数最小值。此外，对

于突发关节故障的情况，一般无法得知关节发生故障的准确时刻。因此，为求解整个任务周期内所有可能的故障时刻的相应最佳抑制系数，通过用高阶多项式进一步拟合最优抑制系数函数，可以最大限度抑制任何故障时刻下的关节参数突变。

当故障时刻 t_{f} 确定时，最优抑制系数 ${}^{t_{\mathrm{f}}}k_{\mathrm{copt}}$ 和 ${}^{t_{\mathrm{f}}}k_{\mathrm{topt}}$ 将在可行域 $[k_{\mathrm{cmin}}, k_{\mathrm{cmax}}]$、$[k_{\mathrm{tmin}}, k_{\mathrm{tmax}}]$ 中获得，其中，可行域应分别满足式（5-29）与式（5-40）中的约束条件，同时还需分别满足目标函数的收敛条件 $\begin{cases} f_1(k_{\mathrm{cmin}}+\Delta k_{\mathrm{c}}) < f_1(k_{\mathrm{cmin}}) \\ f_1(k_{\mathrm{cmax}}-\Delta k_{\mathrm{c}}) < f_1(k_{\mathrm{cmax}}) \end{cases}$ 和 $\begin{cases} f_2(k_{\mathrm{tmin}}+\Delta k_{\mathrm{t}}) < f_2(k_{\mathrm{tmin}}) \\ f_2(k_{\mathrm{tmax}}-\Delta k_{\mathrm{t}}) < f_2(k_{\mathrm{tmax}}) \end{cases}$，以确保可行域内最优抑制系数的存在性。综上所述，某一假定故障时刻的最优抑制系数的选取步骤如下。

步骤 1：面向关节速度突变抑制，依据约束条件（$\boldsymbol{h}_1$、$\boldsymbol{h}_2$、$\boldsymbol{g}_1$和$\boldsymbol{g}_2$）以及目标函数f_1的收敛条件，可确定抑制系数 k_{c} 的可行域 $[k_{\mathrm{cmin}}, k_{\mathrm{cmax}}]$。

步骤 2：以 k_{cmin} 为初始值，以 Δk_{c} 为步长（$\Delta k_{\mathrm{c}} < k_{\mathrm{cmax}} - k_{\mathrm{cmin}}$）进行遍历，获得抑制系数 k_{c} 的集合 $\{k_{\mathrm{c}i} \mid k_{\mathrm{c}i} = k_{\mathrm{cmin}} + (i-1)\Delta k_{\mathrm{c}}\}[i=1,2,\cdots,(k_{\mathrm{cmax}}-k_{\mathrm{cmin}})/\Delta k_{\mathrm{c}}+1]$，其中，该集合元素的总个数为 p_{c}。

步骤 3：由抑制系数 k_{c} 的集合可求得修正后的关节速度 $\dot{\boldsymbol{\theta}}_{\mathrm{mod}}(t,k_{\mathrm{c}i})$ 及 ${}^{k}\dot{\boldsymbol{\theta}}_{\mathrm{mod}}(t,k_{\mathrm{c}i})$。

步骤 4：通过求解每一步的目标函数值 $f_{1i} = \left\| {}^{k}\dot{\boldsymbol{\theta}}_{\mathrm{mod}}(t_{\mathrm{f}},k_{\mathrm{c}i}) - \dot{\boldsymbol{\theta}}_{\mathrm{mod}}(t_{\mathrm{f}}-\Delta t,k_{\mathrm{c}i}) \right\|$，可构造矩阵 $\boldsymbol{K}_{\mathrm{c}}$，即

$$\boldsymbol{K}_c = \begin{bmatrix} f_{11} & f_{12} & \cdots & f_{1p_{\mathrm{c}}} \\ \vdots & \vdots & & \vdots \\ k_{\mathrm{c}1} & k_{\mathrm{c}2} & \cdots & k_{\mathrm{c}p_{\mathrm{c}}} \end{bmatrix}^{\mathrm{T}} \in \mathbb{R}^{2\times p_{\mathrm{c}}}$$

式中，该矩阵第一行为目标函数值，第二行为对应的抑制系数，通过搜索第一行中的最小值，取第二行中相同列的元素为最优抑制系数 $k_{\mathrm{copt}}\big|_{t=t_{\mathrm{f}}}$。

步骤 5：面向关节力矩突变抑制，依据约束条件（$\boldsymbol{h}_3$和$\boldsymbol{g}_3$）与目标函数f_2'的收敛条件，可确定抑制系数 k_{t} 的可行域 $[k_{\mathrm{tmin}}, k_{\mathrm{tmax}}]$。

步骤 6：以 k_{tmin} 为初始值，以 Δk_{t} 为步长（$\Delta k_{\mathrm{t}} < k_{\mathrm{tmax}} - k_{\mathrm{tmin}}$）进行遍历，获得抑制系数 k_{t} 的集合 $\{k_{\mathrm{t}i} \mid k_{\mathrm{t}i} = k_{\mathrm{tmin}} + (i-1)\Delta k_{t}\}[i=1,2,\cdots,(k_{\mathrm{tmax}}-k_{\mathrm{tmin}})/\Delta k_{\mathrm{t}}+1]$。

步骤 7：由抑制系数 k_{t} 的集合可求得修正后的关节力矩 $\boldsymbol{\tau}_{\mathrm{emod}}(t,k_{\mathrm{t}i})$ 和 ${}^{k}\boldsymbol{\tau}_{\mathrm{emod}}(t,k_{\mathrm{t}i})$。

步骤 8：通过求解每一步的目标函数值 $f_{2i} = \left\| {}^{k}\boldsymbol{\tau}_{\mathrm{emod}}(t_{\mathrm{f}},k_{\mathrm{t}i}) - \boldsymbol{\tau}_{\mathrm{emod}}(t_{\mathrm{f}}-\Delta t,k_{\mathrm{t}i}) \right\|$，可构造矩阵 $\boldsymbol{K}_{\mathrm{t}}$，为

$$\boldsymbol{K}_{\mathrm{t}} = \begin{bmatrix} f_{21} & f_{22} & \cdots & f_{2p_{\mathrm{t}}} \\ k_{\mathrm{t}1} & k_{\mathrm{t}2} & \cdots & k_{\mathrm{t}p_{\mathrm{t}}} \end{bmatrix}^{\mathrm{T}} \in \mathbb{R}^{2\times p_{\mathrm{t}}}$$

式中，该矩阵第一行为目标函数值，第二行为对应的抑制系数，通过搜索第一行中的最小值，

取第二行中相同列的元素为最优抑制系数 $k_{topt}|_{t=t_t}$，其中，该集合元素的总个数为 p_t。

以上步骤实现了某一假定故障时刻下，关节参数突变最优抑制系数的选取。针对关节突发故障问题，通过求解整个运行周期内所有可能的故障时刻相应的抑制系数，以实现关节参数突变抑制，具体步骤如下。

步骤 1：从 t_0 时刻开始，每隔一个时间步长 $\Delta t'$ 引入关节故障，得到整个运行周期内所有故障时刻集合，即

$$t=\left\{{}^{cur}t_1,{}^{cur}t_2,\cdots,{}^{cur}t_i,\cdots,{}^{cur}t_r\right\}=\left\{t_0+\Delta t',t_0+2\Delta t',\cdots,t_0+i\bullet\Delta t',\cdots,t_e\right\}$$

式中，r 为时刻集合的元素总个数。

步骤 2：假设第 k 个关节在初始时刻 ${}^{cur}t_1$ 发生故障，与已知故障时刻 t_f 发生关节故障类似，选取在 ${}^{cur}t_1$ 时刻下使得目标函数 $f_{11}'=\|{}^{k}\dot{\boldsymbol{\theta}}_{mod}({}^{cur}t_1,{}^{t_1}k_{copt})-\dot{\boldsymbol{\theta}}_{mod}(t_0,0)\|$ 最小的抑制系数 $k_{copt}|_{t={}^{cur}t_1}$ 为最优抑制系数。

步骤 3：假设第 k 个关节在第二个时刻 ${}^{cur}t_2$ 发生故障，则基于上一时刻求得的最优抑制系数，求得修正后的关节角 $\boldsymbol{\theta}_{mod}({}^{cur}t_1)=\boldsymbol{\theta}_{mod}(t_0)+\boldsymbol{\theta}_{mod}({}^{cur}t_1,{}^{t_1}k_{copt})\Delta t'$ 和修正后的关节速度 $\dot{\boldsymbol{\theta}}_{mod}({}^{cur}t_1,{}^{t_1}k_{copt})$，进而选取在 ${}^{cur}t_2$ 时刻下使得目标函数 $f_{12}'=\left\|{}^{k}\dot{\boldsymbol{\theta}}_{mod}(t_2,{}^{t_2}k_{copt})-\dot{\boldsymbol{\theta}}_{mod}(t_1,{}^{t_1}k_{copt})\right\|$ 最小的抑制系数 $k_{copt}|_{t={}^{cur}t_2}$ 为最优抑制系数。

步骤 4：对于第 k 个关节在任意时刻 ${}^{cur}t_i(i=1,2,\cdots,r)$ 发生关节故障而言，基于上一时刻最优抑制系数 $k_{copt}|_{t={}^{cur}t_{i-1}}$ 求得的修正关节速度，可求得相应修正后的关节角 $\boldsymbol{\theta}_{mod}({}^{cur}t_{i-1})=\boldsymbol{\theta}_{mod}({}^{cur}t_{i-2})+\boldsymbol{\theta}_{mod}({}^{cur}t_{i-1},{}^{t_{i-1}}k_{copt})\Delta t'$，选取在当前时刻下使得目标函数 $f_{1i}'=\max\left\|\dot{\boldsymbol{\theta}}_{mod}(t_i,{}^{t_i}k_{copt})-\dot{\boldsymbol{\theta}}_{mod}(t_{i-1},{}^{t_{i-1}}k_{copt})\right\|$ 最小的抑制系数为最优抑制系数。

步骤 5：通过遍历整个运行周期 ${}^{cur}\boldsymbol{t}_i=[{}^{cur}t_1,{}^{cur}t_2,\cdots,{}^{cur}t_r]$，基于前一个时刻的关节速度可获得使得目标函数值 $f_1'=\max\left\|\Delta^{k}\dot{\boldsymbol{\theta}}(t)\right\|\left(t=\{{}^{cur}t_1,{}^{cur}t_2,\cdots,{}^{cur}t_i,\cdots,{}^{cur}t_r\}\right)$ 最小的最优抑制系数向量 $\boldsymbol{k}_{copt}=[{}^{t_1}k_{copt},{}^{t_2}k_{copt},\cdots,{}^{t_r}k_{copt}]$。

步骤 6：与关节速度参数抑制类似，可用同样的方法获得在整个运行周期内使得目标函数 $f_2'=\max\left\|\Delta^{k}\boldsymbol{\tau}_e(t)\right\|\left(t=\{{}^{cur}t_1,{}^{cur}t_2,\cdots,{}^{cur}t_i,\cdots,{}^{cur}t_r\}\right)$ 最小的最优抑制系数向量 $\boldsymbol{k}_{topt}=[{}^{t_1}k_{topt},{}^{t_2}k_{topt},\cdots,{}^{t_r}k_{topt}]$。

当第 k 个关节在未知时刻发生关节故障时，f_1' 和 f_2' 分别代表故障时刻关节速度与关节力矩的突变量。分别将故障时刻对应的最优抑制系数 $\boldsymbol{k}_{copt}$ 和 $\boldsymbol{k}_{topt}$ 代入式（5-35）和式（5-46）可在运行周期内对关节参数进行修正。

为实现在整个任务周期内对连续时间下的关节参数进行修正，通过采用高阶多项式对所求得的各个故障时刻的最优抑制系数进行拟合。以在整个运行周期内引入多个

故障时刻 ${}^{\text{cur}}\boldsymbol{t}_{\text{f}}=[{}^{\text{cur}}t_{\text{f}1},{}^{\text{cur}}t_{\text{f}2},\cdots,{}^{\text{cur}}t_{\text{f}r}]$ 为自变量，分别以对应的关节突变最优抑制系数集合 $k_{\text{copt}}=\{{}^{t_1}k_{\text{copt}},{}^{t_2}k_{\text{copt}},\cdots,{}^{t_r}k_{\text{copt}}\}$ 与 $k_{\text{topt}}=\{{}^{t_1}k_{\text{topt}},{}^{t_2}k_{\text{topt}},\cdots,{}^{t_r}k_{\text{topt}}\}$ 为因变量，建立由每一个故障时刻集合构成的样本空间 $S_{\text{c}}:\{[{}^{\text{cur}}t_i,{}^{t_i}k_{\text{copt}}]\,|\,i=1,2,\cdots,r\}$ 与 $S_{\text{t}}:\left\{[{}^{\text{cur}}t_i,{}^{t_i}k_{\text{topt}}]\middle|i=1,2,\cdots,r\right\}$，$r$ 为样本容量。利用该样本空间，根据式（5-47）用高阶多项式对关节突变参数最优抑制系数进行拟合，即

$$\begin{cases}k_{\text{copt}}(t)=\sum\limits_{j=0}^{s_{\text{c}}}a_{\text{c}j}t^j\\k_{\text{topt}}(t)=\sum\limits_{j=0}^{s_{\text{t}}}a_{\text{t}j}t^j\end{cases}\tag{5-47}$$

式中，$a_{\text{c}j}$、$a_{\text{t}j}$ 为多项式系数；s_{c}、s_{t} 为多项式阶数。

5.2.5 仿真算例

令空间机械臂末端跟踪直线轨迹执行负载转位任务，设空间机械臂的初始构型为 $[-50^\circ,-170^\circ,150^\circ,-60^\circ,130^\circ,170^\circ,0^\circ]$，末端期望目标位置为 $[9.6,0,3]\,\text{m}$，末端负载质量为 1500 kg。假设规划初始时刻 $t_0=0$，终止时刻 $t_{\text{e}}=20\ \text{s}$，规划步长 $\Delta t=0.05\ \text{s}$。为提高运动的平稳性，利用四次多项式对末端速度进行插值，则末端速度大小可表示为

$$v(t)=5.53\times10^{-5}t^4-0.0022t^3+0.0221t^2\tag{5-48}$$

需要说明的是，空间机械臂的实际末端运动及操作力不可能和理论期望值保持完全一致，在此设定末端位置精度允许误差 $[\Delta x,\ \Delta y,\ \Delta z]^{\text{T}}=[0.01,0.01,0.01]^{\text{T}}\ \text{m}$，末端操作力精度允许误差 $[\Delta F_{\text{ex}},\ \Delta F_{\text{ey}},\ \Delta F_{\text{ez}}]^{\text{T}}=[0.5,\ 0.5,\ 0.5]^{\text{T}}\ \text{N}$。因此，空间机械臂参数突变抑制优化模型的等式约束条件为 $\begin{cases}|h_{2,1}|\leqslant\Delta x\\|h_{2,2}|\leqslant\Delta y\\|h_{2,3}|\leqslant\Delta z\end{cases}$ 及 $\begin{cases}|h_{3,1}|\leqslant\Delta F_{\text{ex}}\\|h_{3,2}|\leqslant\Delta F_{\text{ey}}\\|h_{3,3}|\leqslant\Delta F_{\text{ez}}\end{cases}$。

1. 假定故障时刻的空间机械臂参数突变抑制

为验证故障时刻已知的机械臂参数突变抑制方法的有效性，在此，以空间机械臂运行到第 5 s 时第 2 个关节发生锁定故障为例，分别开展对已知关节故障时刻的关节速度突变抑制实验与关节力矩突变抑制实验。

（1）关节速度突变抑制

由图 5-9 所示未引入关节速度抑制的关节速度变化曲线可知，在故障发生瞬间，无抑制关节速度突变的 2- 范数为 $\|\Delta\dot{\boldsymbol{\theta}}\|=0.9284\,{}^\circ/\text{s}$。

基于 5.2.2 节所提方法，通过引入关节速度突变抑制修正项，以抑制关节速度突变，由

图 5-10 所示的关节速度突变抑制修正项的 2- 范数在整个运行周期内的变化曲线可知，整个任务周期内关节速度突变修正项的 2- 范数 $\left\|\left(\boldsymbol{I}-\boldsymbol{J}^{\dagger}\boldsymbol{J}\right)\cdot\nabla w_{\mathrm{KFT}}\right\|$ 变化范围为 241.1 ~ 2066 °/s，为实现故障瞬间关节速度突变的有效抑制，修正系数 k_{c} 的数量级应保持在 10^{-4} ~ 10^{-3}。为方便表示，令 $k_{\mathrm{c}}=10^{-4}\times k_{\mathrm{c}}{'}$。

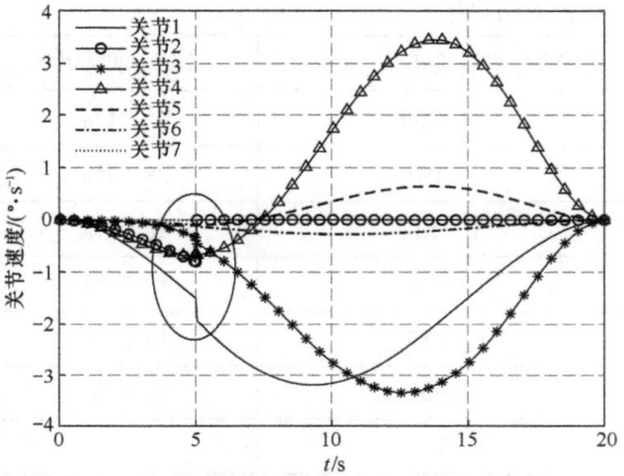

图 5-9　未引入关节速度抑制的关节速度变化曲线

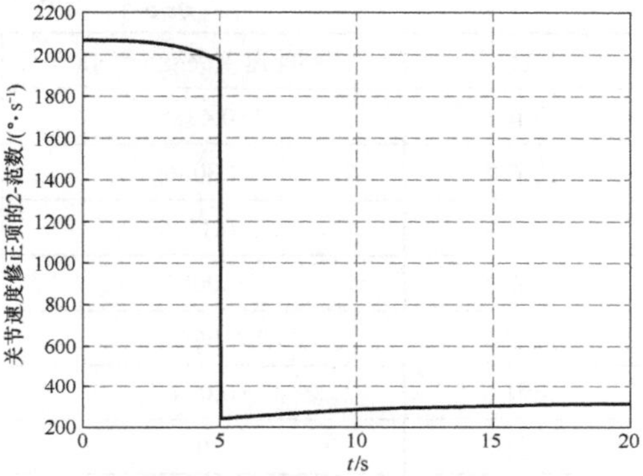

图 5-10　关节速度突变抑制修正项的 2- 范数变化曲线

将 k_{c} 代入式（5-31），可得

$$\begin{cases}\dot{\boldsymbol{\theta}}_{\mathrm{mod}}(t)=\boldsymbol{J}^{\dagger}\dot{\boldsymbol{x}}_{\mathrm{e}}+10^{-4}\times k_{\mathrm{c}}{'}(\boldsymbol{I}-\boldsymbol{J}^{\dagger}\boldsymbol{J})\cdot\nabla w_{\mathrm{KFT}}, & t_0\leqslant t<t_{\mathrm{f}}\\ {}^{k}\dot{\boldsymbol{\theta}}_{\mathrm{mod}}(t)={}^{k}\boldsymbol{J}^{\dagger}\dot{\boldsymbol{x}}_{\mathrm{e}}+10^{-4}\times k_{\mathrm{c}}{'}({}^{k}\boldsymbol{I}-{}^{k}\boldsymbol{J}^{\dagger}\,{}^{k}\boldsymbol{J})\cdot\nabla\,{}^{k}w_{\mathrm{KFT}}, & t_{\mathrm{f}}\leqslant t\leqslant t_{\mathrm{e}}\end{cases}\tag{5-49}$$

通过区间试探，选择满足约束条件和收敛条件的 $k_{\mathrm{c}}{'}$ 的可行范围为 $k_{\mathrm{c}}{'}\in[-5,0]$，以步长 $\Delta k_{\mathrm{c}}{'}=-0.1$ 在可行域内进行遍历，可以得到关节速度突变量随抑制系数的变化曲线，如图 5-11 所示。当 $k_{\mathrm{c}}{'}=-3.7$ 时，目标函数值最小，为 $f_{1\min}=0.0262\,°/\mathrm{s}$，因此最优抑制系数为 ${}^{5s}k_{\mathrm{copt}}=-3.7\times10^{-4}$。当抑制系数 $k_{\mathrm{c}}=-3.7\times10^{-4}$ 时，关节速度变化曲线如图 5-12 所示。

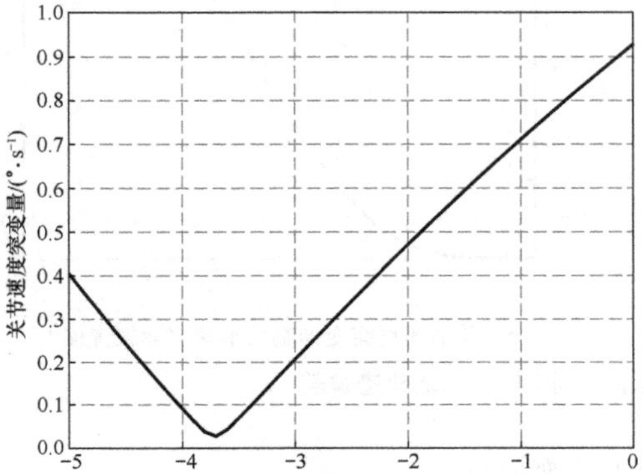

图 5-11　关节速度突变量随抑制系数的变化曲线

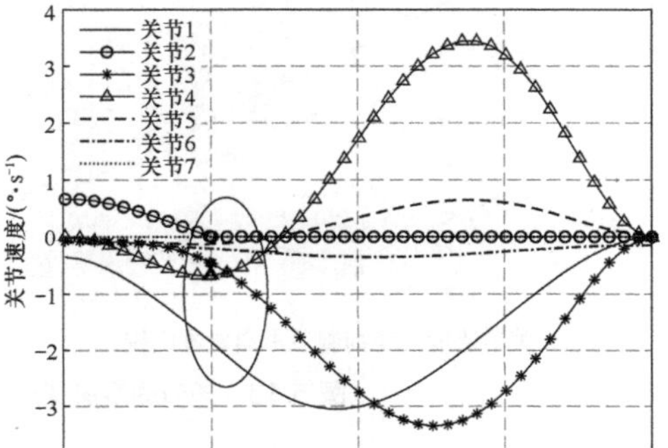

图 5-12　最优抑制系数的关节速度变化曲线

比较图 5-9 及图 5-12 可知，引入关节速度突变抑制修正项后，关节速度突变量明显减小。由表 5-1 所示的关节速度突变抑制效果可知，使用关节速度突变抑制方法后，关节速度突变得到了明显的抑制，抑制率高达 97.18%，证明了本书所提的抑制策略能够实现关节速度突变的有效抑制。

表 5-1 关节速度突变抑制效果

项目	抑制前速度突变 /(° • s^{-1})	抑制后速度突变 /(° • s^{-1})	突变抑制率
关节 1	−0.4389	−0.0209	95.24%
关节 2	0.8086	−0.0076	99.06%
关节 3	−0.1189	−0.0132	88.90%
关节 4	0.0085	0.0014	83.53%
关节 5	0.0045	0.0037	17.78%
关节 6	−0.0343	0.0009	97.38%
关节 7	0	0	0
f_1'	0.9284	0.0262	97.18%

采用关节速度突变抑制方法后，空间机械臂末端轨迹偏差如图 5-13 所示。从图 5-13（b）中可以看出，随着运行时间增加，末端位置误差不断积累，但最大误差小于 9×10^{-3} m，满足末端位置精度要求。这意味着，在已知关节故障时刻，本书所提出的关节速度突变抑制问题能够同时修正末端和关节运动参数突变，同时能够保证末端位置精度。

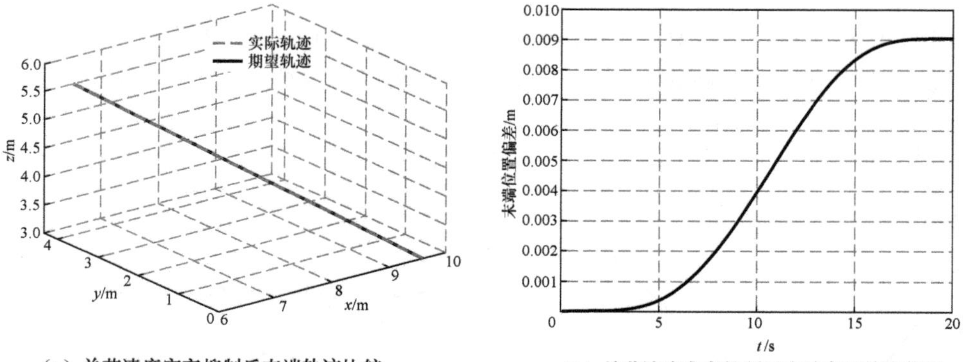

（a）关节速度突变抑制后末端轨迹比较　（b）关节速度突变抑制后末端实际轨迹偏差

图 5-13 关节速度突变抑制后空间机械臂末端轨迹偏差

（2）假定关节故障时刻的关节负载补偿力矩突变抑制

在实现关节速度突变抑制的基础上，进一步开展关节力矩突变抑制仿真实验。由图 5-14

所示的未引入关节力矩抑制的关节负载补偿力矩曲线可知，发生故障瞬间，抑制前关节力矩突变的 2- 范数为$\|\Delta\boldsymbol{\tau}_{\mathrm{e}}\|=578.3515\ \mathrm{N\cdot m}$。

基于 5.2.3 节所提方法，通过引入关节负载补偿力矩突变抑制修正项，以抑制关节力矩突变。由图 5-15 所示关节负载补偿力矩突变修正项的 2- 范数在整个运行周期内的变化曲线可知，整个任务周期内关节负载补偿力矩突变修正项的 2- 范数$\|(\boldsymbol{I}-\boldsymbol{J}_{\mathrm{f}}^{\dagger}\boldsymbol{J}_{\mathrm{f}})\cdot\nabla w_{\mathrm{SFT}}\|$变化范围为$7.542\times10^{-5}\sim8.788\times10^{-4}\ \mathrm{N\cdot m}$，据此，为实现故障瞬间关节力矩突变的有效抑制，修正系数k_{t}的数量级应保持在$10^5\sim10^6$，为方便表示，令$k_{\mathrm{t}}=10^5\times k_{\mathrm{t}}'$。

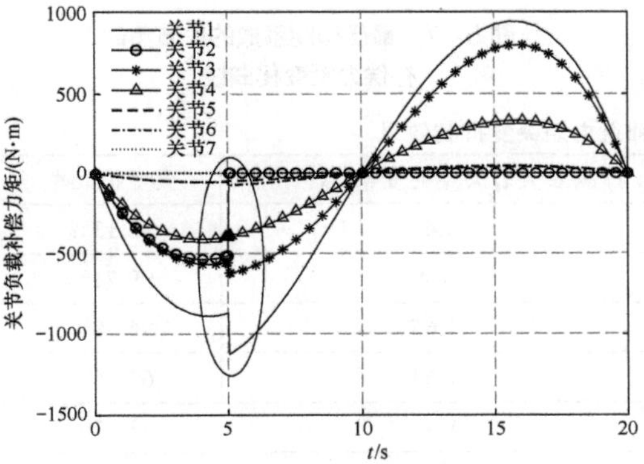

图 5-14 未引入关节力矩抑制的关节负载补偿力矩曲线

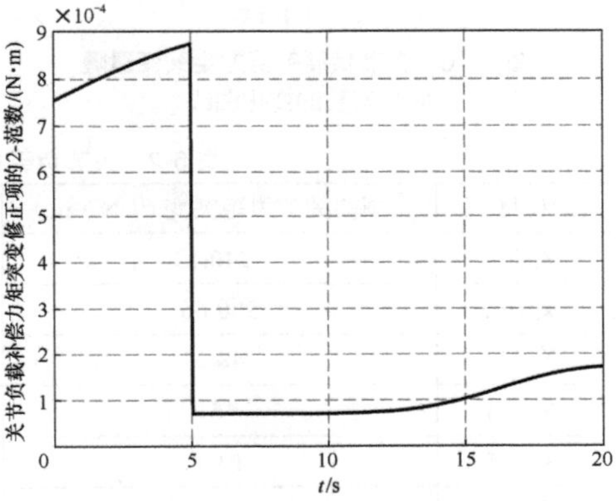

图 5-15 关节负载补偿力矩突变修正项的 2- 范数变化曲线

将k_{t}代入式（5-42），可得

$$\begin{cases}\boldsymbol{\tau}_{\mathrm{emod}}(t)=\boldsymbol{J}_{\mathrm{f}}^{\dagger}\boldsymbol{F}_{\mathrm{e}}+10^5\times k_{\mathrm{t}}'(\boldsymbol{I}-\boldsymbol{J}_{\mathrm{f}}^{\dagger}\boldsymbol{J}_{\mathrm{f}})\cdot\nabla w_{\mathrm{SFT}}, & t_0\leqslant t<t_{\mathrm{f}}\\ {}^{k}\boldsymbol{\tau}_{\mathrm{emod}}(t)={}^{k}\boldsymbol{J}_{\mathrm{f}}^{\dagger}\boldsymbol{F}_{\mathrm{e}}+10^5\times k_{\mathrm{t}}'({}^{k}\boldsymbol{I}-{}^{k}\boldsymbol{J}_{\mathrm{f}}^{\dagger}\,{}^{k}\boldsymbol{J}_{\mathrm{f}})\cdot\nabla\,{}^{k}w_{\mathrm{SFT}}, & t_{\mathrm{f}}\leqslant t\leqslant t_{\mathrm{e}}\end{cases}\tag{5-50}$$

通过区间试探，选择满足约束条件及收敛条件的k_{t}'的可行域为$[3.0, 7.5]$，假设初始值$k_{\mathrm{t}}'=3.0$，并以步长$\Delta k_t'=0.1$在可行域内进行遍历，可以得到关节负载补偿力矩突变量随抑制系数的变化曲线，如图 5-16 所示。当$k_{\mathrm{t}}=6.5\times10^5$时，目标函数值最小，即$f_{2\min}=12.01\ \mathrm{N\cdot m}$，因此最优抑制系数${}^{5\mathrm{s}}k_{\mathrm{topt}}=6.5\times10^5$。当抑制系数$k_{\mathrm{t}}=6.5\times10^5$时，关节负载补偿力矩变化曲线如图 5-17 所示。

比较图 5-14 及图 5-17 可知，引入关节负载补偿力矩突变抑制修正项后，关节负载补偿力矩突变量明显减小。由表 5-2 所示的关节负载补偿力矩突变抑制效果可知，使用关节力矩突变抑制方法后，关节负载补偿力矩突变得到了明显的抑制，其抑制率高达 97.86%，证明了本书所提的抑制策略能够实现关节负载补偿力矩突变的有效抑制。

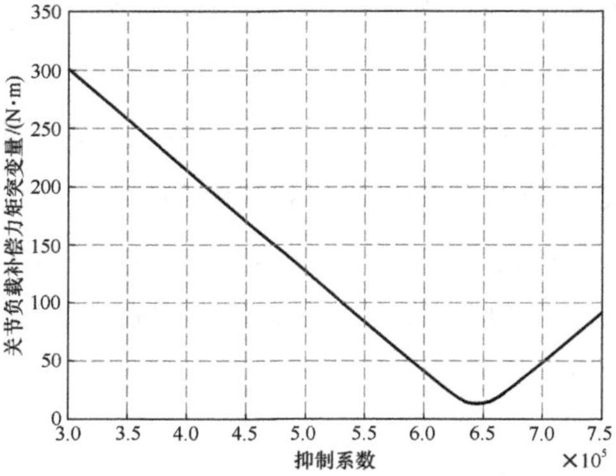

图 5-16 关节负载补偿力矩突变量随抑制系数的变化曲线

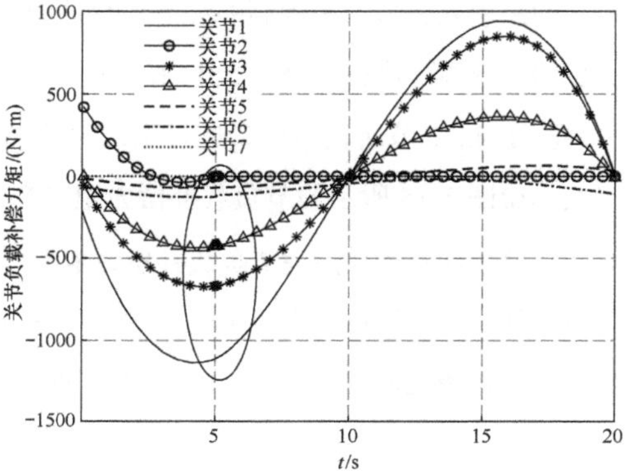

图 5-17 最优抑制系数的关节负载补偿力矩变化曲线

表 5-2 关节负载补偿力矩突变抑制效果

项目	抑制前关节力矩突变 /（N·m）	抑制后关节力矩突变 /（N·m）	突变抑制率
关节 1	−240.13	4.48	98.13%
关节 2	500.66	−1.46	99.71%
关节 3	−48.21	1.65	96.58%
关节 4	4.51	1.63	63.86%
关节 5	1.99	1.33	33.17%
关节 6	−19.29	10.72	44.43%
关节 7	0	0	0
f_2'	561.65	12.01	97.86%

采用关节负载补偿力矩突变抑制方法后，末端实际操作力及其偏差如图 5-18 所示。从图 5-18 中可以看出，末端操作力偏差小于 10^{-11} N，满足末端操作力精度要求。

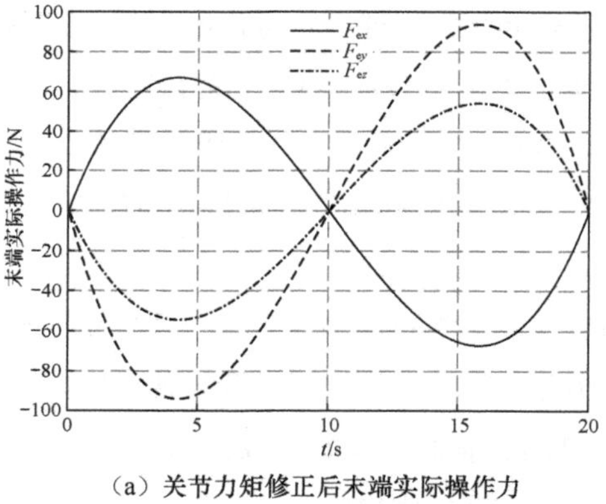

（a）关节力矩修正后末端实际操作力

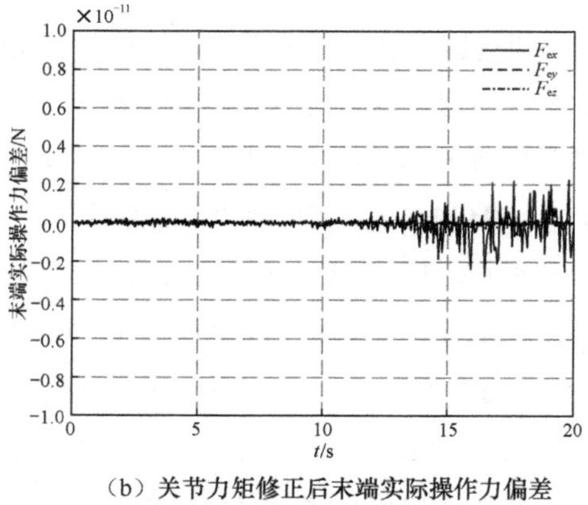

（b）关节力矩修正后末端实际操作力偏差

图 5-18 关节负载补偿力矩突变抑制后，末端实际操作力及其偏差

2. 突发故障的空间机械臂参数突变抑制

为验证突发关节锁定故障时刻的空间机械臂参数突变抑制方法的有效性，在此以空间机械臂关节 2 突发锁定故障为例，分别开展对突发关节故障时刻的关节速度突变抑制实验与关节力矩突变抑制实验。

在本例中，从 $t_0=0$ 时刻开始，每隔 0.1 s 引入关节故障，共取 200 个数据点，得到故障时刻集合，即 ${}^{\text{cur}}\boldsymbol{t}_{\text{f}}$，其中第 i 个故障时刻为 ${}^{\text{cur}}t_{\text{f}i}=(i-1)\times 0.1$ s。求得每一个故障时刻对应的关节突变最优抑制系数集合为 k_{copt} 与 k_{topt}。建立由每一个故障时刻集合构成的样本空间 $S_{\text{c}}:\{[{}^{\text{cur}}t_i,\ {}^{{}^{\text{cur}}t_i}k_{\text{copt}}]|i=1,2,\cdots,200\}$ 与 $S_{\text{t}}:\{[{}^{\text{cur}}t_i,{}^{{}^{\text{cur}}t_i}k_{\text{topt}}]|\ i=1,2,\cdots,200\}$，并利用该样本空间拟合关节突变最优抑制系数函数，同时得到每一故障时刻在最优抑制系数作用下的关节突变量，根据任务需求，取拟合偏差阈值 $R_{\text{cm}}=0.98$。

（1）突发关节故障情况下的关节速度突变抑制

根据生成的样本空间 S_{c}，采用七次多项式函数对关节速度突变量进行拟合，得到关节速度突变最优抑制系数函数表达式为

$$\begin{aligned}k_{\text{copt}}(t)=&-5.527\times10^{-11}t^7+3.546\times10^{-9}t^6-8.333\times10^{-8}t^5+\\&7.814\times10^{-7}t^4-6.062\times10^{-7}t^3-2.41\times10^{-5}t^2-\\&5.197\times10^{-6}t+1.746\times10^{-6},0\leqslant t\leqslant 20\text{ s}\end{aligned}\tag{5-51}$$

将拟合得到的关节速度突变最优抑制系数的函数和样本空间散点绘制在同一张图中，结果如图 5-19 所示。

根据式（5-51），可得适用于突发关节故障的关节速度修正项。将修正项引入式（5-31）可得修正后的关节速度，此时关节速度突变量变化情况如图 5-20 所示。从图 5-20 中可以看出，对于任意时刻发生关节故障，关节速度突变均得到了良好抑制。抑制后的平均关节速度突变量为 0.0388 °/s，相较不加抑制的平均关节速度突变量 0.8871 °/s，平均抑制率达到了 95.63%。上述实验证明了关节速度突变最优抑制系数函数能够有效抑制突发关节故障引起的关节速度突变。

（2）突发关节故障情况下的关节负载补偿力矩突变抑制

根据生成的样本空间 S_{t}，采用六次多项式函数对关节负载补偿力矩突变量进行拟合，得到关节负载补偿力矩突变最优抑制系数函数表达式为

$$\begin{aligned}k_{\text{topt}}(t)=&0.6402t^6-37.6t^5+720.2t^4-2744t^3-\\&5.626\times10^4t^2+4.287\times10^5t+851.6,0\leqslant t\leqslant 20\text{s}\end{aligned}\tag{5-52}$$

将拟合得到的关节负载补偿力矩突变最优抑制系数的函数和样本空间散点绘制在同一张

图中，结果如图 5-21 所示。

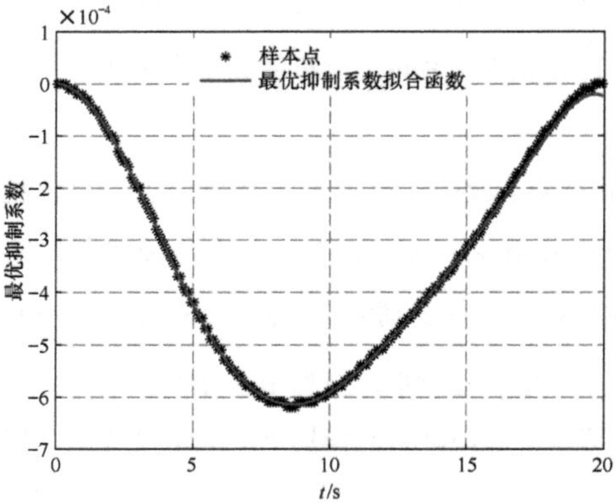

图 5-19 关节速度突变样本点及拟合函数曲线

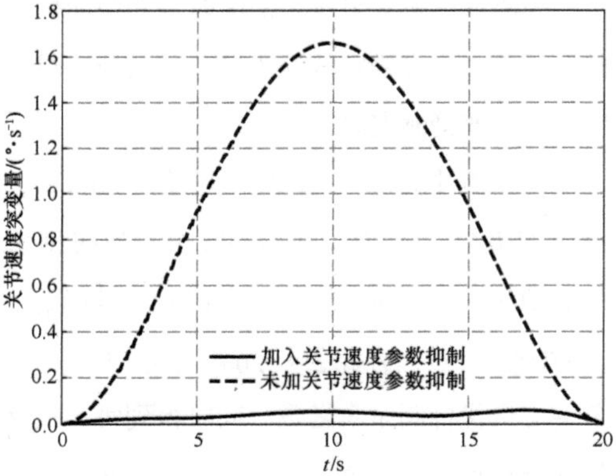

图 5-20 关节速度突变量变化情况

根据式（5-52），可得适用于突发关节故障的关节力矩修正项。将修正项引入式（5-42）可得修正后的关节负载补偿力矩，此时关节负载补偿力矩突变量变化情况如图 5-22 所示。由图 5-22 可以看出，对于任意时刻发生的关节故障，关节负载补偿力矩突变均得到了良好抑制。抑制后的平均关节力矩突变量为 18.0931 N·m，相较不加抑制的平均关节负载补偿力矩突变量 291.0364 N·m，抑制率达到了 93.78%。上述实验证明了关节负载补偿力矩突变最优抑制系数函数能够有效抑制突发关节故障引起的关节负载补偿力矩突变。

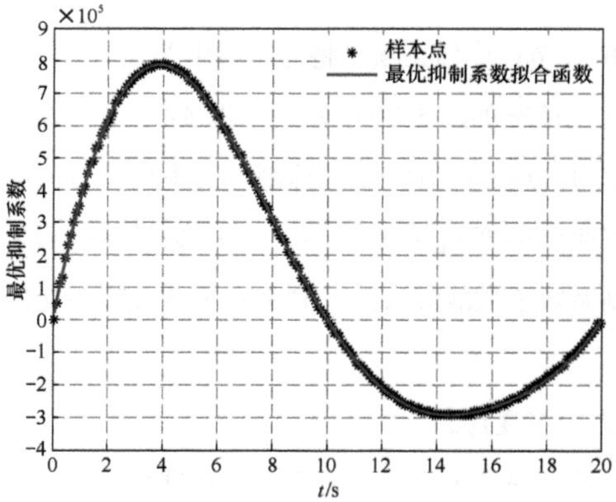

图 5-21 关节负载补偿力矩突变样本点及拟合函数曲线

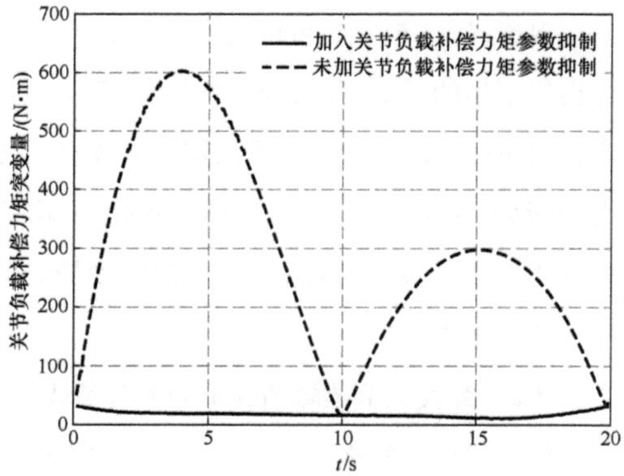

图 5-22 关节负载补偿力矩突变量变化情况

上述仿真算例表明，当发生已知关节锁定故障与突发关节锁定故障时，本节所提出的方法都能够很好地在满足运动精度的前提下，实现关节速度与关节力矩的突变抑制。

5.3 关节锁定故障空间机械臂容错路径规划

空间机械臂发生关节锁定故障后，其在原有路径上的灵巧性及负载操作能力较正常状态下发生退化，可能不满足任务的要求，进而导致任务失败。为使关节锁定故障发生后空间机械臂仍可顺利完成空间任务，需以任务需求为牵引，重新为故障空间机械臂规划路径。本节将分别从面向灵巧性最优和负载操作能力最优两方面介绍关节锁定故障空间机械臂容错路径规划方法。

5.3.1 面向灵巧性最优的空间机械臂容错路径规划

通过 4.2 节的仿真验证可知，关节锁定故障空间机械臂退化工作空间内可能存在不可达区域，即空洞。为使空间机械臂在运行过程中有效规避空洞，并考虑到空间机械臂运行时可能存在灵巧性欠佳等问题，本节将介绍一种基于改进 A* 算法的空间机械臂容错路径规划方法，能够保证规划所得路径同时满足空间机械臂末端位置可达性和灵巧性要求。

考虑到 A* 算法通常需基于栅格化空间进行路径规划，因此，本节首先对 4.2.1 节仿真算例中建立的退化工作空间进行栅格化处理，然后利用基于改进 A* 算法的空间机械臂容错路径规划方法，规划出同时满足位置可达性和灵巧性要求的容错路径。

1. 综合灵巧性退化工作空间的栅格化处理

考虑到故障空间机械臂灵巧性较正常空间机械臂灵巧性发生退化，可从故障空间机械臂运动能力指标中选取灵巧性指标并加以综合，构建综合灵巧性退化工作空间，该空间可由多个散点表征，首先需对工作空间进行栅格化处理。空间机械臂工作空间栅格化原理如图 5-23 所示。

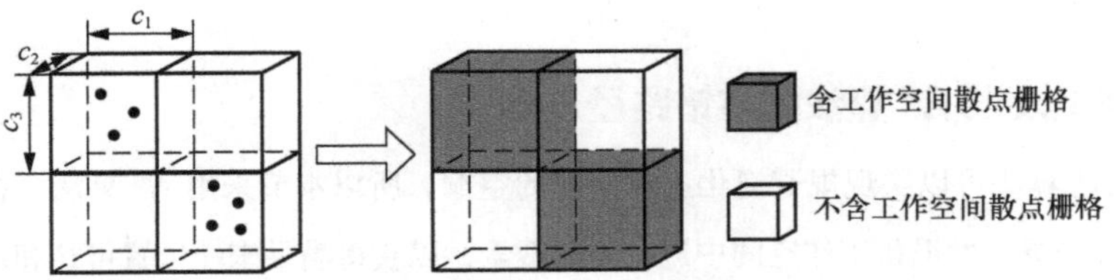

图 5-23 空间机械臂工作空间栅格化原理

具体栅格化过程如下。

步骤 1：利用长为 a、宽为 b、高为 c 的长方体包络工作空间，长方体前后表面与空间坐标系的 x 轴垂直且相交于 $(x_+,0,0)$ 及 $(x_-,0,0)$；左右表面与 y 轴垂直且相交于 $(y_+,0,0)$ 及

$(y_-,0,0)$；上下表面与 z 轴垂直且相交于 $(z_+,0,0)$ 及 $(z_-,0,0)$。

步骤 2：设置小栅格长为 c_1、宽为 c_2、高为 c_3，则栅格总数 $n_{\text{grid}}=\lceil a/c_1\rceil\lceil b/c_2\rceil\lceil c/c_3\rceil$。

步骤 3：采用三维矩阵 $\boldsymbol{M}_{\text{grid}}$ 栅格化工作空间，元素 $\boldsymbol{M}_{\text{grid}}(i,j,k)$ 对应栅格中心坐标，即

$$\left(\frac{2x_-+(2i-1)c_1}{2},\frac{2y_-+(2j-1)c_2}{2},\frac{2z_-+(2k-1)c_3}{2}\right) \tag{5-53}$$

步骤 4：对于某工作空间位置点 $\boldsymbol{p}_{\text{e}}=(p_{ex},p_{ey},p_{ez})$，其在 $\boldsymbol{M}_{\text{grid}}$ 中的元素行列编号为

$$\begin{cases} i=\min\left(\left\lfloor\dfrac{p_{ex}-x_-}{c_1}\right\rfloor+1,\left\lfloor\dfrac{a}{c_1}\right\rfloor+1\right) \\ j=\min\left(\left\lfloor\dfrac{p_{ey}-y_-}{c_2}\right\rfloor+1,\left\lfloor\dfrac{b}{c_2}\right\rfloor+1\right) \\ k=\min\left(\left\lfloor\dfrac{p_{ez}-z_-}{c_3}\right\rfloor+1,\left\lfloor\dfrac{c}{c_3}\right\rfloor+1\right) \end{cases} \tag{5-54}$$

栅格化工作空间后，需计算各个栅格的综合灵巧性值。出于安全性考虑，取每一个栅格内所有散点综合灵巧性的最小值作为该栅格综合灵巧性，其表达式为

$$U_e=\min\left(u_1^e,u_2^e,\cdots,u_\eta^e\right) \tag{5-55}$$

式中，$u_i^e(i=1,2,\cdots,\eta)$ 为栅格化后第 e 个栅格中包含的第 i 个工作空间点的综合灵巧性值；η 为栅格内所包含的散点个数；U_e 为第 e 个栅格所代表的综合灵巧性值。特别地，当 $\eta=0$ 时，$U_e=0$，则该栅格被视为不可达。各栅格所对应综合灵巧性值求解完成后，即实现了对综合灵巧性退化工作空间的栅格化处理。

另外，为了避免由于蒙特卡洛法的随机性而造成退化工作空间的理论可达区域出现空洞，应着重考虑生成退化工作空间的散点数量。为尽可能使实际可达工作空间的小立方块内有足够数量的散点，可令生成退化工作空间的散点总数 N 与栅格化处理所得小立方体总数 N_c 的比例大于某特定值 ε，即

$$N/N_c\geqslant\varepsilon \tag{5-56}$$

2. 基于改进 A* 算法的容错路径规划

因为 A* 算法可以实现规避退化工作空间的空洞，所以本节采用 A* 算法，在经过栅格化处理的综合灵巧性退化工作空间中进行路径搜索，以获得满足末端位置可达和综合灵巧性要求的路径。传统 A* 算法是一种启发式搜索方法，其通过式（5-57）给出的估价函数对空间各点位置代价值进行表征，可实现满足位置要求的路径搜索。

$$f(e)=g(e)+h(e) \tag{5-57}$$

式中，$g(e)$ 代表从起始栅格到当前栅格 e 的代价值；$h(e)$ 代表从当前栅格 e 到目标栅格的代

价值，两者相加所得的$f(e)$即当前栅格总代价值，搜索路径时总是选择估价函数最小的值作为下一步栅格。

为了提高空间机械臂在运动过程中的整体灵巧性，本节对 A* 算法的估价函数进行改进，即在估价函数中增加栅格综合灵巧性项$u(e)$。改进后的估价函数为

$$f(e)=g(e)+h(e)+u(e) \tag{5-58}$$

式中，栅格综合灵巧性的代价值$u(e)$与各栅格综合灵巧性U_e成反比，即$u(e)=\sigma/U_e$，其中σ为综合灵巧性的代价系数，其值反映了综合灵巧性在代价值中的影响程度。增大σ值能够在搜索路径时选择使空间机械臂综合灵巧性值更大的路径；反之，减小σ值则会导致空间机械臂在所得路径上的灵巧性较差。

值得注意的是，当任务对空间机械臂综合灵巧性有最低限制时，设路径的综合灵巧性最低为$U_e^{\min}$，若栅格N_e的综合灵巧性$U_e<U_e^{\min}$，则将该栅格的综合灵巧性代价项$u(e)$置为无穷大，从而在搜索路径时避开该栅格。基于此，$u(e)$可表示为

$$u(e)=\begin{cases}\sigma/U_e, & U_e\geqslant U_e^{\min}\\ \infty, & U_e<U_e^{\min}\end{cases} \tag{5-59}$$

基于$u(e)$即可完成 A* 算法改进，并规划出同时满足位置可达和灵巧性要求的容错路径。

3. 容错路径优化处理

基于改进 A* 算法规划所得的原始容错路径可能包含过多拐点，空间机械臂实际运行过程中在每一拐点处都需停机并重新启动，这会造成过多的关节磨损和资源消耗。为了避免空间机械臂在实际运行过程中频繁启停，需在满足运动性能要求的基础上减少路径的拐点，以实现对原始容错路径的平滑优化。

定义节点集合O_a，用于存储基于改进 A* 算法在综合灵巧性退化工作空间中搜索到的容错路径中间节点。定义节点集合O_b，用于存储优化后容错路径的中间节点。集合O_a、O_b可表示为

$$\begin{cases}O_a=\{x_1^a,x_2^a,x_3^a,\cdots,x_i^a,\cdots,x_{n_a}^a\}\\ O_b=\{x_1^b,x_2^b,x_3^b,\cdots,x_j^b,\cdots,x_{n_b}^b\}\end{cases} \tag{5-60}$$

式中，$x_i^a(i=1,2,\cdots,n_a)$为改进 A* 算法获取的原始容错路径的第i个中间节点；n_a为原始容错路径中间节点的个数。由于集合O_a中的节点均是在综合灵巧性退化工作空间中搜索得到，因此路径$x_1^a x_2^a, x_2^a x_3^a, \cdots, x_{n_a-1}^a x_{n_a}^a$均满足末端位置可达性和综合灵巧性要求。$x_j^b(j=1,2,\cdots,n_b)$为优化后的容错路径的第$j$个中间节点；$n_b$为优化后容错路径中间节点的个数。集合$O_a$、$O_b$满足关系$O_b\subseteq O_a$，即$n_b\leqslant n_a$。原始容错路径的具体优化步骤如下。

步骤 1：选取集合O_a中的第一个节点x_1^a为优化路径的起点，并将x_1^a（起始点）和$x_{n_a}^a$（期

望点）计入集合 O_b；连接 x_1^a、$x_{n_a-1}^a$，得到路径 $x_1^a x_{n_a-1}^a$，将 $x_{n_a-1}^a$ 计入集合 O_b，并将 $x_1^a x_{n_a-1}^a$ 表示为 $x_p^a x_d^a$，转至步骤 2。

步骤 2：判断路径 $x_p^a x_d^a$ 是否通过不满足任务要求的栅格，若是，转至步骤 3；否则，转至步骤 4。

步骤 3：连接 $x_p^a x_{d-1}^a$，将 x_{d-1}^a 计入集合 O_b，并将 $x_p^a x_{d-1}^a$ 表示为 $x_p^a x_d^a$，转至步骤 2。

步骤 4：舍去点 $x_{p+1}^a, x_{p+2}^a, \cdots, x_{d-2}^a, x_{d-1}^a$，完成集合 O_a 的节点筛选，并将筛选结果记为 $O_a' = \{x_1^{a\prime}, x_2^{a\prime}, x_3^{a\prime}, \cdots, x_l^{a\prime}\}$，其中 $x_1^{a\prime} = x_1^a$，$x_l^{a\prime} = x_{n_a}^a$；将集合 O_a' 视为集合 O_a，并将集合 O_a' 中的 $x_k^{a\prime}(k = 2,3,\cdots,l)$ 视为集合 O_a 中的第一个节点 x_1^a，转至步骤 5。

步骤 5：判断 k 是否等于 $l-1$，若是，重复步骤 1 至步骤 4，对集合 O_a 继续进行拐点优化；否则，输出 $O_b = O_a$，完成对原始容错路径的优化，此时拐点数目达到最优，新的拐点集合 $O_b = \{x_1^b, x_2^b, x_3^b, \cdots, x_{n_b}^b\}$。

图 5-24 所示为拐点优化前后对比，图中灰色栅格表示综合灵巧性满足要求，白色栅格表示综合灵巧性不满足要求，拐点优化前有 5 个拐点、6 段路径；拐点优化后有 3 个拐点、4 段路径。基于上述路径优化方法，即可获得一条拐点数较少的容错路径，实现对容错路径的平滑优化。

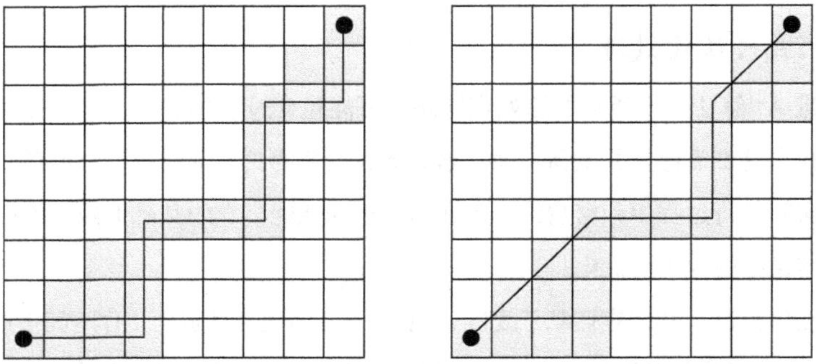

（a）拐点优化前　　（b）拐点优化后

图 5-24　拐点优化前后对比

综上所述，通过对所建立的综合灵巧性退化工作空间进行栅格化处理，并在代价函数中融入综合灵巧性项对 A* 算法进行改进，能够搜索得到满足末端位置可达性和综合灵巧性要求的容错路径；通过减少拐点数量对所得容错路径进行平滑优化，使得最终所得容错路径在满足任务要求的同时能够避免过多的关节磨损与资源消耗，进而提高空间机械臂容错路径规划的质量与效率。

4. 仿真算例

本节主要开展面向灵巧性最优的空间机械臂容错路径规划仿真实验，假设关节 2 锁定在

92°，以长、宽、高分别为 22 m、22 m、21 m 的长方体包络其综合灵巧性退化工作空间，设置栅格边长 $\Delta l = 0.5$ m，对其退化工作空间进行栅格化处理。

设空间机械臂末端的初始位置和期望位置分别为 $[-4.72\text{ m}, -3.93\text{ m}, 0.15\text{ m}]$ 和 $[4.50\text{ m}, 2.40\text{ m}, 0.30\text{ m}]$。若故障空间机械臂在退化工作空间内进行直线规划，由图 5-25 可知路径中存在明显不可达路段，需要重新搜索路径。

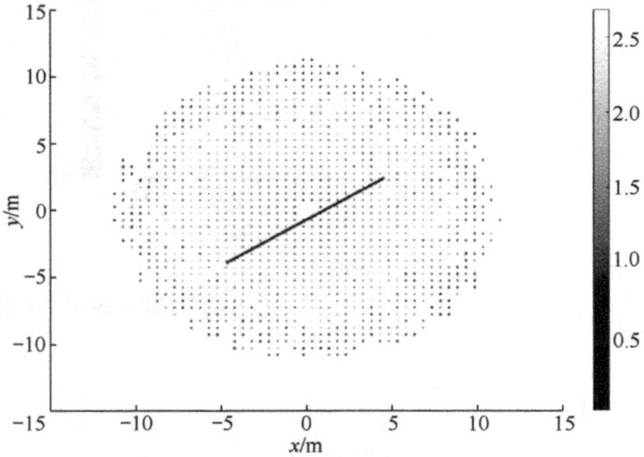

图 5-25　退化空间内直线规划轨迹

基于未增加改进项的传统 A* 算法进行容错路径规划时，所得规划路径如图 5-26（a）所示。路径中各拐点对应栅格的综合灵巧性值如图 5-26（b）所示，路径所覆盖的栅格存在综合灵巧性值小于 $U_e^{\min}$ 的情况，没有达到任务所需的综合灵巧性要求。

基于改进 A* 算法进行容错路径规划时，设置综合灵巧性指标的代价系数 $\sigma = 5$，最低综合灵巧性指标 $U_e^{\min} = 1.2$。通过改进 A* 算法搜索出的空间机械臂容错规划路径如图 5-27（a）所示，该路径拐点所在栅格的综合灵巧性值如图 5-27（b）所示。由图 5-27（b）可知，该路径的综合灵巧性值主要集中在 1.3～2.3> $U_e^{\min}$ 的范围，由此可知搜索路径时优先选择了综合灵巧性值较大的栅格。通过优化拐点，可得规划路径如图 5-28（a）所示，综合灵巧性值如图 5-28（b）所示。通过对比可知，相较优化前的 21 个拐点，优化后仅有 5 个拐点，拐点数量显著减少，能够有效减少机械臂的启停次数。同时根据图 5-28（b）可知，优化后的综合灵巧性值仍满足要求。

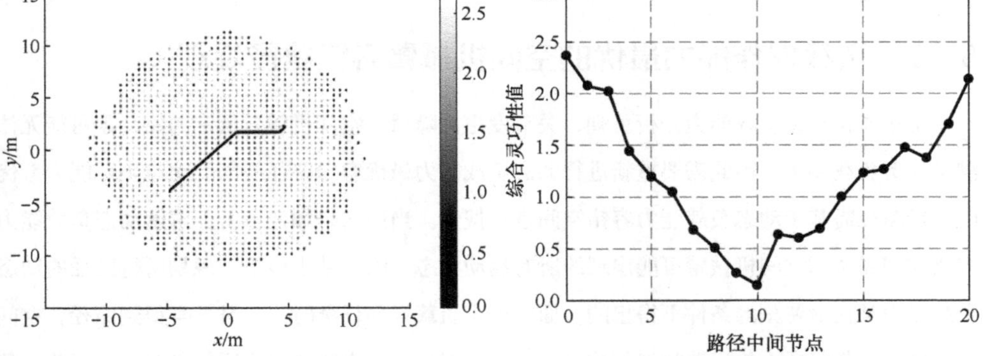

（a）规划路径　　（b）路径综合灵巧性值

图 5-26　基于传统 A* 算法搜索出的路径

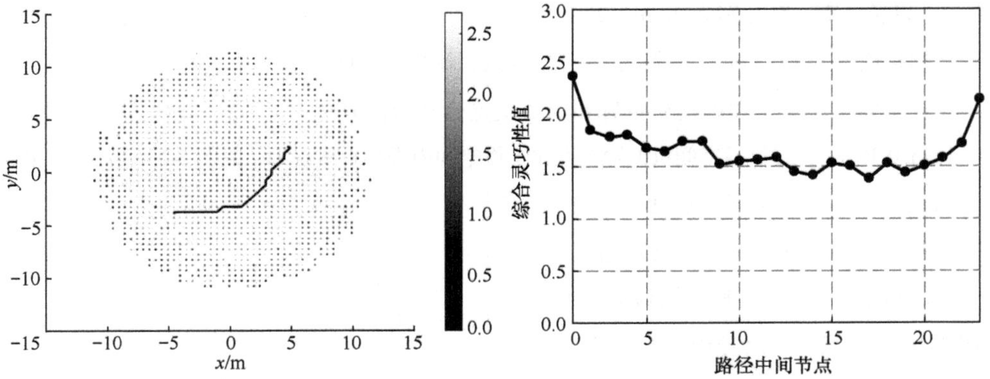

（a）规划路径　　（b）路径综合灵巧性值

图 5-27　基于改进 A* 算法搜索出的路径

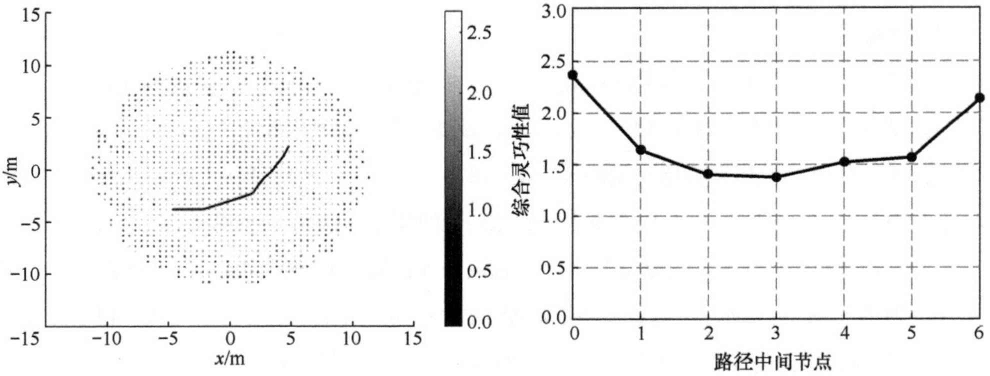

（a）规划路径　　（b）路径综合灵巧性值

图 5-28　拐点优化后的路径

5.3.2　负载操作能力最优的空间机械臂容错路径规划

由第 4 章动态负载能力分析可知，关节发生故障后，空间机械臂预定的路径很可能无法满足任务负载要求，因此需要重新进行动态负载能力最优容错路径规划。动态负载能力最优的容错路径需基于动态负载能力容错空间进行搜索。当面向未知任务时，求解动态负载能力容错空间需考虑空间机械臂可能出现的所有运动状态，因此基于该空间规划所得路径的动态负载能力是在最苛刻的条件下得出的。面向确定负载操作任务时，一旦搜索得到路径，空间机械臂在这条路径上的运动状态便均已知，其动态负载能力往往要大于任务要求，因此这条路径仍然有进一步优化的可能性，可以通过优化所得路径的末端速度和加速度，进一步提升空间机械臂的任务执行效果。本节首先介绍动态负载能力容错空间的构建方法，然后分别阐述面向未知任务和面向确定负载操作任务的容错路径规划方法。

1. 动态负载能力容错空间的构建

首先利用七自由度空间机械臂位置级逆解公式，求解出空间机械臂末端在工作空间某点处的可能构型集合 Q（对于七自由度关节锁定故障空间机械臂，在已知故障关节角和工作空间中某一末端位姿时，可解出 8 组构型）。其次，对于给定的末端轨迹，取其中速度最大、加速度最大处的速度和加速度值作为最苛刻边界条件。由于其速度方向未知，需要考虑空间中所有的方向。速度和加速度矢量分量可参照球坐标，如图 5-29 所示。

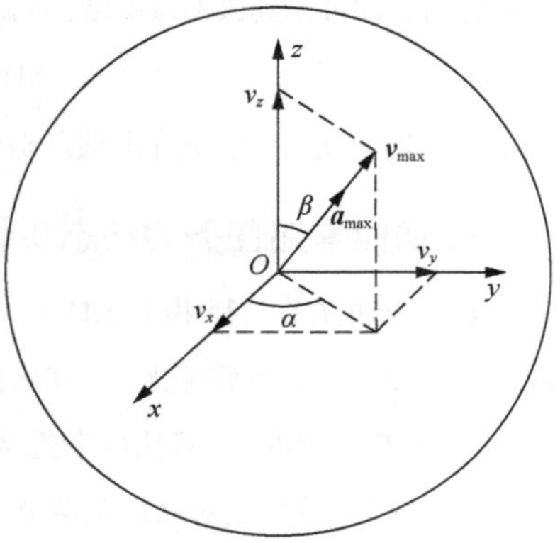

图 5-29　末端速度（加速度）分量

根据图 5-29，速度矢量分量及加速度矢量分量分别表示为

$$\begin{cases} v_x = v_{\max} \sin\beta\cos\alpha \\ v_y = v_{\max} \sin\beta\sin\alpha \\ v_z = v_{\max} \cos\beta \end{cases} \tag{5-61}$$

$$\begin{cases} a_x = a_{\max} \sin\beta\cos\alpha \\ a_y = a_{\max} \sin\beta\sin\alpha \\ a_z = a_{\max} \cos\beta \end{cases} \tag{5-62}$$

然后，在 $[0°,360°]$ 范围内遍历方向角 α 和方向 β，即可得到该点的所有理论可达任务方向。本书仅考虑末端位置的规划，因此取末端角速度变化量 $\boldsymbol{\omega}=[0,0,0]^{\mathrm{T}}\,\mathrm{rad/s}$，因此 $\boldsymbol{V}=[v_x,v_y,v_z,0,0,0]^{\mathrm{T}}$，$\boldsymbol{a}=[a_x,a_y,a_z,0,0,0]^{\mathrm{T}}$。

由上述方法，可解出空间机械臂在该点处的构型集 Q 和末端速度矢量集 $\boldsymbol{V}$，在得到的构型集 Q 和速度矢量集 $\boldsymbol{V}$ 中各取出一个元素，两两组合组成空间机械臂当前可能运动状态的集合为

$$\mathrm{Sta}=\left\{(Q_1,\boldsymbol{V}_1,\boldsymbol{a}_1),(Q_1,\boldsymbol{V}_2,\boldsymbol{a}_2),\cdots,(Q_i,\boldsymbol{V}_j,\boldsymbol{a}_j)\right\} \tag{5-63}$$

式中，i 表示反解得出的构型数；j 表示速度矢量数。这个运动状态集合包含空间机械臂运动到该点处时所有可能存在的状态。

取出集合 Sta 中的任意一组元素 $(Q_m,\boldsymbol{V}_l,\boldsymbol{a}_l)$，利用第 4 章构建的动态负载能力计算模型，在构型和末端满足 $(Q_m,\boldsymbol{V}_l,\boldsymbol{a}_l)$ 的条件下，不断增大末端负载的质量，直至关节力矩或者基座扰动力矩超限，此时负载的质量 m 即该条件下的负载能力。遍历集合 Sta 中的每一组元素，

即可得到该点处不同条件下的负载能力集合为

$$\mathrm{MP} = \{m_{f1}, m_{f2}, \cdots, m_{f(i\times j)}\} \tag{5-64}$$

该集合中的最小值 $\mathrm{MP}_{\min}$ 即该点的负载能力，利用上述方法，计算退化工作空间中每一点的负载能力，即可得到该七自由度空间机械臂在关节损坏情况下的动态负载能力容错空间，即

$$\mathrm{MW} = \{\mathrm{MP}_1, \mathrm{MP}_2, \cdots, \mathrm{MP}_n\} \tag{5-65}$$

式中，$\mathrm{MP}_n = (x_n, y_n, z_n, m_{fn})$ 由该点坐标和负载能力组成，代表点 (x_n, y_n, z_n) 处的负载能力。

2. 面向未知任务的动态负载能力最优的容错路径规划

面向未知任务，利用改进的 A* 算法完成满足负载能力要求的路径搜索和动态负载能力最优的路径搜索。然后优化 A* 算法得到的路径，减少其路径拐点个数。

（1）基于改进 A* 算法的容错路径搜索及优化

按照 5.3.1 节方法对动态负载能力容错空间进行栅格化划分。将立方体内多个散点负载能力平均值作为该立方体的负载能力值，负载能力平均值的计算为

$$S_k = \frac{M_c^1 + M_c^2 + \cdots + M_c^n}{n} \tag{5-66}$$

式中，M_c^n 为栅格化后立方体中包含工作空间点的负载能力值；n 为包含工作空间点的个数；S_k 为第 k 个栅格化立方体所代表的负载能力值。

为了得到满足负载能力要求的路径，利用 5.3.1 节的改进 A* 算法，引入负载能力代价项 $C(S_k)$，用于评价中间节点处满足相应负载能力所需要付出的代价，改进后的估价函数表示为

$$f(p) = g(p) + h(p) + C(S_k) \tag{5-67}$$

式中，$C(S_k)$ 是一个仅跟 S_k 相关的值。若 S_k 满足负载能力要求，则 $C(S_k) = 0$，否则 $C(S_k) = +\infty$。

在完成路径搜索之后，利用 5.3.1 中的路径优化方法，优化路径中的拐点个数，完成满足负载能力要求的空间机械臂路径规划。

（2）动态负载能力最优的路径规划

在路径搜索算法中，根据给定的负载质量 m，估价函数中的 $C(S_k)$ 发生相应改变。若某点不满足负载能力要求，则 $C(S_k) = +\infty$，此时 $C(S_k)$ 的值决定了此次规划将舍弃该点；若满足负载能力要求，则 $C(S_k) = 0$，此时估价函数的值 $f(p)$ 仅由 $g(p) + h(p)$ 决定，此时由改进的 A* 算法搜索出的路径即满足负载能力要求的路径。

对于负载转移任务，若要求空间机械臂在以给定的速度移动时携带尽可能多的负载，就需要进行动态负载能力最优的路径规划。栅格化后的动态负载能力容错空间中的最大负载能

力为 $\max(S_k)$，为了得到动态负载能力最优的路径，从 $\max(S_k)$ 开始以一定的质量 Δm_f 递减，每递减一次进行一次路径搜索，直到搜索出动态负载能力最优路径，流程如图 5-30 所示。

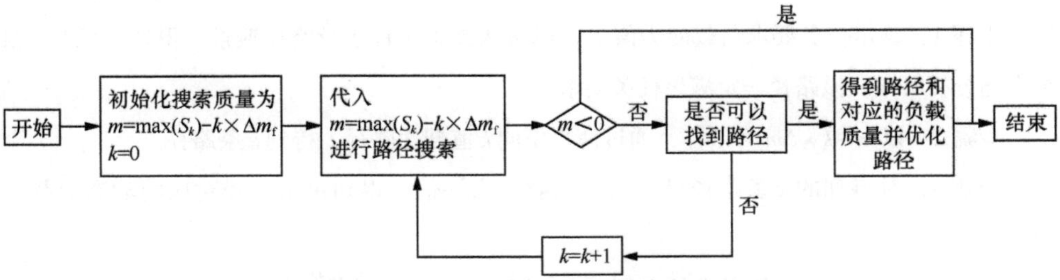

图 5-30　动态负载能力最优路径搜索流程

3. 面向确定负载操作任务的容错路径规划

本节面向确定负载操作任务的空间机械臂，对其任务执行时间最优化问题展开介绍。基于粒子群算法对空间机械臂运行时间进行优化，获得末端最大速度和加速度最优解，以提高任务执行效率。

（1）动态负载能力评估

当路径确定之后，空间机械臂沿路径运动的构型也唯一确定，与最苛刻条件下所求路径的动态负载能力相比，空间机械臂沿确定路径运动的动态负载能力将发生变化，因此需要对搜索出的路径进行动态负载能力评估，以便于后续进行多路径选取。

将搜索得到的最优路径按照路径点分为若干轨迹 $\{L_1, L_2, \cdots, L_n\}$，则可求得该集合中任意一条轨迹 $L_i(i=1,2,\cdots,n)$ 相应的动态负载能力 ML_i，各段路径的动态负载能力集合为 $\mathrm{ML}=\{\mathrm{ML}_1, \mathrm{ML}_2, \cdots, \mathrm{ML}_n\}$。则对于整个任务而言，其动态负载能力取各段轨迹动态负载能力的最小值 M，即

$$M=\min(\mathrm{ML}) \tag{5-68}$$

（2）多路径选取

根据 5.3.1 节的分析可知，采用 A* 算法进行路径搜索的弊端是可能会产生过多的拐点，甚至会出现“锯齿”现象。虽然采用改进的 A* 算法能够优化拐点过多的问题，但是仍有少数拐点存在。每存在一个拐点，空间机械臂就需重新进行一次规划，增加一次加速和减速的过程。拐点过多会导致耗时增加、构型奇异、威胁空间机械臂使用寿命等诸多问题，因此路径的拐点数也是影响路径选取的因素之一。同时，在进行动态负载能力评估之后，所得路径的动态负载能力往往大于搜索条件指定的负载值。因此，可以适当调整搜索负载的要求值，

运用该搜索方法搜索出多条路径，并对比这些路径的优劣。

为了便于分析，首先给出了“动态负载能力较优路径”的定义，它是指面向已知任务时通过改变负载能力要求得到的多条满足任务要求的路径。动态负载能力较优路径搜索过程如下。

步骤 1：确定任务要求负载能力值 m，以 m 为搜索条件进行路径搜索，得到路径 l_1，根据上述分析可知，该路径一定满足任务要求。

步骤 2：以 $m+k\times\Delta m$ 为条件，通过使用不同 k 值搜索路径，得到 k 条路径。

步骤 3：对得到的 k 条路径进行动态负载能力评估，得到每条路径对应的动态负载能力 m_l^k。

步骤 4：将 m_l^k 与任务要求的负载能力进行比较，取出其中满足任务要求的动态负载能力值对应的路径，得到 t 条路径。

利用上述过程可以得到满足任务要求的多条路径集合 $\{l_1,l_2,\cdots,l_t\}$，即动态负载能力较优路径集合，如图 5-31 所示。

这几条路径的特征如表 5-3所示。

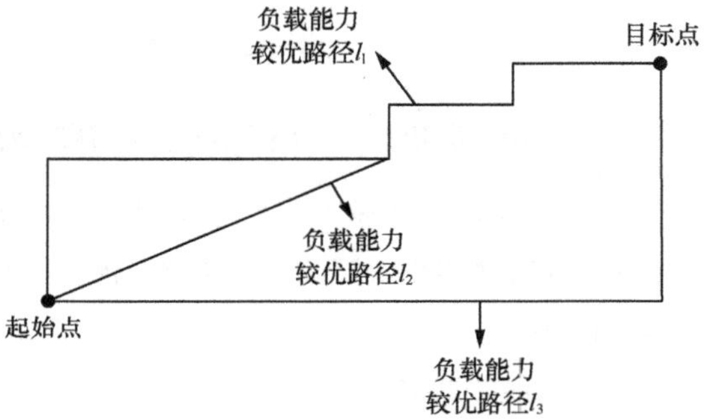

图 5-31　不同动态负载能力较优路径集合

表 5-3　路径特征

路径	动态负载能力	拐点个数	路径长度
l_1	m_1	5	d_1
l_2	m_2	4	d_2
l_3	m_3	1	d_3

这些路径的长度和拐点个数都不相同，这些因素都会影响空间机械臂的任务执行效率。对表 5-3 中的 3 条不同路径进行分析。3 条路径的拐点个数排序为 $l_1>l_2>l_3$，而它们的路径长度排序为 $d_2<d_1=d_3$。拐点过多将导致空间机械臂加速和减速的次数增多，路径过长同样会降低空间机械臂的运行效率，因此仅对比路径长度和拐点个数无法确定上述路径的优劣，需要进一步开展综合能力最优路径的选取工作。

（3）基于粒子群算法的轨迹优化过程

空间机械臂的动态负载能力随空间机械臂末端最大加速度的增大而减小，因此可以对空间机械臂末端进行直线规划时的最大加速度和最大速度进行优化，以提升空间机械臂的运行效率。

① 轨迹优化模型。

执行一般操作任务的运动约束主要包括关节角、关节速度、关节加速度、环境碰撞等。特别地，对于负载操作任务，应当重点考虑的约束条件还有关节力矩、基座扰动力矩、负载能力等。

（a）约束条件

空间机械臂运行过程中，其关节角、关节速度和关节加速度需要满足关节运动限制，关节速度和关节加速度约束如式（5-26）和式（5-27）所示，关节角约束条件为

$$\boldsymbol{g}_4(t)=\left[g_{4,1}(t),g_{4,2}(t),\cdots,g_{4,n}(t)\right]^{\mathrm{T}} \tag{5-69}$$

式中，$g_{4,i}(t)=\left|\theta_i(t)\right|-{}^{\max}\theta_i$。$g_{4,i}(t)$ 应满足：$g_{4,i}(t)\leqslant 0$。

对于梯形速度规划而言，如果最大加速度过小或最大速度过大，空间机械臂末端可能还未达到最大速度就已跟踪完整个轨迹。这种情况是不满足使用要求的，因此需要根据轨迹总长度，在初始点与终止点建立末端最大速度和最大加速度约束，即

$$g_5\left(a_{\max},v_{\max}\right)=\frac{\left(v_{\max}\right)^2}{a_{\max}}-\mathrm{dist}\leqslant 0 \tag{5-70}$$

式中，dist 为末端轨迹总长。

在选择决策变量时，空间机械臂还需要满足任务所提出的动态负载能力需求，因此建立动态负载能力约束条件，即

$$g_6\left(a_{\max},v_{\max}\right)=m_{\mathrm{f}}-m_{\mathrm{f\_des}}\geqslant 0 \tag{5-71}$$

式中，$m_{\mathrm{f\_des}}$ 表示任务对动态负载能力的需求。

（b）优化目标

根据所选取的决策变量，可得到任务执行总时间最短的优化目标，为

$$\min \quad f_3=t\left(a_{\max},v_{\max}\right)=\left[\mathrm{dist}-\frac{\left(v_{\max}\right)^2}{a_{\max}}\right]\Big/ v_{\max}+2\frac{v_{\max}}{a_{\max}} \tag{5-72}$$

（c）优化模型

综合上述约束条件与优化目标，可得到任务执行总时间最短的轨迹优化模型为

$$\begin{aligned}
\min\quad & f_3 \\
\text{s.t.}\quad & g_{1,i}\leqslant 0,\ i=1,2,\cdots,n \\
& g_{2,i}\leqslant 0,\ i=1,2,\cdots,n \\
& g_{4,i}\leqslant 0,\ i=1,2,\cdots,n \\
& g_5\leqslant 0 \\
& g_6\geqslant 0
\end{aligned} \tag{5-73}$$

② 负载操作过程中空间机械臂的容错路径优化。

结合前面满足负载能力要求的多路径选取，基于粒子群算法的容错路径优化的具体过程如下。

步骤 1：改变路径搜索的初始条件，在动态负载能力容错空间中搜索出满足负载能力要求的多条路径，并进行拐点优化，完成多路径选取的过程。

步骤 2：根据空间机械臂运行任务要求，设定空间机械臂末端直线规划所采用的梯形速度规划的最大速度和最大加速度作为搜索的决策变量，设定粒子群算法的种群数量，迭代次数等参数。

步骤 3：综合考虑关节力矩、基座扰动力、空间机械臂动态负载能力等约束条件，计算目标函数的值，记录该代粒子中的最优粒子信息。

步骤 4：按照公式对粒子的速度和位置进行更新，重新计算目标函数的值并更新最优值。

步骤 5：根据目标函数是否收敛或迭代次数是否达到最大值决定路径优化是否结束，若没有则重复步骤 4。

对应的路径优化流程如图 5-32 所示。

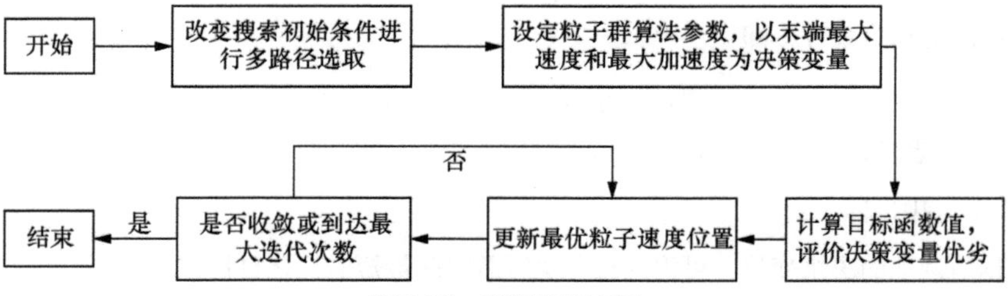

图 5-32　路径优化流程

4. 仿真算例

本节以图 3-2 所示的七自由度空间机械臂为实验对象，开展负载工况下空间机械臂容错路径规划方法数值仿真验证。

（1）面向动态负载能力最优的容错路径规划仿真算例

① 动态负载能力最优路径搜索及拐点优化仿真。

假设关节 1 发生锁定故障，锁定角度 $\theta_1 = 30°$ 。利用本节的路径搜索算法，在计算出的动态负载能力容错空间中进行搜索。假设空间机械臂初始关节构型为 [30°, −90.54°, −55.89°, 121.72°, 76.51°, 151.27°, 57.38°]，期望末端位置为 [2.50 m, 4.00 m, 3.00 m]。末端质量的初始值

$m_{f\_ini} = \max(S_k) = 3000\ \text{kg}$，取逐步递减的负载质量步长 $\Delta m_f = 100\ \text{kg}$。经过不断递减负载质量并搜索路径，得到的动态负载能力的最优值为 1600 kg。

由改进的 A* 算法搜索得出的优化路径如图 5-33 所示，从起点开始经图中实线路径到中间点 K 再经过虚线到终点，除起点和终点外，路径中共有 4 个中间点。使用本节提出的搜索路径拐点优化后，得到的新路径为图 5-33 中的实线路径，共有 2 个中间点。

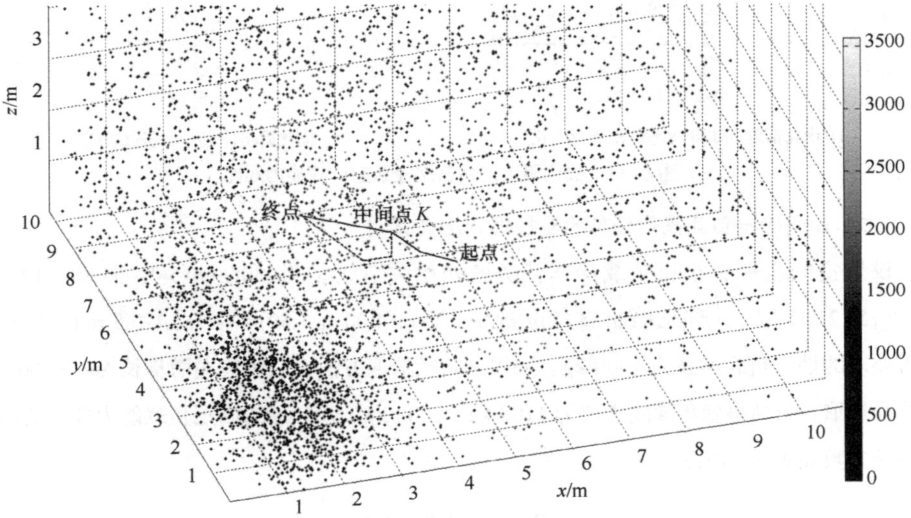

图 5-33 路径搜索及优化路径

② 动态负载能力评估。

针对上述仿真实验得到的两条路径进行动态负载能力评估，对比如图 5-34 所示。从图 5-34 中的数据可以看出，利用动态负载能力最优路径搜索算法得到的路径，其动态负载能力相对于直接连接起点和末端点的直线段的动态负载能力有明显的提高。在对路径拐点进行优化前，得到 5 段路径的动态负载能力分别为 5470 kg、6290 kg、8725 kg、8285 kg、3895 kg，整条路径的最低动态负载能力为 3895 kg，优化后的 3 段路径的动态负载能力分别为 5470 kg、6290 kg、2575 kg，整条路径的最低动态负载能力为 2575 kg，均大于 1600 kg。为了验证提出的最优路径搜索算法的有效性，又对直接连接起点和末端点的直线段的动态负载能力进行了评估，得到其动态负载能力为 1400 kg，小于 1600 kg。

在对搜索得到的路径进行拐点优化后，虽然其实际动态负载能力相比优化前有所降低，但是其路径长度更短，任务执行时间也将变少，因此优化后的路径可以在满足动态负载能力要求的同时有效缩短任务执行时间。

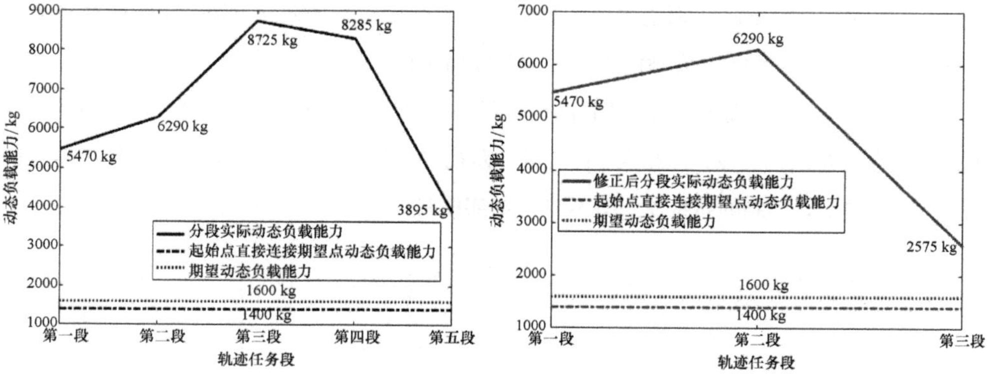

（a）优化前路径实际动态负载能力变化　　（b）优化后路径实际动态负载能力变化

图 5-34　优化路径前后各路径动态负载能力对比

（2）面向确定负载操作任务的路径规划仿真算例

设置空间机械臂执行负载操作任务的初始关节构型为 [30°,−90.54°,−55.89°, 121.72°, 76.5°,151.2°,57.38°]，期望达到的末端位姿为 [2.50 m, 4.00 m, 3.00 m, −1 rad, −0.5 rad, −2 rad]，任务要求的携带负载质量为 1000 kg。采用多路径选取方法，以负载递增步长 $\Delta m_{\mathrm{f}} = 100$ kg 进行路径选取，分别得到负载能力值为 1100 kg、1000 kg、900 kg 的满足负载能力要求的路径，多路径参数如表 5-4 所示。

表 5-4　多路径参数

负载能力值 /kg	路径中间点 /m	实际负载能力 /kg
1100	[4.84, 2.79, 2.34] [4.34, 3.29, 2.34] [3.84, 3.29, 2.84] [3.84, 3.29, 2.34] [3.34, 3.29, 2.34] [2.50, 4.00, 3.00]	2575
1000	[4.84, 2.79, 2.34] [4.34, 3.29, 2.34] [3.84, 3.29, 2.84] [3.84, 3.79, 2.34] [3.34, 3.29, 2.34] [2.50, 4.00, 3.00]	2575
900	[4.84, 2.79, 2.34] [4.84, 3.29, 2.84] [4.34, 3.29, 2.84] [3.84, 3.29, 2.34] [3.34, 3.29, 2.34] [2.50, 4.00, 3.00]	2135

从表 5-4 中可以看出，得到的多条路径有一定的重合度，有些路径段完全重合。虽然某些路径段重合，但是空间机械臂在运行到相同路径时的初始条件有可能不同，因此每段路径都需要单独分析。接下来对在 1000 kg 和 900 kg 条件下搜索得到的路径进行路径优化及最优路径选取。为方便叙述，将在 1000 kg 条件下搜索得到的路径记为路径 1，将在 900 kg 条件下搜索得到的路径记为路径 2。路径 1 和路径 2 各有 6 个路径点，可将每条路径进一步分为5段路径，每段路径的参数如表 5-5 所示。

表 5-5　路径 1 与路径 2 每段路径的参数

路径名称		路径起点 /m	路径终点 /m
路径 1	路径 1-1	[4.84, 2.79, 2.34]	[4.34, 3.29, 2.34]
	路径 1-2	[4.34, 3.29, 2.34]	[3.84, 3.29, 2.84]
	路径 1-3	[3.84, 3.29, 2.84]	[3.84, 3.79, 2.34]
	路径 1-4	[3.84, 3.79, 2.34]	[3.34, 3.29, 2.34]
	路径 1-5	[3.34, 3.29, 2.34]	[2.50, 4.00, 3.00]
路径 2	路径 2-1	[4.84, 2.79, 2.34]	[4.84, 3.29, 2.84]
	路径 2-2	[4.84, 3.29, 2.84]	[4.34, 3.29, 2.84]
	路径 2-3	[4.34, 3.29, 2.84]	[3.84, 3.29, 2.34]
	路径 2-4	[3.84, 3.29, 2.34]	[3.34, 3.29, 2.34]
	路径 2-5	[3.34, 3.29, 2.34]	[2.50, 4.00, 3.00]

采用粒子群算法，针对本节的分析对象，对其中的参数进行如下设置。

① 关节角约束：±180° 。

② 关节速度约束：±0.5 rad/s 。

③ 关节加速度约束：$\pm 0.2\ \mathrm{rad/s^2}$ 。

④ 关节力矩约束：±450 N • m 。

⑤ 初始种群数量：10。

⑥ 搜索种群代数：10。

在利用粒子群算法进行轨迹优化时，设优化目标为任务执行总时间最短，末端最大速度和最大加速度的变化范围为 [0.02 m/s,0.1 m/s] 和 $[0.02\ \mathrm{m/s^2}, 0.15\ \mathrm{m/s^2}]$，末端最大速度和最大加速度为决策变量。得到两条路径中每一段路径的收敛情况，如图 5-35 和图 5-36 所示。

从图 5-35 和图 5-36 中可以看出：目标函数的值在迭代到第 10 代时均已经收敛，收敛处得到的最优值即在某段任务路径上满足约束条件的空间机械臂末端运行最短时间，此时与之对应的 v_{max} 和 a_{max} 即为满足目标函数最小的决策变量值，两段备选路径各小段路径优化后对应的结果如表 5-6 和表 5-7 所示。

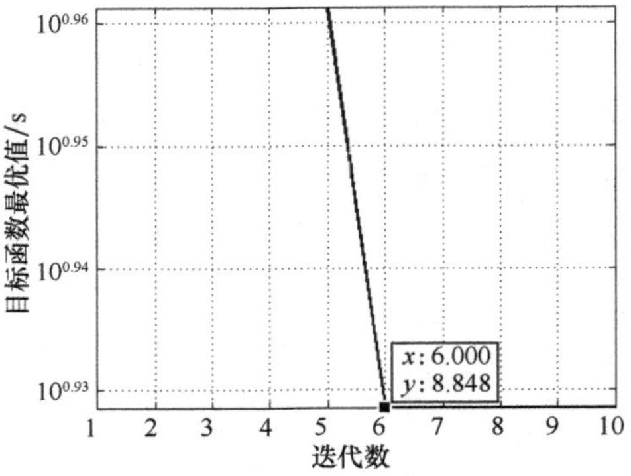

（a）路径1-1

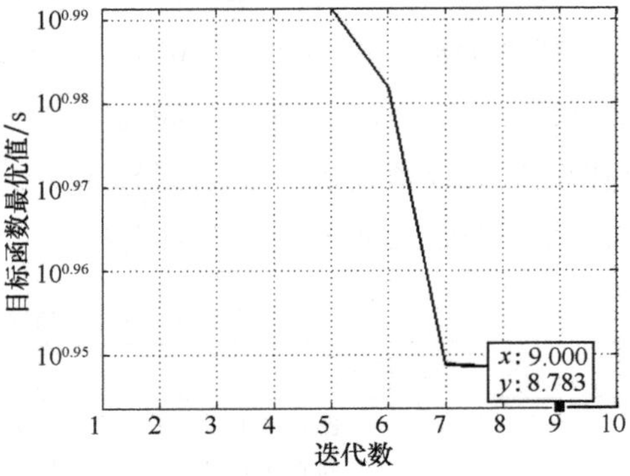

（b）路径1-2

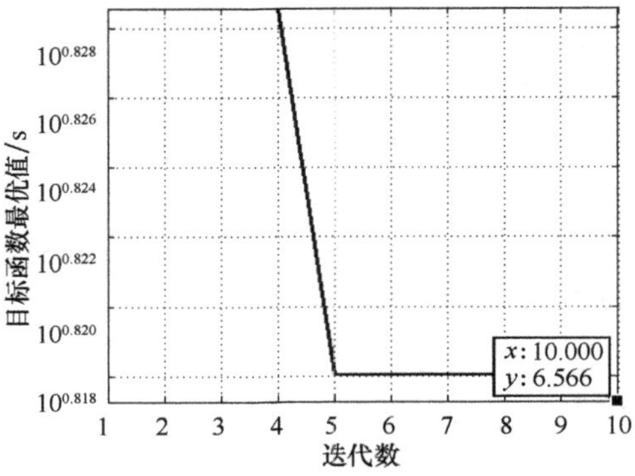

（c）路径1-3

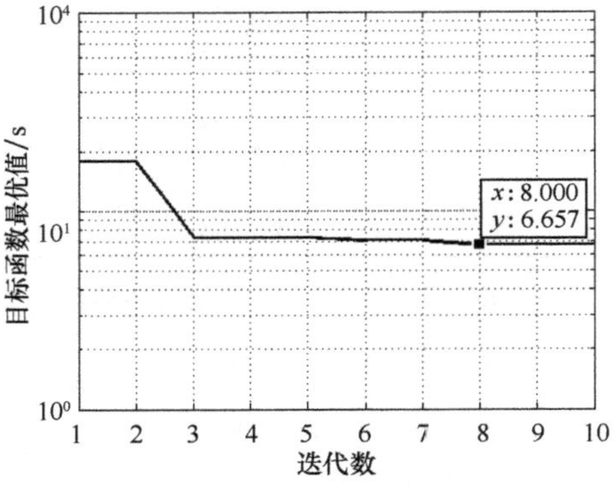

（d）路径1-4

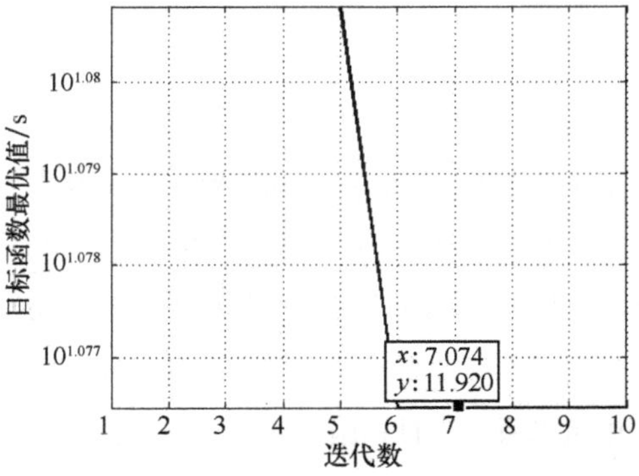

（e）路径1-5

图 5-35　路径 1 分段路径最优运行时间收敛情况

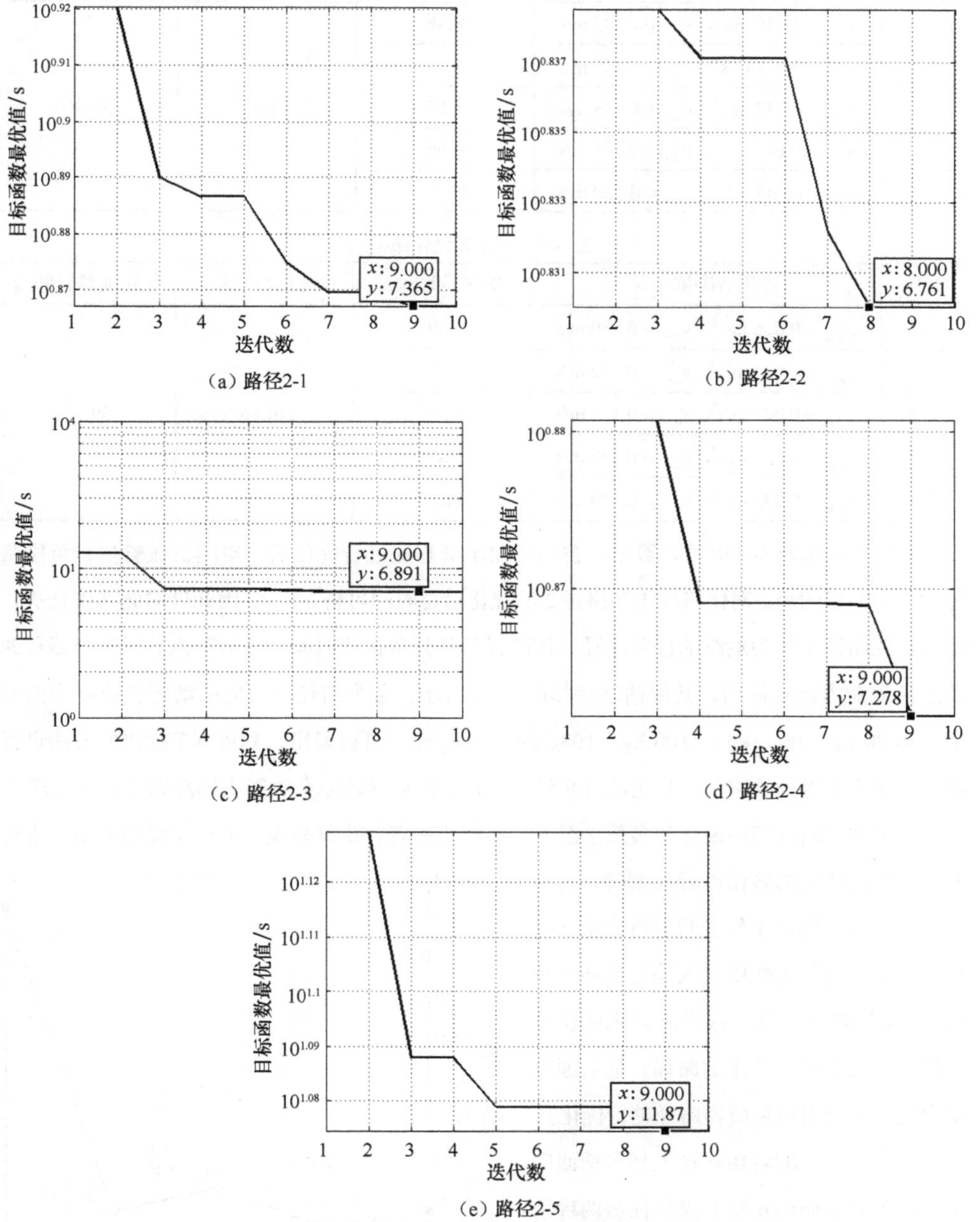

图 5-36 路径 2 分段路径最优运行时间收敛情况

表 5-6 路径 1 优化结果

路径	优化后决策变量	优化后时间 /s	优化后总时间 /s	优化前总时间 /s
1-1	$a_{max}=0.040\ m/s^2$，$v_{max}=0.143\ m/s$	8.48	42.42	59.80
1-2	$a_{max}=0.037\ m/s^2$，$v_{max}=0.150\ m/s$	8.78		
1-3	$a_{max}=0.047\ m/s^2$，$v_{max}=0.138\ m/s$	6.57		
1-4	$a_{max}=0.045\ m/s^2$，$v_{max}=0.141\ m/s$	6.66		
1-5	$a_{max}=0.045\ m/s^2$，$v_{max}=0.150\ m/s$	11.93		

表 5-7 路径 2 优化结果

路径	优化后决策变量	优化后时间 /s	优化后总时间 /s	优化前总时间 /s
2-1	$a_{max}=0.056\ m/s^2$，$v_{max}=0.150\ m/s$	7.36	40.16	59.80
2-2	$a_{max}=0.044\ m/s^2$，$v_{max}=0.132\ m/s$	6.76		
2-3	$a_{max}=0.042\ m/s^2$，$v_{max}=0.128\ m/s$	6.89		
2-4	$a_{max}=0.059\ m/s^2$，$v_{max}=0.148\ m/s$	7.28		
2-5	$a_{max}=0.045\ m/s^2$，$v_{max}=0.150\ m/s$	11.87		

从表 5-6 和表 5-7 中可以看出，在利用粒子群算法进行优化后，空间机械臂执行每段路径的时间明显缩短。对比路径 1 和路径 2 的优化后总时间可得 $t_1 > t_2$，因此针对此具体任务，可以选取路径 2 作为最终的任务路径，该路径具备任务执行时间最短的特点。对该条路径的动态负载能力进行评估，其评估结果如图 5-37 所示，各个路径段对应的动态负载能力值分别为 1080 kg、1060 kg、1100 kg、1080 kg、1460 kg，可以得出，利用本节提出的方法进行轨迹优化之后得到的路径，其运动时间得到优化，同时其动态负载能力仍然满足任务需求。

本节对面向灵巧性最优和负载工况下的空间机械臂容错路径规划进行了详细介绍。进行面向灵巧性最优的容错路径规划时，首先对综合灵巧性退化工作空间进行栅格化处理，然后在代价函数中融入综合灵巧性项对 A* 算法进行改进，搜索满足末端位置可达和综合灵巧性要求的路径；最后通过减少拐点数量对规划所得路径进行优化。

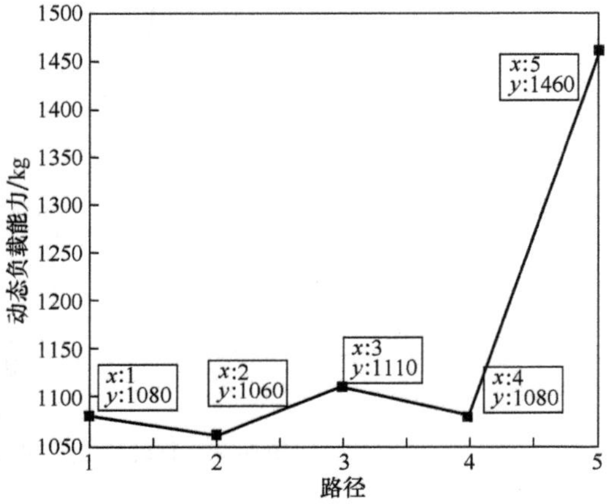

图 5-37 优化后不同路径动态负载能力评估结果

负载工况下的容错路径规划包括面向未知任务和面向确定负载操作任务两种情形。在进行容错路径规划之前，应先构建动态负载能力容错空间。面对未知任务时，对传统的 A* 算法进行改进，搜索得到动态负载能力最优的路径和满足任务负载能力要求的路径，最后对路径的拐点个数进行了优化，减少了空间机械臂在任务执行过程中的启停次数，使其更加符合空间机械臂的实际使用情况。面向确定负载任务时，采用粒子群算法对多条满足要求的路径进行时间最优化处理，最终得到满足负载能力需要且时间最优的空间机械臂运动轨迹，达到了优化空间机械臂任务执行效率的目的。

5.4 关节锁定故障空间机械臂全局容错轨迹优化

关节锁定故障发生后，易导致空间机械臂末端偏离原先的运动轨迹且自身运动性能大幅下降，这给后续的容错规划与控制带来难度。因此，在故障发生前，既需要跟踪末端轨迹以执行空间任务，又需要避开运动能力严重退化的不利构型以使空间机械臂具有容错能力，此时可选择全局容错轨迹优化，即通过求解满足末端轨迹位姿需求且具有容错能力的关节空间容错构型，在其中优选一条连通初始点到任务点的连续关节角序列，以使任意关节在任意时刻发生故障后仍可继续完成任务，同时，可使发生关节故障的空间机械臂在不停机的情况下连续执行空间任务，最大限度地提升全任务周期内空间任务执行效率。该方法与 5.1 节的空间机械臂运动能力退化预防策略相比，相同点在于都能避开运动能力严重退化的不利构型；不同点在于，空间机械臂运动能力退化预防策略不针对特定的末端轨迹，适合未知任务，而全局容错轨迹优化方法需给定末端轨迹，适合末端轨迹跟踪任务。本节的全局容错轨迹优化方法的主要思路为：首先，针对预期任务轨迹中的每一点求解对应的构型群组；然后，通过容错性评判准则剔除不满足要求的构型，获得关节空间容错构型群组；最后，以空间任务所需运动能力最优为目标，从容错构型群组中找到一条可以连通初始点和任务点的连续路径。

5.4.1 关节空间容错构型群组求解

考虑到空间机械臂具有冗余特性，所有满足给定末端位姿的关节构型集合构成了空间机械臂的自运动流形[7]。对于给定的空间机械臂末端运动轨迹，空间机械臂的自运动流形为关节空间容错轨迹优化提供了可能性，通过引入空间机械臂关节空间容错性能指标，在满足末端运动轨迹序列点位姿的关节构型集合中搜索满足容错需求且使容错性能指标最优的关节轨迹序列，即可完成关节空间容错轨迹优化[8]。可见，求解满足末端运动轨迹序列点位姿需求的关节构型集合并筛选具有容错能力的关节构型集，是进一步完成空间机械臂全局容错轨迹优化的关键。

设定各关节运动范围为[-180°～180°]，选定关节1为自运动变量，即在给定关节1角度值的条件下，利用逆解算法求解其他关节角的解析表达。对于给定的末端位姿($x_E, y_E, z_E, \alpha, \beta, \gamma$)，可以获得其相对惯性系的位姿转换矩阵，再通过逆运动学方法建立末端位姿与关节构型的完备映射关系。随着自运动变量θ_1在其运动约束内的遍历，可获得满足末端位姿的全部关节构型集合，表现在关节空间中即相应末端位姿的自运动流形。

通常，空间机械臂发生关节锁定故障时，若在故障时刻空间机械臂构型不发生奇异，则可求得健康关节的速度反解，使空间机械臂在关节角连续变化的同时能继续跟踪末端轨迹，此时认为该构型具有容错性能。因此，在获得关节构型集合的基础上，通过建立关节构型的容错性评判准则，筛选获得与给定末端位姿对应的空间机械臂容错构型集合。同时，对于给定的末端运动轨迹，通过任务空间路径轨迹规划算法对其进行离散化处理后，可获得离散的轨迹位姿序列点，进而建立与末端运动轨迹散点对应的容错构型群组。

1. 关节构型容错性评判准则

雅可比矩阵是完成末端与关节间速度映射的重要部分，当单冗余度空间机械臂发生单关节故障并锁定时，需将雅可比矩阵故障关节对应的列向量除去，获得退化雅可比矩阵。若退化后的雅可比矩阵行列式为零，则故障空间机械臂的构型为奇异构型，对于给定的末端速度，关节速度反解不存在或非常大，反之则可求出正常的关节速度反解，从而完成后续任务。

综上分析，利用雅可比矩阵的映射特点，基于各关节故障后的退化雅可比矩阵，构造的雅可比矩阵零空间速度列阵[9]为

$$\boldsymbol{Z}(\boldsymbol{J}(\boldsymbol{\theta}))=[-1^{1+1}\det[\boldsymbol{J}_1(\boldsymbol{\theta})],-1^{2+1}\det[\boldsymbol{J}_2(\boldsymbol{\theta})],\cdots,-1^{n+1}\det[{}^{n}\boldsymbol{J}_3(\boldsymbol{\theta})]]^{\mathrm{T}} \tag{5-74}$$

式中，$\det[\boldsymbol{J}_i(\boldsymbol{\theta})]$为雅可比矩阵去掉第$i$列元素后所构成的子矩阵的行列式，在式（5-74）的基础上，建立空间机械臂关节容错构型评判准则为：单冗余度机械臂在当前构型$\boldsymbol{\theta}(t)\in\mathbb{R}^n$下，其雅可比矩阵行满秩。在给定空间机械臂构型下，空间机械臂对第i个关节无容错性的充分必要条件是其零空间速度列阵$\boldsymbol{Z}[\boldsymbol{J}(\boldsymbol{\theta})]$的第$i$个分量等于0。

下面给出判定准则的充分必要性证明。

必要性证明：如果当前位形$\boldsymbol{\theta}(t)$对关节不具备容错能力，那么必定有$\boldsymbol{J}_i(\boldsymbol{\theta})$奇异，则必有非零的零空间矢量，设单位化的零空间速度列阵$\boldsymbol{V}\in\mathbb{R}^{(n-1)\times 1}$为

$$\boldsymbol{V}=[V_1,V_2,\cdots,V_{n-1}]^{\mathrm{T}} \tag{5-75}$$

显然，有

$$J_i(\boldsymbol{\theta})\boldsymbol{V}=0 \tag{5-76}$$

如果在速度列阵的第 i 个元素前添加一个 0，得到一个长度为 n 的列阵，即

$$\boldsymbol{V}=[V_1,V_2,\cdots,V_{i-1},0,V_i,\cdots,V_{n-1}]^{\mathrm{T}} \tag{5-77}$$

必定是 $\boldsymbol{J}(\boldsymbol{\theta})$ 的零空间列阵，这样必有

$$\boldsymbol{J}(\boldsymbol{\theta})\boldsymbol{V}=0 \tag{5-78}$$

由于 $n-m=1$， $\mathrm{rank}\{\boldsymbol{Z}[\boldsymbol{J}(\boldsymbol{\theta})]\}=1$，所以 $\boldsymbol{V}$ 是 $\boldsymbol{J}(\boldsymbol{\theta})$ 的唯一单位化零空间速度列阵，这样 $\boldsymbol{J}(\boldsymbol{\theta})$ 矩阵零空间速度列阵的第 i 个分量必定是 0。

充分性证明：如果 $\boldsymbol{Z}[\boldsymbol{J}(\boldsymbol{\theta})]$ 的第 i 个分量为 0，设 $\boldsymbol{V}\in\mathbb{R}^{(n-1)\times1}$ 为 $\boldsymbol{J}(\boldsymbol{\theta})$ 矩阵零空间速度列阵 $\boldsymbol{Z}[\boldsymbol{J}(\boldsymbol{\theta})]$ 去掉第 i 个元素后得到 $n-1$ 维矢量，那么有

$$\boldsymbol{J}(\boldsymbol{\theta})\boldsymbol{Z}[\boldsymbol{J}(\boldsymbol{\theta})]=\boldsymbol{J}_i(\boldsymbol{\theta})\boldsymbol{V}=0 \tag{5-79}$$

因为 $\boldsymbol{V}$ 是 $n-1$ 维列阵，所以 $\boldsymbol{V}$ 是 $\boldsymbol{J}_i(\boldsymbol{\theta})$ 的零空间列阵， $\mathrm{rank}[\boldsymbol{J}_i(\boldsymbol{\theta})]<n-1$，这说明第 i 个关节被锁定后，空间机械臂处于奇异位形，即对第 i 个关节无容错性。

关节构型容错评判准则可作为筛选具有容错能力的关节构型的重要标准。但在实际应用过程中需要注意，当雅可比矩阵零空间速度列阵中的对应项元素为零时，说明此时构型已经奇异，事实上在奇异构型附近的关节构型其运动能力已经较差（将较小的末端速度映射为较大的关节速度），从而造成规划过程中的关节轨迹波动剧烈。因此判定过程中通常人为设定判别阈值为比零大的常数，希望同时筛选掉奇异构型附近的关节构型，以避免故障时刻空间机械臂发生奇异。在选择判别阈值时，可参考基于梯度投影法的容错轨迹优化方法中退化雅可比矩阵行列式的大小 [10]，本节将其作为数量级参考值。

2. 容错构型群组求解方法

建立空间机械臂关节构型容错评判准则后，可再筛选出满足特定关节容错需求的容错构型集合，进而筛选出同时对各关节故障具有容错能力的关节构型，即全关节容错构型集合。由关节构型集合的求解过程可见，筛选容错构型的过程可以简化为：在自运动变量逆解允许的约束范围内，确定满足关节容错需求的自运动变量取值或取值范围，进而获得给定末端位姿的容错构型集合。采用相同的方法便可求解满足末端运动轨迹的容错构型群组，从而为进一步开展全局容错轨迹优化奠定基础，空间机械臂容错构型群组求解流程如图 5-38 所示。

步骤 1：通过给定的空间机械臂的初始关节构型、期望位姿及路径规划参数，确定末端轨迹形式，以控制周期为时间步长，获得满足末端运动轨迹的离散轨迹序列点，并存储各点的位姿备用。

步骤 2：以任务起始时间为起点，获得对应的轨迹点位姿，利用关节构型集合求解方法获取具有可行解的自运动变量可行范围，在可行范围内求解满足位姿要求的关节构型集合。

步骤 3：以关节构型容错性评判准则为标准（设定判定阈值），在关节构型集合中分别筛选能够对各单关节容错的关节构型集合，获得满足轨迹点位姿的关节容错构型集合，其中各关节的容错构型集合可按照需要求交运算，进而获得同时满足多个单关节故障容错需求的关节容错构型集合。

步骤 4：重复步骤 2，以路径规划控制周期为间隔，获得下一轨迹点的位姿，解算对应轨迹点的关节容错构型集合，直到获得全部末端运动轨迹序列点的容错构型集合，全部容错构型集合共同组成了满足末端运动轨迹容错需求的容错构型群组。

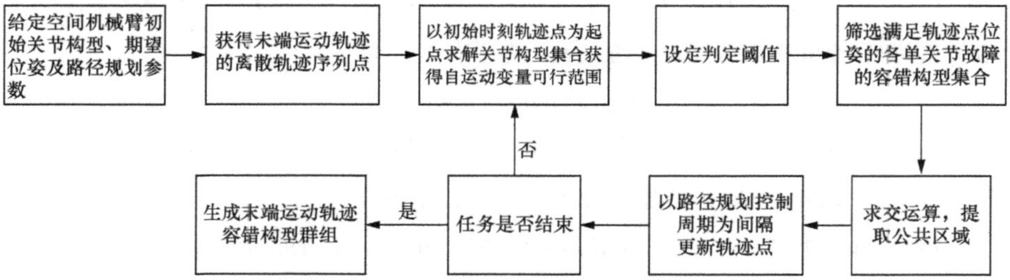

图 5-38　空间机械臂容错构型群组求解流程

5.4.2　面向多约束多优化目标的全局容错轨迹优化

为使空间机械臂任意关节在任意时刻发生故障后，仍然可以继续完成预期空间任务，需要在容错构型群组内优选一条连通初始点到任务点的连续关节角序列。本节在 5.4.1 节获得关节容错构型群组的基础上，以全关节容错构型群组取值范围为优选关节角序列的约束条件，介绍空间机械臂全局容错轨迹优化的方法。

首先引入五次多项式对关节角进行插值遍历，在容错构型群组内获取连续关节轨迹。进而以退化可操作度为容错性能指标，综合考虑空间机械臂任务执行过程中的运动约束、环境约束等约束条件以及空间环境中的能源稀缺、任务时间宝贵等实际问题，开展关节容错轨迹优化。

1. 基于多项式插值的关节轨迹规划

引入五次多项式插值对关节 1 角度进行插值遍历，即

$$\theta_1(t) = a_0 + a_1 t + a_2 t^2 + a_3 t^3 + a_4 t^4 + a_5 t^5 \tag{5-80}$$

式中，t 为空间机械臂运动时间；$\theta_1(t)$ 为 t 时刻关节 1 的角度；a_0、a_1、a_2、a_3、a_4、a_5 为多项式系数，以容错构型群组内关节 1 的各时刻的运动范围为约束条件，通过调整多项式系数的取值，理论上可在容错构型群组内遍历获得全部连续关节轨迹。由于其他关节角与关节 1 角度存在对应关系，因此只需对关节 1 进行插值遍历，其他关节角可随之获得。

由式（5-80）可进一步求得空间机械臂关节速度和关节加速度的多项式表达，分别为

$$\dot{\theta}_1(t)=a_1+2a_2t+3a_3t^2+4a_4t^3+5a_5t^4 \tag{5-81}$$

$$\ddot{\theta}_1(t)=2a_2+6a_3t+12a_4t^2+20a_5t^3 \tag{5-82}$$

建立关节多项式插值表达式后，需要对各系数进行求解，由于需要遍历所有可能的关节轨迹，因此不指定任务始、末构型，将其同时列入优化范畴。末端运动轨迹始、末点关节的速度、加速度约束分别为

$$\begin{cases}\dot{\theta}_1(0)=\dot{\theta}_1(t_e)=0\\ \ddot{\theta}_1(0)=\ddot{\theta}_1(t_e)=0\end{cases} \tag{5-83}$$

式中，t_e为末端运动轨迹的总规划时间。

由于式（5-80）、式（5-81）、式（5-82）中未知系数为 6 个，而式（5-83）给出 4 个约束条件，因此本节中选取 a_0、a_3 为自变量，显然 a_0 独立于其他参数，联立式（5-80）、式（5-81）、式（5-82）可得

$$a_1=a_2=0 \tag{5-84}$$

$$a_4=-\frac{3a_3}{2t_e} \tag{5-85}$$

$$a_5=\frac{3a_3}{5t_e^2} \tag{5-86}$$

综上，对关节 1 进行的五次多项式插值规划，可通过变换 a_0 与 a_3 获得满足末端运动轨迹的不同关节轨迹，将 a_0 与 a_3 作为轨迹优化控制参数进行求解，可获得满足优化目标的关节轨迹。对于给定末端运动轨迹，控制参数 a_0 与 a_3 的取值范围需依据容错构型群组求解策略获得全关节容错构型群组范围后确定。

2. 基于多目标粒子群算法的容错轨迹搜索

由于空间机械臂执行任务过程中，需要严格遵守其运动约束（如关节角、关节速度、关节加速度、力矩约束等）、环境约束（如空间机械臂与自身、太空舱、障碍物的避碰约束等）等条件；同时，考虑空间环境中能源稀缺、任务执行时间非常宝贵，因此规划具有较高效率、较低能耗的运动轨迹对于提高空间机械臂的可靠性以及增加其服役寿命具有很大的实际意义。对于给定末端运动轨迹，在其容错构型群组内获得连续关节轨迹后，进行容错轨迹优化是一个需要综合考虑多约束多优化目标的过程。

（1）多约束多目标的全局容错轨迹搜索模型分析

基于多项式插值进行关节轨迹搜索时，除了将容错构型群组取值范围作为约束条件，本

节还综合考虑了实际操作任务过程中的典型约束条件及优化目标，建立了多约束多目标的全局容错轨迹搜索模型。

① 约束条件分析。

空间机械臂初始点、终止点关节速度、关节加速度约束条件为

$$\boldsymbol{h}_3=\left[\dot{\theta}_i(0)\quad \dot{\theta}_i(t_{\mathrm{e}})\quad \ddot{\theta}_i(0)\quad \ddot{\theta}_i(t_{\mathrm{e}})\right]^{\mathrm{T}},\quad i=1,2,\cdots,n \tag{5-87}$$

为使空间机械臂安全启停，需保证 $\boldsymbol{h}_3=\mathbf{0}$ 。

空间机械臂运动过程中关节角、关节速度、关节加速度约束条件为式（5-69）、式（5-26）和式（5-27）。在实际应用中，当障碍物位置已知时，末端避障需要在前期任务布置和轨迹选取阶段完成，而空间机械臂的避障则可以通过碰撞检测算法和碰撞干涉分析来完成，其结果最终均体现为在关节构型集合中排除部分关节序列，从而降低了容错构型集合的基数。因此，为简化约束条件表达，统一用式（5-69）中的关节角约束来同时体现避障及容错构型群组约束。

② 优化目标。

满足约束条件的前提下，以退化可操作度最优及任务总体能量消耗最少为优化目标进行轨迹优化。

退化可操作度最优：采用退化可操作度为容错性能指标，由粒子群算法的优化原理可知，其优化目的是使优化目标较小，因此建立退化可操作度最优目标函数为

$$\boldsymbol{f}_4=\int_{t_0}^{t_{\mathrm{e}}}[1/\sum_{i=1}^{n}(k_i\times {}^{i}w_{\mathrm{KFT}}(\boldsymbol{\theta}))]\,\mathrm{d}t \tag{5-88}$$

在空间环境中，由于航天系统较为复杂，且空间飞行器的负载有限，无法携带更多能源，因此，可供空间机械臂利用的能源往往有限。以任务总体能量消耗最少为目的，是为了降低空间机械臂的能耗，从而满足空间机械臂长时间工作的需求。在求解关节力矩的基础上，根据对关节输出功率的计算 [11]，可以提出任务总体能量消耗最少目标函数为

$$\boldsymbol{f}_5=\sum_{i=1}^{n}\int_{t_0}^{t_{\mathrm{e}}}[\dot{\theta}_i(t)\tau_i(t)]^2\,\mathrm{d}t \tag{5-89}$$

综上所述，容错轨迹搜索策略可以概括为寻找五次多项式系数 a_0 和 a_3 ，使得

$$\begin{aligned}\min\quad & \boldsymbol{f}_4,\boldsymbol{f}_5\\ \text{s.t.}\quad & \boldsymbol{h}_3=\mathbf{0}\\ & g_{4,i}\leqslant 0,\ \ i=1,\cdots,n\end{aligned} \tag{5-90}$$

（2）全局容错轨迹搜索过程

结合关节空间容错构型群组求解的研究内容，基于多目标粒子群算法的关节空间全局容

错轨迹搜索技术路线如图 5-39 所示，具体求解过程如下。

步骤 1：对于给定的笛卡儿空间末端运动轨迹，选定末端速度规划方式，获得离散的末端运动轨迹序列点，求解满足序列点的容错构型群组，获得关节 1 的角度取值范围。

步骤 2：在取值范围内采用五次多项式插值规划方式对容错构型群组进行遍历，获得关节空间容错轨迹序列，选定多项式系数为决策变量，根据关节角取值范围约束给定决策变量搜索范围，设定多目标粒子群算法迭代次数、初始粒子数，随机产生初始种群。

步骤 3：将其代入式（5-80）～式（5-82）中，计算获得关节角、关节速度、关节加速度，综合考虑空间机械臂运动约束和环境约束条件，将满足约束条件的轨迹作为初始解；根据式（5-88）、式（5-89）计算各粒子适应度函数值，利用支配关系对粒子进行筛选，将非受支配粒子位置保留，加入外部档案。

步骤 4：根据多目标粒子群优化流程，更新粒子的速度和位置，并计算各粒子的适应度值，更新外部档案。

步骤 5：若迭代次数未达最大迭代次数，则返回步骤 4，否则所得外部档案即 Pareto 最优解集。

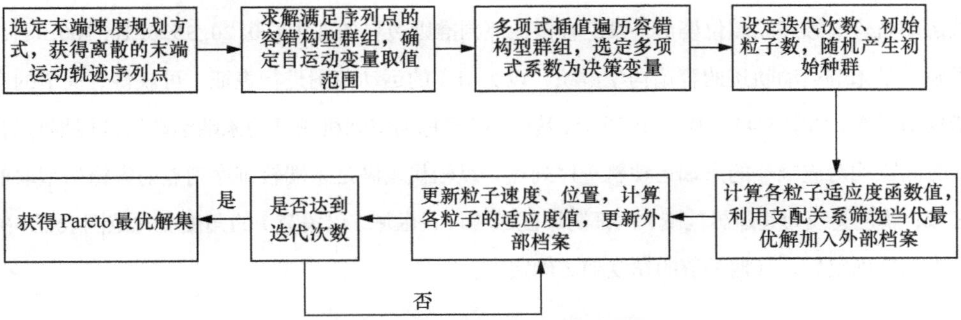

图 5-39 全局容错轨迹搜索技术路线

5.4.3 仿真算例

1. 关节空间容错构型群组求解算例

本节以图 3-2 所示的七自由度空间机械臂为对象开展仿真实验，其几何参数及动力学参数如表 3-2 所示。以一条终点位姿为 [9.6 m, 0 m, 3 m, −1 rad, −0.5 rad, −2 rad] 的具有较高容错能力的末端运动轨迹为例，关节 1 的角度 θ_1 为自运动变量，求解给定末端位姿的关节构型集合。

由于空间机械臂具有冗余特性，关节 1 在可解范围内连续变化时，关节 2 ～关节 7 也连续变化，且对于给定的关节 1 角度，均有唯一关节角序列与之对应，即对于给定末端位姿，获得了可以用关节 1 表征的空间机械臂连续的关节构型集合。由于关节构型集合构成的空间机械臂自运动流形存在于七维关节空间之内，无法在三维空间直观展示，因此分别将其映射到 4-5-6 关节和 5-6-7 关节张成的关节空间内方便直观展示，如图 5-40 和图 5-41 所示。

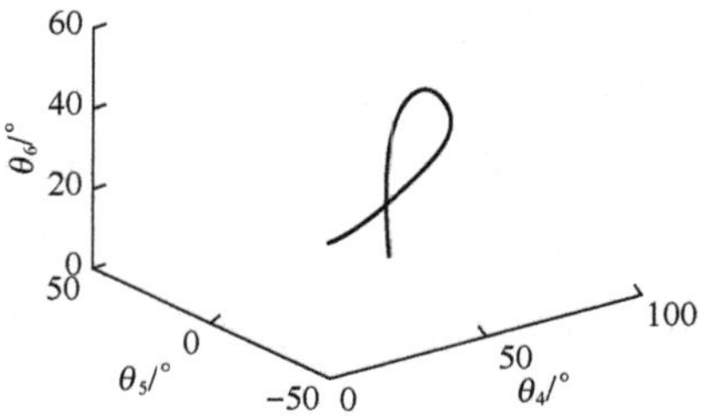

图 5-40　自运动流形在 4-5-6 关节空间中的映射

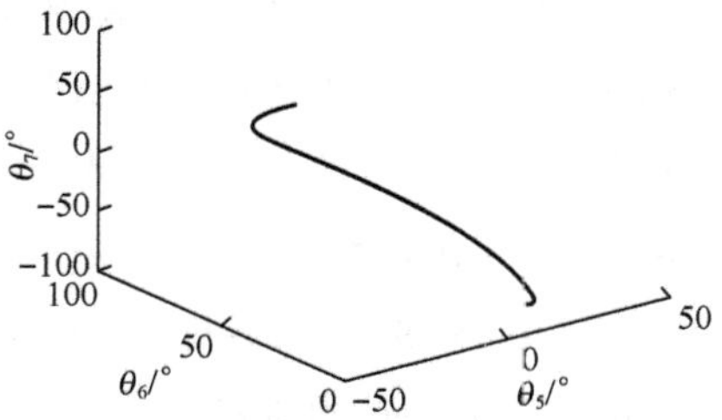

图 5-41　自运动流形在 5-6-7 关节空间中的映射

给定另一条具有较高容错性能的末端运动轨迹为研究对象，求解其容错构型群组。末端运动轨迹起点位姿为 [6.5 m, 4.3 m, 5.0 m, −1 rad, −0.3 rad, −2.4 rad]，终点位姿为 [9.6 m, 0 m, 3 m, −1 rad, −0.5 rad, −2 rad]，进行两点间的直线路径规划，采用带抛物线过渡的圆弧梯形速度规划方法规划末端速度，规划时间为 20 s，加速时间为 5 s，单步控制周期为 0.05 s。获得末端运动轨迹离散序列点位姿后，设定容错性评判准则边界条件为 [60, 20, 35, 6, 10, 100, 10]，求解满足末端运动轨迹的容错构型群组，以关节 1 的运动范围进行表征，可获得各关节的容错构型群组，如图 5-42 ～图 5-48 所示。其中，横坐标为空间机械臂的末端运动轨迹规划时间，各时间点均对应唯一的末端运动轨迹序列点；纵轴代表满足末端轨迹序列点的容错构型取值区域，黑色实线为其边界范围，内部阴影区域为可行区域，以关节 1 的角度变化范围表征（关节 1 角度确定后，其他关节的角度随之确定）。

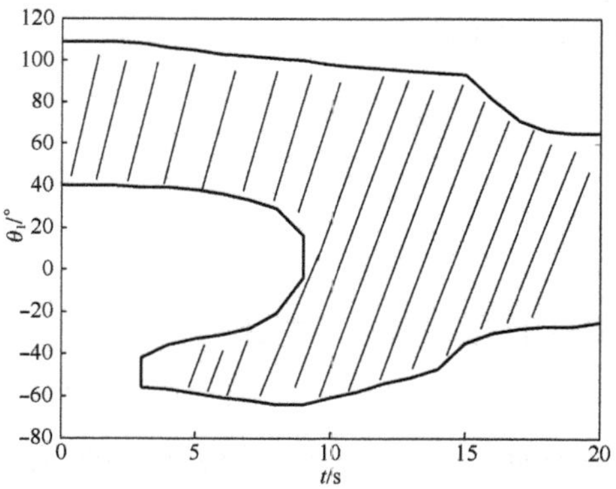

图 5-42　关节 1 故障时的容错构型群组

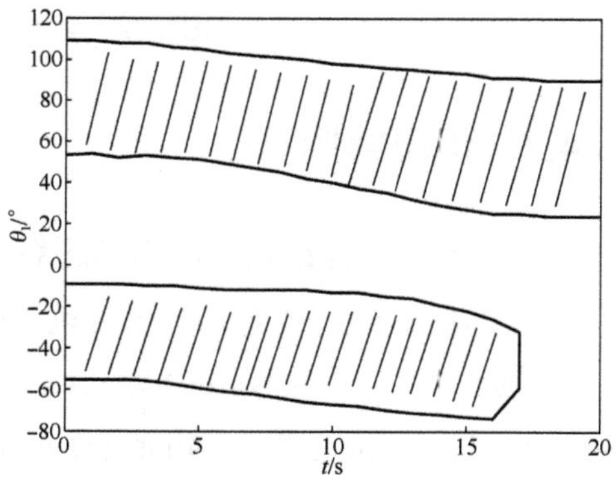

图 5-43　关节 2 故障时的容错构型群组

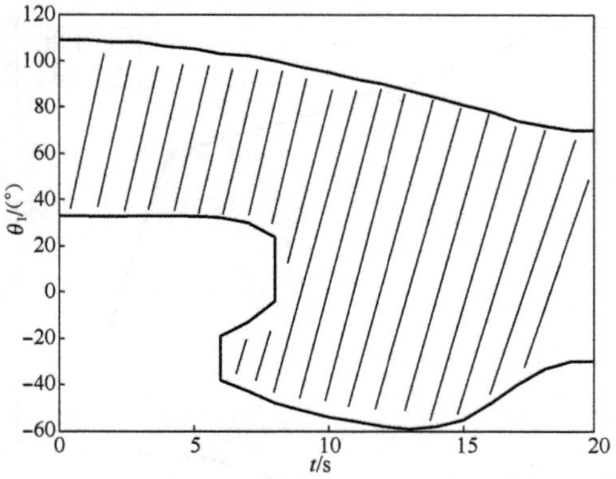

图 5-44　关节 3 故障时的容错构型群组

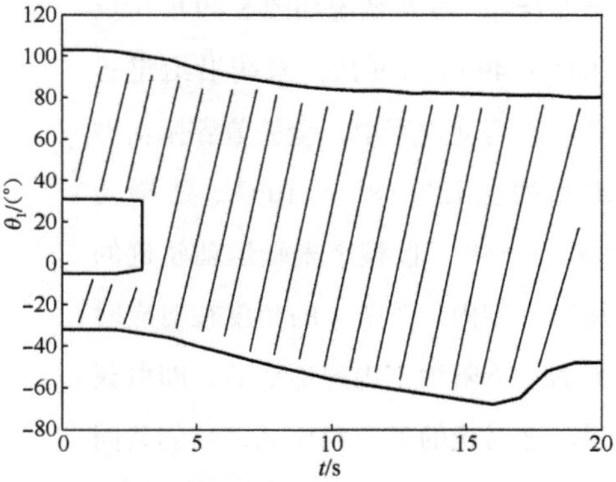

图 5-45　关节 4 故障时的容错构型群组

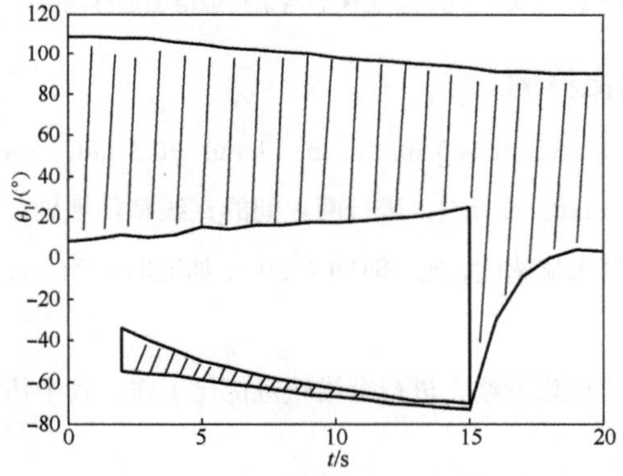

图 5-46　关节 5 故障时的容错构型群组

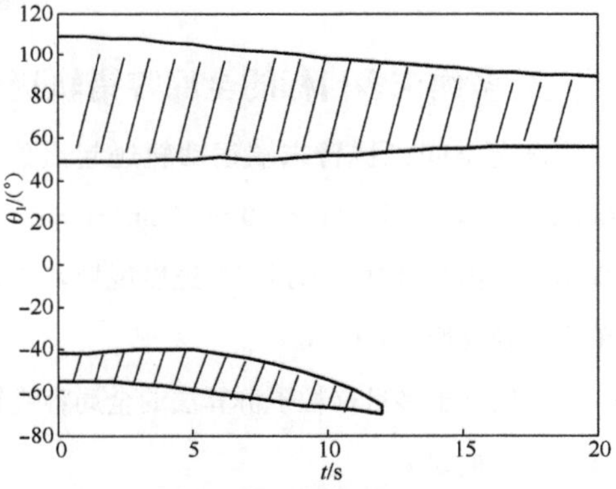

图 5-47　关节 6 故障时的容错构型群组

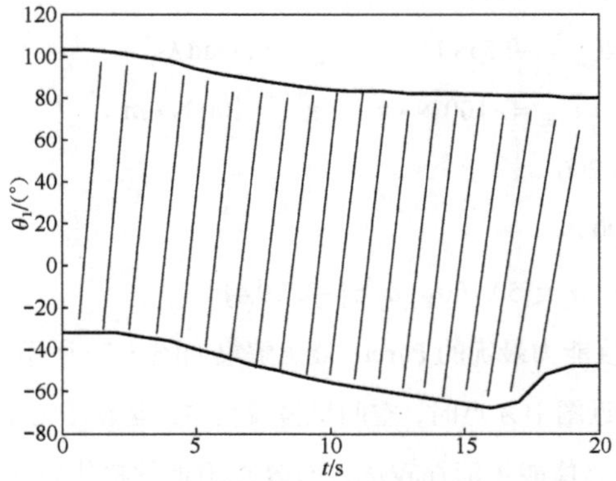

图 5-48　关节 7 故障时的容错构型群组

显然，7 个子图的公共区域即七自由度空间机械臂的全关节容错构型群组边界范围，经求交计算，交集情况如图 5-49 所示。由图 5-49 所示可知，末端沿给定运动轨迹运动过程中，全关节容错构型群组的上限为 68° ～ 109°，下限为 50° ～ 56°。在整个末端运动轨迹的运行周期内，关节 1 的角度在对应时刻的上下限约束内遍历取值，即可获得与之对应的关节角序列，它们共同构成了满足末端运动轨迹的容错构型群组。

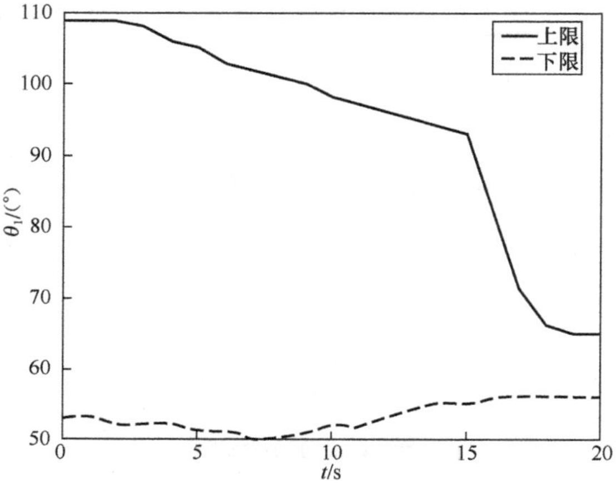

图 5-49　末端运动轨迹全关节容错构型群组边界范围

2. 多约束多目标的全局容错轨迹优化算例

设定空间机械臂末端运动轨迹起点位姿为 [6.5 m, 4.3 m, 5.0 m, −1 rad, −0.3 rad, −2.4 rad]，终点位姿为 [9.6 m, 0 m, 3 m, −1 rad, −0.5 rad, −2 rad]，进行两点间的直线路径规划，采用带抛物线过渡的圆弧梯形速度规划方法规划末端速度，规划时间为 20 s，加速时间为 5 s，单步控制周期为 0.05 s。

利用基于多目标粒子群算法的全局容错轨迹优化策略，进行容错轨迹优化工作，其中仿真参数设置如下。

关节角限位：$\theta_{\min}=-180°$，$\theta_{\max}=180°$。

关节速度约束：$\dot{\theta}_{\min}=-0.5\ \mathrm{rad/s}$，$\dot{\theta}_{\max}=0.5\ \mathrm{rad/s}$。

关节加速度约束：$\ddot{\theta}_{\min}=-0.5\ \mathrm{rad/s^2}$，$\ddot{\theta}_{\max}=0.5\ \mathrm{rad/s^2}$。

关节驱动力矩约束：$\tau_{\min}=-100\ \mathrm{N\cdot m}$，$\tau_{\max}=100\ \mathrm{N\cdot m}$。

初始粒子数：$\mathrm{pop}=200$。

迭代次数：$\mathrm{gen}=100$。

决策变量搜索范围：$a_0\in[50,100]$，$a_3\in[-0.3,0.4]$。

得到的退化可操作度能力最优的 Pareto 最优解集如图 5-50 所示。

由图 5-50 可知，靠近图中 A 点时，空间机械臂在本次运动中的退化可操作度性能较优，而靠近 C 点时，其任务总体能量消耗较优，而 B 点附近的最优解集中综合考虑了二者优化情况，在实际选解过程中，需要根据任务需求以及经验进行决策。为了具体分析 Pareto 前沿里不同优化方案对于七自由度空间机械臂运动的影响，分别选取其中 A、B、C 处一个最优解，统计如表 5-8 所示。

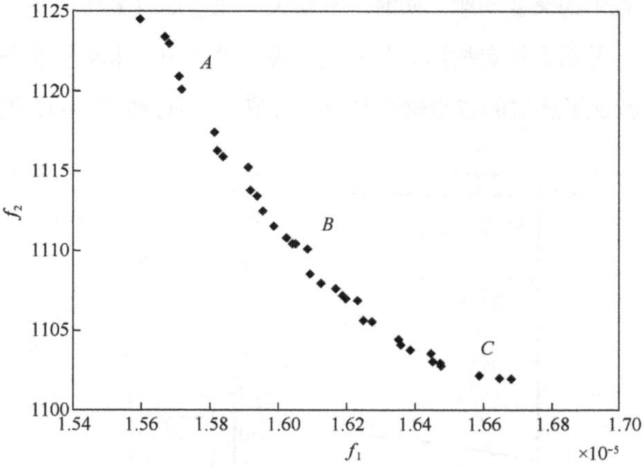

图 5-50 退化可操作度能力最优的 Pareto 最优解集

表 5-8 不同方案下优化结果统计

优化方案序号	决策变量		优化目标	
	a_0	a_3	f_1	f_2
A	58.94	−0.0482	1.5709×10^{-5}	1120.9
B	55.62	−0.0440	1.6052×10^{-5}	1110.5
C	51.50	−0.0387	1.6477×10^{-5}	1102.8

由表 5-8 可见，由于 *A* 方案和 *C* 方案靠近 Pareto 最优解集的两个极端，其分别代表两个优化目标分别相对较优时，空间机械臂运动所对应的参数组合，而 *B* 方案中，对退化可操作度的优化优于 *C* 方案，但对任务总能量消耗的优化优于 *A* 方案。此时，空间机械臂具有相对最优的综合性能。实际上，Pareto 最优解集中的所有解都是有效的。为检验轨迹容错能力，选用 *B* 方案中的参数，采用式（5-91）所示闭环控制策略实现路径规划[12]，追踪期望末端轨迹及全局容错轨迹，同时设定不同时刻不同关节发生故障，仿真结果如图 5-51 ～图 5-54 所示。

$$\dot{\boldsymbol{\theta}}=\boldsymbol{J}(\boldsymbol{\theta})^{\dagger}[\dot{\boldsymbol{p}}+\alpha(\boldsymbol{p}-\boldsymbol{x})]+\beta[\boldsymbol{I}-\boldsymbol{J}(\boldsymbol{\theta})^{\dagger}\boldsymbol{J}(\boldsymbol{\theta})](\boldsymbol{\theta}_{\mathrm{ft}}-\boldsymbol{\theta}) \tag{5-91}$$

式中：$\boldsymbol{p}$ 和 $\boldsymbol{x}$ 分别为末端实际轨迹和末端期望轨迹；$\boldsymbol{\theta}_{\mathrm{ft}}$ 和 $\boldsymbol{\theta}$ 分别为全局容错轨迹和实际关节角；α 和 β 为比例控制系数，仿真中均设为 0.25。关节发生故障后，退化掉故障关节对应的雅可比矩阵一列。

由仿真结果可知，采用优化后的关节轨迹进行路径规划，当关节发生锁定故障后，健康关节通过关节角的调整可以继续完成预期任务，通过图 5-51 和图 5-53 所示的关节角变化曲线可见，关节发生故障后，关节角过渡平滑，从而可实现关节位置的平滑切换，证明了容错策略的有效性。其中关节 3 在故障时刻角度出现的较大跳变，为关节限位导致，并不会带来实际关节驱动过程中的突变问题。同时，健康关节速度通过突变调整（即关节速度在故障时刻发生了跳变），补偿了锁定故障关节速度。规划过程中，末端轨迹跟踪偏差经记录均在 1.3×10^{-3} m 左右，验证了选取的容错轨迹对于全关节、各时刻的故障容错能力。

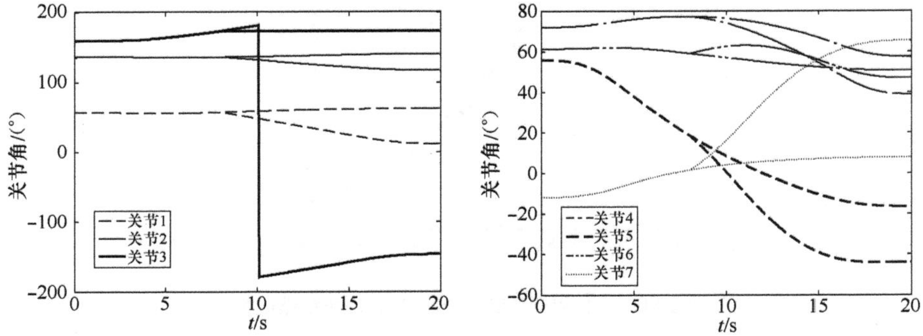

图 5-51　关节角变化情况（关节 3 在 8 s 时故障）

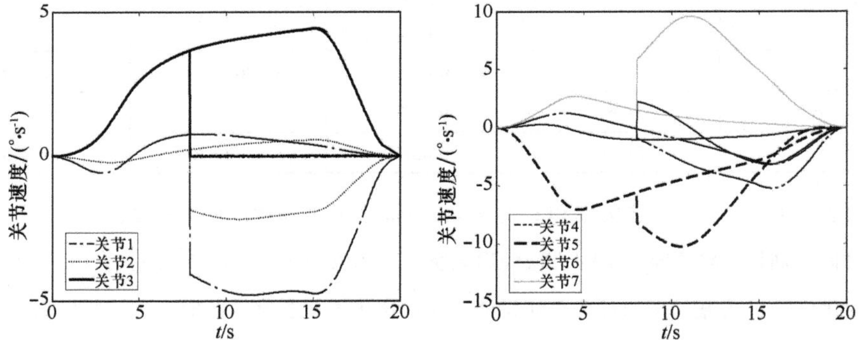

图 5-52　关节速度变化情况（关节 3 在 8 s 时故障）

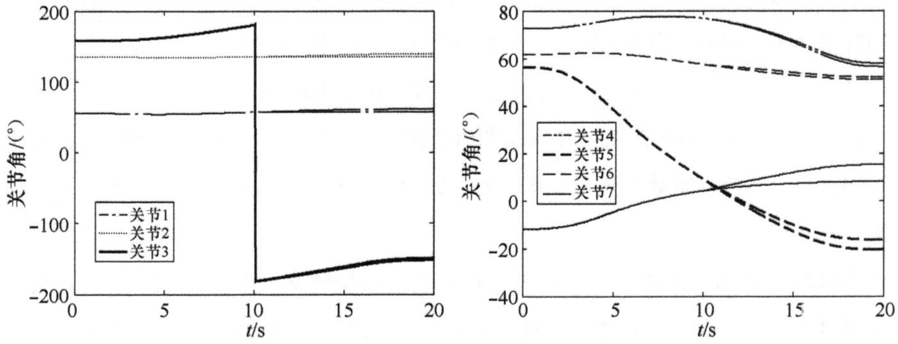

图 5-53　关节度变化情况（关节 2 在 8 s 时故障）

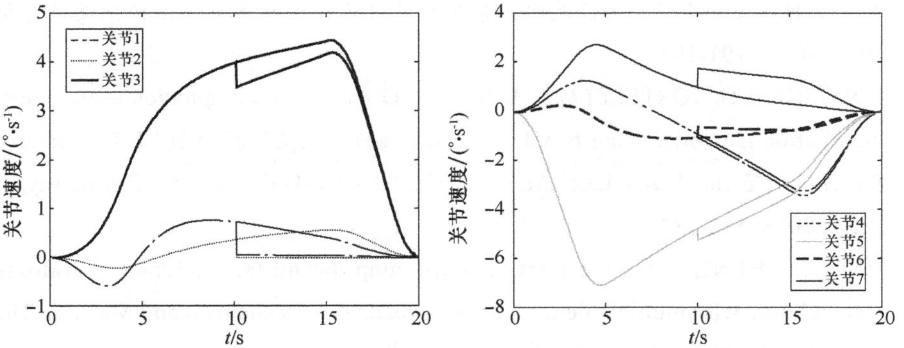

图 5-54 关节速度变化情况（关节 2 在 8 s 时故障）

小结

本章所述的关节锁定故障空间机械臂容错运动控制策略能够尽最大可能使后续任务继续执行，并提高空间机械臂的安全性；针对关节锁定故障发生前的空间机械臂，提出运动能力退化预防策略，使其在发生故障时尽可能继续执行空间任务；针对故障瞬间关节锁定故障引发的空间机械臂运行参数突变问题，建立关节速度与关节力矩参数突变抑制的优化模型，提出参数突变抑制方法，能够提高任务执行的可靠性和系统的安全性；分别从面向灵巧性最优和负载操作能力最优两方面介绍了关节锁定故障空间机械臂容错路径规划方法；以空间任务所需运动能力最优为目标，介绍了空间机械臂全局容错轨迹优化方法，尽最大可能使其任意关节在任意时刻发生锁定故障后仍能继续完成任务。

参考文献

[1] GOEL M, MACIEJEWSKI A A, BALAKRISHNAN V, et al. Failure tolerant teleoperation of a kinematically redundant manipulator: an experimental study[J]. Systems and Humans, 2003, 33(6): 758-765.

[2] HOOVER R C, ROBERTS R G, MACIEJEWSKI A A. Implementation issues in identifying the failure-tolerant workspace boundaries of a kinematically redundant manipulator[C]// 2007 IEEE/RSJ International Conference on Intelligent Robots and Systems. Piscataway, USA: IEEE, 2007: 3528-3533.

[3] 赵京，荆红梅．具有全局性能的冗余度机械臂容错运动规划 [J]. 机械设计与研究，2002, 8(18): 191-193.

[4] FONSECA A G, TORTELLI O L, LOURENCO E M. A reconfiguration analysis tool for distribution networks using fast decoupled power flow[C]//2015 IEEE PES Innovative Smart Grid Technologies Latin America (ISGT LATAM) Conference. Piscataway, USA: IEEE, 2015: 182-187.

[5] JING Z, CHENG F. On the joint velocity jump during fault tolerant operations for manipulators with multiple degrees of redundancy[J]. Mechanism and Machine Theory, 2009, 44(6): 1201-1210.

[6] ABDI H, NAHAVANDI S. Fault tolerance force for redundant manipulators[C]//2010 2nd International Conference on Advanced Computer Control. Piscataway, USA: IEEE, 2010: 612-617.

[7] LENARCIC J. The range of self-motion of redundant robots[C]//1999 IEEE/ASME International Conference on Advanced Intelligent Mechatronics. Piscataway, USA: IEEE, 1999: 386-391.

[8] 赵建文，杜志江，孙立宁．7 自由度冗余手臂的自运动流形 [J]. 机械工程学报，2007, 43(9): 132-137.

[9] 陆震．冗余自由度机器人原理及应用 [M]. 北京：机械工业出版社，2007.

[10] JIA Q X, LI T, CHEN G, et al. Velocity jump reduction for manipulator with single joint failure[C]// 2014 International Conference on Multisensor Fusion and Information Integration for Intelligent Systems (MFI). Piscataway, USA: IEEE, 2014: 1-6.

[11] SARAVANAN R, RAMABALAN S, BALAMURUGAN C. Evolutionary optimal trajectory planning for industrial robot with payload constraints[J]. International Journal of Advanced Manufacturing Technology, 2008, 38(11-12): 1213-1226.

[12] PAREDIS C J J, KHOSLA P K. Fault tolerant task execution through global trajectory planning[J]. Reliability Engineering and System Safety, 1996, 53(3): 225-235.

第6章

关节自由摆动故障空间机械臂容错运动控制策略

关节自由摆动故障发生后，故障关节无法独立控制，导致空间机械臂运动规划及控制难度提升；故障关节丧失力矩承载能力，导致空间机械臂末端无法输出操作力/力矩，从而使得空间机械臂难以完成负载搬运、在轨装配等依赖操作力的任务。为使关节自由摆动故障发生后原定任务能够继续执行，需设计关节故障处理策略以及容错控制方法，使空间机械臂能够输出预期的运动和操作力。

通过前述的空间机械臂运动能力分析可知，运动类任务对空间机械臂力矩输出能力要求较低，可采用规划与控制欠驱动机械臂的处理策略，而操作类任务对空间机械臂力矩输出能力要求较高，需采用锁定故障关节的处理策略。在锁定故障关节之前，通常需要将故障关节调控至最优锁定角度，此时也需要规划与控制欠驱动机械臂。锁定故障关节的处理策略是指将故障关节锁定于某一角度以改变其自由摆动状态，使得故障关节恢复力矩承载能力，进而恢复故障空间机械臂的负载操作能力。故障关节锁定后的空间机械臂相当于自由度减少的空间机械臂，其运动规划和控制方法设计相对简单，且更容易实现高精度的期望轨迹跟踪。由于自由摆动故障关节锁定于不同角度时会对空间机械臂运动能力产生影响，因此应以任务所需的运动能力为目标优选目标锁定角度，通过将自由摆动故障关节锁定于最优锁定角度，使得故障关节锁定后的空间机械臂运动能力满足任务要求。该方法因为能恢复故障空间机械臂的负载操作能力，所以更适合空间机械臂负载操作任务。

规划与控制欠驱动机械臂的处理策略，指通过对关节自由摆动故障空间机械臂的主动关节施加规划和控制策略，以间接调控被动关节、基座和末端等被控单元，尽最大可能使空间机械臂继续完成任务。该方法响应了空间任务的紧迫性要求，可在关节自由摆动故障发生后立即实施，使得故障空间机械臂能够继续执行空间任务。然而，关节发生故障后，空间机械臂被控单元种类与数量增多、健康关节与故障关节间耦合关系的非完整约束特性以及故障关节运动状态不可控等问题，导致故障空间机械臂运动控制难度极高。此外，自由摆动故障关节丧失力矩承载能力的特性，会严重影响故障空间机械臂的负载操作能力，故该方法难以适用于对负载操作能力有较大需求的任务。上述两种处理方法，均需根据关节自由摆动故障空间机械臂主动关节与被控单元间复杂的运动学和动力学耦合特性，设计相应的规划与控制策略以尽可能提高任务的可执行性。

本章利用关节自由摆动故障空间机械臂运动学和动力学耦合关系，首先分析非完整约束特性、冗余特性、运动学和动力学耦合程度等，揭示系统运动学与动力学耦合机理；然后提出自由摆动故障关节锁定处理策略，求解故障关节最优锁定角度，同时给出空间机械臂欠驱动控制方法，实现自由摆动故障关节锁定至最优锁定角度；最后介绍关节自由摆动故障空间机械臂轨迹优化方法和多阶段容错策略。

6.1 关节自由摆动故障空间机械臂运动学与动力学耦合特性分析

空间机械臂基座具有自由漂浮特性，因此机械臂与漂浮基座存在速度耦合关系。关节自由摆动故障的发生，导致故障关节丧失力矩输出能力，从而失去独立控制能力，成为新的被控单元，使得空间机械臂的被控单元从无故障情况下的基座和末端变为自由摆动故障关节、基座和末端，增加了被控单元的数量和种类，导致其运动学与动力学耦合机理更加复杂。为此，本节通过分析系统非完整约束特性、冗余特性、运动学与动力学耦合程度、动力学可控性及可控程度等，掌握关节自由摆动故障空间机械臂运动学与动力学耦合特性，为后续提出运动控制策略提供参考。

6.1.1 非完整约束特性分析

由 3.5 节可知，关节自由摆动故障空间机械臂主动关节与被动关节、基座、末端间的速度映射关系（运动学耦合关系）由主动关节与被控单元状态变量的一阶导数表示，而主动关节加速度 / 力矩与被动关节、基座、末端加速度间的映射关系（动力学耦合关系）由主动关节与被控单元状态变量的二阶导数表示。运动学耦合关系方程（一阶微分方程）或动力学耦合关系方程（二阶微分方程）若能积分成不含对时间的导数项的约束方程，则是完整约束，若不能则是非完整约束。为了探究关节自由摆动故障空间机械臂运动学耦合关系方程和动力学耦合关系方程能否积分，为后续的运动控制策略提供模型基础，本节进行系统运动学耦合关系和动力学耦合关系的非完整约束特性分析。

1. 运动学耦合关系非完整约束特性分析

（1）主动关节与被动关节间的运动学耦合关系非完整约束特性分析

由 3.5 节可知，将关节自由摆动故障空间机械臂主动关节与被动关节间的运动学耦合关系 $\dot{\boldsymbol{\theta}}_{\mathrm{f}} = \boldsymbol{J}_{\mathrm{fh}}\dot{\boldsymbol{\theta}}_{\mathrm{h}}$ 整理为

$$\boldsymbol{E}_{\mathrm{f}}\mathrm{d}\boldsymbol{\theta}_{\mathrm{f}} - \boldsymbol{J}_{\mathrm{fh}}\mathrm{d}\boldsymbol{\theta}_{\mathrm{h}} = \boldsymbol{0} \tag{6-1}$$

式中，$\boldsymbol{E}_{\mathrm{f}}$ 为 $p \times p$ 的单位矩阵；符号 d 表示相应变量的极微小变化。

令 $\boldsymbol{x}=\boldsymbol{\theta}_{\mathrm{f}}$， $\boldsymbol{y}=\boldsymbol{\theta}_{\mathrm{h}}$， $\boldsymbol{P}(\boldsymbol{x},\boldsymbol{y})=\boldsymbol{E}_{\mathrm{f}}$， $\boldsymbol{Q}(\boldsymbol{x},\boldsymbol{y})=-\boldsymbol{J}_{\mathrm{fh}}$，式（6-1）可变为

$$\boldsymbol{P}(\boldsymbol{x},\boldsymbol{y})\mathrm{d}\boldsymbol{x}+\boldsymbol{Q}(\boldsymbol{x},\boldsymbol{y})\mathrm{d}\boldsymbol{y}=\boldsymbol{0} \tag{6-2}$$

根据 Frobenius 定理[1-2]， $\boldsymbol{P}(\boldsymbol{x},\boldsymbol{y})\mathrm{d}\boldsymbol{x}+\boldsymbol{Q}(\boldsymbol{x},\boldsymbol{y})\mathrm{d}\boldsymbol{y}$ 为函数 $\boldsymbol{u}(\boldsymbol{x},\boldsymbol{y})$ 全微分的充分必要条件，即

$$\frac{\partial \boldsymbol{P}(\boldsymbol{x},\boldsymbol{y})}{\partial \boldsymbol{y}}=\frac{\partial \boldsymbol{Q}^{\mathrm{T}}(\boldsymbol{x},\boldsymbol{y})}{\partial \boldsymbol{x}} \tag{6-3}$$

$\boldsymbol{J}_{\mathrm{fh}}$ 与广义关节变量 $\boldsymbol{q}_{\mathrm{g}}$ 相关，而 $\boldsymbol{q}_{\mathrm{g}}$ 含有 $\boldsymbol{\theta}_{\mathrm{f}}$，因此有

$$\begin{cases}\dfrac{\partial \boldsymbol{P}(\boldsymbol{x},\boldsymbol{y})}{\partial \boldsymbol{y}}=\dfrac{\partial \boldsymbol{E}_{\mathrm{f}}}{\partial \boldsymbol{\theta}_{\mathrm{h}}}=\boldsymbol{0}_{ap\times p}\\ \dfrac{\partial \boldsymbol{Q}^{\mathrm{T}}(\boldsymbol{x},\boldsymbol{y})}{\partial \boldsymbol{x}}=-\dfrac{\partial \boldsymbol{J}_{\mathrm{fh}}^{\mathrm{T}}}{\partial \boldsymbol{\theta}_{\mathrm{f}}}\neq \boldsymbol{0}_{ap\times p}\end{cases} \tag{6-4}$$

式（6-4）说明式（6-3）左右两侧不相等，故不成立，因此主动关节与被动关节运动学耦合关系 $\dot{\boldsymbol{\theta}}_{\mathrm{f}}=\boldsymbol{J}_{\mathrm{fh}}\dot{\boldsymbol{\theta}}_{\mathrm{h}}$ 无法被积分为与 $\boldsymbol{\theta}_{\mathrm{h}}$ 和 $\boldsymbol{\theta}_{\mathrm{f}}$ 有直接映射关系的函数 $\boldsymbol{u}(\boldsymbol{x},\boldsymbol{y})$，主动关节与被动关节间的运动学耦合关系属于一阶非完整约束。

（2）主动关节与基座间的运动学耦合关系非完整约束特性分析

空间机械臂漂浮基座相对于机械臂而言，本身就属于欠驱动单元，其在运动学层面与被动关节类似，故可参考主动关节与被动关节间的运动学耦合关系非完整约束特性分析的方法，对主动关节与基座间的运动学耦合关系非完整约束特性进行分析。

将主动关节与基座之间的运动学耦合关系 $\dot{\boldsymbol{x}}_{\mathrm{b}}=\boldsymbol{J}_{\mathrm{bh}}\dot{\boldsymbol{\theta}}_{\mathrm{h}}$ 整理为

$$\boldsymbol{E}_{\mathrm{b}}\mathrm{d}\boldsymbol{x}_{\mathrm{b}}-\boldsymbol{J}_{\mathrm{bh}}\mathrm{d}\boldsymbol{\theta}_{\mathrm{h}}=\boldsymbol{0} \tag{6-5}$$

式中， $\boldsymbol{E}_{\mathrm{b}}$ 为 6×6 的单位矩阵。

令 $\boldsymbol{x}=\boldsymbol{x}_{\mathrm{b}}$， $\boldsymbol{y}=\boldsymbol{\theta}_{\mathrm{h}}$， $\boldsymbol{P}(\boldsymbol{x},\boldsymbol{y})=\boldsymbol{E}_{\mathrm{b}}$， $\boldsymbol{Q}(\boldsymbol{x},\boldsymbol{y})=-\boldsymbol{J}_{\mathrm{bh}}$，则式（6-5）可变为

$$\boldsymbol{P}(\boldsymbol{x},\boldsymbol{y})\mathrm{d}\boldsymbol{x}+\boldsymbol{Q}(\boldsymbol{x},\boldsymbol{y})\mathrm{d}\boldsymbol{y}=\boldsymbol{0} \tag{6-6}$$

根据 Frobenius 定理， $\boldsymbol{P}(\boldsymbol{x},\boldsymbol{y})\mathrm{d}\boldsymbol{x}+\boldsymbol{Q}(\boldsymbol{x},\boldsymbol{y})\mathrm{d}\boldsymbol{y}$ 为函数 $\boldsymbol{u}(\boldsymbol{x},\boldsymbol{y})$ 全微分的充分必要条件，即

$$\frac{\partial \boldsymbol{P}(\boldsymbol{x},\boldsymbol{y})}{\partial \boldsymbol{y}}=\frac{\partial \boldsymbol{Q}^{\mathrm{T}}(\boldsymbol{x},\boldsymbol{y})}{\partial \boldsymbol{x}} \tag{6-7}$$

$\boldsymbol{J}_{\mathrm{bh}}$ 与 $\boldsymbol{q}_{\mathrm{g}}$ 相关，而 $\boldsymbol{q}_{\mathrm{g}}$ 含有 $\boldsymbol{x}_{\mathrm{b}}$，因此有

$$\begin{cases}\dfrac{\partial \boldsymbol{P}(\boldsymbol{x},\boldsymbol{y})}{\partial \boldsymbol{y}}=\dfrac{\partial \boldsymbol{E}_{\mathrm{b}}}{\partial \boldsymbol{\theta}_{\mathrm{h}}}=\boldsymbol{0}\\ \dfrac{\partial \boldsymbol{Q}^{\mathrm{T}}(\boldsymbol{x},\boldsymbol{y})}{\partial \boldsymbol{x}}=-\dfrac{\partial \boldsymbol{J}_{\mathrm{bh}}^{\mathrm{T}}}{\partial \boldsymbol{x}_{\mathrm{b}}}\neq \boldsymbol{0}\end{cases} \tag{6-8}$$

显然，式（6-7）不成立，主动关节与基座间的运动学耦合关系无法被积分为与 $\boldsymbol{\theta}_{\mathrm{h}}$ 和 $\boldsymbol{x}_{\mathrm{b}}$ 有直接映射关系的函数 $\boldsymbol{u}(\boldsymbol{x},\boldsymbol{y})$，主动关节与基座间的运动学耦合关系属于一阶非完整约束。

（3）主动关节与末端间的运动学耦合关系非完整约束特性分析

对于主动关节与末端间的运动学耦合关系，将其整理为

$$\boldsymbol{E}_6 \mathrm{d}\boldsymbol{x}_\mathrm{e} - \boldsymbol{J}_{\mathrm{eh\_free}} \mathrm{d}\boldsymbol{\theta}_\mathrm{h} = \boldsymbol{0} \tag{6-9}$$

式中，$\boldsymbol{E}_6$ 为 6×6 的单位矩阵。

令 $\boldsymbol{x}=\boldsymbol{x}_\mathrm{e}$ 且 $\boldsymbol{y}=\boldsymbol{\theta}_\mathrm{h}$，$\boldsymbol{P}(\boldsymbol{x},\boldsymbol{y})=\boldsymbol{E}_6$ 且 $\boldsymbol{Q}(\boldsymbol{x},\boldsymbol{y})=-\boldsymbol{J}_{\mathrm{eh\_free}}$。因为 $\boldsymbol{J}_{\mathrm{eh\_free}}$ 不包含 $\boldsymbol{x}_\mathrm{e}$ 显式关系，因此

$$\begin{cases} \dfrac{\partial \boldsymbol{P}(\boldsymbol{x},\boldsymbol{y})}{\partial \boldsymbol{y}} = \dfrac{\partial \boldsymbol{E}_6}{\partial \boldsymbol{\theta}_\mathrm{h}} = \boldsymbol{0}_{6a\times 6} \\ \dfrac{\partial \boldsymbol{Q}^\mathrm{T}(\boldsymbol{x},\boldsymbol{y})}{\partial \boldsymbol{x}} = -\dfrac{\partial \boldsymbol{J}_{\mathrm{eh\_free}}^\mathrm{T}}{\partial \boldsymbol{x}_\mathrm{e}} = \boldsymbol{0}_{6a\times 6} \end{cases} \tag{6-10}$$

此情况下，式（6-3）成立，主动关节与末端速度映射可积分为主动关节角 $\boldsymbol{\theta}_\mathrm{h}$ 与末端位姿 $\boldsymbol{x}_\mathrm{e}$ 的几何约束，等同于零阶非完整约束。

由于关节自由摆动故障空间机械臂主动关节与被动关节、基座间的运动学耦合关系满足一阶非完整约束，而主动关节与末端间的运动学耦合关系满足零阶非完整约束，故可判断关节自由摆动故障空间机械臂运动学耦合关系是满足一阶非完整约束和零阶非完整约束的混合阶非完整约束。

2. 动力学耦合关系非完整约束特性分析

（1）主动关节与被动关节间的动力学耦合关系非完整约束特性分析

将主动关节与被动关节之间的动力学耦合关系 $\ddot{\boldsymbol{\theta}}_\mathrm{f} = \boldsymbol{M}_\mathrm{fh}\ddot{\boldsymbol{\theta}}_\mathrm{h} + \boldsymbol{C}_\mathrm{fh}$ 整理为

$$\begin{bmatrix} \boldsymbol{O}_{p\times 6} & -\boldsymbol{E}_{p\times p} & \boldsymbol{M}_\mathrm{fh} \end{bmatrix} \ddot{\boldsymbol{q}}_\mathrm{g} + \boldsymbol{C}_\mathrm{fh} = \boldsymbol{0} \tag{6-11}$$

令 $\boldsymbol{M}_\mathrm{sfh} = \begin{bmatrix} \boldsymbol{O}_{p\times 6} & -\boldsymbol{E}_{p\times p} & \boldsymbol{M}_\mathrm{fh} \end{bmatrix} \in \mathbb{R}^{p\times(6+n)}$。假设 $\boldsymbol{q}_\mathrm{g}$ 的一阶导数方程为 $\boldsymbol{p}(\boldsymbol{q}_\mathrm{g},\dot{\boldsymbol{q}}_\mathrm{g})=\boldsymbol{0}$，对其关于时间求导，得

$$\frac{\mathrm{d}\boldsymbol{p}}{\mathrm{d}t} = \frac{\partial \boldsymbol{p}}{\partial \boldsymbol{q}_\mathrm{g}}\dot{\boldsymbol{q}}_\mathrm{g} + \frac{\partial \boldsymbol{p}}{\partial \dot{\boldsymbol{q}}_\mathrm{g}}\ddot{\boldsymbol{q}}_\mathrm{g} \tag{6-12}$$

若 $\ddot{\boldsymbol{\theta}}_\mathrm{f} = \boldsymbol{M}_\mathrm{fh}\ddot{\boldsymbol{\theta}}_\mathrm{h} + \boldsymbol{C}_\mathrm{fh}$ 不属于非完整约束，则必有

$$\begin{cases} \dfrac{\partial \boldsymbol{p}}{\partial \boldsymbol{q}_\mathrm{g}}\dot{\boldsymbol{q}}_\mathrm{g} = \boldsymbol{C}_\mathrm{fh} \\ \dfrac{\partial \boldsymbol{p}}{\partial \dot{\boldsymbol{q}}_\mathrm{g}} = \boldsymbol{M}_\mathrm{sfh} \end{cases} \tag{6-13}$$

由于需重点分析式（6-12）中的 $\ddot{\boldsymbol{q}}_\mathrm{g}$ 项是否可积，且与 $\dot{\boldsymbol{q}}_\mathrm{g}$ 项无关，因此为方便分析，可令 $\dot{\boldsymbol{q}}_\mathrm{g}=\boldsymbol{0}$。此时 $\boldsymbol{p}(\boldsymbol{q}_\mathrm{g},\dot{\boldsymbol{q}}_\mathrm{g})$ 与 $\dot{\boldsymbol{q}}_\mathrm{g}$ 成正比，比例系数为 $\boldsymbol{M}_\mathrm{sfh}$，则一阶约束方程通解为

$$\boldsymbol{p}(\boldsymbol{q}_\mathrm{g},\dot{\boldsymbol{q}}_\mathrm{g}) = \boldsymbol{M}_\mathrm{sfh}\dot{\boldsymbol{q}}_\mathrm{g} + \boldsymbol{Q}(\boldsymbol{q}_\mathrm{g}) + \boldsymbol{c} = \boldsymbol{0} \tag{6-14}$$

式中，$\boldsymbol{Q}(\boldsymbol{q}_{\mathrm{g}})$为与$\boldsymbol{q}_{\mathrm{g}}$有关的项；$\boldsymbol{c}$为常矢量。

将式（6-14）再对时间求导，得

$$\frac{\mathrm{d}\boldsymbol{p}}{\mathrm{d}t}=\boldsymbol{M}_{\mathrm{sfh}}\ddot{\boldsymbol{q}}_{\mathrm{g}}+\dot{\boldsymbol{M}}_{\mathrm{sfh}}\dot{\boldsymbol{q}}_{\mathrm{g}}+\frac{\mathrm{d}\boldsymbol{Q}}{\mathrm{d}\boldsymbol{q}_{\mathrm{g}}}\dot{\boldsymbol{q}}_{\mathrm{g}}=\boldsymbol{0} \tag{6-15}$$

令$\ddot{\boldsymbol{\theta}}_{\mathrm{f}}=\boldsymbol{M}_{\mathrm{fh}}\ddot{\boldsymbol{\theta}}_{\mathrm{h}}+\boldsymbol{C}_{\mathrm{fh}}$中的非线性项$\boldsymbol{C}_{\mathrm{fh}}$的$-\boldsymbol{C}=\boldsymbol{M}_1$、$-\boldsymbol{D}=\boldsymbol{M}_2$，将$\boldsymbol{c}_{\mathrm{b}}$与$\boldsymbol{c}_{\mathrm{f}}$表达式代入式（6-11），联立式（6-15），可知当且仅当满足式（6-16）所示条件时，式（6-15）才成立。

$$\begin{cases}\dfrac{\mathrm{d}\boldsymbol{Q}}{\mathrm{d}\boldsymbol{q}_{\mathrm{g}}}=\boldsymbol{M}_1\left[\dfrac{\partial\boldsymbol{M}_{\mathrm{b}}}{\partial\boldsymbol{q}_{\mathrm{g}}}\dot{\boldsymbol{q}}_{\mathrm{g}}\quad\dfrac{\partial\boldsymbol{M}_{\mathrm{bmf}}}{\partial\boldsymbol{q}_{\mathrm{g}}}\dot{\boldsymbol{q}}_{\mathrm{g}}\quad\dfrac{\partial\boldsymbol{M}_{\mathrm{bmh}}}{\partial\boldsymbol{q}_{\mathrm{g}}}\dot{\boldsymbol{q}}_{\mathrm{g}}\right]-\\ \qquad\boldsymbol{M}_2\left[\dfrac{\partial\boldsymbol{M}_{\mathrm{mbf}}}{\partial\boldsymbol{q}_{\mathrm{g}}}\dot{\boldsymbol{q}}_{\mathrm{g}}\quad\dfrac{\partial\boldsymbol{M}_{\mathrm{mff}}}{\partial\boldsymbol{q}_{\mathrm{g}}}\dot{\boldsymbol{q}}_{\mathrm{g}}\quad\dfrac{\partial\boldsymbol{M}_{\mathrm{mfh}}}{\partial\boldsymbol{q}_{\mathrm{g}}}\dot{\boldsymbol{q}}_{\mathrm{g}}\right]-\dot{\boldsymbol{M}}_{\mathrm{sfh}}\\ \boldsymbol{M}_1\left(\dot{\boldsymbol{q}}_{\mathrm{g}}^{\mathrm{T}}\dfrac{\partial\boldsymbol{M}}{\partial\boldsymbol{x}_{\mathrm{b}}}\dot{\boldsymbol{q}}_{\mathrm{g}}\right)+\boldsymbol{M}_2\left(\dot{\boldsymbol{q}}_{\mathrm{g}}^{\mathrm{T}}\dfrac{\partial\boldsymbol{M}}{\partial\boldsymbol{\theta}_{\mathrm{f}}}\dot{\boldsymbol{q}}_{\mathrm{g}}\right)=\boldsymbol{0}\end{cases} \tag{6-16}$$

式（6-16）的第一个等式中，函数$\boldsymbol{Q}$仅与$\boldsymbol{q}_{\mathrm{g}}$相关，故等号左侧不可能出现含$\dot{\boldsymbol{q}}_{\mathrm{g}}$和$\dot{\boldsymbol{M}}_{\mathrm{sfh}}$的项。因此

$$\begin{aligned}\frac{\mathrm{d}\boldsymbol{Q}}{\mathrm{d}\boldsymbol{q}_{\mathrm{g}}}\neq\boldsymbol{M}_1&\left[\frac{\partial\boldsymbol{M}_{\mathrm{b}}}{\partial\boldsymbol{q}_{\mathrm{g}}}\dot{\boldsymbol{q}}_{\mathrm{g}}\quad\frac{\partial\boldsymbol{M}_{\mathrm{bmf}}}{\partial\boldsymbol{q}_{\mathrm{g}}}\dot{\boldsymbol{q}}_{\mathrm{g}}\quad\frac{\partial\boldsymbol{M}_{\mathrm{bmh}}}{\partial\boldsymbol{q}_{\mathrm{g}}}\dot{\boldsymbol{q}}_{\mathrm{g}}\right]-\\ \boldsymbol{M}_2&\left[\frac{\partial\boldsymbol{M}_{\mathrm{mbf}}}{\partial\boldsymbol{q}_{\mathrm{g}}}\dot{\boldsymbol{q}}_{\mathrm{g}}\quad\frac{\partial\boldsymbol{M}_{\mathrm{mff}}}{\partial\boldsymbol{q}_{\mathrm{g}}}\dot{\boldsymbol{q}}_{\mathrm{g}}\quad\frac{\partial\boldsymbol{M}_{\mathrm{mfh}}}{\partial\boldsymbol{q}_{\mathrm{g}}}\dot{\boldsymbol{q}}_{\mathrm{g}}\right]-\dot{\boldsymbol{M}}_{\mathrm{sfh}}\end{aligned} \tag{6-17}$$

显然，式（6-16）中的第一个等式不成立。

式（6-16）中的第二个等式成立的充分必要条件为$\boldsymbol{x}_{\mathrm{b}}$与$\boldsymbol{\theta}_{\mathrm{f}}$均为循环坐标。此时$\boldsymbol{x}_{\mathrm{b}}$与$\boldsymbol{\theta}_{\mathrm{f}}$不出现于广义惯量矩阵$\boldsymbol{M}$中，则

$$\frac{\partial\boldsymbol{M}}{\partial\boldsymbol{x}_{\mathrm{b}}}=\frac{\partial\boldsymbol{M}}{\partial\boldsymbol{\theta}_{\mathrm{f}}}=\boldsymbol{0} \tag{6-18}$$

实际情况下，$\boldsymbol{x}_{\mathrm{b}}$与$\boldsymbol{\theta}_{\mathrm{f}}$均不为循环坐标，即

$$\begin{cases}\dfrac{\partial\boldsymbol{M}}{\partial\boldsymbol{x}_{\mathrm{b}}}\neq\boldsymbol{0}\\ \dfrac{\partial\boldsymbol{M}}{\partial\boldsymbol{\theta}_{\mathrm{f}}}\neq\boldsymbol{0}\end{cases} \tag{6-19}$$

若广义速度$\dot{\boldsymbol{q}}_{\mathrm{g}}$不恒为0，则

$$\boldsymbol{M}_1\left(\dot{\boldsymbol{q}}_{\mathrm{g}}^{\mathrm{T}}\frac{\partial\boldsymbol{M}}{\partial\boldsymbol{x}_{\mathrm{b}}}\dot{\boldsymbol{q}}_{\mathrm{g}}\right)+\boldsymbol{M}_2\left(\dot{\boldsymbol{q}}_{\mathrm{g}}^{\mathrm{T}}\frac{\partial\boldsymbol{M}}{\partial\boldsymbol{\theta}_{\mathrm{f}}}\dot{\boldsymbol{q}}_{\mathrm{g}}\right)\neq\boldsymbol{0} \tag{6-20}$$

显然，第二个等式不成立。因此，式（6-15）成立条件不满足，满足式（6-13）的条件$\boldsymbol{p}(\boldsymbol{q}_{\mathrm{g}},\dot{\boldsymbol{q}}_{\mathrm{g}})=\boldsymbol{0}$不存在，主动关节与被动关节间的动力学耦合关系属于二阶非完整约束。

（2）主动关节与基座间的动力学耦合关系非完整约束特性分析

由于漂浮基座的欠驱动特点与被动关节相似，故可以用与分析主动关节与被动关节间的动力学耦合关系非完整约束特性类似的方法，来分析主动关节与基座间的动力学耦合关系非完整约束特性。

将主动关节与基座间的动力学耦合关系 $\ddot{\boldsymbol{x}}_{\mathrm{b}}=\boldsymbol{M}_{\mathrm{bh}}\ddot{\boldsymbol{\theta}}_{\mathrm{h}}+\boldsymbol{C}_{\mathrm{bh}}$ 整理为

$$\begin{bmatrix}-\boldsymbol{E}_{6\times6} & \boldsymbol{O}_{6\times p} & \boldsymbol{M}_{\mathrm{bh}}\end{bmatrix}\ddot{\boldsymbol{q}}_{\mathrm{g}}+\boldsymbol{C}_{\mathrm{bh}}=\boldsymbol{0} \tag{6-21}$$

令 $\boldsymbol{M}_{\mathrm{sbh}}=\begin{bmatrix}-\boldsymbol{E}_{6\times6} & \boldsymbol{O}_{6\times p} & \boldsymbol{M}_{\mathrm{bh}}\end{bmatrix}\in\mathbb{R}^{6\times(6+n)}$。假设 $\boldsymbol{q}_{\mathrm{g}}$ 的一阶导数方程 $\boldsymbol{p}(\boldsymbol{q}_{\mathrm{g}},\dot{\boldsymbol{q}}_{\mathrm{g}})=\boldsymbol{0}$，对其关于时间求导，结果如式（6-12）所示。若 $\ddot{\boldsymbol{x}}_{\mathrm{b}}=\boldsymbol{M}_{\mathrm{bh}}\ddot{\boldsymbol{\theta}}_{\mathrm{h}}+\boldsymbol{C}_{\mathrm{bh}}$ 不属于非完整约束，则必有

$$\begin{cases}\dfrac{\partial\boldsymbol{p}}{\partial\boldsymbol{q}_{\mathrm{g}}}\dot{\boldsymbol{q}}_{\mathrm{g}}=\boldsymbol{C}_{\mathrm{bh}}\\[2ex]\dfrac{\partial\boldsymbol{p}}{\partial\dot{\boldsymbol{q}}_{\mathrm{g}}}=\boldsymbol{M}_{\mathrm{sbh}}\end{cases} \tag{6-22}$$

由于需重点分析 $\ddot{\boldsymbol{q}}_{\mathrm{g}}$ 项是否可积，且 $\dot{\boldsymbol{q}}_{\mathrm{g}}$ 项为非相关因素，因此为方便分析，可令 $\dot{\boldsymbol{q}}_{\mathrm{g}}=\boldsymbol{0}$。此时 $\boldsymbol{p}(\boldsymbol{q}_{\mathrm{g}},\dot{\boldsymbol{q}}_{\mathrm{g}})$ 与 $\dot{\boldsymbol{q}}_{\mathrm{g}}$ 成正比，比例系数为 $\boldsymbol{M}_{\mathrm{sbh}}$，则一阶约束方程通解为

$$\boldsymbol{p}(\boldsymbol{q}_{\mathrm{g}},\dot{\boldsymbol{q}}_{\mathrm{g}})=\boldsymbol{M}_{\mathrm{sbh}}\dot{\boldsymbol{q}}_{\mathrm{g}}+\boldsymbol{Q}(\boldsymbol{q}_{\mathrm{g}})+\boldsymbol{c}=\boldsymbol{0} \tag{6-23}$$

式中，$\boldsymbol{Q}(\boldsymbol{q}_{\mathrm{g}})$ 为与 $\boldsymbol{q}_{\mathrm{g}}$ 有关的项；$\boldsymbol{c}$ 为常矢量。将式（6-23）对时间求导，得

$$\frac{\mathrm{d}\boldsymbol{p}}{\mathrm{d}t}=\boldsymbol{M}_{\mathrm{sbh}}\ddot{\boldsymbol{q}}_{\mathrm{g}}+\dot{\boldsymbol{M}}_{\mathrm{sbh}}\dot{\boldsymbol{q}}_{\mathrm{g}}+\frac{\mathrm{d}\boldsymbol{Q}}{\mathrm{d}\boldsymbol{q}_{\mathrm{g}}}\dot{\boldsymbol{q}}_{\mathrm{g}}=\boldsymbol{0} \tag{6-24}$$

令 $\ddot{\boldsymbol{x}}_{\mathrm{b}}=\boldsymbol{M}_{\mathrm{bh}}\ddot{\boldsymbol{\theta}}_{\mathrm{h}}+\boldsymbol{C}_{\mathrm{bh}}$ 中的非线性项 $\boldsymbol{C}_{\mathrm{bh}}$ 的 $-\boldsymbol{A}=\boldsymbol{M}_1^*$、$-\boldsymbol{B}=\boldsymbol{M}_2^*$，将 $\boldsymbol{c}_{\mathrm{b}}$ 与 $\boldsymbol{c}_{\mathrm{f}}$ 表达式代入式（6-21），联立式（6-24），可知当且仅当满足式（6-25）所示条件时，式（6-24）才成立。

$$\begin{cases}\dfrac{\mathrm{d}\boldsymbol{Q}}{\mathrm{d}\boldsymbol{q}_{\mathrm{g}}}=\boldsymbol{M}_1^*\begin{bmatrix}\dfrac{\partial\boldsymbol{M}_{\mathrm{b}}}{\partial\boldsymbol{q}_{\mathrm{g}}}\dot{\boldsymbol{q}}_{\mathrm{g}} & \dfrac{\partial\boldsymbol{M}_{\mathrm{bmf}}}{\partial\boldsymbol{q}_{\mathrm{g}}}\dot{\boldsymbol{q}}_{\mathrm{g}} & \dfrac{\partial\boldsymbol{M}_{\mathrm{bmh}}}{\partial\boldsymbol{q}_{\mathrm{g}}}\dot{\boldsymbol{q}}_{\mathrm{g}}\end{bmatrix}\\[2ex]\qquad\quad-\boldsymbol{M}_2^*\begin{bmatrix}\dfrac{\partial\boldsymbol{M}_{\mathrm{mbf}}}{\partial\boldsymbol{q}_{\mathrm{g}}}\dot{\boldsymbol{q}}_{\mathrm{g}} & \dfrac{\partial\boldsymbol{M}_{\mathrm{mff}}}{\partial\boldsymbol{q}_{\mathrm{g}}}\dot{\boldsymbol{q}}_{\mathrm{g}} & \dfrac{\partial\boldsymbol{M}_{\mathrm{mfh}}}{\partial\boldsymbol{q}_{\mathrm{g}}}\dot{\boldsymbol{q}}_{\mathrm{g}}\end{bmatrix}-\dot{\boldsymbol{M}}_{\mathrm{sbh}}\\[2ex]\boldsymbol{M}_1^*\left(\dot{\boldsymbol{q}}_{\mathrm{g}}^{\mathrm{T}}\dfrac{\partial\boldsymbol{M}}{\partial\boldsymbol{x}_{\mathrm{b}}}\dot{\boldsymbol{q}}_{\mathrm{g}}\right)+\boldsymbol{M}_2^*\left(\dot{\boldsymbol{q}}_{\mathrm{g}}^{\mathrm{T}}\dfrac{\partial\boldsymbol{M}}{\partial\boldsymbol{\theta}_{\mathrm{f}}}\dot{\boldsymbol{q}}_{\mathrm{g}}\right)=\boldsymbol{0}\end{cases} \tag{6-25}$$

式（6-25）的第一个等式中，函数 $\boldsymbol{Q}$ 仅与 $\boldsymbol{q}_{\mathrm{g}}$ 相关，故等号左侧不可能出现含 $\dot{\boldsymbol{q}}_{\mathrm{g}}$ 的项，因此等式不成立。第二个等式成立的充分必要条件是 $\boldsymbol{x}_{\mathrm{b}}$ 与 $\boldsymbol{\theta}_{\mathrm{f}}$ 均为循环坐标，此时 $\boldsymbol{x}_{\mathrm{b}}$ 与 $\boldsymbol{\theta}_{\mathrm{f}}$ 在广义惯量矩阵 $\boldsymbol{M}$ 中不显现，$\dfrac{\partial\boldsymbol{M}}{\partial\boldsymbol{x}_{\mathrm{b}}}=\dfrac{\partial\boldsymbol{M}}{\partial\boldsymbol{\theta}_{\mathrm{f}}}=\boldsymbol{0}$。但实际情况下，$\boldsymbol{x}_{\mathrm{b}}$ 与 $\boldsymbol{\theta}_{\mathrm{f}}$ 均不为循环坐标，$\dfrac{\partial\boldsymbol{M}}{\partial\boldsymbol{x}_{\mathrm{b}}}\neq\boldsymbol{0}$ 且 $\dfrac{\partial\boldsymbol{M}}{\partial\boldsymbol{\theta}_{\mathrm{f}}}\neq\boldsymbol{0}$，同时广义速度 $\dot{\boldsymbol{q}}_{\mathrm{g}}=\boldsymbol{0}$ 不可能恒成立。因此，当 $\dot{\boldsymbol{q}}_{\mathrm{g}}$ 不为零时，

$\boldsymbol{M}_1^*\left(\dot{\boldsymbol{q}}_{\mathrm{g}}^{\mathrm{T}}\dfrac{\partial \boldsymbol{M}}{\partial \boldsymbol{x}_{\mathrm{b}}}\dot{\boldsymbol{q}}_{\mathrm{g}}\right)+\boldsymbol{M}_2^*\left(\dot{\boldsymbol{q}}_{\mathrm{g}}^{\mathrm{T}}\dfrac{\partial \boldsymbol{M}}{\partial \boldsymbol{\theta}_{\mathrm{f}}}\dot{\boldsymbol{q}}_{\mathrm{g}}\right)\neq \boldsymbol{0}$，式（6-24）成立的条件不满足，满足式（6-22）的条件 $\boldsymbol{p}(\boldsymbol{q}_{\mathrm{g}},\dot{\boldsymbol{q}}_{\mathrm{g}})=\boldsymbol{0}$ 不存在，主动关节与基座间的动力学耦合关系属于二阶非完整约束。

（3）主动关节与末端间的动力学耦合关系非完整约束特性分析

式（3-182）表示主动关节与末端间的动力学耦合关系，它是基于速度耦合关系通过微分推导得到的，自然可以通过积分转化为一阶非完整约束方程。同时，主动关节加速度与力矩属于同阶自耦关系。由此可知，表示主动关节力矩与末端加速度间耦合关系的式（3-183）也可被完整积分。因此，主动关节与末端动力学耦合关系具有物理意义上的可积性，属于完整约束。

对于关节自由摆动故障空间机械臂，动力学耦合关系分析结果表明，其主动关节与被动关节、主动关节与基座间的动力学耦合关系属于二阶非完整约束，而其主动关节与末端间的动力学耦合关系属于完整约束。

综上，关节自由摆动故障空间机械臂主动关节与被动关节及基座的运动学及动力学耦合关系分别属于一阶非完整约束及二阶非完整约束，为具有相同解的不同阶微分方程，运动规划及欠驱动控制过程相互独立，而主动关节与末端间的运动学及动力学耦合关系属于完整约束。这是因为被动关节和基座运动产生的动量及惯性力等分别作用于运动学及动力学方程，决定了运动学及动力学耦合关系同时存在且相互独立，属于单元级运动学及动力学耦合关系。末端的运动学及动力学耦合关系依赖被动关节及基座等的运动学耦合关系推导得到，导致二者存在关联性，属于系统级运动学及动力学耦合关系。可见虽同属被控单元，但末端与被动关节和基座的运动特性不同。关节自由摆动故障空间机械臂运动学与动力学耦合关系非完整约束特性如图 6-1 所示。

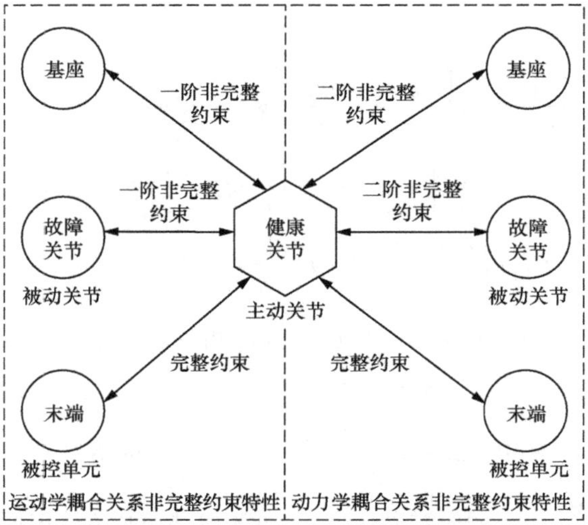

图 6-1　关节自由摆动故障空间机械臂运动学与动力学耦合关系非完整约束特性

6.1.2 冗余特性分析

若空间机械臂控制输入维数多于控制输出维数，则称其具备冗余特性。空间机械臂若具备冗余特性，则可实现避障、避关节极限等目标的优化。本节通过分析主动关节自由度与被控单元维度间的关系，结合零空间项，阐述关节自由摆动故障空间机械臂的冗余特性。

1. 主动关节调控故障关节的冗余特性分析

由式（3-168）可知，主动关节与故障关节的速度映射关系为

$$\dot{\boldsymbol{\theta}}_{\mathrm{f}} = \boldsymbol{J}_{\mathrm{fh}}\dot{\boldsymbol{\theta}}_{\mathrm{h}} \tag{6-26}$$

若 $\boldsymbol{J}_{\mathrm{fh}}$ 满秩，则对于故障关节期望速度 $\dot{\boldsymbol{\theta}}_{\mathrm{fd}}$，可逆解得到主动关节期望速度

$$\dot{\boldsymbol{\theta}}_{\mathrm{h}} = \boldsymbol{J}_{\mathrm{fh}}^{\dagger}\dot{\boldsymbol{\theta}}_{\mathrm{fd}} \tag{6-27}$$

当 $a > p$，即主动关节数大于故障关节数时，式（6-27）有通解形式，即

$$\dot{\boldsymbol{\theta}}_{\mathrm{h}} = \boldsymbol{J}_{\mathrm{fh}}^{\dagger}\dot{\boldsymbol{\theta}}_{\mathrm{fd}} + (\boldsymbol{I} - \boldsymbol{J}_{\mathrm{fh}}^{\dagger}\boldsymbol{J}_{\mathrm{fh}})\boldsymbol{\varphi}_{\mathrm{fh}} \tag{6-28}$$

式中，$\boldsymbol{\varphi}_{\mathrm{fh}}$ 为任意矢量；$(\boldsymbol{I} - \boldsymbol{J}_{\mathrm{fh}}^{\dagger}\boldsymbol{J}_{\mathrm{fh}})\boldsymbol{\varphi}_{\mathrm{fh}}$ 为 $\boldsymbol{J}_{\mathrm{fh}}^{\dagger}$ 的零空间项，表征了主动关节调控故障关节时的自运动特性，即关节自由摆动故障空间机械臂调控故障关节时具有冗余特性。可给定自运动放大系数 k，通过设计 $\boldsymbol{\varphi}_{\mathrm{fh}}$，使空间机械臂调控故障关节的同时完成其他任务，如避障、避奇异与避关节极限等，提高故障空间机械臂执行操作任务的能力，其通用运动学方程可表示为

$$\dot{\boldsymbol{\theta}}_{\mathrm{h}} = \boldsymbol{J}_{\mathrm{fh}}^{\dagger}\dot{\boldsymbol{\theta}}_{\mathrm{fd}} + k(\boldsymbol{I} - \boldsymbol{J}_{\mathrm{fh}}^{\dagger}\boldsymbol{J}_{\mathrm{fh}})\boldsymbol{\varphi}_{\mathrm{fh}} \tag{6-29}$$

2. 主动关节调控末端轨迹的冗余特性分析

基于关节自由摆动故障空间机械臂运动学模型，只考虑主动关节与故障空间机械臂末端线速度映射关系，可表示为

$$\boldsymbol{v}_{\mathrm{e}} = \boldsymbol{J}_{\mathrm{evh}}\dot{\boldsymbol{\theta}}_{\mathrm{h}} \tag{6-30}$$

式中，$\boldsymbol{J}_{\mathrm{evh}}$ 为主动关节与末端线速度间的雅可比矩阵。

若 $\boldsymbol{J}_{\mathrm{evh}}$ 满秩，对于末端期望线速度 $\boldsymbol{v}_{\mathrm{e}}$，可逆解主动关节期望速度，即

$$\dot{\boldsymbol{\theta}}_{\mathrm{h}} = \boldsymbol{J}_{\mathrm{evh}}^{\dagger}\boldsymbol{v}_{\mathrm{e}} \tag{6-31}$$

当 $a > 3$，即主动关节数大于末端自由度时，式（6-31）有通解，即

$$\dot{\boldsymbol{\theta}}_{\mathrm{h}} = \boldsymbol{J}_{\mathrm{evh}}^{\dagger}\boldsymbol{v}_{\mathrm{e}} + (\boldsymbol{I} - \boldsymbol{J}_{\mathrm{evh}}^{\dagger}\boldsymbol{J}_{\mathrm{evh}})\boldsymbol{\varphi}_{\mathrm{evh}} \tag{6-32}$$

式中，$\boldsymbol{\varphi}_{\mathrm{evh}}$ 为任意矢量；$(\boldsymbol{I} - \boldsymbol{J}_{\mathrm{evh}}^{\dagger}\boldsymbol{J}_{\mathrm{evh}})\boldsymbol{\varphi}_{\mathrm{evh}}$ 为 $\boldsymbol{J}_{\mathrm{evh}}^{\dagger}$ 的零空间项，表征了主动关节调节末端位置时的自运动特性，即关节自由摆动故障空间机械臂执行末端轨迹跟踪任务时具有冗余特性。

同样可给定自运动放大系数 k，通过设计 $\boldsymbol{\varphi}_{\mathrm{evh}}$，使空间机械臂跟踪末端期望轨迹的同时完成避障、避奇异、避关节极限等附加任务，其通用运动学方程可表示为

$$\dot{\boldsymbol{\theta}}_{\mathrm{h}} = \boldsymbol{J}_{\mathrm{evh}}^{\dagger}\boldsymbol{v}_{\mathrm{e}} + k(\boldsymbol{I} - \boldsymbol{J}_{\mathrm{evh}}^{\dagger}\boldsymbol{J}_{\mathrm{evh}})\boldsymbol{\varphi}_{\mathrm{evh}} \tag{6-33}$$

3. 仿真算例

本节以图 3-2 所示的七自由度空间机械臂为研究对象，其几何参数及动力学参数如表 3-2 所示。对其发生关节自由摆动故障时的冗余特性进行仿真，验证主动关节调控不同被控单元的冗余特性。

（1）主动关节调控故障关节的冗余特性分析仿真验证

设定关节 1 发生自由摆动故障，其余 6 个关节为健康关节，均为主动关节。设空间机械臂初始关节构型 $\boldsymbol{\theta}_{\mathrm{ini}} = [-50°,-45°,150°,-60°,130°,170°,20°]^{\mathrm{T}}$，初始基座位姿 $\boldsymbol{x}_{\mathrm{b}} = [\boldsymbol{r}_{\mathrm{bini}}^{\mathrm{T}}\ \boldsymbol{\phi}_{\mathrm{bini}}^{\mathrm{T}}]^{\mathrm{T}} = [0\ \mathrm{m},0\ \mathrm{m},0\ \mathrm{m},0°,0°,0°]^{\mathrm{T}}$，期望故障关节速度为 $\dot{\boldsymbol{\theta}}_{\mathrm{fd}}$，故障关节调控 $\boldsymbol{\theta}_{\mathrm{fd}} = 0°$，设故障空间机械臂任务执行总时间为 40 s，基座质量 $m_{\mathrm{b}} = 3\times10^{4}\ \mathrm{kg}$，惯性张量 $\boldsymbol{I}_{\mathrm{b}} = \mathrm{diag}[10^{6}\ \mathrm{kg\cdot m^{2}}, 10^{6}\ \mathrm{kg\cdot m^{2}}, 10^{6}\ \mathrm{kg\cdot m^{2}}]$。关节自由摆动故障空间机械臂调控故障关节的零空间项为 $k(\boldsymbol{I} - \boldsymbol{J}_{\mathrm{fh}}^{\dagger}\boldsymbol{J}_{\mathrm{fh}})\boldsymbol{\varphi}_{\mathrm{fh}}$，设 $k = 0.1$ 为自运动放大系数，$\boldsymbol{\varphi}_{\mathrm{fh}}$ 为任意取定的自由矢量，可作为优化项，给定不同的 $\boldsymbol{\varphi}_{\mathrm{fh}}$，求解得到的 $\dot{\boldsymbol{\theta}}_{\mathrm{h}}$ 不唯一。

① $\boldsymbol{\varphi}_{\mathrm{fh}} = [1\ \ 1\ \ 1\ \ 1\ \ 1\ \ 1]^{\mathrm{T}}$ 时，故障空间机械臂主动关节运动曲线如图 6-2 所示，通过运动学正解得到的故障关节期望角度与验证角度对比如图 6-3 所示。

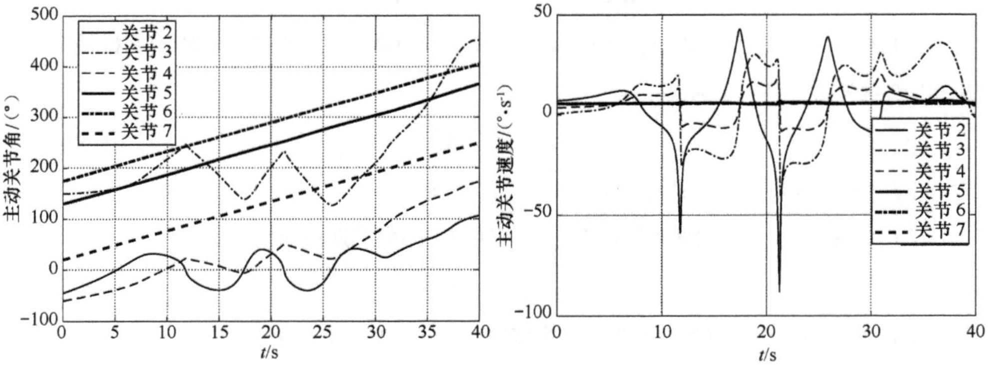

（a）主动关节角　　（b）主动关节速度

图 6-2　$\boldsymbol{\varphi}_{\mathrm{fh}} = [1\ \ 1\ \ 1\ \ 1\ \ 1\ \ 1]^{\mathrm{T}}$ 时，故障机械臂主动关节运动曲线

② $\boldsymbol{\varphi}_{\mathrm{fh}} = [1\ \ 2\ \ 1\ \ 1\ \ 2\ \ 0]^{\mathrm{T}}$ 时，故障空间机械臂主动关节运动曲线如图 6-4 所示，通过运动学正解得到的故障关节期望角度与验证角度对比如图 6-5 所示。

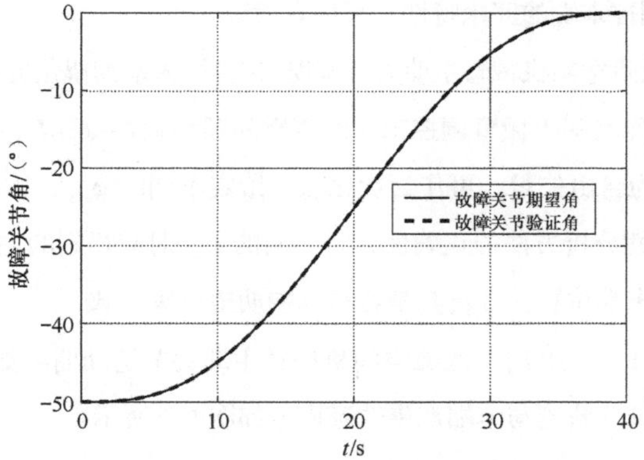

图 6-3 $\boldsymbol{\varphi}_{fh}=[1 \quad 1 \quad 1 \quad 1 \quad 1 \quad 1]^{T}$时，故障关节期望角与验证角对比

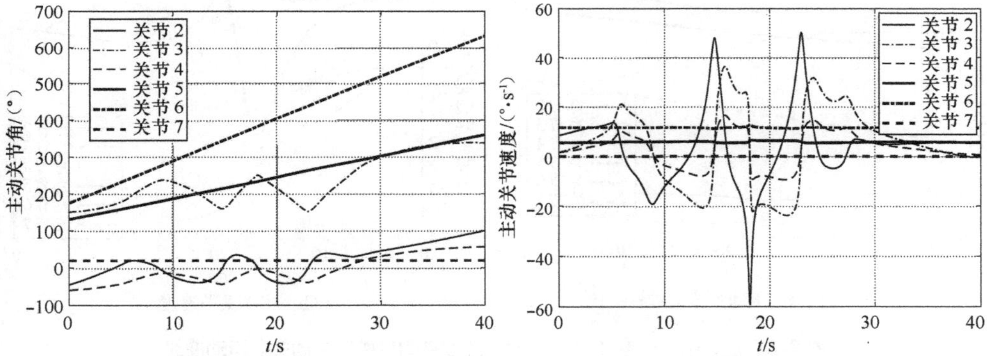

（a）主动关节角　　（b）主动关节速度

图 6-4 $\boldsymbol{\varphi}_{fh}=[1 \quad 2 \quad 1 \quad 1 \quad 2 \quad 0]^{T}$时，故障空间机械臂主动关节运动曲线

通过对比图 6-2 和图 6-4 所示可知，利用运动学逆解得到的两组主动关节速度不同，由主动关节速度积分求解得到的主动关节角也不同。可以得出，当故障关节期望角度确定，主动关节自由度大于故障关节自由度时，由于其速度映射关系中零空间项的存在，可以对应得到不同的主动关节角及关节速度，从而验证了主动关节调控故障关节时可以利用自运动特性进行优化。

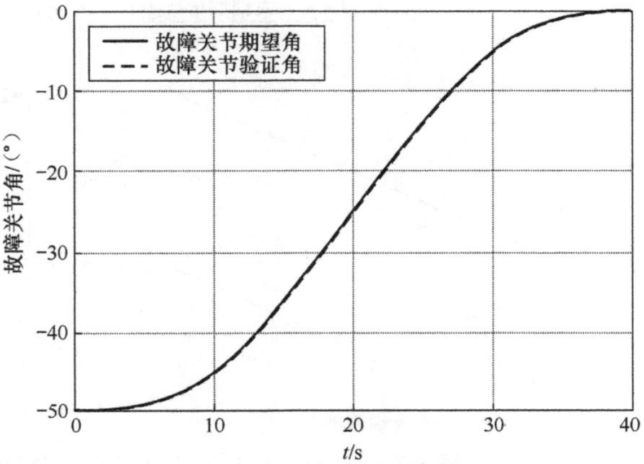

图 6-5 $\boldsymbol{\varphi}_{fh}=[1 \quad 2 \quad 1 \quad 1 \quad 2 \quad 0]^{T}$时，故障关节期望角与验证角对比

（2）主动关节调控末端的冗余特性分析仿真验证

基于上述构型，故障空间机械臂主动关节调控末端时，末端期望位置 $\boldsymbol{r}_{\text{edes}}=[7\text{ m},4\text{ m},5\text{ m}]^{\text{T}}$，末端线速度为 $\boldsymbol{v}_{\text{e}}$。故障空间机械臂调控末端的零空间项为 $k(\boldsymbol{I}-\boldsymbol{J}_{\text{evh}}^{\dagger}\boldsymbol{J}_{\text{evh}})\boldsymbol{\varphi}_{\text{evh}}$，设 $k=0.01$ 为自运动放大系数，$\boldsymbol{\varphi}_{\text{evh}}$ 为自由矢量，可作为优化项，给定不同的 $\boldsymbol{\varphi}_{\text{evh}}$，求解得到的 $\dot{\boldsymbol{\theta}}_{\text{h}}$ 不唯一。为进一步明确冗余特性分析方法的正确性，将不同的 $\boldsymbol{\varphi}_{\text{evh}}$ 对应得到的主动关节速度代入正运动学模型，正解得到末端位置，分析其是否与末端期望位置一致。

① $\boldsymbol{\varphi}_{\text{evh}}=[1\quad 1\quad 1\quad 1\quad 1\quad 1]^{\text{T}}$ 时，故障空间机械臂主动关节运动曲线如图 6-6 所示，通过运动学正解得到的末端验证轨迹与末端期望轨迹误差如图 6-7 所示。

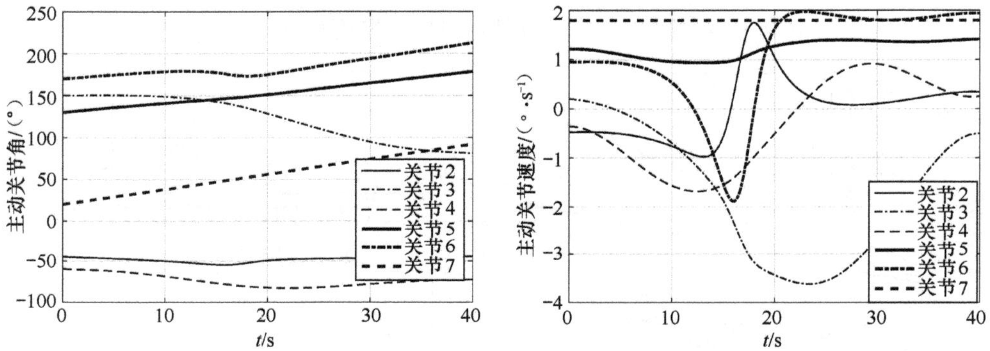

（a）主动关节角　　（b）主动关节速度

图 6-6　$\boldsymbol{\varphi}_{\text{evh}}=[1\quad 1\quad 1\quad 1\quad 1\quad 1]^{\text{T}}$ 时，故障空间机械臂主动关节运动曲线

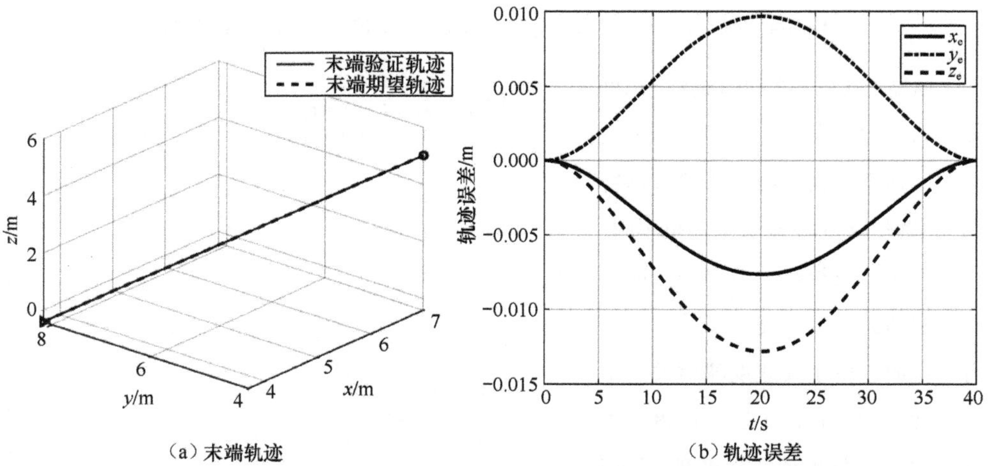

（a）末端轨迹　　（b）轨迹误差

图 6-7　$\boldsymbol{\varphi}_{\text{evh}}=[1\quad 1\quad 1\quad 1\quad 1\quad 1]^{\text{T}}$ 时，末端验证轨迹与末端期望轨迹误差

② $\boldsymbol{\varphi}_{\text{evh}}=[-1\quad -1\quad -1\quad -1\quad -1\quad -1]^{\text{T}}$ 时，故障空间机械臂主动关节运动曲线如图 6-8 所示，

通过运动学正解得到的末端验证轨迹与末端期望轨迹误差如图 6-9 所示。

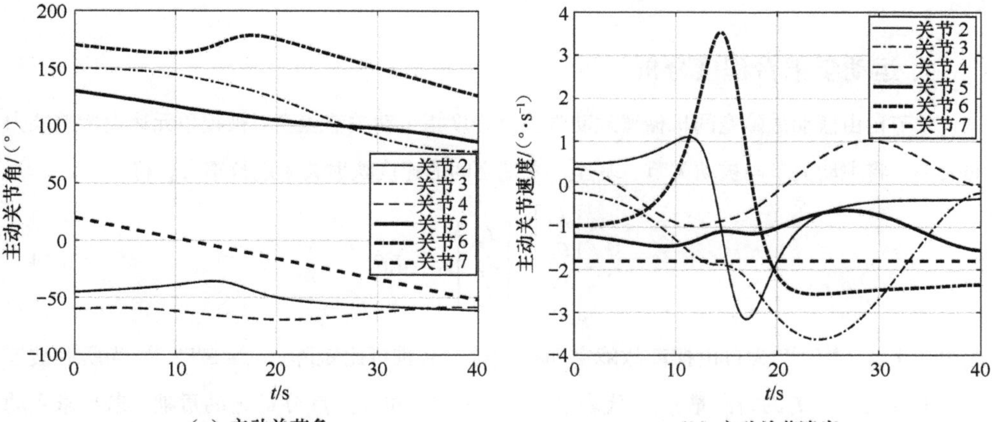

（a）主动关节角　　（b）主动关节速度

图 6-8　$\boldsymbol{\varphi}_{\mathrm{evh}}=[-1\ \ -1\ \ -1\ \ -1\ \ -1\ \ -1]^{\mathrm{T}}$，故障空间机械臂主动关节运动曲线

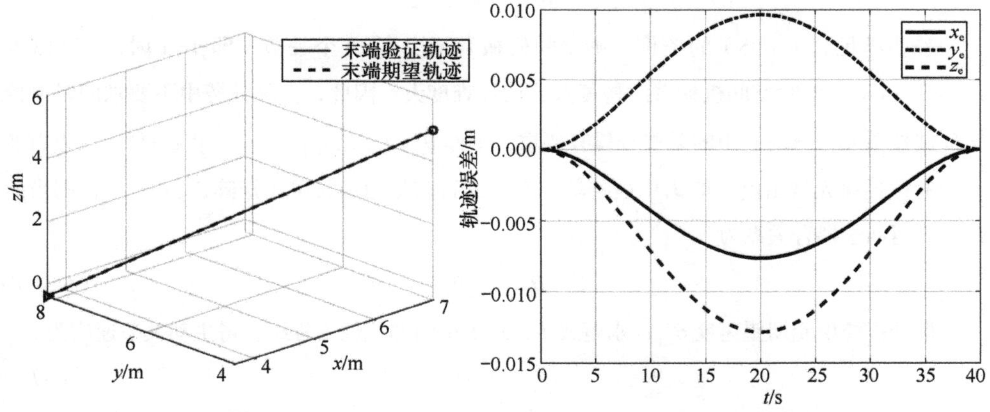

（a）末端轨迹　　（b）轨迹误差

图 6-9　$\boldsymbol{\varphi}_{\mathrm{evh}}=[-1\ \ -1\ \ -1\ \ -1\ \ -1\ \ -1]^{\mathrm{T}}$ 时，末端验证轨迹与末端期望轨迹误差

通过对比图 6-6 和图 6-8 可知，利用运动学逆解得到的两组主动关节速度不同，由主动关节速度积分求解得到的主动关节角也不同。可以得出，当故障空间机械臂末端期望位置确定，主动关节自由度大于末端自由度时，由于其速度映射关系中零空间项的存在，可以对应得到不同的主动关节角及关节速度，从而验证了主动关节调控末端位置时可以利用自运动特性进行优化。

6.1.3　运动学与动力学耦合程度分析

健康关节对被控单元的驱动能力，往往可以通过其间的运动学与动力学耦合程度来反映，进而以此为基础选取对被控单元驱动能力较强的健康关节作为主动关节，以最大化运动传输效率。

1. 运动学耦合程度分析

关节自由摆动故障空间机械臂运动学耦合程度指主动关节速度对被控单元速度影响能力的大小。将主动关节与被动关节、基座、末端之间的速度映射关系进行整合，得

$$\boldsymbol{v}_{\mathrm{t}}=\begin{bmatrix}\dot{\boldsymbol{x}}_{\mathrm{b}}\\ \dot{\boldsymbol{\theta}}_{\mathrm{f}}\\ \boldsymbol{v}_{\mathrm{e}}\\ \boldsymbol{\omega}_{\mathrm{e}}\end{bmatrix}=\begin{bmatrix}\boldsymbol{J}_{\mathrm{bh}}\\ \boldsymbol{J}_{\mathrm{fh}}\\ \boldsymbol{J}_{\mathrm{eh}}\end{bmatrix}\dot{\boldsymbol{\theta}}_{\mathrm{h}}=\boldsymbol{J}_{\mathrm{t}}\dot{\boldsymbol{\theta}}_{\mathrm{h}} \tag{6-34}$$

式中，$\boldsymbol{J}_{\mathrm{t}}\in\mathbb{R}^{(6+p+6)\times a}$ 为自由摆动故障空间机械臂广义雅可比矩阵；$\boldsymbol{v}_{\mathrm{t}}\in\mathbb{R}^{(6+p+6)\times 1}$ 为所有被控单元速度矢量；$\boldsymbol{J}_{\mathrm{t}}$ 的行向量 $\boldsymbol{j}_{\mathrm{t\_row}i}$ 代表 $\dot{\boldsymbol{\theta}}_{\mathrm{h}}$ 向第 i 个被控单元速度分量 v_{ti} 的贡献。若要求主动关节同时调控所有被控单元，广义雅可比矩阵 $\boldsymbol{J}_{\mathrm{t}}$ 需行满秩，即满足

$$\begin{cases}a\geqslant 12+p\\ \operatorname{rank}(\boldsymbol{J}_{\mathrm{t}})=12+p\end{cases} \tag{6-35}$$

若要满足式（6-35）的条件，则空间机械臂至少有 14 个关节（即 $p=1$ 时，$a\geqslant 13$，$a+p\geqslant 14$），此时空间机械臂结构复杂，设计难度大。因此，实际任务中不要求同时调控全部被控单元，只对 $\boldsymbol{v}_{\mathrm{t}}$ 中的某些分量有要求，记作 $\dot{\boldsymbol{\theta}}_{\mathrm{C}}=[v_{\mathrm{task1}},v_{\mathrm{task2}},\cdots,v_{\mathrm{task}f}]^{\mathrm{T}}\in\mathbb{R}^{f\times 1}$，$f$ 为当前任务的被控单元自由度。取 $\boldsymbol{J}_{\mathrm{t}}$ 中被控单元对应的行向量组成雅可比矩阵 $\boldsymbol{J}_{\mathrm{Ch}}\in\mathbb{R}^{f\times a}$，则当前任务的运动学耦合关系为

$$\dot{\boldsymbol{\theta}}_{\mathrm{C}}=\boldsymbol{J}_{\mathrm{Ch}}\dot{\boldsymbol{\theta}}_{\mathrm{h}} \tag{6-36}$$

根据被控单元期望速度 $\dot{\boldsymbol{\theta}}_{\mathrm{Cd}}$，求解式（6-36）中的非线性方程组，得主动关节速度为

$$\dot{\boldsymbol{\theta}}_{\mathrm{h}}=\boldsymbol{J}_{\mathrm{Ch}}^{\dagger}\dot{\boldsymbol{\theta}}_{\mathrm{Cd}} \tag{6-37}$$

若 $\boldsymbol{J}_{\mathrm{Ch}}$ 不满秩或接近不满秩（奇异），则采用式（6-37）所求得的主动关节速度趋于无穷大，这意味着主动关节对被控单元在运动学层面不可控，运动学耦合程度不足。雅可比矩阵 $\boldsymbol{J}_{\mathrm{Ch}}$ 的奇异值矩阵 $\boldsymbol{\Sigma}=[\boldsymbol{\sigma}\,|\,\boldsymbol{O}]$，其中 $\boldsymbol{\sigma}\in\mathbb{R}^{f\times f}$ 为奇异值组成的对角矩阵，其对角线元素满足 $\sigma_1\geqslant\sigma_2\geqslant\cdots\geqslant\sigma_f\geqslant 0$。若空间机械臂处于奇异状态，则最小奇异值 $\sigma_f=0$。因此，可基于雅可比矩阵的奇异值，定义关节自由摆动故障空间机械臂运动学耦合程度表征指标，即

$$w_{\mathrm{Ch}}=\sigma_1\sigma_2\cdots\sigma_f=\sqrt{\det(\boldsymbol{J}_{\mathrm{Ch}}\boldsymbol{J}_{\mathrm{Ch}}^{\mathrm{T}})} \tag{6-38}$$

该指标表征空间机械臂主动关节对被控单元调控能力的大小。指标数值越大，表示空间机械臂主动关节对所有被控单元的调控能力越强；指标数值越接近 0，空间机械臂越接近奇异状态，主动关节对被控单元的调控能力也越弱。

2. 动力学耦合程度分析

关节自由摆动故障空间机械臂动力学耦合程度是指主动关节加速度 / 力矩对被控单元加速度影响能力的大小。

对于一般任务，设 $\boldsymbol{\theta}_{\mathrm{C}},\dot{\boldsymbol{\theta}}_{\mathrm{C}}$ 为被控单元的位置和速度矢量，$\boldsymbol{M}_{\mathrm{Ch}}$ 为主动关节与被控单元之间的耦合惯性矩阵，$\boldsymbol{C}_{\mathrm{C}\tau}$ 为非线性项。令关节自由摆动故障空间机械臂控制输入为主动关节力矩，即 $\boldsymbol{u}=\boldsymbol{\tau}_{\mathrm{h}}$，被控单元状态变量 $\boldsymbol{x}_{\mathrm{C}}=[\boldsymbol{x}_{\mathrm{C1}}^{\mathrm{T}},\boldsymbol{x}_{\mathrm{C2}}^{\mathrm{T}}]^{\mathrm{T}}=[\boldsymbol{\theta}_{\mathrm{C}}^{\mathrm{T}},\dot{\boldsymbol{\theta}}_{\mathrm{C}}^{\mathrm{T}}]^{\mathrm{T}}\in\mathbb{R}^{2f\times 1}$，动力学耦合关系等价为

$$\begin{cases}\dot{\boldsymbol{x}}_{\mathrm{C}}=\boldsymbol{f}(\boldsymbol{x}_{\mathrm{C}})+\boldsymbol{g}(\boldsymbol{x}_{\mathrm{C}})\boldsymbol{u}\\ \boldsymbol{y}=\boldsymbol{h}(\boldsymbol{x}_{\mathrm{C}})\end{cases}\tag{6-39}$$

式中，$\boldsymbol{f}(\boldsymbol{x}_{\mathrm{C}})=\begin{bmatrix}\boldsymbol{x}_{\mathrm{C2}}\\ \boldsymbol{C}_{\mathrm{C}\tau}\end{bmatrix}\in\mathbb{R}^{2f\times 1}$；$\boldsymbol{g}(\boldsymbol{x}_{\mathrm{C}})=\begin{bmatrix}\boldsymbol{0}\\ \boldsymbol{M}_{\mathrm{Ch}}\end{bmatrix}\in\mathbb{R}^{2f\times a}$；$\boldsymbol{h}(\boldsymbol{x}_{\mathrm{C}})=\boldsymbol{x}_{\mathrm{C1}}\in\mathbb{R}^{f\times 1}$。

显然，式（6-39）所示的关节自由摆动故障空间机械臂数学模型属于一类非线性仿射系统[3]。式（6-39）所示系统可控的充分必要条件为广义惯量矩阵 $\boldsymbol{M}_{\mathrm{Ch}}$ 满秩[3-4]。被控单元从主动关节处获取加速度，需通过耦合惯性矩阵 $\boldsymbol{M}_{\mathrm{Ch}}$，故基于主动关节与被控单元的耦合惯性矩阵 $\boldsymbol{M}_{\mathrm{Ch}}$，定义的动力学耦合程度表征指标为

$$u_{\mathrm{Ch}}=\sigma_1\sigma_2\cdots\sigma_f=\sqrt{\det(\boldsymbol{M}_{\mathrm{Ch}}\boldsymbol{M}_{\mathrm{Ch}}^{\mathrm{T}})}\tag{6-40}$$

该指标可定量表征关节自由摆动故障空间机械臂主动关节与被控单元间的动力学耦合程度，其值越大，被控单元从主动关节处获取的加速度越大；当 $\boldsymbol{M}_{\mathrm{Ch}}$ 不满秩或动力学耦合程度指标趋近于零时，主动关节几乎无法为被控单元提供加速度，表明此时机械臂处于或接近动力学奇异状态。

上述关节自由摆动故障空间机械臂运动学和动力学耦合程度指标，描述的是机械臂关节构型为 $\boldsymbol{\theta}$ 及基座姿态为 $\boldsymbol{\phi}_{\mathrm{b}}$ 时的局部耦合程度。在空间任务确定之前，$\boldsymbol{\theta}$ 及 $\boldsymbol{\phi}_{\mathrm{b}}$ 未知，此时更关心耦合程度全局变化规律。将局部耦合程度指标相对于 $\boldsymbol{\theta}$ 及 $\boldsymbol{\phi}_{\mathrm{b}}$ 的广义状态空间全局化处理，可得全局耦合程度指标为

$$w_{\mathrm{Ch}}^{\mathrm{g}}=\frac{\int_{\phi_{\mathrm{b\,min}}^{\mathrm{allow}}}^{\phi_{\mathrm{b\,max}}^{\mathrm{allow}}}\int_{\theta_{\min}}^{\theta_{\max}}w_{\mathrm{Ch}}\,\mathrm{d}\boldsymbol{\theta}\,\mathrm{d}\boldsymbol{\phi}_{\mathrm{b}}}{\int_{\phi_{\mathrm{b\,min}}^{\mathrm{allow}}}^{\phi_{\mathrm{b\,max}}^{\mathrm{allow}}}\int_{\theta_{\min}}^{\theta_{\max}}\mathrm{d}\boldsymbol{\theta}\,\mathrm{d}\boldsymbol{\phi}_{\mathrm{b}}}\qquad u_{\mathrm{Ch}}^{\mathrm{g}}=\frac{\int_{\phi_{\mathrm{b\,min}}^{\mathrm{allow}}}^{\phi_{\mathrm{b\,max}}^{\mathrm{allow}}}\int_{\theta_{\min}}^{\theta_{\max}}u_{\mathrm{Ch}}\,\mathrm{d}\boldsymbol{\theta}\,\mathrm{d}\boldsymbol{\phi}_{\mathrm{b}}}{\int_{\phi_{\mathrm{b\,min}}^{\mathrm{allow}}}^{\phi_{\mathrm{b\,max}}^{\mathrm{allow}}}\int_{\theta_{\min}}^{\theta_{\max}}\mathrm{d}\boldsymbol{\theta}\,\mathrm{d}\boldsymbol{\phi}_{\mathrm{b}}}\tag{6-41}$$

式中，$[\phi_{\mathrm{b\,min}}^{\mathrm{allow}},\phi_{\mathrm{b\,max}}^{\mathrm{allow}}]$ 为基座允许偏转范围，$[\theta_{\min},\theta_{\max}]$ 为关节运动范围。全局耦合程度越大，说明无论空间机械臂处于何种状态，主动关节对被控单元的调控能力较强，全局耦合程度指标可用于分析空间机械臂参数、结构或任务要求变化对耦合程度的全局影响，作为自由摆动故障关节能否有效调控的评判准则，具有更重要的实用价值。

3. 仿真算例

本节对局部运动学和动力学耦合程度的影响进行仿真，验证不同主动关节对被动关节运动状态影响能力的差异。

（1）运动学及动力学耦合程度仿真

设各关节运动范围 $[\theta_{i\min},\theta_{i\max}]=[-180°,180°]$，固定基座位姿 $[\boldsymbol{r}_{\text{bini}}^{\text{T}},\boldsymbol{\phi}_{\text{bini}}^{\text{T}}]^{\text{T}}=[0\ \text{m},0\ \text{m},0\ \text{m},0°,0°,0°]^{\text{T}}$，基座质量 $m_{\text{b}}=100\ \text{kg}$，基座惯量 $\boldsymbol{I}_{\text{b}}=\text{diag}[100,100,100]\ (\text{kg}\cdot\text{m}^2)$。令关节 2 发生自由摆动故障。运动学耦合程度指标 w_{Ch} 及动力学耦合程度指标 u_{Ch} 随关节角的变化如图 6-10 所示。

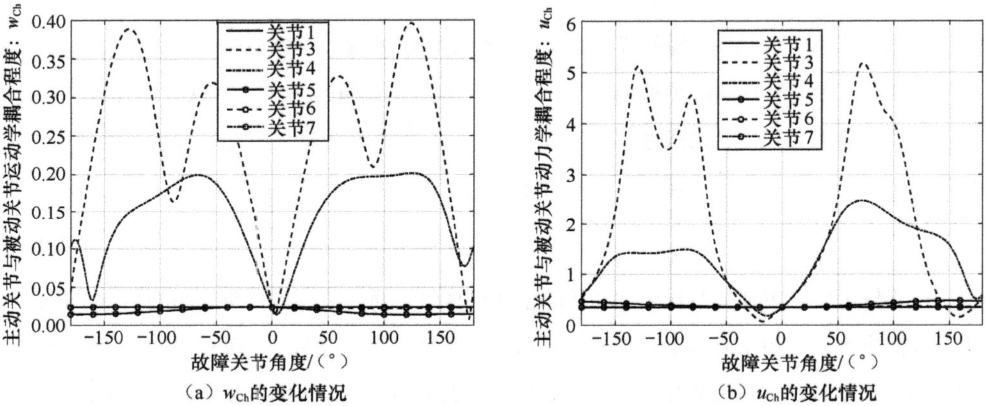

图 6-10　运动学耦合程度指标 w_{Ch} 及动力学耦合程度指标 u_{Ch} 随关节角的变化情况

关节 1 与关节 7 角度变化对局部运动学及动力学耦合程度完全无影响，关节 5 与关节 6 角度变化对运动学及动力学耦合程度的影响明显小于关节 3 与关节 4 的。故可知，关节 3 与关节 4 对关节 2 具有较强调控能力，而关节 1 与关节 7 无法调控关节 2。可见不同主动关节对被控单元的调控能力不同。因此，在后续自由摆动故障空间机械臂容错控制中，可根据任务要求和运动学及动力学耦合程度指标，优选主动关节，使调控被控单元的主动关节最少，从而简化空间机械臂结构并降低能耗。

（2）全局耦合程度指标

以主动关节对被动关节调控任务为例，设关节 2 发生自由摆动故障，其初始角度 $\boldsymbol{\theta}_{\text{fini}}=90°$，基座初始位姿 $[\boldsymbol{r}_{\text{bini}}^{\text{T}},\boldsymbol{\phi}_{\text{bini}}^{\text{T}}]^{\text{T}}=[0\ \text{m},0\ \text{m},0\ \text{m},0°,0°,0°]^{\text{T}}$，要求基于运动规划将关节 2 调控至 $\boldsymbol{\theta}_{\text{fdes}}=30°$。使空间机械臂从 100 组随机构型出发调控被动关节，每组任务执行过程中主被动关节运动学耦合程度均值如图 6-11 所示。

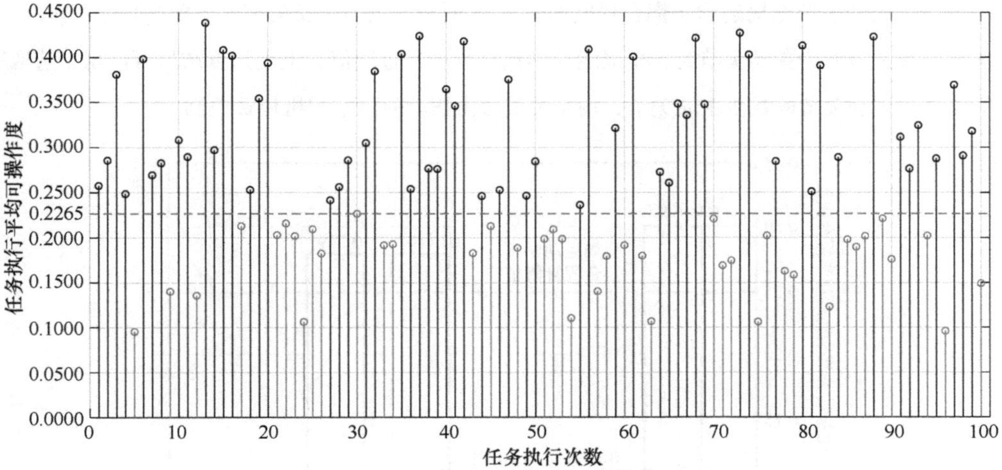

*图 6-11 主被动关节运动学耦合程度均值

在图 6-11 中，红色柱线为任务执行发生奇异时的运动学耦合程度均值，黑色柱线为无奇异时的运动学耦合程度均值。统计发现当平均可操作度大约低于 $\bar{w}_{\mathrm{Ch}} = 0.2265$ 时，空间机械臂将处于奇异状态而无法调控被动关节。故设全局运动学耦合程度阈值 $\varepsilon_w = 0.25$ 。由图 6-10 所示可知，关节 3、关节 4、关节 5、关节 6 对发生自由摆动故障的关节 2 具有调控能力。当选择其中的单一主动关节对关节 2 进行调控时，主被动关节全局运动学耦合程度如图 6-12 所示。显然，此时关节 3、关节 4、关节 5、关节 6 作为单主动关节调控被动关节 2 时，全局运动学耦合程度均未超过阈值，无法调控被动关节。

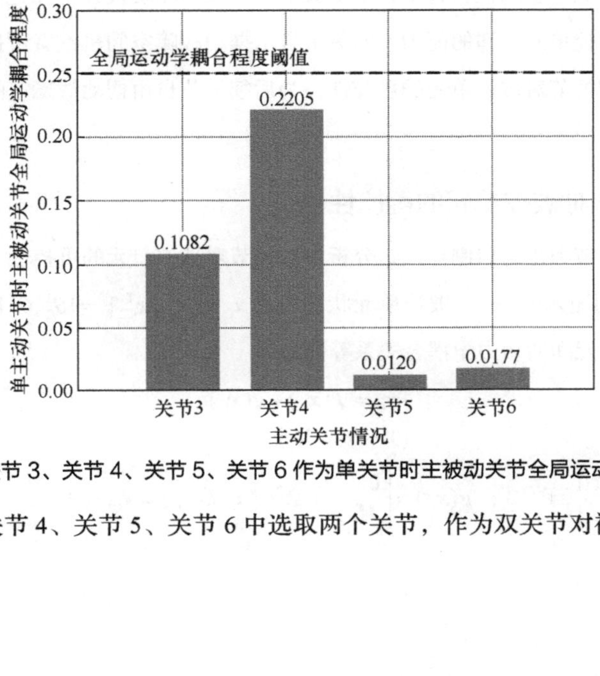

图 6-12 关节 3、关节 4、关节 5、关节 6 作为单关节时主被动关节全局运动学耦合程度

在关节 3、关节 4、关节 5、关节 6 中选取两个关节，作为双关节对被动关节 2 进行调

控时，主被动关节全局运动学耦合程度如图 6-13 所示。关节 3 及关节 4、关节 4 及关节 5、关节 4 及关节 6 为主动关节时，全局运动学耦合程度超过阈值。上述仿真结果可以用于选取能够调控被动关节的最少主动关节，用于关节自由摆动故障空间机械臂控制。

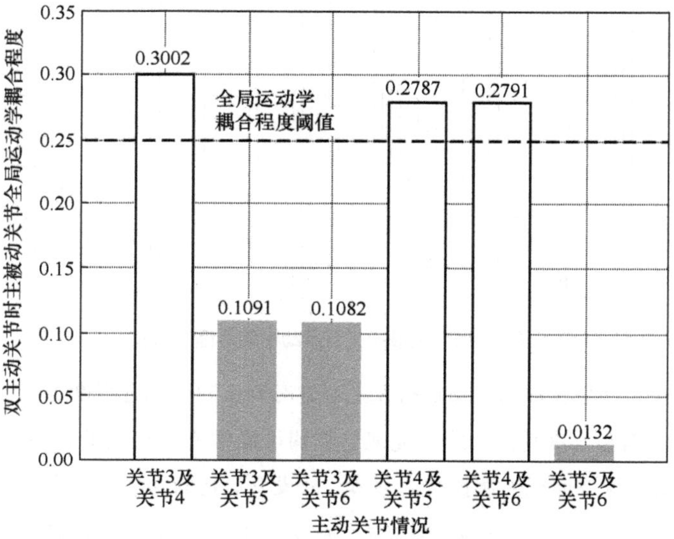

图 6-13　关节 3、关节 4、关节 5、关节 6 中选取双关节时主被动关节全局运动学耦合程度

6.1.4　动力学可控性及可控程度分析

关节自由摆动故障空间机械臂中，主动关节能否成功驱动被控单元，取决于主动关节速度或输出力矩向被控单元传递的能力，即关节自由摆动故障空间机械臂可控性。本节从动力学层面，分析主动关节对被控单元的可控性，为后续关节自由摆动故障空间机械臂运动规划和控制奠定基础。

1. 主动关节对被控单元的可控性分析

本节以主动关节力矩为控制输入，分析主动关节对被控单元的可控性。关节自由摆动故障空间机械臂控制输入 $\boldsymbol{u}=\boldsymbol{\tau}_{\mathrm{h}}$，被控单元状态变量 $\boldsymbol{x}_{\mathrm{C}}=[\boldsymbol{x}_{\mathrm{C1}}^{\mathrm{T}},\boldsymbol{x}_{\mathrm{C2}}^{\mathrm{T}}]^{\mathrm{T}}=[\boldsymbol{\theta}_{\mathrm{C}}^{\mathrm{T}},\dot{\boldsymbol{\theta}}_{\mathrm{C}}^{\mathrm{T}}]^{\mathrm{T}}\in\mathbb{R}^{2f\times1}$，则主动关节力矩与被控单元间的动力学耦合关系等价为

$$\begin{cases}\dot{\boldsymbol{x}}_{\mathrm{C}}=\boldsymbol{f}(\boldsymbol{x}_{\mathrm{C}})+\boldsymbol{g}(\boldsymbol{x}_{\mathrm{C}})\boldsymbol{u}\\ \boldsymbol{y}=\boldsymbol{h}(\boldsymbol{x}_{\mathrm{C}})\end{cases}\tag{6-42}$$

式中，$\boldsymbol{f}(\boldsymbol{x}_{\mathrm{C}})=\begin{bmatrix}\boldsymbol{x}_{\mathrm{C2}}\\ \boldsymbol{C}_{\mathrm{C\tau}}\end{bmatrix}\in\mathbb{R}^{2f\times1}$；$\boldsymbol{g}(\boldsymbol{x}_{\mathrm{C}})=\begin{bmatrix}\boldsymbol{0}\\ \boldsymbol{M}_{\mathrm{C\tau}}\end{bmatrix}\in\mathbb{R}^{2f\times a}$；$\boldsymbol{h}(\boldsymbol{x}_{\mathrm{C}})=\boldsymbol{x}_{\mathrm{C1}}\in\mathbb{R}^{f\times1}$。

将 $\boldsymbol{g}(\boldsymbol{x}_{\mathrm{C}})\boldsymbol{u}$ 表示为 $\sum_{i=1}^{a}\boldsymbol{g}_i u_i$，$\boldsymbol{g}_i=\begin{bmatrix}\boldsymbol{0}_f\\ \boldsymbol{m}_{\mathrm{C}\tau i}\end{bmatrix}\in\mathbb{R}^{2f\times1}$ 为传递项光滑矢量场，表征在 u_i 作用下，状态变量 $\boldsymbol{x}_{\mathrm{C}}$ 沿矢量 $\boldsymbol{g}_i$ 的变化情况，$\boldsymbol{m}_{\mathrm{C}\tau i}$ 为 $\boldsymbol{M}_{\mathrm{C}\tau}$ 的第 i 个列向量，$\boldsymbol{f}$ 也为光滑矢量场。式（6-42）属于典型仿射非线性系统，基于李代数分析其在状态空间精确线性化条件，并判断等效线性化系统可控性，可实现仿射非线性系统可控性分析 [3]。对于光滑矢量场 $\boldsymbol{f}_{\mathrm{s}}(\boldsymbol{x})\in\mathbb{R}^{n\times1}$，状态点 $\boldsymbol{x}$ 由初始状态 $\boldsymbol{x}_0$ 沿 $\boldsymbol{f}_{\mathrm{s}}(\boldsymbol{x})$ 经有限时间 t 运行至状态 $\boldsymbol{x}_1$，被控单元状态改变量为

$$\underset{x_0\xrightarrow{f}x_1}{\Delta\boldsymbol{x}}=\boldsymbol{x}_1-\boldsymbol{x}_0=\int_0^t\boldsymbol{f}_{\mathrm{s}}(\boldsymbol{x}(t))\mathrm{d}t \tag{6-43}$$

将 $\boldsymbol{f}_{\mathrm{s}}(\boldsymbol{x})$ 在 $\boldsymbol{x}_0$ 处泰勒级数展开，并略去三阶以上无穷小量，再代入式（6-43），则有

$$\begin{aligned}
\int_0^t\boldsymbol{f}_{\mathrm{s}}(\boldsymbol{x})\mathrm{d}t&=\boldsymbol{f}_{\mathrm{s}}(\boldsymbol{x}_0)t+\frac{\boldsymbol{f}_{\mathrm{s}}(\boldsymbol{x})}{\partial\boldsymbol{x}}\Big|_{x=x_0}\bullet\int_0^t(\boldsymbol{x}-\boldsymbol{x}_0)\mathrm{d}t+\\
&\quad\frac{1}{2}\frac{\boldsymbol{f}_{\mathrm{s}}^2(\boldsymbol{x})}{\partial\boldsymbol{x}^2}\Big|_{x=x_0}\bullet\int_0^t(\boldsymbol{x}-\boldsymbol{x}_0)^2\mathrm{d}t+o(t^3)\\
&=\boldsymbol{f}_{\mathrm{s}}(\boldsymbol{x}_0)t+\frac{\boldsymbol{f}_{\mathrm{s}}(\boldsymbol{x})}{\partial\boldsymbol{x}}\Big|_{x=x_0}\bullet\int_{x_0}^{x_1}(\boldsymbol{x}-\boldsymbol{x}_0)\mathrm{d}\boldsymbol{x}\bullet\frac{\mathrm{d}t}{\mathrm{d}\boldsymbol{x}}\Big|_{x=x_0}+\\
&\quad\frac{1}{2}\frac{\boldsymbol{f}_{\mathrm{s}}^2(\boldsymbol{x})}{\partial\boldsymbol{x}^2}\Big|_{x=x_0}\bullet\int_{x_0}^{x_1}(\boldsymbol{x}-\boldsymbol{x}_0)^2\mathrm{d}\boldsymbol{x}\bullet\frac{\mathrm{d}t}{\mathrm{d}\boldsymbol{x}}\Big|_{x=x_0}+o(t^3)\\
&=\boldsymbol{f}_{\mathrm{s}}(\boldsymbol{x}_0)t+\frac{\boldsymbol{f}_{\mathrm{s}}(\boldsymbol{x})}{\partial\boldsymbol{x}}\Big|_{x=x_0}\bullet\frac{(\boldsymbol{x}_1-\boldsymbol{x}_0)^2}{2}\frac{1}{\boldsymbol{f}(\boldsymbol{x}_0)}+\\
&\quad\frac{1}{2}\frac{\boldsymbol{f}_{\mathrm{s}}^2(\boldsymbol{x})}{\partial\boldsymbol{x}^2}\Big|_{x=x_0}\bullet\frac{(\boldsymbol{x}_1-\boldsymbol{x}_0)^3}{3}\frac{1}{\boldsymbol{f}_{\mathrm{s}}(\boldsymbol{x}_0)}+o(t^3)\\
&=\boldsymbol{f}_{\mathrm{s}}(\boldsymbol{x}_0)t+\frac{\boldsymbol{f}_{\mathrm{s}}(\boldsymbol{x})}{\partial\boldsymbol{x}}\Big|_{x=x_0}\bullet\frac{(\boldsymbol{x}_1-\boldsymbol{x}_0)^2}{2t^2}t^2\frac{1}{\boldsymbol{f}_{\mathrm{s}}(\boldsymbol{x}_0)}+\\
&\quad\frac{\boldsymbol{f}_{\mathrm{s}}^2(\boldsymbol{x})}{\partial\boldsymbol{x}^2}\Big|_{x=x_0}\bullet\frac{(\boldsymbol{x}_1-\boldsymbol{x}_0)^3}{6t^3}t^3\frac{1}{\boldsymbol{f}_{\mathrm{s}}(\boldsymbol{x}_0)}+o(t^3)
\end{aligned}\tag{6-44}$$

对于光滑矢量场 $\boldsymbol{f}_{\mathrm{s}}(\boldsymbol{x})$ 与 $\boldsymbol{g}_{\mathrm{s}}(\boldsymbol{x})\in\mathbb{R}^{n\times1}$，被控单元状态在矢量空间中的变化如图 6-14 所示。

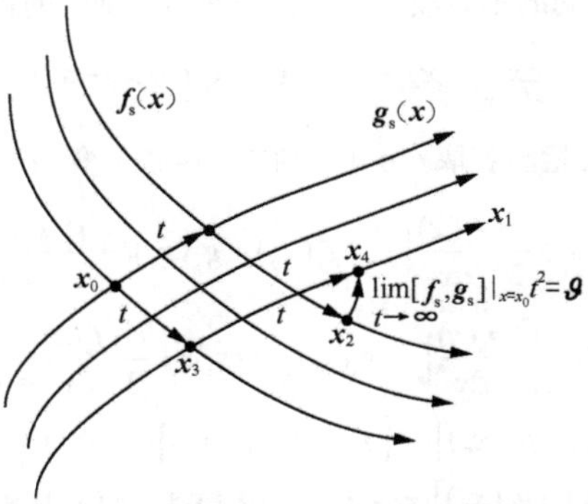

图 6-14 被控单元状态在矢量空间中的变化情况

相同时间内状态点可由 $\boldsymbol{x}_0$ 先沿矢量场 $\boldsymbol{g}_s(\boldsymbol{x})$ 运动至 $\boldsymbol{x}_1$，再沿矢量场 $\boldsymbol{f}_s(\boldsymbol{x})$ 运动至 $\boldsymbol{x}_2$；也可先沿矢量场 $\boldsymbol{f}_s(\boldsymbol{x})$ 运动至 $\boldsymbol{x}_3$，再沿矢量场 $\boldsymbol{g}_s(\boldsymbol{x})$ 运动至 $\boldsymbol{x}_4$，则有

$$\begin{aligned}\underset{\substack{x_0\xrightarrow{g_s}x_1\\ x_1\xrightarrow{f_s}x_2}}{\Delta\boldsymbol{x}} &= \boldsymbol{x}_2-\boldsymbol{x}_0\\ &=(\boldsymbol{x}_1-\boldsymbol{x}_0)+(\boldsymbol{x}_2-\boldsymbol{x}_1)\\ &=\int_0^t \boldsymbol{g}_s(\boldsymbol{x})\mathrm{d}t+\int_t^{2t}\boldsymbol{f}_s(\boldsymbol{x})\mathrm{d}t\\ &=\boldsymbol{g}_s(\boldsymbol{x}_0)t+\frac{\boldsymbol{g}_s(\boldsymbol{x})}{\partial\boldsymbol{x}}\bigg|_{x=x_0}\bullet\frac{(\boldsymbol{x}_1-\boldsymbol{x}_0)^2}{2t^2}t^2\frac{1}{\boldsymbol{g}_s(\boldsymbol{x}_0)}+\\ &\quad\frac{\boldsymbol{g}_s^2(\boldsymbol{x})}{\partial\boldsymbol{x}^2}\bigg|_{x=x_0}\bullet\frac{(\boldsymbol{x}_1-\boldsymbol{x}_0)^3}{6t^3}t^3\frac{1}{\boldsymbol{g}_s(\boldsymbol{x}_0)}+\\ &\quad\boldsymbol{f}_s(\boldsymbol{x}_1)t+\frac{\boldsymbol{f}_s(\boldsymbol{x})}{\partial\boldsymbol{x}}\bigg|_{x=x_1}\bullet\frac{(\boldsymbol{x}_2-\boldsymbol{x}_1)^2}{2t^2}t^2\frac{1}{\boldsymbol{f}_s(\boldsymbol{x}_1)}+\\ &\quad\frac{\boldsymbol{f}_s^2(\boldsymbol{x})}{\partial\boldsymbol{x}^2}\bigg|_{x=x_1}\bullet\frac{(\boldsymbol{x}_2-\boldsymbol{x}_1)^3}{6t^3}t^3\frac{1}{\boldsymbol{f}_s(\boldsymbol{x}_1)}+o(t^3)\end{aligned}\tag{6-45}$$

$$\begin{aligned}\underset{\substack{x_0\xrightarrow{f_s}x_3\\ x_3\xrightarrow{g_s}x_4}}{\Delta\boldsymbol{x}} &= \boldsymbol{x}_4-\boldsymbol{x}_0\\ &=(\boldsymbol{x}_3-\boldsymbol{x}_0)+(\boldsymbol{x}_4-\boldsymbol{x}_3)\\ &=\int_0^t \boldsymbol{f}_s(\boldsymbol{x})\mathrm{d}t+\int_t^{2t}\boldsymbol{g}_s(\boldsymbol{x})\mathrm{d}t\\ &=\boldsymbol{f}_s(\boldsymbol{x}_0)t+\frac{\boldsymbol{f}_s(\boldsymbol{x})}{\partial\boldsymbol{x}}\bigg|_{x=x_0}\bullet\frac{(\boldsymbol{x}_3-\boldsymbol{x}_0)^2}{2t^2}t^2\frac{1}{\boldsymbol{f}_s(\boldsymbol{x}_0)}+\\ &\quad\frac{\boldsymbol{f}_s^2(\boldsymbol{x})}{\partial\boldsymbol{x}^2}\bigg|_{x=x_0}\bullet\frac{(\boldsymbol{x}_3-\boldsymbol{x}_0)^3}{6t^3}t^3\frac{1}{\boldsymbol{f}_s(\boldsymbol{x}_0)}+\\ &\quad\boldsymbol{g}_s(\boldsymbol{x}_3)t+\frac{\boldsymbol{g}_s(\boldsymbol{x})}{\partial\boldsymbol{x}}\bigg|_{x=x_3}\bullet\frac{(\boldsymbol{x}_4-\boldsymbol{x}_3)^2}{2t^2}t^2\frac{1}{\boldsymbol{g}_s(\boldsymbol{x}_3)}+\\ &\quad\frac{\boldsymbol{g}_s^2(\boldsymbol{x})}{\partial\boldsymbol{x}^2}\bigg|_{x=x_3}\bullet\frac{(\boldsymbol{x}_4-\boldsymbol{x}_3)^3}{6t^3}t^3\frac{1}{\boldsymbol{g}_s(\boldsymbol{x}_3)}+o(t^3)\end{aligned}\tag{6-46}$$

则状态点在相同矢量空间的不同顺序的矢量场作用下到达的最终状态差异为

$$\underset{x_4\xrightarrow{\vartheta}x_2}{\Delta\boldsymbol{x}}=\boldsymbol{x}_4-\boldsymbol{x}_2=(\boldsymbol{x}_4-\boldsymbol{x}_0)-(\boldsymbol{x}_2-\boldsymbol{x}_0)\tag{6-47}$$

式中，ϑ 为由 $\boldsymbol{x}_2$ 指向 $\boldsymbol{x}_4$ 的矢量。若取 $t\to 0$，则式（6-47）变为

$$\begin{aligned}\lim_{t\to 0}\underset{x_4\xrightarrow{\vartheta}x_2}{\Delta\boldsymbol{x}} &=\boldsymbol{f}_s(\boldsymbol{x}_0)t+\frac{t^2}{2}\frac{\boldsymbol{f}_s(\boldsymbol{x})}{\partial\boldsymbol{x}}\bigg|_{x=x_0}\boldsymbol{f}_s(\boldsymbol{x}_0)+\boldsymbol{g}_s(\boldsymbol{x}_3)t+\frac{t^2}{2}\frac{\boldsymbol{g}_s(\boldsymbol{x})}{\partial\boldsymbol{x}}\bigg|_{x=x_3}\boldsymbol{g}_s(\boldsymbol{x}_3)-\\ &\quad\left[\boldsymbol{g}_s(\boldsymbol{x}_0)t+\frac{t^2}{2}\frac{\boldsymbol{g}_s(\boldsymbol{x})}{\partial\boldsymbol{x}}\bigg|_{x=x_0}\boldsymbol{g}_s(\boldsymbol{x}_0)+\boldsymbol{f}_s(\boldsymbol{x}_1)t+\frac{t^2}{2}\frac{\boldsymbol{f}_s(\boldsymbol{x})}{\partial\boldsymbol{x}}\bigg|_{x=x_1}\boldsymbol{f}_s(\boldsymbol{x}_1)\right]+o(t^2)\\ &=[\boldsymbol{g}_s(\boldsymbol{x}_3)-\boldsymbol{g}_s(\boldsymbol{x}_0)]t-[\boldsymbol{f}_s(\boldsymbol{x}_1)-\boldsymbol{f}_s(\boldsymbol{x}_0)]t+o(t^2)\\ &=\frac{[\boldsymbol{g}_s(\boldsymbol{x}_3)-\boldsymbol{g}_s(\boldsymbol{x}_0)]}{\boldsymbol{x}_3-\boldsymbol{x}_0}\frac{\boldsymbol{x}_3-\boldsymbol{x}_0}{t}t^2-\frac{[\boldsymbol{f}_s(\boldsymbol{x}_1)-\boldsymbol{f}_s(\boldsymbol{x}_0)]}{\boldsymbol{x}_1-\boldsymbol{x}_0}\frac{\boldsymbol{x}_1-\boldsymbol{x}_0}{t}t^2+o(t^2)\end{aligned}\tag{6-48}$$

$$= \frac{\boldsymbol{g}_{\mathrm{s}}(\boldsymbol{x})}{\partial \boldsymbol{x}}\Big|_{x=x_0} \boldsymbol{f}_{\mathrm{s}}(\boldsymbol{x}_0)t^2 - \frac{\boldsymbol{f}_{\mathrm{s}}(\boldsymbol{x})}{\partial \boldsymbol{x}}\Big|_{x=x_0} \boldsymbol{g}_{\mathrm{s}}(\boldsymbol{x}_0)t^2 + o(t^2)$$

可见，$\lim\limits_{t\to 0}\dfrac{\boldsymbol{x}_4-\boldsymbol{x}_2}{t^2}$ 刻画了矢量 $\dfrac{\boldsymbol{g}_{\mathrm{s}}(\boldsymbol{x})}{\partial \boldsymbol{x}}\Big|_{x=x_0} \boldsymbol{f}_{\mathrm{s}}(\boldsymbol{x}_0) - \dfrac{\boldsymbol{f}_{\mathrm{s}}(\boldsymbol{x})}{\partial \boldsymbol{x}}\Big|_{x=x_0} \boldsymbol{g}_{\mathrm{s}}(\boldsymbol{x}_0)$，记作李括号 $[\boldsymbol{f}_{\mathrm{s}},\boldsymbol{g}_{\mathrm{s}}]\big|_{x=x_0}$，其表征了在相同矢量空间中不同顺序矢量场作用下状态点 $\boldsymbol{x}$ 的偏离加速度。若 $\dfrac{\boldsymbol{g}_{\mathrm{s}}(\boldsymbol{x})}{\partial \boldsymbol{x}}\Big|_{x=x_0} \boldsymbol{f}_{\mathrm{s}}(\boldsymbol{x}_0) - \dfrac{\boldsymbol{f}_{\mathrm{s}}(\boldsymbol{x})}{\partial \boldsymbol{x}}\Big|_{x=x_0} \boldsymbol{g}_{\mathrm{s}}(\boldsymbol{x}_0) \neq \boldsymbol{0}$，则不同矢量场的作用顺序无法交换；而若 $\dfrac{\boldsymbol{g}_{\mathrm{s}}(\boldsymbol{x})}{\partial \boldsymbol{x}}\Big|_{x=x_0} \boldsymbol{f}_{\mathrm{s}}(\boldsymbol{x}_0) - \dfrac{\boldsymbol{f}_{\mathrm{s}}(\boldsymbol{x})}{\partial \boldsymbol{x}}\Big|_{x=x_0} \boldsymbol{g}_{\mathrm{s}}(\boldsymbol{x}_0) = \boldsymbol{0}$，则不同矢量场的作用顺序可交换。对于式（6-42）的 $\boldsymbol{g}(\boldsymbol{x}_{\mathrm{C}})$ 中任意两子矢量场 $\boldsymbol{g}_i$ 和 $\boldsymbol{g}_j$，李括号运算结果为

$$\begin{aligned}
[\boldsymbol{g}_i,\boldsymbol{g}_j] &= \frac{\partial \boldsymbol{g}_j}{\partial \boldsymbol{x}_{\mathrm{C}}}\boldsymbol{g}_i - \frac{\partial \boldsymbol{g}_i}{\partial \boldsymbol{x}_{\mathrm{C}}}\boldsymbol{g}_j \\
&= \begin{bmatrix} \boldsymbol{0}_{f\times f} & \boldsymbol{0}_{f\times f} \\ \dfrac{\partial \boldsymbol{m}_{\mathrm{C}\tau j}}{\partial \boldsymbol{x}_{\mathrm{C}}} & \boldsymbol{0}_{f\times f} \end{bmatrix}\begin{bmatrix} \boldsymbol{0} \\ \boldsymbol{m}_{\mathrm{C}\tau i} \end{bmatrix} - \begin{bmatrix} \boldsymbol{0}_{f\times f} & \boldsymbol{0}_{f\times f} \\ \dfrac{\partial \boldsymbol{m}_{\mathrm{C}\tau i}}{\partial \boldsymbol{x}_{\mathrm{C}}} & \boldsymbol{0}_{f\times f} \end{bmatrix}\begin{bmatrix} \boldsymbol{0} \\ \boldsymbol{m}_{\mathrm{C}\tau j} \end{bmatrix} \\
&= \boldsymbol{0}_{2f\times 1}
\end{aligned} \tag{6-49}$$

可见，$\boldsymbol{g}(\boldsymbol{x}_{\mathrm{C}})$ 中矢量场对状态点的作用顺序可交换，这与机械臂各关节独立控制特点相符。若 $\boldsymbol{u}$ 不出现在输出及导数 $\boldsymbol{y},\dot{\boldsymbol{y}},\cdots,\boldsymbol{y}^{(r-1)}$ 表达式中，而出现在 $\boldsymbol{y}^{(r)}$ 表达式中，且

$$\begin{aligned}
\boldsymbol{y}^{(r)} &= L_f^r \boldsymbol{h}(\boldsymbol{x}_{\mathrm{C}}) + L_g L_f^{r-1}\boldsymbol{h}(\boldsymbol{x}_{\mathrm{C}})\boldsymbol{u} \\
&= L_f^r \boldsymbol{h}(\boldsymbol{x}_{\mathrm{C}}) + [L_{g_1} L_f^{r-1}\boldsymbol{h}(\boldsymbol{x}_{\mathrm{C}}), L_{g_2} L_f^{r-1}\boldsymbol{h}(\boldsymbol{x}_{\mathrm{C}}),\cdots, L_{g_a} L_f^{r-1}\boldsymbol{h}(\boldsymbol{x}_{\mathrm{C}})]\boldsymbol{u}
\end{aligned} \tag{6-50}$$

$L_f \boldsymbol{h}(\boldsymbol{x}_{\mathrm{C}}) = \dfrac{\partial \boldsymbol{h}}{\partial \boldsymbol{x}_{\mathrm{C}}}\boldsymbol{f}(\boldsymbol{x}_{\mathrm{C}})$ 为 $\boldsymbol{h}(\boldsymbol{x}_{\mathrm{C}})$ 相对于 $\boldsymbol{f}(\boldsymbol{x}_{\mathrm{C}})$ 李导数，且 $L_f^r \boldsymbol{h}(\boldsymbol{x}_{\mathrm{C}}) = L_f\left[L_f^{r-1}\boldsymbol{h}(\boldsymbol{x}_{\mathrm{C}})\right]$，因此 $L_g L_f \boldsymbol{h}(\boldsymbol{x}_{\mathrm{C}}) = \dfrac{\partial L_f \boldsymbol{h}(\boldsymbol{x}_{\mathrm{C}})}{\partial \boldsymbol{x}_{\mathrm{C}}}\boldsymbol{g}(\boldsymbol{x}_{\mathrm{C}})$，$r$ 则为仿射非线性系统的矢量相对阶。计算

$$L_f^0 \boldsymbol{h}(\boldsymbol{x}_{\mathrm{C}}) = \boldsymbol{h}(\boldsymbol{x}_{\mathrm{C}}) = \boldsymbol{x}_{\mathrm{C1}} \tag{6-51}$$

$$L_{g_i} L_f^0 \boldsymbol{h}(\boldsymbol{x}_{\mathrm{C}}) = \frac{\partial \boldsymbol{x}_{\mathrm{C1}}}{\partial \boldsymbol{x}_{\mathrm{C}}}\boldsymbol{g}_i = \begin{bmatrix} \boldsymbol{E}_f & \boldsymbol{0}_{f\times f} \end{bmatrix}\begin{bmatrix} \boldsymbol{0}_p \\ \boldsymbol{m}_{\mathrm{C}\tau i} \end{bmatrix} = \boldsymbol{0}_f,\quad 1 \leqslant i \leqslant a \tag{6-52}$$

$$L_f^1 \boldsymbol{h}(\boldsymbol{x}_{\mathrm{C}}) = \frac{\partial \boldsymbol{x}_{\mathrm{C1}}}{\partial \boldsymbol{x}_{\mathrm{C}}}\boldsymbol{f} = \boldsymbol{x}_{\mathrm{C2}} \tag{6-53}$$

$$L_{g_i} L_f^1 \boldsymbol{h}(\boldsymbol{x}_{\mathrm{C}}) = \frac{\partial \boldsymbol{x}_{\mathrm{C2}}}{\partial \boldsymbol{x}_{\mathrm{C}}}\boldsymbol{g}_i = \begin{bmatrix} \boldsymbol{0}_{f\times f} & \boldsymbol{E}_{f\times f} \end{bmatrix}\begin{bmatrix} \boldsymbol{0}_p \\ \boldsymbol{m}_{\mathrm{C}\tau i} \end{bmatrix} = \boldsymbol{m}_{\mathrm{C}\tau i},\quad 1 \leqslant i \leqslant a \tag{6-54}$$

$$L_f^2 \boldsymbol{h}(\boldsymbol{x}_{\mathrm{C}}) = \frac{\partial \boldsymbol{x}_{\mathrm{C2}}}{\partial \boldsymbol{x}_{\mathrm{C}}}\boldsymbol{f} = \boldsymbol{C}_{\mathrm{C}\tau} \tag{6-55}$$

当 $r=2$ 时，$L_{g_i} L_f^{r-1}\boldsymbol{h}(\boldsymbol{x}_{\mathrm{C}}) \neq \boldsymbol{0}$，且有

$$\ddot{\boldsymbol{y}} = \ddot{\boldsymbol{\theta}}_{\mathrm{C}} = \boldsymbol{C}_{\mathrm{C}\tau} + \boldsymbol{M}_{\mathrm{C}\tau}\boldsymbol{u} = L_f^2 \boldsymbol{h}(\boldsymbol{x}_{\mathrm{C}}) + L_g L_f^1 \boldsymbol{h}(\boldsymbol{x}_{\mathrm{C}})\boldsymbol{u} \tag{6-56}$$

因此，仿射非线性系统矢量相对阶 $\boldsymbol{r} = \{r_{x_{\mathrm{C11}}}, r_{x_{\mathrm{C12}}},\cdots, r_{x_{\mathrm{C1}f}}\} = \{2,2,\cdots,2\}$，总相对阶 $r_{x_{\mathrm{C11}}} +$

$r_{x_{C12}}+\cdots+r_{x_{C1f}}=2f=\dim(\boldsymbol{x}_C)$。Bergerman[5] 指出对于总相对阶等于 $\dim(\boldsymbol{x}_C)$ 的仿射非线性系统，其在状态 $\boldsymbol{x}_C$ 处满足以下条件时可实现精确线性化。

① 对于 $0\leqslant i\leqslant r-1$，$\boldsymbol{x}_C$ 是线性空间 $\boldsymbol{d}_i=\mathrm{span}\left\{\mathrm{ad}_{\boldsymbol{f}}^k\boldsymbol{g}_j(\boldsymbol{x}_C)\right\}$（$0\leqslant k\leqslant i,\ 1\leqslant j\leqslant a$）正则点，即 $\boldsymbol{d}_i$ 对应 $[\mathrm{ad}_{\boldsymbol{f}}^0\boldsymbol{g}_1(\boldsymbol{x}_C),\cdots,\mathrm{ad}_{\boldsymbol{f}}^0\boldsymbol{g}_a(\boldsymbol{x}_C),\cdots,\mathrm{ad}_{\boldsymbol{f}}^i\boldsymbol{g}_1(\boldsymbol{x}_C),\cdots,\mathrm{ad}_{\boldsymbol{f}}^i\boldsymbol{g}_a(\boldsymbol{x}_C)]\in\mathbb{R}^{2f\times(i+1)\cdot a}$ 的秩恒为 $(i+1)\cdot f$。其中 $\mathrm{ad}_{\boldsymbol{f}}^k\boldsymbol{g}_j(\boldsymbol{x}_C)=[\boldsymbol{f},\mathrm{ad}_{\boldsymbol{f}}^{k-1}\boldsymbol{g}_j(\boldsymbol{x}_C)]$，且 $\mathrm{ad}_{\boldsymbol{f}}^0\boldsymbol{g}_j(\boldsymbol{x}_C)=\boldsymbol{g}_j(\boldsymbol{x}_C)$。

② 线性空间 $\boldsymbol{d}_{r-1}$ 的维度为 $2f$。

③ 对于 $0\leqslant i\leqslant r-2$，线性空间 $\boldsymbol{d}_i=\mathrm{span}\left\{\mathrm{ad}_{\boldsymbol{f}}^k\boldsymbol{g}_j(\boldsymbol{x}_C)\right\}$（$0\leqslant k\leqslant i,\ 1\leqslant j\leqslant a$）是对合的，对于子矢量场 $\boldsymbol{f}$ 与 $\boldsymbol{g}\in\boldsymbol{d}_i$，有 $[\boldsymbol{f},\boldsymbol{g}]\in\boldsymbol{d}_i$。

对于相对阶为 2 的仿射非线性系统，讨论线性空间 $\boldsymbol{d}_0$ 及 $\boldsymbol{d}_1$ 是否满足上述条件

$$\boldsymbol{d}_0=\mathrm{span}\left\{\begin{bmatrix}\boldsymbol{0}_f\\\boldsymbol{m}_{C\tau1}\end{bmatrix},\begin{bmatrix}\boldsymbol{0}_f\\\boldsymbol{m}_{C\tau2}\end{bmatrix},\cdots,\begin{bmatrix}\boldsymbol{0}_f\\\boldsymbol{m}_{C\tau a}\end{bmatrix}\right\}\tag{6-57}$$

$$\boldsymbol{d}_1=\mathrm{span}\left\{\begin{bmatrix}\boldsymbol{0}_f\\\boldsymbol{m}_{C\tau1}\end{bmatrix},\cdots,\begin{bmatrix}\boldsymbol{0}_f\\\boldsymbol{m}_{C\tau a}\end{bmatrix},\begin{bmatrix}-\boldsymbol{m}_{C\tau1}\\\dfrac{\partial\boldsymbol{m}_{C\tau1}}{\partial\boldsymbol{x}_{C1}}\boldsymbol{x}_2-\dfrac{\partial\boldsymbol{C}_{C\tau}}{\partial\boldsymbol{x}_{C2}}\boldsymbol{m}_{C\tau1}\end{bmatrix},\cdots,\begin{bmatrix}-\boldsymbol{m}_{C\tau a}\\\dfrac{\partial\boldsymbol{m}_{C\tau a}}{\partial\boldsymbol{x}_{C1}}\boldsymbol{x}_2-\dfrac{\partial\boldsymbol{C}_{C\tau}}{\partial\boldsymbol{x}_{C2}}\boldsymbol{m}_{C\tau a}\end{bmatrix}\right\}\tag{6-58}$$

若 $\boldsymbol{x}_C$ 处的耦合惯性矩阵 $\boldsymbol{M}_{C\tau}$ 满秩，$\boldsymbol{x}_C$ 在线性空间中的 $\boldsymbol{d}_0$ 及 $\boldsymbol{d}_1$ 必是正则点。对于线性空间 $\boldsymbol{d}_0$，由于 $[\boldsymbol{g}_i,\boldsymbol{g}_j]=\boldsymbol{0}$ 必属于 $\boldsymbol{d}_0$，因此 $\boldsymbol{d}_0$ 对合。对于 $\boldsymbol{d}_1$，矩阵 $\boldsymbol{M}_{C\tau}$ 满秩时，$\dim(\boldsymbol{d}_1)=2f=\dim(\boldsymbol{x}_C)$。上述 3 个条件均满足，仿射非线性系统可在 $\boldsymbol{x}_C$ 处精确线性化。

令 $\boldsymbol{z}=\begin{bmatrix}L_{\boldsymbol{f}}^0\boldsymbol{h}(\boldsymbol{x}_C)\\L_{\boldsymbol{f}}^1\boldsymbol{h}(\boldsymbol{x}_C)\end{bmatrix}=\begin{bmatrix}\boldsymbol{x}_{C1}\\\boldsymbol{x}_{C2}\end{bmatrix}$，$\boldsymbol{u}=\boldsymbol{A}^\dagger\left(-\boldsymbol{C}_{C\tau}+\boldsymbol{v}\right)$，$\boldsymbol{A}^\dagger=[L_{\boldsymbol{g}_1}L_{\boldsymbol{f}}^1\boldsymbol{h}(\boldsymbol{x}_C),\cdots,L_{\boldsymbol{g}_a}L_{\boldsymbol{f}}^1\boldsymbol{h}(\boldsymbol{x}_C)]=\boldsymbol{M}_{C\tau}$，$\boldsymbol{v}$ 为线性化辅助矢量，线性化结果 $\boldsymbol{\tau}_h=-\boldsymbol{M}_{C\tau}^\dagger\boldsymbol{C}_{C\tau}+\boldsymbol{M}_{C\tau}^\dagger\boldsymbol{v}$。将线性化结果代回式（6-42），有

$$\dot{\boldsymbol{z}}=\boldsymbol{P}\boldsymbol{z}+\boldsymbol{Q}\boldsymbol{v}\tag{6-59}$$

式中 $\boldsymbol{P}=\begin{bmatrix}\boldsymbol{0}_{f\times f}&\boldsymbol{E}_{f\times f}\\\boldsymbol{0}_{f\times f}&\boldsymbol{0}_{f\times f}\end{bmatrix}$，且 $\boldsymbol{Q}=\begin{bmatrix}\boldsymbol{0}_{f\times f}\\\boldsymbol{E}_{f\times f}\end{bmatrix}$，对于上述线性化系统，构造可控性判别矩阵

$$\boldsymbol{Q}_c=[\boldsymbol{Q}\quad\boldsymbol{P}\boldsymbol{Q}]=\begin{bmatrix}\boldsymbol{0}_{f\times f}&\boldsymbol{E}_{f\times f}\\\boldsymbol{E}_{f\times f}&\boldsymbol{0}_{f\times f}\end{bmatrix}\tag{6-60}$$

$\boldsymbol{Q}_c$ 满秩且秩为 $2f=\dim(\boldsymbol{x}_C)$，因此在状态 $\boldsymbol{x}_C$ 下，仿射非线性系统可控，即主动关节对所有被动单元可控的条件是耦合惯性矩阵 $\boldsymbol{M}_{C\tau}$ 满秩，由于 $\boldsymbol{M}_{C\tau}=\boldsymbol{M}_{Ch}\boldsymbol{M}_{\tau h}^{-1}$，且 $\boldsymbol{M}_{\tau h}$ 总是正定的，则 $\boldsymbol{M}_{C\tau}$ 满秩等价于 $\boldsymbol{M}_{Ch}$ 满秩。

2. 主动关节对被控单元的可控程度指标

前面分析了关节自由摆动故障空间机械臂这一类仿射非线性系统的可控性，指出系统可控性取决于动力学方程中的耦合惯性矩阵是否满秩。为了定量衡量该可控性，本节以系统动

力学耦合关系为基础，综合考虑影响系统单元间耦合运动的因素，构建可控程度指标。

若被控单元为自由摆动故障关节，为表征主动关节对自由摆动故障关节的可控程度，选取状态变量 $\boldsymbol{x}_1=\boldsymbol{\theta}_{\mathrm{f}}\in\mathbb{R}^{p\times1}$ ，$\boldsymbol{x}_2=\dot{\boldsymbol{x}}_1$ ，并令 $\boldsymbol{u}=\ddot{\boldsymbol{\theta}}_{\mathrm{h}}\in\mathbb{R}^{a\times1}$ ，其中 p 和 a 分别表示被控单元和主动关节的维数。建立关节自由摆动故障空间机械臂状态方程

$$\begin{bmatrix}\dot{\boldsymbol{x}}_1\\ \dot{\boldsymbol{x}}_2\end{bmatrix}=\begin{bmatrix}\boldsymbol{x}_2\\ \boldsymbol{a}_1^{\dagger}\left(\boldsymbol{M}_{\mathrm{mbf}}^{\dagger}\boldsymbol{c}_{\mathrm{f}}-\boldsymbol{M}_{\mathrm{b}}^{-1}\boldsymbol{c}_{\mathrm{b}}\right)\end{bmatrix}+\begin{bmatrix}\boldsymbol{0}\\ -\boldsymbol{a}_1^{\dagger}\boldsymbol{b}_1\end{bmatrix}\boldsymbol{u} \tag{6-61}$$

式中，$\boldsymbol{a}_1=\boldsymbol{M}_{\mathrm{b}}^{-1}\boldsymbol{M}_{\mathrm{bmf}}-\boldsymbol{M}_{\mathrm{mbf}}^{\dagger}\boldsymbol{M}_{\mathrm{mff}}$ ；$\boldsymbol{b}_1=\boldsymbol{M}_{\mathrm{b}}^{-1}\boldsymbol{M}_{\mathrm{bmh}}-\boldsymbol{M}_{\mathrm{mbf}}^{\dagger}\boldsymbol{M}_{\mathrm{mfh}}$ 。

若被控单元为基座，为表征主动关节对基座的可控程度，选取状态变量 $\boldsymbol{x}_1=\boldsymbol{x}_{\mathrm{b}}\in\mathbb{R}^{6\times1}$ ，$\boldsymbol{x}_2=\dot{\boldsymbol{x}}_1$ ，并令 $\boldsymbol{u}=\ddot{\boldsymbol{\theta}}_{\mathrm{h}}\in\mathbb{R}^{a\times1}$ 。建立关节自由摆动故障空间机械臂状态方程

$$\begin{bmatrix}\dot{\boldsymbol{x}}_1\\ \dot{\boldsymbol{x}}_2\end{bmatrix}=\begin{bmatrix}\boldsymbol{x}_2\\ \boldsymbol{a}_2^{\dagger}\left(\boldsymbol{M}_{\mathrm{bmf}}^{\dagger}\boldsymbol{c}_{\mathrm{b}}-\boldsymbol{M}_{\mathrm{mff}}^{-1}\boldsymbol{c}_{\mathrm{f}}\right)\end{bmatrix}+\begin{bmatrix}\boldsymbol{0}\\ -\boldsymbol{a}_2^{\dagger}\boldsymbol{b}_2\end{bmatrix}\boldsymbol{u} \tag{6-62}$$

式中，$\boldsymbol{a}_2=\boldsymbol{M}_{\mathrm{mff}}^{-1}\boldsymbol{M}_{\mathrm{mbf}}-\boldsymbol{M}_{\mathrm{bmf}}^{\dagger}\boldsymbol{M}_{\mathrm{b}}$ ；$\boldsymbol{b}_2=\boldsymbol{M}_{\mathrm{mff}}^{-1}\boldsymbol{M}_{\mathrm{mfh}}-\boldsymbol{M}_{\mathrm{bmf}}^{\dagger}\boldsymbol{M}_{\mathrm{bmh}}$ 。

令 $\begin{cases}\boldsymbol{G}=\boldsymbol{a}_1^{\dagger}\left(\boldsymbol{M}_{\mathrm{mbf}}^{\dagger}\boldsymbol{c}_{\mathrm{f}}-\boldsymbol{M}_{\mathrm{b}}^{-1}\boldsymbol{c}_{\mathrm{b}}\right)\in\mathbb{R}^{p\times1}\\ \boldsymbol{h}=-\boldsymbol{a}_1^{\dagger}\boldsymbol{b}_1\in\mathbb{R}^{p\times a}\end{cases}$ 或 $\begin{cases}\boldsymbol{G}=\boldsymbol{a}_2^{\dagger}\left(\boldsymbol{M}_{\mathrm{bmf}}^{\dagger}\boldsymbol{c}_{\mathrm{b}}-\boldsymbol{M}_{\mathrm{mff}}^{-1}\boldsymbol{c}_{\mathrm{f}}\right)\in\mathbb{R}^{6\times1}\\ \boldsymbol{h}=-\boldsymbol{a}_2^{\dagger}\boldsymbol{b}_2\in\mathbb{R}^{6\times a}\end{cases}$ ，则式（6-61）或式（6-62）简写为

$$\begin{bmatrix}\dot{\boldsymbol{x}}_1\\ \dot{\boldsymbol{x}}_2\end{bmatrix}=\begin{bmatrix}\boldsymbol{x}_2\\ \boldsymbol{G}\end{bmatrix}+\begin{bmatrix}\boldsymbol{0}\\ \boldsymbol{h}\end{bmatrix}\boldsymbol{u} \tag{6-63}$$

式（6-63）为典型的非线性系统。为表征非线性系统控制输入对系统状态变量的可控程度，首先将其在某一状态 $(\boldsymbol{x}_{10},\boldsymbol{x}_{20})$ 处进行线性化。式（6-63）在状态 $(\boldsymbol{x}_1=\boldsymbol{x}_{10},\boldsymbol{x}_2=\boldsymbol{x}_{20})$ 处的线性化为

$$\dot{\boldsymbol{z}}=\begin{bmatrix}\boldsymbol{x}_2\\ \boldsymbol{G}\end{bmatrix}\Bigg|_{\boldsymbol{x}_1=\boldsymbol{x}_{10},\boldsymbol{x}_2=\boldsymbol{x}_{20}}+\begin{bmatrix}\boldsymbol{0} & \boldsymbol{I}\\ \dfrac{\partial\boldsymbol{G}}{\partial\boldsymbol{x}_1} & \dfrac{\partial\boldsymbol{G}}{\partial\boldsymbol{x}_2}\end{bmatrix}\Bigg|_{\boldsymbol{x}_1=\boldsymbol{x}_{10},\boldsymbol{x}_2=\boldsymbol{x}_{20}}\boldsymbol{z}+\begin{bmatrix}\boldsymbol{0}\\ \boldsymbol{h}\end{bmatrix}\boldsymbol{u} \tag{6-64}$$

式中，$\boldsymbol{z}=\left[\boldsymbol{x}_1-\boldsymbol{x}_{10},\boldsymbol{x}_2-\boldsymbol{x}_{20}\right]^{\mathrm{T}}$ 。

因此，可构造系统的可控性矩阵为

$$\begin{aligned}\boldsymbol{F}&=\left[\begin{bmatrix}\boldsymbol{0}\\ \boldsymbol{h}\end{bmatrix},\begin{bmatrix}\boldsymbol{0} & \boldsymbol{I}\\ \dfrac{\partial\boldsymbol{G}}{\partial\boldsymbol{x}_1} & \dfrac{\partial\boldsymbol{G}}{\partial\boldsymbol{x}_2}\end{bmatrix}\begin{bmatrix}\boldsymbol{0}\\ \boldsymbol{h}\end{bmatrix}\right]\\ &=\begin{bmatrix}\boldsymbol{0} & \boldsymbol{h}\\ \boldsymbol{h} & \dfrac{\partial\boldsymbol{G}}{\partial\boldsymbol{x}_2}\boldsymbol{h}\end{bmatrix}=\begin{bmatrix}\boldsymbol{0} & \boldsymbol{I}\\ \boldsymbol{I} & \dfrac{\partial\boldsymbol{G}}{\partial\boldsymbol{x}_2}\end{bmatrix}\begin{bmatrix}\boldsymbol{h} & \boldsymbol{0}\\ \boldsymbol{0} & \boldsymbol{h}\end{bmatrix}\in\mathbb{R}^{2p\times2a}\end{aligned} \tag{6-65}$$

式中，$\begin{bmatrix}\boldsymbol{0} & \boldsymbol{I}\\ \boldsymbol{I} & \dfrac{\partial\boldsymbol{G}}{\partial\boldsymbol{x}_2}\end{bmatrix}$ 明显满秩，因此系统是否可控取决于矩阵 $\begin{bmatrix}\boldsymbol{h} & \boldsymbol{0}\\ \boldsymbol{0} & \boldsymbol{h}\end{bmatrix}$ 是否满秩。当 $\boldsymbol{h}$ 为满秩矩阵时，

对可控性矩阵 $\boldsymbol{F}$ 进行奇异值分解，获得其奇异矩阵为 $\boldsymbol{\Sigma}=[\boldsymbol{\sigma}\mid\boldsymbol{O}]$。其中，$\boldsymbol{\sigma}\in\mathbb{R}^{2p\times 2p}$ 是由各奇异值组成的对角矩阵（在实际运动控制中 $a\geqslant p$），且 $\sigma_1\geqslant\sigma_2\geqslant\cdots\geqslant\sigma_{2p}\geqslant 0$。因此，定义主动关节对被控单元的可控程度指标为

$$\hat{\lambda}_{\mathrm{d}}=\sigma_{2p} \tag{6-66}$$

从式（6-66）中可以看出，可控性矩阵 $\boldsymbol{F}$ 的奇异值之积只取决于耦合惯量矩阵 $\boldsymbol{h}$，而与非线性项 $\boldsymbol{G}$ 无关。$\boldsymbol{G}$ 只对每个奇异值的大小产生影响（当然奇异值大小也受 $\boldsymbol{h}$ 的影响），而在给定 $\boldsymbol{h}$ 下奇异值之积是常数。换言之，如果将可控程度指标定义为矩阵 $\boldsymbol{F}$ 奇异值的乘积，则该指标仅与耦合惯性矩阵 $\boldsymbol{h}$ 有关，不能反映非线性项对可控性的影响。因此，取 $\boldsymbol{F}$ 的最小奇异值作为可控程度指标，它反映了在某一状态处空间机械臂控制输入对系统状态变量在最坏方向上的可控程度。当 $\hat{\lambda}_{\mathrm{d}}=0$ 时，即主动关节控制输入对被控单元的可控程度为零，表明在此状态下空间机械臂对被控单元不可控，这与前文的可控性证明结论是一致的。

本书所构造的可控程度指标保留了与动力学耦合程度一致的变化趋势，但因考虑了空间机械臂非线性运动特性，使得空间机械臂可控程度的表征更为准确。

仿照式（6-41），定义全局可控程度指标

$$\hat{\lambda}_{\mathrm{d}}^{\mathrm{g}}=\frac{\int_{\phi_{\mathrm{b\,min}}^{\mathrm{allow}}}^{\phi_{\mathrm{b\,max}}^{\mathrm{allow}}}\int_{\theta_{\min}}^{\theta_{\max}}\hat{\lambda}_{\mathrm{d}}\,\mathrm{d}\boldsymbol{\theta}\,\mathrm{d}\boldsymbol{\phi}_{\mathrm{b}}}{\int_{\phi_{\mathrm{b\,min}}^{\mathrm{allow}}}^{\phi_{\mathrm{b\,max}}^{\mathrm{allow}}}\int_{\theta_{\min}}^{\theta_{\max}}\mathrm{d}\boldsymbol{\theta}\,\mathrm{d}\boldsymbol{\phi}_{\mathrm{b}}} \tag{6-67}$$

3. 仿真算例

本节对可控程度指标进行仿真，验证主动关节对被动关节运动状态的可控能力，并对比与动力学耦合程度指标的差异。设关节 3 发生自由摆动故障，基座位姿固定为 $[\boldsymbol{r}_{\mathrm{bini}}^{\mathrm{T}},\boldsymbol{\phi}_{\mathrm{bini}}^{\mathrm{T}}]^{\mathrm{T}}=[0\,\mathrm{m},0\,\mathrm{m},0\,\mathrm{m},0°,0°,0°]^{\mathrm{T}}$，各关节运动范围为 $[\theta_{i\min},\theta_{i\max}]=[-180°,180°]$。

首先分析动力学耦合程度指标，在关节物理极限内遍历关节角，得到图 6-15 所示的结果。图 6-15 中的耦合程度指标反映的是空间机械臂处于静止状态下主动关节对故障关节的调控能力，然而，任务执行过程中空间机械臂处于运动状态，被控单元的运动同时受动力学耦合关系中科氏力、离心力等非线性项的影响。为此，本节综合考虑惯量项和非线性项，建立了可控程度指标。设置自由摆动故障关节速度为 $5°/\mathrm{s}$，得到可控程度指标随关节角的变化如图 6-16 所示。

对比图 6-15 和图 6-16 可以看出，各主动关节对故障关节的可控程度与动力学耦合程度趋势基本一致，区别在于具体数值不同，但由于可控程度考虑了非线性项的影响，使得主动关节的可控能力表征更为准确。其中，关节 1 对自由摆动故障关节的可控程度影响最大，关节 4、关节 2 次之，关节 5、关节 6 影响较小，而关节 7 几乎没有对自由摆动故障关节产生影响。

关节 1 的可控能力总体上比关节 4 的大，但角度范围为[24°,84°]时，关节 4 的可控能力比关节 1 的大。

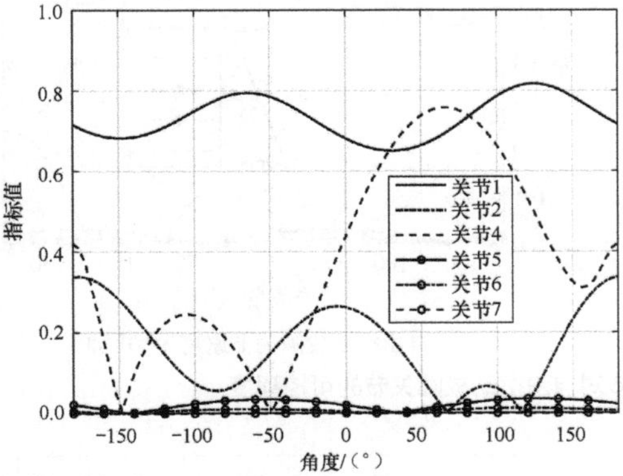

图 6-15　主动关节对故障关节的动力学耦合程度

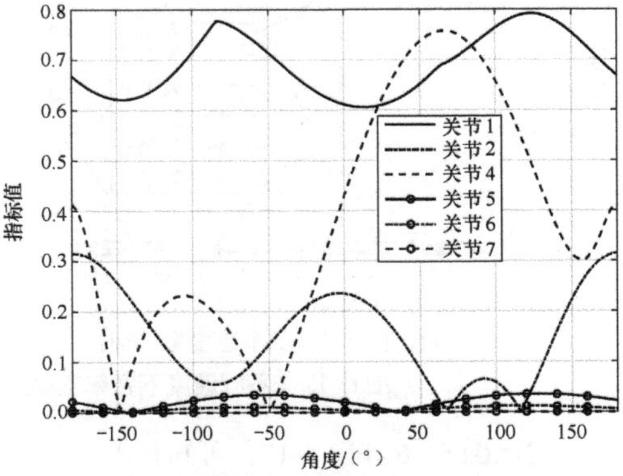

图 6-16　可控程度指标随关节角的变化

动力学耦合程度指标和可控程度指标的标准差分布特征如表 6-1 所示。该表反映了全构型下各主动关节对故障关节的驱动输出波动情况，而动力学耦合程度指标和可控程度指标评价关节 1 对故障关节可控能力的波动指数分别为 0.051 和 0.069，说明在空间机械臂实际调控过程中，由于科氏力和离心力的存在，主动关节 1 对故障关节的驱动输出分布变得不稳定，而本书所构造的可控程度指标更为精确地反映了这一特征。

表 6-1　动力学耦合程度指标和可控程度指标的标准差分布特征

关节	J_1	J_2	J_4	J_5	J_6	J_7
动力学耦合程度指标	0.051	0.102	0.231	0.011	0.004	1.526×10^{-19}
可控程度指标	0.069	0.092	0.206	0.009	0.003	1.299×10^{-19}

将局部可控程度指标全局化，得到表 6-2 所示结果。表 6-2 反映了在全构型空间内各单主动关节对自由摆动故障关节的动力学耦合传递能力。其中，相较关节 4，关节 1 对故障关节 3 的可控能力强约 85%，说明利用关节 1 进行故障关节的调控，可大幅提升空间机械臂任务执行效率。

表 6-2　各单关节对自由摆动故障关节的全局可控程度指标

关节	J_1	J_2	J_4	J_5	J_6	J_7
指标	0.690	0.152	0.373	0.022	0.007	2.035×10^{-6}

由所构造的可控程度指标定义可知，可控程度指标受关节运动速度的影响。分别设置自由摆动故障关节速度为 $2°/s$ 和 $10°/s$，在关节物理极限内遍历关节角，获得的可控程度仿真结果如图 6-17 所示。

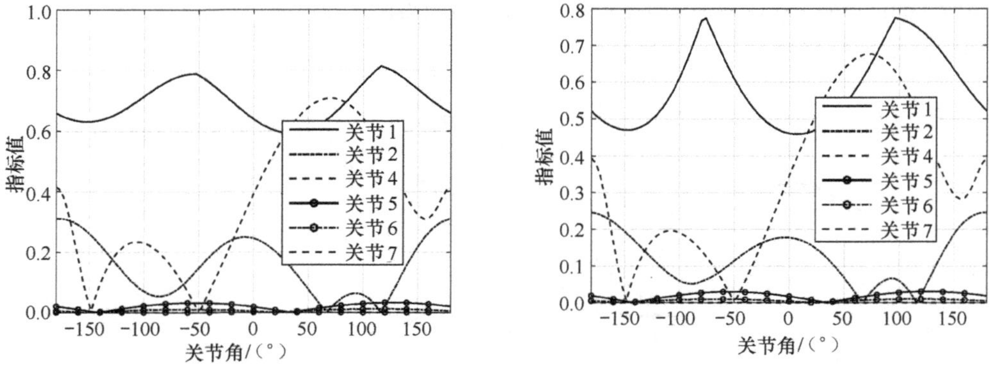

（a）自由摆动故障关节速度为2°/s时　　（b）自由摆动故障关节速度为10°/s时

图 6-17　不同速度下各单主动关节对自由摆动故障关节的可控程度

对比图 6-16 和图 6-17，可知在不同的关节速度下，各单关节对自由摆动故障关节的可控程度变化趋势基本一致，只是具体的数值有所改变。对比不同速度下的全局可控程度指标值，获得图 6-18 所示的变化曲线。

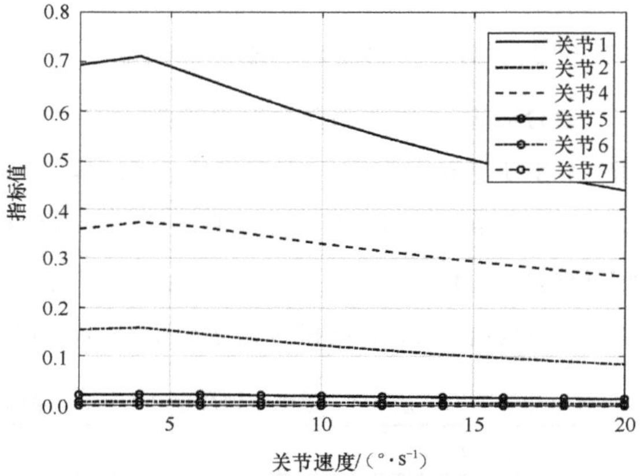

图 6-18　全局可控程度指标随速度的变化曲线

总体上，随着故障关节速度的增大，可控程度减小，说明速度会影响控制输入对被控单元的可控性，速度越大，系统越不可控，这也增加了控制难度。

6.2　空间机械臂自由摆动故障关节锁定处理策略

当关节自由摆动故障的发生导致空间机械臂运动能力（比如负载操作能力）大幅下降时，易使得空间机械臂无法满足任务要求而致使任务停滞。此时，通常需将故障关节锁定，以提升空间机械臂运动能力（如锁定故障关节后，故障关节重新获得力矩平衡能力，改善空间机械臂负载操作能力）。由于故障关节锁定角度会影响空间机械臂运动能力[6]，因此首先以任务所需的运动能力最优为目标，求解故障关节的最优锁定角度；然后基于主动关节与故障关节间的运动学和动力学耦合关系，通过合适的规划控制方法将自由摆动故障关节从当前故障角度调控至最优锁定角度并锁定。在规划和控制过程中，空间机械臂处于欠驱动状态，因此相比常态下的空间机械臂，该欠驱动空间机械臂的控制难度大大增加。本节将首先给出自由摆动故障关节最优锁定角度求解方法，进而阐述关节自由摆动故障空间机械臂控制方法。

6.2.1 自由摆动故障关节最优锁定角度求解

第 4 章提到空间任务对空间机械臂运动能力的要求主要体现在灵巧性、末端可达性和负载操作能力几方面，其中关节向末端传递运动的能力常以运动学灵巧性衡量，负载操作能力常以动态负载能力衡量。上述几方面运动能力在实际工程应用中难以同时取得最优解，因此需在灵巧性、末端可达性和负载操作能力几方面构建多个运动能力表征指标，并构建综合性能评价指标，进而以该综合性能评价指标最优为目标，求解自由摆动故障关节最优锁定角度。

1. 运动学灵巧性表征指标

运动学灵巧性描述了空间机械臂关节速度向基座或末端速度传递的能力，当运动学灵巧性足够大时，关节可驱动末端或基座按期望速度向预定方向运动。

条件数表征了末端或基座向各方向运动能力的各向同性，可操作度表征了空间机械臂综合运动学灵巧性，故选择条件数 $c_{\mathrm{b\omega m}}$、c_{em} 和可操作度 $w_{\mathrm{b\omega m}}$、w_{em} 全面评估运动学灵巧性（下标 bωm 和 em 分别表示关节向基座和关节向末端传递运动）。空间机械臂关节速度向基座和末端的映射关系可以由关节与基座间的雅可比矩阵 $\boldsymbol{J}_{\mathrm{bm}}$ 和广义雅可比矩阵 $\boldsymbol{J}_{\mathrm{em}}$ 表示，其中 $\boldsymbol{J}_{\mathrm{bm}} = -\boldsymbol{H}_{\mathrm{b}}^{-1}\boldsymbol{H}_{\mathrm{m}}$，$\boldsymbol{J}_{\mathrm{em}} = \boldsymbol{J}_{\mathrm{m}} + \boldsymbol{J}_{\mathrm{b}}\boldsymbol{J}_{\mathrm{bm}}$。

由于在实际空间任务中，基座姿态偏转会影响航天器对地通信能力和能源采集效率，因此需特别限制基座姿态扰动，故以 $\boldsymbol{J}_{\mathrm{bm}}$ 后 3 行的基座姿态耦合雅可比矩阵 $\boldsymbol{J}_{\mathrm{b\omega m}}$ 表征关节向基座的运动传递关系。故障关节锁定后无法为末端或基座运动贡献速度，相当于雅可比矩阵的故障关节对应列被删除而退化为 $\boldsymbol{J}_{\mathrm{em}}^{\mathrm{d}}$ 和 $\boldsymbol{J}_{\mathrm{b\omega m}}^{\mathrm{d}}$。本节根据式（4-33）和式（4-34），构建退化条件数 $c_{\mathrm{b\omega m}}^{\mathrm{d}} = c_{\mathrm{b\omega m}}^{\mathrm{d}}(\boldsymbol{\theta}^{\mathrm{d}},\boldsymbol{\phi}_{\mathrm{b}})$ 与 $c_{\mathrm{em}}^{\mathrm{d}} = c_{\mathrm{em}}^{\mathrm{d}}(\boldsymbol{\theta}^{\mathrm{d}},\boldsymbol{\phi}_{\mathrm{b}})$ 和退化可操作度 $w_{\mathrm{b\omega m}}^{\mathrm{d}} = w_{\mathrm{b\omega m}}^{\mathrm{d}}(\boldsymbol{\theta}^{\mathrm{d}},\boldsymbol{\phi}_{\mathrm{b}})$ 与 $w_{\mathrm{em}}^{\mathrm{d}} = w_{\mathrm{em}}^{\mathrm{d}}(\boldsymbol{\theta}^{\mathrm{d}},\boldsymbol{\phi}_{\mathrm{b}})$ 表征故障空间机械臂运动学灵巧性。其中，$\boldsymbol{\theta}^{\mathrm{d}}$ 为故障空间机械臂各关节角，$\boldsymbol{\phi}_{\mathrm{b}}$ 为基座姿态；$c_{\mathrm{em}}^{\mathrm{d}} = c_{\mathrm{em}}^{\mathrm{d}}(\boldsymbol{\theta}^{\mathrm{d}},\boldsymbol{\phi}_{\mathrm{b}})$ 和 $w_{\mathrm{em}}^{\mathrm{d}} = w_{\mathrm{em}}^{\mathrm{d}}(\boldsymbol{\theta}^{\mathrm{d}},\boldsymbol{\phi}_{\mathrm{b}})$ 是基于故障发生后的空间机械臂广义雅可比矩阵 $\boldsymbol{J}_{\mathrm{em}}^{\mathrm{d}}$ 定义的；而 $c_{\mathrm{b\omega m}}^{\mathrm{d}} = c_{\mathrm{b\omega m}}^{\mathrm{d}}(\boldsymbol{\theta}^{\mathrm{d}},\boldsymbol{\phi}_{\mathrm{b}})$ 和 $w_{\mathrm{b\omega m}}^{\mathrm{d}} = w_{\mathrm{b\omega m}}^{\mathrm{d}}(\boldsymbol{\theta}^{\mathrm{d}},\boldsymbol{\phi}_{\mathrm{b}})$ 则是基于关节与基座间退化雅可比矩阵的后 3 行 $\boldsymbol{J}_{\mathrm{b\omega m}}^{\mathrm{d}}$ 定义的。

上述运动学灵巧性指标是与健康关节角、故障关节锁定角、基座姿态同时相关的局部指标，无法直接用于故障关节锁定角度优化。为使运动学灵巧性指标仅与故障关节锁定角相关，需相对于健康关节角及基座姿态全局化处理运动学灵巧性指标，即

$$\begin{cases} c_{b\omega m}^{gd}(\boldsymbol{\theta}_f)=\dfrac{\int_{\phi_{b\,min}^{allow}}^{\phi_{b\,max}^{allow}}\int_{\theta_{h\,min}}^{\theta_{h\,max}} c_{b\omega m}^{d}\,d\boldsymbol{\theta}_h d\boldsymbol{\phi}_b}{\int_{\phi_{b\,min}^{allow}}^{\phi_{b\,max}^{allow}}\int_{\theta_{h\,min}}^{\theta_{h\,max}} d\boldsymbol{\theta}_h d\boldsymbol{\phi}_b} & w_{b\omega m}^{gd}(\boldsymbol{\theta}_f)=\dfrac{\int_{\phi_{b\,min}^{allow}}^{\phi_{b\,max}^{allow}}\int_{\theta_{h\,min}}^{\theta_{h\,max}} w_{b\omega m}^{d}\,d\boldsymbol{\theta}_h d\boldsymbol{\phi}_b}{\int_{\phi_{b\,min}^{allow}}^{\phi_{b\,max}^{allow}}\int_{\theta_{hmin}}^{\theta_{hmax}} d\boldsymbol{\theta}_h d\boldsymbol{\phi}_b} \\ c_{em}^{gd}(\boldsymbol{\theta}_f)=\dfrac{\int_{\phi_{b\,min}^{allow}}^{\phi_{b\,max}^{allow}}\int_{\theta_{h\,min}}^{\theta_{h\,max}} c_{em}^{d}\,d\boldsymbol{\theta}_h d\boldsymbol{\phi}_b}{\int_{\phi_{b\,min}^{allow}}^{\phi_{b\,max}^{allow}}\int_{\theta_{h\,min}}^{\theta_{h\,max}} d\boldsymbol{\theta}_h d\boldsymbol{\phi}_b} & w_{em}^{gd}(\boldsymbol{\theta}_f)=\dfrac{\int_{\phi_{b\,min}^{allow}}^{\phi_{b\,max}^{allow}}\int_{\theta_{h\,min}}^{\theta_{h\,max}} w_{em}^{d}\,d\boldsymbol{\theta}_h d\boldsymbol{\phi}_b}{\int_{\phi_{b\,min}^{allow}}^{\phi_{b\,max}^{allow}}\int_{\theta_{h\,min}}^{\theta_{h\,max}} d\boldsymbol{\theta}_h d\boldsymbol{\phi}_b} \end{cases} \tag{6-68}$$

$[\theta_{h\,min},\theta_{h\,max}]$ 为健康关节运动范围。全局性指标反映了运动学灵巧性在健康关节构型及基座姿态广义空间中分布的期望，表征了运动学灵巧性随锁定角度的全局变化规律，但无法反映运动学灵巧性的全局波动程度，需利用标准差表征全局波动程度，如下所示。

$$\begin{cases} \tilde{c}_{b\omega m}^{gd}(\boldsymbol{\theta}_f)=\sqrt{\dfrac{\int_{\phi_{b\,min}^{allow}}^{\phi_{b\,max}^{allow}}\int_{\theta_{h\,min}}^{\theta_{h\,max}}\left(c_{b\omega m}^{d}-c_{b\omega m}^{gd}\right)^2 d\boldsymbol{\theta}_h d\boldsymbol{\phi}_b}{\int_{\phi_{b\,min}^{allow}}^{\phi_{b\,max}^{allow}}\int_{\theta_{h\,min}}^{\theta_{h\,max}} d\boldsymbol{\theta}_h d\boldsymbol{\phi}_b}} \\ \tilde{w}_{b\omega m}^{gd}(\boldsymbol{\theta}_f)=\sqrt{\dfrac{\int_{\phi_{b\,min}^{allow}}^{\phi_{b\,max}^{allow}}\int_{\theta_{h\,min}}^{\theta_{h\,max}}\left(w_{b\omega m}^{d}-w_{b\omega m}^{gd}\right)^2 d\boldsymbol{\theta}_h d\boldsymbol{\phi}_b}{\int_{\phi_{b\,min}^{allow}}^{\phi_{b\,max}^{allow}}\int_{\theta_{h\,min}}^{\theta_{h\,max}} d\boldsymbol{\theta}_h d\boldsymbol{\phi}_b}} \\ \tilde{c}_{em}^{gd}(\boldsymbol{\theta}_f)=\sqrt{\dfrac{\int_{\phi_{b\,min}^{allow}}^{\phi_{b\,max}^{allow}}\int_{\theta_{h\,min}}^{\theta_{h\,max}}\left(c_{em}^{d}-c_{em}^{gd}\right)^2 d\boldsymbol{\theta}_h d\boldsymbol{\phi}_b}{\int_{\phi_{b\,min}^{allow}}^{\phi_{b\,max}^{allow}}\int_{\theta_{h\,min}}^{\theta_{h\,max}} d\boldsymbol{\theta}_h d\boldsymbol{\phi}_b}} \\ \tilde{w}_{em}^{gd}(\boldsymbol{\theta}_f)=\sqrt{\dfrac{\int_{\phi_{b\,min}^{allow}}^{\phi_{b\,max}^{allow}}\int_{\theta_{h\,min}}^{\theta_{h\,max}}\left(w_{em}^{d}-w_{em}^{gd}\right)^2 d\boldsymbol{\theta}_h d\boldsymbol{\phi}_b}{\int_{\phi_{b\,min}^{allow}}^{\phi_{b\,max}^{allow}}\int_{\theta_{h\,min}}^{\theta_{h\,max}} d\boldsymbol{\theta}_h d\boldsymbol{\phi}_b}} \end{cases} \tag{6-69}$$

由此获得了 8 个用于优化自由摆动故障关节锁定角度的空间机械臂运动学灵巧性指标。

2. 末端可达性表征指标

空间机械臂任务中，舱体对接、元器件更换等同时对末端位置和姿态提出要求，而舱体转位、载荷大范围转移等仅对末端位置有要求。为提高对空间任务的适用性，本部分选择以有保证位置可达工作空间 W_p^g 和有保证全方位可达工作空间 W_{Fp}^g 反映空间机械臂末端可达性。

位置可达工作空间 W_p 为末端可达位置点集合，基座姿态固定在 $\boldsymbol{\phi}_b^c$ 时的工作空间为

$$\begin{gathered} W_p^{\phi_b^c}=\{\boldsymbol{p}_e\mid \boldsymbol{p}_e=\boldsymbol{r}_0(\boldsymbol{\phi}_b,\theta_1,\theta_2,\cdots,\theta_n)+\boldsymbol{b}_0(\boldsymbol{\phi}_b)+\sum_{k=1}^{n}\boldsymbol{l}_k(\boldsymbol{\phi}_b,\theta_1,\theta_2,\cdots,\theta_k), \\ \boldsymbol{\phi}_b=\boldsymbol{\phi}_b^c\in[\phi_{b\min}^{allow},\phi_{b\max}^{allow}],\theta_i\in[\theta_{i\min},\theta_{i\max}],i=1,2,\cdots,n\} \end{gathered} \tag{6-70}$$

式中，$[\phi_{b\min}^{allow},\phi_{b\max}^{allow}]$ 为基座姿态允许偏转的范围，$[\theta_{i\min},\theta_{i\max}]$（$i=1,2,\cdots,n$）为各关节角限位。

基座姿态扰动会影响末端可达性，为保证在偏转限制范围内任意基座姿态下末端位置均可达，通过构造有保证位置可达工作空间衡量末端位置的可达性，表达式为

$$W_{\mathrm{p}}^{\mathrm{g}}=\bigcap_{\phi_{\mathrm{b}}^{\mathrm{c}}\in[\phi_{\mathrm{b\,min}}^{\mathrm{allow}},\phi_{\mathrm{b\,max}}^{\mathrm{allow}}]}W_{\mathrm{p}}^{\phi_{\mathrm{b}}^{\mathrm{c}}}\tag{6-71}$$

空间机械臂全方位可达工作空间 W_{Fp} 为末端姿态 $[-180^\circ,180^\circ]$ 范围内均可达的末端位置点集合。固定基座位姿 $\boldsymbol{\phi}_{\mathrm{b}}^{\mathrm{c}}$ 下，全方位可达工作空间可表示为

$$\begin{aligned}W_{\mathrm{Fp}}^{\phi_{\mathrm{b}}^{\mathrm{c}}}=\{\boldsymbol{p}_{\mathrm{e}}\mid \boldsymbol{p}_{\mathrm{e}}=\boldsymbol{p}_{\mathrm{e}}(\boldsymbol{\theta},\boldsymbol{\phi}_{\mathrm{b}})\text{且}[\phi_{\mathrm{e\,min}}^{\mathrm{rea}},\phi_{\mathrm{e\,max}}^{\mathrm{rea}}]=[-180^\circ,180^\circ],\\ \boldsymbol{\phi}_{\mathrm{b}}=\boldsymbol{\phi}_{\mathrm{b}}^{\mathrm{c}}\in[\phi_{\mathrm{b\,min}}^{\mathrm{allow}},\phi_{\mathrm{b\,max}}^{\mathrm{allow}}],\theta_i\in[\theta_{i\min},\theta_{i\max}],i=1,2,\cdots,n\}\end{aligned}\tag{6-72}$$

有保证全方位可达工作空间为

$$W_{\mathrm{Fp}}^{\mathrm{g}}=\bigcap_{\phi_{\mathrm{b}}^{\mathrm{c}}\in[\phi_{\mathrm{b\,min}}^{\mathrm{allow}},\phi_{\mathrm{b\,max}}^{\mathrm{allow}}]}W_{\mathrm{Fp}}^{\phi_{\mathrm{b}}^{\mathrm{c}}}\tag{6-73}$$

为直观反映空间机械臂末端可达性，需通过数值法建立工作空间并计算工作空间体积。采用蒙特卡洛法，按均匀分布采样健康关节构型及基座姿态建立工作空间，并按照 5.3.1 节的方法将工作空间栅格化，然后计算栅格中包含工作空间散点的栅格总数 $n_{\mathrm{grid}}^{p_{\mathrm{e}}}$，计算得到的工作空间体积为

$$V_{W^{\mathrm{g}}}=n_{\mathrm{grid}}^{p_{\mathrm{e}}}c_1c_2c_3\tag{6-74}$$

故障关节锁定在 $\boldsymbol{\theta}_{\mathrm{f}}$ 角度后，工作空间退化为 $W_{\mathrm{p}}^{\mathrm{gd}}$ 和 $W_{\mathrm{Fp}}^{\mathrm{gd}}$。由于遍历了健康关节角与基座姿态，工作空间体积自然仅与锁定角度相关。退化位置可达工作空间体积 $V_{W_{\mathrm{p}}^{\mathrm{gd}}}^{\mathrm{d}}$ 和退化全方位可达工作空间体积 $V_{W_{\mathrm{Fp}}^{\mathrm{gd}}}^{\mathrm{d}}$ 即故障空间机械臂末端可达性表征指标。

需要注意的是，本节所构建的位置可达工作空间与 4.2.1 节所构建的退化工作空间的区别在于，位置可达工作空间考虑了基座的漂浮特性；位置可达工作空间与全方位可达工作空间的区别在于后者同时考虑了末端位置与末端姿态，因此能更准确地表征空间机械臂的末端可达性，使用者可根据实际需要选择合适的指标。除灵巧性和末端可达性指标外，动态负载能力也是反映空间机械臂能否执行负载操作任务的重要指标之一，可根据式（4-6）计算动态负载能力指标 $m_{\mathrm{f}}(\boldsymbol{\theta}_{\mathrm{f}})$。

3. 基于综合性能评价指标的最优锁定角度的选取

前面共获得了末端可达性指标 $V_{W_{\mathrm{p}}^{\mathrm{gd}}}^{\mathrm{d}}(\boldsymbol{\theta}_{\mathrm{f}})$、$V_{W_{\mathrm{Fp}}^{\mathrm{gd}}}^{\mathrm{d}}(\boldsymbol{\theta}_{\mathrm{f}})$，运动学灵巧性指标 $c_{\mathrm{b\omega m}}^{\mathrm{gd}}(\boldsymbol{\theta}_{\mathrm{f}})$、$w_{\mathrm{b\omega m}}^{\mathrm{gd}}(\boldsymbol{\theta}_{\mathrm{f}})$、$c_{\mathrm{em}}^{\mathrm{gd}}(\boldsymbol{\theta}_{\mathrm{f}})$、$w_{\mathrm{em}}^{\mathrm{gd}}(\boldsymbol{\theta}_{\mathrm{f}})$、$\tilde{c}_{\mathrm{b\omega m}}^{\mathrm{gd}}(\boldsymbol{\theta}_{\mathrm{f}})$、$\tilde{w}_{\mathrm{b\omega m}}^{\mathrm{gd}}(\boldsymbol{\theta}_{\mathrm{f}})$、$\tilde{c}_{\mathrm{em}}^{\mathrm{gd}}(\boldsymbol{\theta}_{\mathrm{f}})$、$\tilde{w}_{\mathrm{em}}^{\mathrm{gd}}(\boldsymbol{\theta}_{\mathrm{f}})$，动态负载能力指标 $m_{\mathrm{f}}(\boldsymbol{\theta}_{\mathrm{f}})$。这些指标既有正向增益的指标，也有负向增益的指标，且在实际工程应用中无法同时取最优值。因此，需对上述指标进行标准化处理，并构建综合性能评价指标。上述指标中，末端可

达性指标 $V^{\mathrm{d}}_{W^{\mathrm{gd}}_{\mathrm{p}}}(\boldsymbol{\theta}_{\mathrm{f}})$、$V^{\mathrm{d}}_{W^{\mathrm{gd}}_{\mathrm{Fp}}}(\boldsymbol{\theta}_{\mathrm{f}})$，运动学灵巧性指标 $w^{\mathrm{gd}}_{\mathrm{b\omega m}}(\boldsymbol{\theta}_{\mathrm{f}})$、$w^{\mathrm{gd}}_{\mathrm{em}}(\boldsymbol{\theta}_{\mathrm{f}})$、$\tilde{w}^{\mathrm{gd}}_{\mathrm{b\omega m}}(\boldsymbol{\theta}_{\mathrm{f}})$、$\tilde{w}^{\mathrm{gd}}_{\mathrm{em}}(\boldsymbol{\theta}_{\mathrm{f}})$，动态负载能力指标 $m_{\mathrm{f}}(\boldsymbol{\theta}_{\mathrm{f}})$ 为正向增益指标，其标准化方法如式（4-67）所示；运动学灵巧性指标 $c^{\mathrm{gd}}_{\mathrm{b\omega m}}(\boldsymbol{\theta}_{\mathrm{f}})$、$c^{\mathrm{gd}}_{\mathrm{em}}(\boldsymbol{\theta}_{\mathrm{f}})$、$\tilde{c}^{\mathrm{gd}}_{\mathrm{b\omega m}}(\boldsymbol{\theta}_{\mathrm{f}})$、$\tilde{c}^{\mathrm{gd}}_{\mathrm{em}}(\boldsymbol{\theta}_{\mathrm{f}})$ 为负向增益指标，其标准化方法如式（4-68）所示。由于灰色系统关联熵理论相较传统熵值法能够减小所需样本空间的规模，提高计算效率和所构建综合指标的有效性，故本节采用 4.5.2 节所述的灰色系统关联熵理论，通过式（4-76）～式（4-82）确定上述 11 个指标在标准化后的综合权重，并构建综合性能评价指标为

$$C(\boldsymbol{\theta}_{\mathrm{f}}) = \tilde{\omega}_1 \cdot \delta_1 + \tilde{\omega}_2 \cdot \delta_2 + \tilde{\omega}_3 \cdot \delta_3 + \tilde{\omega}_4 \cdot \delta_4 + \tilde{\omega}_5 \cdot \delta_5 + \tilde{\omega}_6 \cdot \delta_6 + \tilde{\omega}_7 \cdot \delta_7 + \tilde{\omega}_8 \cdot \delta_8 + \tilde{\omega}_9 \cdot \delta_9 + \tilde{\omega}_{10} \cdot \delta_{10} + \tilde{\omega}_{11} \cdot \delta_{11} \tag{6-75}$$

以式（6-75）构建的综合性能评价指标 $C(\boldsymbol{\theta}_{\mathrm{f}})$ 最大化为目标，求解单目标优化问题，即可方便地求解面向多性能指标优化的自由摆动故障关节最优锁定角度，从而全面提升故障关节锁定后空间机械臂的运动性能及操作能力。综合性能评价指标及最优锁定角度求解过程未特别限制自由摆动故障关节转动范围，但受限于耦合程度波动，故障关节常无法全圆周转动。基于耦合程度指标，分析被控单元可控度，可确定故障关节转动范围，获得故障关节最优锁定角度求解的约束条件，这也是未来关节自由摆动故障空间机械臂任务可完成性评估与应用范围拓展的主要研究内容。基于综合性能评价指标的自由摆动故障关节最优锁定角度求解流程如图 6-19 所示。

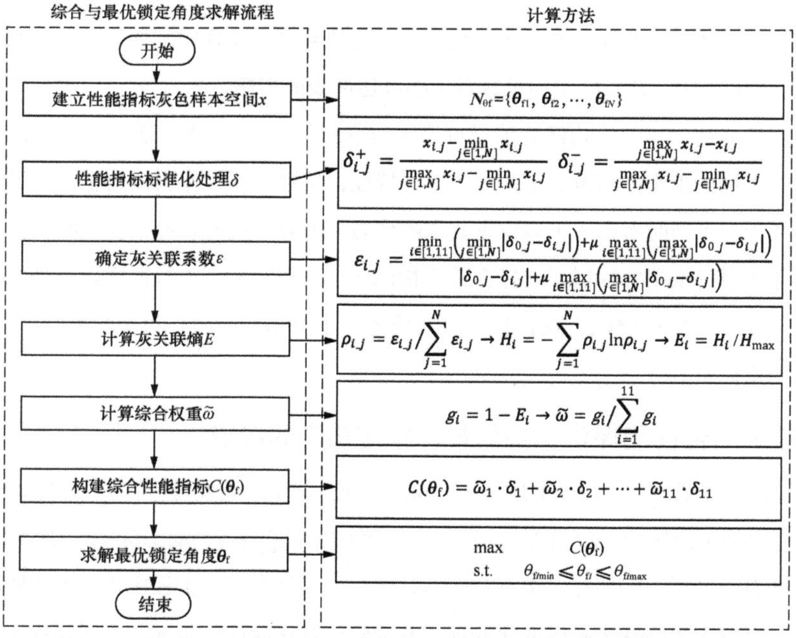

图 6-19　基于综合性能评价指标的自由摆动故障关节最优锁定角度求解流程

6.2.2 面向被动关节调控任务的主动关节速度求解

本节所面向的任务，要求通过主动关节将被动关节调整至最优锁定角度，同时要求基座位姿无扰动，因此被控单元为被动关节和基座，雅可比矩阵 $\boldsymbol{J}_{\mathrm{Ch}}$ 由广义雅可比矩阵 $\boldsymbol{J}_{\mathrm{t}}$ 中被动关节速度 $\dot{\boldsymbol{\theta}}_{\mathrm{f}}$ 和基座速度 $\dot{\boldsymbol{x}}_{\mathrm{b}}$ 所对应的行向量组成。为求解主动关节速度，首先根据任务要求，通过梯形速度曲线法或多项式法 [7] 对被动关节速度进行插值规划，并限定全运动过程基座速度为零，获得任务被控单元期望轨迹，进而基于式（6-37）反解获得主动关节速度。

当雅可比矩阵 $\boldsymbol{J}_{\mathrm{Ch}}$ 接近奇异状态时，主动关节速度计算结果趋于无穷大，此时主动关节对被动关节在运动学层面不可控。因此需根据运动学耦合程度指标 w_{Ch} 判断运动规划的可行性。若 $a \geqslant f$ 且 w_{Ch} 足够大，则可以根据插值规划所得被动关节期望速度，通过式（6-37）得到主动关节速度。在计算所得的主动关节速度驱动下，即可实现主动关节对被动关节调控的同时保持基座姿态无扰动。

6.2.3 关节自由摆动故障空间机械臂欠驱动控制

为使空间机械臂主动关节与被动关节能够准确跟踪规划所得轨迹，需设计合适的欠驱动控制方法。空间机械臂受制造误差、被动关节状态易变等因素的影响，其模型常具有不确定性。受柔性变形、结构磨损、振动等影响，关节易产生力矩扰动而影响控制输入，因此控制系统需对模型不确定性及力矩扰动具有鲁棒性。模型不确定性及力矩扰动使空间机械臂动力学特性复杂化，若使用 PD 控制器会存在参数整定难题，并产生明显控制误差。终端滑模控制所具有的补偿项可“覆盖”不确定性及力矩扰动的影响，具有较高的鲁棒性，且基于滑模控制的鲁棒控制律常被用于欠驱动系统的抗干扰控制。本节将介绍关节自由摆动故障空间机械臂终端滑模控制方法。

1. 终端滑模控制

终端滑模控制中，被控单元的滑模面流形 $\boldsymbol{s}=\boldsymbol{s}(\boldsymbol{x})=[s_1,s_2,\cdots,s_f]^{\mathrm{T}} \in \mathbb{R}^{f\times 1}$。控制过程中，需通过调节被控输入 u 使得被控单元收敛于零滑模面 $\boldsymbol{s}=\boldsymbol{0}$，并驱使被控单元沿零滑模面收敛至期望状态，因此滑模控制需根据被控单元偏离零滑模面的情况，动态调整控制输入，即

$$u=\begin{cases}u_{-}, & s_i(x_{1i},x_{2i})>0\\ u_0, & s_i(x_{1i},x_{2i})=0\\ u_{+}, & s_i(x_{1i},x_{2i})<0\end{cases} \tag{6-76}$$

式中，右下角标带正负号的 u 代表使被控单元收敛至零滑模面的控制输入；u_0 代表限制被控单元沿零滑模面滑动的控制输入。

可见终端滑模控制包括两个收敛阶段：① 被控单元由初始状态向零滑模面的收敛阶段；② 被控单元沿零滑模面向期望状态的收敛阶段。因此，系统控制律的设计需针对两阶段的特点进行。

（1）被控单元趋近律

被控单元在有限时间内收敛于零滑模面的过程中，其滑模面趋近律可表示为

$$\dot{\boldsymbol{s}} = -\boldsymbol{\eta}\,\mathrm{sgn}(\boldsymbol{s}) - \boldsymbol{k}\boldsymbol{s} \tag{6-77}$$

式中，$\boldsymbol{\eta} = \mathrm{diag}[\eta_1, \eta_2, \cdots, \eta_f] \in \mathbb{R}^{f \times f}$；$\boldsymbol{k} = \mathrm{diag}[k_1, k_2, \cdots, k_f] \in \mathbb{R}^{f \times f}$；$\mathrm{sgn}(\boldsymbol{s})$ 为符号函数，即

$$\mathrm{sgn}(s_i) = \begin{cases} 1, & s_i > 0 \\ 0, & s_i = 0 \\ -1, & s_i < 0 \end{cases} \tag{6-78}$$

假设初始时刻被控单元滑模面函数初值为 s_i' 且已知，经过时间 t 后，滑模面函数值变为 s_i''。将趋近律表达式对时间积分，可得被控单元收敛至零滑模面的收敛时间为

$$t_{\mathrm{conv1}} = -\frac{1}{k_i}\ln\frac{\eta_i}{\eta_i + k_i\left|s_i'\right|} \tag{6-79}$$

显然，收敛时间与 η_i 和 k_i 的选择以及滑模面初值 s_i' 有关。为使 $t_{\mathrm{conv1}} > 0$，控制参数必须满足 $\eta_i > 0$ 及 $k_i > 0$。k_i 与 η_i 取值越小，则收敛时间越长，若 $k_i, \eta_i \to 0$，则 $t_{\mathrm{conv1}} \to \infty$。增大 k_i 与 η_i，收敛时间缩短，且 η_i 对收敛时间的影响程度明显大于 k_i。但 k_i 与 η_i 取值过大也会导致关节力矩过大。

终端滑模控制方法用于包括关节自由摆动故障空间机械臂在内的离散系统时，由于系统周期采样的工作特点，符号函数作用下被控单元向零滑模面切换的过程会呈现不连续开关特性，使光滑滑模面流形叠加不连续锯齿形轨迹，该现象为滑模控制“抖振”现象。现有研究中，为消除抖振现象，常以连续、可微的三角函数过渡饱和函数替代符号函数，定义为

$$\mathrm{sat}(s_i) = \begin{cases} 1, & s_i > B_{ci} \\ \sin\dfrac{\pi s_i}{2B_{ci}}, & \left|s_i\right| \leqslant B_{ci} \\ -1, & s_i < -B_{ci} \end{cases} \tag{6-80}$$

式中，B_{ci} 为滑模面边界层。

（2）终端滑模函数选择与终端滑模控制律设计

终端滑模控制律可表示为

$$s = \dot{e} + \alpha_{ts} e^{\frac{p_{ts}}{q_{ts}}} \tag{6-81}$$

式中，$\boldsymbol{\alpha}_{ts} = \mathrm{diag}[\alpha_{ts1}, \alpha_{ts2}, \cdots, \alpha_{tsf}] \in \mathbb{R}^{f\times f}$；$\boldsymbol{e}^{\frac{p_{ts}}{q_{ts}}} = \left[e_1^{\frac{p_{ts1}}{q_{ts1}}}, e_2^{\frac{p_{ts2}}{q_{ts2}}}, \cdots, e_f^{\frac{p_{tsf}}{q_{tsf}}} \right]^{\mathrm{T}} \in \mathbb{R}^{f\times 1}$；$p_{tsi}$ 和 q_{tsi} 均为奇数。

对滑模面求导，得

$$\dot{s}_i = \ddot{e}_i + \alpha_{tsi} \frac{p_{tsi}}{q_{tsi}} e_i^{\frac{p_{tsi}}{q_{tsi}} - 1} \dot{e}_i = 0 \tag{6-82}$$

对式（6-82）做进一步整理，得

$$\ddot{e}_i = \alpha_{tsi}^2 \frac{p_{tsi}}{q_{tsi}} e_i^{\frac{2p_{tsi}}{q_{tsi}} - 1} \tag{6-83}$$

若所选控制参数使得 $\frac{2p_{tsi}}{q_{tsi}} < 1$，则当 $e_i \to 0$ 时，被控单元收敛加速度 $\ddot{e}_i$ 趋近于无穷大，此时空间机械臂处于控制奇异状态，主动关节力矩发生振荡，严重危害空间机械臂运行的安全性和稳定性。为避免控制奇异，需保证 $\frac{2p_{tsi}}{q_{tsi}} > 1$。

式（6-81）所示控制律下，被控单元沿零滑模面滑动至期望状态所需收敛时间为

$$t_{conv2} = \frac{q_{tsi}}{\alpha_{tsi}(q_{tsi} - p_{tsi})} e_i'^{\frac{q_{tsi} - p_{tsi}}{q_{tsi}}} \tag{6-84}$$

为使 $t_{conv2} > 0$，应使 $\alpha_{tsi} > 0$ 且 $q_{tsi} > p_{tsi} > 0$。实际应用中，当 α_{tsi} 增大或 $\frac{p_{tsi}}{q_{tsi}}$ 减小时，收敛时间缩短，但主动关节力矩增大。需根据滑模面初始误差和期望收敛时间，合理选择控制参数 α_{ts}、p_{ts}、q_{ts}。

结合式（6-79）和式（6-84），系统总收敛时间为

$$t_{conv} = t_{conv1} + t_{conv2} = -\frac{1}{k_i} \ln \frac{\eta_i}{\eta_i + k_i |s_i'|} + \frac{q_{tsi}}{\alpha_i (q_{tsi} - p_{tsi})} e_i'^{\frac{q_{tsi} - p_{tsi}}{q_{tsi}}} \tag{6-85}$$

（3）欠驱动机械臂的终端滑模控制

为使被控单元收敛至零滑模面，并沿零滑模面收敛至期望值，主动关节力矩 $\boldsymbol{\tau}_h$ 需保证被控单元按滑模面函数及其趋近律运动。根据式（6-82），有

$$s_i = (\ddot{\theta}_{Ci} - \ddot{\theta}_{Cid}) + \alpha_{tsi} \frac{p_{tsi}}{q_{tsi}} e_i^{\frac{p_{tsi}}{q_{tsi}} - 1} \dot{e}_i \tag{6-86}$$

联立滑模面趋近律，可推导被控单元加速度为

$$\ddot{\theta}_{Ci} = \ddot{\theta}_{Cid} - \alpha_{tsi} \frac{p_{tsi}}{q_{tsi}} e_i^{\frac{p_{tsi}}{q_{tsi}} - 1} \dot{e}_i - \eta_i \mathrm{sgn}(s_i) - k_i s_i \tag{6-87}$$

故主动关节力矩控制律可表示为

$$\boldsymbol{\tau}_{\mathrm{mh}} = \boldsymbol{M}_{\mathrm{C}\tau}^{\dagger}\left(-\boldsymbol{C}_{\mathrm{C}\tau} + \ddot{\boldsymbol{\theta}}_{\mathrm{Cd}} - \boldsymbol{\alpha}_{\mathrm{ts}}\frac{\boldsymbol{p}_{\mathrm{ts}}}{\boldsymbol{q}_{\mathrm{ts}}}\boldsymbol{e}^{\frac{\boldsymbol{p}_{\mathrm{ts}}}{\boldsymbol{q}_{\mathrm{ts}}}-1}\dot{\boldsymbol{e}} - \boldsymbol{\eta}\,\mathrm{sgn}(\boldsymbol{s}) - \boldsymbol{k}\boldsymbol{s}\right) \tag{6-88}$$

式中，$\dfrac{\boldsymbol{p}_{\mathrm{ts}}}{\boldsymbol{q}_{\mathrm{ts}}} = \left[\dfrac{p_{\mathrm{ts1}}}{q_{\mathrm{ts1}}}, \dfrac{p_{\mathrm{ts2}}}{q_{\mathrm{ts2}}}, \cdots, \dfrac{p_{\mathrm{ts}f}}{q_{\mathrm{ts}f}}\right]^{\mathrm{T}} \in \mathbb{R}^{f\times 1}$；$\boldsymbol{e}^{\frac{\boldsymbol{p}_{\mathrm{ts}}}{\boldsymbol{q}_{\mathrm{ts}}}-1} = \mathrm{diag}\left[e_1^{\frac{p_{\mathrm{ts1}}}{q_{\mathrm{ts1}}}-1}, e_2^{\frac{p_{\mathrm{ts2}}}{q_{\mathrm{ts2}}}-1}, \cdots, e_f^{\frac{p_{\mathrm{ts}f}}{q_{\mathrm{ts}f}}-1}\right] \in \mathbb{R}^{f\times f}$。

基于终端滑模控制的基本内容，可得出适用于关节自由摆动故障空间机械臂的终端滑模控制方法。当关节自由摆动故障空间机械臂模型不确定且存在外界力矩扰动时，耦合惯性矩阵和非线性项摄动分别为 $\tilde{\boldsymbol{M}}_{\mathrm{C}\tau} = \hat{\boldsymbol{M}}_{\mathrm{C}\tau} + \Delta\boldsymbol{M}_{\mathrm{C}\tau}$ 及 $\tilde{\boldsymbol{C}}_{\mathrm{C}\tau} = \hat{\boldsymbol{C}}_{\mathrm{C}\tau} + \Delta\boldsymbol{C}_{\mathrm{C}\tau}$，$\hat{\boldsymbol{M}}_{\mathrm{C}\tau}$ 和 $\hat{\boldsymbol{C}}_{\mathrm{C}\tau}$ 为由关节自由摆动故障空间机械臂名义模型参数计算所得耦合惯性矩阵及非线性项，$\Delta\boldsymbol{M}_{\mathrm{C}\tau}$ 和 $\Delta\boldsymbol{C}_{\mathrm{C}\tau}$ 为耦合惯性矩阵与非线性项摄动，另外有力矩扰动 $\boldsymbol{\delta}$ 作用于控制输入。将不确定性及扰动代入动力学耦合关系，得

$$\ddot{\boldsymbol{\theta}}_{\mathrm{C}} = (\hat{\boldsymbol{M}}_{\mathrm{C}\tau} + \Delta\boldsymbol{M}_{\mathrm{C}\tau})(\boldsymbol{\tau}_{\mathrm{h}} + \boldsymbol{\delta}) + (\hat{\boldsymbol{C}}_{\mathrm{C}\tau} + \Delta\boldsymbol{C}_{\mathrm{C}\tau}) = \tilde{\boldsymbol{M}}_{\mathrm{C}\tau}(\boldsymbol{\tau}_{\mathrm{h}} + \boldsymbol{\delta}) + \tilde{\boldsymbol{C}}_{\mathrm{C}\tau} \tag{6-89}$$

将不确定性及扰动整合为 $\boldsymbol{d}_{\mathrm{C}\tau} = \Delta\boldsymbol{M}_{\mathrm{C}\tau}\boldsymbol{\tau}_{\mathrm{mh}} + \tilde{\boldsymbol{M}}_{\mathrm{C}\tau}\boldsymbol{\delta} + \Delta\boldsymbol{C}_{\mathrm{C}\tau}$，则主动关节力矩为

$$\boldsymbol{\tau}_{\mathrm{mh}} = \hat{\boldsymbol{M}}_{\mathrm{C}\tau}^{+}\left(\ddot{\boldsymbol{\theta}}_{\mathrm{C}} - \hat{\boldsymbol{C}}_{\mathrm{C}\tau} - \boldsymbol{d}_{\mathrm{C}\tau}\right) \tag{6-90}$$

将式（6-87）代入式（6-90），可得主动关节力矩理想控制律为

$$\boldsymbol{\tau}_{\mathrm{mh}} = \hat{\boldsymbol{M}}_{\mathrm{C}\tau}^{+}\left(-\boldsymbol{d}_{\mathrm{C}\tau} - \hat{\boldsymbol{C}}_{\mathrm{C}\tau} + \ddot{\boldsymbol{\theta}}_{\mathrm{Cd}} - \boldsymbol{\alpha}_{\mathrm{ts}}\frac{\boldsymbol{p}_{\mathrm{ts}}}{\boldsymbol{q}_{\mathrm{ts}}}\boldsymbol{e}^{\frac{\boldsymbol{p}_{\mathrm{ts}}}{\boldsymbol{q}_{\mathrm{ts}}}-1}\dot{\boldsymbol{e}} - \boldsymbol{\eta}\,\mathrm{sgn}(\boldsymbol{s}) - \boldsymbol{k}\boldsymbol{s}\right) \tag{6-91}$$

总扰动作用下关节自由摆动故障空间机械臂终端滑模控制系统如图 6-20 所示。

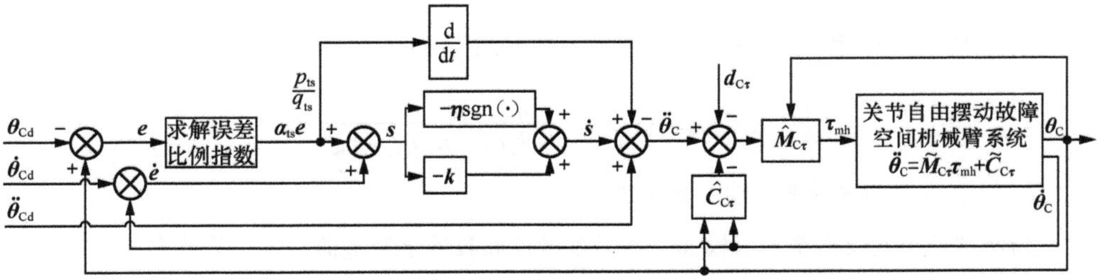

图 6-20　关节自由摆动故障空间机械臂终端滑模控制系统

2. 自适应模糊终端滑模控制

终端滑模控制中，$\eta\mathrm{sat}(\boldsymbol{s})$ 对不确定性和扰动的覆盖作用是被动的，导致传统终端滑模控制的稳定性和鲁棒性过度依赖 $\boldsymbol{\eta}$ 的选择。在不确定性和扰动未知的情况下，$\boldsymbol{\eta}$ 取值的人工选择很困难，导致终端滑模控制的稳定性和鲁棒性易出现问题。若引入自适应模糊控制，则可根据被控单元状态模糊推理不确定性及扰动实际作用，获得扰动估计值 $\boldsymbol{d}_{\mathrm{C}\tau f}$ 并在此基础上

计算关节力矩，实现对不确定性和扰动的主动补偿，从而避免 $\boldsymbol{\eta}$ 选择困难，并使含饱和函数的终端滑模控制具有强鲁棒性。故对于关节自由摆动故障空间机械臂，可将自适应模糊控制和终端滑模控制结合，得到自适应模糊终端滑模控制系统，对空间机械臂进行稳定、精确的鲁棒容错控制。

自适应模糊终端滑模控制系统设计流程大致如下：首先，对输入控制系统的 s_i 和 $\dot{s}_i$，以及输出 $d_{C\tau fi}$ 进行模糊处理（为简化模糊化过程，令 s_i 和 $\dot{s}_i$ 分别乘以量化因子 k_{s_i} 和 $k_{\dot{s}_i}$），并构造隶属度函数；然后，基于 If-Then 规则，借助模糊规则表，通过模糊推理建立模糊输入与模糊输出间的推理关系；最后，对输出进行去模糊化，得到总扰动值 $\boldsymbol{d}_{C\tau f}$ [4]。将自适应模糊控制估计所得总扰动值 $\boldsymbol{d}_{C\tau f}$ 替换 $\boldsymbol{d}_{C\tau}$，补偿至关节力矩计算过程，获得主动关节控制律为

$$\boldsymbol{\tau}_{\mathrm{mh}} = \hat{\boldsymbol{M}}_{C\tau}^{\dagger}\left(-\boldsymbol{d}_{C\tau f} - \hat{\boldsymbol{C}}_{C\tau} + \ddot{\boldsymbol{\theta}}_{Cd} - \boldsymbol{\alpha}_{st}\frac{\boldsymbol{p}_{st}}{\boldsymbol{q}_{st}}\boldsymbol{e}^{\frac{p_{st}}{q_{st}}-1}\dot{\boldsymbol{e}} - \boldsymbol{\eta}\,\mathrm{sat}(\boldsymbol{s}) - \boldsymbol{k}\boldsymbol{s}\right) \tag{6-92}$$

对应关节自由摆动故障空间机械臂自适应模糊终端滑模控制系统框架如图 6-21 所示。

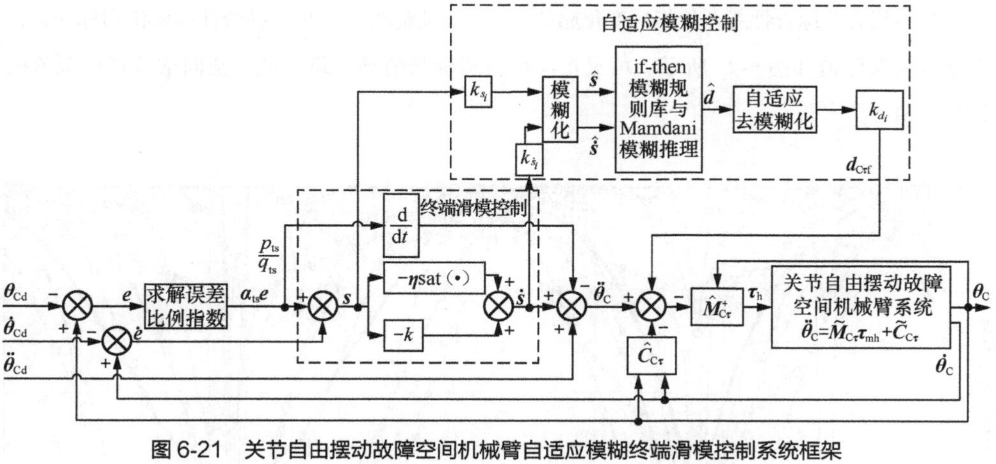

图 6-21 关节自由摆动故障空间机械臂自适应模糊终端滑模控制系统框架

相较传统终端滑模控制，自适应模糊终端滑模控制具有下列优点。

① 主动补偿模型不确定性及力矩扰动作用，可弱化 $\boldsymbol{\eta}$ 取值对终端滑模控制稳定性及鲁棒性的决定性作用，避免控制参数选择困难。

② 对模型不确定性及扰动作用的补偿依赖自适应模糊控制实现，无论 $\boldsymbol{\eta}$ 取何值，均可确保包含饱和函数的终端滑模控制系统具有稳定性及鲁棒性。

③ 无须依赖模型不确定性及力矩扰动作用的精确解析表达。

④ 滑模控制参数可选范围增大，收敛时间可配置范围增大。

⑤ 不打破被控单元在有限时间内收敛的特性。

⑥ 模糊推理结果均可通过查表得到，控制实时性可以得到保证。

6.2.4 仿真算例

本节给出关节自由摆动故障空间机械臂运动规划方法以及不确定性和力矩扰动作用下的终端滑模控制和自适应模糊终端滑模控制方法的仿真算例。

1. 故障关节最优锁定角求解仿真

设基座姿态和关节角限制分别为 $[\phi_{\text{bmin}}^{\text{allow}}, \phi_{\text{bmax}}^{\text{allow}}] = [-20°, 20°]$ 和 $[\theta_{i\min}, \theta_{i\max}] = [-180°, 180°]$。线速度与角速度最大值分别为 $v_{\text{emax}} = 0.1\ \text{m/s}$ 与 $\omega_{\text{emax}} = 0.06\ \text{rad/s}$，末端线加速度与角加速度最大值分别为 $\dot{v}_{\text{emax}} = 0.02\ \text{m/s}^2$ 与 $\dot{\omega}_{\text{emax}} = 0.005\ \text{rad/s}^2$，关节力矩限制为 $\tau_i \in [-1000, 1000]\ \text{N} \cdot \text{m}$，基座扰动力限制为 $F_{\text{d}i} \in [-200, 200]\ \text{N}$，扰动力矩限制为 $M_{\text{b}i} \in [-450, 450]\ \text{N} \cdot \text{m}$。此时，故障空间机械臂综合性能评价指标和各子指标随故障关节锁定角度的变化如图 6-22 所示，其中黑色粗实线表示综合性能评价指标变化趋势。关节 2 锁定在 −15° 时，综合性能评价指标最大，各子指标实际值如图 6-23 所示。可见正向增益指标数值接近最大值，负向增益指标数值接近最小值。

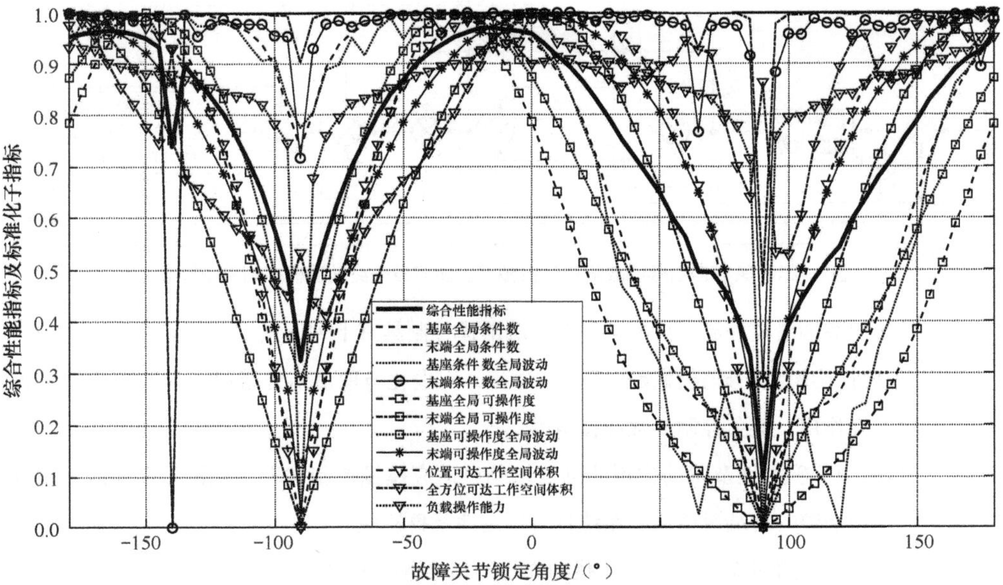

图 6-22 综合性能评价指标和各指标随故障关节锁定角度的变化

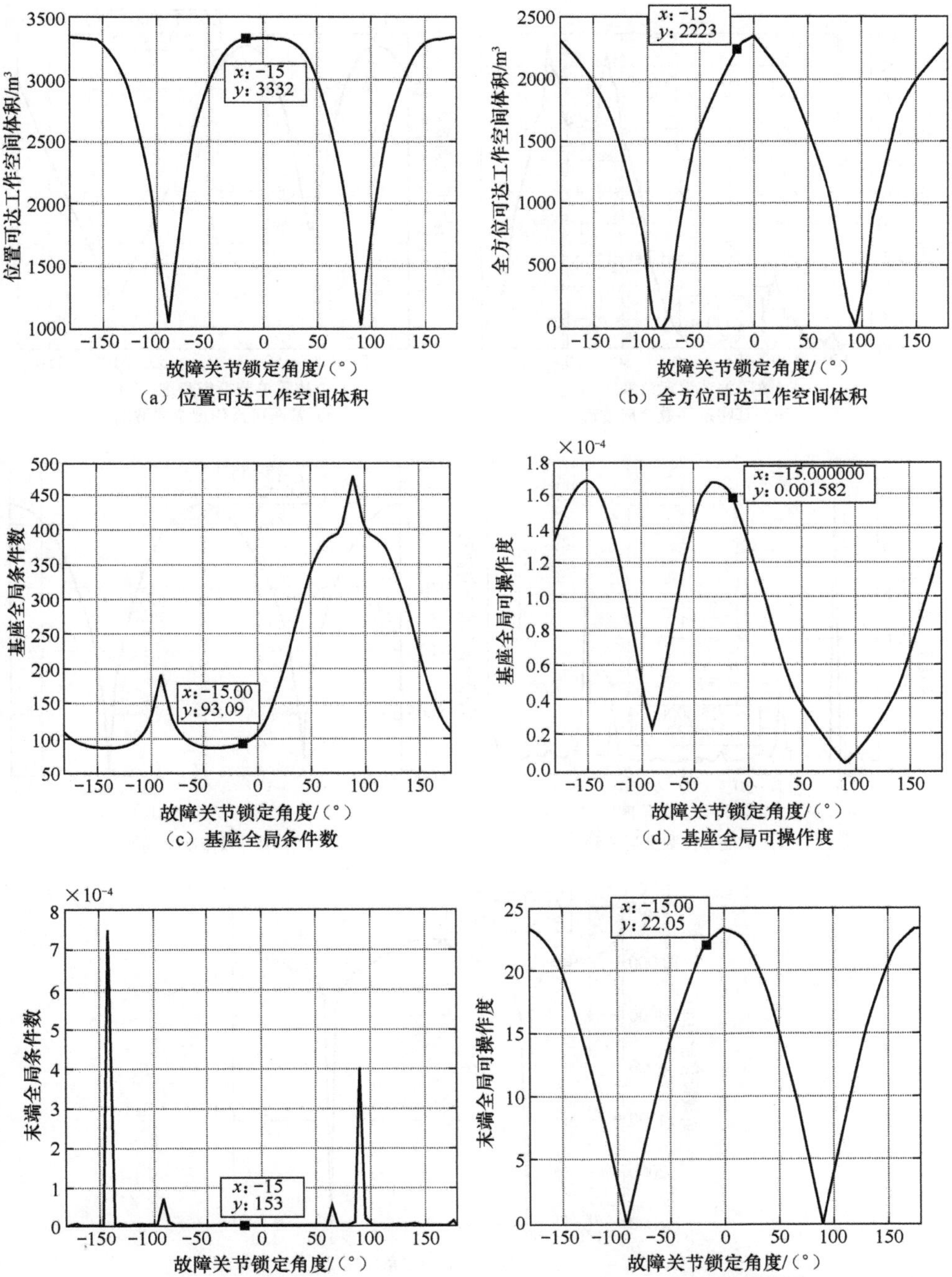

（a）位置可达工作空间体积

（b）全方位可达工作空间体积

（c）基座全局条件数

（d）基座全局可操作度

（e）末端全局条件数

（f）末端全局可操作度

图 6-23　关节 2 锁定在 −15° 时，各子指标实际值

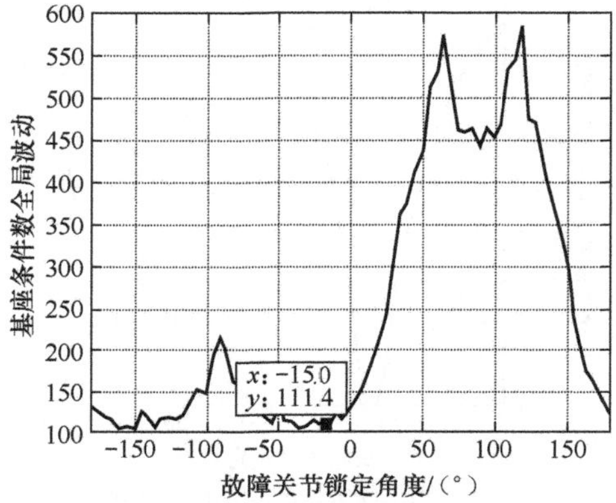

（g）基座条件数全局波动

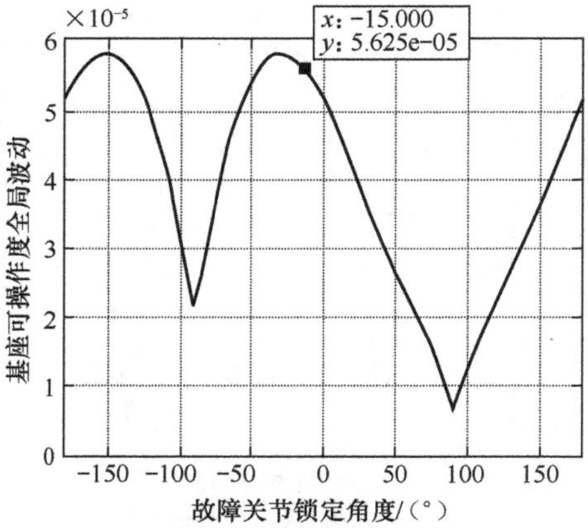

（h）基座可操作度全局波动

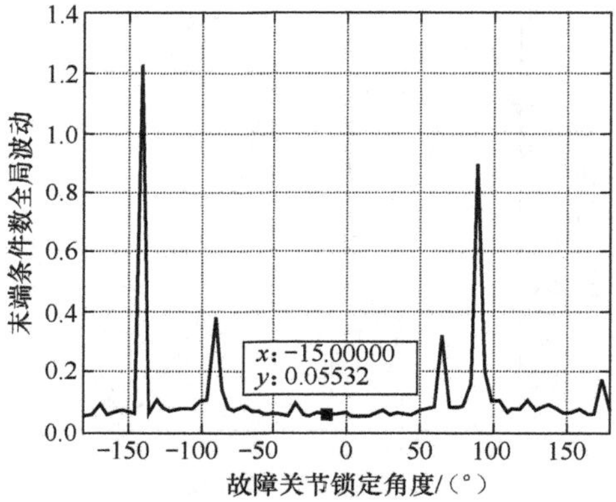

（i）末端条件数全局波动

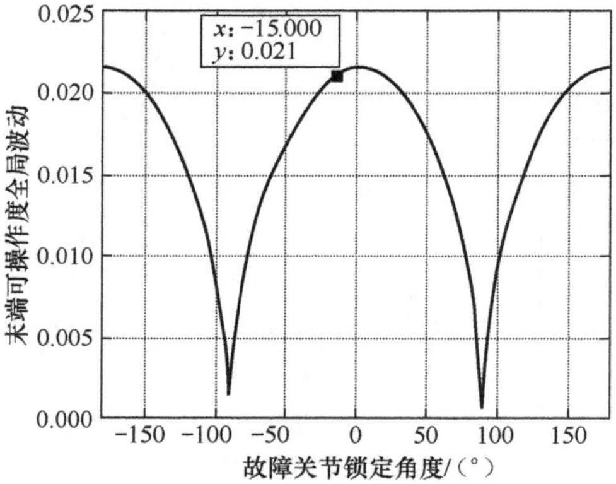

（j）末端可操作度全局波动

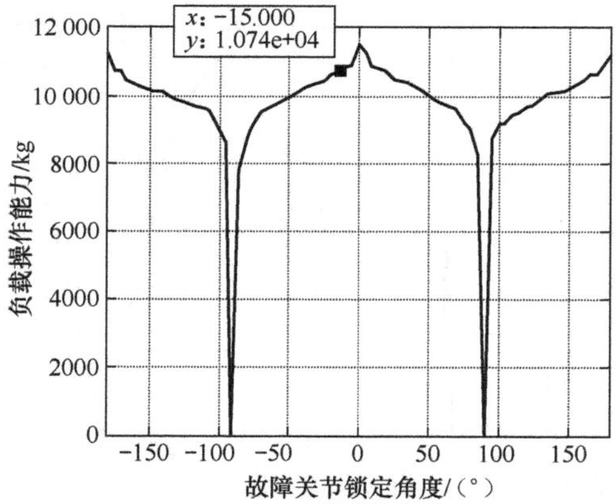

（k）负载操作能力

图 6-23　关节 2 锁定在 −15° 时，各子指标实际值（续）

下面对比自由摆动故障关节锁定在最优角度及任意角度时的运动性能及操作能力较常态退化情况。正常状态空间机械臂运动学灵巧性、末端可达性及负载操作能力指标如表 6-3 所示。

表 6-3　正常状态空间机械臂运动学灵巧性、末端可达性及负载操作能力指标

指标	数值	指标	数值
V_{W_p} / m^3	3500.6415	$\tilde{c}_{b\omega m}^{g}$	87.7733
$V_{W_{Fp}}$ / m^3	2525.0097	$\tilde{w}_{b\omega m}^{g}$	8.9482×10^{-5}
$c_{b\omega m}^{g}$	79.0517	$\tilde{c}_{em}^{g}$	0.0221
$w_{b\omega m}^{g}$	3.9981×10^{-4}	$\tilde{w}_{em}^{g}$	0.0329
c_{em}^{g}	60.3826	m_f / kg	1.2219×10^{4}
w_{em}^{g}	54.3689	—	—

随机取 10 组锁定角度 [−136°,−110°,−90°,−57°,30°,75°,90°,121°,150°,163°]，连同最优锁定角度，空间机械臂运动学灵巧性、末端可达性及负载操作能力相比正常状态的退化情况如图 6-24 所示。图 6-24 中蓝色柱体为自由摆动故障关节锁定于任意角度时空间机械臂各项性能相比正常状态的退化率，其中红色柱体为故障关节锁定于 −15° 时各项性能相比正常状态的退化率。由图 6-24 可见，关节 2 锁定于 −15° 时各项性能较常态退化程度最小，−15° 是所追求的最优锁定角度。

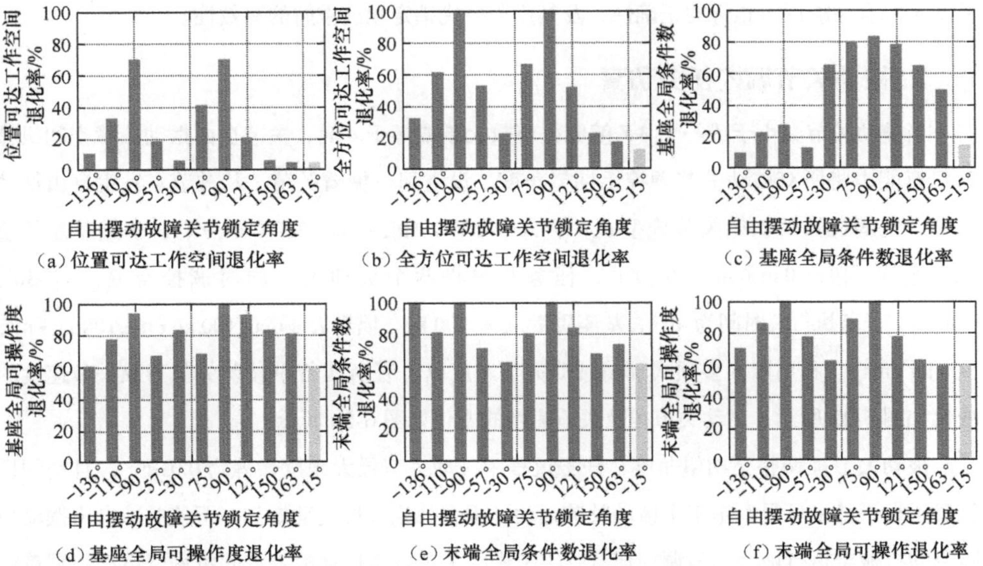

(a) 位置可达工作空间退化率　(b) 全方位可达工作空间退化率　(c) 基座全局条件数退化率
(d) 基座全局可操作度退化率　(e) 末端全局条件数退化率　(f) 末端全局可操作退化率

*图 6-24　空间机械臂运动学灵巧性、末端可达性及负载操作能力相比正常状态的退化情况

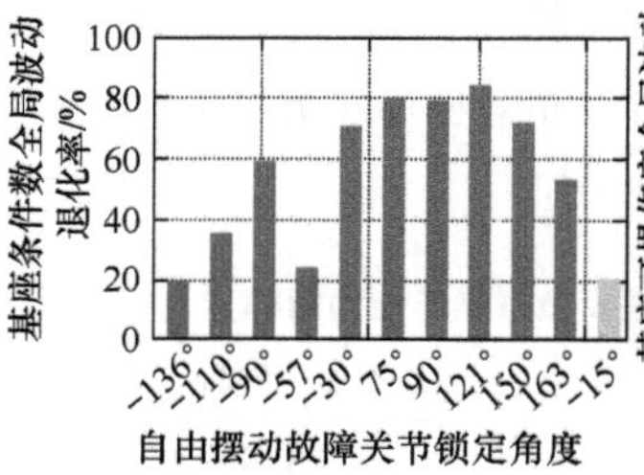

(g) 基座条件数全局波动退化率

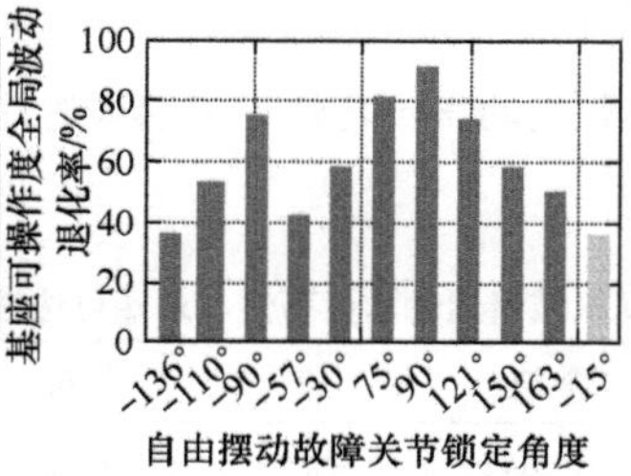

(h) 基座可操作度全局波动退化率

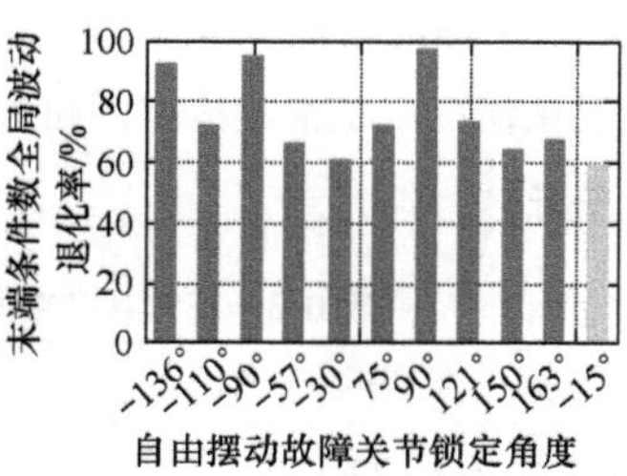

(i) 末端条件数全局波动退化率

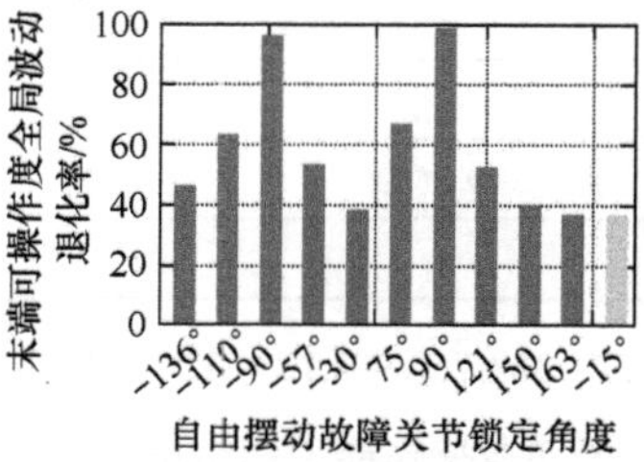

(j) 末端可操作度全局波动退化率

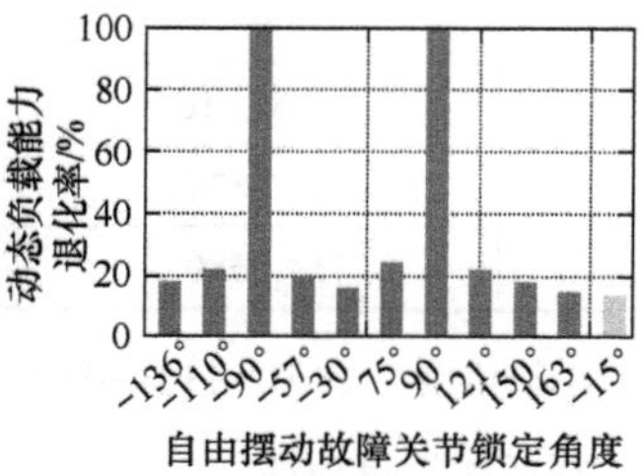

(k) 动态负载能力退化率

* 图 6-24　空间机械臂运动学灵巧性、末端可达性及负载操作能力相比正常状态的退化情况（续）

值得注意的是，在最优锁定角度的 ±1° 邻域内，综合性能较最优值仅下降了 0.10%，而被动关节调控误差均未超过 ±1°，可见调控误差对运动能力影响不大。求解自由摆动故障关节最优锁定角度并将故障关节锁定于该角度，实现了空间机械臂后续服役能力的综合提升，验证了综合性能评价指标的正确性，及其用于最优锁定角度求解的有效性。

2. 被动关节调控任务仿真

当被动关节数小于或等于 3，健康关节数大于或等于 4 时，关节自由摆动故障空间机械臂仍有能力将所有被动关节调控至期望角度，设空间机械臂关节 1 及关节 4 发生自由摆动故障，空间机械臂初始关节构型 $\boldsymbol{\theta}_{\text{ini}}=[-50°,-170°,150°,-60°,130°,170°,0°]^{\mathrm{T}}$，初始基座位姿 $[\boldsymbol{r}_{\text{bini}}^{\mathrm{T}},\boldsymbol{\phi}_{\text{bini}}^{\mathrm{T}}]^{\mathrm{T}}=[0\ \text{m},0\ \text{m},0\ \text{m},0°,0°,0°]^{\mathrm{T}}$，任务要求将两个被动关节同时调控至 $\boldsymbol{\theta}_{\text{f des}}=[-30°,-30°]^{\mathrm{T}}$。任务执行总时间为 40 s，基座质量 $m_{\text{b}}=100\ \text{kg}$，惯量 $\boldsymbol{I}_{\text{b}}=\text{diag}[100\ \text{kg}\cdot\text{m}^2,100\ \text{kg}\cdot\text{m}^2,100\ \text{kg}\cdot\text{m}^2]$，利用四次多项式插值被动关节速度 $\dot{\boldsymbol{\theta}}_{\text{f}}$，任务执行中被动关节角及关节速度的变化如图 6-25 所示，主动关节角及关节速度的变化如图 6-26 所示。

被动关节被调整至期望角度，任务过程中被动关节最大角度误差为 0.0129°，且空间机械臂运行平稳。可见，基于主被动关节运动学耦合关系开展运动规划，可使关节自由摆动故障空间机械臂执行被动关节调控任务。本节中的关节自由摆动故障空间机械臂运动规划策略的合理性也得到了证明。

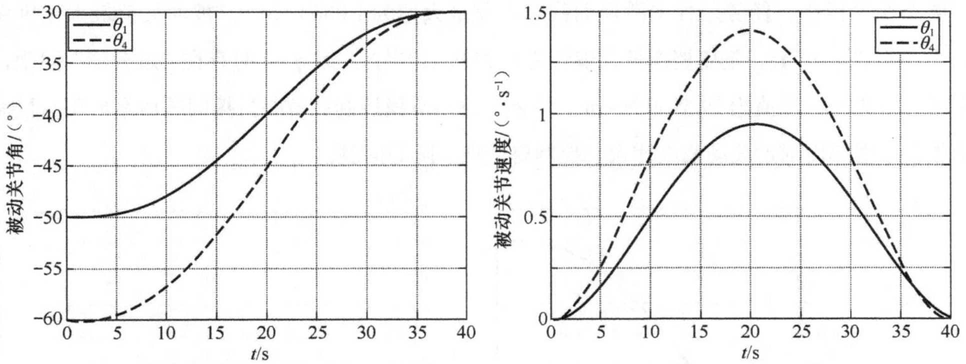

（a）被动关节角　（b）被动关节速度

图 6-25　被动关节角及速度的变化

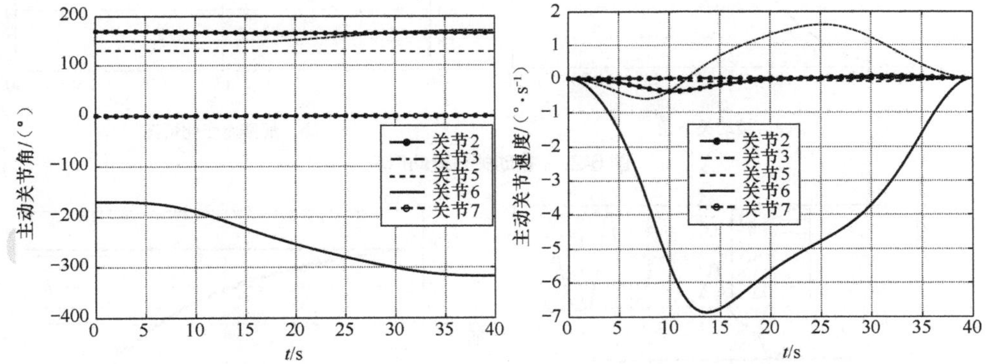

（a）主动关节角　（b）主动关节速度

图 6-26　主动关节角及速度的变化

3. 终端滑模控制仿真

本部分针对调控自由摆动故障被动关节同时限制基座姿态扰动的任务，引入正弦函数形式的周期不确定性及力矩扰动作用，开展任务仿真。

设关节 2 发生故障，空间机械臂初始关节构型 $\boldsymbol{\theta}_{\text{ini}}=[-50°,-45°,150°,-60°,130°,170°,0°]^{\text{T}}$，基座初始位姿 $[\boldsymbol{r}_{\text{bini}}^{\text{T}},\boldsymbol{\phi}_{\text{bini}}^{\text{T}}]^{\text{T}}=[0\text{ m},0\text{ m},0\text{ m},0°,0°,0°]^{\text{T}}$，要求将被动关节调控至 $\theta_{\text{fdes}}=0°$，且基座姿态无扰动，取 $\boldsymbol{\delta}=5\sin\dfrac{\pi}{2}t\bullet[1,1,1,1,1,1]^{\text{T}}\ \text{N}\bullet\text{m}$。令 $B_{\text{c}}=0.03$，$\eta=1$，$p_{\text{ts}}=7$，$q_{\text{ts}}=9$，$\alpha_{\text{ts}}=0.1$，$k=0.1$。利用四次多项式插值被动关节运动，令被动关节连续跟踪期望轨迹，同时限制基座角加速度为零，被动关节运动情况如图 6-27 所示，主动关节力矩及基座姿态扰动情况如图 6-28 所示。

在模型不确定性及力矩扰动作用下，被动关节沿期望轨迹被调控至期望角度的同时，基座姿态扰动极小，任务过程中滑模面稳态误差最大值为 1.0068×10^{-4}，被动关节最大角度误差为 $(6.6877\times10^{-3})°$，基座姿态最大偏转为 $(1.2539\times10^{-11})°$。但 $\eta=1$ 时存在“过补偿”问题，主动关节力矩最大值为 $29.5159\ \mathrm{N\cdot m}$。此外，终端滑模控制在解决抖振问题后常出现滑模面函数在零滑模面附近波动幅度增大、控制鲁棒性下降的问题。

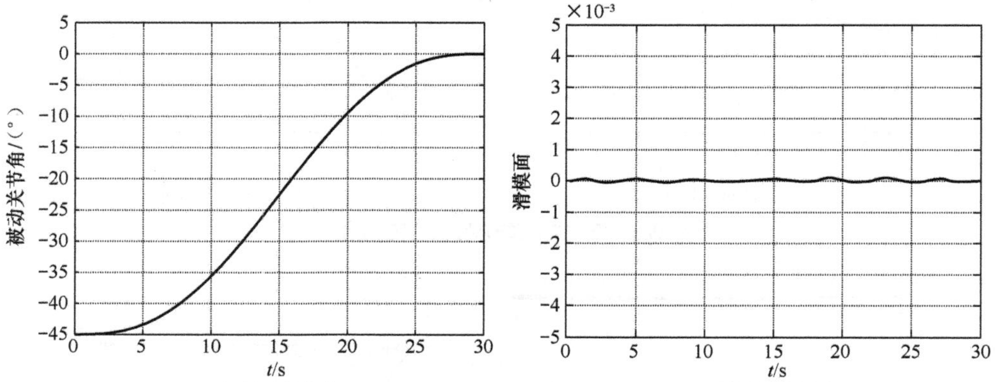

（a）被动关节角　（b）滑模面变化情况

图 6-27　被动关节运动情况

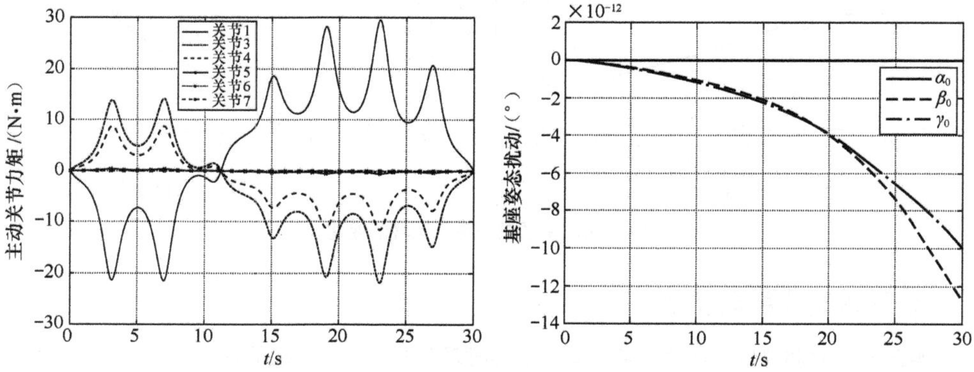

（a）主动关节力矩　（b）基座姿态扰动

图 6-28　主动关节力矩及基座姿态扰动情况

4. 自适应模糊终端滑模控制仿真算例

本部分针对调控被动关节的同时限制基座姿态扰动组合任务，基于自适应模糊终端滑模控制开展任务仿真，重点验证其应用于未知不确定性及扰动作用下关节自由摆动故障空间机械臂欠驱动控制的优越性。

设关节 2 发生故障，空间机械臂初始关节构型 $\boldsymbol{\theta}_{\mathrm{ini}}=[-50°,-45°,150°,-60°,130°,170°,0°]^{\mathrm{T}}$，基座初始位姿 $[\boldsymbol{r}_{\mathrm{bini}}^{\mathrm{T}},\boldsymbol{\phi}_{\mathrm{bini}}^{\mathrm{T}}]^{\mathrm{T}}=[0\ \mathrm{m},0\ \mathrm{m},0\ \mathrm{m},0°,0°,0°]^{\mathrm{T}}$，要求将被动关节调控至 $\theta_{\mathrm{fdes}}=0°$，取

$\delta = 5\sin\frac{\pi}{2}t \cdot [1,1,1,\ \ 1,1,1]^{\mathrm{T}}\ \mathrm{N \cdot m}$。令 $p_{\mathrm{ts}} = 7$、$q_{\mathrm{ts}} = 9$、$\alpha_{\mathrm{ts}} = 0.1$、$k = 0.1$、$B_{\mathrm{c}} = 0.03$，重选 $\eta = 0.05$。选择量化因子 $k_s = k_{\dot{s}} = 1$。连续轨迹跟踪模式下误差数量级较小，模糊输出可能位于 ZO（模糊集中的“零”）附近而使模糊输出较小。为保证自适应模糊终端滑模控制系统输出对不确定性及扰动作用的补偿效果，选择较大比例因子 $k_{d_{\mathrm{Crf}}} = 135$，并设置模糊输入 $\hat{b}_{\dot{s}\_\mathrm{PB}} = 2\hat{b}_{s\_\mathrm{PB}} = 6\times10^{-4}$、$\hat{b}_{\dot{s}\_\mathrm{P}} = 2\hat{b}_{s\_\mathrm{P}} = 4\times10^{-4}$、$\hat{b}_{\dot{s}\_\mathrm{PS}} = 2\hat{b}_{s\_\mathrm{PS}} = 2\times10^{-4}$、$\hat{b}_{s\_\mathrm{ZO}} = \hat{b}_{\dot{s}\_\mathrm{ZO}} = 0$、$\hat{b}_{\dot{s}\_\mathrm{NS}} = 2\hat{b}_{s\_\mathrm{NS}} = -2\times10^{-4}$、$\hat{b}_{\dot{s}\_\mathrm{N}} = 2\hat{b}_{s\_\mathrm{N}} = -4\times10^{-4}$、$\hat{b}_{\dot{s}\_\mathrm{NB}} = 2\hat{b}_{s\_\mathrm{NB}} = -6\times10^{-4}$，初始模糊输出中间值 $\hat{b}_{d\_\mathrm{PB}} = 0.15$、$\hat{b}_{d\_\mathrm{P}} = 0.1$、$\hat{b}_{d\_\mathrm{PS}} = 0.05$、$\hat{b}_{d\_\mathrm{ZO}} = 0$、$\hat{b}_{d\_\mathrm{NS}} = -0.05$、$\hat{b}_{d\_\mathrm{N}} = -0.1$、$\hat{b}_{d\_\mathrm{NB}} = -0.15$，模糊输出更新参数 $\lambda = 20$。被动关节运动情况如图 6-29 所示，主动关节力矩变化及基座姿态扰动情况如图 6-30 所示。

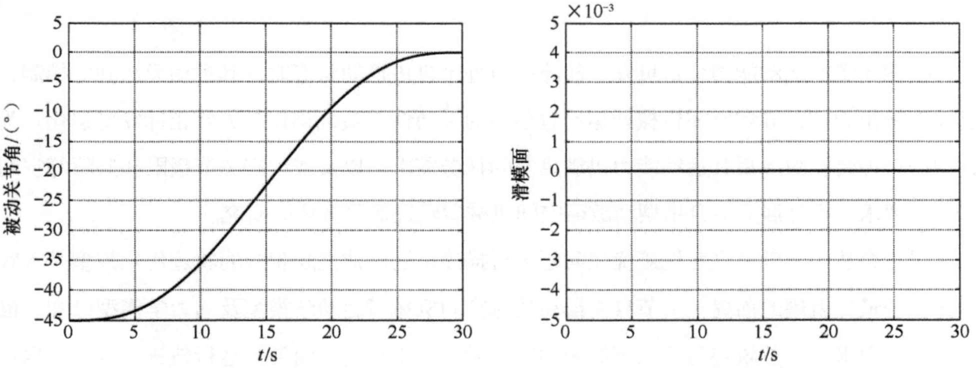

（a）被动关节角　　（b）滑模面变化情况

图 6-29　被动关节运动情况

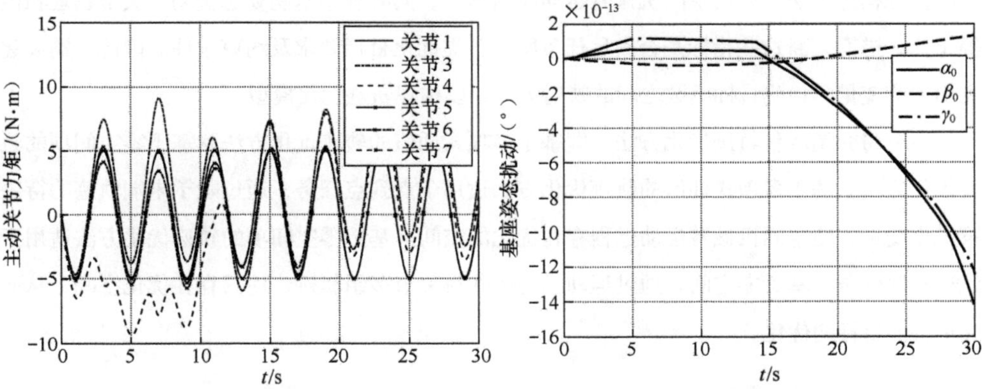

（a）主动关节力矩　　（b）基座姿态扰动

图 6-30　主动关节力矩变化及基座姿态扰动情况

可见，关节自由摆动故障空间机械臂将被动关节沿期望轨迹调控至期望角度同时，可有效限制基座姿态扰动，且主动关节力矩最大值为 11.3359 N·m，较传统终端滑模控制下降 61.59%，且滑模面稳态误差最大值下降至 1.3368×10^{-5}，控制精度更高，鲁棒性更强。

自适应模糊终端滑模控制系统实现了对全任务周期模型不确定性及力矩扰动作用的精确估计与主动补偿，从而使终端滑模控制的稳定性及鲁棒性突破 η 选择限制，使得 η 较小时，控制仍具备强鲁棒性。随着 η 减小，主动关节力矩最大值下降 60% 以上，且引入饱和函数消除抖振的同时，滑模面的周期性稳态误差较低，自适应模糊终端滑模控制系统依然具有强鲁棒性，特别适用于模型不确定性及力矩扰动作用下的关节自由摆动故障空间机械臂欠驱动控制过程。

6.3 关节自由摆动故障空间机械臂轨迹优化

由第 4 章的运动能力分析可知，故障关节处于自由摆动状态时，其运动无法独立控制，且无法输出力矩，导致空间机械臂运动过程中的灵巧性、负载操作能力等指标发生退化。为使空间机械臂在故障后其运动能力仍满足空间任务需求，以及实现避关节极限和避障等空间任务的要求，需开展关节自由摆动故障空间机械臂轨迹优化方法的研究。

采用合适的数学模型对轨迹优化问题进行描述，进而建立起相应的轨迹优化模型是求解操作任务最优轨迹的前提。关节自由摆动故障空间机械臂运动学模型及动力学模型已知，根据任务的要求，关节轨迹是待求解的未知输入量。对于给定一组关节运行轨迹，可以根据运动学模型及动力学模型计算出任务执行过程中系统的运动学和动力学变化规律，进而利用前面的指标构建方法，评估空间机械臂运动能力指标，同时观察基座姿态扰动、关节物理极限等指标，进而判断这些指标是否满足任务所提各类优化目标要求及约束条件。因此，需要建立出关节变量和优化目标函数之间的映射关系，以构建轨迹优化模型。

本节将介绍两种轨迹优化方法，即基于多项式插值的轨迹优化方法和基于零空间项的轨迹优化方法。基于多项式插值的轨迹优化方法适用于点到点任务，通过赋予末端轨迹的待决策优化变量，使空间机械臂运动过程存在优化的空间。基于零空间项的轨迹优化方法适用于轨迹跟踪任务，基于零空间，通过运动学逆解获得关节多组轨迹，使其存在优化空间，从而实现其他目标的优化。

6.3.1 基于多项式插值的关节自由摆动故障空间机械臂轨迹优化

本节以空间机械臂执行典型在轨任务为例，面向空间机械臂运动能力优化、基座姿态扰动减少等需求，利用含冗余参数的多项式插值方法开展关节自由摆动故障空间机械臂轨迹优化。首先利用含冗余参数的高次多项式描述被控单元以及主动关节的运行轨迹，进而以冗余参数为自变量表征运动能力、基座姿态扰动等优化目标，建立轨迹优化模型并求解，获得最优冗余参数决策变量以及空间机械臂最优运行轨迹，使关节自由摆动故障空间机械臂尽可能以最优运动能力执行在轨任务。

1. 针对被控单元和主动关节的轨迹规划

（1）关节自由摆动故障空间机械臂运动收敛性分析

空间机械臂工作于微重力空间环境中，可认为其各部分单元的运动不受重力影响。基于李括号理论可以证明关节自由摆动故障空间机械臂运动模型不满足 Brockett 条件，因此很难设计时不变、光滑、连续的状态反馈控制律使主动关节与被控单元同时稳定到给定平衡点，而必须使用时变或离散的控制律。此外，由于关节自由摆动故障空间机械臂属于一类欠驱动系统，其输入维数比输出维数少，属于单输入多输出问题。欠驱动系统存在外部动态和内部动态，外部动态可直接受系统控制输入影响，可被控制到期望的状态，或跟踪期望轨迹；内部动态（也称零动态）是控制输入无法顾及的被控量，成为不受输入控制的自制系统。

若将主动关节当成外部动态，此时被控单元为内部动态。在某一时刻 t，系统的能量为

$$E=\frac{1}{2}\left(\dot{\boldsymbol{\theta}}_{\mathrm{h}},\dot{\boldsymbol{\theta}}_{\mathrm{f}}\right)\boldsymbol{M}(\boldsymbol{\theta})\left(\dot{\boldsymbol{\theta}}_{\mathrm{h}},\dot{\boldsymbol{\theta}}_{\mathrm{f}}\right)^{\mathrm{T}} \tag{6-93}$$

由于空间机械臂只有安装在主动关节上的电机才能为系统提供能量输入，因此系统能量的变化率为

$$\dot{E}=\sum_{i=1}^{a}\dot{\theta}_{\mathrm{h}i}\tau_{\mathrm{h}i} \tag{6-94}$$

在任务执行末尾阶段，控制主动关节的速度 $\dot{\theta}_{\mathrm{h}i}\to 0$，则 $\dot{E}\to 0$。因此，系统能量 $E\to \mathrm{Con}$（Con 为常数）。根据式（6-93），在主动关节速度趋于 0 时，$E\to \boldsymbol{M}_{\mathrm{ff}}(\boldsymbol{\theta})\dot{\boldsymbol{\theta}}_{\mathrm{f}}^{2}/2$，其中 $\boldsymbol{M}_{\mathrm{ff}}(\boldsymbol{\theta})$ 为 $\boldsymbol{M}$ 矩阵中故障关节对应行列所形成的矩阵。因此，被控单元的速度 $\dot{\boldsymbol{\theta}}_{\mathrm{f}}\to \mathrm{Con}$。

若 $\mathrm{Con}=0$，则 $\dot{\boldsymbol{\theta}}_{\mathrm{f}}\to 0$，被控单元在末尾阶段也趋于稳定。然而若 $\mathrm{Con}\neq 0$，则在末尾阶段主动关节停止运动后，被控单元速度趋于非零的常数，依然具有一定的速度。

同样，将被控单元当成外部动态，主动关节（此时属于内部动态）的状态无法被控制输入同时顾及。当被控单元到达目标平衡状态（对于空间机械臂，其所受重力可忽略不计，因此其任意一状态都可被视为平衡状态）稳定停止后，主动关节通常仍处于运动状态。

因此，为了在被控单元稳定到达目标状态的同时使主动关节也稳定下来，本节提出了两

段规划方法，即将主动关节以及被控单元的运动过程分为趋近段和稳定段。趋近段是任务执行主体阶段，需将被控单元快速驱动至其期望位置附近；稳定段则是在被控单元到达期望位置附近时将主动关节和被控单元同时稳定下来。

（2）趋近段被控单元及主动关节轨迹规划

在趋近段，利用含冗余参数的高次多项式对被控单元的运行轨迹进行插值，进而依据运动学与动力学耦合关系获得主动关节运行轨迹函数。

① 含冗余参数的被控单元运行轨迹插值。

假设任务要求被控单元从初始状态转移到目标状态，为提升运动的平稳性，并保证轨迹含有冗余参数以存在优化的空间，六次多项式插值函数被用来规划被控单元的运行轨迹，其表达式为

$$\boldsymbol{x}_{\mathrm{c}}(t)=\boldsymbol{a}_0+\boldsymbol{a}_1 t+\boldsymbol{a}_2 t^2+\boldsymbol{a}_3 t^3+\boldsymbol{a}_4 t^4+\boldsymbol{a}_5 t^5+\boldsymbol{a}_6 t^6 \tag{6-95}$$

式中，$\boldsymbol{x}_{\mathrm{c}}$ 表示被控单元位置变量；$\boldsymbol{a}_0 \sim \boldsymbol{a}_6$ 表示多项式规划系数，其维数与被控单元维数相同。

对式（6-95）进行微分，得到被控单元的速度及加速度表达式为

$$\dot{\boldsymbol{x}}_{\mathrm{c}}(t)=\boldsymbol{a}_1+2\boldsymbol{a}_2 t+3\boldsymbol{a}_3 t^2+4\boldsymbol{a}_4 t^3+5\boldsymbol{a}_5 t^4+6\boldsymbol{a}_6 t^5 \tag{6-96}$$

$$\ddot{\boldsymbol{x}}_{\mathrm{c}}(t)=2\boldsymbol{a}_2+6\boldsymbol{a}_3 t+12\boldsymbol{a}_4 t^2+20\boldsymbol{a}_5 t^3+30\boldsymbol{a}_6 t^4 \tag{6-97}$$

设任务要求在初始时刻和终止时刻，被控单元的期望位置状态分别为 $\boldsymbol{P}_{\mathrm{ini}}$ 和 $\boldsymbol{P}_{\mathrm{end}}$，速度和加速度均为零。根据式（6-95）～式（6-97）有

$$\begin{cases}\boldsymbol{x}_{\mathrm{c}}(0)=\boldsymbol{P}_{\mathrm{ini}}=\boldsymbol{a}_0\\ \boldsymbol{x}_{\mathrm{c}}(t_{\mathrm{f}})=\boldsymbol{P}_{\mathrm{end}}=\boldsymbol{a}_0+\boldsymbol{a}_1 t_{\mathrm{f}}+\boldsymbol{a}_2 t_{\mathrm{f}}^2+\boldsymbol{a}_3 t_{\mathrm{f}}^3+\boldsymbol{a}_4 t_{\mathrm{f}}^4+\boldsymbol{a}_5 t_{\mathrm{f}}^5+\boldsymbol{a}_6 t^6\\ \dot{\boldsymbol{x}}_{\mathrm{c}}(0)=\boldsymbol{0}=\boldsymbol{a}_1\\ \dot{\boldsymbol{x}}_{\mathrm{c}}(t_{\mathrm{f}})=\boldsymbol{0}=\boldsymbol{a}_1+2\boldsymbol{a}_2 t_{\mathrm{f}}+3\boldsymbol{a}_3 t_{\mathrm{f}}^2+4\boldsymbol{a}_4 t_{\mathrm{f}}^3+5\boldsymbol{a}_5 t_{\mathrm{f}}^4+6\boldsymbol{a}_6 t^5\\ \ddot{\boldsymbol{x}}_{\mathrm{c}}(0)=\boldsymbol{0}=2\boldsymbol{a}_2\\ \ddot{\boldsymbol{x}}_{\mathrm{c}}(t_{\mathrm{f}})=\boldsymbol{0}=2\boldsymbol{a}_2+6\boldsymbol{a}_3 t_{\mathrm{f}}+12\boldsymbol{a}_4 t_{\mathrm{f}}^2+20\boldsymbol{a}_5 t_{\mathrm{f}}^3+30\boldsymbol{a}_6 t^4\end{cases} \tag{6-98}$$

式中，t_{f} 是任务执行的终止时刻。

求解式（6-98）可得多项式系数为

$$\begin{cases}\boldsymbol{a}_0=\boldsymbol{P}_0,\ \ \boldsymbol{a}_1=\boldsymbol{0},\ \ \boldsymbol{a}_2=\boldsymbol{0}\\ \boldsymbol{a}_3=[-\boldsymbol{a}_6 t_{\mathrm{f}}^6+10(\boldsymbol{P}_{\mathrm{end}}-\boldsymbol{P}_{\mathrm{ini}})]/t_{\mathrm{f}}^3\\ \boldsymbol{a}_4=[3\boldsymbol{a}_6 t_{\mathrm{f}}^6-15(\boldsymbol{P}_{\mathrm{end}}-\boldsymbol{P}_{\mathrm{ini}})]/t_{\mathrm{f}}^4\\ \boldsymbol{a}_5=[-3\boldsymbol{a}_6 t_{\mathrm{f}}^6+6(\boldsymbol{P}_{\mathrm{end}}-\boldsymbol{P}_{\mathrm{ini}})]/t_{\mathrm{f}}^5\end{cases} \tag{6-99}$$

可知，系数 $\boldsymbol{a}_6$ 成为唯一的待定系数，其决定了被控单元的运行轨迹。因此，被控单元的期望运行轨迹 $\boldsymbol{x}_{\mathrm{c}}^{\mathrm{d}}$、$\dot{\boldsymbol{x}}_{\mathrm{c}}^{\mathrm{d}}$、$\ddot{\boldsymbol{x}}_{\mathrm{c}}^{\mathrm{d}}$ 由式（6-95）～式（6-99）确定。

② 主动关节运行轨迹映射。

基于动力学耦合关系，主动关节与被控单元加速度间的映射关系可简写为

$$\ddot{\boldsymbol{x}}_{\mathrm{c}} = \hat{\boldsymbol{M}}_{\mathrm{ch}}\ddot{\boldsymbol{\theta}}_{\mathrm{h}} + \hat{\boldsymbol{C}}_{\mathrm{ch}} \tag{6-100}$$

式中，$\hat{\boldsymbol{M}}_{\mathrm{ch}}$ 为拟要控制的被控单元对应行所组成的惯性矩阵；$\hat{\boldsymbol{C}}_{\mathrm{ch}}$ 为拟要控制的被控单元对应行所组成的非线性项。

为了给被控单元提供其所要求的期望加速度输出 $\ddot{\boldsymbol{x}}_{\mathrm{c}}^{\mathrm{d}}$，基于式（6-100），则主动关节提供的加速度为

$$\ddot{\boldsymbol{\theta}}_{\mathrm{h}} = \hat{\boldsymbol{M}}_{\mathrm{ch}}^{\dagger}\left(\ddot{\boldsymbol{x}}_{\mathrm{c}}^{\mathrm{d}} - \hat{\boldsymbol{C}}_{\mathrm{ch}}\right) \tag{6-101}$$

在基于式（6-101）所计算的主动关节加速度驱动下，被控单元能够被控制沿着期望轨迹运动。

（3）稳定段被控单元及主动关节轨迹规划

在趋近段，被控单元被驱动至期望位置附近，当 $\left\|\boldsymbol{x}_{\mathrm{c}} - \boldsymbol{P}_{\mathrm{end}}\right\| \leqslant e_{\mathrm{th}}$ 时，机械臂开始进入稳定段。其中，e_{th} 为被控单元与其期望位置的误差阈值，是趋近段和稳定段的边界条件。

在稳定段，本节利用被控单元与其期望状态间的误差反馈为主动关节设计迭代转向控制律，使得被控单元到达目标状态时主动关节和被控单元同时收敛稳定。何广平等 [8-9] 提出，当主动关节做简谐运动时，被控单元将表现出螺旋运动特性，并且在一个周期结束后，被控单元会偏离初始状态。假设主动关节做正弦运动，即 $\theta_{\mathrm{h}} = 0.006\sin(2\pi t) - \pi/3$，欠驱动关节的运动如图 6-31 所示。可以看出，每一个周期（$T = 1\ \mathrm{s}$）内，欠驱动关节运动呈螺旋状，在每个周期结束时刻偏离了周期初始时刻的状态。

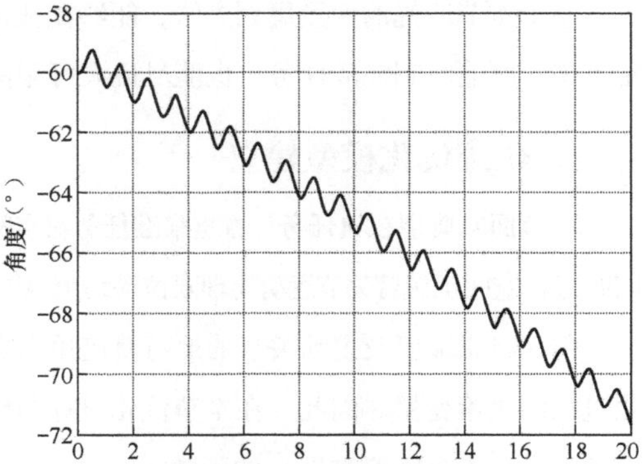

图 6-31 欠驱动关节的运动

利用这一特性，为主动关节赋予简谐运动时，被控单元能够以小振幅的运动逐渐被驱动至某一位置，且能够在主动关节停止运动时刻让速度趋于零，即收敛稳定。

在稳定段，令主动关节做简谐运动，即

$$\boldsymbol{\theta}_{\mathrm{h}} = \boldsymbol{A}\cos\omega t + \boldsymbol{\theta}_{\mathrm{h0}} \tag{6-102}$$

式中，ω 表示角频率；$\boldsymbol{A} \in \mathbb{R}^{a\times 1}$ 表示周期输入振幅；$\boldsymbol{\theta}_{\mathrm{h0}} \in \mathbb{R}^{a\times 1}$ 表示在趋近段末尾时刻主动关节的角度，也是稳定段开始时刻主动关节的角度。

对式（6-102）进行微分，得

$$\begin{cases}\dot{\boldsymbol{\theta}}_{\mathrm{h}}=-A\omega\sin\omega t\\ \ddot{\boldsymbol{\theta}}_{\mathrm{h}}=-A\omega^{2}\cos\omega t\end{cases} \tag{6-103}$$

令 $\boldsymbol{e}_{\mathrm{c}}$ 表示收敛阶段被控单元实际位置与期望位置的误差，即

$$\boldsymbol{e}_{\mathrm{c}}=\boldsymbol{P}_{\mathrm{end}}-\boldsymbol{x}_{\mathrm{c}} \tag{6-104}$$

基于 PD 控制器，对被控单元引入辅助加速度控制律

$$\ddot{\boldsymbol{x}}_{\mathrm{c}}=\boldsymbol{k}_{\mathrm{P}}\boldsymbol{e}_{\mathrm{c}}+\boldsymbol{k}_{\mathrm{D}}\dot{\boldsymbol{e}}_{\mathrm{c}} \tag{6-105}$$

式中，$\boldsymbol{k}_{\mathrm{P}}$ 和 $\boldsymbol{k}_{\mathrm{D}}$ 分别表示位置控制系数和速度控制系数。

将式（6-103）和式（6-105）代入式（3-184），可得

$$\boldsymbol{A}=-\frac{1}{\omega^{2}\cos\omega t}\hat{\boldsymbol{M}}_{\mathrm{fh}}^{\dagger}(\boldsymbol{k}_{\mathrm{P}}\boldsymbol{e}_{\mathrm{c}}+\boldsymbol{k}_{\mathrm{D}}\dot{\boldsymbol{e}}_{\mathrm{c}}-\hat{\boldsymbol{C}}_{\mathrm{fh}}) \tag{6-106}$$

从式（6-106）中可以看到，主动关节输入振幅 $\boldsymbol{A}$ 是随被控单元轨迹状态误差实时改变的。

综上，在稳定段，关节自由摆动故障空间机械臂的运动方程为

$$\begin{cases}\ddot{\boldsymbol{\theta}}_{\mathrm{h}}=-A\omega^{2}\cos\omega t\\ \ddot{\boldsymbol{\theta}}_{\mathrm{f}}=\hat{\boldsymbol{M}}_{\mathrm{fh}}\ddot{\boldsymbol{\theta}}_{\mathrm{h}}+\hat{\boldsymbol{C}}_{\mathrm{fh}}\\ \boldsymbol{A}=-\dfrac{1}{\omega^{2}\cos\omega t}\hat{\boldsymbol{M}}_{\mathrm{fh}}^{\dagger}(\boldsymbol{k}_{\mathrm{P}}\boldsymbol{e}_{\mathrm{c}}+\boldsymbol{k}_{\mathrm{D}}\dot{\boldsymbol{e}}_{\mathrm{c}}-\hat{\boldsymbol{C}}_{\mathrm{fh}})\end{cases} \tag{6-107}$$

基于本节所提的两段规划方法，能够在被控单元稳定到达目标状态的同时将主动关节稳定下来，既能顺利完成任务，也能尽最大可能保证系统的安全稳定。

2. 轨迹优化模型建立

本节面向典型在轨任务，着重瞄准任务对空间机械臂基座姿态扰动、能耗、运动能力等要求，同时考虑空间机械臂关节运动物理限位等约束，建立关节自由摆动故障空间机械臂轨迹优化模型。

前面将末端以及主动关节的运行轨迹用六次多项式来表示，且多项式系数 $\boldsymbol{a}_6$ 成为轨迹优化过程的决策变量。因此，在本节优化目标与约束条件构建过程中，也需要将优化目标与约束条件转化为含决策变量 $\boldsymbol{a}_6$ 的函数。

（1）优化目标

根据前面任务类型及其要求可知，末端位置转移任务和关节构型调整任务所提要求存在差异。末端位置转移任务的目标要求如下。

① 基座姿态扰动最小。

由空间机械臂主动关节的运动，基于式（3-168），可获得全程基座姿态扰动变化情况，

取运动过程中基座姿态二范数的平均值，以其最小化为目标，即

$$\min\ f_6 = \int_{t_0}^{t_f} \left\| \boldsymbol{\phi}_b(\boldsymbol{a}_6, t) \right\|_2 \mathrm{d}t \Big/ (t_f - t_0) \tag{6-108}$$

式中，$\|\cdot\|_2$ 表示求二范数算子；$\boldsymbol{\phi}_b(\boldsymbol{a}_6, t)$ 表示基座在时刻 t 的扰动姿态。

② 能耗最小。

空间机械臂能耗与各主动关节输出电流的平方成正比，而电流与关节力矩成正比，因此取各主动关节力矩的平方和，以其最小值作为能耗最小化目标，即

$$\min\ f_7 = \sum_{i=1}^{a} \int_{t_0}^{t_f} \left| \tau_{hi}(\boldsymbol{a}_6, t) \right|^2 \mathrm{d}t \tag{6-109}$$

式中，$\tau_{hi}(\boldsymbol{a}_6, t)$ 表示第 i 个主动关节在时刻 t 的输出力矩。

③ 运动能力最优。

由运动学及动力学耦合关系建立过程可以得知，灵巧性指标以及退化程度指标是关于空间机械臂广义状态变量的函数。空间机械臂的运行轨迹可由多项式系数 $\boldsymbol{a}_6$ 来表达，因此可将运动能力指标转化为关于 $\boldsymbol{a}_6$ 的函数，即

$$\begin{aligned} \boldsymbol{a}_6 &\xrightarrow{g(\text{式}(6\text{-}95)\sim\text{式}(6\text{-}99))} (\boldsymbol{\Theta}) \xrightarrow{g(\text{式}(3\text{-}169),\ \text{式}(3\text{-}170))} \left(\boldsymbol{J}_{\mathrm{eh\_free}}, \boldsymbol{M}_{\mathrm{rh}}\right) \\ &\xrightarrow{g(\text{式}(4\text{-}6),\ \text{式}(4\text{-}38)\sim\text{式}(4\text{-}40))} \left(w_{\mathrm{dyn}}(\boldsymbol{a}_6), \kappa_{\mathrm{dyn}}(\boldsymbol{a}_6), s_{\mathrm{dyn}}(\boldsymbol{a}_6), m_f(\boldsymbol{a}_6)\right) \end{aligned} \tag{6-110}$$

式中，g 表示相关的函数映射。

取任务执行过程中空间机械臂动力学可操作度、动力学条件数、动力学最小奇异值、动态负载能力的平均值最优为目标，可得

$$\begin{cases} \max\ f_8 = \int_{t_0}^{t_f} w_{\mathrm{dyn}}(\boldsymbol{a}_6, t)\mathrm{d}t \Big/ (t_f - t_0) \\ \min\ f_9 = \int_{t_0}^{t_f} \kappa_{\mathrm{dyn}}(\boldsymbol{a}_6, t)\mathrm{d}t \Big/ (t_f - t_0) \\ \max\ f_{10} = \int_{t_0}^{t_f} s_{\mathrm{dyn}}(\boldsymbol{a}_6, t)\mathrm{d}t \Big/ (t_f - t_0) \\ \max\ f_{11} = \int_{t_0}^{t_f} m_f(\boldsymbol{a}_6, t)\mathrm{d}t \Big/ (t_f - t_0) \end{cases} \tag{6-111}$$

式中，$w_{\mathrm{dyn}}(\boldsymbol{a}_6, t)$、$\kappa_{\mathrm{dyn}}(\boldsymbol{a}_6, t)$、$s_{\mathrm{dyn}}(\boldsymbol{a}_6, t)$、$m_f(\boldsymbol{a}_6, t)$ 表示空间机械臂在第 t 时刻的运动能力指标。

④ 可控程度最大。

为了最大限度地提高空间机械臂运动传输的效率，需使得任务执行过程主动关节对被控单元的可控程度最大化，即

$$\max\ f_{12} = \int_{t_0}^{t_f} \hat{\lambda}_d(\boldsymbol{a}_6, t)\mathrm{d}t \Big/ (t_f - t_0) \tag{6-112}$$

式中，$\hat{\lambda}_d(\boldsymbol{a}_6, t)$ 表示在第 t 时刻主动关节对被控单元的可控程度指标。

对于关节构型调整任务，考虑到自由摆动故障关节无法被独立控制，因此往往采取先调控故障关节后调整健康关节的策略，即先利用健康关节将故障关节调控到目标角度并锁定，然后将健康关节各自调整到目标角度。在后一阶段的任务执行过程中，关节故障空间机械臂的运动控制方法与无故障空间机械臂的类似，故主要关注前一阶段对故障关节的运动控制方法，这一阶段也称为故障关节调控任务。该任务对空间机械臂的要求有基座姿态扰动、能耗等。其中，能耗优化目标与末端位置转移任务一致，而对于基座姿态扰动，考虑到主动关节数量远多于故障关节数量，可同时将基座姿态作为被控对象，因此在被控单元运行轨迹插值中，被控对象包含故障关节以及基座，并将基座姿态扰动速度和加速度设为零，即全任务过程基座姿态变量为常数。

（2）约束条件

在执行在轨任务时，关节自由摆动故障空间机械臂应满足以下约束条件。

① 各主动关节在初始时刻和终止时刻的速度 / 加速度约束条件如式（5-87）所示，满足 $\boldsymbol{h}_3=\mathbf{0}$。

② 任务执行过程中的任意时刻 $t\in[t_0,t_f]$，关节角约束条件如式（5-69）所示，满足 $g_{4,i}(t)\leqslant 0$。

③ 任务执行过程中的任意时刻 $t\in[t_0,t_f]$，关节速度约束条件如式（5-26）所示，满足 $g_{1,i}(t)\leqslant 0$。

④ 任务执行过程中的任意时刻 $t\in[t_0,t_f]$，关节加速度约束条件如式（5-27）所示，满足 $g_{2,i}(t)\leqslant 0$。

⑤ 任务执行过程中的任意时刻 $t\in[t_0,t_f]$，关节力矩约束条件如式（5-37）所示，满足 $g_{3,i}\leqslant 0$。

（3）轨迹优化模型

考虑到基座姿态扰动是空间机械臂在执行在轨任务过程中首先要考虑的目标，需将其在优化目标中的优先级排在首位。考虑将基座姿态扰动最小化等效为约束条件。结合前面所述轨迹优化目标以及约束条件，关节自由摆动故障空间机械臂轨迹优化模型为通过寻找最优多项式系数 $\boldsymbol{a}_6$，使得

$$\begin{aligned}&\text{opt}\quad f(\boldsymbol{\Theta})=\{f_7(\boldsymbol{\Theta}),\cdots,f_{12}(\boldsymbol{\Theta})\}\\&\text{s.t.}\quad f_6(\boldsymbol{\Theta})\leqslant\Theta_{\text{b\_lim}},\ \boldsymbol{h}_3=0,\ g_{l_1,i}(\boldsymbol{\Theta})\leqslant 0,\\&\qquad l_1=1,2,3,4;\ i=1,2,\cdots,n\end{aligned}\tag{6-113}$$

式中，$\boldsymbol{\Theta}=\left[\boldsymbol{\theta},\dot{\boldsymbol{\theta}},\ddot{\boldsymbol{\theta}}\right]$；$f(\boldsymbol{\Theta})$ 为轨迹优化目标集合，其中的元素对应一个或多个目标函数；

$\Theta_{\text{b\_lim}}$ 表示允许的基座姿态扰动阈值，可根据任务需求设定。

式（6-113）是一个多约束多目标优化问题。考虑到其余优化目标（能耗、关节力矩峰值和运动能力等）既有最大化，也有最小化，因此基于相对偏差法，以各优化目标与其对应期望值间的相对偏差，作为全局优化准则，构造目标综合评价函数为

$$H=\sum_{r=7}^{12} w_r\left|\frac{f_r(\boldsymbol{\Theta})-f_r^{\mathrm{d}}}{f_r^{\mathrm{d}}}\right| \tag{6-114}$$

式中，$\boldsymbol{f}^{\mathrm{d}}=\left(f_7^{\mathrm{d}},f_8^{\mathrm{d}},\cdots,f_{12}^{\mathrm{d}}\right)$ 为各优化目标的期望值；$\boldsymbol{w}=\left(w_7,w_8,\cdots,w_{12}\right)$ 为各优化目标的权重向量，且 $\sum_{7}^{12} w_r=1$，可根据目标在任务中的重要程度来选取，当任务对该优化目标较重视时，可将对应的权重值调大。

目标综合评价函数式（6-114）既考虑了各个目标尽可能接近各自的期望值，又能反映各个目标在整个多目标优化问题中的重要程度。因此，多目标优化问题转化为单目标优化问题，即通过寻找最优多项式系数 $\boldsymbol{a}_6$，使得

$$\begin{aligned}
&\min\quad H=\sum_{r=7}^{12} w_r\left|f_r(\boldsymbol{\Theta})-f_r^{\mathrm{d}}\right|/f_r^{\mathrm{d}}\\
&\text{s.t.}\quad f_6(\boldsymbol{\Theta})\leqslant\Theta_{\text{b_lim}},\ \boldsymbol{h}_3=0,\ g_{l_1,i}(\boldsymbol{\Theta})\leqslant 0,\\
&\qquad\ l_1=1,2,3,4;\ i=1,2,\cdots,n
\end{aligned} \tag{6-115}$$

根据具体任务需求，选择合适的轨迹优化目标及约束条件代入式（6-115）中，建立针对具体任务的空间机械臂轨迹优化模型，进而通过优化求解系数，获得空间机械臂最优轨迹，即可实现任务执行过程空间机械臂运动能力的优化。

值得注意的是，对于故障关节调控任务，并不需要优化运动能力指标，只选取基座姿态扰动、关节力矩、能耗这几个优化目标，再代入式（6-115）中建立相应的轨迹优化模型即可。

3. 基于粒子群优化算法的多约束多目标轨迹优化问题求解

利用粒子群优化（Particle Swarm Optimization，PSO）算法实现轨迹优化模型即式（6-115）的求解，具体轨迹优化流程如下。

步骤 1：针对给定的任务，选取任务所要求的优化目标，并设定优化目标阈值，以及优化总目标 H 的精度。

步骤 2：随机给定初始系数 $\boldsymbol{a}_6$，利用式（6-95）～式（6-99），获得被控单元的运行轨迹。

步骤 3：基于式（6-101），获得主动关节运行速度或加速度。

步骤 4：计算任务执行过程关节故障空间机械臂运动能力指标、基座姿态扰动、关节力矩变化情况。

步骤 5：基于式（6-108）～式（6-112），计算优化目标$f_6(\boldsymbol{\Theta})$～$f_{12}(\boldsymbol{\Theta})$，进而代入模型即式（6-115）中求解$H$。

步骤 6：判断所求解的H是否满足精度要求，若是，转至步骤 7，否则，转至步骤 8。

步骤 7：输出在最优冗余参数$\boldsymbol{a}_6$下，空间机械臂的最优运行轨迹。

步骤 8：设定粒子群优化算法最大迭代次数、粒子种群规模，随机产生初始种群，代入重新求解轨迹优化模型，迭代更新冗余参数$\boldsymbol{a}_6$，返回步骤 2。

关节自由摆动故障空间机械臂轨迹优化流程如图 6-32 所示。

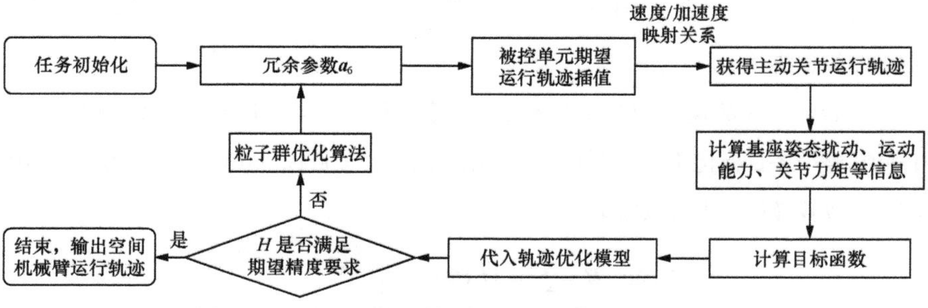

图 6-32　关节自由摆动故障空间机械臂轨迹优化流程

6.3.2　基于零空间项的关节自由摆动故障空间机械臂轨迹优化

为避免空间机械臂出现连杆干涉、关节运动范围超限等情况，要使各关节角不超出其运动范围，即存在关节运行极限。关节发生自由摆动故障后，主动关节需补偿故障关节的运动，导致更易发生关节角超限问题，为尽可能使任务顺利执行，需对故障空间机械臂轨迹进行避关节极限轨迹优化，使各关节尽可能避免超出关节极限。此外，空间机械臂在太空执行各种任务过程时，将不可避免地会遇到障碍物，由于故障关节处于自由摆动状态，无法被独立控制，空间机械臂在执行任务过程中更易与障碍物发生碰撞，从而影响空间机械臂的安全性，甚至会导致任务失败，因此需对其进行避障轨迹优化。本节利用关节自由摆动故障空间机械臂自身的冗余特性，开展避关节极限及避障轨迹优化，以使故障空间机械臂跟踪末端期望位置的同时安全执行在轨操作任务。

1. 基于零空间项的避关节极限轨迹优化方法

本节构造了避关节极限指标函数，可表示为

$$H(\boldsymbol{\theta}_{\mathrm{h}})=\sum_{i=1}^{a}\frac{1}{4}\frac{(\theta_{i\max}-\theta_{i\min})^2}{(\theta_{i\max}-\theta_i)(\theta_i-\theta_{i\min})} \tag{6-116}$$

式中，$\theta_i \in \left[\theta_{i\min}, \theta_{i\max}\right]$ 为关节自由摆动故障空间机械臂第 i 个关节的当前角度；a 为主动关节个数。

设 a_i 为故障空间机械臂第 i 个关节角的下限 $\theta_{i\min}$ 和上限 $\theta_{i\max}$ 的中值，即 $a_i = 0.5(\theta_{i\max} + \theta_{i\min})$。根据避关节极限指标函数可知，当故障空间机械臂第 i 个关节角 θ_i 越接近其关节极限 $\theta_{i\min}$ 及 $\theta_{i\max}$ 时，避关节极限指标函数 $H(\boldsymbol{\theta}_{\mathrm{h}})$ 的值越大；当 θ_i 接近中值 a_i 时，避关节极限指标函数 $H(\boldsymbol{\theta}_{\mathrm{h}})$ 对应项的值接近 1。基于上述分析，为使关节自由摆动故障空间机械臂顺利执行规划任务，应使避关节极限指标函数 $H(\boldsymbol{\theta}_{\mathrm{h}})$ 每个关节对应项的值尽可能接近 1。

将避关节极限指标引入故障机械臂零空间项中，利用梯度投影法构造关节角避关节极限优化指标，即优化指标 H 的梯度，对避关节极限指标函数进行求导可表示为

$$\nabla H(\boldsymbol{\theta}_{\mathrm{h}}) = \left[\frac{\partial H(\boldsymbol{\theta})}{\partial \theta_1}, \frac{\partial H(\boldsymbol{\theta}_{\mathrm{h}})}{\partial \theta_2}, \cdots, \frac{\partial H(\boldsymbol{\theta}_{\mathrm{h}})}{\partial \theta_n}\right]^{\mathrm{T}} \tag{6-117}$$

式中，$\dfrac{\partial H(\boldsymbol{\theta}_{\mathrm{h}})}{\partial \theta_1} = 2n^{-1}\left[(\theta_i - a_i)/(a_i - \theta_{i\min})^2\right]$；$\nabla H(\boldsymbol{\theta}_{\mathrm{h}}) \in \mathbb{R}^{a\times 1}$ 即所求关节角避关节极限优化指标。

根据冗余特性分析，故障空间机械臂调控末端位置的自运动特性方程如式（6-33）所示，在已知末端操作任务 $\boldsymbol{v}_{\mathrm{e}}$ 后，调整 $\boldsymbol{\varphi}_{\mathrm{evh}}$，改写为避关节极限优化指标，可以得到故障空间机械臂跟踪末端位置的自运动方程为

$$\dot{\boldsymbol{\theta}}_{\mathrm{h}} = \dot{\boldsymbol{\theta}}_{\mathrm{hS}} + \dot{\boldsymbol{\theta}}_{\mathrm{hH}} = \boldsymbol{J}_{\mathrm{evh}}^{\dagger}\boldsymbol{v}_{\mathrm{e}} + k(\boldsymbol{I} - \boldsymbol{J}_{\mathrm{evh}}^{\dagger}\boldsymbol{J}_{\mathrm{evh}})\nabla H(\boldsymbol{\theta}_{\mathrm{h}}) \tag{6-118}$$

式中，$\dot{\boldsymbol{\theta}}_{\mathrm{hS}}$ 对应主动关节调控末端位置的逆解；$\dot{\boldsymbol{\theta}}_{\mathrm{hH}} = k(\boldsymbol{I} - \boldsymbol{J}_{\mathrm{evh}}^{\dagger}\boldsymbol{J}_{\mathrm{evh}})\nabla H(\boldsymbol{\theta}_{\mathrm{h}})$ 为齐次解，对应主动关节调控末端位置的自运动；k 为故障空间机械臂的避关节极限优化系数，选择不同的 k 值将影响避关节极限优化指标在运动学逆解中的权重。通过选取合适的 k 值，可实现避关节极限优化。

将优化系数 k 作为决策变量，基于避关节极限指标函数 $H(\boldsymbol{\theta}_{\mathrm{h}})$ 构造优化目标函数，具体可表示为

$$f_{13}^{i}(k) = H(\theta_i),\ i = 1, 2, \cdots, n \tag{6-119}$$

式中，$f_{13}^{i}(k)$ 为第 i 个关节对应的关节极限指标。根据前面所述避关节极限指标函数分析，考虑轨迹规划的安全性，每个关节应尽量远离关节极限，故应使轨迹规划过程中的 $f_{13}^{i}(k)$ 尽可能接近 1。

为使空间机械臂关节接近其极限位置时才进行规避，引入避关节极限改进优化指标，取避关节极限优化指标生效阈值为 θ_r，当 $\theta_i > \theta_{\max} - \theta_r$ 或 $\theta_i < \theta_{\min} + \theta_r$ 时，可将 $\nabla H(\boldsymbol{\theta}_{\mathrm{h}})$ 代入式（6-118），否则 $\nabla H(\boldsymbol{\theta}_{\mathrm{h}})$ 为零。为了避免引入避关节极限优化指标前后关节速度出现突变，

引入平滑因子 κ_A，进一步可得出考虑生效阈值及平滑因子后的避关节极限优化指标，具体可表示为

$$\nabla H_{\mathrm{b}}(\boldsymbol{\theta}_{\mathrm{h}})=\begin{cases}0, & \theta_{\min}+\theta_r<\theta_i<\theta_{\max}-\theta_r \\ \kappa_A\nabla H(\boldsymbol{\theta}_{\mathrm{h}}), & 其他\end{cases} \tag{6-120}$$

式中，κ_A 可表示为

$$\kappa_A=\begin{cases}(t-t_{\mathrm{s}})^2/T_{\mathrm{s}}^2, & t_{\mathrm{s}}<t<t_{\mathrm{s}}+T_{\mathrm{s}} \\ 1, & t_{\mathrm{s}}+T_{\mathrm{s}}<t<t_{\mathrm{t}} \\ (T_{\mathrm{u}}-t)^2/T_{\mathrm{s}}^2, & t_{\mathrm{t}}<t<t_{\mathrm{s}}+T_{\mathrm{u}}\end{cases} \tag{6-121}$$

式中，t_{s} 为开始躲避关节极限时间；T_{s} 为过渡时间；T_{u} 为避关节极限算子起作用的总时间；t_{t} 为优化停止时刻。

为避免在 $\theta_{\max}-\theta_r$ 或 $\theta_{\min}+\theta_r$ 处出现关节角振荡现象，设定 $T_{\mathrm{u}}\geqslant 2T_{\mathrm{s}}$。将改进后的避关节极限优化指标 $\nabla H_{\mathrm{b}}(\boldsymbol{\theta}_{\mathrm{h}})$ 引入故障空间机械臂零空间项中，通过优选优化系数 k，实现关节自由摆动故障空间机械臂的避关节极限轨迹优化改进。

同时，关节自由摆动故障空间机械臂基座处于自由漂浮状态，为使空间机械臂执行在轨操作任务更加平稳，需尽可能满足基座姿态扰动最小。基座姿态扰动指标按照 6.3.1 节方法定义。

采用最优化理论方法，构建关节自由摆动故障空间机械臂避关节极限轨迹优化模型，寻找最优避关节极限优化系数 k，使得

$$\begin{cases}\min \quad \left|f_{13}^{i}(k)-1\right|, \quad i=1,2,\cdots,n \\ \min \quad \int_{t_0}^{t_{\mathrm{f}}}\left\|\boldsymbol{\phi}_{\mathrm{b}}\right\|_2 \mathrm{d}t \Big/ (t_{\mathrm{f}}-t_0)\end{cases} \tag{6-122}$$

基于上述关节自由摆动故障空间机械臂避关节极限优化模型，选择合适的轨迹优化系数 k，实现故障机械臂的避关节极限轨迹优化及基座姿态扰动抑制。

2. 基于零空间项的避障轨迹优化方法

当工作空间中存在障碍物时，空间机械臂在执行任务过程中可能会遇到连杆距离障碍物太近而与障碍物相碰的情况。为此，设置一个避免与障碍物发生碰撞的门槛距离 d_0，以及极限距离 d_1。若空间机械臂运动过程中，各连杆到障碍物的距离均大于 d_0，即满足无碰撞的条件，可不改变由最小范数解所得到的空间机械臂关节速度。当空间机械臂某一连杆到障碍物的距离小于或等于临界距离 d_0 时，基于其具有冗余特性，在不改变空间机械臂末端速度的情况下，可通过调整关节速度以完成避障轨迹优化；当空间机械臂某一连杆到障碍物的距离小于或等于极限距离 d_1 时，说明空间机械臂与障碍物之间的相对速度过大，无法通过避障控制实现空间机械臂避障任务，应立即对空间机械臂采取急停措施，避免对空间机械臂在轨操作任务产生巨大影响。

设置障碍物参考坐标系 $\{Ox_0y_0z_0\}$ 在障碍物中心，采用曲面表达式描述障碍物，可表示为

$$\left(\frac{x-x_0}{h_1}\right)^{2m}+\left(\frac{y-y_0}{h_2}\right)^{2n}+\left(\frac{z-z_0}{h_3}\right)^{2p}=1 \tag{6-123}$$

式中，(x,y,z) 为拟合障碍物形状的曲面上的任意点坐标；(x_0,y_0,z_0) 为障碍物曲面中心点在基坐标系下的坐标；$h_1>0$ 、$h_2>0$ 、$h_3>0$ 和 $m\geqslant 1$ 、$n\geqslant 1$ 、$p\geqslant 1$ 分别用于描述障碍物曲面的体积参数和形状参数。

空间中的障碍物多为不规则形状，采用规则的球体拟合障碍物外形，可简化障碍物形状。以三维空间中的球体为例，其表达式为

$$\left(\frac{x-x_0}{r_s}\right)^{2}+\left(\frac{y-y_0}{r_s}\right)^{2}+\left(\frac{z-z_0}{r_s}\right)^{2}=1 \tag{6-124}$$

式中，r_s 为球形障碍物的半径。

障碍物到第 i 个连杆的最短距离可表示为

$$d_{\min i}(A_iB_i)=\min_{P_i\in A_iB_i} d_{\min}\left|(A_iB_i)(P_i)-p_c-r_s\right| \tag{6-125}$$

式中，A_i 、B_i 为空间机械臂连杆的两个端点；P_i 为机械臂连杆上的任意一点；p_c 为障碍物球心的位置。

根据式（6-125），选取 A_i 、B_i 以及杆件中间点 M_i 作为空间机械臂上计算障碍物与连杆最短距离的选取点，可表示为

$$\begin{aligned}d_{\min i}(A_iB_i)=\min\{&d_{\min}\left|A_i-p_c-r_s\right|,\\&d_{\min}\left|B_i-p_c-r_s\right|,d_{\min}\left|M_i-p_c-r_s\right|\}\end{aligned} \tag{6-126}$$

空间机械臂为 n 连杆时，可以将式（6-126）拓展为整个空间机械臂到障碍物的伪距离，可表示为

$$d_f=\min\{d_{\min 1}(A_1B_1),\cdots,d_{\min i}(A_iB_i),\cdots,d_{\min n}(A_nB_n)\} \tag{6-127}$$

空间机械臂连杆到某一障碍物的最短距离小于门槛距离 d_0 时，即 $d_f\leqslant d_0$，记该连杆与障碍物的最近点为 A_0，并将该最近点记为障碍物躲避点。随着空间机械臂不断运动，障碍物躲避点逐渐落入门槛距离内，该障碍物躲避点在原有运动速度基础上叠加一具有远离障碍物的速度分量，记为避障点速度分量 v_t，直到空间机械臂连杆到障碍物的距离大于门槛距离，即 $d_f>d_0$，以防止空间机械臂在该点与障碍物碰撞。

考虑到空间机械臂进行避障控制的同时需保证空间机械臂运行的平稳性，避障点速度分量应随着空间机械臂连杆与障碍物之间的距离逐步变化。当 $d_f\leqslant d_0$ 时，障碍物不断侵入空间机械臂安全区域，障碍物对空间机械臂连杆安全区域的侵入距离可表示为

$$\Delta d = d_0 - d_{\mathrm{f}} \tag{6-128}$$

当障碍物未侵入空间机械臂安全区域时，空间机械臂按照原有运动速度执行在轨操作任务，无须进行避障轨迹优化；当障碍物侵入空间机械臂安全区域时，要引入避障点速度分量 v_t，并根据侵入距离分别调整避障点速度分量，维持空间机械臂与障碍物之间的门槛距离，避障点速度分量 v_t 可表示为

$$v_t(t) = \begin{cases} A \cdot \Delta d(t) + B \cdot \Delta d(t)^2, & \Delta d(t) \geqslant 0 \\ 0, & \Delta d(t) < 0 \end{cases} \tag{6-129}$$

式中，A、B 为避障点速度的优化系数。

通过空间机械臂连杆与障碍物间的距离分析，确定空间机械臂连杆上某点为可避障点。冗余度空间机械臂避障轨迹优化的目标为：当空间机械臂连杆某点与障碍物接近时，利用冗余特性调整空间机械臂的构型，使可能与障碍物发生碰撞的空间机械臂连杆部位避免与障碍物相碰，实现避障轨迹优化。

设空间机械臂连杆 i 上某点为避障点，避障点相对于基坐标系的转换矩阵可表示为

$${}^{0}_{x}\boldsymbol{T} = {}^{0}_{i}\boldsymbol{T}\,{}^{i}_{x}\boldsymbol{T} = \begin{pmatrix} {}^{0}_{x}\boldsymbol{R} & {}^{0}\boldsymbol{p}_{x_0} \\ \boldsymbol{0} & 1 \end{pmatrix} \tag{6-130}$$

式中，${}^{i}_{x}\boldsymbol{T}$ 表示从连杆坐标系 i 到避障点 x 坐标系的转换矩阵；${}^{0}_{i}\boldsymbol{T}$ 表示连杆坐标系 i 相对于基坐标系的转换矩阵，可表示为

$${}^{0}_{i}\boldsymbol{T} = {}^{0}_{1}\boldsymbol{T}\,{}^{1}_{2}\boldsymbol{T} \cdots {}^{i-1}_{i}\boldsymbol{T} \tag{6-131}$$

假设障碍物为球形障碍物，球形障碍物与避障点之间的距离 d_{ft} 可以通过计算得到，即

$$d_{\mathrm{ft}} = \left| {}^{0}\boldsymbol{p}_{x_0} - {}^{0}\boldsymbol{p}_{\mathrm{c}} \right| - r_{\mathrm{c}} \tag{6-132}$$

式中，${}^{0}\boldsymbol{p}_{\mathrm{c}}$ 为障碍物球心的位置；r_{c} 是球形障碍物的半径；${}^{0}\boldsymbol{p}_{x_0}$ 为避障点的位置。

避障点处的避让线速度分量在基坐标系下可表示为

$$\boldsymbol{v}_T = v_t \cdot {}^{0}_{x}\boldsymbol{R} \begin{bmatrix} 0 \\ 0 \\ -1 \end{bmatrix} \tag{6-133}$$

针对冗余度空间机械臂，利用其冗余特性执行避障轨迹优化需要同时满足末端轨迹可达及躲避障碍物两个要求。在不考虑空间机械臂基座的漂浮特性时，关节速度与末端速度的关系如式（5-9）所示。考虑到冗余度空间机械臂需满足躲避障碍物的要求，空间机械臂避障点 A_0 的运动可表示为

$$\boldsymbol{J}_0 \dot{\boldsymbol{\theta}} = \dot{\boldsymbol{X}}_0 \tag{6-134}$$

式中，$\boldsymbol{J}_0$ 为空间机械臂避障点处的雅可比矩阵；$\dot{\boldsymbol{X}}_0$ 为设定的空间机械臂避障点处躲避障碍

物的线速度，即距离障碍物较近的避障点在原有运动线速度的基础上引入的避让线速度分量 $\boldsymbol{v}_T$，可表示为

$$\dot{\boldsymbol{X}}_0 = \boldsymbol{v}_0 + \boldsymbol{v}_T \tag{6-135}$$

$\boldsymbol{v}_0$ 为不考虑障碍物时，空间机械臂避障点按照路径规划的原有线速度，可表示为

$$\boldsymbol{v}_0 = \boldsymbol{J}_0 \boldsymbol{J}^{\dagger} \dot{\boldsymbol{x}}_{\mathrm{e}} \tag{6-136}$$

根据式（5-9），冗余度空间机械臂的运动学逆解可表示为

$$\dot{\boldsymbol{\theta}} = \boldsymbol{J}^{\dagger} \dot{\boldsymbol{x}}_{\mathrm{e}} + \left(\boldsymbol{I} - \boldsymbol{J}^{\dagger}\boldsymbol{J}\right)\boldsymbol{\varphi} \tag{6-137}$$

将式（6-135）及式（6-137）代入式（6-134），可求得

$$\boldsymbol{J}_0\left[\boldsymbol{J}^{\dagger} \dot{\boldsymbol{x}}_{\mathrm{e}} + \left(\boldsymbol{I} - \boldsymbol{J}^{\dagger}\boldsymbol{J}\right)\boldsymbol{\varphi}\right] = \boldsymbol{v}_0 + \boldsymbol{v}_T \tag{6-138}$$

从而解得

$$\boldsymbol{\varphi} = \left[\boldsymbol{J}_0\left(\boldsymbol{I} - \boldsymbol{J}^{\dagger}\boldsymbol{J}\right)\right]^{\dagger} \boldsymbol{v}_T \tag{6-139}$$

因此，冗余度空间机械臂避障运动学方程可表示为

$$\dot{\boldsymbol{\theta}} = \boldsymbol{J}^{\dagger} \dot{\boldsymbol{x}}_{\mathrm{e}} + \left(\boldsymbol{I} - \boldsymbol{J}^{\dagger}\boldsymbol{J}\right)\left[\boldsymbol{J}_0\left(\boldsymbol{I} - \boldsymbol{J}^{\dagger}\boldsymbol{J}\right)\right]^{\dagger} \boldsymbol{v}_T \tag{6-140}$$

通过上述分析，当空间机械臂连杆避障点与障碍物间的距离处于极限距离与门槛距离之间时，即 $d_{\mathrm{f}} \in \left(d_1, d_0\right)$，引入基于式（6-140）提出的避障轨迹优化算法；空间机械臂连杆避障点与障碍物间的距离大于门槛距离时，即 $d_{\mathrm{f}} \geqslant d_0$，式（6-140）中 $\boldsymbol{v}_T = \boldsymbol{0}$，空间机械臂逆运动学方程退化为最小范数解；空间机械臂连杆避障点与障碍物间的距离小于极限距离时，即 $d_{\mathrm{f}} \leqslant d_1$，式（6-140）中空间机械臂的雅可比矩阵均为零，即 $\boldsymbol{J} = \boldsymbol{0}$ 且 $\boldsymbol{J}_0 = \boldsymbol{0}$，空间机械臂处于停止运动状态。

考虑到关节自由摆动故障空间机械臂基座的影响，连杆坐标系 i 相对于惯性系的转换矩阵可表示为

$${}_i^{\mathrm{I}}\boldsymbol{T} = {}_{\mathrm{b}}^{\mathrm{I}}\boldsymbol{T}\,{}_0^{\mathrm{b}}\boldsymbol{T}\,{}_1^0\boldsymbol{T}\,{}_2^1\boldsymbol{T}\cdots{}_i^{i-1}\boldsymbol{T} = \begin{pmatrix} {}_i^{\mathrm{I}}\boldsymbol{R} & {}^{\mathrm{I}}\boldsymbol{p}_i \\ \boldsymbol{0} & 1 \end{pmatrix} \tag{6-141}$$

根据式（6-130），故障空间机械臂避障点相对于惯性系的转换矩阵可表示为

$${}_x^{\mathrm{I}}\boldsymbol{T} = {}_i^{\mathrm{I}}\boldsymbol{T}\,{}_x^i\boldsymbol{T} = \begin{pmatrix} {}_x^{\mathrm{I}}\boldsymbol{R} & {}^{\mathrm{I}}\boldsymbol{p}_{x_0} \\ \boldsymbol{0} & 1 \end{pmatrix} \tag{6-142}$$

故障空间机械臂避障点处的避让线速度分量在惯性系下可表示为

$$\boldsymbol{v}_{\mathrm{TP}} = v_t \cdot {}_x^{\mathrm{I}}\boldsymbol{R}\begin{bmatrix} 0 \\ 0 \\ -1 \end{bmatrix} \tag{6-143}$$

关节自由摆动故障空间机械臂主动关节与末端速度映射雅可比矩阵为

$$\boldsymbol{J}_{\text{eh\_free}}=\boldsymbol{J}_{\text{bf}}\boldsymbol{J}_{\text{bfh}}+\boldsymbol{J}_{\text{h}} \tag{6-144}$$

基于前面关节自由摆动故障空间机械臂运动特性分析，主动关节与末端线速度映射关系如式（6-30）所示。其中，$\boldsymbol{J}_{\text{evh}}\in\mathbb{R}^{3\times a}$ 为 $\boldsymbol{J}_{\text{eh\_free}}$ 的前 3 行，可表示为

$$\boldsymbol{J}_{\text{evh}}=\boldsymbol{J}_{\text{bfv}}\boldsymbol{J}_{\text{bfhv}}+\boldsymbol{J}_{\text{mhv}}\in\mathbb{R}^{3\times a} \tag{6-145}$$

基于式（6-140）冗余度空间机械臂避障运动学方程，可推导关节自由摆动故障空间机械臂避障运动学方程，以实现其避障轨迹优化。针对关节自由摆动故障空间机械臂，考虑其基座和故障关节与空间机械臂运动的耦合作用，并利用其冗余特性，可将式（6-140）中的空间机械臂末端雅可比矩阵 $\boldsymbol{J}$ 替换为 $\boldsymbol{J}_{\text{evh}}$。同时，基座及故障关节的运动会对空间机械臂避障点的运动产生影响，因此零空间项中避障点处的雅可比矩阵 $\boldsymbol{J}_0$ 应替换为故障空间机械臂避障点雅可比矩阵，可表示为

$$\boldsymbol{J}_{\text{evh(0)}}=\boldsymbol{J}_{\text{bfv(0)}}\boldsymbol{J}_{\text{bfhv}}+\boldsymbol{J}_{\text{mhv(0)}}\in\mathbb{R}^{3\times a} \tag{6-146}$$

式中，$\boldsymbol{J}_{\text{mhv(0)}}$ 为主动关节对应的避障点雅可比矩阵，即式（6-140）中 $\boldsymbol{J}_0$ 分解出的 $\boldsymbol{J}_{\text{hv(0)}}$；式（6-145）中的 $\boldsymbol{J}_{\text{bfv}}$ 表示基座与故障关节运动对空间机械臂末端运动产生的影响，对应地，$\boldsymbol{J}_{\text{bfv(0)}}$ 表示基座与故障关节运动对避障点产生的影响，$\boldsymbol{J}_{\text{bfv(0)}}=[\boldsymbol{J}_{\text{bv(0)}}\quad \boldsymbol{J}_{\text{fv(0)}}]$，其中基座运动对避障点产生的影响可具体表示为

$$\boldsymbol{J}_{\text{bv(0)}}=[\boldsymbol{E}\quad {}^{\text{I}}\boldsymbol{r}_{0x}^{\times}]\in\mathbb{R}^{3\times 6} \tag{6-147}$$

式中，${}^{\text{I}}\boldsymbol{r}_{0x}={}^{\text{I}}\boldsymbol{r}_{x}-{}^{\text{I}}\boldsymbol{r}_{0}$，表示惯性系下基座质心指向避障点的向量。

故障关节对避障点产生的影响为故障关节对应的避障点雅可比矩阵，即式（6-140）中 $\boldsymbol{J}_0$ 分解出的 $\boldsymbol{J}_{\text{fv(0)}}$。

$\boldsymbol{J}_{\text{bfhv}}$ 为主动关节和基座与故障关节间的映射雅可比矩阵，求解避障点处运动时，$\boldsymbol{J}_{\text{bfhv}}$ 不发生变化，与式（6-145）中的 $\boldsymbol{J}_{\text{bfhv}}$ 相同。因此，基于式（6-145）和式（6-146），将式（6-140）改写为相应的关节自由摆动故障空间机械臂避障轨迹优化方程，可表示为

$$\dot{\boldsymbol{\theta}}_{\text{h}}=\dot{\boldsymbol{\theta}}_{\text{hK}}+\dot{\boldsymbol{\theta}}_{\text{hN}}=\boldsymbol{J}_{\text{evh}}^{\dagger}\boldsymbol{v}_{\text{e}}+\mu(\boldsymbol{I}-\boldsymbol{J}_{\text{evh}}^{\dagger}\boldsymbol{J}_{\text{evh}})[\boldsymbol{J}_{\text{evh0}}(\boldsymbol{I}-\boldsymbol{J}_{\text{evh}}^{\dagger}\boldsymbol{J}_{\text{evh}})]^{\dagger}\boldsymbol{v}_{\text{TP}} \tag{6-148}$$

当障碍物存在时，可基于式（6-148）对故障空间机械臂避障轨迹规划展开研究。其中，$\dot{\boldsymbol{\theta}}_{\text{hK}}$ 对应主动关节调控末端位置的逆解，$\dot{\boldsymbol{\theta}}_{\text{hN}}=(\boldsymbol{I}-\boldsymbol{J}_{\text{evh}}^{\dagger}\boldsymbol{J}_{\text{evh}})[\boldsymbol{J}_{\text{evh0}}(\boldsymbol{I}-\boldsymbol{J}_{\text{evh}}^{\dagger}\boldsymbol{J}_{\text{evh}})]^{\dagger}\boldsymbol{v}_{\text{TP}}$ 为齐次解，对应主动关节调控末端位置的自运动，μ 为自运动优化系数。在已知末端速度 $\boldsymbol{v}_{\text{e}}$ 后，通过选取合适的 μ，调整障碍物躲避点运动，不改变末端位置，实现空间机械臂在运动过程中躲避障碍物的目的，同时为了节省工作空间，规划出一条最优轨迹。

采用最优化理论方法，构建关节自由摆动故障空间机械臂避障轨迹优化模型，寻找最优

避障优化系数 μ，使得

$$\begin{aligned} \min \quad & d_{\mathrm{f\,max}}(\mu) \\ \text{s.t.} \quad & d_{\mathrm{f\,min}}(\mu) > d_1 \end{aligned} \tag{6-149}$$

式中，$d_{\mathrm{f\,max}}(\mu)$ 表示空间机械臂运动过程中避障点与障碍物间的最远距离；$d_{\mathrm{f\,min}}(\mu)$ 表示空间机械臂运动过程中避障点与障碍物间的最短距离；d_1 为避障点与障碍物间的极限距离，通过选取合适的 μ，使 $d_{\mathrm{f\,max}}(\mu)$ 尽可能小以节省工作空间，实现故障空间机械臂避障轨迹优化。

综上所述，通过分析障碍物躲避点距离及障碍物躲避点的最大速度，选择合适的零空间矢量，基于故障空间机械臂冗余特性，可实现关节自由摆动故障空间机械臂的避障轨迹优化。

6.3.3 仿真算例

1. 基于多项式插值的轨迹优化方法仿真

本节以末端位置转移任务为例，以图 3-2 所示的七自由度空间机械臂为仿真对象，给出关节自由摆动故障空间机械臂的轨迹优化方法仿真算例，其几何参数及动力学参数如表 3-2 所示。假设关节 3 发生自由摆动故障。

末端位置转移任务要求将末端三维位置变量从某一初始点调控至期望状态，因此至少需要 3 个健康关节作为主动关节进行调控。考虑到目标优化空间，结合主动关节对被控单元的可控程度指标，本实验采用 J_1、J_2、J_4、J_5 组合调控末端位置，在此过程中 J_6、J_7 保持静止。

该任务对空间机械臂的要求有基座姿态扰动、运动能力、能耗等。其中对于运动能力要求，本实验选取可操作度作为运动能力优化指标。值得注意的是，由于可控程度指标函数与可操作度的相似，因此在本任务中不再以可控程度作为优化指标。因此，在面向末端位置转移任务的轨迹优化中，以可操作度最大、基座姿态扰动最小、能耗最小作为优化目标，寻找最优多项式系数 $\boldsymbol{a}_6$，则基于式（6-115）获得末端位置转移任务轨迹优化模型为

$$\begin{aligned} \min \quad & H = w_7\left|f_7(\boldsymbol{\Theta}) - f_7^{\mathrm{d}}\right| / f_7^{\mathrm{d}} + w_8\left|f_8(\boldsymbol{\Theta}) - f_8^{\mathrm{d}}\right| / f_8^{\mathrm{d}} \\ \text{s.t.} \quad & f_6(\boldsymbol{\Theta}) \leqslant \Theta_{\mathrm{b\_lim}}, \boldsymbol{h}_3(\boldsymbol{\Theta}) = 0, g_{l_1,i}(\boldsymbol{\Theta}) \leqslant 0 \quad l_1 = 1,2,3,4 \end{aligned} \tag{6-150}$$

式中，令 $w_7 = 0.6$、$w_8 = 0.4$，并设置 $f_7^{\mathrm{d}} = 400$、$f_8^{\mathrm{d}} = 6 \times 10^{-8}$。

设空间机械臂初始关节构型 $\boldsymbol{\theta}_{\mathrm{ini}}(t_0) = [-40°, -165°, 140°, -55°, 120°, 170°, 0°]^{\mathrm{T}}$，基座位姿 $\boldsymbol{x}_{\mathrm{b}}(t_0) = [0\ \mathrm{m}, 0\ \mathrm{m}, 0\ \mathrm{m}, 0°, 0°, 0°]^{\mathrm{T}}$，期望末端位置 $\boldsymbol{r}_{\mathrm{end}} = [5.5, 5, 3]^{\mathrm{T}}\ \mathrm{m}$。任务总执行时间为 10 s。设置趋近段和稳定段的边界条件为 $e_{\mathrm{th}} = 0.01\ \mathrm{m}$。

采用多项式规划空间机械臂末端的运动轨迹。传统规划方法中，往往为空间机械臂规划直线轨迹以节约能耗。基于传统直线规划方法的末端轨迹以及主动关节轨迹分别如图 6-33

和图 6-34 所示，空间机械臂的基座姿态扰动和可操作度分别如图 6-35 和图 6-36 所示。在 $t=9.2\ \mathrm{s}$ 时，末端实际位置与期望位置的误差小于阈值 e_{th}，空间机械臂进入稳定段，随后主动关节与末端逐渐停止运动，任务结束。

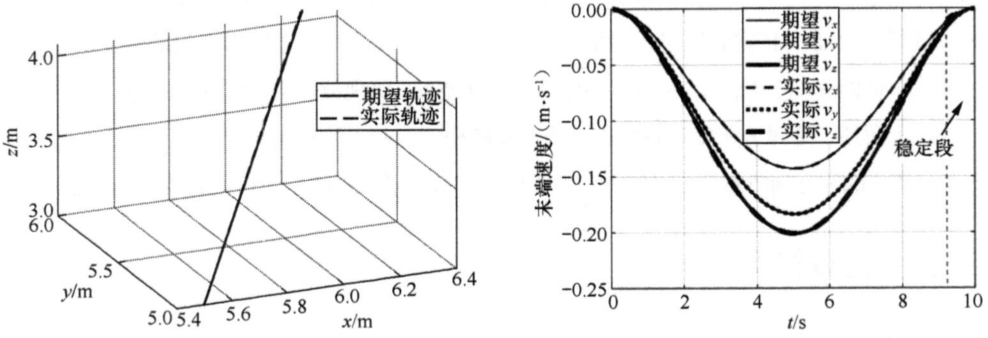

（a）末端三维轨迹　　（b）末端运行速度

图 6-33　基于传统直线规划方法的末端轨迹

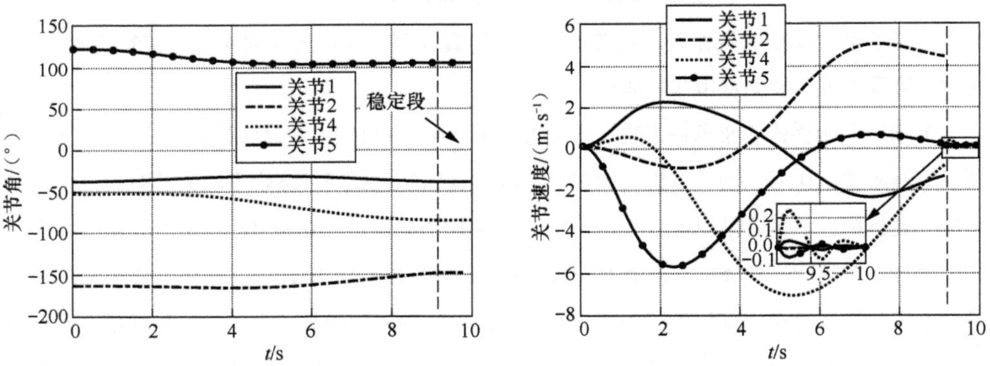

（a）主动关节角　　（b）主动关节速度

图 6-34　基于传统直线规划方法的主动关节轨迹

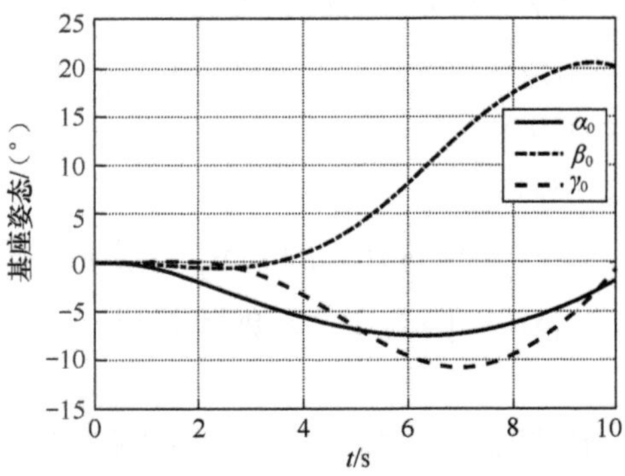

图 6-35　基于传统直线规划方法的基座姿态扰动

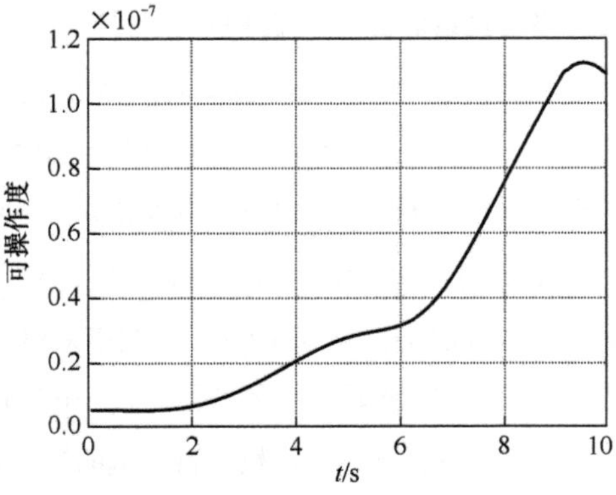

图 6-36　基于传统直线规划方法的可操作度

接下来采用粒子群优化算法优化关节自由摆动故障空间机械臂运行轨迹。依据模型即式（6-150），采用图 6-32 所示的优化流程，获得目标函数迭代更新，如图 6-37 所示。其中，在优化前基座姿态扰动平均值为 0.1901，优化后的基座姿态扰动阈值 $\Theta_{\mathrm{b\_lim}}=0.17$，作为约束条件代入式（6-150）。

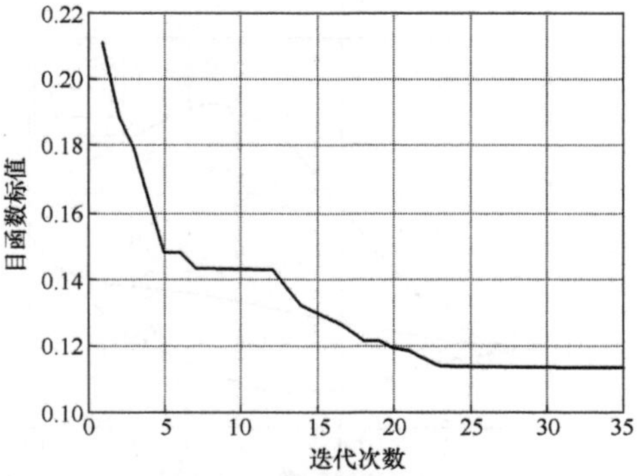

图 6-37 轨迹优化目标函数迭代

随着迭代次数的增加，目标函数值逐渐降低，在迭代到第 35 次后，获得的最优目标函数值为 0.1193，对应的最优系数 $\boldsymbol{a}_6=[-3.14,3.59,4.24]^{\mathrm{T}}\times10^{-6}$。代入空间机械臂轨迹规划模型中，得到空间机械臂优化后的末端轨迹以及主动关节轨迹，如图 6-38 和图 6-39 所示，空间机械臂优化后的基座姿态扰动和可操作度分别如图 6-40 和图 6-41 所示。

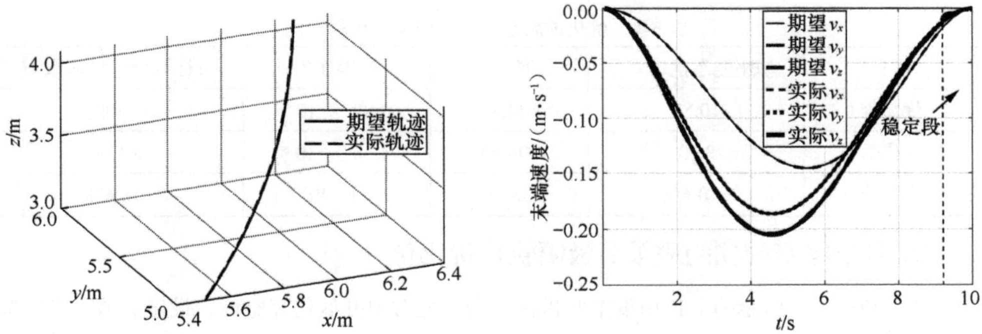

（a）末端三维轨迹　（b）末端运行速度

图 6-38 优化后的末端轨迹

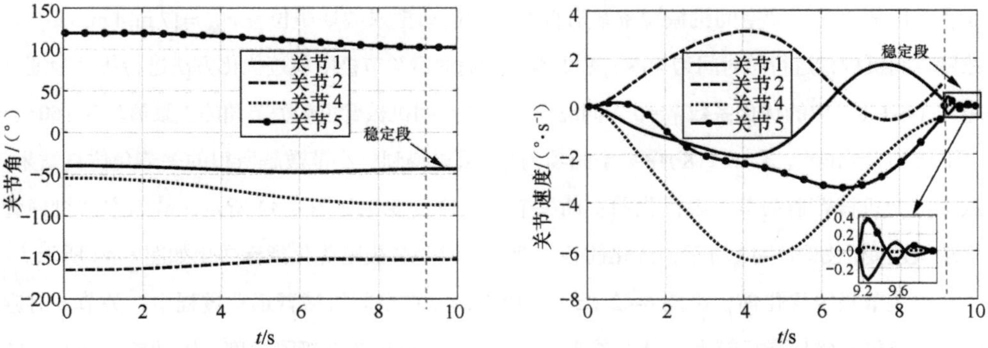

（a）主动关节角　（b）主动关节速度

图 6-39 优化后的主动关节轨迹

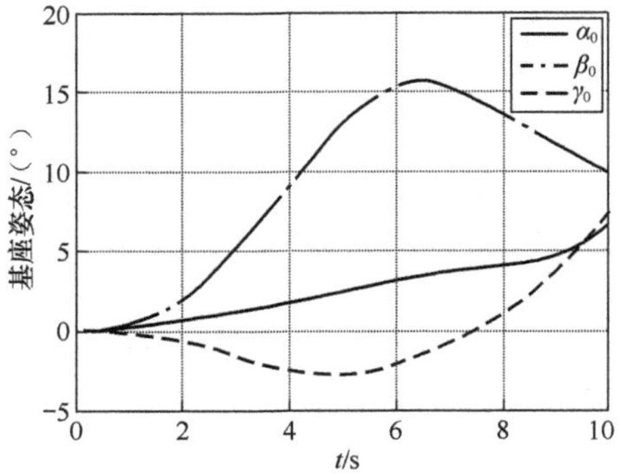

图 6-40　优化后的基座姿态扰动

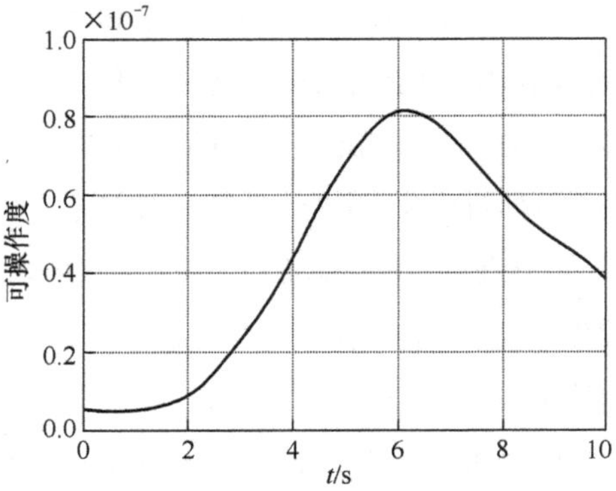

图 6-41　优化后的可操作度

优化前后空间机械臂各项指标对比如表 6-4 所示。可见，相比于直线规划，优化后的空间机械臂目标综合评价函数降低了 76.6%。以上结果证明了本书所提轨迹优化方法的正确性和有效性。

表 6-4　优化前后空间机械臂各项指标对比

项目	基座姿态扰动 /°	能耗	可操作度	目标综合评价函数 H
优化前	10.89	644.83	3.88×10^{-8}	0.509
优化后	9.73	406.64	4.36×10^{-8}	0.119
优化百分比	−10.6%	−36.9%	+12.4%	−76.6%

2. 基于零空间项的避关节极限轨迹优化仿真

本节以图 3-2 所示的七自由度空间机械臂为研究对象开展仿真验证，设定关节 1 发生关节自由摆动故障，其他 6 个关节为主动关节。设故障空间机械臂初始关节构型 $\boldsymbol{\theta}_{\text{ini}}=[-50°, -45°,150°,-60°,130°,120°,20°]^{\text{T}}$，空间机械臂初始基座位姿 $[\boldsymbol{r}_{\text{bini}}{}^{\text{T}}\ \boldsymbol{\phi}_{\text{bini}}{}^{\text{T}}]^{\text{T}}=[0\text{ m},0\text{ m},0\text{ m},0°,0°,0°]^{\text{T}}$，任务要求故障空间机械臂末端沿直线轨迹运动至末端期望位置 $\boldsymbol{r}_{\text{edes}}=[7\text{ m},4\text{ m},5\text{ m}]^{\text{T}}$，故障空间机械臂运行总时间为 40 s。基于本节所提的避关节极限轨迹优化方法进行仿真验证，令式（6-118）中的优化系数 $k=0$，同时设定故障空间机械臂主动关节角的上限值均为 160°、下限值均为 −160°，式（6-118）中零空间项为零，可以得到最小范数解所得的关节角仿真结果。故障空间机械臂避关节极限优化前主动关节角及速度变化如图 6-42 所示，故障空间机械臂末端轨迹变化如图 6-43 所示，优化前各主动关节避关节极限优化指标变化如图 6-44 所示。

避关节极限优化前，由图 6-42（a）可以看出，在空间机械臂运动过程中，关节 6 对应的避关节极限优化指标较大，最大关节角为 162.1°，超出关节极限角度，因此需在最小范数解的基础上进行避关节极限轨迹优化，使得轨迹规划过程中各关节尽量远离关节极限角度。

同时，由图 6-43 可以看出，优化前故障空间机械臂末端可跟踪期望运动轨迹。

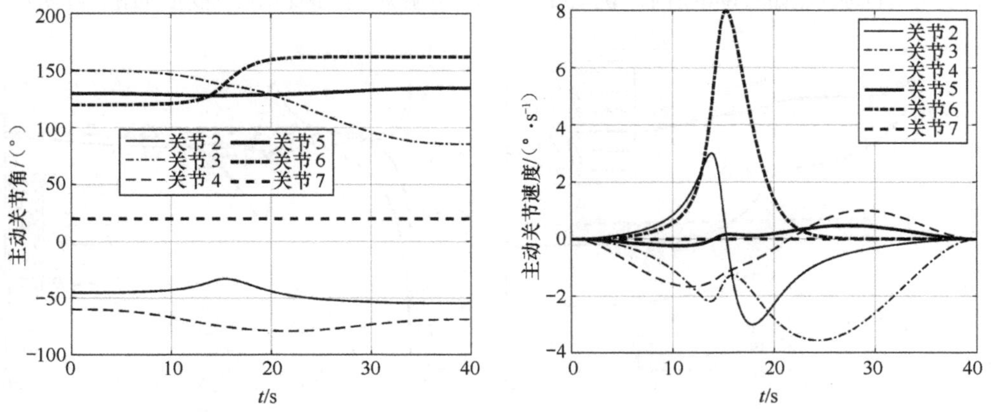

（a）主动关节角　　（b）主动关节速度

图 6-42　$k=0$ 时主动关节角及速度变化

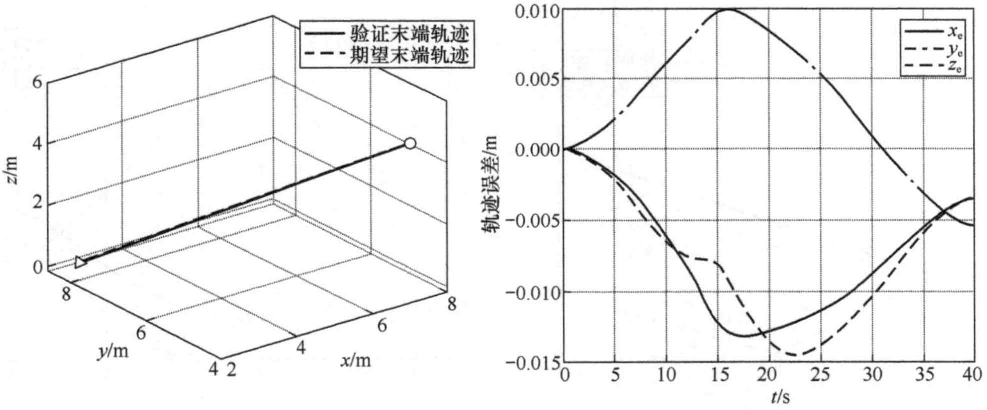

（a）末端轨迹运动情况　　（b）末端轨迹误差

图 6-43　$k=0$ 时故障空间机械臂末端轨迹变化及轨迹误差

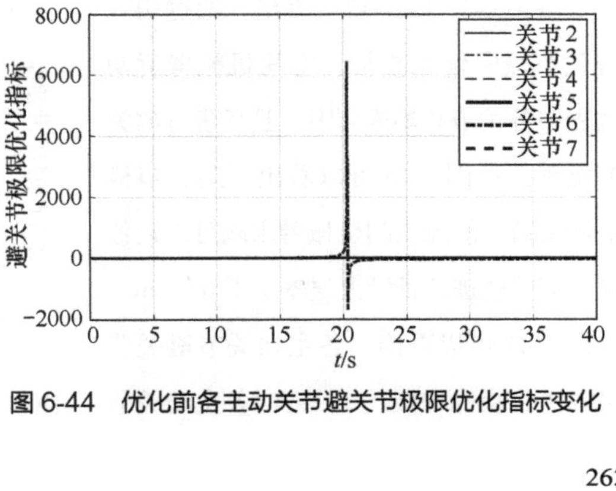

图 6-44　优化前各主动关节避关节极限优化指标变化

为实现优化目标，基于本节所提的故障空间机械臂避关节极限轨迹优化理论方法进行仿真验证，其中基于最优化理论，令式（6-118）中的优化系数 $k=-0.01$，同时设定故障空间机械臂主动关节角的上限值均为 160°、下限值均为 −160°，则得到引入避关节极限优化指标所得的关节角仿真结果。故障空间机械臂避关节极限优化后主动关节角及速度变化如图 6-45 所示，故障空间机械臂末端轨迹变化及轨迹误差如图 6-46 所示，优化后各主动关节避关节极限优化指标变化如图 6-47 所示。

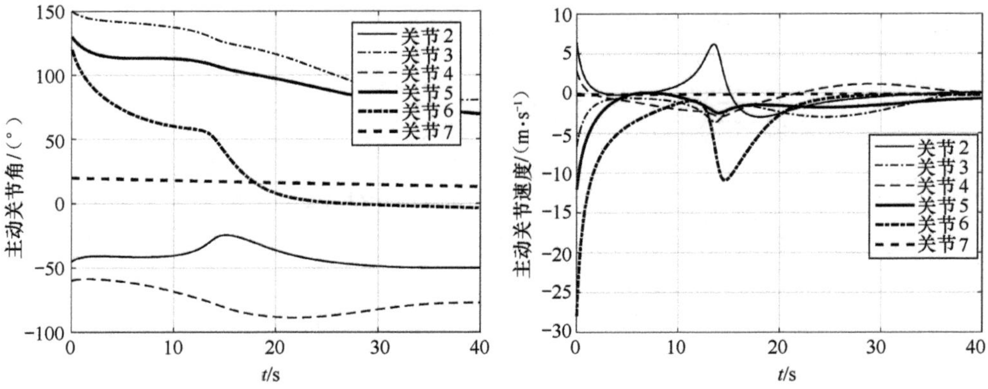

（a）主动关节角　　（b）主动关节速度

图 6-45　k=−0.01 时主动关节角及速度变化

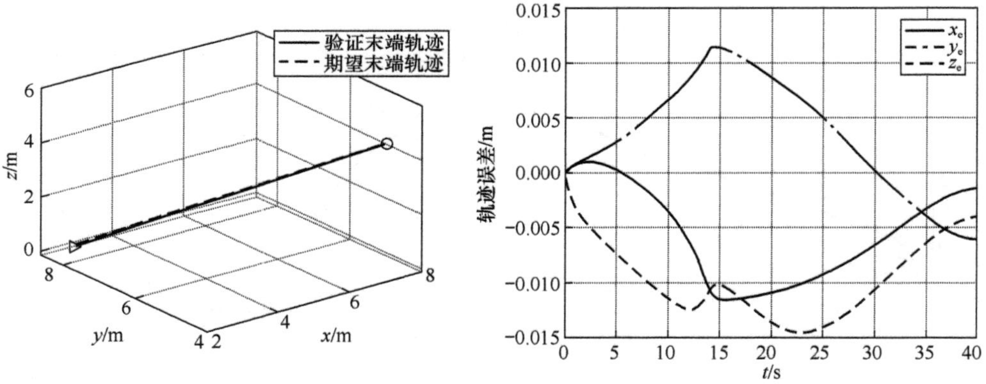

（a）末端轨迹运动情况　　（b）末端轨迹误差

图 6-46　k=−0.01 时故障空间机械臂末端轨迹变化及轨迹误差

由图 6-45（a）可以看出，通过引入避关节极限优化指标，空间机械臂运动过程中各关节角均未超限，且尽量远离关节极限。由图 6-46 可以看出，避关节极限优化后，故障空间机械臂末端可以近似跟踪期望轨迹，且最大误差小于 0.02 m。由图 6-47 可以看出，各主动关节避关节极限优化指标均接近 1，证明各主动关节

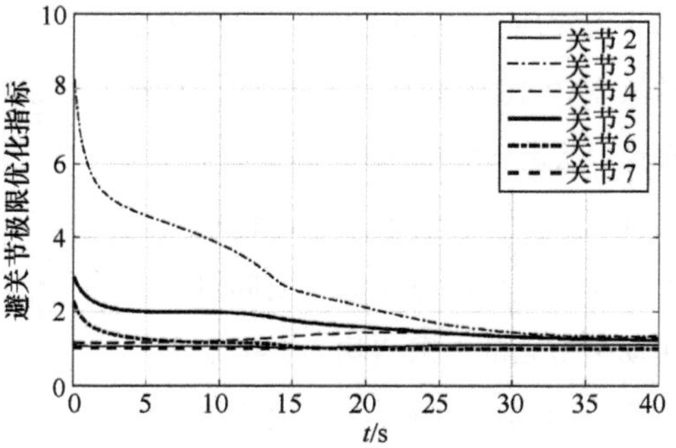

图 6-47　优化后各主动关节避关节极限优化指标变化

角度接近关节极限中心点。但是，由图 6-45（b）可以看出运动初始时刻空间机械臂关节速度变化剧烈，且初始时刻和终止时刻空间机械臂关节速度均不为零，容易导致空间机械臂初始时刻和终止时刻关节力矩较大，从而影响空间机械臂在轨操作任务顺利执行。

将改进避关节极限优化指标引入式（6-118），考虑全局基座姿态扰动最小，基于最优化理论选取优化系数 k，全局基座姿态扰动随系数 k 的变化如图 6-48 所示，$k=-0.006$ 时，全局基座姿态扰动最小，令 $\theta_r=20°$、$T_s=5\,\text{s}$，则得到引入改进避关节极限优化指标所得的关节角仿真结果。故障空间机械臂避关节极限改进优化后主动关节角及速度变化如图 6-49 所示，优化后末端轨迹变化及轨迹误差如图 6-50 所示，优化后各主动关节避关节极限优化指标变化如图 6-51 所示。优化前后全局基座姿态扰动变化情况如图 6-52 所示。

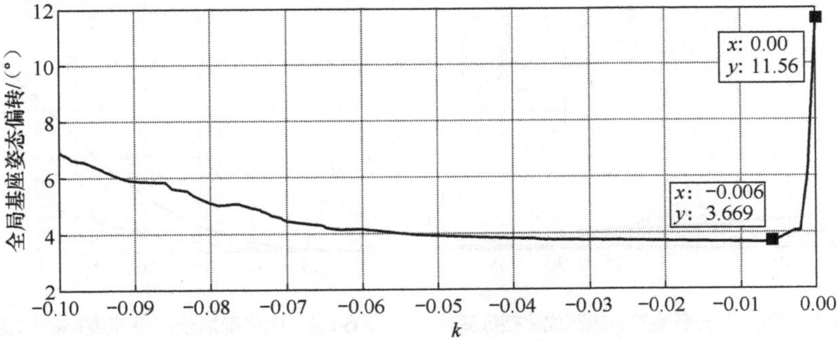

图 6-48 全局基座姿态扰动随系数 k 的变化

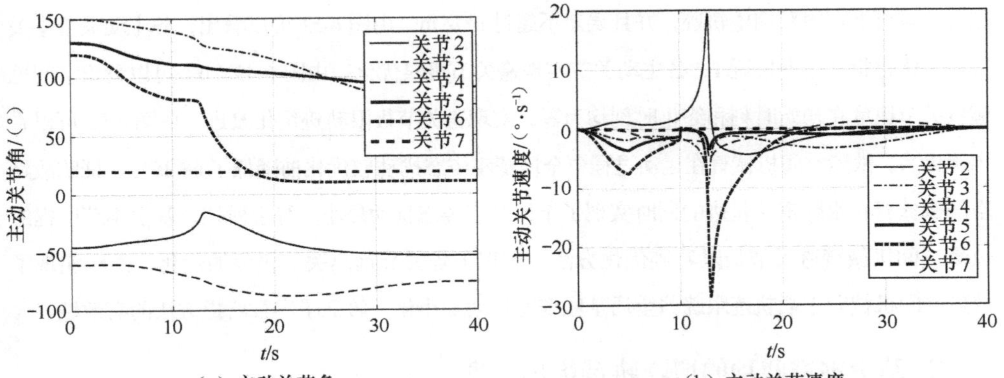

（a）主动关节角　（b）主动关节速度

图 6-49 优化后主动关节角及速度变化

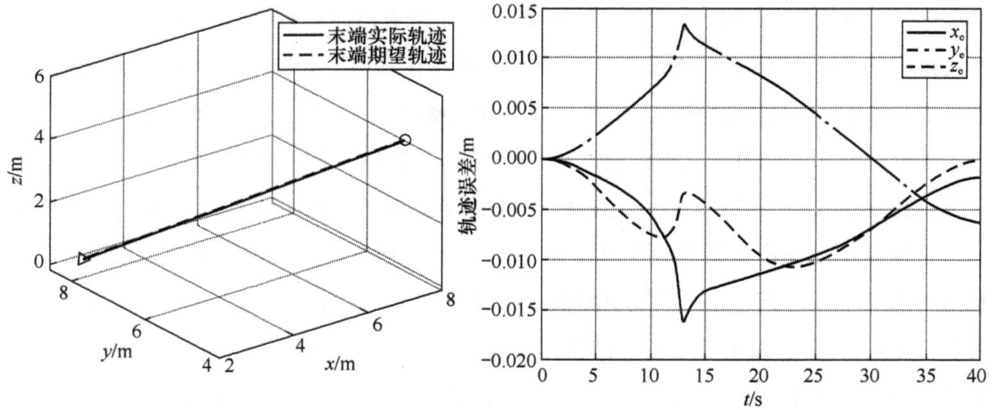

（a）末端轨迹运动情况　　（b）末端轨迹误差

图 6-50　优化后末端轨迹变化及轨迹误差

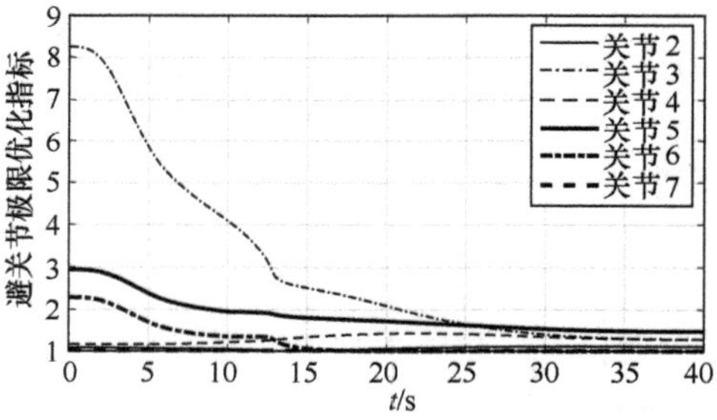

图 6-51　优化后各主动关节避关节极限优化指标变化

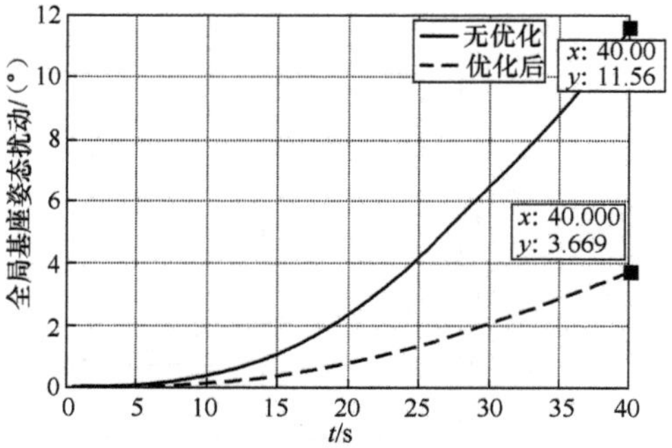

图 6-52　优化前后全局基座姿态扰动变化情况

由图 6-49（a）可以看出，通过引入改进避关节极限优化指标，空间机械臂运动过程中各关节角均未超限，且尽量远离关节极限。由图 6-50 可以看出，引入改进优化算法后，故障空间机械臂末端可近似跟踪期望轨迹，并且误差不超过 0.02 m。由图 6-51 可以看出，各主动关节避关节极限优化指标逐渐接近 1，各主动关节实现避关节极限优化。由图 6-49（b）可以看出空间机械臂关节速度在初始时刻和终止时刻均为零，实现避关节极限轨迹优化改进。由图 6-52 可以看出优化后，故障空间机械臂在运动过程中全局基座姿态扰动较优化前降低了 68.25%，证明故障空间机械臂在跟踪末端轨迹的同时实现了全局基座姿态扰动最小。综上所述，基于本节所提的故障空间机械臂避关节极限轨迹优化方法，实现了各关节远离关节极限的优化，同时实现了故障空间机械臂末端轨迹跟踪与全局基座姿态扰动最小化，验证了本章所提方法的有效性。

3. 基于零空间项的避障轨迹优化仿真

本节以图 3-2 所示的七自由度空间机械臂为研究对象开展仿真验证，设定关节 2 为自由摆动故障关节，其他 6 个关节为主动关节。令故障空间机械臂末端执行直线规划任务，设空间机械臂初始关节构型 $\boldsymbol{\theta}_{\text{ini}}=[-50°,-45°,150°,-60°,130°,120°,20°]^{\text{T}}$，基座初始位姿 $[\boldsymbol{r}_{\text{bini}}^{\text{T}}\ \boldsymbol{\phi}_{\text{bini}}^{\text{T}}]^{\text{T}}=[0\text{ m},0\text{ m},0\text{ m},0°,0°,0°]^{\text{T}}$，故障空间机械臂末端沿直线轨迹运动至期望位置 $\boldsymbol{r}_{\text{edes}}=[7\text{ m},4\text{ m},5\text{ m}]^{\text{T}}$，设任务执行总时间为 40 s，末端速度为 $\boldsymbol{v}_{\text{e}}$。障碍物中心 C_0 的坐标为 [−0.45 m, 4.37 m, −0.96 m]，设球形障碍物的半径为 0.01 m，在整个运动周期中模拟静止状态。优化前故障空间机械臂末端轨迹与轨迹误差如图 6-53 所示，优化前故障空间机械臂各关节角变化情况如图 6-54 所示。

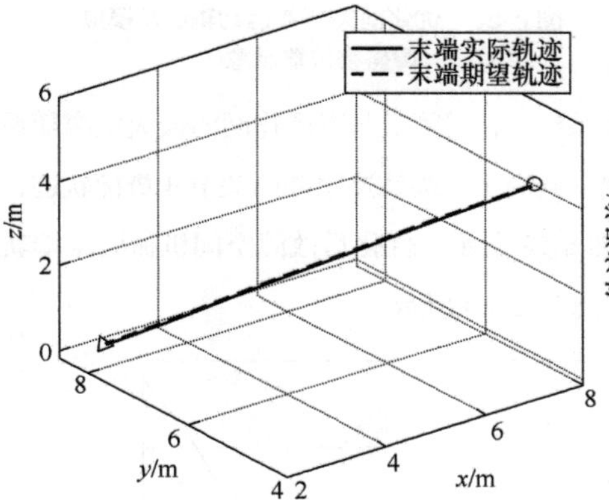

（a）机械臂末端轨迹

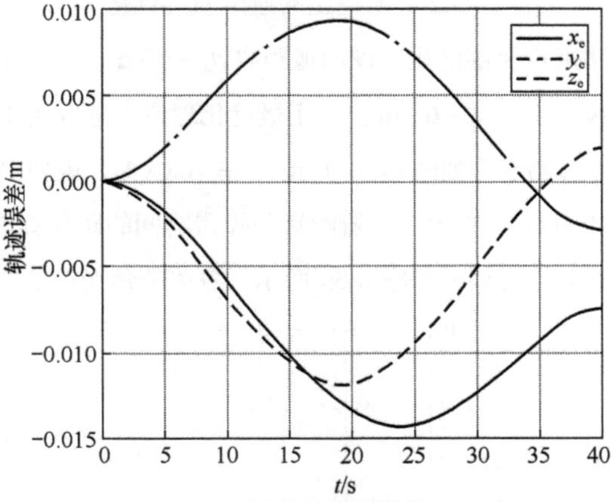

（b）末端轨迹误差

图 6-53 优化前故障空间机械臂末端轨迹与轨迹误差

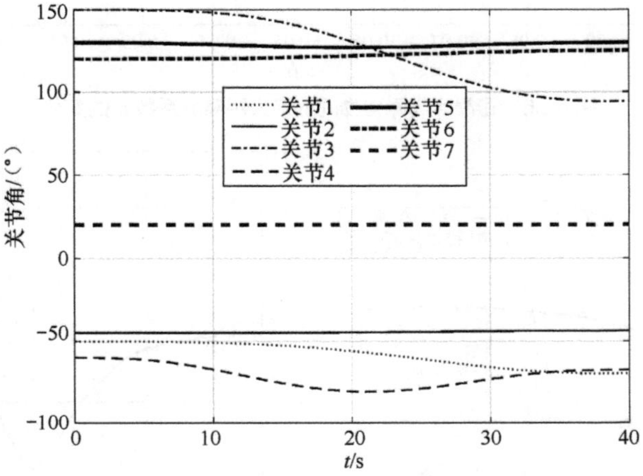

图 6-54 优化前故障空间机械臂各关节角变化情况

空间机械臂大范围运动主要来源于连杆 3 和连杆 4 的支持。对于上述空间机械臂笛卡儿空间末端直线规划，基于逆运动学方法求解得到各关节角，进一步根据位置级运动学方法求解得到连杆 3 和连杆 4 上不同位置处的运动轨迹。基于式（6-141）可求解得到不考虑障碍物时空间机械臂各连杆的运动轨迹。如图 6-55 所示，关节 4 运动过程中某一时刻会与障碍物发生碰撞。

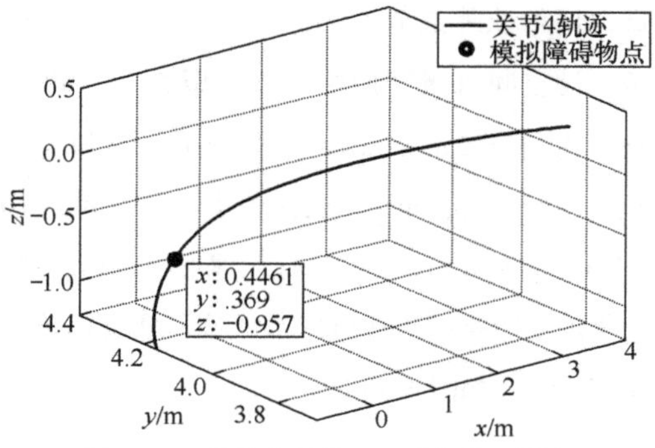

图 6-55　优化前关节 4 运动轨迹及模拟障碍物位置示意

引入 6.3.2 节所提出的避障轨迹优化算法进行轨迹优化。设门槛距离 $d_0 = 0.8\,\mathrm{m}$，极限距离 $d_1 = 0.1\,\mathrm{m}$。基于最优化理论，选取优化系数 μ，避障点与障碍物间的最大距离随系数 μ 的变化如图 6-56 所示。$\mu = -0.08$ 时，规划出一条满足末端轨迹跟踪的关节 4 最优轨迹，如图 6-57 所示，且避障点与障碍物间的距离如图 6-58 所示，优化后故障空间机械臂末端轨迹与轨迹误差如图 6-59 所示，各关节角变化情况如图 6-60 所示。

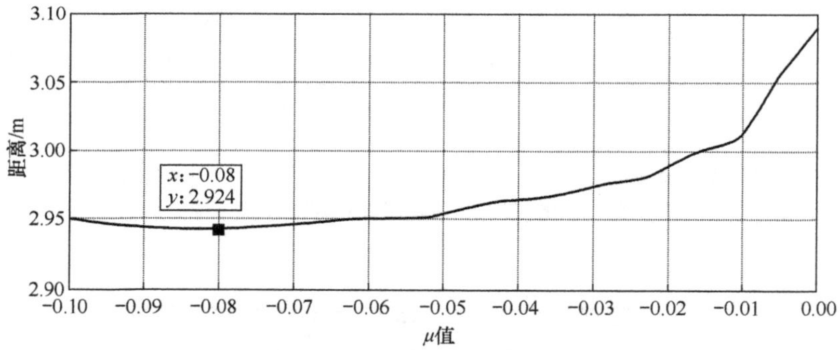

图 6-56　避障点与障碍物间的最大距离随系数 μ 的变化

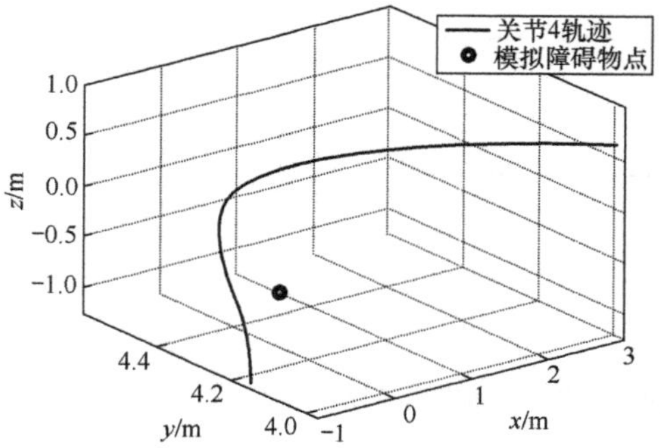

图 6-57　μ=−0.08 时关节 4 最优轨迹

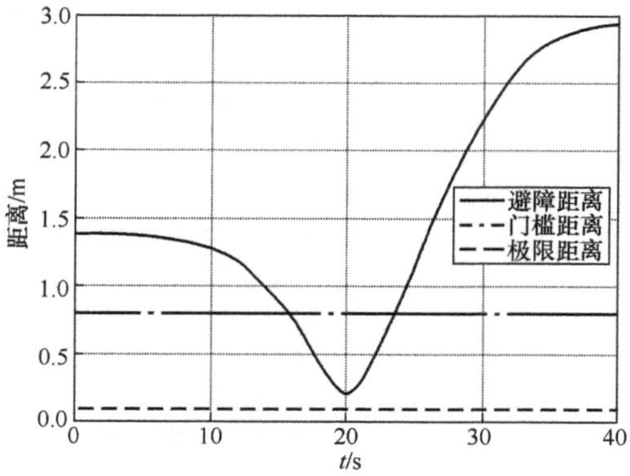

图 6-58　避障点与障碍物间的距离

由图 6-58 可以看出，引入避障轨迹优化算法后，在 16 s 时避让关节与障碍物间的距离小于门槛距离 d_0，避障算法生效，故障空间机械臂开始避障；在 20 s 时，避让关节与障碍物间的距离达到最小，之后距离不断增大；到达 24 s 时，避让关节与障碍物间的距离大于门槛距离 d_0，实现避障轨迹优化。

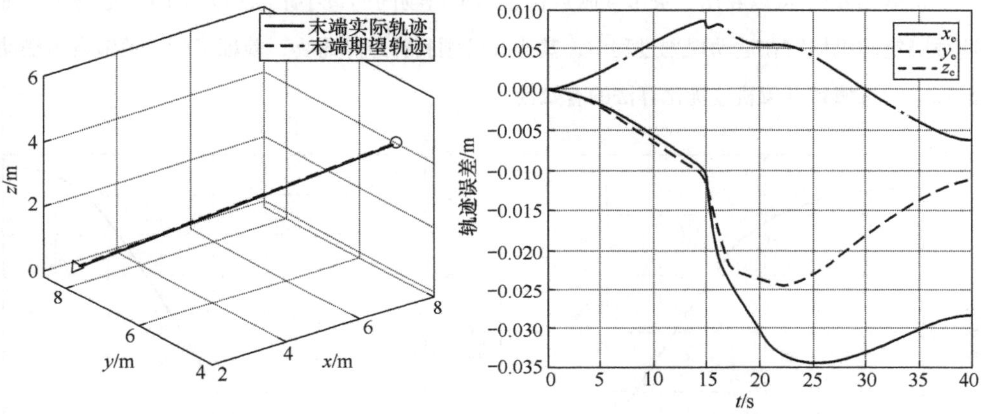

（a）机械臂末端轨迹　（b）末端轨迹误差

图 6-59　优化后故障空间机械臂末端轨迹与轨迹误差

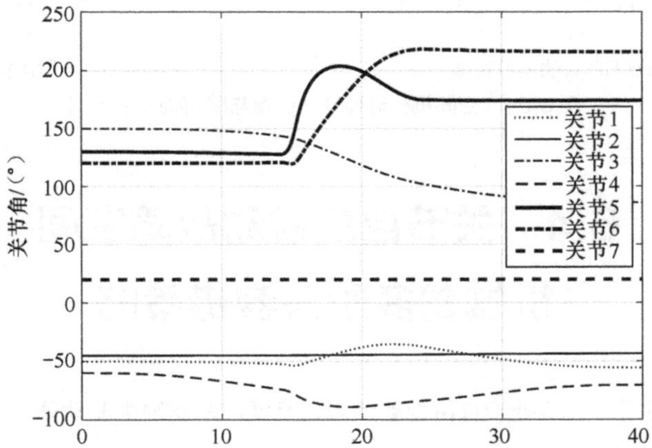

图 6-60　优化后故障空间机械臂各关节角变化情况

对比图 6-55 与图 6-57 可以得出，引入避障算法后，避让关节顺利躲避障碍物，实现避障轨迹优化。分析图 6-59 可知避障优化后的末端实际轨迹与期望轨迹误差小于 0.04 m，末端实际轨迹与期望轨迹可基本重合，因此故障空间机械臂可以在躲避障碍的同时实现末端轨迹跟踪。由图 6-60 可以看出，各关节的运动在避障前后变化较明显，剩余运动时间变化较稳定，证明避障算法的有效性。

为验证引入避障算法后，空间机械臂连杆是否可实现整体避障，选取关节 4 附近连杆上的其他位置，任意选取空间机械臂连杆上与关节 4 接近的 A、B 两点位置，其与障碍物间的距离如图 6-61 所示。

根据图 6-61 可以看出，关节 4 附近位置与障碍物间的最小距离均大于门槛距离 d_0，证明故障空间机械臂在运动规划过程中，其连杆可顺利躲避障碍物，验证了所提关节自由摆动故障空间机械臂避障轨迹优化算法的有效性。

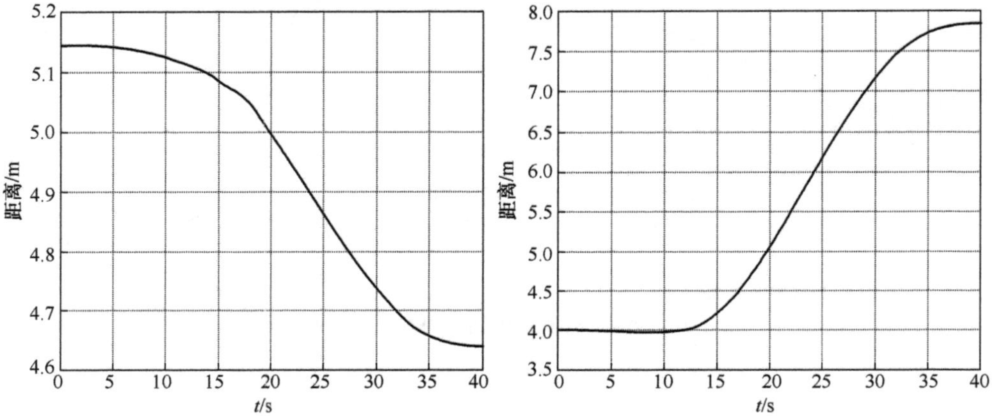

（a）A点与障碍物间的距离　　（b）B点与障碍物间的距离

图 6-61　空间机械臂连杆某位置与障碍物间的距离

6.4　关节自由摆动故障空间机械臂多阶段容错策略

关节发生故障后，关节处于自由摆动状态，且漂浮基座缺失驱动器，此时关节自由摆动故障空间机械臂呈现出高欠驱动特征。当空间机械臂其余健康关节的数量比任务所要求的被控单元维数多（即多输入少输出任务）时，采用多输入少输出的运动控制算法容易实现对被控单元的调控。然而，当剩余健康关节比任务所要求的被控单元维数少（即少输入多输出任务）时，将导致空间机械臂输入输出耦合矩阵不满秩而无法设计连续－光滑的状态反馈控制律。同时，健康关节数量的减少以及被控单元数量的增多，容易导致可控程度不足而发生奇异。因此，需借鉴分阶段调控方式实现空间机械臂的运动控制。然而，故障空间机械臂可控性、能耗等作为决定任务执行效果的重要因素，增加了关节自由摆动故障空间机械臂多阶段运动控制的复杂程度，同时也会直接影响各阶段运动单元的种类、运动模式等。为此，需根据任务对空间机械臂的要求，考虑被控单元种类、数量等因素，提出关节自由摆动故障空间机械臂多阶段容错策略，确定阶段划分准则及各阶段调控目标，结合轨迹优化算法实现各阶段对被控单元的调控，以尽最大可能使故障空间机械臂完成各类在轨任务。

本节将介绍关节自由摆动故障空间机械臂多阶段容错策略。首先，面向因欠驱动单元增多导致系统控制输入对被控单元的可控程度不足而易发生奇异的任务，提出基于主动关节切换思想的多阶段容错策略，使系统对被控单元具备足够的可控程度，避免空间机械臂陷入奇异构型而难以驱动被控单元；其次，面向系统控制输入维数少于被控单元的任务，提出一种包含顶层规划器和底层规划器的多阶段容错策略，并结合轨迹优化方法获得各阶段各运动单元的最优轨迹，在保证各被控单元可控的前提下，综合优化各阶段空间机械臂的基座姿态扰动、能耗等目标。

6.4.1　多阶段容错策略条件分析

自由摆动故障关节、漂浮基座以及末端等无法独立控制，但可以借助运动学与动力学耦合关系由主动关节驱动。一般情况下，需满足以下基本条件以使任务顺利完成。

① 空间机械臂运动过程不存在奇异构型。

② 主动关节的数量不少于被控单元。

对于条件①，在任务执行过程中，空间机械臂的可控程度随构型的变化而发生改变，当其为零或接近零时，主动关节需输出较大的加速度或力矩来驱动被控单元，此时空间机械臂处于或接近奇异构型。因此，应采取措施以避免空间机械臂陷入奇异状态，保证在系统输入不超限的情况下顺利驱动被控单元。对于条件②，由关节自由摆动故障空间机械臂动力学模型可知，主动关节与基座、故障关节或末端的动力学耦合关系为

$$\begin{bmatrix} \ddot{\boldsymbol{x}}_\mathrm{b} \\ \ddot{\boldsymbol{\theta}}_\mathrm{f} \\ \ddot{\boldsymbol{x}}_\mathrm{e} \end{bmatrix} = \begin{bmatrix} \boldsymbol{M}_\mathrm{br} \\ \boldsymbol{M}_\mathrm{fr} \\ \boldsymbol{M}_\mathrm{er} \end{bmatrix} \boldsymbol{\tau}_\mathrm{mh} + \begin{bmatrix} \boldsymbol{C}_\mathrm{br} \\ \boldsymbol{C}_\mathrm{fr} \\ \boldsymbol{C}_\mathrm{er} \end{bmatrix} = \boldsymbol{M}_\mathrm{t} \boldsymbol{\tau}_\mathrm{mh} + \boldsymbol{C}_\mathrm{r} \quad （6-151）$$

在 6.1.3 节中已分析得出，若要求主动关节同时调控所有被控单元，则空间机械臂至少有 14 个关节以保证被控单元的个数不多于主动关节的个数，这会导致空间机械臂结构复杂，制造难度大。虽然实际在轨任务中不需要同时调控所有被控单元，但一些任务所要求的被控单元的数量会多于主动关节的数量。在此情况下，主动关节难以兼顾所有被控单元状态。因

此，应将任务划分为多个阶段，以确保每个阶段主动关节的数量不少于被控单元的数量。

为此，面向轨迹奇异以及少输入多输出任务，本节提出两种多阶段容错策略：① 面向轨迹奇异规避的多阶段容错策略；② 面向少输入多输出任务的多阶段容错策略。

6.4.2 面向轨迹奇异规避的多阶段容错策略

一般地，空间机械臂发生奇异，即表示末端丧失了某一方向上的运动能力，本质上可理解为系统广义驱动空间丧失了对工作空间某一或多个维度方向的控制能力。

对于发生关节自由摆动故障的空间机械臂，健康关节数量减少，且被控单元数量增多，容易导致在任务执行过程中系统的控制输入对被控单元的可控程度不足而发生奇异。为此，本节提出了基于主动关节切换思想的多阶段容错策略。当可控程度趋于零时，通过切换当前主动关节（若主动关节数量多于 1，则称为主动关节组），选取新的健康关节集合作为主动关节，使系统对被控单元具备足够的可控能力，避免空间机械臂陷入奇异构型而难以驱动被控单元。

1. 主动关节切换思想

在 6.3 节轨迹优化中，若主动关节全任务过程均具备足够的能力来驱动被控单元，则任务能够顺利完成。在此过程，可利用可控程度指标来反映该能力。可控程度指标是空间机械臂构型的函数，同被控单元与主动关节之间的相对角度（或姿态）有关。

被控单元为获得一定的加速度，可根据式（6-101）计算出主动关节需要提供的加速度/力矩。随着空间机械臂构型的变化，可控程度也发生相应变化，可控程度越小，主动关节需要提供的加速度/力矩越大。当其趋于零甚至等于零时，主动关节的输出加速度/力矩趋于无穷大，此时即代表空间机械臂处于动力学奇异构型。在此情况下，系统是局部不可控的，即当前主动关节输入对被控单元的调 c 控能力不足。

为此，本节提出一种基于主动关节切换思想的多阶段容错策略，其核心思想为：初始选取一组主动关节调控被控单元，根据任务被控单元轨迹反解主动关节运行轨迹，并利用主动关节的输出力矩来反映其对被控单元的控制能力；当主动关节力矩超出阈值时，切换至另一组主动关节进行调控，循环此过程直至被控单元达到任务期望目标。

2. 各阶段轨迹规划

本节以轨迹优化方法中的两段规划方法为基础规划各阶段的被控单元及主动关节轨迹。在稳定段主动关节以及被控单元做小振幅的迭代运动，一般不发生奇异，因此系统若出现奇异构型往往发生在趋近段。

（1）初始阶段

根据全局可控程度指标选取调控能力最佳的一组健康关节，作为初始阶段的主动关节组进行调控。基于式（6-95）～式（6-99），以含冗余参数的多项式函数插值被控单元轨迹，进而基于式（6-101），反解获得主动关节运行轨迹，即

$$ {}^{\mathrm{cu}}\ddot{\boldsymbol{\theta}}_{\mathrm{h}} = \hat{\boldsymbol{M}}_{\mathrm{ch}}^{\dagger}\left(\ddot{\boldsymbol{x}}_{\mathrm{c}}^{\mathrm{d}} - \hat{\boldsymbol{C}}_{\mathrm{ch}}\right) \tag{6-152} $$

式中，左上标 cu 表示当前阶段；${}^{\mathrm{cu}}\ddot{\boldsymbol{\theta}}_{\mathrm{h}}$ 表示当前阶段主动关节的加速度轨迹。

将主动关节的输出力矩作为反映其对被控单元驱动能力的指标。设置关节力矩极限为 τ_{th}，若 $\left|{}^{\mathrm{cu}}\tau_{ai}\right| > \tau_{\mathrm{th}}$ （$i=1,\cdots,a$），表明该状态下空间机械臂发生奇异，此时当前主动关节组难以驱动被控单元。由此，结束该阶段调控任务，进入下一阶段。

（2）下一阶段迭代

根据全局可控程度指标选取调控能力次佳的一组健康关节，作为新阶段的主动关节组进行调控。同样基于两段规划方法，规划被控单元及主动关节的运行轨迹。当主动关节力矩超出物理阈值时，切换进入下一阶段，循环此主动关节切换策略，直至任务完成。

（3）末尾阶段

在末尾阶段，空间机械臂不再发生奇异，无须再切换主动关节组。因此，在该阶段的后半程（稳定段）需要实现被控单元和主动关节的同时收敛，为此基于两段规划方法，在稳定段规划关节自由摆动故障空间机械臂的运动为

$$ \begin{cases} {}^{\mathrm{ste}}\ddot{\boldsymbol{\theta}}_{\mathrm{h}} = -\boldsymbol{A}\omega^2\cos\omega t \\ {}^{\mathrm{ste}}\ddot{\boldsymbol{\theta}}_{\mathrm{c}} = -\boldsymbol{M}_{\mathrm{ff}}^{-1}\boldsymbol{M}_{\mathrm{fh}}\ddot{\boldsymbol{\theta}}_{\mathrm{h}} - \boldsymbol{M}_{\mathrm{ff}}^{-1}\boldsymbol{C}_{\mathrm{f}} \\ \boldsymbol{A} = \dfrac{1}{\omega^2\cos\omega t}\left(\boldsymbol{M}_{\mathrm{fh}}\right)^{\dagger}\left[\boldsymbol{M}_{\mathrm{ff}}\left(\boldsymbol{k}_{\mathrm{D}}\dot{\boldsymbol{e}} + \boldsymbol{k}_{\mathrm{P}}\boldsymbol{e}\right) + \boldsymbol{C}_{\mathrm{f}}\right] \end{cases} \tag{6-153} $$

式中，左上标 ste 表示末尾阶段的后半程（稳定段）。

3. 切换运动函数设计

在新旧阶段的切换中，需要满足两个阶段间的切换边界条件，实现两段轨迹的拼接，以尽可能保证系统的稳定性。

（1）被控单元运动边界

在切换边界处，为保证任务轨迹的连续性，需保证被控单元的位置、速度及加速度相等，即

$$ \begin{cases} \boldsymbol{x}_{\mathrm{c}}\left({}^{\mathrm{pr}}t_{\mathrm{end}}\right) = \boldsymbol{x}_{\mathrm{c}}\left({}^{\mathrm{ne}}t_{\mathrm{ini}}\right) \\ \dot{\boldsymbol{x}}_{\mathrm{c}}\left({}^{\mathrm{pr}}t_{\mathrm{end}}\right) = \dot{\boldsymbol{x}}_{\mathrm{c}}\left({}^{\mathrm{ne}}t_{\mathrm{ini}}\right) \\ \ddot{\boldsymbol{x}}_{\mathrm{c}}\left({}^{\mathrm{pr}}t_{\mathrm{end}}\right) = \ddot{\boldsymbol{x}}_{\mathrm{c}}\left({}^{\mathrm{ne}}t_{\mathrm{ini}}\right) \end{cases} \tag{6-154} $$

式中，左上标 pr 和 ne 分别表示前一阶段和新阶段；${}^{\mathrm{pr}}t_{\mathrm{end}}$ 和 ${}^{\mathrm{ne}}t_{\mathrm{ini}}$ 分别表示前一阶段的终止时刻和新阶段的初始时刻。

（2）主动关节切换运动函数

由全局可控程度指标可知，前一阶段的主动关节组与新阶段的主动关节组中可能包含相同的关节。因此，当任务进入新阶段后，新的主动关节组开始驱动调控。为保证任务轨迹的连续性及系统的稳定性，原先的主动关节组中仍在新阶段作为主动关节的健康关节，其运动速度满足

$$\dot{\boldsymbol{\theta}}_{\mathrm{aLn}}({}^{\mathrm{pr}}t_{\mathrm{end}})=\dot{\boldsymbol{\theta}}_{\mathrm{aLn}}({}^{\mathrm{ne}}t_{\mathrm{ini}}) \tag{6-155}$$

式中，下标 aLn 表示前一阶段中仍作为新阶段主动关节的健康关节。

而原先的主动关节组中未在新阶段作为主动关节的健康关节依然具有一定的运动速度，需要自行停止。为保证系统的稳定，前一阶段无须作为新阶段主动关节的健康关节，其在新阶段的运动轨迹规划为

$$\dot{\boldsymbol{\theta}}_{\mathrm{aLm}}=\boldsymbol{k}_{\mathrm{DLm}}(\boldsymbol{0}-\dot{\boldsymbol{\theta}}_{\mathrm{aLm}}) \tag{6-156}$$

式中，下标 aLm 表示前一阶段中无须作为新阶段主动关节的健康关节；$\boldsymbol{k}_{\mathrm{DLm}}\in\mathbb{R}^{a\times 1}$ 表示对应的速度规划系数。

4. 多阶段轨迹规划

在面向轨迹奇异规避的多阶段容错策略中，也需要开展空间机械臂的轨迹优化，以满足任务对空间机械臂运动能力、基座姿态扰动等多目标多约束需求。

同样可以式（6-108）～式（6-112）为多阶段轨迹优化目标，以式（5-26）、式（5-27）、式（5-37）、式（5-69）和式（5-87）为约束条件，仅需注意各目标及约束函数的计算要综合各阶段的轨迹来计算。结合式（6-115）的轨迹优化模型，通过寻找最优多项式系数 $\boldsymbol{a}_6$，建立多阶段轨迹优化模型为

$$\begin{aligned}&\min\quad H=\sum_{r=7}^{12}w_r\left|f_r({}^{j}\boldsymbol{\Theta})-f_r^{\mathrm{d}}\right|\Big/f_r^{\mathrm{d}}\\&\mathrm{s.t.}\quad f_6({}^{j}\boldsymbol{\Theta})\leqslant\Theta_{\mathrm{b\_lim}},\boldsymbol{h}_3({}^{j}\boldsymbol{\Theta})=0,g_{l_1,i}({}^{j}\boldsymbol{\Theta})\leqslant 0\\&\qquad (l_1=1,2,3,4;\ i=1,2,\cdots,n;\ j=1,2,\cdots,n)\end{aligned} \tag{6-157}$$

式中，${}^{j}\boldsymbol{\Theta}$ $(j=1,2,\cdots,n)$ 表示各阶段空间机械臂的运行轨迹。

式（6-157）的求解思路与式（6-115）的类似，本质上是对冗余参数 $\boldsymbol{a}_6$ 的迭代求解，以获得满足任务预期目标要求的关节自由摆动故障空间机械臂优化轨迹。

综上所述，面向轨迹奇异规避的多阶段容错策略流程如下。

步骤 1：多阶段轨迹规划。

① 根据全局可控程度指标选取调控能力最佳的一组健康关节，作为初始阶段的主动关节组进行调控。

② 第一次迭代时设定初始系数 $\boldsymbol{a}_6$，基于式（6-95）～式（6-99），获得被控单元含冗余参数的运行轨迹。

③ 基于式（6-101），反解获得主动关节运行轨迹。

④ 设置关节力矩极限 τ_{th}，若存在 $\forall i$，使得 $\left|{}^{\mathrm{cu}}\tau_{\mathrm{a}i}\right| > \tau_{\mathrm{th}}$，则结束当前阶段，进入下一阶段，转至⑤；否则，无须切换主动关节，直至任务完成，转至步骤 2。

⑤ 根据全局可控程度指标选取调控能力次佳的一组健康关节，作为新阶段的主动关节组进行调控。

⑥ 结合切换函数，重复③～⑤，直至被控单元到达目标状态，进而转至步骤 2。

步骤 2：各段最优轨迹求解。

① 计算全任务执行过程关节故障空间机械臂运动能力指标、基座姿态扰动、关节力矩等的变化情况。

② 基于式（6-108）～式（6-112），计算优化目标 $f_6(\boldsymbol{\Theta})$～$f_{12}(\boldsymbol{\Theta})$，进而代入式（6-157）中求解 H。

③ 判断所求解的 H 是否满足精度要求，若是，转至④，否则，转至⑤。

④ 输出在最优冗余参数 $\boldsymbol{a}_6$ 下，空间机械臂各阶段最优运行轨迹。

⑤ 设定粒子群优化算法最大迭代次数、粒子种群规模，随机产生初始种群，代入重新求解轨迹优化模型，迭代更新冗余参数 $\boldsymbol{a}_6$，返回步骤 1。

面向轨迹奇异规避的多阶段容错策略流程如图 6-62 所示。

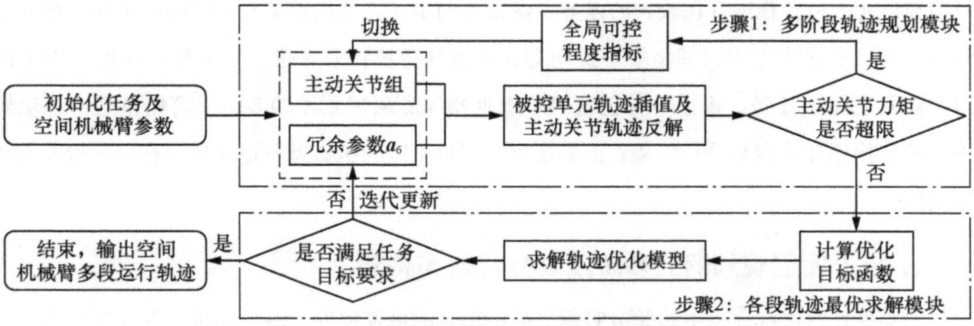

图 6-62 面向轨迹奇异规避的多阶段容错策略流程

6.4.3 面向少输入多输出任务的多阶段容错策略

图 6-63 所示为关节 1 为主动关节（黑色）而关节 2、关节 3（白色）为欠驱动关节的三自由度欠驱动机械臂，需实现关节构型调整。考虑到欠驱动关节多于主动关节，每次调控主动关节仅能驱动一个欠驱动关节。因此，调控过程分为多个阶段进行，该案例中实现最终的构型调控有两种路径。

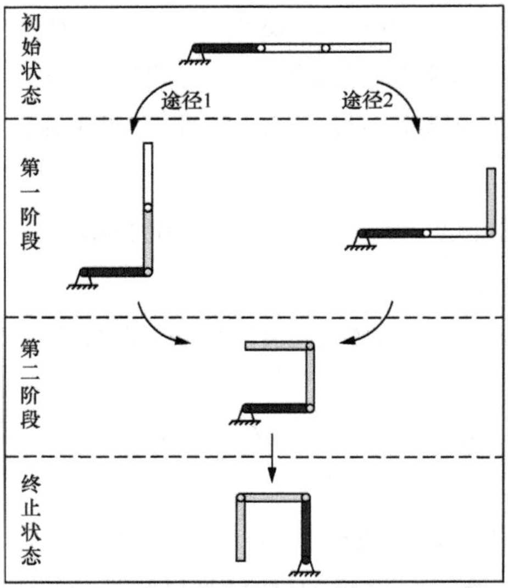

图 6-63 欠驱动机械臂多欠驱动关节调控路径示意

可见，当任务中所要求的被控单元数量较多，以至于健康关节的控制输入维数少于被控单元，在此情况下，需要将被控单元和主动关节划分为多个阶段进行调控，保证每个阶段主动关节数量不少于被控单元数量。由前面对可控程度的分析可知，在不同的主动关节控制下，对被控单元的可控程度存在较大的差异，使得不同单元（主被控单元）的组合运动会影响空间机械臂关节输出力矩、基座姿态扰动等，导致任务执行效果也存在差异。因此，本节面向少输入多输出任务，提出一种包含顶层规划器和底层规划器的多阶段容错策略。顶层规划器负责构建多阶段划分策略集，而底层规划器负责空间机械臂各运动单元在每一阶段的轨迹优化。

1. 基于顶层规划器的多阶段划分策略集构建

顶层规划器通过分析主动关节对每个被控单元的可控程度，基于系统可控性原则构造一个多阶段划分策略集。

对于 n 自由度的空间机械臂，假设自由摆动故障关节的数量为 w，则健康关节数量为 $n-w$。对于给定的任务，假设有 p 维被控单元（如基座姿态、健康关节、自由摆动故障关节或末端位姿等）需要被调控。为了满足系统的可控性，主动关节的数量必须不少于被控单元数量。如果 $n-w \geqslant p$，该任务不需要多阶段调控，否则，需划分阶段以保证每个阶段主动关节数量不少于被控单元数量。

以七自由度空间机械臂为例阐述该顶层规划器。当仅有一个故障关节发生故障时，空间机械臂有 6 个健康关节。对于故障关节调控任务和末端位置转移任务，可采用 6.3 节的规划方法实现调控，而无须将被控单元及主动关节划分为多个阶段驱动。但当两个及以上关节发生故障时，空间机械臂有 5 个或不足 5 个健康关节。对于末端位置转移任务，被控单元维度为 3，主动关节数量不少于 3 个时，无须采用多阶段划分策略。然而对于故障关节调控任务，故障关节和基座姿态组成的被控单元维度至少为五维。而基于可控程度仿真实验可知，关节 7 对故障关节几乎没有可控能力，同时在调控过程可能发生奇异，因此当利用不到 5 个主动关节同时对至少是五维的被控单元进行调控时，难以顺利将被控单元驱动至任务目标。为此，需要对故障关节调控任务的被控单元和主动关节采取多阶段划分策略。

下面以一个例子来分析基于顶层规划器的多阶段划分策略集的构建过程。

任务：空间机械臂存在两个自由摆动故障关节，需要将这两个关节调控至期望角度并保持基座姿态稳定。

分析：健康关节数和被控单元数量（包括基座姿态和自由摆动故障关节）均为 5。根据前面对可控程度的分析，由于单个健康关节（如关节 7）对被控单元的可控程度较小，如果直接使用 5 个健康关节来同时驱动所有被控单元，容易在任务执行过程发生奇异，难以顺利完成在轨任务，为此需要分阶段执行任务。考虑到全任务过程基座姿态需保持稳定，其不能与其他被控单元同等对待，需要在每个阶段都加以考虑。因此，可将任务分两个阶段执行。在每个阶段，被控单元为某一个自由摆动故障关节和基座姿态，主动关节包括 4 个或 5 个健康关节。

解决方案如下。

① 按被控单元划分为多阶段。

在每个阶段分配被控单元。有以下两种分配方案。

（a）分配方案 1：阶段 1 为 $\{J_{f1},\alpha_b,\beta_b,\gamma_b\}$；阶段 2 为 $\{J_{f2},\alpha_b,\beta_b,\gamma_b\}$。$J_{fi}$（$i=1,2$）表示故障关节编号，$\alpha_b$、$\beta_b$、$\gamma_b$ 表示基座姿态。

（b）分配方案 2：阶段 1 为 $\{J_{f2},\alpha_b,\beta_b,\gamma_b\}$；阶段 2 为 $\{J_{f1},\alpha_b,\beta_b,\gamma_b\}$。

② 各阶段主动关节的选取。

在每一阶段选取主动关节。根据对被控单元的分配，主动关节选取方案如下。

（a）对于被控单元分配方案 1。在第一阶段中，选择其中 4 个或 5 个健康关节来驱动被控单元，共有 $6(C_5^4+C_5^5)$ 种选择方案；在第二阶段，同样也可以选择 4 个或 5 个健康关节来控制被控单元，共有 $6(C_5^4+C_5^5)$ 种选择方案。因此，对于被控单元分配方案 1，主动关节有 $36(6\times6)$ 种选取方案。

（b）对于被控单元分配方案 2。类似于被控单元分配方案 1 中的主动关节选取，也有 $36(6\times6)$ 种主动关节选取方案。

上述被控单元的分配方案和主动关节选取方案共同构成多阶段划分策略集，如图 6-64 所示。

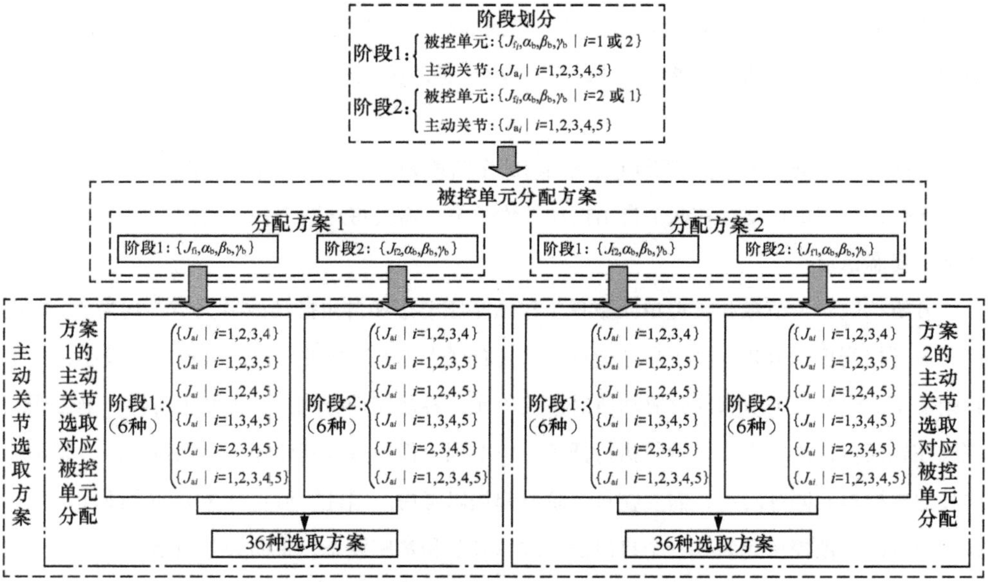

图 6-64 基于顶层规划器的多阶段划分策略集

2. 基于底层规划器的最优运动单元序列生成

前面所得的多阶段划分策略集包含每个阶段的被控单元、主动关节和阶段目标。本节将考虑基座姿态扰动、能耗等因素，利用底层规划器实现运动单元序列的优选，并获得其优化轨迹。

在底层规划器中，将对空间机械臂的轨迹优化过程嵌入本节所划分的各阶段调控任务过程中，获得空间机械臂各阶段运行轨迹。在面向故障关节调控任务的各阶段轨迹优化中，任务对空间机械臂的要求有基座姿态扰动、能耗等，更新优化目标如下。

① 基座姿态扰动最小化。

$$\min\ f_6' = \sum_j^{\mathrm{ns}} \left(\int_{{}^j t_0}^{{}^j t_{\mathrm{f}}} \left\| {}^j\boldsymbol{\phi}_{\mathrm{b}}(\boldsymbol{a}_6, t) \right\|_2 \mathrm{d}t \Big/ \left({}^j t_{\mathrm{f}} - {}^j t_0 \right) \right) \tag{6-158}$$

式中，ns 为划分的阶段数；${}^j t_0$和${}^j t_{\mathrm{f}}$分别为空间机械臂在第j个阶段的初始运行时刻和终止运行时刻；${}^j\boldsymbol{\phi}_{\mathrm{b}}(\boldsymbol{a}_6, t)$表示基座在第$j$个阶段第$t$时刻的扰动姿态。

② 能耗最小。

$$\min\ f_7' = \sum_j^{\mathrm{ns}} \sum_{i=1}^{a} \int_{{}^j t_0}^{{}^j t_{\mathrm{f}}} \left| {}^j\tau_{\mathrm{a}i}(\boldsymbol{a}_6, t) \right|^2 \mathrm{d}t \tag{6-159}$$

式中，${}^j\tau_{\mathrm{a}i}(\boldsymbol{a}_6, t)$为第$j$个阶段中第$i$个主动关节在第$t$时刻的输出力矩。

③ 可控程度最大。

$$\max\ f_{12}' = \sum_j^{\mathrm{ns}} \left(\int_{{}^j t_0}^{{}^j t_{\mathrm{f}}} {}^j\hat{\lambda}_{\mathrm{d}}(\boldsymbol{a}_6, t) \mathrm{d}t \Big/ \left({}^j t_{\mathrm{f}} - {}^j t_0 \right) \right) \tag{6-160}$$

式中，${}^j\hat{\lambda}_{\mathrm{d}}(\boldsymbol{a}_6, t)$为第$j$个阶段中第$t$时刻主动关节对被控单元的可控程度指标。

此外，各阶段还应满足系统可控性这一约束条件，即

$$p' \leqslant a' \tag{6-161}$$

式中，p'与a'分别为被控单元及主动关节数量。

结合约束条件$\boldsymbol{h}_3(\boldsymbol{\Theta})$、$g_{1,i}(\boldsymbol{\Theta}) \sim g_{4,i}(\boldsymbol{\Theta})$，将式（6-158）～式（6-161）代入式（6-115），通过寻找最优多项式系数$\boldsymbol{a}_6$，可得多阶段策略集中运动单元最优序列的优化模型为

$$\begin{aligned} \min\ & H = w_7 \left| f_7'({}^j\boldsymbol{\Theta}) - f_7^{\mathrm{d}} \right| \big/ f_7^{\mathrm{d}} + w_{12} \left| f_{12}'({}^j\boldsymbol{\Theta}) - f_{12}^{\mathrm{d}} \right| \big/ f_{12}^{\mathrm{d}} \\ \text{s.t.}\ & f_6'({}^j\boldsymbol{\Theta}) \leqslant \Theta_{\mathrm{b\_lim}}, \boldsymbol{h}_3({}^j\boldsymbol{\Theta}) = 0, g_{l_1,i}({}^j\boldsymbol{\Theta}) \leqslant 0, p' \leqslant a', \\ & l_1 = 1,2,3,4;\ i = 1,2,\cdots,n;\ j = 1,2,\cdots,\mathrm{ns} \end{aligned} \tag{6-162}$$

式中，w_7与w_{12}为各优化目标的权重向量，且$w_7 + w_{12} = 1$。其中，由于将基座姿态当作被控单元之一，因此设置$\Theta_{\mathrm{b_lim}} = 0$。

通过求解优化模型，即求解式（6-162），即可获得空间机械臂的最优运动单元序列及各单元的运行轨迹。

综上，本章所提多阶段容错策略，包含面向轨迹奇异规避的多阶段容错策略和面向少输入多输出任务的多阶段容错策略，其流程如图 6-65 所示。

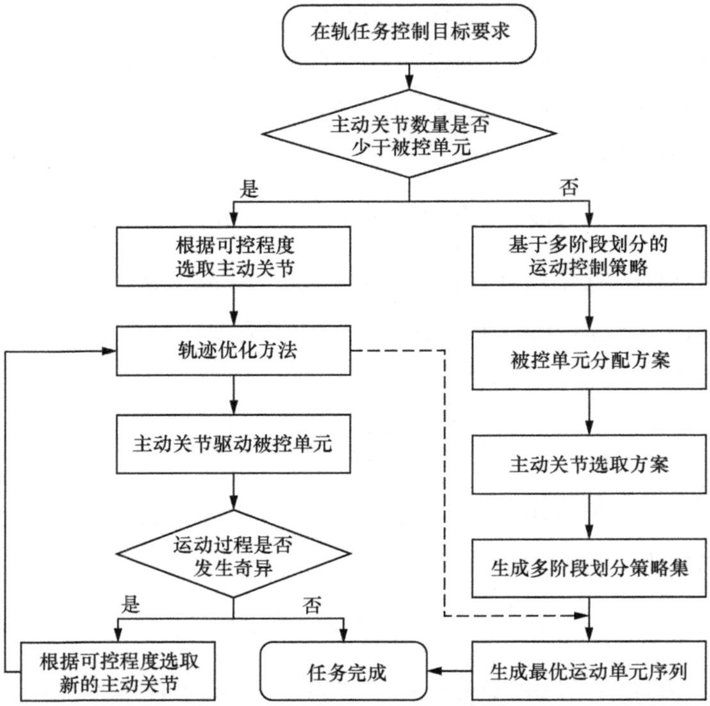

图 6-65　关节自由摆动故障空间机械臂多阶段容错策略流程

6.4.4　仿真算例

本节以末端位置转移任务为例，以图 3-2 所示的七自由度空间机械臂为仿真对象，给出关节自由摆动故障空间机械臂多阶段容错策略仿真算例，其几何参数及动力学参数如表 3-2 所示。

1. 面向轨迹奇异规避的多阶段容错策略实验

本节实验以末端位置转移任务为例开展实验验证。假设关节 3 发生自由摆动故障，设空间机械臂初始关节构型 $\boldsymbol{\theta}_{\text{ini}}=[-40°,-165°,140°,-55°,120°,170°,0°]^{\text{T}}$，基座位姿 $\boldsymbol{x}_{\text{b}}=[0\text{ m},0\text{ m},0\text{ m},0°,0°,0°]^{\text{T}}$。任务总执行时间为 10 s。

在 6.3.3 节的仿真实验中，对于所设定的末端起始位置与期望位置，只需单阶段（无须切换主动关节）即可将末端调控至期望状态，且在运动过程中没有出现奇异构型。如果任务要求将末端调控至 $\boldsymbol{r}_{\text{end}}=[5.2,4.5,5]^{\text{T}}\text{ m}$，考虑到目标优化空间，结合可控程度指标，首先采用 J_1、J_2、J_4、J_5 组合调控末端位置，在此过程中 J_6、J_7 保持静止。设置末端规划系数

$\boldsymbol{a}_6 = [0,0,0]^{\mathrm{T}}$。求解得到的主动关节输出力矩如图 6-66 所示。

从 6.15 s 开始，主动关节的输出力矩迅速增大，且在 8.75 s 达到 12 747.7 N•m，远远超出了关节输出力矩极限。这意味着在当前阶段空间机械臂趋向于运动到一个奇异构型，主动关节 J_1、J_2、J_4、J_5 不再有足够的可控能力调控末端。因此，需要切换另一组主动关节来调控末端。

采用面向轨迹奇异规避的多阶段容错策略求解流程，获得的目标函数迭代如图 6-67 所示。在迭代 47 次后，目标函数达到最优值，对应的末端最优规划系数 $\boldsymbol{a}_6 = [-0.8177, 4.6251, 9.2483]^{\mathrm{T}} \times 10^{-6}$。末端轨迹和主动关节轨迹分别如图 6-68 和图 6-69 所示。其中考虑能耗因素，设置关节力矩阈值 $\tau_{\mathrm{th}} = 300$ N•m。

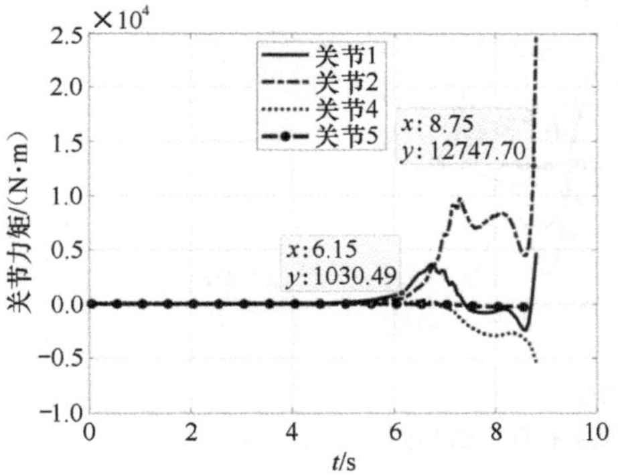

图 6-66 主动关节输出力矩

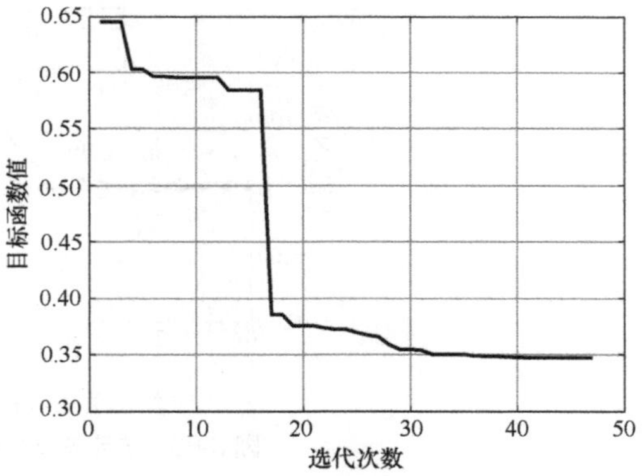

图 6-67 目标函数迭代

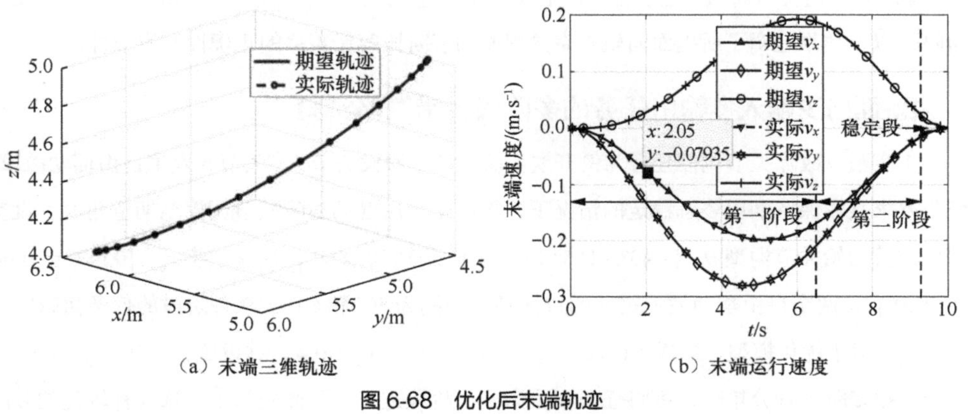

图 6-68 优化后末端轨迹

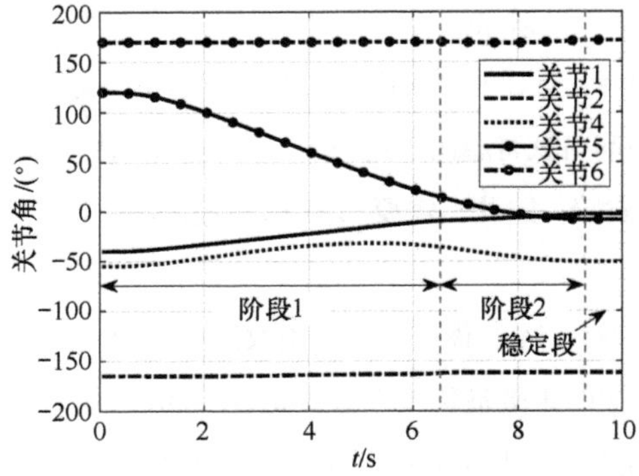

（a）主动关节角

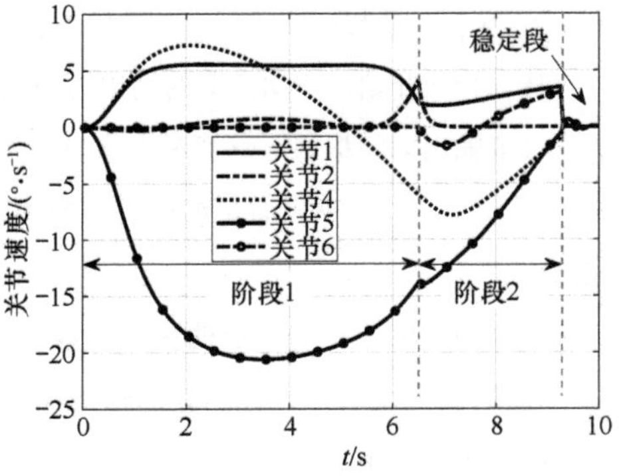

（b）主动关节速度

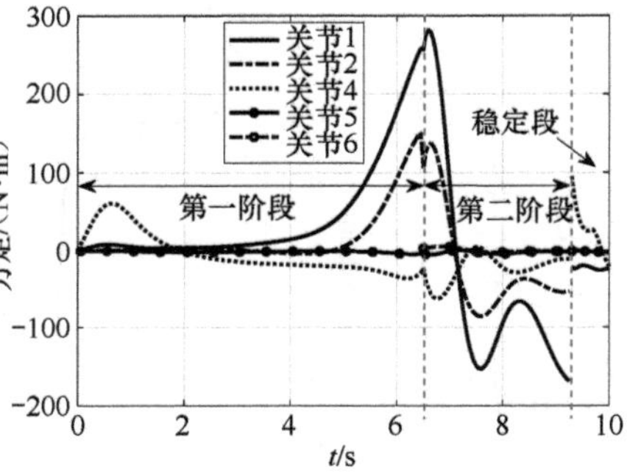

（c）主动关节力矩

图 6-69　主动关节切换前后主动关节轨迹

当 $0 \leqslant t < 6.5$ s 时，选择 J_1、J_2、J_4、J_5 作为主动关节来调控末端位置。当 $t \geqslant 6.5$ s 时，切换主动关节，根据全局可控程度指标选择 J_1、J_4、J_5、J_6 作为新的主动关节。最后，成功将末端调控至期望状态，在此过程中，主动关节峰值力矩为 $\left|\tau_{\text{h\_max}}\right| = 281.61\ \text{N}\cdot\text{m} < \tau_{\text{th}}$，没有超限。以上结果证明了所提面向轨迹奇异规避的多阶段容错策略的正确性与有效性。

2. 面向少输入多输出任务的多阶段容错策略实验

本实验以故障关节调控任务为例开展实验验证。假设关节 5、关节 6 发生自由摆动故障，任务要求是在保持基座姿态稳定的情况下，将两个自由摆动故障关节调控至期望角度。设空间机械臂初始关节构型 $\boldsymbol{\theta}_{\text{ini}}=[-40°,-165°,140°,-55°, 20°,90°,0°]^{\text{T}}$，基座位姿 $\boldsymbol{x}_{\text{b}} = [0\ \text{m},0\ \text{m},0\ \text{m}, 0°,0°,0°]^{\text{T}}$，两个自由摆动故障关节的目标角度分别为 50° 和 60°。在各阶段的任务执行时间为 10 s。对于优化模型，即式（6-162），令 $w_7 = 0.6$、$w_{12} = 0.4$，并设置 $f_7^{\text{d}} = 10$、$f_{12}^{\text{d}} = 3$。

根据多阶段划分策略，可将任务划分为两个阶段进行，因此先初步筛选 8 种较优的多阶段划分策略，如表 6-5 所示。

表 6-5　初步筛选 8 种较优的多阶段划分策略

方案编号	被控单元划分	主动关节
1	阶段 1：$\{J_5,\alpha_b,\beta_b,\gamma_b\}$ 阶段 2：$\{J_6,\alpha_b,\beta_b,\gamma_b\}$	阶段 1：$\{J_1,J_2,J_3,J_4,J_7\}$ 阶段 2：$\{J_1,J_2,J_3,J_4,J_7\}$
2		阶段 1：$\{J_1,J_2,J_3,J_4\}$ 阶段 2：$\{J_1,J_2,J_3,J_4,J_7\}$
3		阶段 1：$\{J_1,J_2,J_3,J_4,J_7\}$ 阶段 2：$\{J_1,J_2,J_3,J_4\}$
4		阶段 1：$\{J_1,J_2,J_3,J_4\}$ 阶段 2：$\{J_1,J_2,J_3,J_4\}$
5	阶段 1：$\{J_6,\alpha_b,\beta_b,\gamma_b\}$ 阶段 2：$\{J_5,\alpha_b,\beta_b,\gamma_b\}$	阶段 1：$\{J_1,J_2,J_3,J_4,J_7\}$ 阶段 2：$\{J_1,J_2,J_3,J_4,J_7\}$
6		阶段 1：$\{J_1,J_2,J_3,J_4\}$ 阶段 2：$\{J_1,J_2,J_3,J_4,J_7\}$
7		阶段 1：$\{J_1,J_2,J_3,J_4,J_7\}$ 阶段 2：$\{J_1,J_2,J_3,J_4\}$
8		阶段 1：$\{J_1,J_2,J_3,J_4\}$ 阶段 2：$\{J_1,J_2,J_3,J_4\}$

结合最优模型即式（6-162）的求解，获得故障关节最优调控系数为 $a_6=5.9668\times10^{-7}$，进而得到自由摆动故障关节、基座、主动关节的运行轨迹如图 6-70 所示。可以得知，方案 4 的多阶段划分策略最优，使得目标函数最优。即先在阶段 1 利用主动关节 J_1、J_2、J_3、J_4 调控故障关节 5，然后在阶段 2 利用主动关节 J_1、J_2、J_3、J_4 调控故障关节 6。在任务执行过程中，基座扰动姿态基本为零，且各阶段主动关节轨迹平滑拼接，证明了所提方法的有效性。

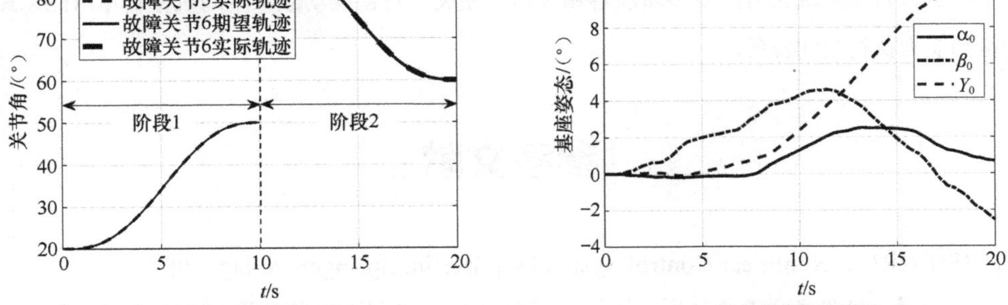

（a）自由摆动故障关节角　　（b）基座姿态扰动

图 6-70　空间机械臂运行轨迹

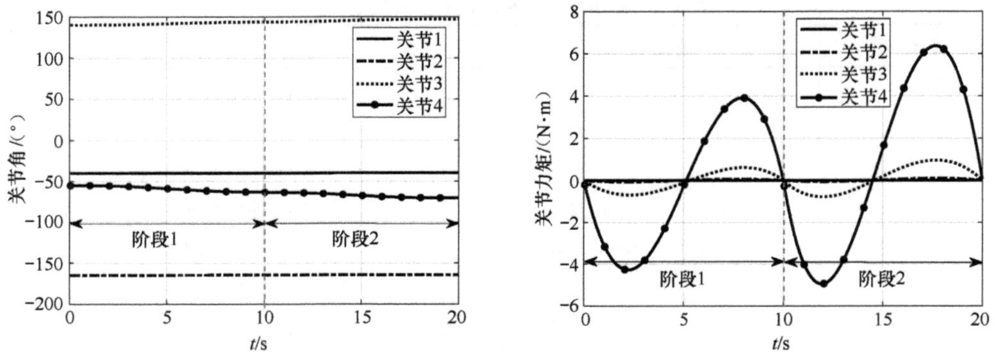

（c）主动关节角度　　（d）主动关节力矩

图 6-70　空间机械臂运行轨迹（续）

从图 6-65 所示的流程和以上实验结果可以看出，与传统调控方法 [5, 10-11] 相比，本书所提多阶段容错策略可根据任务执行过程中是否发生动力学奇异以及健康关节和被控单元的数量来实施，确保任务执行过程满足系统可控性原则并避免奇异构型的发生，且实现机空间械臂在各阶段对基座姿态扰动、能耗等目标的综合优化。

小结

本章介绍了关节自由摆动故障空间机械臂容错运动控制策略，分析了关节自由摆动故障空间机械臂运动学与动力学耦合特性，包括非完整约束特性、冗余特性、运动学与动力学耦合程度和动力学可控性及可控程度等，为后续运动控制策略提供参考；面向自由摆动故障关节锁定处理，介绍了最优锁定角度求解以及欠驱动运动控制方法，以提升故障关节锁定后空间机械臂的任务执行能力；面向空间任务紧迫性需求，介绍了故障关节处于自由摆动状态下的空间机械臂轨迹优化方法及多阶段容错策略，使关节自由摆动故障空间机械臂尽可能以最优运动能力执行空间任务。

参考文献

[1] ISIDORI A. Nonlinear Control System[M]. Berlin: Springer-Verlag, 1989.
[2] 赵治涛，张继民，王楠．关于格林公式的应用研究 [J]. 林区教学，2016(7): 94-95.
[3] ROBERT V. Local null controllability of the control-affine nonlinear systems with

time-varying disturbances[J]. European Journal of Control, 2018(40): 80-86.

[4] 袁博楠 . 面向关节故障的空间机械臂容错控制方法研究 [D]. 北京：北京邮电大学，2021.

[5] BERGERMAN M, XU Y S. Optimal control of manipulators with any number of passive joints[J]. Journal of Robotic Systems, 1998, 15(3): 115-129.

[6] 王宣 . 多关节多类型故障的空间机械臂容错控制策略研究 [D]. 北京：北京邮电大学，2019.

[7] MACHMUDAH A, PARMAN S, ZAINUDDIN A, et al. Polynomial joint angle arm robot motion planning in complex geometrical obstacles[J]. Applied Soft Computing, 2013,13(2): 1099-1109.

[8] 何广平，陆震，王凤翔 . 欠驱动余度机械臂的无碰撞运动规划与控制 [J]. 机械工程学报 , 2005(6): 208-213.

[9] 何广平 , 杨泽勇 , 范春辉 , 等 . 欠驱动冗余度机械臂的动态自重构 [J]. 机械工程学报 , 2005(4): 158-162, 167.

[10] ROY B, ASADA H H. Nonlinear feedback control of a gravity-assisted underactuated manipulator with application to aircraft assembly[J]. IEEE Transactions on Robotics, 2009, 25(5): 1125-1133.

[11] GREGORY J, OLIVARES A, STAFFETTI E. Energy-optimal trajectory planning for the Pendubot and the Acrobot[J]. Optimal Control Applications and Methods, 2013, 34(3): 275-295.

第7章

关节部分失效故障空间机械臂容错运动控制策略

由第3章可知，发生关节部分失效故障后，故障关节实际速度或输出力矩低于期望值，但故障关节仍具备速度输出能力，不像关节锁定故障那样被完全锁死；仍具备力矩输出能力和独立控制能力，不像关节自由摆动故障那样，故障关节处于自由摆动状态，需通过健康关节的运动对故障关节进行调控。由于故障关节实际速度或输出力矩低于期望值，而在空间机械臂规划和控制中仅能改变关节期望输出，导致关节期望输出与基座/末端间的映射关系发生改变，进而导致空间机械臂运动学和动力学模型改变，若仍基于原来的运动学和动力学模型进行控制，将可能导致故障空间机械臂末端偏离期望轨迹，基座姿态扰动过大从而影响空间机械臂运行的稳定性与安全性，以及空间机械臂运动能力退化而不满足任务要求[1]。上述情况均会导致故障空间机械臂无法继续执行空间任务。因此，有必要基于故障空间机械臂运动模型，设计容错运动控制策略，获得关节期望输出速度/力矩控制律，使得空间机械臂末端、基座按照期望轨迹运动。

7.1 面向基座无扰的故障空间机械臂容错运动控制

空间机械臂关节间隙、振动、摩擦等因素使得空间机械臂运动学及动力学模型中存在不确定性项，会影响空间机械臂的运动精度[2]；基座姿态扰动将影响安装于其上设备的正常工作，影响航天器的能量获取与对地通信等[3]。考虑到滑模控制方法在面对未知干扰与不确定性项时具有很强的鲁棒性，可有效解决模型不确定性项与基座姿态扰动问题[4]。本节在故障空间机械臂运动模型的基础上，采用该方法实现面向基座无扰的容错运动控制。关节部分失效故障包括关节速度部分失效和关节力矩部分失效两种情况，本节将分别针对这两种情况，以空间机械臂末端跟踪期望轨迹以及基座姿态无扰动为目标设计关节部分失效故障空间机械臂容错运动控制系统。

7.1.1 关节速度部分失效时面向基座无扰的容错运动控制策略研究

（1）关节速度部分失效故障空间机械臂状态空间方程的构建

设任务要求的空间机械臂末端位置与末端速度分别为$\boldsymbol{r}_{\mathrm{ed}}$、$\boldsymbol{v}_{\mathrm{ed}}$，任务要求的空间机械臂基座姿态与基座角速度分别为$\boldsymbol{\phi}_{\mathrm{bd}}=\mathbf{0}$、$\boldsymbol{\omega}_{\mathrm{bd}}=\mathbf{0}$。

取式（3-96）的后3行与式（3-97）的前3行可组成

$$\begin{bmatrix}\boldsymbol{v}_{\mathrm{e}}\\ \boldsymbol{\omega}_{\mathrm{b}}\end{bmatrix}=\boldsymbol{J}_{\mathrm{eb}}\begin{bmatrix}\dot{\boldsymbol{\theta}}_{\mathrm{h}}\\ \dot{\boldsymbol{\theta}}_{\mathrm{fc}}\end{bmatrix}+\dot{\boldsymbol{\theta}}_{\mathrm{eb}} \tag{7-1}$$

式中，$\boldsymbol{J}_{\mathrm{eb}}=\begin{bmatrix}\boldsymbol{J}_{\mathrm{ev\_up}}\\ \boldsymbol{H}_{\mathrm{bmc\_down}}\end{bmatrix}$，$\boldsymbol{J}_{\mathrm{ev_up}}$为雅可比矩阵$\boldsymbol{J}_{\mathrm{ev}}$的前3行，$\boldsymbol{H}_{\mathrm{bmc_down}}$为耦合矩阵$\boldsymbol{H}_{\mathrm{bmc}}$的后3行；$\dot{\boldsymbol{\theta}}_{\mathrm{eb}}=\begin{bmatrix}\dot{\boldsymbol{\theta}}_{\mathrm{e_up}}\\ \dot{\boldsymbol{\theta}}_{\mathrm{b_down}}\end{bmatrix}$，$\dot{\boldsymbol{\theta}}_{\mathrm{e_up}}$为矩阵$\boldsymbol{J}_{\mathrm{ef}}\dot{\boldsymbol{\theta}}_{\mathrm{e}}$的前3行，$\dot{\boldsymbol{\theta}}_{\mathrm{b_down}}$为矩阵$-\boldsymbol{H}_{\mathrm{b}}^{-1}\boldsymbol{H}_{\mathrm{mf}}\dot{\boldsymbol{\theta}}_{\mathrm{e}}$的后3行。

令被控对象为$\boldsymbol{x}_1=\begin{bmatrix}\boldsymbol{r}_{\mathrm{e}}\\ \boldsymbol{\phi}_{\mathrm{b}}\end{bmatrix}-\begin{bmatrix}\boldsymbol{r}_{\mathrm{ed}}\\ \boldsymbol{\phi}_{\mathrm{bd}}\end{bmatrix}$，并令末端速度与基座角速度为输出，可得到关节速度部分失效故障空间机械臂系统的状态空间方程为

$$
\begin{cases}
\dot{\boldsymbol{x}}_1 = \begin{bmatrix} \boldsymbol{v}_{\mathrm{e}} \\ \boldsymbol{\omega}_{\mathrm{b}} \end{bmatrix} - \begin{bmatrix} \boldsymbol{v}_{\mathrm{ed}} \\ \boldsymbol{\omega}_{\mathrm{bd}} \end{bmatrix} = \boldsymbol{J}_{\mathrm{eb}} \begin{bmatrix} \dot{\boldsymbol{\theta}}_{\mathrm{h}} \\ \dot{\boldsymbol{\theta}}_{\mathrm{fc}} \end{bmatrix} + \dot{\boldsymbol{\theta}}_{\mathrm{eb}} - \begin{bmatrix} \boldsymbol{v}_{\mathrm{ed}} \\ \boldsymbol{\omega}_{\mathrm{bd}} \end{bmatrix} \\
\boldsymbol{y} = \dot{\boldsymbol{x}}_1 + \begin{bmatrix} \boldsymbol{v}_{\mathrm{ed}} \\ \boldsymbol{\omega}_{\mathrm{bd}} \end{bmatrix}
\end{cases} \tag{7-2}
$$

（2）滑模面趋近律选择

滑模控制包括两个阶段：① 被控对象快速运动，并逐渐趋近零滑模面 $\boldsymbol{s}=\boldsymbol{0}$；② 被控对象在零滑模面附近运动，并逐渐收敛至期望状态。

为使得被控对象趋近零滑模面，在控制输入 $[\dot{\boldsymbol{\theta}}_{\mathrm{h}} \quad \dot{\boldsymbol{\theta}}_{\mathrm{fc}}]^{\mathrm{T}}$ 的作用下，滑模面趋近律的特点为

$$
\boldsymbol{s}^{\mathrm{T}}\dot{\boldsymbol{s}} = \sum_{i=1}^{6} s_i \dot{s}_i \leqslant 0 \tag{7-3}
$$

式中，$\boldsymbol{s}=[s_1,\cdots,s_6]^{\mathrm{T}}$ 为被控对象的滑模面函数。

为使被控对象能在有限时间内快速收敛至零滑模面，选择幂次趋近律作为滑模面趋近律。幂次趋近律函数表示为

$$
\dot{\boldsymbol{s}} = -\boldsymbol{k}\,\mathrm{sgn}(\boldsymbol{s})|\boldsymbol{s}|^{\alpha} \tag{7-4}
$$

式中，$\boldsymbol{k}=\begin{bmatrix} k_1 & 0 & \cdots & 0 \\ 0 & k_2 & \cdots & 0 \\ \vdots & \vdots & & \vdots \\ 0 & 0 & \cdots & k_6 \end{bmatrix}$，$k_i>0\,(i=1,2,\cdots,6)$；$\mathrm{sgn}(\boldsymbol{s})=\begin{bmatrix} \mathrm{sgn}(s_1) & 0 & \cdots & 0 \\ 0 & \mathrm{sgn}(s_2) & \cdots & 0 \\ \vdots & \vdots & & \vdots \\ 0 & 0 & \cdots & \mathrm{sgn}(s_6) \end{bmatrix}$；$0<\alpha<1$。

由式（7-4）可看出，当 $s_i=0$ 时，$\dot{s}_i=0$；当 $s_i>0$ 时，$\dot{s}_i<0$；当 $s_i<0$ 时，$\dot{s}_i>0$。即当 $s_i\neq 0$ 时，$s_i\dot{s}_i<0$，满足式（7-3），$\dot{s}_i$ 始终能产生反向速度使得 s_i 向 0 收敛，被控对象可在有限时间内快速收敛至零滑模面。

（3）滑模面函数设计

典型滑模面函数为

$$
\boldsymbol{s} = \boldsymbol{C}\boldsymbol{x}_1 \tag{7-5}
$$

式中，$\boldsymbol{C}$ 为对角矩阵，且 $\boldsymbol{C}=\begin{bmatrix} c_1 & 0 & \cdots & 0 \\ 0 & c_2 & \cdots & 0 \\ \vdots & \vdots & & \vdots \\ 0 & 0 & \cdots & c_6 \end{bmatrix}$，$c_i\,(i=1,2,\cdots,6)$ 为控制系数。

当 $\boldsymbol{s}\to\boldsymbol{0}$ 时，$\boldsymbol{x}_1\to\boldsymbol{0}$，$\begin{bmatrix} \boldsymbol{r}_{\mathrm{e}} \\ \boldsymbol{\phi}_{\mathrm{b}} \end{bmatrix} \to \begin{bmatrix} \boldsymbol{r}_{\mathrm{ed}} \\ \boldsymbol{\phi}_{\mathrm{bd}} \end{bmatrix}$，即空间机械臂末端位置与基座姿态运动状态都收敛于期望状态。

（4）控制律设计

对滑模面函数式（7-5）求导，可得

$$\dot{\boldsymbol{s}} = \boldsymbol{C}\dot{\boldsymbol{x}}_1 = -\boldsymbol{k}\,\mathrm{sgn}(\boldsymbol{s})|\boldsymbol{s}|^{\alpha} \tag{7-6}$$

将式（7-6）代入式（7-2），推导可获得各关节期望输出速度控制律为

$$\begin{bmatrix} \dot{\boldsymbol{\theta}}_{\mathrm{h}} \\ \dot{\boldsymbol{\theta}}_{\mathrm{fc}} \end{bmatrix} = \boldsymbol{J}_{\mathrm{eb}}^{\dagger}\left(\begin{bmatrix} \boldsymbol{v}_{\mathrm{ed}} \\ \boldsymbol{\omega}_{\mathrm{bd}} \end{bmatrix} - \dot{\boldsymbol{\theta}}_{\mathrm{eb}} - \boldsymbol{C}^{\dagger}\boldsymbol{k}\,\mathrm{sgn}(\boldsymbol{s})|\boldsymbol{s}|^{\alpha}\right) \tag{7-7}$$

当空间机械臂模型存在不确定性项时，雅可比矩阵 $\boldsymbol{J}_{\mathrm{eb}}$ 与非线性项 $\dot{\boldsymbol{\theta}}_{\mathrm{eb}}$ 分别摄动为 $\boldsymbol{J}_{\mathrm{eb}}+\Delta\boldsymbol{J}_{\mathrm{eb}}$ 与 $\dot{\boldsymbol{\theta}}_{\mathrm{eb}}+\Delta\dot{\boldsymbol{\theta}}_{\mathrm{eb}}$，$\Delta\boldsymbol{J}_{\mathrm{eb}}$ 和 $\Delta\dot{\boldsymbol{\theta}}_{\mathrm{eb}}$ 分别为雅可比矩阵与非线性项中的不确定性项。将关节期望输出速度控制律与模型不确定性项代入式（7-1）中，可得关节速度部分失效故障空间机械臂末端实际线速度与基座实际角速度，即

$$\begin{bmatrix} \boldsymbol{v}_{\mathrm{e}} \\ \boldsymbol{\omega}_{\mathrm{b}} \end{bmatrix} = (\boldsymbol{J}_{\mathrm{eb}}+\Delta\boldsymbol{J}_{\mathrm{eb}})\left(\boldsymbol{J}_{\mathrm{eb}}^{\dagger}\left(\begin{bmatrix} \boldsymbol{v}_{\mathrm{ed}} \\ \boldsymbol{\omega}_{\mathrm{bd}} \end{bmatrix} - \dot{\boldsymbol{\theta}}_{\mathrm{eb}} - \boldsymbol{C}^{\dagger}\boldsymbol{k}\,\mathrm{sgn}(\boldsymbol{s})|\boldsymbol{s}|^{\alpha}\right)\right) + \dot{\boldsymbol{\theta}}_{\mathrm{eb}} + \Delta\dot{\boldsymbol{\theta}}_{\mathrm{eb}} \tag{7-8}$$

在模型不确定项作用下，关节速度部分失效故障空间机械臂容错运动控制系统如图 7-1 所示。

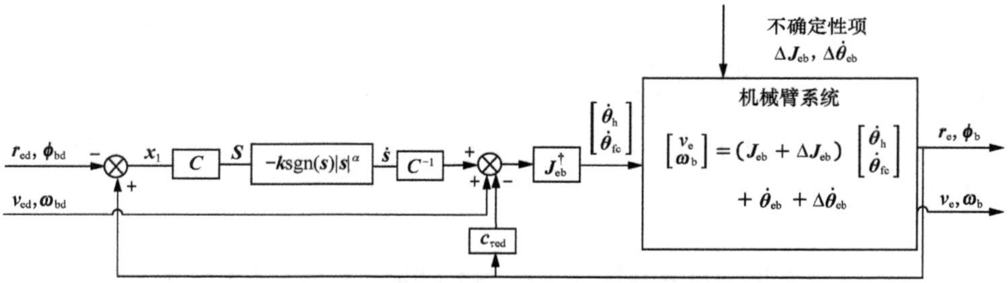

图 7-1 关节速度部分失效故障空间机械臂容错运动控制系统

（5）稳定性证明

利用李雅普诺夫稳定性定理证明系统稳定性。李雅普诺夫稳定性条件如下。

存在一个连续函数 $V(\boldsymbol{s})$，满足如下条件。

① $V(\boldsymbol{s}) \geqslant 0$。

② $\dot{V}(\boldsymbol{s}) \leqslant 0$。

则可说明系统在原点 $\boldsymbol{s}=\boldsymbol{0}$ 处稳定。

设计李雅普诺夫函数为

$$V(\boldsymbol{s}) = \boldsymbol{s}^{\mathrm{T}}\boldsymbol{s} = \sum_{i=1}^{6} s_i^2 \geqslant 0 \tag{7-9}$$

$$\dot{V}(\boldsymbol{s}) = 2\boldsymbol{s}^{\mathrm{T}}\dot{\boldsymbol{s}} = -2\sum_{i=1}^{6} k_i s_i\,\mathrm{sgn}(s_i)|s_i|^{\alpha} \tag{7-10}$$

第 7 章 关节部分失效故障空间机械臂容错运动控制策略

由式（7-9）可知，$V(s) \geq 0$，满足条件①。在式（7-10）中，$s_i \, \mathrm{sgn}(s_i) \geq 0$，因此 $\dot{V}(s) \leq 0$，满足条件②。由此可知，控制系统渐近稳定。

7.1.2 关节力矩部分失效时面向基座无扰的容错运动控制策略研究

（1）关节力矩部分失效故障空间机械臂状态空间方程的建立

设任务要求的空间机械臂末端位置、末端速度与末端加速度分别为 r_{ed}、v_{ed}、$\dot{v}_{ed}$，设任务要求的空间机械臂基座姿态、基座角速度与基座角加速度分别为 $\phi_{bd}=0$、$\omega_{bd}=0$、$\dot{\omega}_{bd}=0$。

取式（3-106）的后 3 行和式（3-108）的前 3 行可组成

$$\begin{bmatrix} \dot{v}_e \\ \dot{\omega}_b \end{bmatrix} = M_{reb} \begin{bmatrix} \tau_{mh} \\ \tau_{mfc} \end{bmatrix} + c_{reb} \quad (7\text{-}11)$$

式中，$M_{reb} = \begin{bmatrix} M_{re\_up} \\ M_{rb\_down} \end{bmatrix}$，$M_{re\_up}$ 为惯量矩阵 M_{reh} 的前 3 行，M_{rb_down} 为惯量矩阵 M_{rbh} 的后 3 行；$c_{reb} = \begin{bmatrix} c_{re\_up} \\ c_{rb\_down} \end{bmatrix}$，$c_{re\_up}$ 为非线性项 c_{reh} 的前 3 行，c_{rb_down} 为非线性项 c_{rbh} 的后 3 行。

令控制对象 $x_2 = \dot{x}_1 = \begin{bmatrix} v_e \\ \omega_b \end{bmatrix} - \begin{bmatrix} v_{ed} \\ \omega_{bd} \end{bmatrix}$，并以末端线加速度与基座角加速度为输出，可得到关节力矩部分失效故障空间机械臂系统的状态空间方程为

$$\begin{cases} \dot{x}_1 = \begin{bmatrix} \omega_b \\ v_e \end{bmatrix} - \begin{bmatrix} \omega_{bd} \\ v_{ed} \end{bmatrix} = x_2 \\ \dot{x}_2 = \begin{bmatrix} \dot{\omega}_b \\ \dot{v}_e \end{bmatrix} - \begin{bmatrix} \dot{\omega}_{bd} \\ \dot{v}_{ed} \end{bmatrix} = M_{reb} \begin{bmatrix} \tau_{mh} \\ \tau_{mfc} \end{bmatrix} + c_{reb} - \begin{bmatrix} \dot{\omega}_{bd} \\ \dot{v}_{ed} \end{bmatrix} \\ y = \dot{x}_2 + \begin{bmatrix} \dot{\omega}_{bd} \\ \dot{v}_{ed} \end{bmatrix} \end{cases} \quad (7\text{-}12)$$

（2）滑模面趋近律选择

在关节力矩部分失效情况下，为使空间机械臂末端线加速度与基座角加速度在有限时间内趋近于零滑模面，选择与关节速度部分失效情况下相同的幂次趋近律即式（7-4）作为滑模面趋近律。

（3）滑模面函数设计

为使空间机械臂末端线速度、线加速度与基座角速度、角加速度均可收敛至期望状态，定义系统滑模面函数为

$$s = Cx_1 + x_2 \quad (7\text{-}13)$$

当控制对象到达零滑模面时，$s=0$。联立式（7-12）与式（7-13），可得

$$\begin{cases} Cx_1 + x_2 = 0 \\ \dot{x}_1 = x_2 \end{cases} \quad (7\text{-}14)$$

通过对式（7-14）求解，可知

$$\begin{cases} \boldsymbol{x}_1 = \begin{bmatrix} \mathrm{e}^{-c_1 t} & \cdots & 0 \\ \vdots & & \vdots \\ 0 & \cdots & \mathrm{e}^{-c_6 t} \end{bmatrix} \boldsymbol{x}_1(0) \\ \boldsymbol{x}_2 = \begin{bmatrix} -c_1\mathrm{e}^{-c_1 t} & \cdots & 0 \\ \vdots & & \vdots \\ 0 & \cdots & -c_6\mathrm{e}^{-c_6 t} \end{bmatrix} \boldsymbol{x}_2(0) \end{cases} \tag{7-15}$$

由式（7-15）可看出，系统状态变量最终都会收敛为 0，且收敛速度为指数形式。通过调节对角矩阵 $\boldsymbol{C}$ 中 $c_i(i=1,\cdots,6)$ 的大小即可调节收敛速度，c_i 越大，收敛速度越快。

（4）控制律设计

对滑模面函数式（7-13）微分可得

$$\dot{\boldsymbol{s}} = \boldsymbol{C}\dot{\boldsymbol{x}}_1 + \dot{\boldsymbol{x}}_2 = \boldsymbol{C}\boldsymbol{x}_2 + \dot{\boldsymbol{x}}_2 = -\boldsymbol{k}\,\mathrm{sgn}(\boldsymbol{s})|\boldsymbol{s}|^{\alpha} \tag{7-16}$$

将式（7-16）代入式（7-12）可得关节期望输出力矩控制律为

$$\begin{bmatrix} \boldsymbol{\tau}_{\mathrm{mh}} \\ \boldsymbol{\tau}_{\mathrm{mfc}} \end{bmatrix} = \boldsymbol{M}_{\tau\mathrm{eb}}^{\dagger}\left(\begin{bmatrix} \dot{\boldsymbol{\omega}}_{\mathrm{bd}} \\ \dot{\boldsymbol{v}}_{\mathrm{ed}} \end{bmatrix} - \boldsymbol{k}\,\mathrm{sgn}(\boldsymbol{s})|\boldsymbol{s}|^{\alpha} - \boldsymbol{C}\boldsymbol{x}_2 - \boldsymbol{c}_{\tau\mathrm{eb}}\right) \tag{7-17}$$

当空间机械臂模型存在不确定性项时，耦合矩阵 $\boldsymbol{M}_{\tau\mathrm{eb}}$ 与非线性项 $\boldsymbol{c}_{\tau\mathrm{eb}}$ 分别摄动为 $\boldsymbol{M}_{\tau\mathrm{eb}} + \Delta\boldsymbol{M}_{\tau\mathrm{eb}}$ 与 $\boldsymbol{c}_{\tau\mathrm{eb}} + \Delta\boldsymbol{c}_{\tau\mathrm{eb}}$，$\Delta\boldsymbol{M}_{\tau\mathrm{eb}}$ 和 $\Delta\boldsymbol{c}_{\tau\mathrm{eb}}$ 分别为耦合矩阵与非线性项的不确定性项。将关节期望输出力矩控制律与模型不确定性项代入式（7-12）中，可得关节力矩部分失效故障空间机械臂末端实际线加速度与基座实际角加速度为

$$\begin{bmatrix} \dot{\boldsymbol{\omega}}_{\mathrm{b}} \\ \dot{\boldsymbol{v}}_{\mathrm{e}} \end{bmatrix} = \left(\boldsymbol{M}_{\tau\mathrm{eb}} + \Delta\boldsymbol{M}_{\tau\mathrm{eb}}\right)\boldsymbol{M}_{\tau\mathrm{eb}}^{\dagger}\left(\begin{bmatrix} \dot{\boldsymbol{\omega}}_{\mathrm{bd}} \\ \dot{\boldsymbol{v}}_{\mathrm{ed}} \end{bmatrix} - \boldsymbol{k}\,\mathrm{sgn}(\boldsymbol{s})|\boldsymbol{s}|^{\alpha} - \boldsymbol{C}\boldsymbol{x}_2 - \boldsymbol{c}_{\tau\mathrm{eb}}\right) + \boldsymbol{c}_{\tau\mathrm{eb}} + \Delta\boldsymbol{c}_{\tau\mathrm{eb}} \tag{7-18}$$

在模型不确定性项作用下，关节力矩部分失效故障空间机械臂容错运动控制系统如图 7-2 所示。

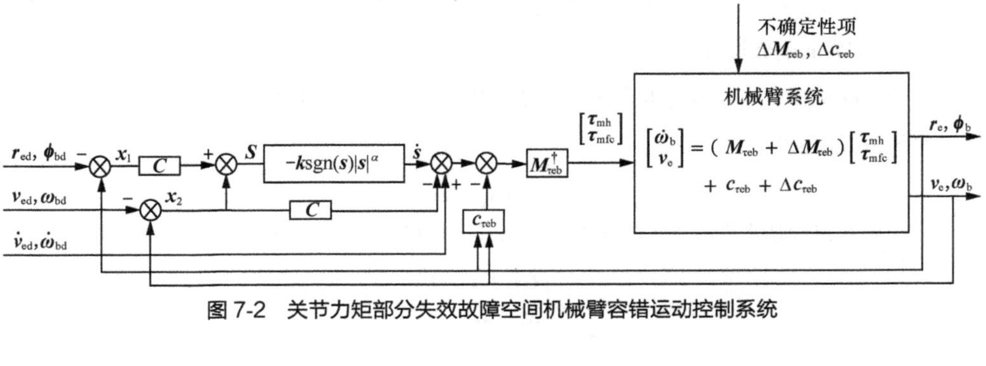

图 7-2　关节力矩部分失效故障空间机械臂容错运动控制系统

（5）稳定性分析

关节力矩部分失效情况下的系统稳定性证明与关节速度部分失效情况的相同。设计如式（7-9）所示的李雅普诺夫函数，并基于式（7-9）与式（7-10）可看出控制系统满足李雅普诺夫稳定性条件，被控对象最终可稳定于期望状态处。

7.2 面向运动能力优化的故障空间机械臂容错运动控制

为提升空间机械臂的任务执行能力，使得关节部分失效故障空间机械臂可尽最大能力执行后续任务，本节将对未达任务需求的运动能力指标进行优化，实现故障空间机械臂的运动能力优化控制。由于关节部分失效故障并不改变空间机械臂的冗余特性，因此可基于冗余特性建立运动能力优化模型，并结合 7.1 节的容错运动控制策略，同时实现机械臂末端轨迹跟踪、基座姿态扰动抑制与运动能力优化。

7.2.1 关节速度部分失效时面向运动能力优化的容错运动控制策略研究

关节速度部分失效情况下，式（7-1）中广义雅可比矩阵 $\boldsymbol{J}_{\text{eb}}$ 的维数为 $m\times n$，且 $n>m$，此时基座角速度与末端线速度向关节速度的映射关系不唯一，空间机械臂的容错控制律可由式（7-7）改写为

$$\begin{bmatrix}\dot{\boldsymbol{\theta}}_{\text{h}}\\ \dot{\boldsymbol{\theta}}_{\text{fc}}\end{bmatrix}=\boldsymbol{J}_{\text{eb}}^{\dagger}\left(\begin{bmatrix}\boldsymbol{v}_{\text{ed}}\\ \boldsymbol{\omega}_{\text{bd}}\end{bmatrix}-\boldsymbol{\theta}_{\text{eb}}-\boldsymbol{C}^{\dagger}\boldsymbol{k}\,\text{sgn}(\boldsymbol{s})|\boldsymbol{s}|^{\alpha}\right)+(\boldsymbol{I}-\boldsymbol{J}_{\text{eb}}^{\dagger}\boldsymbol{J}_{\text{eb}})\boldsymbol{\varphi} \tag{7-19}$$

式中，$(\boldsymbol{I}-\boldsymbol{J}_{\text{eb}}^{\dagger}\boldsymbol{J}_{\text{eb}})\boldsymbol{\varphi}$ 为关节速度部分失效故障空间机械臂的零空间项，对应各关节的自运动，关节自运动不会对空间机械臂末端线速度及基座角速度产生影响；$\boldsymbol{\varphi}=[\varphi_1,\cdots,\varphi_{k-1},\varphi_{k+1},\cdots,\varphi_n,\varphi_k]^{\text{T}}$ 为随机矢量，可作为运动能力优化项。

基于式（7-19）可求得任务过程中每一时刻的关节期望输出速度，对其积分或微分可获得关节角与关节加速度，然后基于故障空间机械臂运动耦合关系，即可获得基座运动状态。将空间机械臂运行状态引入故障空间机械臂运动能力指标数学表征模型中，可求解出空间机械臂执行任务过程中每一时刻的运动能力。以运动能力为优化目标，通过对随机矢量 $\boldsymbol{\varphi}$ 进行优选，可实现关节速度部分失效故障空间机械臂的运动能力优化。

对式（7-19）积分和微分可分别得到包含随机矢量 $\boldsymbol{\varphi}$ 的关节角与关节加速度，即

$$
\begin{bmatrix} \boldsymbol{\theta}_{\mathrm{h}} \\ \boldsymbol{\theta}_{\mathrm{fc}} \end{bmatrix} = \boldsymbol{\theta}(\boldsymbol{\varphi}) \qquad
\begin{bmatrix} \ddot{\boldsymbol{\theta}}_{\mathrm{h}} \\ \ddot{\boldsymbol{\theta}}_{\mathrm{fc}} \end{bmatrix} = \ddot{\boldsymbol{\theta}}(\boldsymbol{\varphi}) \tag{7-20}
$$

将式（7-20）代入式（3-96）、式（3-104），即可获得基座运动状态为

$$
\begin{bmatrix} \boldsymbol{v}_{\mathrm{b}} \\ \boldsymbol{w}_{\mathrm{b}} \end{bmatrix} = \dot{\boldsymbol{x}}_{\mathrm{b}}(\boldsymbol{\varphi}) \qquad
\begin{bmatrix} \dot{\boldsymbol{v}}_{\mathrm{b}} \\ \dot{\boldsymbol{w}}_{\mathrm{b}} \end{bmatrix} = \ddot{\boldsymbol{x}}_{\mathrm{b}}(\boldsymbol{\varphi}) \tag{7-21}
$$

依据式（4-33）～式（4-35）可得运动学灵巧性优化目标函数，包括退化运动学最小奇异值 $s_{\mathrm{d}}(\boldsymbol{\varphi})$、退化运动学可操作度 $w_{\mathrm{d}}(\boldsymbol{\varphi})$、退化运动学条件数 $\kappa_{\mathrm{d}}(\boldsymbol{\varphi})$。动态负载能力优化目标函数 $m_{\mathrm{f}}(\boldsymbol{\varphi})$ 如式（4-6）所示。考虑到空间机械臂运行过程中的安全性，关节角、关节速度、关节加速度都应处于极限区间内，而关节运动参数均为包含随机矢量 $\boldsymbol{\varphi}$ 的函数，因此可基于关节角、关节速度、关节加速度约束求解 $\boldsymbol{\varphi}$ 的选取范围，即

$$
\begin{aligned}
\boldsymbol{\varphi} \in [\varphi_{\min}, \varphi_{\max}] = \{\boldsymbol{\varphi} | \theta_{i\min} \leqslant \theta_i(\boldsymbol{\varphi}) \leqslant \theta_{i\max} \\
\cap \dot{\theta}_{i\min} \leqslant \dot{\theta}_i(\boldsymbol{\varphi}) \leqslant \dot{\theta}_{i\max} \\
\cap \ddot{\theta}_{i\min} \leqslant \ddot{\theta}_i(\boldsymbol{\varphi}) \leqslant \ddot{\theta}_{i\max}\}
\end{aligned} \tag{7-22}
$$

基于上述优化目标函数及约束条件，优选随机矢量 $\boldsymbol{\varphi}$，可构建关节速度部分失效故障空间机械臂运动能力优化模型为

$$
\begin{aligned}
&\max \quad && s_{\mathrm{d}} \text{或} w_{\mathrm{d}} \text{或} \kappa_{\mathrm{d}} \text{或} m_{\mathrm{f}} \\
&\text{s.t.} \quad && \boldsymbol{\varphi} \in [\varphi_{\min}, \varphi_{\max}]
\end{aligned} \tag{7-23}
$$

针对空间机械臂运行过程中的每一时刻构建上述运动能力优化模型，并基于粒子群算法求解得到对应最优运动能力的随机矢量 $\boldsymbol{\varphi}$，进而获得空间机械臂在运动能力最优情况下的容错控制律。基于该控制律，可在实现空间机械臂末端轨迹跟踪及基座姿态扰动抑制的基础上，实现故障空间机械臂运动能力优化。关节速度部分失效故障空间机械臂运动能力优化的控制系统（局部）如图 7-3 所示，图中未展示的其他部分与图 7-1 的相同。

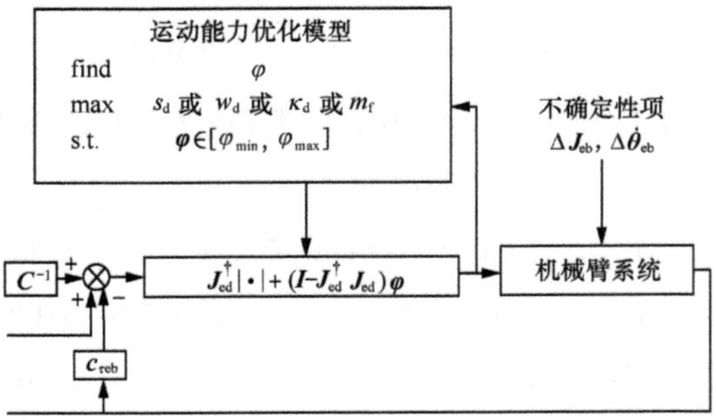

图 7-3　关节速度部分失效故障空间机械臂运动能力优化的控制系统（局部）

7.2.2 关节力矩部分失效时面向运动能力优化的容错运动控制策略研究

关节力矩部分失效情况下，$\boldsymbol{M}_{\tau\text{eb}}$ 的维数为 $m\times n$，且 $n>m$，空间机械臂具有冗余特性，基座角加速度与末端线加速度向关节力矩的映射关系不唯一，式（7-17）可写成如下形式。

$$\begin{bmatrix}\boldsymbol{\tau}_{\text{mh}}\\ \boldsymbol{\tau}_{\text{mfc}}\end{bmatrix}=\boldsymbol{M}_{\tau\text{eb}}^{\dagger}\left(\begin{bmatrix}\dot{\boldsymbol{\omega}}_{\text{bd}}\\ \dot{\boldsymbol{v}}_{\text{ed}}\end{bmatrix}-\boldsymbol{k}\,\text{sgn}(\boldsymbol{s})|\boldsymbol{s}|^{\alpha}-\boldsymbol{C}\boldsymbol{x}_2-\boldsymbol{c}_{\tau\text{eb}}\right)+(\boldsymbol{I}-\boldsymbol{M}_{\tau\text{eb}}^{\dagger}\boldsymbol{M}_{\tau\text{eb}})\boldsymbol{\varphi} \tag{7-24}$$

式中，$(\boldsymbol{I}-\boldsymbol{M}_{\tau\text{eb}}^{\dagger}\boldsymbol{M}_{\tau\text{eb}})\boldsymbol{\varphi}$ 为关节期望输出力矩控制律的零空间项，对应关节力矩的自运动，不会引起空间机械臂末端线加速度与基座角加速度的改变。

基于式（7-24）可得到任务执行过程中每一时刻的关节期望输出力矩，结合关节力矩部分失效故障空间机械臂动力学耦合关系，可求得关节 / 基座加速度，进而对其积分得到关节及基座运动状态，此时关节及基座运动状态均与随机变量 $\boldsymbol{\varphi}$ 有关。将其代入运动能力指标数学表征模型中，可求解出空间机械臂执行任务过程中每一时刻的运动能力。以运动能力为优化目标，通过对式（7-24）中的 $\boldsymbol{\varphi}$ 进行优选，可实现关节力矩部分失效故障空间机械臂的运动能力优化。

将式（7-24）分别引入式（3-105）与式（3-106）中，可分别得到关节加速度与基座加速度为

$$\begin{bmatrix}\ddot{\boldsymbol{\theta}}_{\text{h}}\\ \ddot{\boldsymbol{\theta}}_{\text{fc}}\end{bmatrix}=\boldsymbol{f}_1\left(\begin{bmatrix}\boldsymbol{\tau}_{\text{mh}}(\boldsymbol{\varphi})\\ \boldsymbol{\tau}_{\text{mfc}}(\boldsymbol{\varphi})\end{bmatrix}\right) \tag{7-25}$$

$$\ddot{\boldsymbol{x}}_{\text{b}}=\boldsymbol{f}_2\left(\begin{bmatrix}\boldsymbol{\tau}_{\text{mh}}(\boldsymbol{\varphi})\\ \boldsymbol{\tau}_{\text{mfc}}(\boldsymbol{\varphi})\end{bmatrix}\right) \tag{7-26}$$

对式（7-25）和式（7-26）积分即可获得关节与基座运动参数为

$$\begin{cases}\begin{bmatrix}\dot{\boldsymbol{\theta}}_{\text{h}}\\ \dot{\boldsymbol{\theta}}_{\text{fc}}\end{bmatrix}=\dot{\boldsymbol{\theta}}(\boldsymbol{\varphi})=\int_0^t\ddot{\boldsymbol{\theta}}(\boldsymbol{\varphi})\text{d}t\\ \begin{bmatrix}\boldsymbol{\theta}_{\text{h}}\\ \boldsymbol{\theta}_{\text{fc}}\end{bmatrix}=\boldsymbol{\theta}(\boldsymbol{\varphi})=\int_0^t\int_0^t\ddot{\boldsymbol{\theta}}(\boldsymbol{\varphi})\text{d}t\text{d}t\end{cases} \tag{7-27}$$

$$\begin{cases}\dot{\boldsymbol{x}}_{\text{b}}=\int_0^t\ddot{\boldsymbol{x}}_{\text{b}}(\boldsymbol{\varphi})\text{d}t\\ \boldsymbol{x}_{\text{b}}=[\boldsymbol{r}_{\text{b}}\ \boldsymbol{\phi}_{\text{b}}]\\ \boldsymbol{r}_{\text{b}}=\boldsymbol{r}_{\text{bini}}+\int_0^t\boldsymbol{v}_{\text{b}}(\boldsymbol{\varphi})\text{d}t\\ \boldsymbol{\phi}_{\text{b}}=\text{R2E}(\boldsymbol{R}_{\text{bini}}+\text{E2R}(\int_0^t\boldsymbol{\omega}_{\text{b}}(\boldsymbol{\varphi})\text{d}t))\end{cases} \tag{7-28}$$

式中，$\boldsymbol{r}_{\text{bini}}$ 与 $\boldsymbol{R}_{\text{bini}}$ 分别为初始时刻基座位置与姿态旋转矩阵；R2E 表示将旋转矩阵转换至姿态；E2R 表示将姿态转换至旋转矩阵。

关节发生力矩部分失效故障时，由于关节实际输出速度与期望输出速度一致，基于式

（3-95）可看出，其对空间机械臂运动灵巧性无影响，仅对空间机械臂动态负载能力有影响，因此此类故障下仅需构建动态负载能力优化目标函数。将式（7-27）、式（7-28）代入故障空间机械臂动态负载能力计算模型，即式（4-6），可得到动态负载能力优化目标函数 $m_{\mathrm{f}}(\boldsymbol{\varphi})$ 为

$$\begin{array}{lll} \max & m_{\mathrm{f}}(\boldsymbol{\varphi}) & \\ \text{s.t} & \tau_{i\min} < \tau_i(\boldsymbol{\varphi}) < \tau_{i\max}, & i=1,\cdots,k-1,k+1,\cdots,n \\ & \tau'_{k\min} < \tau_k(\boldsymbol{\varphi}) < \tau'_{k\max} & \end{array} \tag{7-29}$$

考虑到空间机械臂运行的安全性，随机变量 $\boldsymbol{\varphi}$ 的取值范围如式（7-22）所示。基于动态负载能力优化目标函数 $m_{\mathrm{f}}(\boldsymbol{\varphi})$ 及 $\boldsymbol{\varphi}$ 的约束范围，优选随机矢量 $\boldsymbol{\varphi}$，可构建关节力矩部分失效故障空间机械臂运动能力优化模型为

$$\begin{array}{ll} \max & m_{\mathrm{f}} \\ \text{s.t.} & \boldsymbol{\varphi} \in [\varphi_{\min}, \varphi_{\max}] \end{array} \tag{7-30}$$

针对空间机械臂运行过程中每一时刻构建运动能力优化模型，并基于粒子群算法求解对应最优运动能力的随机变量 $\boldsymbol{\varphi}$，即可获得最优力矩控制律，实现关节力矩部分失效故障空间机械臂运动能力优化的控制系统（局部）如图 7-4 所示，图中未展示的其他部分与图 7-2 的相同。

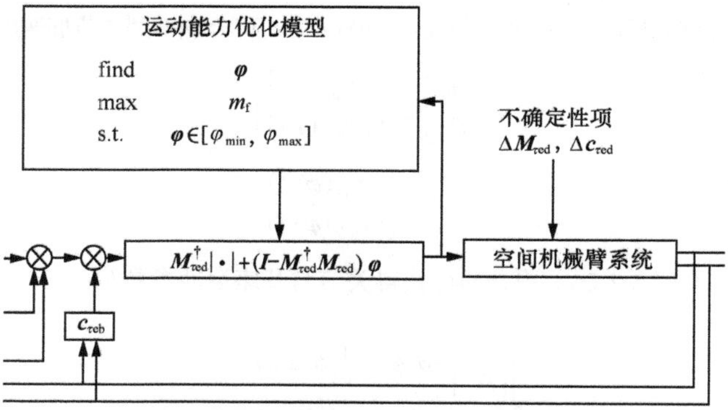

图 7-4 关节力矩部分失效故障空间机械臂运动能力优化的控制系统（局部）

7.3 仿真算例

本节首先针对末端轨迹跟踪与基座姿态扰动抑制任务，引入模型不确定项，基于面向基座无扰的容错运动控制策略开展容错运动控制仿真实验，分别在关节速度部分失效与关节力矩部分失效情况下，验证该方法的有效性；然后针对故障空间机械臂运动能力不满足任务要求的问题，基于面向运动能力优化的容错运动控制策略开展运动能力优化控制仿真实验，验证该方法的有效性。

7.3.1 面向基座无扰的容错运动控制策略仿真验证

1. 关节速度部分失效时面向基座无扰的容错运动控制策略仿真验证

假设关节 1 发生速度部分失效故障，空间机械臂初始关节构型 $\boldsymbol{\theta}_{\mathrm{ini}}$=[−30°,−120°, 100°,−20°, 140°,160°,0°]，末端目标位置 $\boldsymbol{r}_{\mathrm{des}}$=[5.3 m,7.3 m,2.0 m]，基座初始位姿为 [0 m,0 m, 0 m,0°,0°,0°]。任务总时间为 8 s，任务执行过程中，空间机械臂末端沿直线运动至期望位置 $\boldsymbol{r}_{\mathrm{des}}$，并保持基座姿态为 [0°,0°,0°]。故障关节乘性故障有效因子 $\rho_1=0.9$，加性故障有效因子 $\theta_{\mathrm{e}}=-2$，空间机械臂不确定性项取正弦函数形式，即 $\Delta\boldsymbol{J}_{\mathrm{eb}}=0.1\sin\left(\frac{\pi}{2}t\right)\boldsymbol{J}_{\mathrm{eb}}$，$\Delta\boldsymbol{\theta}_{\mathrm{eb}}=0.11\sin\left(\frac{\pi}{2}t\right)\boldsymbol{\theta}_{\mathrm{eb}}$。令 $c_i=0.5$，$k_i=0.1$，$\alpha_i=0.9$ （$i=1,\cdots,6$）。采用梯形速度插值法规划空间机械臂末端线速度，并限制基座角速度为 0，得到末端位置及基座姿态期望运动状态，基于基座姿态扰动情况下的关节速度部分失效故障空间机械臂容错运动控制策略，控制空间机械臂运动。空间机械臂末端实际轨迹与期望轨迹对比及基座姿态扰动分别如图 7-5、图 7-6 所示。滑模面函数值变化如图 7-7 所示，各关节角如图 7-8 所示。

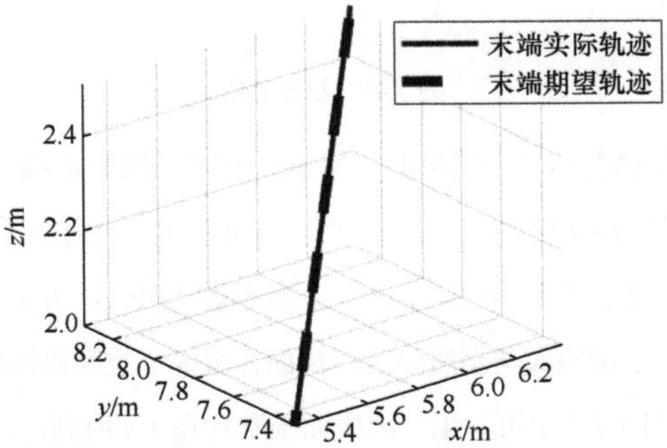

图 7-5 空间机械臂末端实际轨迹与期望轨迹对比

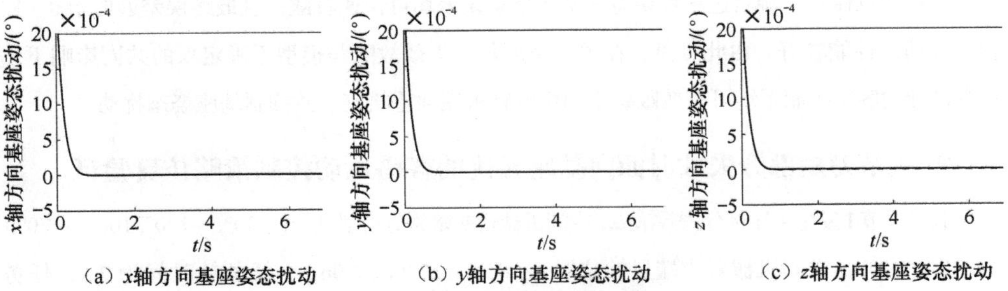

图 7-6 基座姿态扰动

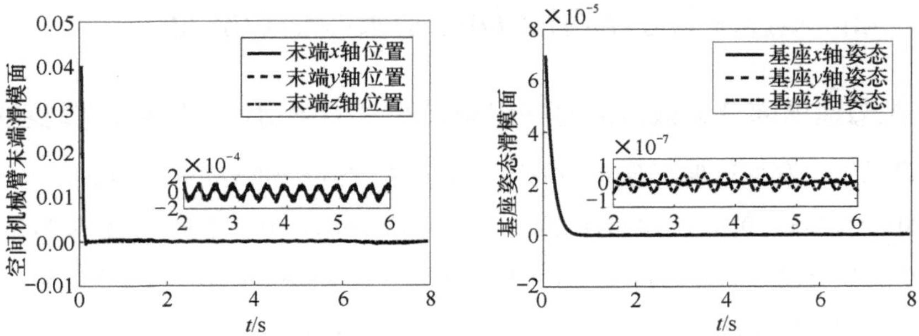

（a）空间机械臂端位置滑模面　　（b）基座姿态滑模面

图 7-7　滑模面函数值变化

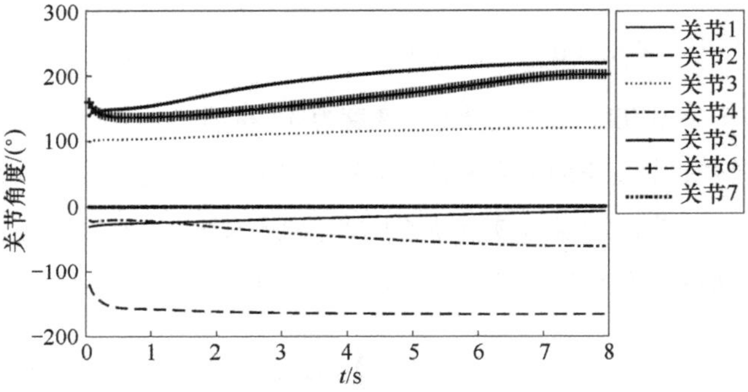

图 7-8　各关节角

由图 7-5 可看出，在模型不确定性项的作用下，空间机械臂末端实际轨迹与期望轨迹基本重合，末端最终位置误差为 4.178×10^{-5} m 。由图 7-6 可看出，基座 3 个方向的姿态均快速趋近 0，1 s 后基座姿态稳态误差小于 5×10^{-6}° ，基座姿态趋近于 [0°, 0°, 0°] 。图 7-7（a）和图 7-7（b）分别为空间机械臂末端位置滑模面与基座姿态滑模面，表征了空间机械臂末端位置 / 基座角度与期望运动状态的偏差。从图 7-7 中可看出，滑模面函数均在 1 s 内到达零滑模面，并随着不确定性项的变化在零滑模面附近呈正弦函数形式波动，滑模面稳态误差分别小于 2×10^{-4}、1×10^{-7}，这说明空间机械臂末端轨迹跟踪误差与基座姿态误差均可快速收敛，且最终误差近似于 0，控制系统动态性能较好。由此可见，在关节速度部分失效故障与模型不确定项的共同影响下，本章设计的容错控制系统可有效跟踪空间机械臂末端期望轨迹，并抑制基座姿态扰动。

2. 关节力矩部分失效时面向基座无扰的容错运动控制策略仿真验证

假设关节 1 发生力矩部分失效故障，空间机械臂初始关节构型 $\boldsymbol{\theta}_{\text{ini}}$=[– 30°, – 120°, 100°, – 20°, 140°,160°, 0°]，空间机械臂末端目标位置 $\boldsymbol{r}_{\text{des}}$=[5.3 m, 7.3 m, 2.0m] 。任务总时间为 7 s，任务执行过程中，空间机械臂末端沿直线运动至期望位置 $\boldsymbol{r}_{\text{des}}$，并保持基座姿态为 [0°,0°,0°] 。故

障关节乘性故障有效因子 ρ_1=0.9，加性故障有效因子 $\theta_e=-2$，空间机械臂不确定性项取正弦函数形式，即 $\Delta\boldsymbol{M}_{\tau eb}=0.01\sin(\pi t)\boldsymbol{M}_{\tau eb}$，$\Delta\boldsymbol{c}_{\tau eb}=0.011\sin(\pi t)\boldsymbol{c}_{\tau eb}$。令 $c_i=2$，$k_i=2$,，$\alpha_i=0.9$（$i=1,\cdots,6$）。采用梯形速度插值法规划空间机械臂末端线加速度，并限制基座角加速度为0，可求得末端位置及基座姿态期望运动状态，并基于基座姿态扰动情况下的关节力矩部分失效故障空间机械臂容错运动控制策略，控制空间机械臂运动。空间机械臂末端实际轨迹与期望轨迹对比及基座姿态扰动分别如图 7-9、图 7-10 所示。滑模面函数值变化如图 7-11 所示，关节角如图 7-12 所示。

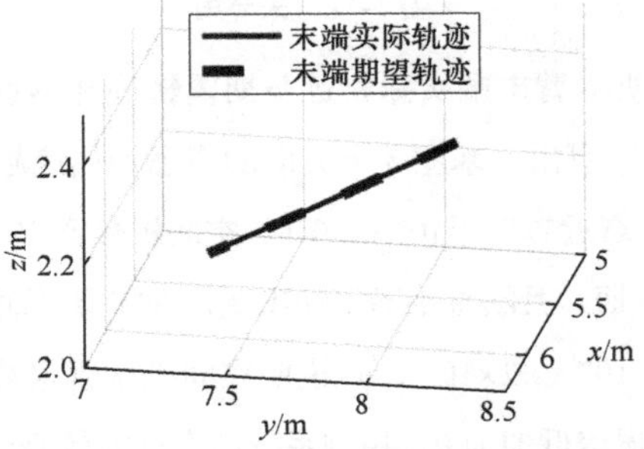

图 7-9 空间机械臂末端实际轨迹与期望轨迹对比

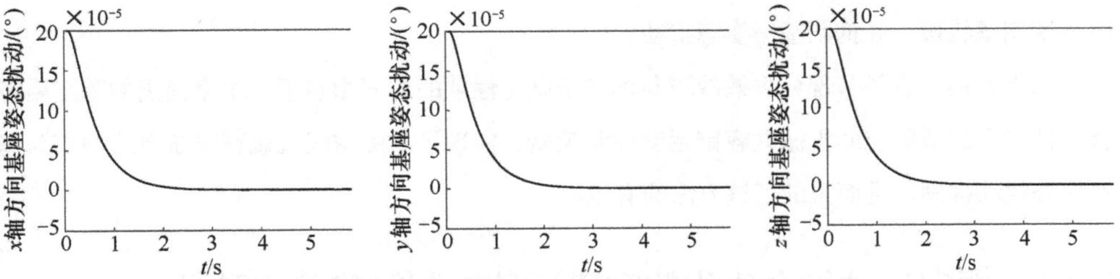

（a）x轴方向基座姿态扰动 （b）y轴方向基座姿态扰动 （c）z轴方向基座姿态扰动

图 7-10 基座姿态扰动

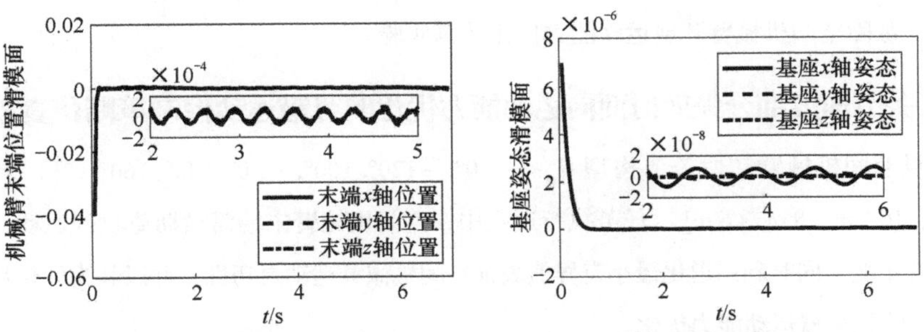

（a）空间机械臂末端位置滑模面 （b）基座姿态滑模面

图 7-11 滑模面函数值变化

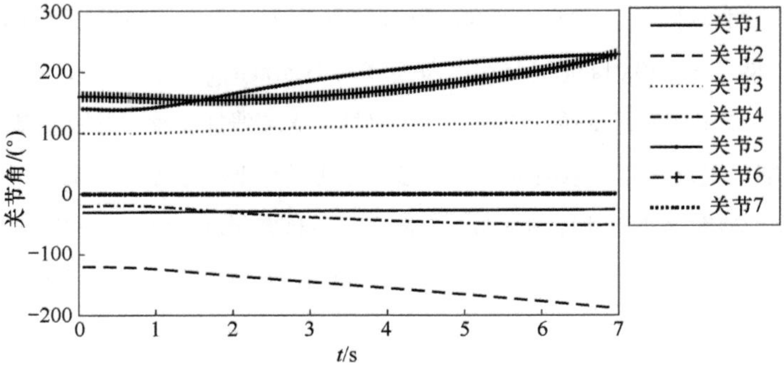

图 7-12　关节角

由图 7-9 可知，空间机械臂末端实际轨迹与期望轨迹基本重合，末端最终位置误差为 5.278×10^{-5} m。从图 7-10 可看出，基座 3 个方向的姿态均快速趋近 0，2 s 后基座姿态稳态误差小于 1×10^{-6}°，基座姿态近趋近于 [0°, 0°, 0°]。空间机械臂末端滑模面函数与姿态滑模面函数均在 1 s 内达到零滑模面，且随着不确定性项变化在零滑模面附近呈正弦函数趋势波动，滑模面函数值分别低于 2×10^{-4}、2×10^{-8}，这说明空间机械臂末端轨迹跟踪误差与基座姿态误差均快速收敛，且最终误差近似为 0，控制系统动态性能较好。由此可见，在关节力矩部分失效故障与模型不确定性项的共同影响下，本节设计的容错控制系统可有效跟踪空间机械臂末端期望轨迹，并抑制基座姿态扰动。

综上所述，在关节部分失效故障与模型不确定性项的共同影响下，本章提出的基座姿态扰动情况下的故障空间机械臂容错运动控制策略，实现了故障空间机械臂末端轨迹跟踪与基座姿态扰动抑制，进而验证了该方法的有效性。

7.3.2　面向运动能力优化的容错运动控制策略仿真验证

本节针对关节速度部分失效故障空间机械臂开展运动能力优化仿真实验，针对关节力矩部分失效故障空间机械臂开展运动能力优化仿真实验。

1. 关节速度部分失效时面向运动能力优化的容错运动控制策略仿真验证

假设空间机械臂初始关节构型 $\boldsymbol{\theta}_{\text{ini}}$=[−30°, −120°, 100°, −20°, 140°, 160°, 0°]，末端目标位置 $\boldsymbol{r}_{\text{des}}$=[6.5 m, 8 m, 2.6 m]。任务执行过程中，空间机械臂末端需沿期望轨迹运动，并保持基座姿态不变，同时利用退化最小奇异值表征空间机械臂运动灵巧性，并以其为优化目标，实现空间故障机械臂运动能力优化。

基于面向运动能力优化的关节速度部分失效故障空间机械臂容错运动控制策略，计算关节速度控制律，并控制空间机械臂运动。空间机械臂末端实际轨迹与期望轨迹对比及基座姿态扰动抑制分别如图 7-13、图 7-14 所示，关节角如图 7-15 所示，退化最小奇异值优化结果如图 7-16 所示。

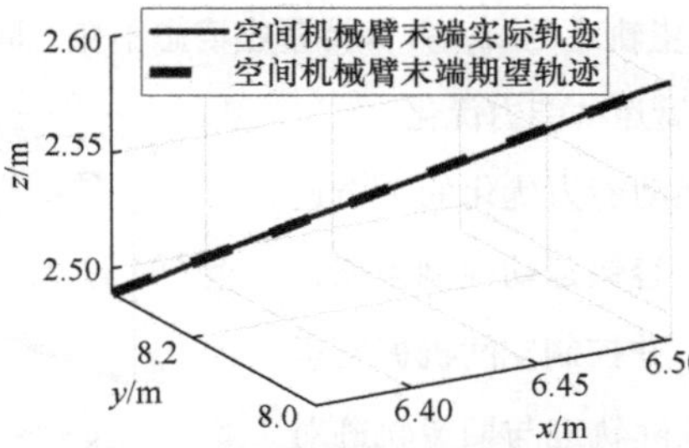

图 7-13　空间机械臂末端实际轨迹与期望轨迹对比

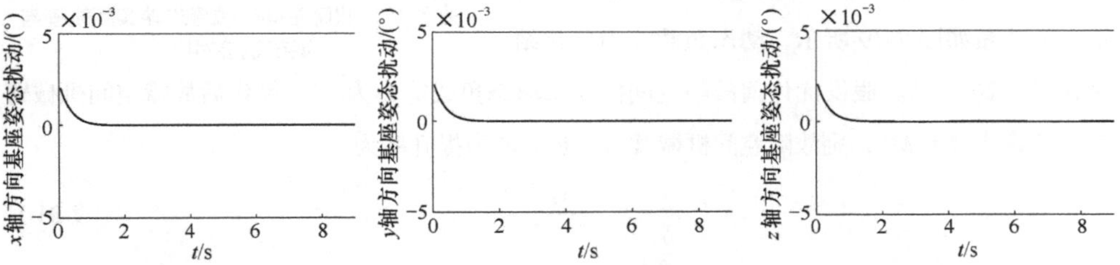

（a）x轴方向基座姿态扰动　（b）y轴方向基座姿态扰动　（c）z轴方向基座姿态扰动

图 7-14　基座姿态扰动抑制

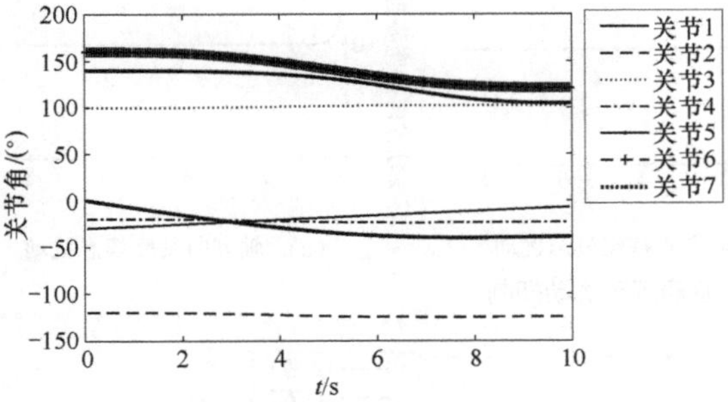

图 7-15　关节角

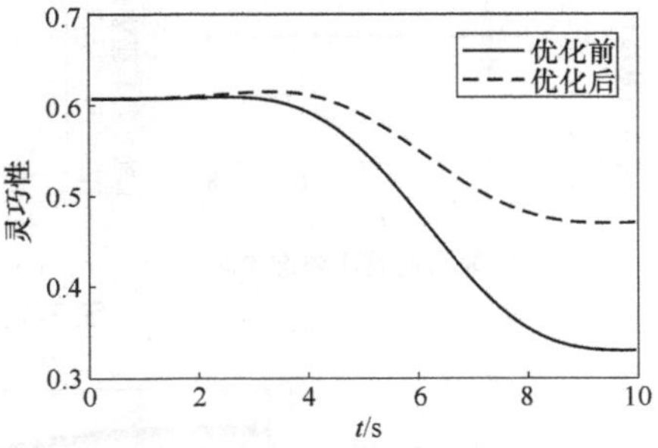

图 7-16　退化最小奇异值优化结果

由图 7-13 可知，空间机械臂末端实际轨迹与期望轨迹基本重合，空间机械臂末端可按照期望轨迹运动。由图 7-14 可知，基座 x 轴、y 轴、z 轴 3 个方向上的姿态均快速收敛至 0 附近，稳态误差小于 1×10^{-5}°，基座姿态扰动基本为 0。如图 7-16 所示，优化后的故障空间机械臂退化最小奇异值大于优化前的，空间机械臂运动灵巧性得到有效提升。由此可知，基于关节速度部分失效故障空间机械臂运动能力优化控制方法可在实现空间机械臂末端轨迹跟踪与基座姿态扰动抑制的基础上，优化空间机械臂运动能力。

2. 关节力矩部分失效时面向运动能力优化的容错运动控制策略仿真验证

假设空间机械臂初始关节构型 $\boldsymbol{\theta}_{ini}=[-30°, -120°, 100°, -20°, 140°, 160°, 0°]$，末端目标位置 $\boldsymbol{r}_{des}=[6.5\text{ m}, 8.0\text{ m}, 2.7\text{ m}]$，各关节输出力矩极限均为 $[-1000,1000]\text{ N}\cdot\text{m}$。任务执行过程中，空间机械臂末端需沿期望轨迹运动，并保持基座姿态不变。同时，以动态负载能力为优化目标，实现故障空间机械臂运动能力优化。

基于本章提出的考虑运动能力优化的关节速度部分失效故障空间机械臂容错运动控制策略，可计算出关节力矩控制律，并控制空间机械臂运动。故障空间机械臂末端实际轨迹与期望轨迹对比及基座姿态扰动抑制分别如图 7-17、图 7-18 所示，关节角如图 7-19 所示，动态负载能力优化结果如图 7-20 所示。假设优化前故障空间机械臂动态负载能力为 M，优化后故障空间机械臂动态负载能力为 M'，则故障空间机械臂动态负载能力提升率为

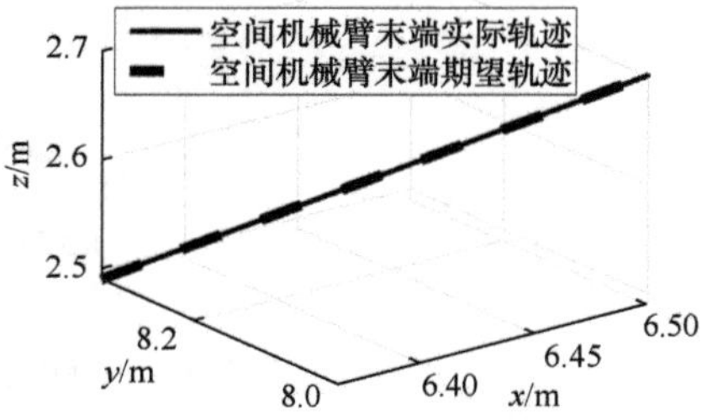

图 7-17 故障空间机械臂末端实际轨迹与期望轨迹对比

$$I_M=\frac{M'-M}{M} \tag{7-31}$$

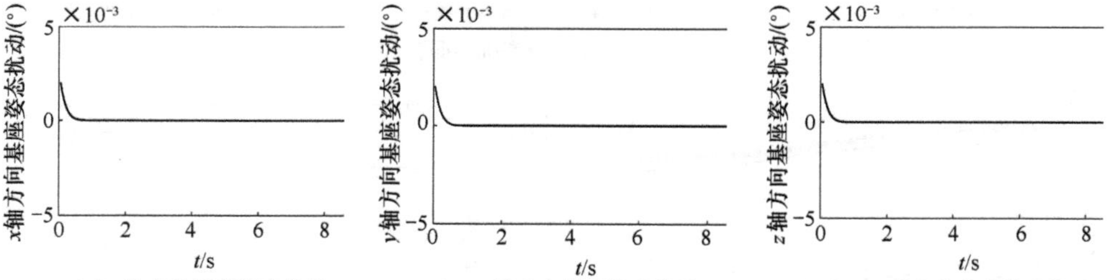

(a) x轴方向基座姿态扰动　(b) y轴方向基座姿态扰动　(c) z轴方向基座姿态扰动

图 7-18 基座姿态扰动抑制

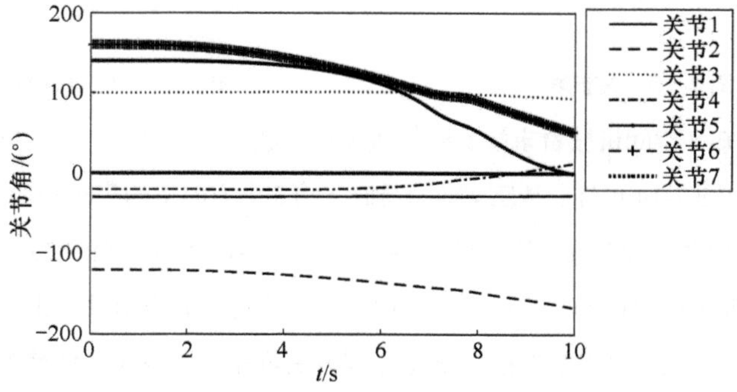

图 7-19 关节角

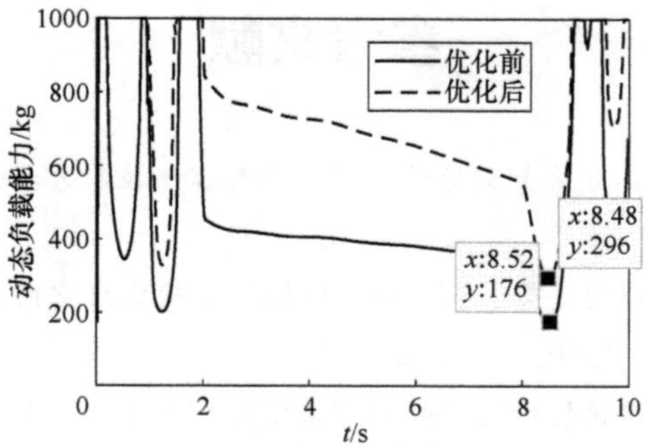

图 7-20　动态负载能力优化结果

由图 7-17 可知，空间机械臂末端实际轨迹与期望轨迹基本重合，空间机械臂末端可按照期望轨迹运动。由图 7-18 可知，基座 x 轴、y 轴、z 轴等 3 个方向上的姿态均快速收敛至 0 附近，稳态误差小于 1×10^{-5}°，基座姿态扰动基本为 0。图 7-20 所示为故障空间机械臂动态负载能力优化前与优化后的对比，可看出，优化前空间机械臂的动态负载能力为 176 kg，优化后为 296 kg，空间机械臂动态负载能力提升率约为 68%。由此可知，基于关节力矩部分失效故障空间机械臂运动能力优化控制方法可在实现空间机械臂末端轨迹跟踪与基座姿态扰动抑制的基础上，优化空间机械臂运动能力。

综上所述，本章提出的面向运动能力优化的容错运动控制策略，可同时实现故障空间机械臂末端轨迹跟踪、基座姿态扰动抑制与运动能力优化，进而验证了该方法的有效性。

小结

本章针对关节部分失效故障空间机械臂，分别阐述了面向基座无扰的容错运动控制策略与面向运动能力优化的容错运动控制策略；分别在关节速度部分失效与关节力矩部分失效情况下，构建系统状态空间方程，引入模型不确定性项，基于滑模控制方法设计容错控制律，实现空间机械臂末端轨迹稳定跟踪与基座姿态扰动抑制；基于空间机械臂冗余特性，分别在关节速度部分失效与关节力矩部分失效容错控制律中引入随机变量，并构建运动能力优化模型，结合容错控制律，设计运动能力优化控制系统，同时实现空间机械臂末端跟踪、基座姿态扰动抑制与运动能力优化；分别开展面向基座无扰的容错运动控制策略与面向运动能力优化的容错运动控制策略仿真实验，验证了本章所提方法的正确性与有效性。

参考文献

[1] 徐文倩. 面向关节部分失效故障的空间机械臂容错控制方法研究 [D]. 北京：北京邮电大学, 2022.

[2] 谢箭, 刘国良, 颜世佐, 等. 基于神经网络的不确定性空间机器人自适应控制方法研究 [J]. 宇航学报, 2010, 31(1): 123-129.

[3] 张建霞. 冗余空间机械臂的运动规划方法研究 [D]. 大连：大连理工大学, 2017.

[4] FENG Y, YU X H, MAN Z. Non-singular terminal sliding mode control of rigid manipulators[J]. Automatica, 2002, 38(12): 2159-2167.

第8章 空间机械臂容错技术未来展望

本书介绍了空间机械臂关节故障的几种常见类型，并从关节故障空间机械臂的数学建模、运动能力分析、轨迹规划、轨迹优化以及容错控制等几方面介绍了关节故障空间机械臂容错技术研究。这些容错技术可以用于建立关节故障空间机械臂运动学模型和动力学模型、分析关节故障对空间机械臂运动能力的影响、规划出满足任务要求的轨迹、优化故障空间机械臂运动能力以及使故障空间机械臂能够稳定跟踪期望轨迹等，使得故障空间机械臂尽最大可能继续执行空间任务。然而，未来空间机械臂将更加自主和灵活，以应对复杂的环境和操作任务，也将更加可靠，以使其长期、有效运行，这对空间机械臂容错技术提出了更高的要求。本章将结合近年来空间机械臂容错技术的国内外现有研究面临的问题和难点，从状态监测、健康评估、故障预测和故障处理4方面对空间机械臂的容错技术未来发展方向进行展望。

8.1 空间机械臂容错技术面临的问题及难点

8.1.1 综合性容错控制方法

现有的容错控制方法包括滑模控制、模糊控制、智能控制等。其中，滑模控制方法具有可靠、鲁棒性强等诸多优点，可以在多数情况下覆盖系统不确定性的影响；模糊控制方法也因为其具有的强鲁棒性等优势而较广泛地应用于关节故障空间机械臂容错控制领域；基于神经网络、机器学习、深度学习等的智能控制方法，可以通过算法的学习实现对关节故障影响和系统不确定性的估测，不需要对故障空间机械臂建立精确的运动学模型和动力学模型，因而适用于关节故障空间机械臂容错控制。但上述 3 类容错控制方法也存在缺陷，其中滑模控制方法存在抖振现象，尽管抖振现象可通过高阶滑模控制缓解 [1]，但也会显著提升控制系统的复杂程度；模糊控制方法中，模糊规则生成机制复杂，导致控制系统设计较复杂，且模糊规则的产生严重依赖现有知识，对于故障和系统不确定性影响超出现有知识范围的情况表现不佳；智能控制方法则需要大量数据进行学习，运算时间长，不利于控制的及时响应和收敛 [2]。为克服上述缺陷，目前很多学者尝试将控制方法融合以达到较好的效果，例如 Piltan 等 [3] 将 T-S（Takagi-Sugeno）模糊控制、拓展自回归外因输入状态观测器与终端滑模控制结合，构成自适应模糊终端滑模控制律，实现了对滑模控制抖振现象的抑制和对容错控制可靠性和鲁棒性的提升；Omerdic 等 [4] 提出了一种混合控制分配方法，最大限度地降低了控制能量成本函数。因此，为解决上述单一方法存在的问题，需研究综合性容错控制方法，以弥补现有容错控制方法本身的不足之处，实现取长补短 [5]。

8.1.2 低计算量的容错系统

当前容错运动规划与控制技术所使用算法的运算量很大 [6]，加上空间机械臂是高维的非线性系统，实现对故障空间机械臂的容错运动规划与控制还需要考虑故障特性、运动能力退化等因素，因而往往无法满足故障后迅速响应的要求，实用性较差。考虑到空间环境的限制，系统的计算资源通常是有限的，现有的大部分工作都没有考虑到这个问题，因此实现容错控制系统的低计算量是未来研究的重点领域。减小计算量可以从以下几方面考虑：一是简化算法，当前的容错路径规划与全局容错轨迹优化等存在重复计算的缺点，可以考虑从算法上减小计算量；二是数据降采样，以减少需要处理的数据量，这对于传感器数据和实时控制系统较为有效[7]；三是动态资源分配，即动态分配计算资源以满足容错需求，将更多计算资源分配给关键任务，减少对非关键任务的资源分配[8-9]。

8.1.3 面向多关节故障的容错系统

目前，现有研究绝大部分只针对单一关节故障构建容错控制系统来维护系统的稳定。然而，在实际任务场景中，若不及时解决单一关节故障，可能会使故障扩散，引发其他部件失效，例如关节自由摆动故障发生后若不能及时稳定住被动关节，则连杆由于惯性会继续运动并可能与航天器发生碰撞，导致空间机械臂其他部件受损，出现多故障的情形。目前，针对单一关节故障设计的容错运动规划与控制方法不一定能稳定多关节故障并发空间机械臂，存在较大的安全隐患。若能针对多关节故障并发空间机械臂开展相关任务执行策略研究，可完善关节故障空间机械臂容错领域理论，实现对关节故障的灵活处理。

8.1.4 面向突发关节自由摆动故障的容错策略

目前，关于突发关节故障的研究大多面向的是关节锁定故障空间机械臂[10-11]，而面向关节自由摆动故障的研究大多基于已发生故障状态，忽略了空间机械臂从健康状态到故障状态的突然转变过程。对于关节锁定故障和关节部分失效故障这两种情况，空间机械臂并没有增加新的非完整约束，各关节仍能独立控制（锁定故障关节虽不能独立控制，但运动状态已知），因此相关容错策略仅基于故障状态即可。但是对于关节自由摆动故障情况，被动关节引入了非完整约束，使得被动关节的运动状态不仅受到当前主动关节的影响，还与被动关节自身的运动历史有关，表现为故障发生前后的被动关节速度是连续变化的，加速度不连续。未来应考虑被动关节的速度、加速度的变化特点，实现突发关节自由摆动故障情况下对被动关节的稳定控制以及继续执行末端轨迹跟踪任务。

8.1.5 面向多运动能力指标的关节参数突变抑制

现有的关节参数突变抑制研究主要基于梯度投影法，在关节速度 / 力矩反解的零空间项中引入速度 / 力矩补偿项和可操作度梯度，实现关节速度 / 力矩突变抑制，方法的核心理论与梯度投影法深度绑定[12-13]，但考虑到梯度投影法本身的缺点，如优化系数选取困难、存在累积误差、计算量大等[14]，难以再结合某些运动能力优化模型实现面向更多运动能力指标、更大幅度的运动能力优化。故未来针对关节故障空间机械臂关节参数突变抑制的研究，应重点关注如何使参数突变抑制方法能够更广泛地与各种运动能力优化方法结合[15]。

8.2 空间机械臂容错技术未来发展方向

空间机械臂由于其工况和自身特点，极易发生故障，需要依靠大量的专家知识来监测和评估空间机械臂的运行状况；空间机械臂的故障类型多样，衍生出多种容错运动规划与控制策略，这使得目前空间机械臂的容错技术繁杂；空间机械臂缺乏故障预测功能，难以提前采取针对性的措施预防故障发生。因此，空间机械臂容错技术的发展方向之一便是搭建一个系统将当前容错技术集成起来，并加入故障预测功能，使空间机械臂容错技术更加系统化、自动化，进而提高空间机械臂安全性和运行维护效率。

目前，国外已在航天器、新一代飞机、船舶、车辆、工业机器人等领域[16]研发了健康管理系统，集成了对应领域的容错技术，在降低维修保障成本、提高武器装备安全性、增强可用度与完好性、提高任务成功率、提升作战效能方面发挥了重要作用，如 NASA 的飞行器综合健康管理、Livingstone 符号模型及导航器模型检验系统[17]，其架构分别如图 8-1 和图 8-2 所示[17-20]。故障预测与健康管理（Prognostics and Health Management，PHM）技术指利用传感器采集系统的各种信息，借助各种信号处理技术、智能算法与推理模型来监视、评估系统的健康状态，对故障进行诊断和预测，结合各种可利用的资源信息为系统的运行、维护、保障等提供建议。如果能够将 PHM 技术应用到空间机械臂，搭建空间机械臂 PHM 系统，将极大地提高空间机械臂安全性、任务成功性，进而减少因故障导致的人力、物力、财力的消耗。本节将结合现有 PHM 系统和空间机械臂容错规划与控制技术，对搭建空间机械臂 PHM 系统进行展望。

空间机械臂 PHM 系统需充分考虑空间机械臂自身特点和在轨运行要求。空间机械臂具有结构复杂、维修难度大等特点；故障发生时需快速采取必要的保护性措施，防止故障扩散和关键设备功能丧失；故障预测和健康评估等的算法较复杂，且需要大量的历史数据作为支撑，因此对数据处理能力和存储空间有较高要求；空间机械臂在轨运行状态具有很大的不确定性，如关节摩擦、连杆柔性、部分失效故障等要求算法和模型可实时调整，需要丰富的专家知识。综合考虑以上因素，并结合现有航天器 PHM 系统架构[21-22]，本节展望的空间机械臂 PHM 系统功能上包含状态监测、健康评估、故障预测和故障处理等模块；结构上采用天地一体化结构，将整个系统分为两个子系统——器载 PHM 子系统和地面 PHM 子系统；层次上设计为单机级、分系统级和系统级，采集的参数、健康状态、故障信息等遵循分级实施、逐层传递的原则。空间机械臂器载 PHM 子系统和空间机械臂地面 PHM 子系统分别如图 8-3 和图 8-4 所示。

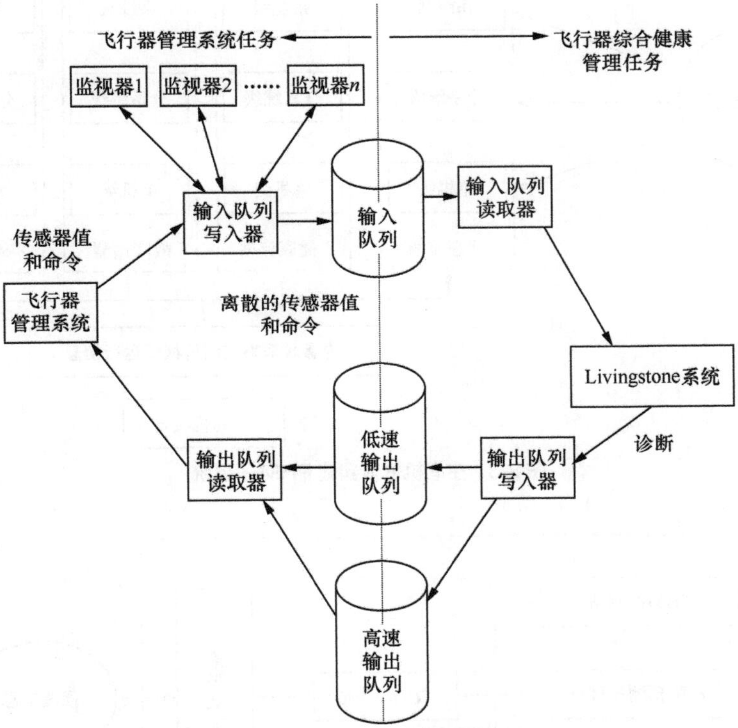

图 8-1 NASA 飞行器综合健康管理架构

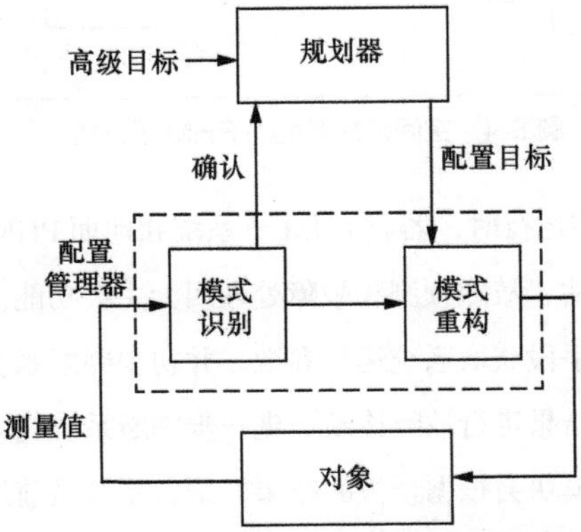

图 8-2 Livingstone 符号模型及导航器模型检验系统架构

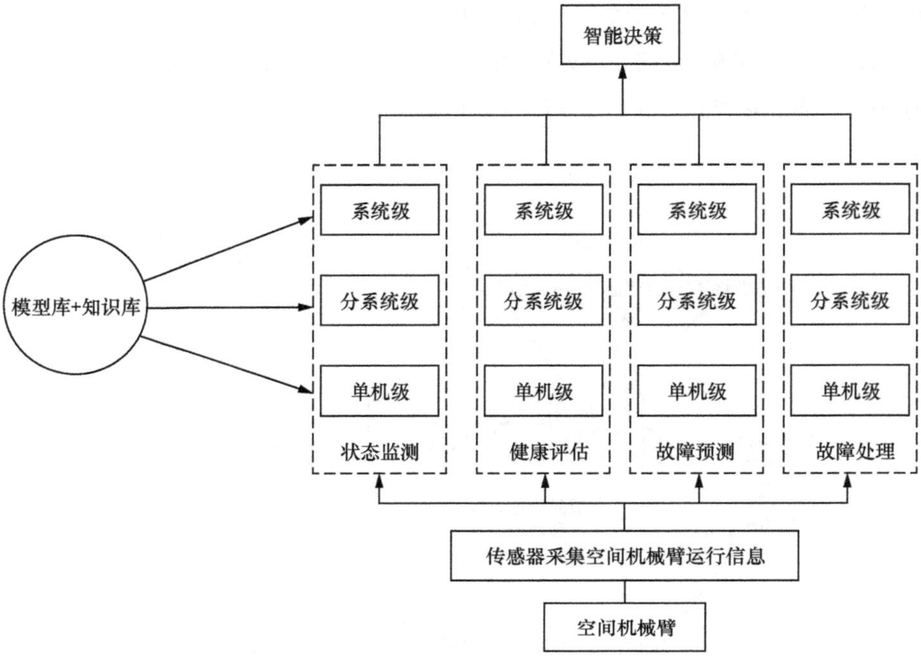

图 8-3 空间机械臂器载 PHM 子系统

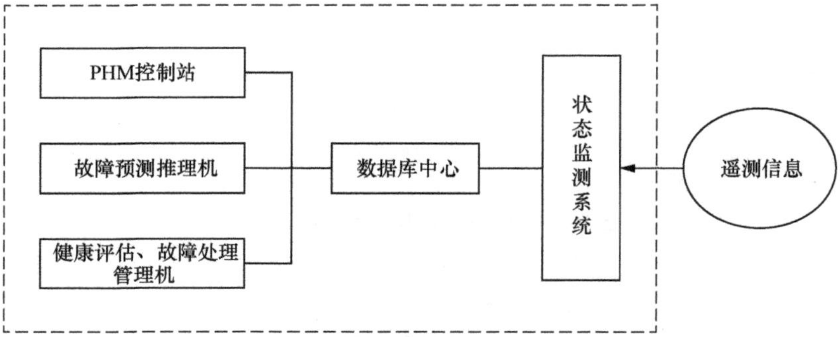

图 8-4 空间机械臂地面 PHM 子系统

空间机械臂 PHM 系统在运行时，器载 PHM 子系统和地面 PHM 子系统需要互相配合，共同实现状态监测、健康评估、故障预测和故障处理四大主要功能。各模块的工作流程为：状态监测模块通过各种监测手段获取系统运行参数，并初步判断系统行为是否异常；健康评估模块根据状态监测模块的结果进行故障诊断，进一步判断系统健康情况，并定性预报故障的二次影响方向；故障预测模块会根据预报的结果，结合系统当前运行状态，定量预测系统未来的故障情况，包括故障发生的时间、部位，故障的类型及程度，故障可能导致的后果，以及系统中设备的剩余寿命等；最后，故障处理模块将根据健康评估和故障预测的结果采取相应措施以降低甚至消除故障对系统的不利影响。在应用时，考虑到器载 PHM 子系统的数据存储、计算能力有限，可将故障信息传递给地面，由地面 PHM 子系统完成分析、计算和仿真验证，再注入器载 PHM 子系统进行故障处理。本部分将从四大功能模块对搭建空间机械臂 PHM 系统进行展望。

8.2.1 状态监测

状态监测是对系统的关键性能或功能特性参数实时监测，判断系统行为是否异常 [23]。其工作方式为接收实时数据、处理后数据或者离线数据，通过算法提取出反映系统工作状态的特征值，将特征值与期望值进行比较，输出监测结果，并根据一定的规则和方法进行预警。目前，大部分状态监测采用的是监测数据上下限是否超过阈值的阈值法，但很多类型的异常发生时并不会引起被监测量超过阈值，为了解决这个问题，有学者提出了基于数据驱动的方法 [24]。数据驱动的状态监测工具主要采用将机器学习算法应用于待监测系统以往的操作数据，学习系统的经验模型，然后使用所学习的模型评估最近的操作数据，检查系统是否正常。目前，国外已开发出基于数据驱动的状态监测工具，如 NASA 的 IMS 工具、欧洲空间局开发的 Novelty Detection 工具、日本东京大学开发的 ADAMS 平台等。IMS 工具的基本结构如图 8-5 所示，Novelty Detection 在超限触发前两个月发现的异常如图 8-6 所示。

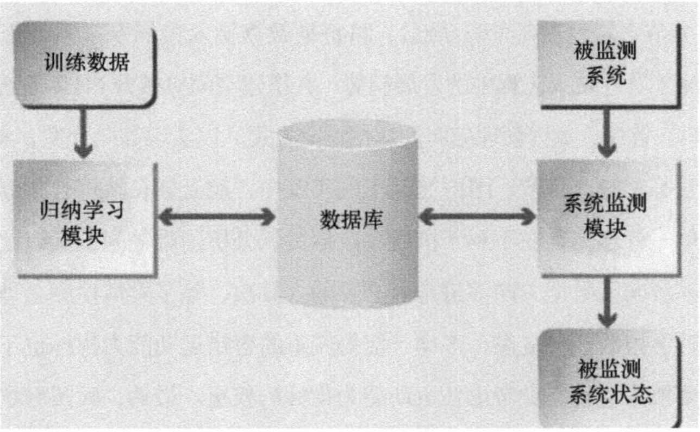

图 8-5　IMS 工具的基本结构

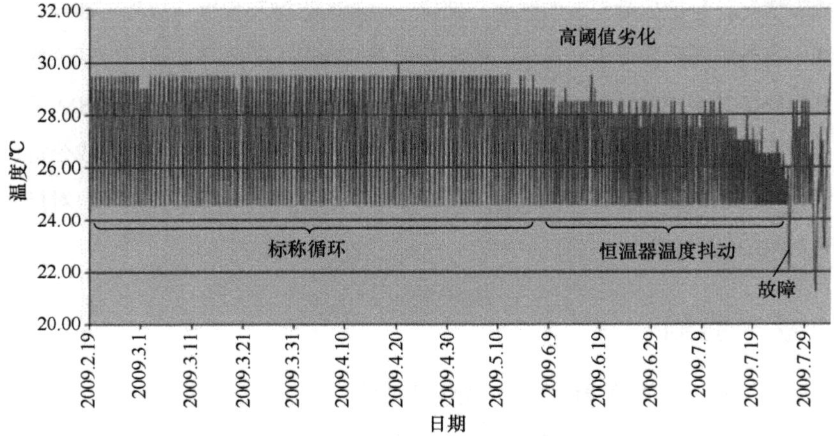

图 8-6 Novelty Detection 在超限触发前两个月发现的异常

接下来阐述搭建空间机械臂 PHM 系统状态监测工具的思路。首先，空间机械臂安装的惯性传感器、力矩传感器、编码器等多种类型的传感器，可为空间机械臂系统提供力 / 力矩、关节速度、关节加速度等多种状态信息，这些状态信息是状态监测必不可少的原始数据。其次，状态监测工具需要从原始数据中提取出能够反映设备运行状况的信息。但是传感器所收集数据的物理含义、采集频率不同，无法单纯采用数据级融合，故需要通过时间序列分析、频率分析、小波分析[25]等分析方法，对原始数据作进一步处理，从信号模式中提取出特征数据，将所提取的特征数据进行特征级数据融合，如通过神经网络、支持向量机等方法识别出系统的特征数据，这些数据能够显式或者隐式地描述空间机械臂的健康状况，例如角速度信息变化平稳性可间接描述窗空间机械臂传动机械组和驱动电机内部的磨损情况，关节模组振动信号可反映关节卡滞情况等[26]。最后，将特征数据输入模糊专家系统进行决策级融合。

综合状态监测工具在航天工程中的发展趋势，在搭建空间机械臂 PHM 系统状态监测工具时需要考虑以下内容。首先，数据管理应向大数据方向发展，以实现高效分发、离线存储、分析、挖掘、显示和搜索等功能。目前，国内航天工程实践中，航天器在轨综合数据的存储管理一般都是各自分开、单一管理，存在不利于扩展、数据关联分析困难等问题。因此，状态监测工具的在轨数据管理系统向大数据方向演进是有必要的。其次，除了异常检测之外还需要开发辅助工具。空间机械臂承担的任务复杂、多样，使得侧重的容错运动能力指标也不相同，因此在提取特征数据时需要根据空间任务考虑各运动能力指标的权重。最后，我国对状态监测技术的研究起步较晚，目前工程上以自动阈值判读和专家经验为主。综上，若要搭建先进的状态监测工具，在设计时就需要考虑处理和储存海量数据、后续数据挖掘以及同其他功能集成等问题。

8.2.2 健康评估

健康评估是指根据系统的监测信息评估系统的健康情况，给出带有置信度水平的系统故障诊断结论，并结合系统的健康历史信息、运行状态和运作负载特性预报系统未来的健康状态[27]。从以上定义可知，健康评估包含“故障诊断”和“预报”两大功能。故障诊断的工作方式为：从状态监测模块获取输出数据、历史数据等，对其中超出阈值的异常情况进行分析，结合系统当前状况给出系统是否故障的判断，同时对部分部件给出健康度评估，然后综合评估系统的健康等级，给出系统是否能够继续完成任务的诊断。预报的工作方式为：根据故障诊断的结论，结合系统故障传播特性和系统运作情况，定性评估故障的二次影响方向或组件。需要注意，预报不同于预测，但是可以驱动后面提到的预测算法，是预测算法的输入之一[27]。

接下来将结合现有的故障诊断和预报方法，阐述搭建空间机械臂 PHM 系统健康评估模块的思路。目前，故障诊断常采用基于模型和数据驱动的方法（一些学者也称其为基于信号处理的方法）[28]。基于模型的故障诊断方法需要知道精确的空间机械臂模型，构造不同类型的观测器（滤波器），通过观测器在线监控系统输出，并对输出估计误差进行适当转换以生成残差，然后对残差进行分析和处理，进而实现故障诊断。但是要获得精确的空间机械臂模型是很难的，例如燃料消耗会引起质量变化、关节模组处的润滑油消耗会引起摩擦模型变化、抓捕非合作目标时质量往往无法测量等，因此基于模型的故障诊断方法有其局限性。数据驱动的故障诊断方法不需要空间机械臂的准确模型，该方法通过某种信息处理和特征提取方法（如控制图法、小波变换、时间序列特征提取等[29-30]）来进行故障诊断。其原理是系统的输出在幅值、相位、频率及相关性上与故障存在一定的关联，系统出现异常时，可对提取出的参量进行分析和处理，从而判断故障源的位置[30]。故障预报方法可以参考代京等提出的健康评估推理模型来实现[27]。建立空间机械臂的健康评估推理模型时，需要考虑空间机械臂的故障、结构、行为、运作和功能等 5 个要素，其实质是通过空间机械臂模型将不同层次的组成单元联系起来，构建出跨部件、子系统和系统的故障传播模型，使得空间机械臂发生异常时能够推理出将要受此异常影响的部件，从而实现故障预报。

综合健康评估模块在航天工程中的发展趋势，在搭建空间机械臂 PHM 系统健康评估模块时需要考虑以下内容。第一，由于空间机械臂的特殊性，其故障案例相较于飞行器、工业机器人等数量较少，且地面试验系统尚不完备，无法模拟真实的太空环境，使得对空间机械臂的故障机理研究尚不完备。为了使故障诊断和预报技术更加全面、虚警率更低，应继续研究空间机械臂的故障发生和发展机理，建立准确、有关故障发生发展和传播的数学模型。第二，基于模型的故障诊断方法和数据驱动的故障诊断方法各有优缺点，如何将二者融合，使得既能够应对空间机械臂模型复杂问题又能尽量控制计算量将是一个有意义的研究方向。第三，提高健康评估的实时性。当前受限于技术方法、算力、传感测试技术等各方面的发展，某些关键系统或子系统的在线实时评估的实现依然具有一定难度。本书提出的容错运动规划与控制对于系统状态的实时、准确反馈也有严格要求。因此，提高健康评估的实时性对保障空间机械臂可靠运行和全生命周期的安全性有重要意义。

8.2.3 故障预测

故障预测是指根据系统当前实际状态，结合系统结构特点、工作环境等因素，通过一定的方法，对系统未来任务时间段内的故障情况进行预测，包括故障发生的时间、部位，故障的类型及程度，故障可能导致的后果，以及系统中设备的剩余寿命等[31]。目前，故障预测已被广泛应用于船舶[32]、航空[33]、航天[34-35]等诸多领域。尤其是在航天领域，NASA开发的发现与系统健康（The Discovery and Systems Health，DaSH）技术，以及基于分粒度建模和多模推理的航天器自动化多模式趋势分析系统（Automated Model-Based Trend Analysis System，AMTAS）均为实用的在轨航天器故障预测工具，其基本架构分别如图8-7和图8-8所示。基于故障预测结果，研究人员和操作人员可以及时对系统所执行的任务进行调整，并采取相应的故障处理措施以减小故障的影响。

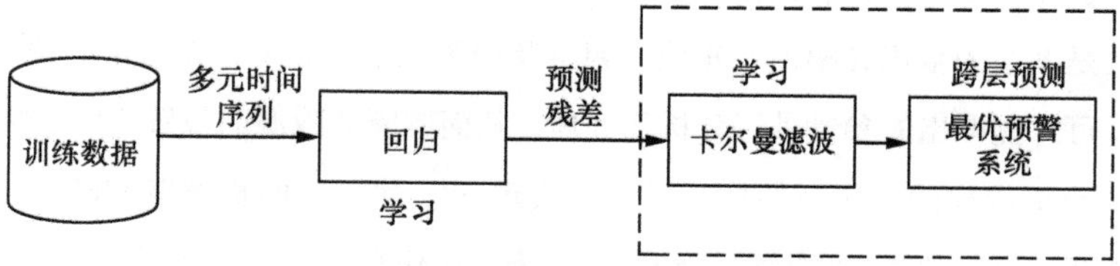

图 8-7　DaSH 的基本架构[36]

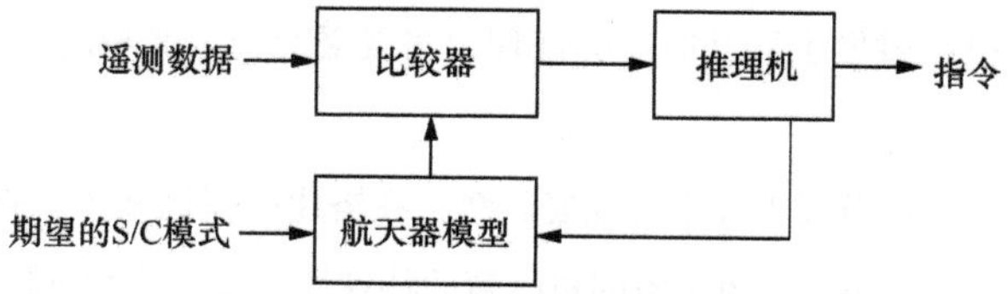

图 8-8　AMTAS 的基本架构

按照所采用的理论和方法的不同，现有故障预测方法可分为基于知识的故障预测方法[37-38]、基于物理模型的故障预测方法[39]、数据驱动的故障预测方法[40-41]、混合故障预测方法[42]等几类。

基于知识的故障预测方法是指根据所获得的系统状态信息和领域专家对这些状态信息的直觉判断，经过简单分析，结合已有的经验，应用定性推理给出故障预测结果。其主要方式包括专家系统和模糊判断两种[31]。专家系统通过输入状态监测的结果，基于专家系统中已经储备的专家经验知识，如故障空间机械臂模型、故障树等，对设备未来可能发生的故障情况进行预测，该方法对未见故障具备较强的解释能力[43]。此外，复杂系统发生故障往往涉及众多因素和大量模糊信息，使得故障表现出一定的随机性和模糊性，针对此特点，可采用模糊判断的方式，充分利用专家经验知识构造模糊规则库，提供表达和处理模糊概念的机制，使得判断方法具有处理不确定信息的能力。上述基于知识的故障预测方法由于不需要了解具体对象系统的模型，因此在工程上的应用十分广泛。但该方法大多基于静态知识库，而静态知识库无法模拟装备及部件失效的具体过程，削弱了故障预测方法的实用性，且当系统过于复杂时，会出现专家经验知识匮乏且获取新的经验知识十分困难的问题，这导致其难以应用于结构复杂且对故障预测方法实用性要求极高的空间机械臂。

基于物理模型的故障预测方法是指通过建立对象系统的物理模型和失效模式，实现故障的评估和预测。目前，该方法已在航空领域拥有较为广泛的应用，用以进行喷气式发动机轴承故障预测及剩余寿命预测[44]、直升机传动系统故障预测[45]等工作，并且有向航天领域移植的潜力[34]。对于如何实施基于物理模型的空间机械臂故障预测，可以先建立空间机械臂包括关节在内的关键部件的失效模型，并将该失效模型代入空间机械臂运动学模型和动力学模型中，计算出部件失效过程可能导致的空间机械臂模型参数和运动状态变化，当状态监测模块检测到空间机械臂出现上述模型参数和运动状态变化时，故障预测模块即可根据检测结果对可能发生的故障作出预测。但该故障预测方法要求对象系统模型要十分精确，而空间机械臂作为复杂的非线性系统，建模难度较高，其建模方法仍需进一步研究；此外，基于物理模型的故障预测方法的准确性还受到材料特性、工作环境和外部受力等诸多因素影响，而空间环境对空间机械臂各部件的材料特性的影响，以及空间机械臂执行各类任务时的受力情况仍需开展进一步研究。故欲使基于物理模型的故障预测方法在空间机械臂上成功实施，需要对空间机械臂建模方法、空间环境对材料特性的影响以及各种工况下空间机械臂的受力情况等方面进行更为深入的研究。

数据驱动的故障预测方法是指通过挖掘历史数据、系统状态、故障征兆与工作环境之间的内在联系，建立相应变量之间的映射关系，从而利用数据对系统状态进行估计和预测。其所基于的理论包括灰色聚类理论、贝叶斯网络、神经网络、Petri 网、支持向量机和时间序列分析等。目前，数据驱动的故障预测方法已应用在 NASA 的 ORCA 和 IMS[46]、欧洲空间局的 DrMust[47] 上；我国利用控制力矩陀螺和动量轮等执行机构在不同阶段的数据，基于深度神经网络开展了故障演化规律的建模研究工作，目前已能够在地面实现航天器控制系统执行机构微小、缓变故障的提前预警[48]。若将数据驱动的故障预测技术应用到空间机械臂上，则可以利用深度学习技术强大的学习和特征提取能力，识别出微小故障的前期征兆特性。但现有的数据驱动的故障预测方法需要基于对象系统的大量实际运行数据进行训练，且这些数据需经过标注后才能用于学习，大量数据的标注工作会给故障预测模块带来额外的工作量，导致故障预测所需的运行时间延长，且深度学习和神经网络等机器学习手段本身就存在训练时间长、易陷入局部最优解的问题，这些问题对将数据驱动的故障预测方法应用于空间机械臂构成了挑战。

混合故障预测方法是将现有的主流故障预测方法按照一定方式组合使用，充分发挥各方法的优点，克服单方法的缺点，以获取可信度更高的故障预测结果。将此方法应用到空间机械臂上时，具体可采用分解重构、加权综合或序贯集成的混合方法。分解重构需要将空间机械臂数据序列分解为不同频率或振荡模式的子序列，子序列相比于原数据序列具有更显著的特性，对各个子序列分别展开预测，再将预测结果重构用于故障预测。加权综合则是为不同故障预测方式赋予一定的权重系数，并计算加权平均数作为最终的故障预测结果。序贯集成则是将故障预测任务划分为多个阶段，各个阶段的任务可通过建立不同的预测方式完成，当前阶段的输出可以作为下一个阶段的输入，最后一个阶段输出最终的故障预测结果。目前，这 3 类混合故障预测方法已得到广泛应用，但仍存在诸多问题，例如分解重构法可能因为存在故障无关子序列而影响预测精度，序贯集成法中序贯设计策略仍不成熟等。只有开展相关研究并解决上述问题后，混合故障预测方法才能够应用于空间机械臂故障预测领域。

8.2.4 故障处理

故障处理是指基于故障类型、程度和影响，对系统发生故障的部分采取适当的处理手段，以降低甚至消除故障对系统的不利影响。典型的故障处理可分为硬处理和软处理两类，其中硬处理的典型方法包括故障设备修复、备件替换和故障系统组成的重构等，例如 SSRMS 和 ERA 中的关节分别采用了双电机冗余设计和双绕组冗余设计，关节发生故障时可立即切换至备份组件。NASA 开发了多任务模块化航天器（Multimission Modular Spacecraft，MMS），其具有由多个解耦的子系统组成的标准化和可重构的组件，某一组件发生故障后可以在轨更换故障组件而不必更换整个航天器。软处理的典型方法包括功能重置、功能降级与被动容错等[49]，例如空客 A320 计算机系统具备运行自检功能，可自动地从已检出问题的计算机控制对象切换到另一个；landsat-7 卫星容错系统可进行 72 h 自主安全模式的操作，能满足卫星任何单个部件故障恢复的处理需求。实际工程应用中，故障处理的执行由分系统主控计算机以及各设备终端配合完成，根据故障诊断的结果和故障处理预案执行对应的指令序列，完成设备开、关、工作模式切换等具体故障处理操作[50]。

接下来阐述搭建空间机械臂 PHM 系统故障处理模块的思路。首先，统计空间机械臂在任务执行过程中可能发生的全部故障类型。然后，针对上述故障类型，设计对应的故障处理具体操作序列作为故障处理预案存储于故障处理模块中，并根据故障处理预案的语言特征对其进行标记。在故障发生时，基于状态监测和故障诊断的结果对故障部位进行隔离，避免故障进一步扩散。在此基础上，可从硬处理与软处理两方面加以考虑。

在硬处理方面，基于空间机械臂各部件的冗余设计切换至备份组件，或更换模块化的组件。需要注意的是，对于一般故障的硬处理操作，多是由系统发出提示后，维护人员人工解决，而空间机械臂故障的硬处理操作若由航天员出舱执行，难度较大且难以及时进行，故有必要研究如何让空间机械臂依靠自身行动能力实现故障模块维修、故障模块更换等硬处理操作。

在软处理方面，可借鉴其他领域已有的软处理方法。例如空间机械臂控制器异常时会出现系统处理能力紧张的情况，可采用功能降级方法，将非关键功能关闭，此时系统仅能实现部分关键功能，但能使空间机械臂整体系统处于可用状态。此外，可将现有容错策略与故障类型对应，建立较为系统的故障预案。为此可利用诸如双向长短期记忆 - 条件随机场（BiLSTM-CRF）混合神经网络的深度学习算法建立故障处理预案的实体识别模型，并以文本卷积神经网络（TextCNN）抽取预案实体关系以建立预案知识图谱，实现故障处理预案与故障类型诊断结果的对应，在知识图谱实时感知到线路故障信号时，触发知识图谱，利用知识图谱实体节点调用健康评估模块分析空间机械臂状态，知识图谱结合分析结果和调度员指令驱动下一步处置，从而完成故障处置流程自动判定，使得故障处理模块可以自动执行故障处理预案中的操作序列[51]。需要注意的是，现有故障处理技术需要提前设计大量的故障处理预案，且无法处理预案中未包含的故障。为了解决此问题，可以考虑将智能学习算法引入故障处理模块，使得该模块在面对现有故障处理预案范围外的故障时，能够通过算法的学习，生成新的故障处理预案，减少所需提前设计的故障处理预案数量。

小结

本章结合空间机械臂容错技术的国内外研究进展，梳理了容错技术面临的问题和待研究点；并根据现有空间机械臂容错技术的特点，提出 PHM 系统是未来空间机械臂容错技术的发展方向之一和容错控制决策的核心系统。本章构思了空间机械臂 PHM 系统以器载子系统和地面子系统为布局，集成状态监测、健康评估、故障预测和故障处理等核心功能模块的总体框架，进而阐述了各个模块的功能、实现方式，并结合各项技术的发展趋势指出了搭建各模块时需要注意的技术难点。

参考文献

[1] TABART Q, VECHIU I, ETXEBERRIA A, et al. Hybrid energy storage system microgrids integration for power quality improvement using four-leg three-level NPC inverter and second-order sliding mode control[J]. IEEE Transactions on Industrial Electronics, 2018, 65(1): 424-435.

[2] ZHANG S, LI Y Y, LIU S, et al. A review on fault-tolerant control for robots[C]// 2020 35th Youth Academic Annual Conference of Chinese association of Automation (YAC). Piscataway, USA: IEEE, 2020. DOI: 10.1109/YAC51587.2020.9337672.

[3] PILTAN F, KIM C H, KIM J. M. Advanced adaptive fault diagnosis and tolerant control for robot manipulators[J]. Energies, 2019, 12(7): 1281. DOI: 10.3390/en12071281.

[4] OMERDIC E, TOAL D, DOOLY G. Application of thruster fault-tolerant control system based on the hybrid method for control allocation in real-world environment[J]. IFAC PapersOnLine, 2019, 52(21): 277-282.

[5] AMIN A A, HASAN M K. A review of fault tolerant control systems: Advancements and applications[J]. Measurement, 2019(143): 58-68.

[6] 夏晶，周世宁，张昊，等．任务约束下七自由度机械臂拟人运动规划 [J]. 华中科技大学学报（自然科学版）, 2023, 51(5): 60-66.

[7] 林慧斌，习慈羊，丁康．用于滚动轴承局部故障诊断的深度降采样方法 [J]. 重庆理工大学学报（自然科学）, 2023, 37(7): 110-119.

[8] JEFFREY I, WILLIAM L , VICTOR M, et al. Fog robotics algorithms for distributed motion planning using lambda serverless computing[C]// 2020 IEEE International

Conference on Robotics and Automation (ICRA). Piscataway, USA: IEEE, 2020. DOI: 10.1109/ICRA40945.2020.9196651.

[9] SATZINGER W B, LAU C, BYL M, et al. Tractable locomotion planning for RoboSimian[J]. The International Journal of Robotics Research, 2015, 34(13): 1541-1558.

[10] 田军霞，赵京．冗余度机械臂容错操作中关节速度突变的影响因素分析 [J]. 机械科学与技术，2005, 24(3): 371-374.

[11] JIA Q X, LI T, CHEN G, et al. Velocity jump reduction for manipulator with single joint failure[C]// International Conference on Multisensor Fusion and Information Integration for Intelligent Systems. Piscataway, USA: IEEE, 2014: 1-6.

[12] JIA Q X, LI T, CHEN G, et al. Trajectory optimization for velocity jumps reduction considering the unexpectedness characteristics of space manipulator joint-locked failure[J]. International Journal of Aerospace Engineering, 2016, 2016(7). DOI: 10.1177/0278364915584947.

[13] CHEN G, YUAN B N, JIA Q X, et al. Trajectory optimization for inhibiting the joint parameter jump of a space manipulator with a load-carrying task[J]. Mechanism and Machine Theory, 2019(140): 59-82.

[14] YAO Y F, ZHAO J W, HUANG B. Motion planning algorithms of redundant manipulators based on self-motion manifolds[J]. Chinese Journal of Mechanical Engineering, 2010, 23(1): 80-87.

[15] CHEN G, XU W Q, WANG H X, et al. Review of the fault-tolerance strategy for space manipulators with joint failure[J]. IEEE Transactions on Aerospace and Electronic Systems, 2022, 59(3): 2838-2860.

[16] QIAO G X, WEISS B A. Industrial robot accuracy degradation monitoring and quick health assessment[J]. Journal of Manufacturing Science and Engineering, 2019, 141(7). DOI: 10.1115/1.4043649.

[17] 吕琛，马剑，王自力．PHM 技术国内外发展情况综述 [J]. 计算机测量与控制，2016, 24(9): 1-4.

[18] 陆廷孝，郑鹏州．可靠性设计与分析 [M]. 北京：国防工业出版社，2011.

[19] SCHWABACHER M, SAMUELS J J, BROWNSTON L. The NASA integrated vehicle health management technology experiment for X-37[C]// Proceedings of SPIE - The International Society for Optical Engineering. New York, USA: SPIE, 2002: 49-60.

[20] WILLIAMS B C, NAYAK P P. A model-based approach to reactive self-configuring

systems[C]// Proceedings of the AAAI Conference on Artificial Intelligence. Reston, USA: AAAI, 1996: 971-978.

[21] 王建军，徐浩．航天器健康管理技术研究与实现[C]// 第二届中国空天安全会议，中国：中国指挥与控制学会空天安全平行系统专业委员会，2017: 363-372.

[22] 王妍，蔡彪，程迎坤．大型航天器控制系统健康管理[J]. 空间控制技术与应用，2016, 42(5): 42-46, 52.

[23] 詹景坤，王小辉，俞启东，等．未来航天器预测与健康管理技术研究及启示[J]. 电子测试，2017(11): 31-33, 48.

[24] 李瑞雪，张泽旭．数据驱动的航天器异常检测工具对未来中国空间站管理的启示[J]. 载人航天，2021, 27(2): 244-251.

[25] 池红卫．复杂过程工业系统故障诊断与预测方法的研究[D]. 天津：天津大学，2004.

[26] 薛小锋，冯蕴雯，宋笔锋．航天器机械臂健康监控技术研究[J]. 机械科学与技术，2006(9): 1031-1034.

[27] 代京，张平，李行善，等．综合运载器健康管理健康评估技术研究[J]. 宇航学报，2009, 30(4): 1711-1721.

[28] SCHWABACHER M. A survey of data driven prognostics[C]// Proc of the AIAA Infotech. Reston, USA: AIAA, 2005. DOI:10.2514/6.2005-7002.

[29] 李晗，萧德云．基于数据驱动的故障诊断方法综述[J]. 控制与决策，2011, 26(1): 1-9, 16.

[30] 王晓峰，毛德强，冯尚聪．现代故障诊断技术研究综述[J]. 中国测试，2013, 39(6): 93-98.

[31] 徐兆平，郭波．复杂装备故障预测方法研究综述[J]. 长沙理工大学学报: 自然科学版，2023, 20(2): 10-26.

[32] 许小伟，范世东，姚玉南．On-line SVM 在船舶设备故障预测中的应用[J]. 武汉理工大学学报，2014, 36(9): 61-67.

[33] 李立群，唐寿根，谢家雨．基于灰色理论的 172 飞机故障预测方法[J]. 控制工程，2017, 24(7): 1342-1346.

[34] 罗荣蒸，孙波，张雷，等．航天器预测与健康管理技术研究[J]. 航天器工程，2013, 22(4): 95-102.

[35] 朱辉．航天器故障诊断、预测与健康管理探讨[J]. 质量与可靠性，2013(2): 15-19.

[36] MARTIN R A， DAS S. Near real-time optimal prediction of adverse events in aviation data[C]// AIAA Infotech@Aerospace 2010. Reston, USA: AIAA, 2010. DOI:10.2514/6.2010-3517.

[37] AN D, KIM N H, CHOI J H. Practical options for selecting data-driven or physics-based prognostics algorithms with reviews[J]. Reliability Engineering & System Safety, 2015(133): 223-236.

[38] XU D, ZHANG G F, YOU Z. On-line pattern discovery in telemetry sequence of micro-satellite[J]. Aerospace Science and Technology, 2019(93). DOI: 10.1016/j.ast.2019.06.004.

[39] PECHT M G. A prognostics and health management roadmap for information and electronics-rich systems[J]. IEICE ESS Fundamentals Review, 2010, 3(4): 25-32.

[40] 许丽佳，王厚军，龙兵．基于贝叶斯网络的复杂系统故障预测 [J]. 系统工程与电子技术，2008(4): 780-784.

[41] TSE P W, ATHERTON D P. Prediction of machine deterioration using vibration based fault trends and recurrent neural networks[J]. Journal of Vibration and Acoustics, 1999, 121(3): 355-362.

[42] GOODE K B, MOORE J, ROYLANCE B J. Plant machinery working life prediction method utilizing reliability and condition-monitoring data[J]. Proceedings of the Institution of Mechanical Engineers, Part E: Journal of Process Mechanical Engineering, 2000, 214(2): 109-122.

[43] BIAGETTI T, SCIUBBA E. Automatic diagnostics and prognostics of energy conversion processes via knowledge-based systems[J]. Energy, 2004, 29(12-15): 2553-2572.

[44] ORSAGH R F, SHELDON J, KLENKE C J. Prognostics/diagnostics for gas turbine engine bearings[C]// 2003 IEEE Aerospace Conference Proceedings. Piscataway, USA: IEEE, 2003. DOI: 10.1109/AERO.2003.1234152.

[45] KACPRZYNSKI G J, SARLASHKAR A, ROEMER M J, et al. Predicting remaining life by fusing the physics of failure modeling with diagnostics[J]. JOM, 2004(56): 29-35.

[46] LOSIK L. Results from the prognostic analysis completed on the NASA extreme Ultra Violet Explorer satellite[C]// 2012 IEEE Aerospace Conference. Piscataway, USA: IEEE, 2012. DOI: 10.1109/AERO.2012.6187386.

[47] MARTINEZ J, DONATI A, SOUSA B, et al. DrMUST-a data mining approach for anomaly investigation[C]// SpaceOps Symposium. Reston, USA: AIAA, 2012. DOI:10.2514/6.2012-1275109.

[48] 袁利，王淑一．航天器控制系统智能健康管理技术发展综述 [J]. 航空学报，2021,

42(4): 122-136.

[49] 胡绍林，肇刚，郭小红，等. 航天安全与健康管理技术研究述评 [J]. 上海应用技术学院学报：自然科学版，2015, 15(3): 286-292, 298.

[50] 梁克，邓凯文，丁锐，等. 载人航天器在轨自主健康管理系统体系结构及关键技术探讨 [J]. 载人航天，2014, 20(2): 116-121.

[51] 余建明，单连飞，皮俊波，等. 基于知识图谱的故障处置预案解析方法 [J]. 电气自动化，2023, 45(2): 75-78.

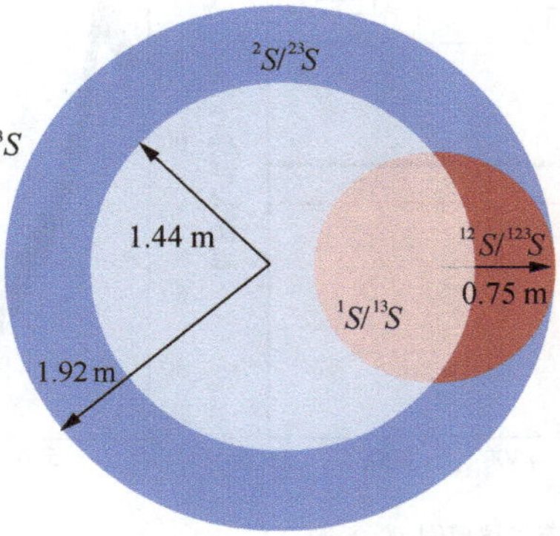

*图 4-7　三自由度机械臂退化工作空间

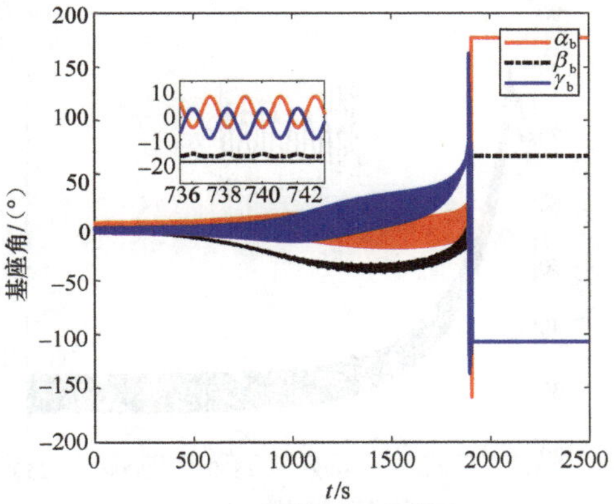

(a) 基座姿态可达范围

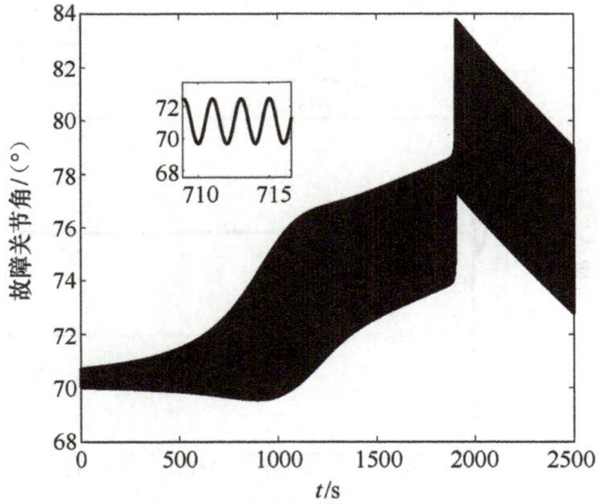

(b) 自由摆动故障关节可达范围

*图 4-8　$\omega=\pi$ 时基座与自由摆动故障关节可达范围

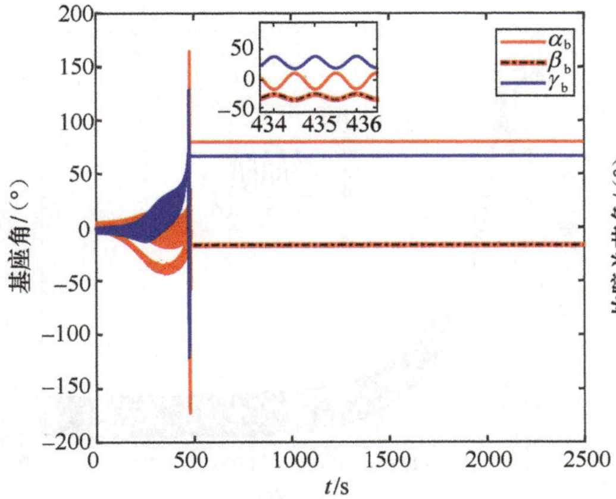

(a) 基座姿态可达范围

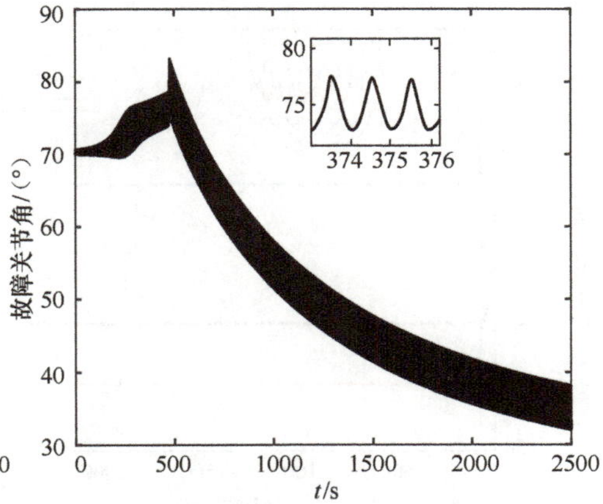

(b) 自由摆动故障关节可达范围

*图 4-9　$\omega=2\pi$ 时基座与自由摆动故障关节可达范围

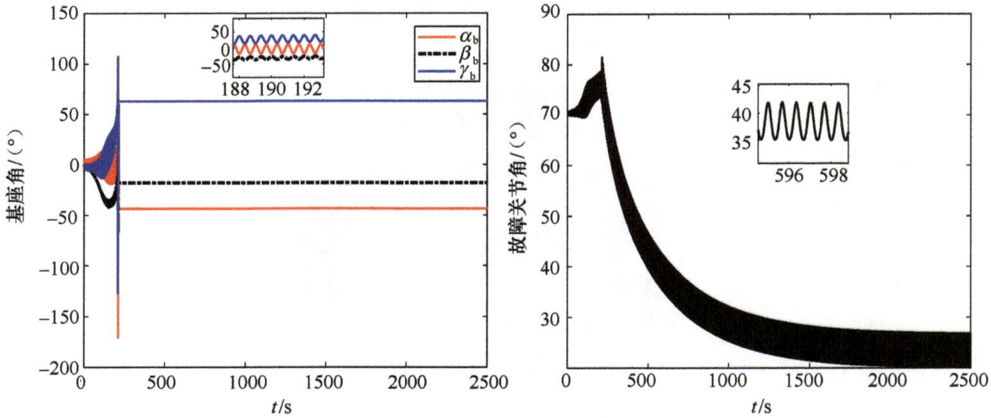

（a）基座姿态可达范围　　（b）自由摆动故障关节可达范围

*** 图 4-10　$\omega=3\pi$ 时基座与自由摆动故障关节可达范围**

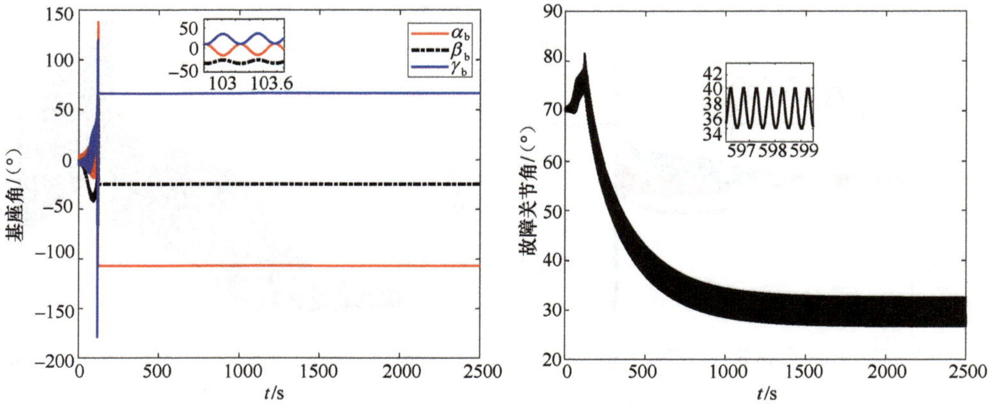

（a）基座姿态可达范围　　（b）自由摆动故障关节可达范围

*** 图 4-11　$\omega=4\pi$ 时基座与自由摆动故障关节可达范围**

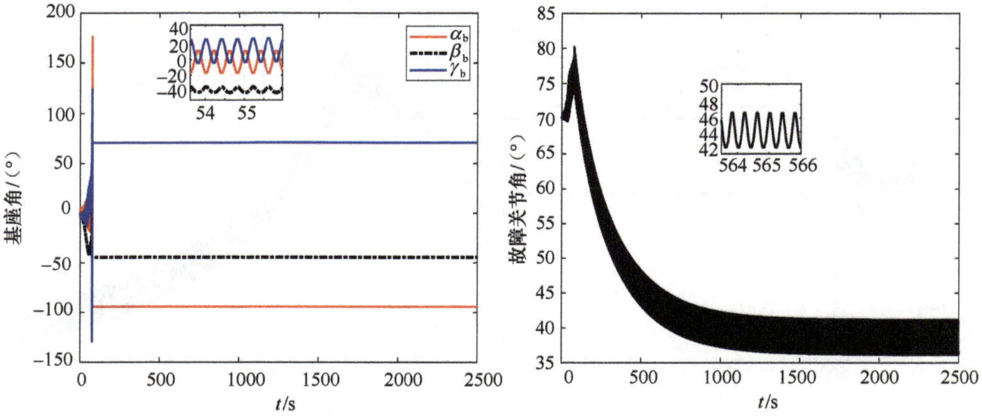

（a）基座姿态可达范围　　（b）自由摆动故障关节可达范围

*** 图 4-12　$\omega=5\pi$ 时基座与自由摆动故障关节可达范围**

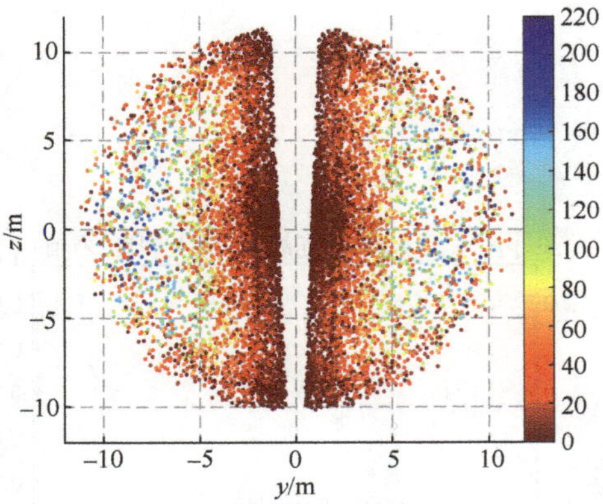

（a）x截面退化可操作度

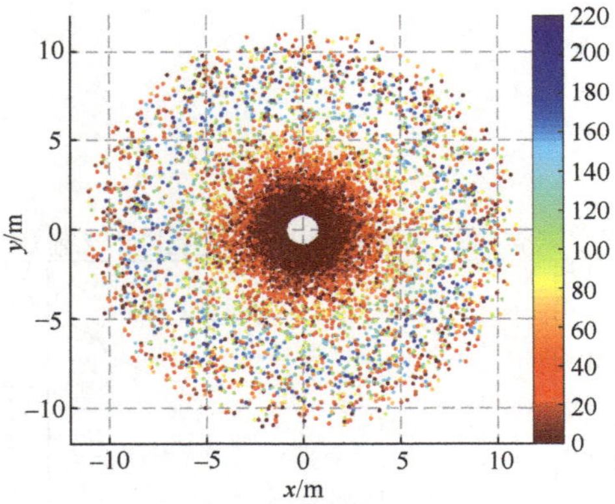

（b）z截面退化可操作度

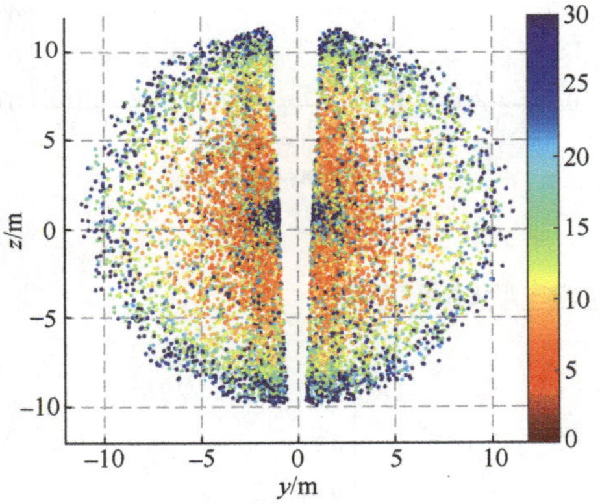

（c）x截面退化条件数

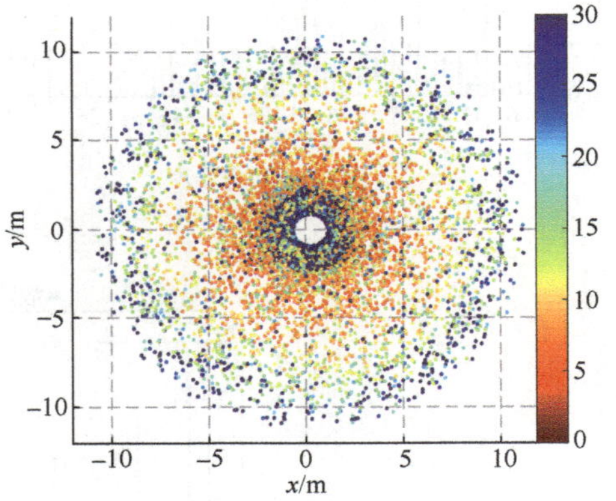

（d）z截面退化条件数

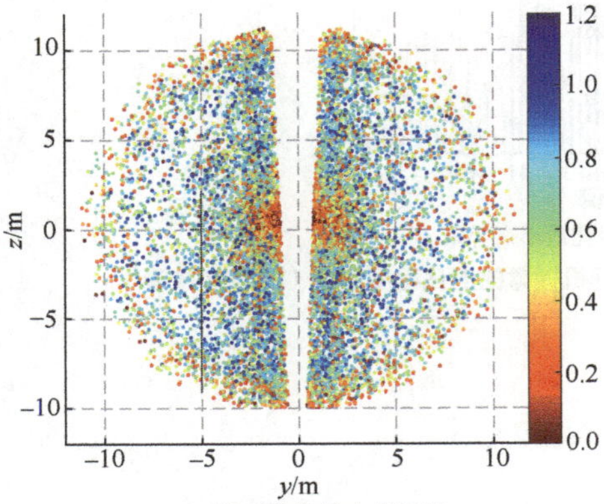

（e）x截面退化最小奇异值

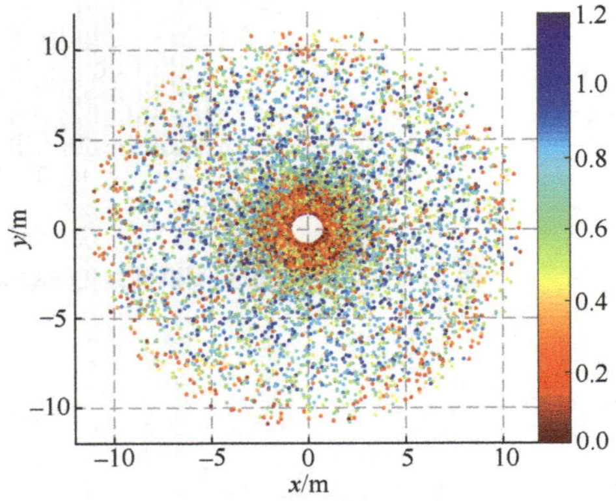

（f）z截面退化最小奇异值

* 图 4-18　关节锁定故障空间机械臂灵巧性分析结果

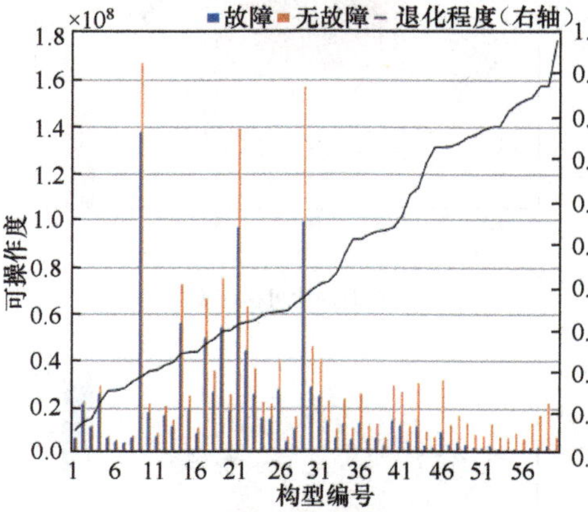

（a）动力学退化可操作度

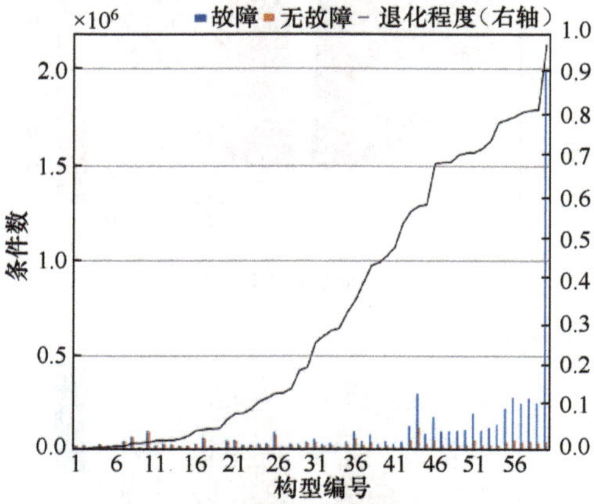

（b）动力学退化条件数

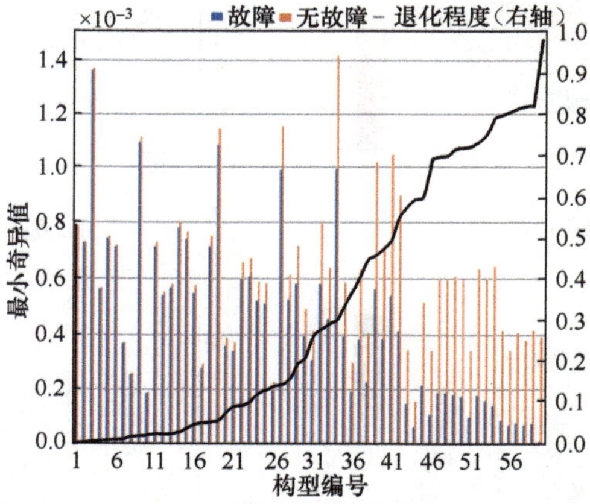

（c）动力学退化最小奇异值

* 图 4-19　关节故障空间机械臂和无故障空间机械臂的退化程度指标（关节 3 故障）

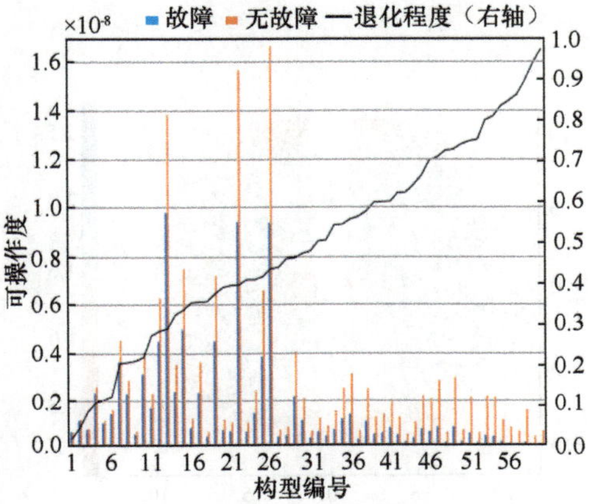

（a）动力学退化可操作度

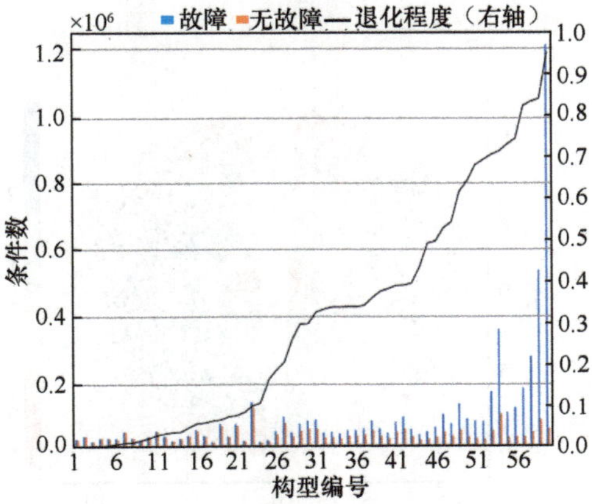

（b）动力学退化条件数

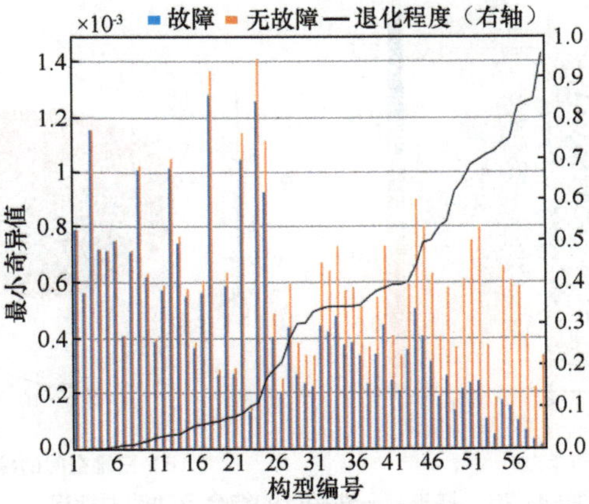

（c）动力学退化最小奇异值

* 图 4-20　关节故障空间机械臂和无故障空间机械臂的退化程度指标（关节 1 故障）

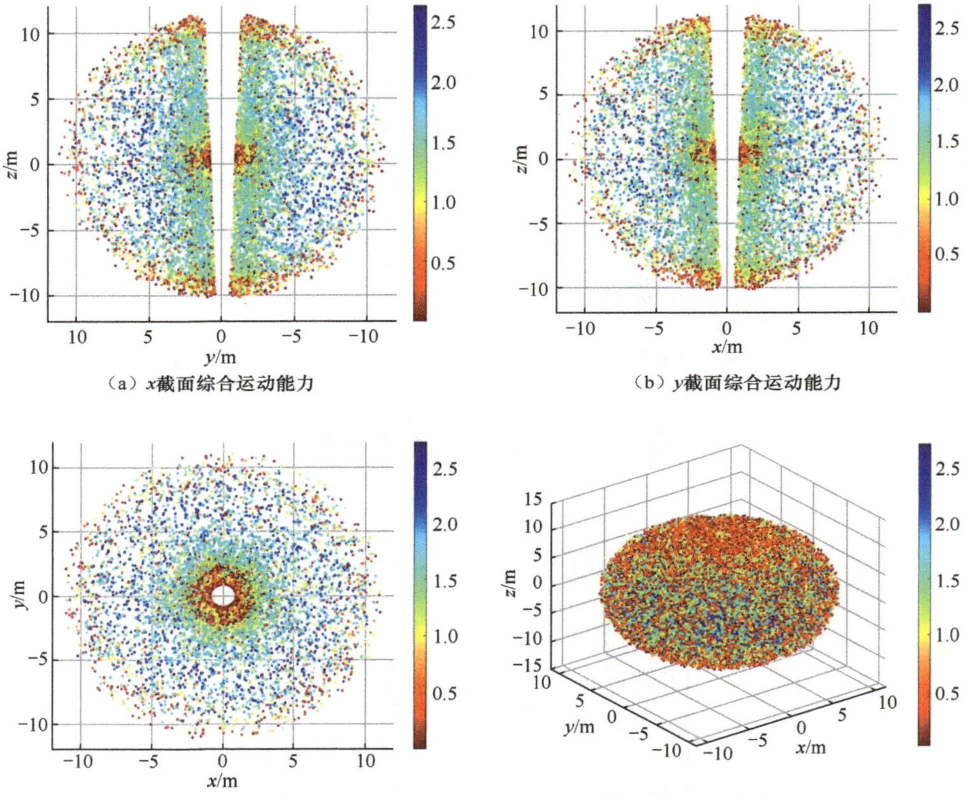

（a）x截面综合运动能力

（b）y截面综合运动能力

（c）z截面综合运动能力

（d）三维空间的综合运动能力

*图 4-26　基于归一法构造的综合运动能力指标

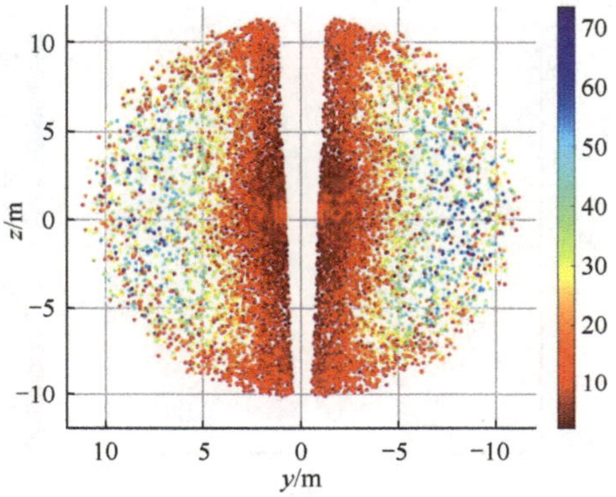

（a）x截面综合运动能力

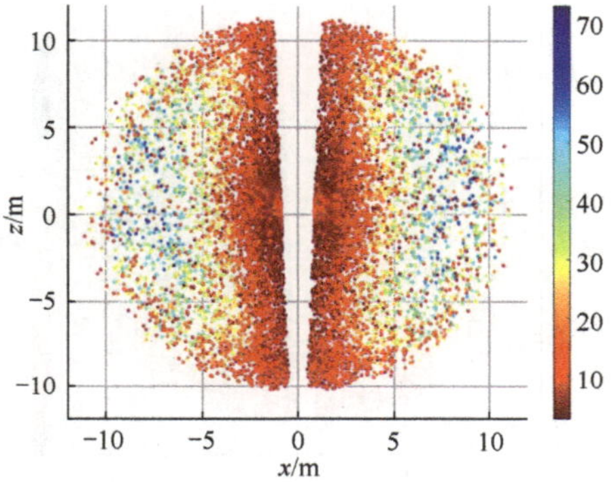

（b）y截面综合运动能力

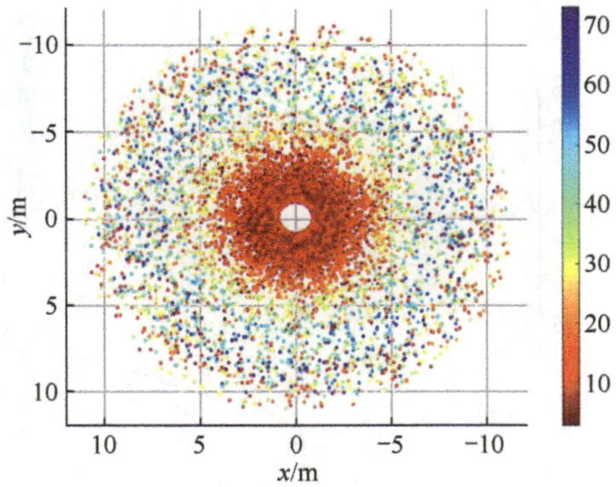

（c）z截面综合运动能力

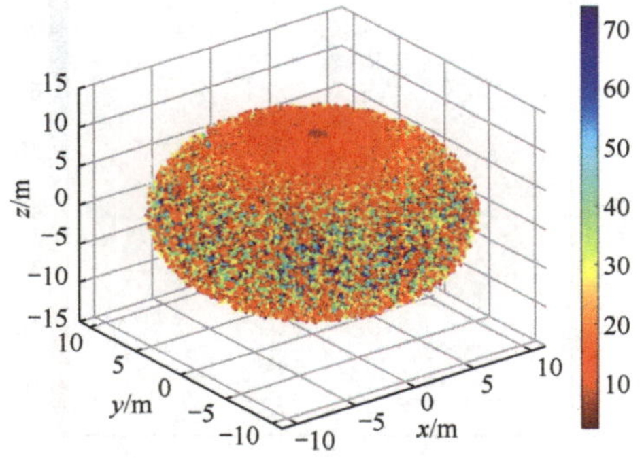

（d）三维空间的综合运动能力

*图 4-27　基于熵值法构造的综合运动能力指标

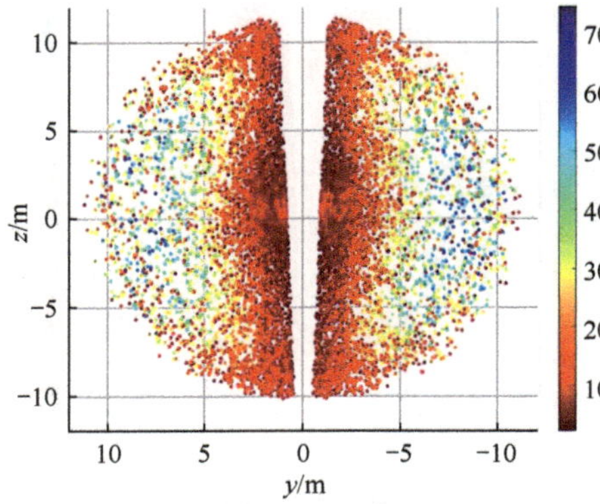

（a）*x*截面综合运动能力

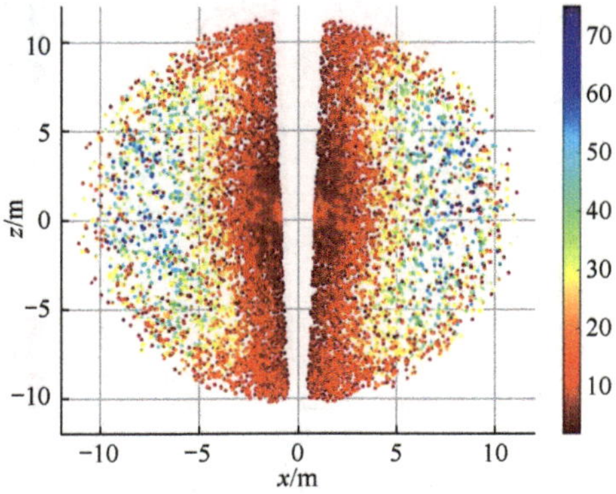

（b）*y*截面综合运动能力

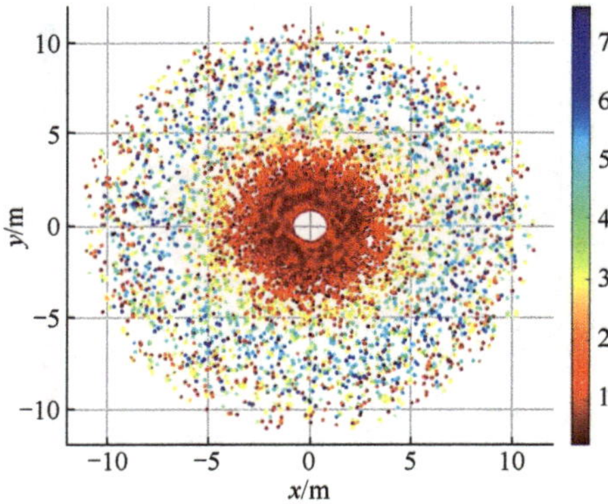

（c）*z*截面综合运动能力

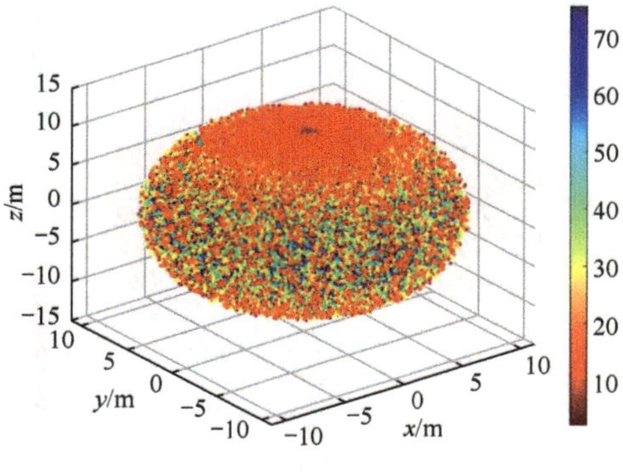

（d）三维空间的综合运动能力

*图 4-28　基于灰色系统关联熵理论构造的综合运动能力指标

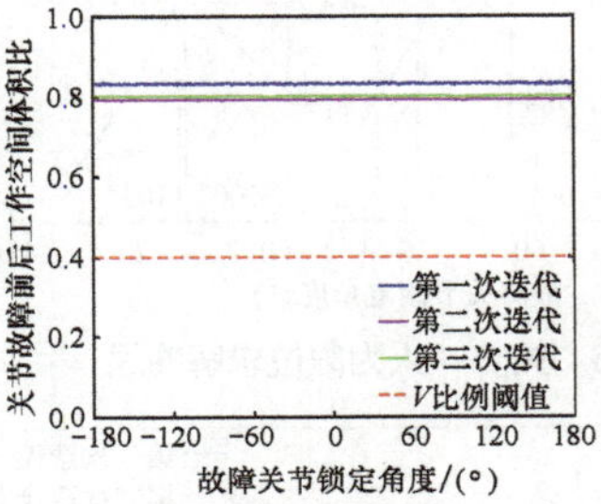

（a）关节1人为限位求解曲线

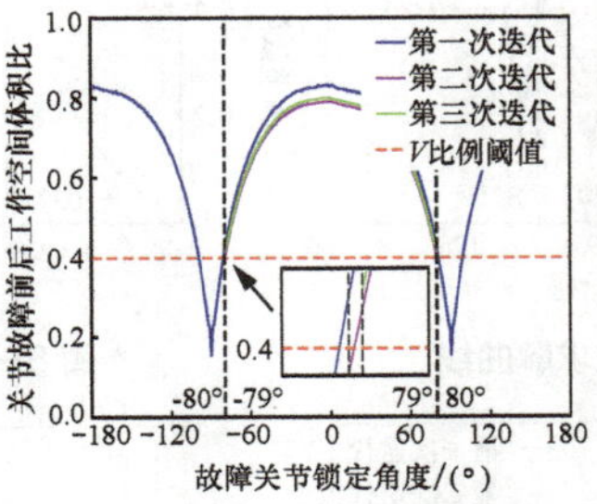

（b）关节2人为限位求解曲线

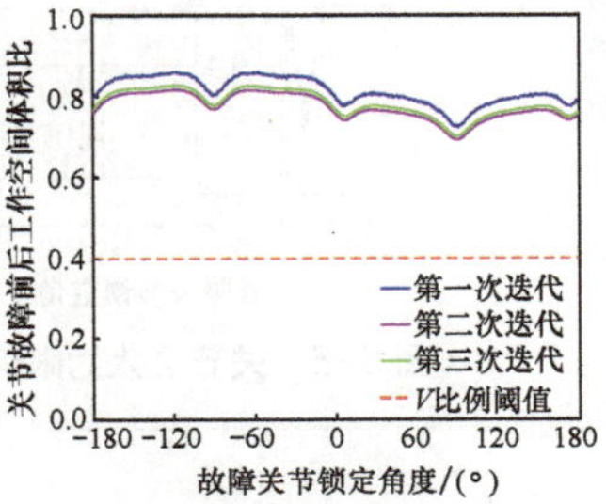

（c）关节3人为限位求解曲线

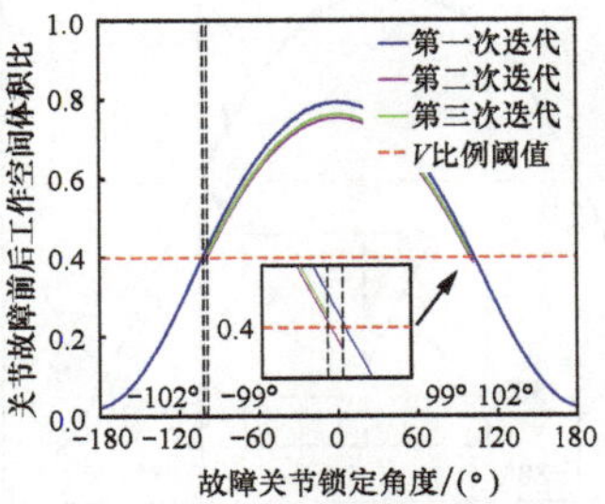

（d）关节4人为限位求解曲线

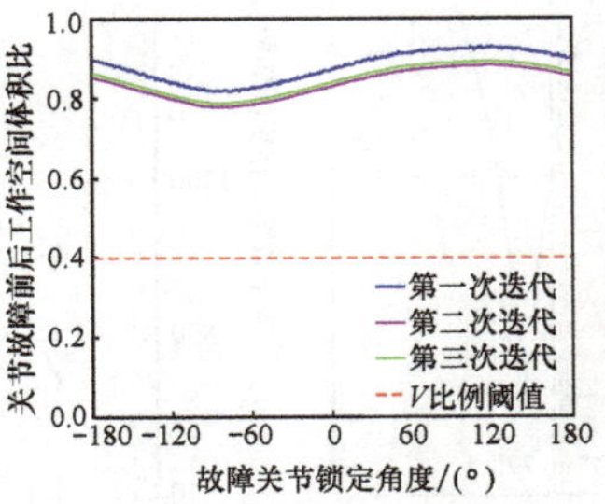

（e）关节5人为限位求解曲线

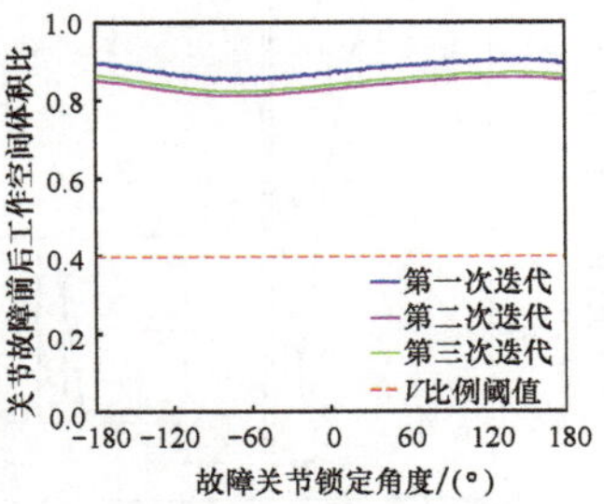

（f）关节6人为限位求解曲线

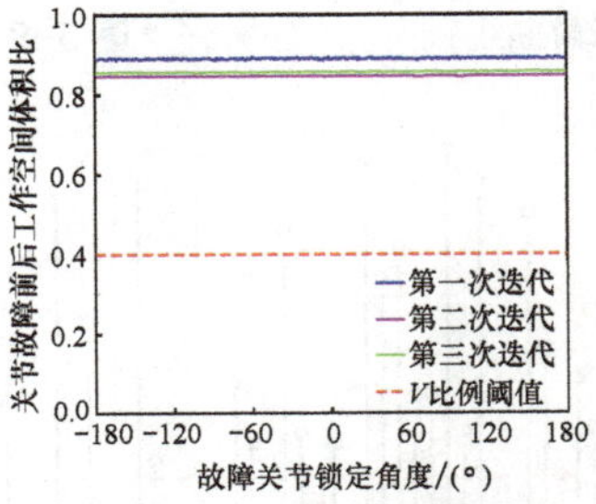

（g）关节7人为限位求解曲线

*图 5-2　空间机械臂各关节人为限位求解结果

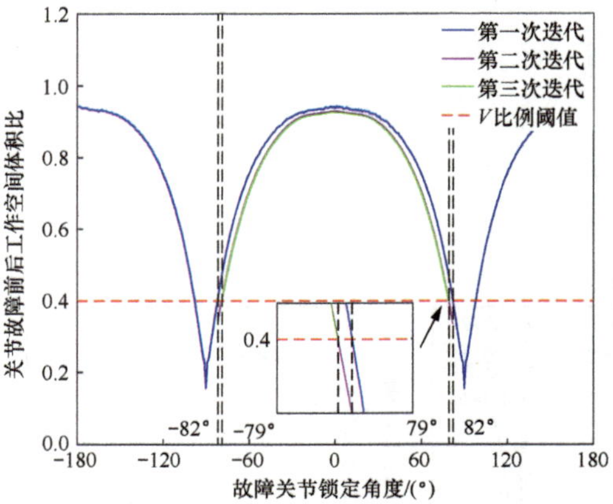

*图 5-5　关节 2 人为限位求解曲线

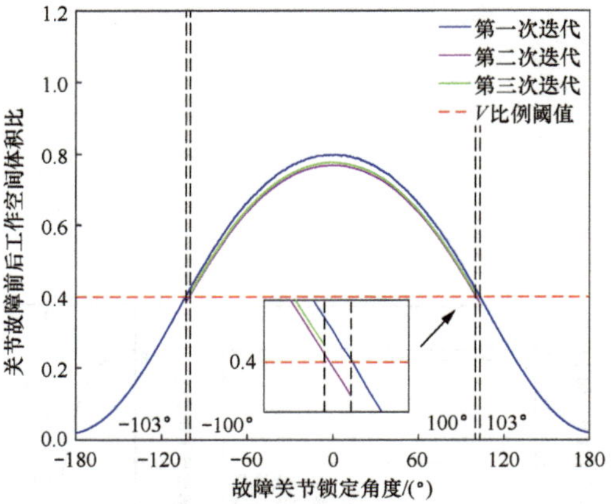

*图 5-6　关节 4 人为限位求解曲线

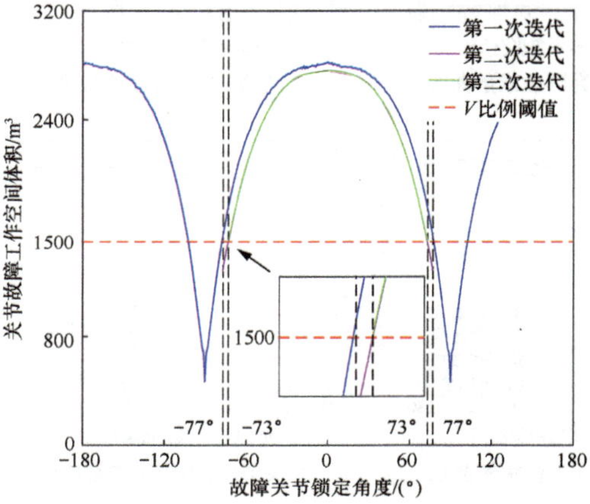

*图 5-7　关节 2 人为限位求解曲线

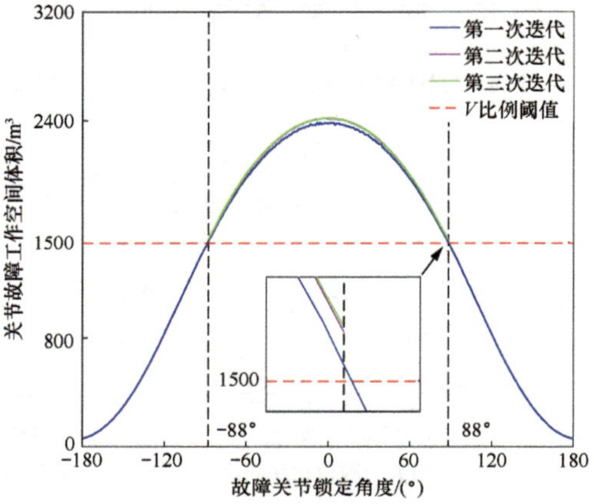

*图 5-8　关节 4 人为限位求解曲线

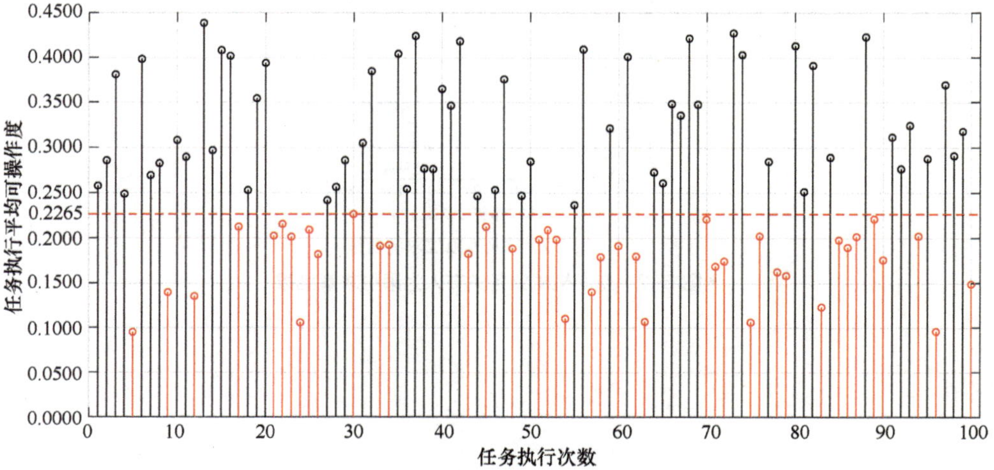

*图 6-11　主被动关节运动学耦合程度均值

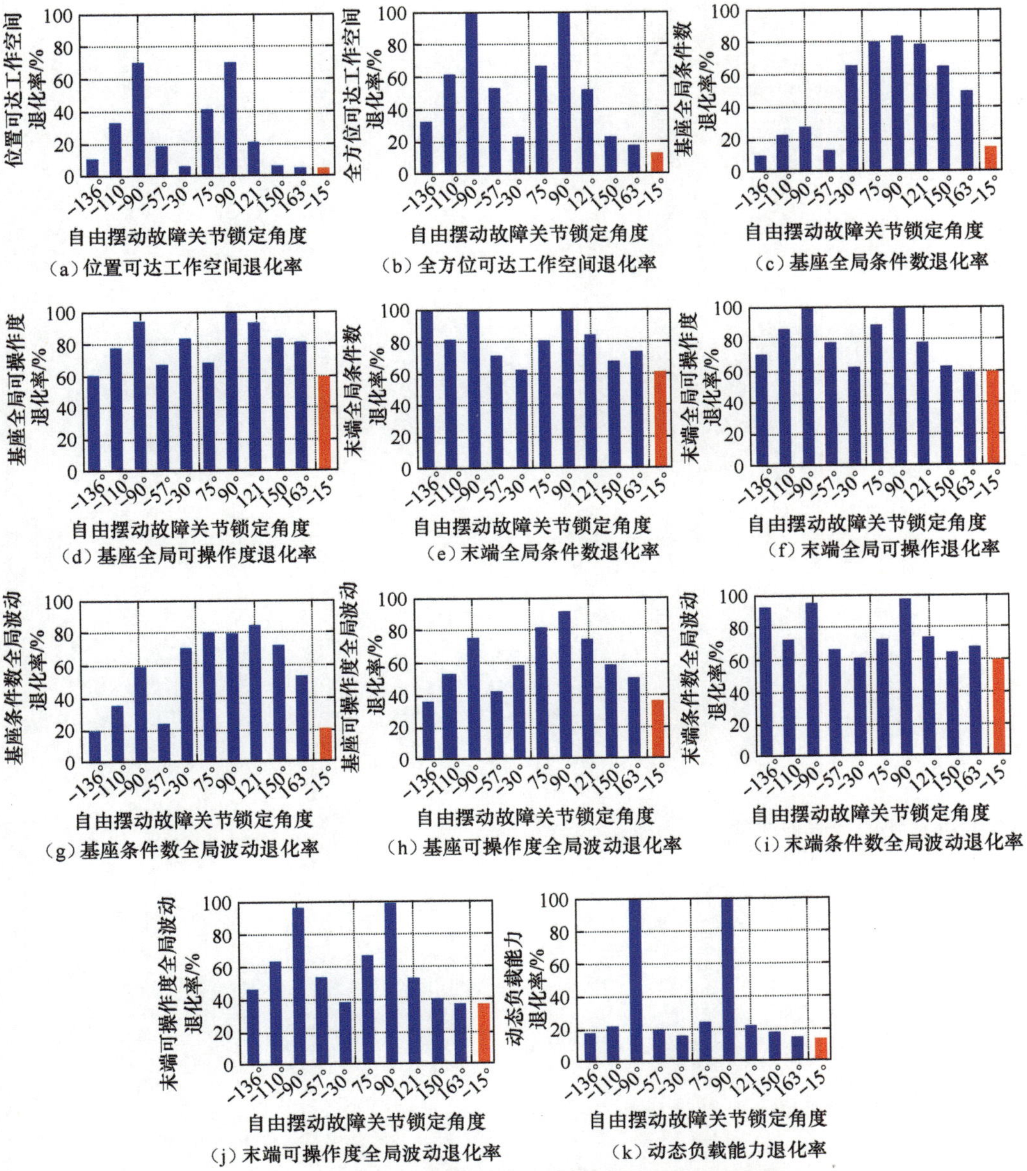

*图 6-24　空间机械臂运动性能及操作能力较常态退化情况